Dr. Etzold
Diplom-Ingenieur für Fahrzeugtechnik

So wird's gemacht

pflegen – warten – reparieren

Band 135

OPEL ASTRA H
OPEL ZAFIRA B

Benziner
1,4 l/ 66 kW (90 PS) 3/04 – 11/09
1,6 l/ 77 kW (105 PS) 3/04 – 11/07
1,6 l/ 85 kW (115 PS) 2/07 – 11/10
1,6 l/132 kW (180 PS) 2/07 – 11/09
1,8 l/ 92 kW (125 PS) 3/04 – 1/07
1,8 l/103 kW (140 PS) 7/05 – 11/10
2,0 l/125 kW (170 PS) 3/04 – 1/07
2,0 l/147 kW (200 PS) 9/04 – 8/10
2,2 l/110 kW (150 PS) 7/05 – 8/10

Diesel
1,3 l/ 66 kW (90 PS) 4/05 – 11/09
1,7 l/ 59 kW (80 PS) 3/04 – 3/05
1,7 l/ 74 kW (100 PS) 3/04 – 1/07
1,7 l/ 81 kW (110 PS) 2/07 – 11/10
1,7 l/ 92 kW (125 PS) 2/07 – 11/10
1,9 l/ 74 kW (100 PS) 7/05 – 1/07
1,9 l/ 88 kW (120 PS) 8/04 – 8/10
1,9 l/110 kW (150 PS) 8/04 – 8/10

Delius Klasing Verlag

Redaktion: Günter Skrobanek (Text)
Christine Etzold (Bild)

Bibliografische Information der Deutschen Nationalbibliothek

Die Deutsche Nationalbibliothek verzeichnet diese Publikation
in der Deutschen Nationalbibliografie; detaillierte bibliografische
Daten sind im Internet über http://dnb.dnb.de abrufbar.

8. Auflage / A
ISBN 978-3-7688-1693-9
© Delius Klasing & Co. KG, Bielefeld

© Abbildungen: Redaktion Dr. Etzold; Adam Opel AG
Alle Angaben ohne Gewähr
Druck: Kunst- und Werbedruck, Bad Oeynhausen
Printed in Germany 2022

Alle in diesem Buch enthaltenen Angaben und Daten wurden von dem Autor
nach bestem Wissen erstellt und von ihm sowie vom Verlag mit der gebotenen Sorgfalt
überprüft. Gleichwohl können wir keinerlei Gewähr oder Haftung für die Richtigkeit,
Vollständigkeit und Aktualität der bereitgestellten Informationen übernehmen.

Alle Rechte vorbehalten! Ohne ausdrückliche Erlaubnis
des Verlages darf das Werk weder komplett noch teilweise
reproduziert, übertragen oder kopiert werden, wie z. B. manuell
oder mithilfe elektronischer und mechanischer Systeme
einschließlich Fotokopieren, Bandaufzeichnung und
Datenspeicherung.

Delius Klasing Verlag, Siekerwall 21, D-33602 Bielefeld
Tel.: 0521/559-0, Fax: 0521/559-115
E-Mail: info@delius-klasing.de
www.delius-klasing.de
http://sowirdsgemacht.com

Lieber Leser,

die Automobile werden von Modellgeneration zu Modellgeneration technisch immer aufwändiger und komplizierter. Ohne eine Anleitung kann man mitunter nicht einmal mehr die Glühlampe eines Scheinwerfers auswechseln. Und so wird verständlich, dass von Jahr zu Jahr immer mehr Heimwerker zum »So wird's gemacht«-Handbuch greifen.

Doch auch der kundige Hobbymonteur sollte bedenken, dass der Fachmann viel Erfahrung hat und durch die Weiterschulung und den ständigen Erfahrungsaustausch über den neuesten Technikstand verfügt. Mithin kann es für die Überwachung und Erhaltung der Betriebs- und Verkehrssicherheit des eigenen Fahrzeugs sinnvoll sein, in regelmäßigen Abständen eine Fachwerkstatt aufzusuchen.

Grundsätzlich muss sich der Heimwerker natürlich darüber im Klaren sein, dass man mithilfe eines Handbuches nicht automatisch zum Kfz-Mechaniker wird. Auch deshalb sollten Sie nur solche Arbeiten durchführen, die Sie sich zutrauen. Das gilt insbesondere für jene Arbeiten, die die Verkehrssicherheit des Fahrzeugs beeinträchtigen können. Gerade in diesem Punkt sorgt das »So wird's gemacht«-Handbuch jedoch für praktizierte Verkehrssicherheit. Durch die Beschreibung der Arbeitsschritte und den Hinweis, die Sicherheitsaspekte nicht außer Acht zu lassen, wird der Heimwerker vor der Arbeit entsprechend sensibilisiert und informiert. Auch wird darauf hingewiesen, im Zweifelsfall die Arbeit lieber von einem Fachmann ausführen zu lassen.

> **Sicherheitshinweis**
> Auf verschiedenen Seiten dieses Buches stehen »Sicherheitshinweise«. Bevor Sie mit der Arbeit anfangen, lesen Sie bitte diese Sicherheitshinweise aufmerksam durch und halten Sie sich strikt an die dort gegebenen Anweisungen.

Vor jedem Arbeitsgang empfiehlt sich ein Blick in das vorliegende Buch. Dadurch werden Umfang und Schwierigkeitsgrad der Reparatur offenbar. Außerdem wird deutlich, welche Ersatz- oder Verschleißteile eingekauft werden müssen und ob unter Umständen die Arbeit nur mithilfe von Spezialwerkzeug durchgeführt werden kann. Besonders empfehlenswert: Wenn Sie eine elektronische Kamera zur Hand haben, dann sollten Sie komplizierte Arbeitsschritte für den Wiedereinbau fotografisch dokumentieren.

Für die meisten Schraubverbindungen ist das Anzugsdrehmoment angegeben. Bei Schraubverbindungen, die in jedem Fall mit einem Drehmomentschlüssel angezogen werden müssen (Zylinderkopf, Achsverbindungen usw.), ist der Wert **fett** gedruckt. Nach Möglichkeit sollte man generell jede Schraubverbindung mit einem Drehmomentschlüssel anziehen. Übrigens: Für viele Schraubverbindungen sind Innen- oder Außen-Torxschlüssel erforderlich.

Als ich Anfang der siebziger Jahre den ersten Band der »So wird´s gemacht«-Buchreihe auf den Markt brachte, wurden im Automobilbau nur ganz wenige elektronische Bauteile eingesetzt. Inzwischen ist das elektronische Management allgegenwärtig; ob bei der Steuerung der Zündung, des Fahrwerks oder der Gemischaufbereitung. Die Elektronik sorgt auch dafür, dass es in verschiedenen Bereichen keine Verschleißteile mehr gibt. Das Überprüfen elektronischer Bauteile ist wiederum nur noch mit teuren und speziell auf das Fahrzeugmodell abgestimmten Prüfgeräten möglich, die dem Heimwerker in der Regel nicht zur Verfügung stehen. Wenn also verschiedene Reparaturschritte nicht mehr beschrieben werden, so liegt das ganz einfach am vermehrten Einsatz von elektronischen Bauteilen.

Das vorliegende Buch kann nicht auf jedes technische Fahrzeug-Problem eingehen. Dennoch hoffe ich, dass Sie mithilfe der Beschreibungen viele Arbeiten am Fahrzeug durchführen können. Eines sollten Sie jedoch bei Ihren Arbeiten am eigenen Auto beachten: Ständig werden am aktuellen Modell Änderungen in der Produktion durchgeführt, so dass sich die im Buch veröffentlichten Arbeitsanweisungen und Einstelldaten für Ihr spezielles Modell geändert haben könnten. Sollten Zweifel auftreten, erfragen Sie bitte den aktuellen Stand beim Kundendienst des Automobilherstellers.

Rüdiger Etzold

Inhaltsverzeichnis

OPEL ASTRA H / ZAFIRA B 11
    Fahrzeug- und Motoridentifizierung 12
    Motordaten 13
    1,6-l-Benzinmotor 14

Wartung 15
    Service-Intervallanzeige zurücksetzen 15
    Wartungsplan 16

Wartungsarbeiten 18
    Motor und Abgasanlage 18
    Motor/Motorraum: Sichtprüfung auf Undichtigkeiten . . 18
    Motorölstand prüfen 19
    Motoröl wechseln/Ölfilter ersetzen 20
    Kühlmittelstand prüfen/auffüllen 23
    Frostschutz prüfen/korrigieren 23
    Kraftstofffilter für Dieselmotor entwässern/ersetzen . . 25
    Keilrippenriemen prüfen 28
    Zahnriemen ersetzen/Zahnriemenrollen prüfen 29
    Sichtprüfung der Abgasanlage 29
    Motor-Luftfilter: Filtereinsatz erneuern 30
    Zündkerzen erneuern 30
    Getriebe/Achsantrieb 32
    Getriebe-Sichtprüfung auf Dichtheit 32
    Vorderachse/Lenkung 34
    Gummimanschetten der Gelenkwellen prüfen 34
    Lenkmanschetten prüfen 34
    Spurstangen- und Achsgelenke:
        Auf Undichtigkeit und Spiel prüfen 34
    Servolenkung: Flüssigkeitsstand prüfen 35
    Bremsen/Reifen/Räder 36
    Bremsflüssigkeitsstand prüfen 36
    Bremsbelagdicke prüfen 36
    Handbremse prüfen 37
    Bremsleitungen sichtprüfen 37
    Bremsflüssigkeit wechseln 38
    Reifenprofil/Radbefestigung prüfen 39
    Reifenfülldruck prüfen 39
    Reifenventil prüfen 40
    Reifenreparatur-Set prüfen/ersetzen 41
    Karosserie/Innenausstattung/Heizung 42
    Airbageinheiten sichtprüfen 42
    Pollenfilter ersetzen 42
    Schließeinrichtungen schmieren 43
    Elektrische Anlage 44
    Stromverbraucher prüfen 44
    Funk-Fernbedienung: Batterie wechseln 45
    Wischergummis prüfen 46
    Fahrzeugbatterie prüfen 46

Wagenpflege 47
    Fahrzeug waschen 47
    Lackierung pflegen 47
    Unterbodenschutz/Hohlraumkonservierung . . . 48
    Polsterbezüge pflegen/reinigen 48
    Steinschlagschäden ausbessern 49

Werkzeugausrüstung 50

Motorstarthilfe 51

Fahrzeug aufbocken 52

Elektrische Anlage 53
    Steckverbinder trennen 53
    Hupe aus- und einbauen 53
    Sensoren für Einparkhilfe aus- und einbauen 54
    Sicherungen auswechseln 54
    Batterie/Batterieträger aus- und einbauen 55
    Batterie prüfen 57
    Batterie laden 59
    Batterie entlädt sich selbstständig 60
    Batteriepole reinigen 60
    Batterie lagern 60
    Batterietypen 60
    Störungsdiagnose Batterie 61
    Generator aus- und einbauen/
        Generator-Ladespannung prüfen 62
    Spannungsregler aus- und einbauen 67
    Störungsdiagnose Generator 67
    Anlasser aus- und einbauen 68
    Störungsdiagnose Anlasser 72

Scheibenwischanlage 73
    Scheibenwischerblatt ersetzen 73
    Scheibenwaschdüse für Frontscheibe
        aus- und einbauen 73
    Scheibenwaschdüse für Heckscheibe
        aus- und einbauen 74
    Spritzdüse für Scheinwerfer-Reinigungsanlage
        aus- und einbauen (ASTRA) 75
    Scheibenwaschbehälter/-pumpe aus- und einbauen . . 75
    Wischerarm aus- und einbauen 76
    Wischermotor an der Frontscheibe aus- und einbauen . 77
    Wischermotor an der Heckscheibe aus- und einbauen . 78
    Regensensor aus- und einbauen 79
    Störungsdiagnose Scheibenwischergummi 79

Beleuchtungsanlage 80
    Lampentabelle 80
    Glühlampen am Scheinwerfer auswechseln 80
    Stellmotor für Leuchtweitenregelung
        aus- und einbauen (ASTRA) 85
    Scheinwerfer aus- und einbauen 85
    Nebelscheinwerfer aus- und einbauen 86
    Glühlampe für Nebelscheinwerfer wechseln . . . 86
    Seitliche Blinkleuchte aus- und einbauen 87
    Heckleuchte aus- und einbauen/Glühlampe wechseln . 87
    Zusatzbremsleuchte aus- und einbauen 90
    Kennzeichenleuchte aus- und einbauen/
        Glühlampe wechseln 91
    Deckenleuchte vorn aus- und einbauen 92
    Glühlampen für Innenleuchten auswechseln . . . 92

Armaturen/Schalter/Radioanlage 94
   Kombiinstrument aus- und einbauen 94
   Anzeigeinstrument in der Mitte der
      Armaturentafel aus- und einbauen 95
   Lichtschaltereinheit aus- und einbauen 96
   Hebel für Lenkstockschalter aus- und einbauen 96
   Schalter in der Armaturentafel aus- und einbauen ... 97
   Schalter in der Mittelkonsole
      aus- und einbauen (ASTRA) 97
   Schalter für Fensterheber aus- und einbauen 98
   Schalter im Lenkrad aus- und einbauen 99
   Kontaktschalter für Motorhaube aus- und einbauen .. 99
   Schalter für Heckklappenschloss aus- und einbauen . 100
   Radio aus- und einbauen 101
   Lautsprecher aus- und einbauen 102
   Dachantenne aus- und einbauen 103

Heizung/Klimatisierung................... 104
   Klimaanlage 105
   Außentemperaturfühler aus- und einbauen 105
   Heizungs-/Klimabedieneinheit aus- und einbauen ... 106
   Luftaustrittsdüsen aus- und einbauen (ASTRA) 106
   Luftaustrittsdüsen aus- und einbauen (ZAFIRA) 107
   Gebläsemotor für Heizung und Klimaanlage
      aus- und einbauen 107
   Vorwiderstand aus- und einbauen 108
   Zuheizer aus- und einbauen 108
   Stellmotor für Mischluftklappe aus- und einbauen ... 109
   Stellmotor für Luftverteilung aus- und einbauen 110
   Gehäuse für Umluftklappe
      aus- und einbauen (ASTRA) 110
   Störungsdiagnose Heizung 111

Fahrwerk........................... 112
   Vorderachse...................... 113
   Federbein aus- und einbauen 114
   Federbein zerlegen/Stoßdämpfer/
      Schraubenfeder aus- und einbauen 115
   Stoßdämpfer prüfen 117
   Stoßdämpfer verschrotten 118
   Radnabenmutter aus- und einbauen 119
   Achsgelenk prüfen 119
   Gelenkwelle aus- und einbauen 120
   Zwischenwelle aus- und einbauen 122
   Gelenkwelle zerlegen/Manschette ersetzen 124
   Gelenkwelle/Manschetten/Gelenke 127
   Hinterachse 128
   Stoßdämpfer an der Hinterachse aus- und einbauen . 129
   Schraubenfeder an der Hinterachse
      aus- und einbauen 129
   Radlager/Radlagereinheit hinten aus- und einbauen . 130

Lenkung/Airbag 131
   Airbag-Sicherheitshinweise 132
   Airbag-Einheit aus- und einbauen 133
   Lenkrad aus- und einbauen 133
   Kontakteinheit aus- und einbauen 134
   Spurstangenkopf aus- und einbauen 135
   Manschette am Lenkgetriebe aus- und einbauen ... 136

Räder und Reifen 137
   Reifenfülldruck 137
   Reifen- und Scheibenrad-Bezeichnungen/
      Herstellungsdatum 138
   Profiltiefe messen 138
   Auswuchten von Rädern 139
   Schneeketten 139
   Rad aus- und einbauen 139
   Reifenkontrolle..................... 140
   Reifenpflegetipps 140
   Austauschen der Räder/Laufrichtung 141
   Fehlerhafte Reifenabnutzung 141

Bremsanlage 142
   Technische Daten Bremsanlage 143
   Scheibenbremsbeläge vorn
      aus- und einbauen 144
   Scheibenbremsbeläge hinten
      aus- und einbauen 147
   Bremssattel/Bremssattelträger
      aus- und einbauen 149
   Bremsscheibe aus- und einbauen 150
   Bremsscheibendicke prüfen 151
   Handbremsseil aus- und einbauen 152
   Handbremsseil/Handbremshebel
      aus- und einbauen 153
   Handbremse einstellen................. 154
   Bremsschlauch aus- und einbauen 155
   Bremsanlage entlüften 157
   Bremskraftverstärker prüfen 158
   Schalter für Handbremskontrollleuchte
      aus- und einbauen 159
   Bremslichtschalter aus- und einbauen 159
   Störungsdiagnose Bremse 160

Motor-Mechanik...................... 162
   Hinweis zum Aus- und Einbau von Zahnriemen,
      Zylinderkopf, Steuerkette 162
   Obere Motorabdeckung aus- und einbauen 162
   Motor auf OT für Zylinder 1 stellen/
      Steuerzeiten prüfen 163
   Hinweise zum Zahnriemenwechsel 167
   Zylinderkopf-Anzugsmethode 170
   Ventilspiel prüfen 173
   Keilrippenriemen aus- und einbauen 177
   Motor starten 180
   Störungsdiagnose Motor 180

Motor-Schmierung 181
   Motor-Öltemperatur messen 182
   Ölwanne/Ölpumpe/Ölkühler 183

Motor-Kühlung 184
   Kühlmittelkreislauf 184
   Kühler-Frostschutzmittel 184
   Kühlmittel ablassen und auffüllen 185
   Kühlerlüfter/Lüftermotor aus- und einbauen 186
   Kühler aus- und einbauen 189
   Kühlmittelpumpe aus- und einbauen 192
   Störungsdiagnose Motor-Kühlung 195

Motor-Management 196
  Sicherheitsmaßnahmen
    bei Arbeiten am Benzin-Einspritzsystem 196
  Benzin-Einspritzanlage 197
  Einspritzventile aus- und einbauen 197
  Motorsensoren und -module in der Übersicht 198
  Twinport-System 199
  Störungsdiagnose Benzin-Einspritzanlage 199
  Diesel-Einspritzanlage 200
  Diesel-Einspritzverfahren 200
  Glühkerzen aus- und einbauen 201
  Common-Rail-Einspritzsystem 202

Kraftstoffanlage 203
  Kraftstoff sparen beim Fahren 203
  Sicherheits- und Sauberkeitsregeln
    bei Arbeiten an der Kraftstoffversorgung 203
  Kraftstoffdruck abbauen (Benzinmotor) 203
  Kraftstoffpumpe/Tankgeber aus- und einbauen . . . 204
  Crash-Box aus- und einbauen (Dieselmotor) 207
  Kraftstoffanlage entlüften (Dieselmotor) 207
  Luftfilter/Luftführung 208
  Luftfilter aus- und einbauen 208

Abgasanlage 209
  Katalysatorschäden vermeiden 209
  Aufbau des Katalysators 209
  Abgasturbolader 210
  Diesel-Partikelfilter 210
  Abgasanlagen-Übersicht 211
  Wichtige Hinweise bei Arbeiten an der Abgasanlage . 212
  Vorderes Abgasrohr/Katalysator aus- und einbauen . 212
  Abgasanlage aus- und einbauen 214
  Partikelfilter aus- und einbauen (1,9-l-Dieselmotor) . . 215
  Abgasanlage auf Dichtheit prüfen 215

Innenausstattung 216
  Wichtige Arbeits- und Sicherheitshinweise 216
  Halteclips/Federklammern aus- und einbauen . . . 216
  Sonnenblende aus- und einbauen 217
  Haltegriff/Brillenfach am Dach aus- und einbauen . 217
  Innenspiegel aus- und einbauen 217
  Lenksäulenverkleidung aus- und einbauen 218
  Obere Verkleidung im Fußraum aus- und einbauen . 218
  Handschuhfach aus- und einbauen 219
  Zierleiste rechts aus- und einbauen 219
  Türabdichtgummi aus- und einbauen 219
  ASTRA:
  Mittelkonsole aus- und einbauen 220
  Abdeckung für Schalt- und Wählhebel
    aus- und einbauen 221
  Aschenbecher aus- und einbauen 222
  Mittlere Blende der Armaturentafel
    aus- und einbauen 222
  Verkleidung unter der Lenksäule
    aus- und einbauen 223
  Verkleidungen im Fahrzeug-Innenraum
    aus- und einbauen (ASTRA Limousine) 223
  Verkleidungen im Fahrzeug-Innenraum
    aus- und einbauen (ASTRA CARAVAN) 227
  Verkleidungen im Fahrzeug-Innenraum
    aus- und einbauen (ASTRA GTC) 230

ZAFIRA:
Mittelkonsole aus- und einbauen 233
Seitliche Verkleidung Schaltkonsole
  aus- und einbauen 233
Abdeckung für Schalt- und Wählhebel
  aus- und einbauen 234
Mittlere Blende der Armaturentafel
  aus- und einbauen 234
Verkleidung unter der Lenksäule
  aus- und einbauen 235
Verkleidungen im Fahrzeug-Innenraum
  aus- und einbauen 235
ASTRA:
Vordersitz aus- und einbauen 239
Rücksitz aus- und einbauen 240
ZAFIRA:
Vordersitz aus- und einbauen 242
Rücksitz aus- und einbauen 242

Karosserie außen 244
  Sicherheitshinweise bei Karosseriearbeiten 244
  Steinschlagschäden an der Frontscheibe 245
  Spreiznieten aus- und einbauen 245
  Blindnieten aus- und einbauen 245
  Schutzleiste aus- und einbauen 245
  Motorraumabdeckung unten aus- und einbauen . . . 246
  Windlaufgrill aus- und einbauen 247
  Stirnwandabdeckung aus- und einbauen (ZAFIRA) . . 248
  Innenkotflügel aus- und einbauen 248
  Stoßfänger/Stoßfängerabdeckung vorn
    aus- und einbauen 249
  Stoßfänger/Stoßfängerabdeckung hinten
    aus- und einbauen 251
  Kühlergrill aus- und einbauen 252
  Kotflügel vorn aus- und einbauen 253
  Fenster an der A-Säule aus- und einbauen (ZAFIRA) . 254
  Motorhaube aus- und einbauen/einstellen 255
  Motorhaubenzug aus- und einbauen 256
  Heckklappe aus- und einbauen/einstellen 257
  Heckklappenverkleidung aus- und einbauen 259
  Heckklappenschloss aus- und einbauen 261
  Tür aus- und einbauen 262
  Türschloss aus- und einbauen 263
  Tür-Außengriff aus- und einbauen 264
  Lagerbügel für Tür-Außengriff aus- und einbauen . . 265
  Türverkleidung aus- und einbauen (ASTRA) 265
  Fensterkurbel aus- und einbauen 266
  Türverkleidung aus- und einbauen (ZAFIRA) 267
  Fensterheber an der Vordertür aus- und einbauen . 268
  Fensterheber an der Hintertür aus- und einbauen . . 269
  Spiegelglas aus- und einbauen 270
  Außenspiegel aus- und einbauen 271
  Abdeckung für Außenspiegel aus- und einbauen . . . 271

Stromlaufpläne 272
  Der Umgang mit dem Stromlaufplan 272
  Zuordnung der Stromlaufpläne 272
  Gebrauchsanleitung für Stromlaufpläne 273
  Relaisbelegung 274
  Abkürzungen 275
  Verschiedene Stromlaufpläne 276

OPEL ASTRA H/ZAFIRA B

Aus dem Inhalt:

- **Modellvarianten**
- **Fahrzeugidentifizierung**
- **Motordaten**

Die Markteinführung des neuen OPEL ASTRA H erfolgte im März 2004. Zunächst wurde die fünftürige Limousine angeboten. Im Herbst folgte der CARAVAN mit längerem Radstand und im März 2005 der sportliche Dreitürer GTC sowie im September 2005 das Cabrio.

Zur serienmäßigen Ausstattung des ASTRA H zählen die elektronische Stabilitätskontrolle ESP-Plus, Kopfairbags, aktive Kopfstützen und eine höhen- und längsverstellbare Lenksäule.

Auf Wunsch ist der ASTRA H mit dynamischem Kurvenlicht sowie Bi-Xenon-Scheinwerfern lieferbar. Ebenso läßt er sich mit dem adaptiven IDS-Plus-Fahrwerkssystem mit elektronischer Dämpferregelung ausstatten.

Für den ASTRA stehen in Leistung, Hubraum und Bauart recht unterschiedliche Benzin- und Dieselmotoren zur Verfügung, so dass je nach persönlicher Anforderung zwischen sehr wirtschaftlicher und sportlicher Motorisierung ausgewählt werden kann.

Im Juli 2005 war die Markteinführung des OPEL ZAFIRA B. Der Mini-Van ZAFIRA unterscheidet sich vom ASTRA hauptsächlich durch die längere und dadurch geräumigere Karosserie. Beim Schwestermodell ZAFIRA wurde auf die Motorisierungen des ASTRA sowie auf dessen Fahrwerkskomponenten einschließlich der Bremsanlage zurückgegriffen.

Im Februar 2007 erhielt der Astra H ein leichtes Facelift, erkennbar an den geänderten vorderen und hinteren Stoßfängern sowie den neu gestalteten Heckleuchten.

ASTRA CARAVAN

ASTRA Coupé GTC

ASTRA Limousine

ZAFIRA

Fahrzeug- und Motoridentifizierung

Anhand der Fahrzeug-Identifizierungsnummer (Fahrgestellnummer) kann das Fahrzeugmodell identifiziert werden. In der Fahrgestellnummer sind Modellreihe und Karosserievariante verschlüsselt aufgeführt.

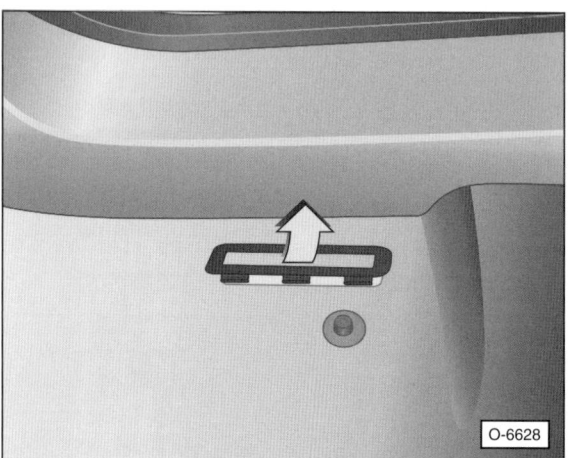

Die Fahrzeug-Identifizierungsnummer ist neben oder vor dem rechten Vordersitz in das Karosserie-Bodenblech eingeprägt und durch eine Abdeckklappe verdeckt. Je nach Modell kann die Fahrzeug-Identifizierungsnummer auch auf dem Armaturenbrett angebracht sein, so dass sie von außen lesbar ist.

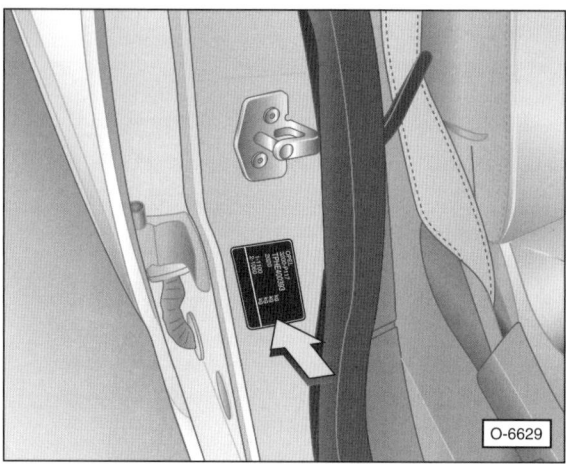

Das Typschild befindet sich am rechten Vordertürrahmen. Außer der Fahrzeug-Identifizierungsnummer enthält es weitere Daten, wie beispielsweise die Farbnummer.

Aufschlüsselung der Fahrzeug-Identifizierungsnummer

WOL	O	A	H	L	35	5	2	123 456
①	②	③	④	⑤	⑥	⑦	⑧	⑨

① Weltherstellercode: WOL = Adam Opel AG.
② Sonderausführung: O = kein Sonderfahrzeug.
③ GM-Code: A = ASTRA H.
④ Modell: H = ASTRA H, M = ZAFIRA B.
⑤ GM-Code für Ausstattung.
⑥ Karosserie: 48 = 4-Türer Limousine, 35 = CARAVAN, 08 = GTC, Schrägheck, 3-Türer, 67 = Cabrio, 70 = Lieferwagen, 75 = ZAFIRA B.
⑦ Modelljahr: 4 = 2004, 5 = 2005, 6 = 2006, ... bis ... 9 = 2009, A = 2010, B = 2011 usw.
⑧ Herstellerwerk: 1 = Rüsselsheim, 2 = Bochum.
⑨ Fortlaufende Seriennummer.

Aufschlüsselung der Motorkennzeichnung

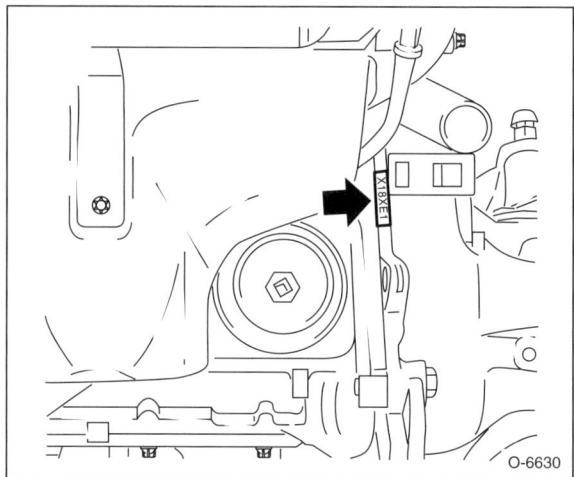

Motorkennzeichnung und Motornummer sind in den Motorblock eingeschlagen. Die Abbildung zeigt beispielhaft die Motornummer –Pfeil– beim Z18XE.

Beispiel:

Z	18	X	E	–	–
Z	19	–	D	T	H
①	②	③	④	⑤	⑤

① **Abgasnorm:** Z = Abgasnorm EURO-4, A = EURO-5.
② **Hubraum:** 18 = 1,8 l; 19 = 1,9 l.
③ **Verdichtungsverhältnis:** L = 8,5 – 9,0; N = 9,0 – 9,5; S = 9,5 – 10,0; X = 10,0 – 11,5; Y > 11,5. **Hinweis:** Beim Dieselmotor wird der Buchstabe »Y« in der aktuellen Bezeichnung weggelassen.
④ **Gemischsystem:** E = Benzin-Einspritzung; D = Diesel.
⑤ **Ausführung:** R/H = Höhere Leistung; L = Niedrigere Leistung; P = Kanalabschaltung durch Twinport-System; T = Turboaufladung.
Hinweis: Die Buchstaben »R«,»H« und »L« beziehen sich auf Basismotoren, deren Leistung erhöht (R/H) beziehungsweise vermindert (L) wurde. Beispielsweise wurde der Motor Z13DT**H** mit 90 PS vom Motor Z13DT mit 70 PS (nur im CORSA C) abgeleitet.

Motordaten

Motor/Modell		1.4	1.6	1.6	1.6 turbo	1.8	1.8
Fertigung	von – bis	3/04 – 11/09	3/04 – 11/07	2/07 – 11/10	2/07 – 11/09	3/04 – 1/07	7/05 – 11/10
Motorbezeichnung		**Z14XEP**	**Z16XEP/XE1**	**Z16XER**	**Z16LET**	**Z18XE**	**Z18XER**
Hubraum	cm³	1364	1598	1598	1598	1796	1796
Leistung	kW bei 1/min	66/5600	77/6000	85/6000	132/5500	92/5600	103/6300
	PS bei 1/min	90/5600	105/6000	115/6000	180/5500	125/5600	140/6300
Drehmoment	Nm bei 1/min	125/4000	150/3900	155/4000	230/1980	170/3800	175/3800
Bohrung	⌀ mm	73,4	79,0	79,0	79,0	80,5	80,5
Hub	mm	80,6	81,5	81,5	81,5	88,2	88,2
Verdichtung		10,5	10,5	11,0	8,8	10,5	10,5
Zylinder/Ventile pro Zylinder		4/4	4/4	4/4	4/4	4/4	4/4
Motormanagement		Motr 7.6.1	Multec-S	Simtec 75.1	Motr. 7.6.2	Simtec 71	Simtec 71.5
Kraftstoff		Super 95	Super 95	Super 95	Super 98	Super 95	Super 95
Wechselmengen Motoröl	Liter	3,5	4,0	4,0	4,0	4,3	4,3
Kühlflüssigkeit	Liter	5,6	6,0	6,0	6,3	6,0	6,0

Motor/Modell		2.0 turbo	2.0 turbo	2.0 turbo/OPC	2.2	1.3 CDTI	1.7 CDTI
Fertigung	von – bis	3/04 – 1/07	9/04 – 8/10	10/05 – 11/10	7/05 – 8/10	4/05 – 11/09	3/04 – 3/05
Motorbezeichnung		**Z20LEL**	**Z20LER**	**Z20LEH**	**Z22YH**	**Z13DTH**	**Z17DTL**
Hubraum	cm³	1998	1998	1998	2198	1248	1686
Leistung	kW bei 1/min	125/5200	147/5400	177/5600	110/5600	66/4200	59/4400
	PS bei 1/min	170/5200	200/5400	240/5600	150/5600	90/4200	80/4400
Drehmoment	Nm bei 1/min	250/1950	262/1950	320/2400	215/4000	200/1750	170/1800
Bohrung	⌀ mm	86,0	86,0	86,0	86,0	69,6	79,0
Hub	mm	86,0	86,0	86,0	94,6	82,0	86,0
Verdichtung		8,8	8,6	8,6	–	17,6	18,4
Zylinder/Ventile pro Zylinder		4/4	4/4	4/4	4/4	4/4	4/4
Motormanagement		Motr. 7.6.1	Motr. 7.6.2	Motronic	Simtec 81.1	MM6JO	EDC 16C
Kraftstoff		Super 95	Super 95	Super 95	Super 95[1]	Diesel	Diesel
Wechselmengen Motoröl	Liter	4,3	4,3	5,0	5,0	3,3	4,5
Kühlflüssigkeit	Liter	7,0	7,0	7,6	6,8	6,0	6,8

Hinweis: Die Wechselmengen sind ungefähre Angaben. Abweichungen entsprechend der jeweiligen Fahrzeugausstattung sind möglich. Für den richtigen Flüssigkeitsstand sind immer die Markierungen am Messstab oder am Ausgleichbehälter maßgeblich.

[1] Bei diesem Motor darf kein neues, schwefelfreies »Super 95 E10« getankt werden. Falls kein bisheriges »Super 95 E5« vorhanden ist, muss stattdessen »Super Plus 98 E5« verwendet werden.

Motor/Modell		1.7 CDTI	1.7 CDTI	1.7 CDTI	1.9 CDTI	1.9 CDTI	1.9 CDTI
Fertigung	von – bis	3/04 – 1/07	2/07 – 11/10	2/07 – 11/10	7/05 – 1/07	8/04 – 8/10	8/04 – 8/10
Motorbezeichnung		A/Z17DTH	A/Z17DTJ	Z17DTR	Z19DTL	Z19DT(J)	Z19DTH
Hubraum	cm³	1686	1687	1688	1910	1910	1910
Leistung	kW bei 1/min	74/4400	81/3800	92/4000	74/3500	88/3500	110/4000
	PS bei 1/min	100/4400	110/3800	125/4000	100/3500	120/3500	150/4000
Drehmoment	Nm bei 1/min	240/2300	260/2300	280/2300	260/1700	280/2000	315[1]/2000
Bohrung	⌀ mm	79,0	79,0	79,0	82,0	82,0	82,0
Hub	mm	86,0	86,0	86,0	90,4	90,4	90,4
Verdichtung		18,2	18,2	18,4	18,4	18,4	17,5
Zylinder/Ventile pro Zylinder		4/4	4/4	4/4	4/2	4/2	4/4
Motormanagement		Denso DEC	Denso DEC	EDC 16C	EDC 16C	EDC 16C	EDC 16C
Kraftstoff		Diesel	Diesel	Diesel	Diesel	Diesel	Diesel
Wechselmengen Motoröl	Liter	5,4	5,4	5,0	4,3	4,3	4,3
Kühlflüssigkeit	Liter	7,1	7,1	6,8	7,0	7,0	7,0

Hinweis: Die Wechselmengen sind ungefähre Angaben. Abweichungen entsprechend der jeweiligen Fahrzeugausstattung sind möglich. Für den richtigen Flüssigkeitsstand sind immer die Markierungen am Messstab oder am Ausgleichbehälter maßgeblich.

[1]) Ab 4/05 beträgt das höchste Drehmoment 320 Nm bei 2000/min.

1,6-l-Benzinmotor
77 kW/105 PS

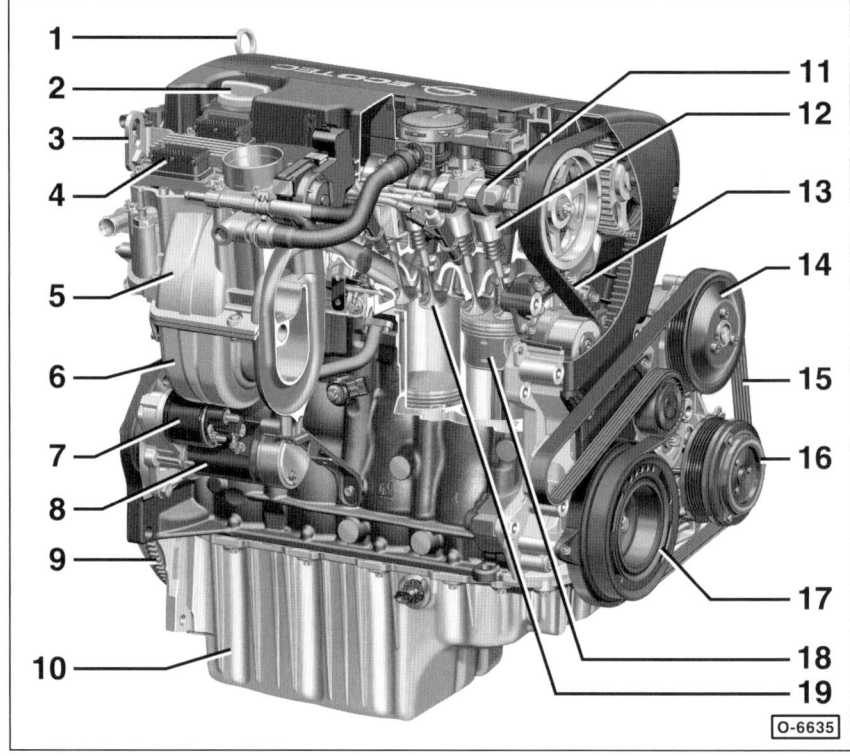

1 – Ölmessstab
2 – Öleinfülldeckel
3 – Motor-Aufhängeöse
4 – Motor-Steuergerät
5 – Saugrohr-Oberteil
6 – Saugrohr-Unterteil
7 – Magnetschalter
8 – Anlasser
9 – Schwungrad
10 – Ölwanne
11 – Einlass-Nockenwelle
12 – Hydrostößel
13 – Zahnriemen
14 – Kühlmittelpumpen-Riemenscheibe
15 – Keilrippenriemen
16 – Kältekompressor-Riemenscheibe
17 – Kurbelwellen-Riemenscheibe
18 – Kolben
19 – Einlassventil

Wartung

Aus dem Inhalt:

- Wartungsplan
- Wartungsarbeiten
- Serviceanzeige nach der Wartung zurückstellen
- Werkzeugausrüstung
- Motorstarthilfe

Die Wartung des ASTRA erfolgt nach **flexiblen** Intervallen. Dabei werden von einem Steuergerät die Wartungsintervalle je nach Fahrweise aufgrund folgender Faktoren berechnet: Zurückgelegte Fahrstrecke, Motordrehzahl, Motordrehmoment, Fahrzyklen, Kühlmitteltemperatur und Öltemperatur.

Hinweis: Das Wartungssystem kann auch auf »starre Wartungsintervalle« umprogrammiert werden (Werkstattarbeit). Dadurch kann ein anderes, kostengünstigeres Motoröl (andere Ölqualität) verwendet werden.

Beim ZAFIRA erfolgt die Wartung nach festen Intervallen von 1 Jahr oder 30.000 km und wird ebenfalls über die Service-Intervallanzeige angezeigt.

Die Restlaufstrecke bis zur nächsten Wartung kann bei ausgeschalteter Zündung folgendermaßen angezeigt werden: Rückstellknopf für den Tageskilometerzähler etwa 2 Sekunden drücken. In der Tageskilometer-Anzeige erscheint »InSP« und die verbleibende Restlaufstrecke, zum Beispiel »10000«.

Wenn die Restlaufstrecke bis zur Wartung weniger als 1.500 km beträgt, erscheint nach Einschalten der Zündung automatisch im Display »InSP« mit einer Restlaufstrecke von 1.000 km. Bei weniger als 1.000 km erscheint für einige Sekunden nur »InSP 0«.

Nachdem die Wartung durchgeführt wurde, muss die Service-Intervallanzeige zurückgesetzt werden.

Hinweis: Standzeiten, bei denen die Fahrzeugbatterie abgeklemmt ist, werden von der Service-Intervallanzeige nicht berücksichtigt.

Service-Intervallanzeige zurücksetzen

Die Service-Intervallanzeige muss nach jeder Wartung zurückgesetzt werden.

Zurücksetzen

- Zündung ausschalten, Zündschlüssel steht in Nullstellung.
- Rückstellknopf für Tageskilometerzähler drücken. Im Kombiinstrument wird der Tageskilometerzähler angezeigt.
- Rückstellknopf für Tageskilometerzähler drücken und festhalten. Nach ca. 3 Sekunden erscheint die Service-Intervallanzeige, zum Beispiel »InSP 15000« oder »InSP 0«.
- Rückstellknopf für Tageskilometerzähler gedrückt halten, zusätzlich Bremspedal treten und beide halten.
- Zündung einschalten, im Display wird »InSP - - -« blinkend angezeigt. Rückstellknopf und Bremspedal weiter halten, bis die Anzeige umspringt.
- Nach ca. 10 Sekunden wird im Display die maximale Laufleistung bei flexiblem Wartungssystem angezeigt; beim Benzinmotor ist das »InSP 35000«, beim Dieselmotor »InSP 50000« . **Hinweis:** Beim ASTRA mit starren Wartungsintervallen beziehungsweise beim ZAFIRA wird »InSP 30000« angezeigt.
- Rückstellknopf und Bremspedal lösen. Das Service-Intervall ist jetzt zurückgesetzt. **Hinweis:** Dadurch wird der Zeitzähler im Kombiinstrument auf 24 Monate und die im Motor-Steuergerät abgelegte Information »Ölzustand« auf 100% gesetzt.

Wartungsplan

Die Wartung ist nach der Service-Intervallanzeige durchzuführen.

Beim ZAFIRA oder beim ASTRA mit **starren** Wartungsintervallen ist die Wartung jedes Jahr beziehungsweise nach 30.000 km durchzuführen. In diesem Fall muss beim 1,9-l-Dieselmotor ohne Dieselpartikelfilter das Motoröl alle 15.000 km gewechselt werden.

Im Rahmen der Wartung sind ebenfalls die zusätzlichen, mit ♦ gekennzeichneten Wartungspunkte nach den angegebenen Intervallen durchzuführen.

Nach erfolgter Wartung muss die Service-Intervallanzeige im Kombiinstrument zurückgesetzt werden.

Achtung: Bei häufigen Fahrten in staubiger Umgebung müssen Motor-Luftfilter und Pollenfilter bereits nach der Hälfte des ursprüngliche Wartungsintervalls gewechselt werden.

Motor

- Motor/Motorraum: Sichtprüfung auf Undichtigkeiten.
- Motor: Ölstand prüfen, Sichtprüfung auf Ölundichtigkeiten.
- Motor: Öl wechseln, Ölfilter ersetzen.
  1,9-l-Dieselmotor ohne Dieselpartikelfilter: Bei **starren** Wartungsintervallen Motoröl alle 15.000 km wechseln.
- Kühlsystem: Flüssigkeitsstand prüfen, Konzentration des Frostschutzmittels prüfen. Sichtprüfung auf Undichtigkeiten und äußere Verschmutzung des Kühlers.
- Dieselmotor: Bei hoher Luftfeuchtigkeit und/oder minderwertigem Kraftstoff den Kraftstofffilter einmal im Jahr entwässern.
- Abgasanlage: Auf Beschädigungen sichtprüfen.

Getriebe, Achsantrieb

- Getriebe: Sichtprüfung auf Undichtigkeiten.

Vorderachse und Lenkung

- Servolenkung: Auf Dichtheit sichtprüfen, gegebenenfalls Flüssigkeitsstand prüfen.
- Radaufhängung und Federung vorn und hinten: Sichtprüfen auf Beschädigungen.
- Lenkgetriebe: Manschetten prüfen.
- Gummimanschetten der Gelenkwellen: Auf Undichtigkeiten und Beschädigungen prüfen.
- Spurstangenköpfe und Achsgelenke: Staubkappen prüfen, Gelenke auf Spiel prüfen.

Bremsen, Reifen, Räder

- Bremsen vorn/hinten: Belagstärke prüfen.
- Bremsanlage: Flüssigkeitsstand prüfen.
- Bremsanlage: Leitungen, Schläuche und Anschlüsse auf Undichtigkeiten und Beschädigungen prüfen.
- Bereifung: Reifenfülldruck und Profiltiefe prüfen (einschließlich Reserverad); Reifen auf Verschleiß und Beschädigungen prüfen.

Aufbau, Heizung

- Airbag-Einheiten: Sichtprüfen auf Beschädigungen.
- Klimakompressor: Auf Dichtheit sichtprüfen.

Elektrische Anlage

- Alle Stromverbraucher: Funktion prüfen.
- Signalhorn: Prüfen.
- Beleuchtungsanlage/Kontrolllampen: Funktion prüfen.
- Scheibenwischer: Wischergummis auf Verschleiß prüfen.
- Scheibenwaschanlage: Funktion prüfen, Düsenstellung kontrollieren, Flüssigkeit nachfüllen, Scheinwerfer-Waschanlage prüfen.
- Batterie: Batterie sowie Polklemmen auf Festsitz und Batterie über das Batterieauge prüfen.
- Service-Intervallanzeige: Zurücksetzen.

Zusätzliche Wartungsarbeiten

Alle 2 Jahre unabhängig von den gefahrenen Kilometern

- ♦ Bremsflüssigkeit für Bremssystem und Kupplungshydraulik wechseln.
- ♦ Funk-Fernbedienung: Batterien wechseln.
- ♦ Karosserie: Lackierung auf Beschädigung prüfen.
- ♦ Unterbodenschutz: Prüfen.
- ♦ Erste-Hilfe-Kasten: Haltbarkeitsdatum prüfen.
- ♦ Abgasuntersuchung (AU) erstmalig nach 3 Jahren, dann alle 2 Jahre (Werkstattarbeit).

Alle 2 Jahre / 30.000 km

- ♦ Benzinmotor Z20LEH: Zündkerzen ersetzen.

Alle 2 Jahre / 60.000 km

- Pollenfilter: Filtereinsatz ersetzen. **Hinweis:** Bei nachlassender Wirkung der Klimaanlage Pollenfilter schon früher wechseln.
- Keilrippenriemen: Zustand und Spannvorrichtung prüfen (Beim ZAFIRA alle 2 Jahre).
- Dieselmotor: Kraftstofffilter ersetzen.
- Motor Z19DT(L): Ventilspiel prüfen, gegebenenfalls einstellen.
- Handbremse: Funktion prüfen.
- Räder: Radschrauben lösen. Schrauben einzeln nacheinander herausdrehen, Schraubenkonus leicht fetten oder ölen und Schrauben wieder einschrauben. Anschließend alle Radschrauben über Kreuz mit **110 Nm** festziehen.
- Reifenreparaturset, falls vorhanden: Vollständigkeit und Haltbarkeitsdatum des Dichtmittels prüfen. Dichtmittelflasche alle 4 Jahre ersetzen.
- Scheinwerfereinstellung: Prüfen (Werkstattarbeit).
- Türfeststeller und Türscharniere, Tür-Schließzylinder, Schließbügel, Motorhaubenschloss und Heckklappenscharniere: Schmieren.

Alle 4 Jahre / 60.000 km

- Motor-Luftfiltereinsatz: Ersetzen.
- Benzinmotor außer A20NHT / Z20LET / Z22YH / Z28NE(L/T): Zündkerzen ersetzen.
- Automatisches Getriebe (außer »AF 40-6« mit Motor Z28NE(L/T)/Z19DT(H)): Getriebeöl wechseln.

Alle 6 Jahre / 80.000 km

- Automatisches Getriebe »AF 40-6« (Motor Z28NE(L/T): Getriebeöl wechseln.

Alle 6 Jahre / 90.000 km

- Motor Z18XE: Zahnriemen und Zahnriemenspannrolle ersetzen.

Alle 8 Jahre / 120.000 km

- Motor Z20LE(L/R/H): Zahnriemen und Zahnriemenspannrolle ersetzen.
- Motor A20NHT/Z22YH/Z28NE(L/T): Zündkerzen ersetzen.

Alle 10 Jahre / 90.000 km

- Motor Z17DT(H/J/R) ab Modelljahr 2007: Zahnriemen und Zahnriemenspannrolle ersetzen.

Alle 10 Jahre / 100.000 km

- Motor Z17DTH ab Modelljahr 2006: Zahnriemen und Zahnriemenspannrolle ersetzen.

Alle 10 Jahre / 120.000 km

- Motor Z19DT(L/H): Keilrippenriemen ersetzen.

Alle 10 Jahre / 150.000 km

- Motor Z13DTH/Z17DT(L/H/J/R): Keilrippenriemen ersetzen.
- Motor Z16XE(P/1/R)/Z16LET/Z18XER/Z/17DTL/ Z/A17DTJ/R)Z19DT(L/ H): Zahnriemen und Zahnriemenspannrolle ersetzen.
- Motor Z16XE(P/1/R)/Z16LET/Z18XER/Z17DT(H/J/L/R/ A17DTJ/R): Ventilspiel prüfen beziehungsweise einstellen.

Wartungsarbeiten

Hier werden, nach den verschiedenen Baugruppen des Fahrzeugs aufgeteilt, alle Wartungsarbeiten beschrieben, die gemäß dem Wartungsplan durchgeführt werden müssen. Auf die erforderlichen Verschleißteile sowie das möglicherweise benötigte Sonderwerkzeug wird jeweils hingewiesen.

Es empfiehlt sich, Reifendruck, Motorölstand und Flüssigkeitsstände für Kühlung, Wisch-/Waschanlage etc. mindestens alle 4 bis 6 Wochen zu prüfen und gegebenenfalls zu ergänzen.

Achtung: Beim **Einkauf von Ersatzteilen** ist zur Identifizierung des Fahrzeuges unbedingt der **KFZ-Schein** mitzunehmen, denn nur durch die Fahrzeug-Identnummer ist eine eindeutige Zuordnung von Ersatzteil und Fahrzeugmodell möglich. Sinnvoll ist es auch, das Altteil zum Ersatzteilhändler mitzunehmen, um es dort mit dem Neuteil vergleichen zu können.

Motor und Abgasanlage

Folgende Wartungspunkte müssen nach dem Wartungsplan durchgeführt werden:

- Motor/Motorraum: Sichtprüfung auf Undichtigkeiten.
- Motorölstand prüfen, Sichtprüfung auf Ölundichtigkeiten.
- Motoröl wechseln, Ölfilter ersetzen.
- Kühlsystem: Flüssigkeitsstand prüfen, Konzentration des Frostschutzmittels prüfen. Sichtprüfung auf Undichtigkeiten und äußere Verschmutzung des Kühlers.
- Dieselmotor: Kraftstofffilter entwässern, ersetzen.
- Keilrippenriemen: Zustand und Spannvorrichtung prüfen.
- Motor-Luftfilter: Filtereinsatz ersetzen.
- Abgasanlage auf Beschädigungen sichtprüfen.
- Benzinmotor: Zündkerzen ersetzen.
- Falls vorhanden, Zahnriemen und Zahnriemenspannrolle ersetzen (Werkstattarbeit), siehe auch Kapitel »Motor-Mechanik«.
- Keilrippenriemen ersetzen, siehe Kapitel »Motor-Mechanik«.
- Motor Z16XEP/Z17DT(L/H)/Z19DT: Ventilspiel prüfen beziehungsweise einstellen, siehe Kapitel »Motor-Mechanik«.
- Abgasuntersuchung (AU) erstmalig nach 3 Jahren, dann alle 2 Jahre (Werkstattarbeit).

Motor/Motorraum: Sichtprüfung auf Undichtigkeiten

Spezialwerkzeug: nicht erforderlich.

- Obere Motorabdeckung ausbauen, siehe Seite 162.
- Leitungen, Schläuche und Anschlüsse
  - der Kraftstoffanlage,
  - des Kühl- und Heizungssystems,
  - der Bremsanlage

  auf Undichtigkeiten, Scheuerstellen, Porosität und Brüchigkeit sichtprüfen.

Ölundichtigkeit suchen

Bei ölverschmiertem Motor und hohem Ölverbrauch überprüfen, wo das Öl austritt. Dazu folgende Stellen überprüfen:

- Öleinfülldeckel öffnen und Dichtung auf Porosität oder Beschädigung prüfen.
- Kurbelgehäuse-Entlüftung: Zum Beispiel Belüftungsschlauch vom Zylinderkopfdeckel zum Luftansaugschlauch.
- Zylinderkopfdeckel-Dichtung.
- Zylinderkopf-Dichtung.
- Ölablassschraube (Dichtring).
- Ölfilterdichtung: Ölfilter am Ölfilterflansch.
- Ölwannendichtung.
- Wellendichtringe vorn und hinten für Nockenwelle und Kurbelwelle.

Da sich bei Undichtigkeiten das Öl meistens über eine größere Motorfläche verteilt, ist der Austritt des Öls nicht auf den ersten Blick zu erkennen. Bei der Suche geht man zweckmäßigerweise wie folgt vor:

- Motorwäsche folgendermaßen durchführen: Generator mit Plastiktüte abdecken. Motor mit handelsüblichem Kaltreiniger einsprühen und nach einer kurzen Einwirkungszeit an einer Autowaschanlage mit Wasser abspritzen.
- Trennstellen und Dichtungen am Motor von außen mit Kalk oder Talkumpuder bestäuben.
- Ölstand kontrollieren, gegebenenfalls auffüllen.
- Probefahrt durchführen. Da das Öl bei heißem Motor dünnflüssig wird und dadurch schneller an den Leckstellen austreten kann, sollte die Probefahrt über eine Strecke von ca. 30 km auf einer Schnellstraße durchgeführt werden.
- Anschließend Motor mit Lampe anstrahlen, undichte Stelle lokalisieren und Fehler beheben.

Kühlsystem prüfen

- Kühlmittelschläuche durch Zusammendrücken und Verbiegen auf poröse Stellen untersuchen, hart gewordene und aufgequollene Schläuche erneuern.
- Die Schläuche dürfen nicht zu kurz auf den Anschlussstutzen sitzen.
- Festen Sitz der Schlauchschellen kontrollieren, gegebenenfalls Schellen erneuern.
- Dichtung des Verschlussdeckels für den Ausgleichbehälter auf Beschädigungen überprüfen.

Achtung: Ein zu niedriger Kühlmittelstand kann auch von einem nicht richtig aufgeschraubten Verschlussdeckel herrühren.

- Deutlicher Kühlmittelverlust und/oder Öl in der Kühlflüssigkeit sowie weiße Abgaswolken bei warmem Motor deuten auf eine defekte Zylinderkopfdichtung hin.

Achtung: Mitunter ist es schwierig, die Leckstelle ausfindig zu machen. Dann empfiehlt sich eine Druckprüfung durch die Werkstatt (Spezialgerät erforderlich). Hierbei kann ebenfalls das Überdruckventil des Verschlussdeckels geprüft werden.

- Obere Motorabdeckung einbauen, siehe Seite 162.

Motorölstand prüfen

Spezialwerkzeug: nicht erforderlich.

Erforderliche Betriebsmittel/Verschleißteile:

- Zum Nachfüllen nur ein von OPEL freigegebenes Motoröl verwenden, siehe Seite 181.

Prüfen

- Motor warm fahren und auf einer ebenen, waagerechten Fläche abstellen.
- Nach Abstellen des Motors mindestens 5 Minuten lang warten, damit sich das Öl in der Ölwanne sammelt.

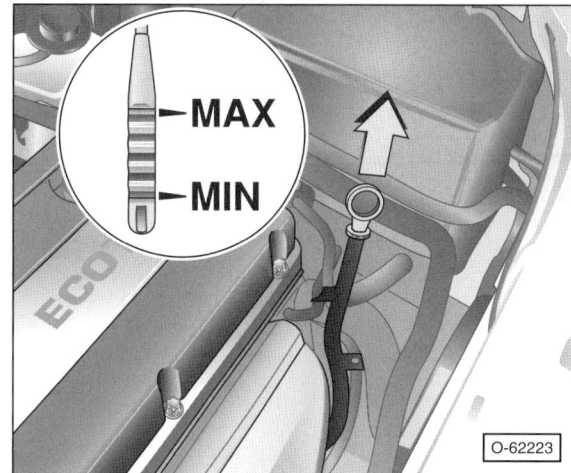

- Ölmessstab herausziehen –Pfeil– und mit sauberem Lappen abwischen.
- Anschließend Messstab bis zum Anschlag in das Führungsrohr einführen und wieder herausziehen. Der Ölstand muss zwischen den beiden Markierungen –MAX– und –MIN– liegen.
- Neues Öl erst nachfüllen, wenn sich der Ölstand der MIN-Marke nähert. Die Ölmenge von der MIN- bis zur MAX-Markierung beträgt **1,0 l.**

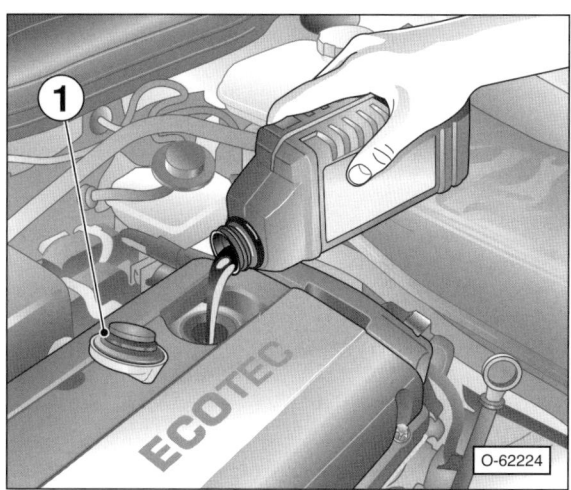

- Nachgefüllt wird am Verschluss des Zylinderkopf- oder Nockenwellengehäusedeckels. Beim Nachfüllen vorgeschriebene Ölsorte verwenden, keine Ölzusätze verwenden. 1 – Öleinfülldeckel.

Achtung: Zu viel eingefülltes Motoröl (oberhalb der MAX-Markierung) muss wieder abgesaugt werden, da sonst die Motordichtungen beziehungsweise der Katalysator beschädigt werden können.

- Bei hoher Motorbeanspruchung, beispielsweise durch längere Autobahnfahrten im Sommer, bei Anhängerbetrieb oder Gebirgsfahrten, sollte der Ölstand im oberen Teil des Sollbereichs liegen.

Motoröl wechseln/Ölfilter ersetzen

Erforderliches Spezialwerkzeug:

- Spezialwerkzeug zum Lösen des Ölfilters (Ölfilterzange, Spannbandschlüssel).
- **1,4-/2,2-l-Benziner und Dieselmotor:** Stecknuss zum Lösen des Ölfilterdeckels.

Wenn das Motoröl abgesaugt wird:

- Ölabsauggerät. Außendurchmesser der Sonde: 7 mm.
- Ölauffangbehälter.

Wenn das Motoröl abgelassen wird:

- Grube oder hydraulischer Wagenheber mit Unterstellböcken.
- Ölauffangwanne, die je nach Motor bis zu 5 Liter Öl fasst.

Erforderliche Betriebsmittel/Verschleißteile:

- Je nach Motor 3,5 bis 5 Liter Motoröl. Dabei nur ein von OPEL freigegebenes Motoröl verwenden, siehe Seite 181.
- Je nach Motor Ölfiltereinsatz oder Ölfilterpatrone.
- Nur wenn das Öl abgelassen wird: Aluminium- oder Kupfer-Dichtring für die Ölablassschraube. Der Dichtring wird manchmal mit dem Ölfilter mitgeliefert.

Hinweis: Die Öl-Verkaufsstellen nehmen die entsprechende Menge Altöl kostenlos entgegen, daher beim Ölkauf Quittung und Ölkanister für spätere Altölrückgabe aufbewahren! **Um Umweltschäden zu vermeiden, keinesfalls Altöl einfach wegschütten oder dem Hausmüll mitgeben.**

Ölwechselmenge mit Filterwechsel

1,4-l-Benzinmotor	3,5 l
1,6-l-Benzinmotor	4,0 l
1,8-/2,0-l-Benzinmotor (außer Z20LEH)	4,3 l
2,0-(Z20LEH)/2,2-l-Benzinmotor	5,0 l
1,3-l-Dieselmotor	3,3 l
1,7-l-Dieselmotor Z17DTL	4,5 l
1,7-l-Dieselmotor Z17DTH	5,0 l
1,7-l-Dieselmotor Z17DT(J/R)	5,4 l
1,9-l-Dieselmotor Z19DT(L/H)	4,3 l

Hinweis: Die angegebenen Ölwechselmengen sind ungefähre Mengenangaben. Auf jeden Fall nach dem Ölwechsel den Ölstand mit dem Ölmessstab prüfen und gegebenenfalls korrigieren.

Das Motoröl kann entweder durch das Ölmessstab-Führungsrohr abgesaugt werden oder aus der Ölwanne abgelassen werden. Zum Absaugen ist eine geeignete Absaugpumpe erforderlich, dabei darauf achten, dass der Absaugschlauch in das Ölmessstab-Führungsrohr passt.

Achtung: Bei den ASTRA/ZAFIRA-Motoren gibt es **2 Ölfilter-Varianten.** Die Motoren Z14XEP/Z16XER/Z16LET/Z22YH/Z13DTH/Z17DT(L/H)/Z19DT(J/H) besitzen ein Ölfiltergehäuse mit Filterdeckel und herausnehmbarem Filtereinsatz. Die Motoren Z16XEP/Z18XE(R)/Z20LE(L/H/R) sind mit einer Ölfilterpatrone ausgerüstet, die komplett ersetzt wird.

Motoröl ablassen

- **1,3-l-Dieselmotor:** Motorabdeckung nach oben abziehen. Prüfen, ob sich die Haltegummis unten an der Motorabdeckung gelöst haben, gegebenenfalls aufstecken.

- **1,3-l-Dieselmotor:** Abdeckung –1– für Ölfilterdeckel abschrauben. Dazu 2 Innentorxschrauben und 1 Sechskantmutter herausdrehen. **Hinweis:** Die Innentorxschrauben sitzen mitunter sehr fest, daher empfiehlt es sich einen Innentorx-Bit T30 mit Verlängerung und Ratsche zu verwenden.
- Öleinfülldeckel –1– abschrauben, siehe Abbildung O-62224 auf Seite 19.

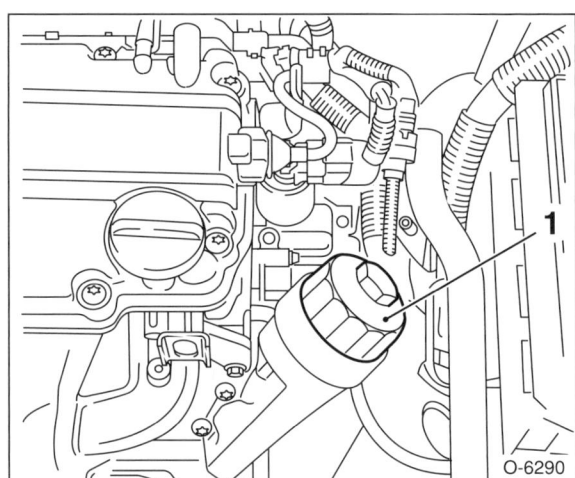

- Deckel –1– vom Ölfiltergehäuse mit geeigneter Stecknuss abschrauben und abnehmen. **Achtung:** Durch Abschrauben des Filterdeckels wird ein Ventil geöffnet, wodurch das Öl aus dem Filter in die Ölwanne zurücklaufen kann. **Hinweis:** Die Abbildung zeigt den 1,4-l-Benzinmotor bis 1/07.

- Nachdem das Öl aus dem Filter abgelaufen ist, Ölfiltereinsatz herausnehmen. **Hinweis:** Je nach Motor wird der Deckel zusammen mit dem Filtereinsatz abgenommen. In diesem Fall Filtereinsatz aus dem Deckel herausnehmen.
- Motoröl mit einem Ölabsauggerät über das Ölmessstab-Führungsrohr absaugen.
- Steht das Ölabsauggerät nicht zur Verfügung, Motoröl ablassen. Dazu Fahrzeug waagerecht aufbocken oder über eine Montagegrube fahren.
- **1,7-/1,9-l-Dieselmotor:** Serviceklappe in der unteren Motorraumabdeckung öffnen. Dazu 4 Drehverschlüsse herausdrehen, siehe Seite 246.
- **1,9-l-Dieselmotor:** Um das Flexrohr der Abgasanlage vor auslaufendem Motoröl zu schützen, geeignete Abdeckung über das Flexrohr legen und mit Draht befestigen.

Sicherheitshinweis
Beim Aufbocken des Fahrzeugs besteht Unfallgefahr! Hinweise im Kapitel »Fahrzeug aufbocken« beachten.

- Altöl-Auffangwanne unter die Ölablassschraube stellen.

Sicherheitshinweis
Darauf achten, dass beim Herausdrehen der Ölablassschraube das heiße Motoröl nicht über die Hand läuft. Deshalb beim Abschrauben mit den Fingern den Arm waagerecht halten.

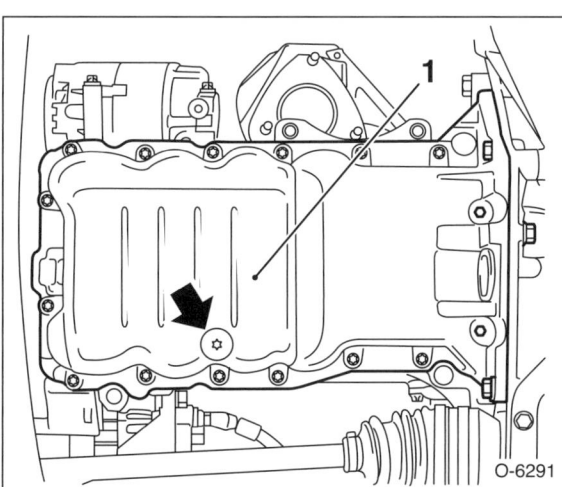

- Ölablassschraube –Pfeil– mit Innentorxschlüssel aus der Ölwanne –1– herausdrehen und Altöl ganz ablassen.
- Ölablassschraube mit **neuem** Dichtring anschrauben.
  Anzugsdrehmomente:
  Motor Z14XEP/Z20LER . . . . **10 Nm**
  Motor Z16/Z18 . . . . **14 Nm**
  Dieselmotor Z13DTH/Z19DT(L/J/H)/Z17DTR . . . . **20 Nm**
  Dieselmotor Y17DTL/Z17DTH . . . . **80 Nm**

Achtung: Werden im Motoröl Metallspäne und Abrieb in größeren Mengen festgestellt, deutet dies auf Fressschäden hin, zum Beispiel Kurbelwellen- oder Pleuellagerschäden. Um Folgeschäden nach erfolgter Reparatur zu vermeiden, ist die sorgfältige Reinigung von Ölkanälen und Ölschläuchen unerlässlich, gegebenenfalls Ölkühler erneuern.

- **1,9-l-Dieselmotor:** Abdeckung vom Flexrohr der Abgasanlage abnehmen.
- **1,7-/1,9-l-Dieselmotor:** Serviceklappe in der unteren Motorraumabdeckung mit 4 Drehverschlüssen anschrauben.
- Fahrzeug ablassen.

Ölfilter wechseln

Achtung: Benutzte Ölfilter oder Filtereinsätze müssen als Sondermüll entsorgt werden.

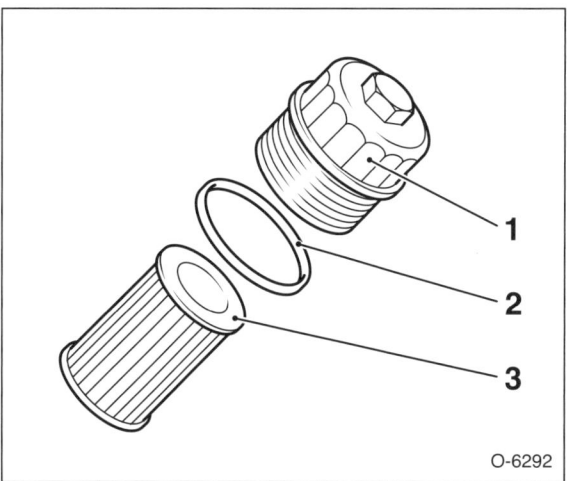

- Ölfilterdeckel –1– mit **neuem** Filtereinsatz –3– und **neuem** Dichtring –2– am Ölfiltergehäuse anschrauben.
  Anzugsdrehmoment:
  Z14XEP . . . . **15 Nm**
  Z13DTH/Z16XE(1/R)/Z17DTR/
  Z19DT(L/J/H)/Z22YH . . . . **25 Nm**

- **1,3-l-Dieselmotor:** Abdeckung für Ölfilterdeckel mit 2 Innentorxschrauben und 1 Sechskantmutter und **9 Nm** anschrauben.
- **1,3-l-Dieselmotor:** Motorabdeckung mit den Haltegummis über den Haltern ansetzen, nach unten drücken und einrasten.

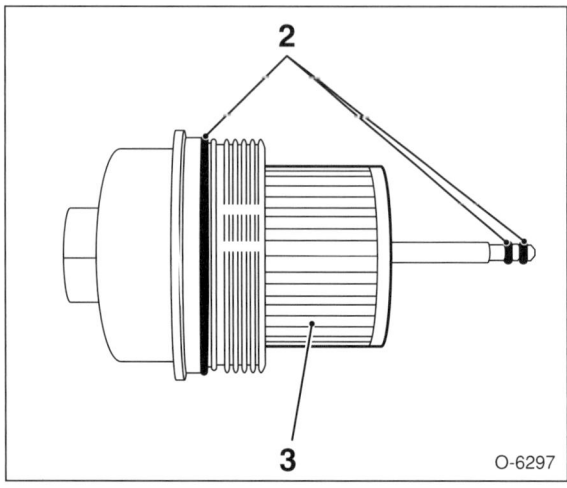

- **1,7-l-Dieselmotor:** Ölfilterdeckel mit **neuem** Filtereinsatz –3– und **neuen** Dichtringen –2– am Ölfiltergehäuse anschrauben und mit **25 Nm** festziehen.

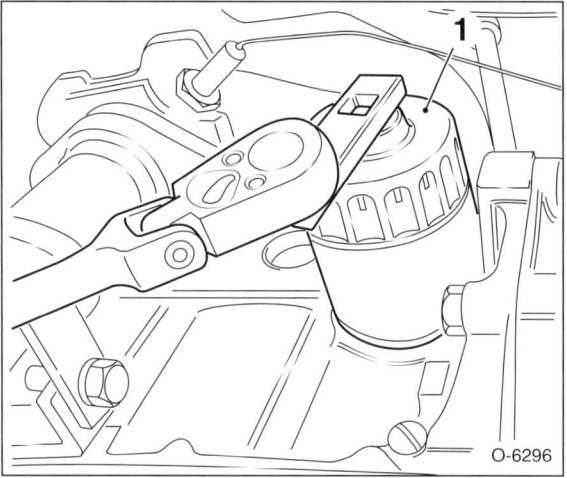

- **Motor Z16XEP/Z18XE(R):** Ölfilter ausbauen. Für den Ausbau des Ölfilters benutzen die Werkstätten ein spezielles Werkzeug –1–. Steht dieses nicht zur Verfügung, kann auch das Werkzeug HAZET-2172 genommen werden. Man kann auch einen spitzen Schraubendreher seitlich in den Ölfilter eintreiben. Beim Drehen läuft dann allerdings Öl aus – Gefäß unterstellen. Altöl aus dem Ölfilter in das Auffanggefäß ablaufen lassen. **Hinweis:** Die Abbildung zeigt den Motor Z18XE. Beim 1,6-/1,8-l-Motor ist der Ölfilter, in Fahrtrichtung gesehen, vorn am Motorblock angeflanscht. Beim 2,0-l-Benzinmotor sitzt der Ölfilter hinten an der Ölpumpe, in der Nähe des Keilrippenriemens.
- Ölfilterflansch mit Kraftstoff reinigen. Eventuell dort verbliebene Filterdichtung abnehmen.
- Gummidichtring am neuen Ölfilter mit sauberem Motoröl bestreichen.
- Neuen Ölfilter nur mit der Hand festschrauben. Wenn die Filterdichtung am Motorblock anliegt, Filter noch um ½ Umdrehung weiterdrehen. Hinweise auf dem Ölfilter beachten.
  Anzugsdrehmomente:
  Motor Z18XE/Z16XEP . . . . **11 Nm**
  Motor Z20LEL(R/H) . . . . **15 Nm**
- Fahrzeug ablassen.

Motoröl auffüllen

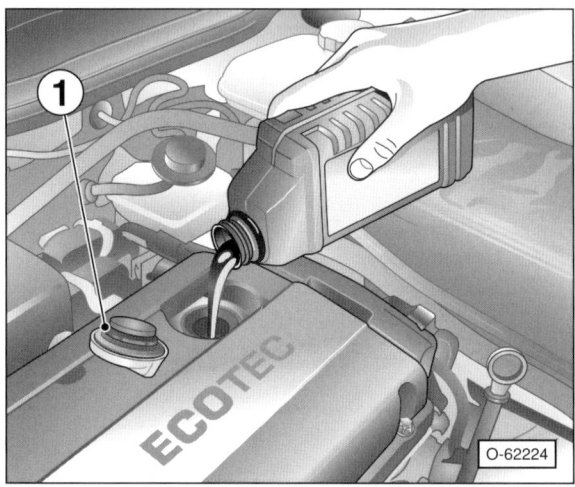

- **Neues** Öl am Einfüllstutzen des Zylinderkopfdeckels einfüllen. 1 – Verschlussdeckel.

Achtung: Grundsätzlich empfiehlt es sich, zunächst ½ Liter Motoröl weniger einzufüllen, den Motor warm laufen zu lassen und nach einigen Minuten den Ölstand mit dem Messstab zu kontrollieren und gegebenenfalls zu ergänzen. Zu viel eingefülltes Motoröl muss wieder abgesaugt werden, da sonst die Motordichtungen beziehungsweise der Katalysator beschädigt werden können.

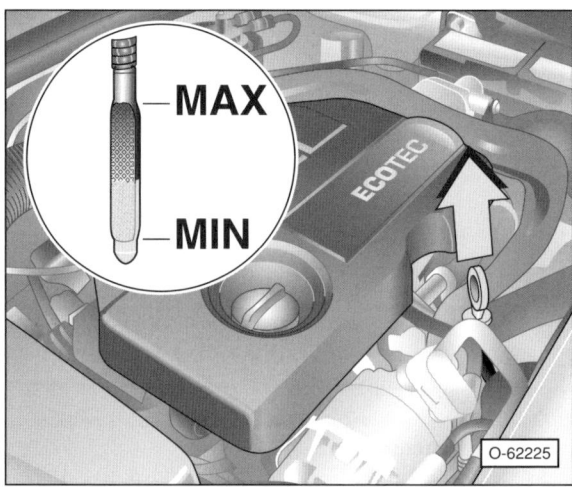

- Ölmessstab herausziehen –Pfeil– und mit sauberem Lappen abwischen.

- Anschließend Messstab bis zum Anschlag in das Führungsrohr einführen und wieder herausziehen. Der Ölstand muss zwischen den beiden Markierungen –MAX– und –MIN– liegen.
- Neues Öl erst nachfüllen, wenn sich der Ölstand der MIN-Marke nähert. Die Ölmenge von der MIN- bis zur MAX-Markierung beträgt **1,0 l**.
- Nach Probefahrt Dichtigkeit der Ölablassschraube und des Ölfilters überprüfen, gegebenenfalls vorsichtig nachziehen.
- Ölstand ca. 5 Minuten nach Abstellen des Motors nochmals prüfen, gegebenenfalls korrigieren.

Kühlmittelstand prüfen/auffüllen

Ein zu niedriger Kühlmittelstand wird im Display des Kombiinstruments angezeigt. Vor jeder größeren Fahrt sollte dennoch grundsätzlich der Kühlmittelstand geprüft werden.

Spezialwerkzeug: nicht erforderlich.

Erforderliche Betriebsmittel zum Nachfüllen:

- Von OPEL freigegebenes Kühlerfrostschutzmittel. **Hinweis:** Grundsätzlich nur hellrotes, silikatfreies Kühlerfrostschutzmittel verwenden. **Auf keinen Fall grünblaues**, silikathaltiges Frostschutzmittel zum Nachfüllen verwenden.
- Sauberes, kalkarmes Wasser in Trinkwasserqualität.

Zum Nachfüllen – auch in der warmen Jahreszeit – nur eine Mischung aus Kühlerfrostschutzmittel und kalkarmem, sauberem Wasser verwenden.

Achtung: Um die Weiterfahrt zu ermöglichen, kann auch, insbesondere im Sommer, reines Wasser nachgefüllt werden. Der Kühlerfrostschutz muss dann jedoch baldmöglichst korrigiert werden.

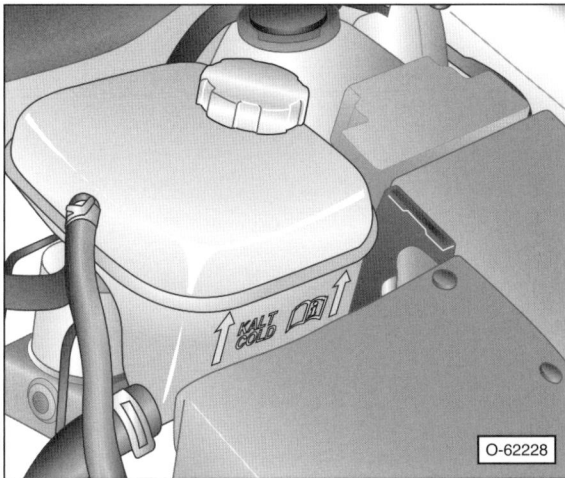

- Der Kühlmittelstand soll bei kaltem Motor (Kühlmitteltemperatur ca. +20° C) etwas über der Markierung »KALT/COLD« am Ausgleichbehälter liegen –Pfeil–.

Hinweis: Die ursprünglich hellrote bis orangefarbene Kühlflüssigkeit kann nach längerem Betrieb eine gelbliche Färbung annehmen. Dies ist normal und hat keinen Einfluss auf die Funktion der Kühlflüssigkeit.

- Wenn der Kühlmittelstand bei kaltem Motor die Markierung »KALT/COLD« unterschreitet, Kühlmittel nachfüllen.
- **Kaltes** Kühlmittel nur bei **kaltem Motor** nachfüllen, um Motorschäden zu vermeiden.

> **Sicherheitshinweis**
> Verschlussdeckel bei heißem Motor vorsichtig öffnen. **Verbrühungsgefahr!** Beim Öffnen Lappen über den Verschlussdeckel legen. Verschlussdeckel nur bei einer Kühlmittel-Temperatur unter +90° C öffnen.

- Verschlussdeckel beim Öffnen zuerst etwas aufdrehen und Überdruck entweichen lassen. Danach Deckel weiterdrehen und abnehmen.
- Sichtprüfung auf Dichtheit durchführen, wenn der Kühlmittelstand in kurzer Zeit absinkt.

Frostschutz prüfen/korrigieren

Regelmäßig vor Winterbeginn sollte sicherheitshalber die Konzentration des Frostschutzmittels geprüft werden, insbesondere wenn zwischendurch reines Wasser nachgefüllt wurde.

Erforderliches Spezialwerkzeug:

- Prüfspindel oder Refraktometer (HAZET 4810-C) zum Messen des Frostschutzanteils. Eine Frostschutz-Prüfspindel liegt manchmal auch an Tankstellen zur Benutzung aus.

Hinweis: Eventuell ist es erforderlich die Prüfspindel zu eichen. Dabei ist folgendermaßen vorzugehen: 50 ml Kühlkonzentrat mit 50 ml Trinkwasser mischen. Diese Mischung hat einen Frostschutz von –40° C. Frostschutz mit der Prüfspindel messen und eventuelle Abweichung zum Sollwert von –40° C notieren. Beispiel: Die Prüfspindel zeigt –34° C an. Die Abweichung beträgt also –6° C. Wird dann am Fahrzeug ein Wert von –26° C gemessen, dann beträgt der korrekte Frostschutz (–26°) + (–6°) = –32° C.

Erforderliche Betriebsmittel zum Nachfüllen:

- Von OPEL freigegebenes Kühlerfrostschutzmittel. **Hinweis:** Grundsätzlich nur hellrotes, silikatfreies Kühlerfrostschutzmittel verwenden. **Auf keinen Fall grünblaues**, silikathaltiges Frostschutzmittel zum Nachfüllen verwenden.
- Sauberes, kalkarmes Wasser in Trinkwasserqualität.

Prüfen

- Motor warm fahren, bis der obere Kühlmittelschlauch zum Kühler etwa handwarm ist. Die Temperatur der Kühlflüssigkeit sollte für die Prüfung bei etwa +20° C liegen.

- Verschlussdeckel am Ausgleichbehälter vorsichtig öffnen. **Achtung:** Nicht bei heißem Motor öffnen, siehe unter »Kühlmittelstand prüfen«.

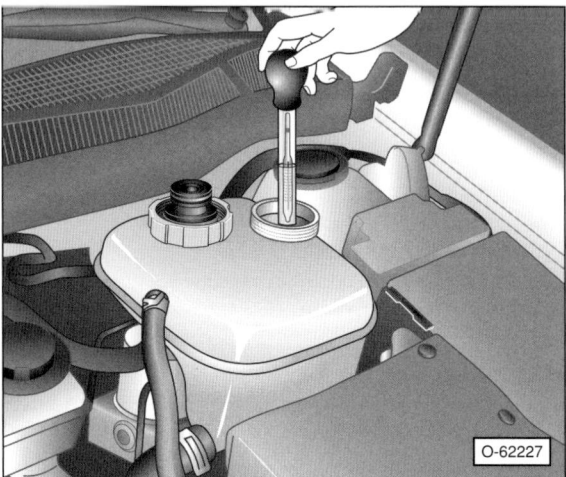

- Mit Prüfspindel Kühlflüssigkeit ansaugen und am Schwimmer die Kühlmitteldichte ablesen. Der Frostschutz soll in unseren Breiten bis –30° C reichen.

OPEL-Kühlkonzentrat ergänzen

Achtung: Da Kühler und Wärmetauscher aus Aluminium gefertigt sind, darf nur ein dafür geeignetes und von OPEL freigegebenes Frost- und Korrosionsschutzmittel verwendet werden.

Beispiel: Die Frostschutz-Messung mit der Spindel ergibt beim 1,6-l-Motor einen Frostschutz bis – 10° C. In diesem Fall aus dem Kühlsystem 1,8 l Kühlflüssigkeit ablassen und dafür 1,8 l reines Frostschutzkonzentrat auffüllen. Dadurch wird ein Frostschutz bis –30° C erreicht. Für einen Frostschutz von –40° C ist der Austausch von 2,2 l Flüssigkeit erforderlich.

- Verschlussdeckel am Kühler verschließen und nach Probefahrt Frostschutz erneut überprüfen.

Achtung: Eine zu hohe Konzentration des Frostschutzmittels führt zu einer Verschlechterung von Kühleigenschaften und Frostschutz. Dies ist der Fall ab einem Frostschutzanteil von ca. 55 %.

Gemess. Wert in °C		0	–5	–10	–15	–20	–30	Füllmenge
Motor	Sollwert	Differenzmenge in Liter						
1,4-l	–30°	2,2	1,9	1,6	1,3	1,0	–	5,6
	–40°	2,8	2,4	2,0	1,7	1,3	0,5	
1,3-/1,6-/1,8-l	–30°	2,5	2,2	1,8	1,5	1,2	–	6,0-6,3
	–40°	3,2	2,7	2,3	1,9	1,4	0,6	
1,7-/1,9-/2,0-/2,2-l (auß.Z20LEH)	–30°	2,8	2,4	2,1	1,7	1,3	–	6,8-7,1
	–40°	3,6	3,1	2,6	2,1	1,6	0,7	
2,0-l (Z20LEH)	–30°	3,0	2,6	2,2	1,8	1,4	–	7,6
	–40°	3,8	3,3	2,8	2,2	1,7	0,7	

Achtung: Die in der Tabelle angegebenen Werte gelten bei einer Kühlflüssigkeitstemperatur von ca. +20° C.

Kraftstofffilter für Dieselmotor entwässern/ersetzen

Achtung: Auslaufender Dieselkraftstoff muss besonders von Gummiteilen, beispielsweise Kühlmittelschläuchen, sofort abgewischt werden, sonst werden die Gummiteile im Lauf der Zeit zerstört.

Hinweis: Dieselkraftstoff ist ein Problemstoff und darf auf keinen Fall einfach weggeschüttet oder dem Hausmüll mitgegeben werden. Gemeinde- und Stadtverwaltungen informieren darüber, wo sich die nächste Problemstoff-Sammelstelle befindet.

Erforderliches Spezialwerkzeug:

- Zum Auffangen des Wassersatzes ist ein geeignetes Auffanggefäß erforderlich.
- Spezialzange zum Öffnen von Schnellverschlüssen der Kraftstoffleitungen, zum Beispiel HAZET 4501-1.
- **1,3-/1,9-l-Dieselmotor:** Spezialwerkzeuge zum Öffnen des Filtergehäuses, siehe Abbildung O-62162.

Erforderliche Verschleißteile, um den Filter zu ersetzen:

- Kraftstofffiltereinsatz.
- Dichtungen für Filterdeckel.
- Etwa 0,2 l sauberen Dieselkraftstoff zum Füllen des Filters.

Entwässern

- Batterie abklemmen. **Achtung:** Hinweise im Kapitel »Batterie aus- und einbauen« beachten.

Motor Z13DTH/Z19DT(J/H)

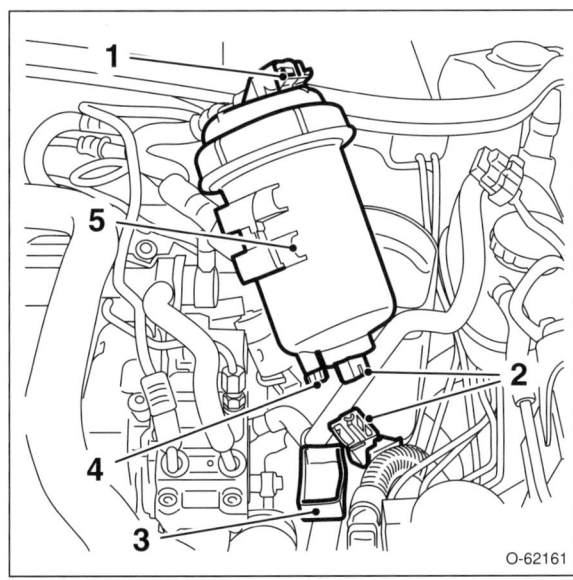

- Kraftstofffiltergehäuse –5– ausbauen. Dazu Mehrfachstecker für Kraftstoffvorwärmung –1– und, falls vorhanden, Stecker für Kraftstofftemperaturgeber –2– abziehen.
- Kraftstofffiltergehäuse –5– vorsichtig nach oben aus der Crash-Box herausziehen. **Hinweis:** Die Kraftstoffleitungen bleiben angeschlossen.
- Geeignete Auffangwanne –3– unter das Filtergehäuse stellen. **Achtung:** Kraftstofffiltergehäuse nicht schütteln.
- Ablassschraube –4– ca. 1 Umdrehung öffnen und Wassersatz (ca. 100 cm^3) ablaufen lassen. Sobald reiner Dieselkraftstoff austritt, Ablassschraube –4– schließen. **Achtung:** Kraftstofffiltergehäuse nicht leer laufen lassen.
- Kraftstofffiltergehäuse in die Crash-Box einsetzen und in der Führung nach unten schieben.
- Mehrfachstecker für Kraftstoffvorwärmung und, falls vorhanden, für Kraftstofftemperaturgeber aufstecken.

Motor Z17DT(L/H/R)

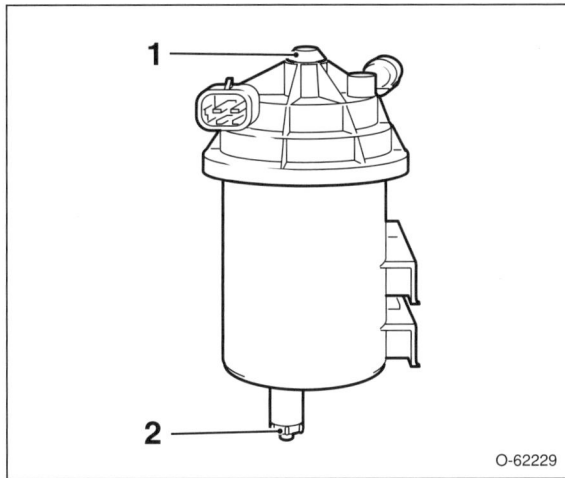

- Geeignete Auffangwanne unter das Filtergehäuse stellen. **Hinweis:** Es kann auch ein geeigneter Schlauch am Stutzen der Ablassschraube –2– aufgesteckt werden. In diesem Fall Schlauch durch den Motorraum in einen Auffangbehälter führen.
- Zentralschraube –1– am Filterdeckel etwas lösen.
- Ablassschraube unten am Filter –2– ca. 1 Umdrehung öffnen und Wassersatz (ca. 100 cm^3) in das Auffanggefäß ablaufen lassen. Sobald reiner Kraftstoff austritt, Ablassschraube festziehen. **Achtung:** Kraftstofffiltergehäuse nicht leer laufen lassen.
- Zentralschraube am Filterdeckel mit **6 Nm** festziehen. **Achtung:** Schraube **nicht zu stark anziehen,** sonst können Undichtigkeiten auftreten.

Achtung: Die Kraftstoffanlage braucht nach dem Entwässern nicht entlüftet zu werden.

- Batterie anklemmen. **Achtung:** Hinweise im Kapitel »Batterie aus- und einbauen« beachten.

Ersetzen

Ausbau

- Batterie abklemmen. **Achtung:** Hinweise im Kapitel »Batterie aus- und einbauen« beachten.
- Gesamte Flüssigkeit aus dem Kraftstofffilter ablaufen lassen, siehe unter »Entwässern«.

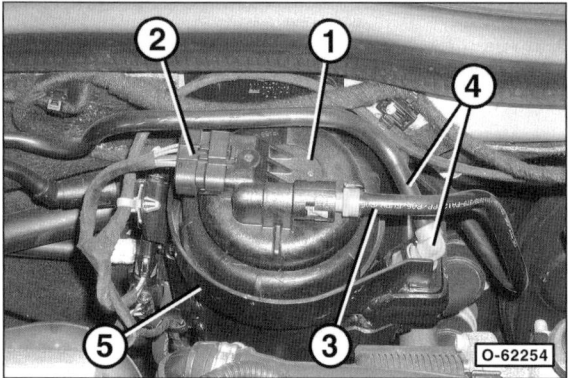

- Stecker für Filterheizung –2– abziehen.
- Falls vorhanden, Stecker für Wasserstandsensor am Kraftstofffiltergehäuse –1– und Stecker für Kraftstofftemperaturgeber unten am Kraftstofffiltergehäuse abziehen.
- Kraftstoffvorlaufleitung vom Tank –3– vom Anschluss am Filterdeckel trennen. Dazu Verschluss mit OPEL-Spezialwerkzeug KM-796-A oder HAZET 4501-1 öffnen. Kraftstoffleitungen mit geeigneten Stopfen verschließen.
- Kraftstoffvorlaufleitung zur Pumpe –4– vom Kraftstofffilter trennen.
- Kraftstofffiltergehäuse vorsichtig nach oben aus der Crash-Box –5– herausziehen.

Motor Z17DT(L/H/R)

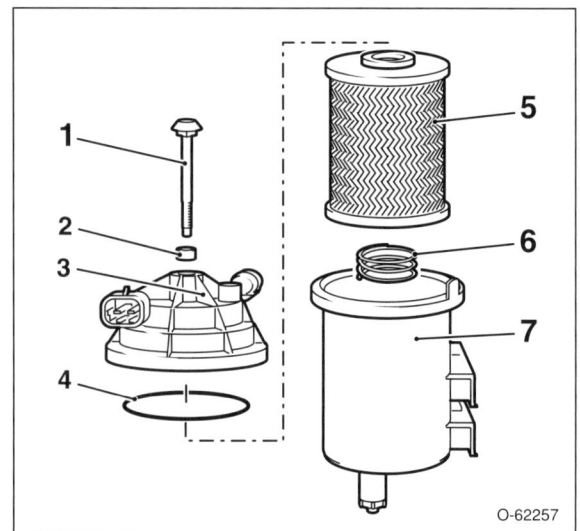

1 – Zentralschraube
2 – Dichtung
3 – Deckel
4 – Deckeldichtung
5 – Filtereinsatz
6 – Feder
7 – Filtergehäuse

- Kraftstofffilterdeckel –3– vom Kraftstofffiltergehäuse –7– abschrauben.
- Kraftstofffiltereinsatz –5– aus dem Kraftstofffiltergehäuse herausnehmen und in geeignetem Behälter ablegen.
- Kraftstoffrestmenge aus Kraftstofffiltergehäuse in einen geeigneten Behälter entleeren.
- Filterdeckel und Kraftstofffiltergehäuse innen mit flusenfreiem Lappen reinigen.

Motor Z13DTH/Z19DT(J/H)

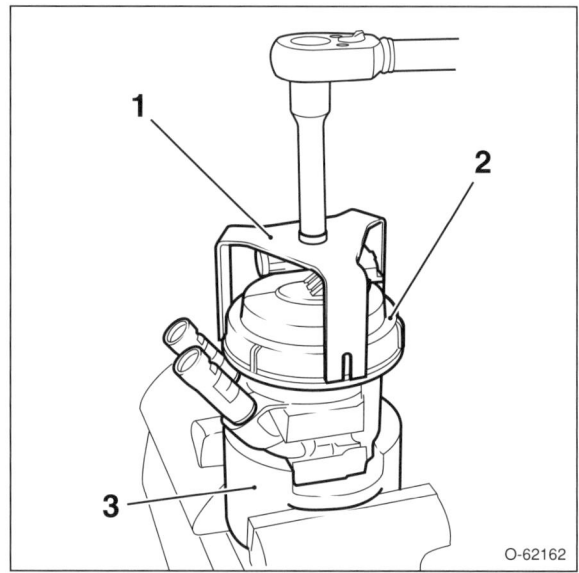

- Um den Schraubring –2– für den Kraftstofffilterdeckel zu lösen, setzt die Fachwerkstatt das Filtergehäuse in die Aufnahme –3– (OPEL-EN-46784-020) und spannt diese in einen Schraubstock ein. Anschließend wird der Schraubring mit dem Spezialschlüssel –1– (OPEL-EN-46784-010) gelöst.

Achtung: Steht das Spezialwerkzeug nicht zur Verfügung, muss besonders vorsichtig vorgegangen werden, damit Filtergehäuse und Schraubring nicht beschädigt werden.

- Kraftstofffiltergehäuse in einen Schraubstock einspannen und Schraubring mit einem Hartholzstab und einem Hammer vorsichtig lösen. Dabei Holzstab an unterschiedlichen Rippen des Rings ansetzen.

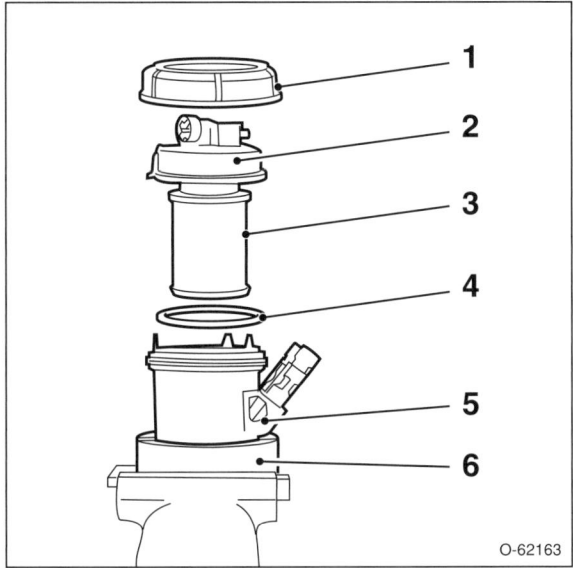

- Schraubring –1– von Kraftstofffiltergehäuse –5– abschrauben.
- Filterdeckel –2– mit Filterelement –3– herausnehmen.
- Dichtring –4– abnehmen.
- Filterelement –3– um 50° gegen den Uhrzeigersinn drehen und vom Filterdeckel abnehmen.
- Filterdeckel und Kraftstofffiltergehäuse innen mit flusenfreiem Lappen reinigen.

Einbau

1,7-l-Dieselmotor

- **Neues** Filterelement in das Filtergehäuse einsetzen.
- Filtergehäuse bis kurz unterhalb vom Rand mit **sauberem** Dieselkraftstoff füllen. **Achtung:** Schon ein Sandkorn auf der Filter-Reinseite kann zur Zerstörung der Einspritzpumpe führen.
- Deckel mit neuen Dichtungen –2– und –4– aufsetzen, siehe Abbildung O-62257.
- Zentralschraube –1– (Abbildung O-62257) mit **6 Nm** festziehen. **Achtung:** Schraube **nicht zu stark anziehen,** sonst können Undichtigkeiten auftreten.

1,3-/1,9-l-Dieselmotor

- **Neues** Filterelement am Filterdeckel ansetzen, um 50° im Uhrzeigersinn drehen und dadurch befestigen.
- **Neuen** Dichtring auflegen.
- Filterdeckel mit Filterelement in das Filtergehäuse einsetzen und mit Schraubring anschrauben. **Hinweis:** Der Filterdeckel passt nur in einer Einbaulage. Eine Falschmontage ist nicht möglich.
- Schraubring mit **30 Nm** festziehen.

Kraftstofffiltergehäuse einbauen

- Kraftstofffiltergehäuse in die Crash-Box einsetzen.
- Stopfen abnehmen und Kraftstoffleitungen am Kraftstofffilter aufstecken und verriegeln.
- Kabelsatzstecker aufstecken und einrasten.
- Batterie anklemmen. **Achtung:** Hinweise im Kapitel »Batterie aus- und einbauen« durchlesen.
- Motor starten und im Leerlauf laufen lassen. Kraftstoffsystem auf Dichtheit sichtprüfen. **Achtung:** Die Kraftstoffanlage entlüftet sich beim Starten des Motors normalerweise automatisch. Sollte der Motor nicht anspringen oder sofort wieder ausgehen, Kraftstofffiltergehäuse entlüften. Dazu »Zündung« 3-mal für jeweils 15 Sekunden einschalten. Anschließend Motor starten. Dabei kann der Anlasser bis zu 40 Sekunden lang betätigt werden. **Hinweis:** Beim Einschalten der Zündung läuft jedes Mal die Kraftstoff-Vorförderpumpe im Tank an und pumpt Kraftstoff in das Kraftstofffiltergehäuse. Sollte der Motor nicht anspringen, Zündung ausschalten und Entlüftungsvorgang nach kurzer Zeit wiederholen.

Keilrippenriemen prüfen

Der Keilrippenriemen muss nicht nachgespannt werden, da eine automatische Spannrolle die Riemenspannung konstant hält. Im Rahmen der Wartung muss der Keilrippenriemen auf Beschädigungen geprüft und gegebenenfalls erneuert werden.

Spezialwerkzeug: nicht erforderlich.

Erforderliche Betriebsmittel/Verschleißteile bei defektem Keilrippenriemen:

- Keilrippenriemen für die jeweilige Motorausführung.

Spannvorrichtung prüfen

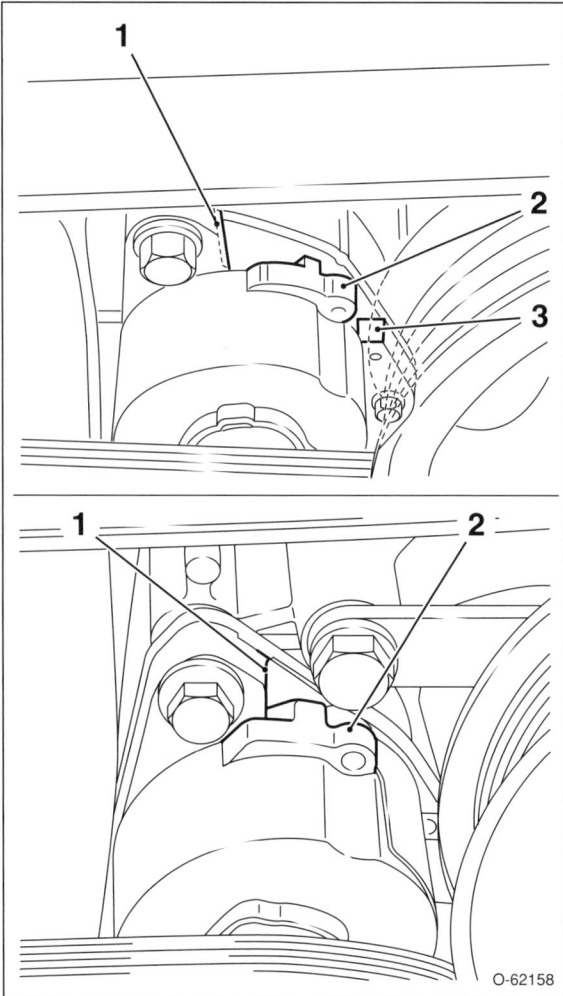

- **Benzinmotor:** Position des beweglichen Spannarms –2– der Keilrippenriemen-Spannvorrichtung prüfen. Der Spannarm sollte zwischen den Anschlägen –1– und –3– liegen. Falls der Spannarm an einem der Anschläge anliegt, müssen Keilrippenriemen und die Spannvorrichtung ersetzt werden.

Zustand prüfen

- Zündung ausschalten.
- Riemen an gut sichtbarer Stelle mit einem Kreidestrich markieren.
- Motor stückweise langsam durchdrehen und dabei Zustand des Keilrippenriemens sichtprüfen. Motor durchdrehen, siehe Seite 163.

Achtung: Motor nicht rückwärts drehen.

- Keilrippenriemen auf folgende Beschädigungen prüfen:
- Öl- und Fettspuren.

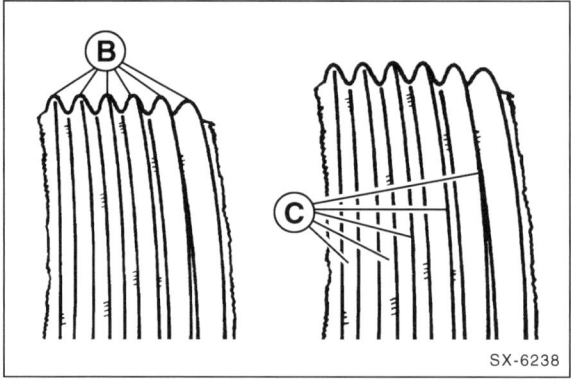

- Flankenverschleiß: Rippen laufen spitz zu –B–, neu sind sie trapezförmig. Der Zugstrang ist im Rippengrund sichtbar, erkenntlich an den helleren Stellen –C–.
- Flankenverhärtungen, glasige Flanken.

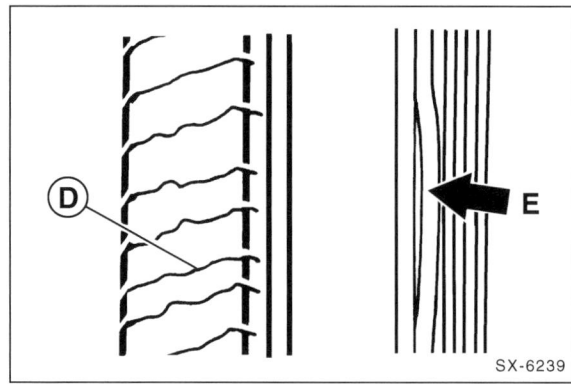

- Querrisse –D– auf der Rückseite des Riemens.
- Einzelne Rippen lösen sich ab –E–.

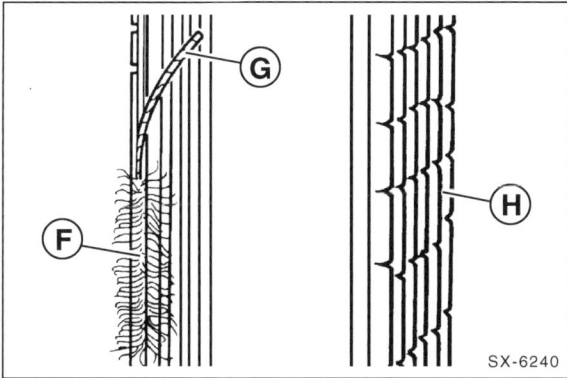

- Ausfransungen der äußeren Zugstränge –F–.
- Zugstrang seitlich herausgerissen –G–.
- Querrisse –H– in mehreren Rippen.

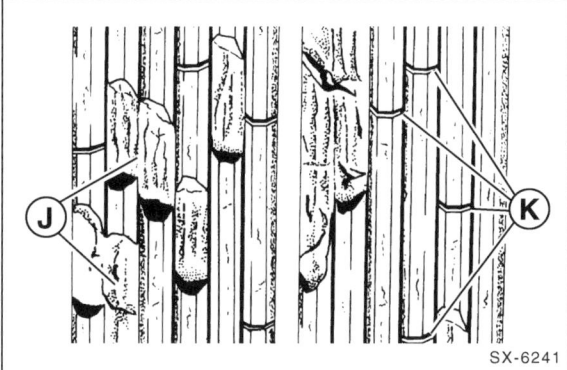

- Rippenbrüche –J–.
- Einzelne Rippenquerrisse –K–.
- Einlagerung von Schmutz und Steinen zwischen den Rippen.
- Gummiknollen im Rippengrund.
- Wenn eine oder mehrere dieser Beschädigungen vorhanden sind, Keilrippenriemen ersetzen, siehe Seite 177.

Zahnriemen ersetzen/ Zahnriemenrollen prüfen

Das Ersetzen des Zahnriemens ist im Kapitel »Motor-Mechanik« beschrieben. **Achtung:** Wird die Arbeit falsch ausgeführt, können schwere Motorschäden die Folge sein. Daher bei unzureichender Erfahrung Fachwerkstatt aufsuchen.

Zahnriemenrollen prüfen und bei Auftreten der folgenden Punkte **austauschen**.

Umlenkrolle, Spannrolle:

- Deutliche Lagergeräusche der Spann-/Umlenkrolle bei aufgelegtem und nicht aufgelegtem Zahnriemen.
- Bei abgenommenem Zahnriemen drehen die Rollen bei leichtem Anstoßen mehrere Umdrehungen nach.
- Defekte Lager-Dichtlippe, dadurch extremer Fettverlust mit langem Nachlaufen der Rollen.
- Zahnriemen-Lauffläche auf der Spann-/Umlenkrolle weist Beschädigungen durch beispielsweise Sand, Staub, oder Salzwasser auf.

Zahnriemen-Antriebsrad:

- Zahnriemen-Lauffläche weist Beschädigungen durch beispielsweise Sand, Staub, oder Salzwasser auf.
- Stufenbildung zwischen verschlissenem und nicht verschlissenem Bereich ist größer als 0,1 mm (Papierdicke).

Sichtprüfung der Abgasanlage

Spezialwerkzeug: nicht erforderlich.

> **Sicherheitshinweis**
> Beim Aufbocken des Fahrzeugs besteht Unfallgefahr! Hinweise im Kapitel »Fahrzeug aufbocken« beachten.

- Fahrzeug aufbocken.
- Befestigungsschellen und -flansche auf festen Sitz prüfen.
- Abgasanlage auf Löcher, durchgerostete Teile sowie Scheuerstellen absuchen.
- Stark gequetschte Abgasrohre ersetzen.
- Gummihalterungen durch Drehen und Dehnen auf Porosität überprüfen und gegebenenfalls austauschen.
- Benziner: Elektrischen Anschluss und festen Sitz der Lambdasonde(n) prüfen.
- Fahrzeug ablassen.

Motor-Luftfilter: Filtereinsatz erneuern

Spezialwerkzeug: nicht erforderlich.

Erforderliche Betriebsmittel/Verschleißteile:

■ Luftfiltereinsatz.

Ausbau

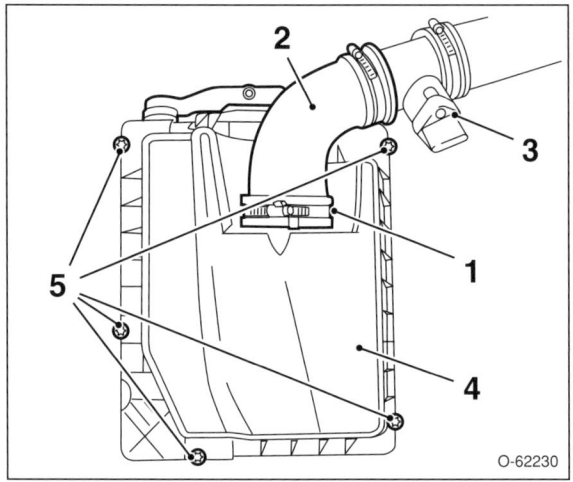

- Schelle –1– öffnen und Luftansaugrohr –2– mit Luftmassenmesser –3– abziehen. **Achtung:** Falls erforderlich, Stecker vom Luftmassenmesser abziehen. Dabei Sicherungsschieber zurückziehen, dann Clip eindrücken und dadurch Stecker ausrasten.

- Luftfilter-Oberteil –4– mit 5 Schrauben –5– abschrauben und abnehmen.

- Filtereinsatz herausnehmen und ersetzen.

Einbau

- Luftfilter-Gehäuse mit sauberem Lappen auswischen.
- **Neuen** Filtereinsatz einsetzen.
- Filterdeckel auflegen und mit **3,5 Nm** anschrauben.

Achtung: Bei den Befestigungsschrauben handelt es sich um selbstfurchende Schrauben, die sich das Gewinde in das Luftfiltergehäuse selbst schneiden. Die Schrauben können bis zu 10-mal verwendet werden. Falls der Deckel nicht mehr festgeschraubt werden kann, Gewinde ausbohren und neue Schrauben mit Muttern einsetzen.

- Der weitere Einbau erfolgt in umgekehrter Ausbaureihenfolge.

Zündkerzen erneuern

Benzinmotor

Erforderliches Spezialwerkzeug:

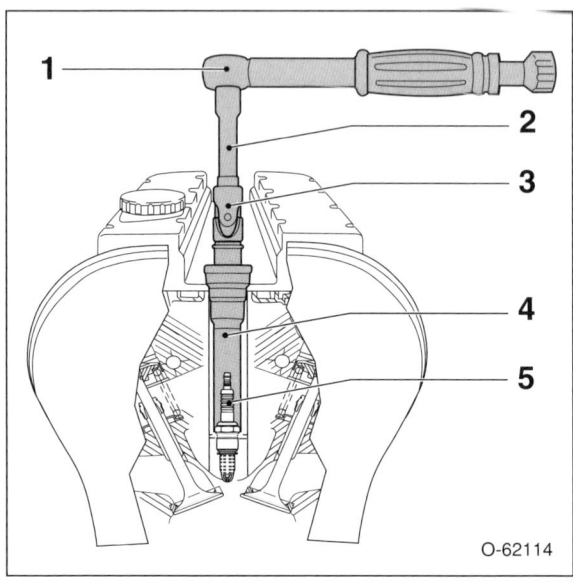

■ Ein 16 mm-Zündkerzenschlüssel, zum Beispiel HAZET 4766-1. **Achtung:** Für die DOHC-Motoren darf nur ein Schlüssel verwendet werden, dessen Gehäuse –4– sich **nicht** an den Isolator –5– der Zündkerze anlegen (verkanten) kann. Außerdem wird eine Verlängerung –2– mit Gelenk –3– benötigt. 1 – Drehmomentschlüssel.

Erforderliche Verschleißteile:

■ 4 Zündkerzen.

Motor	Zündkerzen BOSCH[1] / NGK[2]	EA[3]	Anzugsdrehm.
Alle außer Turbo-Motoren	FQR 8 LEU2[1]	0,85 – 0,95	25 Nm
Z16LET	PFR6T-10G[2]	0,9 – 1,1	25 Nm
Z20LE(L/R)	FQR 8 LE2[1]	0,9 – 1,1	25 Nm
Z20LEH	PFR6T-10G[2]	0,9 – 1,1	25 Nm

[1]) Zündkerzenfabrikat: **BOSCH**.
[2]) Zündkerzenfabrikat: **NGK**.
[3]) **EA** = Elektrodenabstand in mm.

Achtung: Es kann sein, dass für einzelne Motoren andere Zündkerzenwerte gelten, so dass unsere Tabelle nicht auf dem neuesten Stand ist. Um die aktuelle Zündkerze für Ihren Fahrzeugmotor zu ermitteln, benötigt der Fachhandel die **Fahrzeug-Ident.-** und die **3 Schlüsselnummern**. Diese Nummern sind im Fahrzeugschein aufgeführt. Sie sollten beim Kauf von Zündkerzen angegeben werden.

Ausbau

Achtung: Zündkerzen nur bei kaltem oder handwarmem Motor wechseln. Wenn die Zündkerzen bei heißem Motor herausgedreht werden, kann das Zündkerzengewinde des Leichtmetall-Zylinderkopfes ausreißen.

- **1,8-l-Motor:** Motorabdeckung ausbauen, siehe Seite 162.
- **1,6-l-Motor:** Motorkabelkanal seitlich vom Zylinderkopf abclipsen und zur Seite legen.

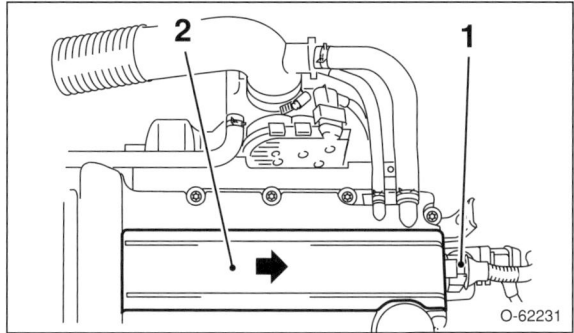

- Mehrfachstecker –1– für Zündmodul abziehen.
- Abdeckung für Zündmodul –2– in Pfeilrichtung vom Zylinderkopfdeckel abziehen. **Hinweis:** Je nach Motor Pfeilrichtung auf der Abdeckung beachten.

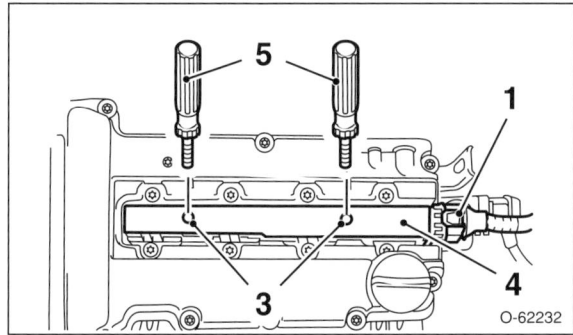

- Schrauben –3– für Zündmodul herausdrehen. **Hinweis:** Die Abbildung zeigt den 1,4-l-Motor.
- Zündmodul –4– nach oben aus dem Zylinderkopf herausziehen. Die Werkstatt schraubt dazu die Spezialgriffe KM-6009 –5– in das Zündmodul ein. Steht das Spezialwerkzeug nicht zur Verfügung, geeignete Schrauben eindrehen und Schrauben mit Zündmodul herausziehen.

Achtung: Zündmodul beim Abziehen von den Zündkerzen nicht verkanten, sonst können die Zündkerzenstecker beschädigt werden.

- Zündkerzen mit geeignetem Kerzenschlüssel herausdrehen. Dabei darauf achten, dass der Kerzenschlüssel nicht verkantet wird, was zum Bruch des Keramikisolators führen kann.

Prüfen

- Zustand der Kerze (so genanntes »Kerzengesicht«) prüfen. Eine verölte Kerze deutet auf Aussetzen der betreffenden Zündkerze oder schlecht abdichtende Kolbenringe hin (Kompression prüfen).

Einbau

- Zündkerzen mit Kerzenschlüssel von Hand bis zur Anlage am Zylinderkopf einschrauben. **Achtung:** Dabei Kerzen nicht verkanten.
- Zündkerzen mit **25 Nm** festziehen. **Achtung:** Dabei Zündkerzenschlüssel nicht verkanten, damit der Keramikisolator nicht beschädigt wird.
- Zündmodul auf die Zündkerzen aufstecken und mit 2 Schrauben sowie **8 Nm** anschrauben. **Hinweis:** Bei 1,6-l-Motor die 4 Dichtungen für das Zündmodul erneuern.
- Abdeckung für Zündmodul am Zylinderkopfdeckel aufschieben.
- Mehrfachstecker anschließen.
- **1,6-l-Motor:** Kabelkanal am Zylinderkopf anclipsen.
- **1,8-l-Motor:** Motorabdeckung einbauen, siehe Seite 162.

Alle Motoren:

Zündkerzengewinde erneuern

Hinweis: Falls festgestellt wird, dass das Zündkerzengewinde defekt ist, muss dieses erneuert werden. Dazu gibt es unter anderem von BERU einen entsprechenden Werkzeug- und Reparatursatz. Mit einem Spezialbohrer wird das alte Gewinde herausgeschält; der Zylinderkopf muss dazu nicht ausgebaut werden. Anschließend wird ein neues Gewinde in den Zylinderkopf geschnitten und die Zündkerze mit einem speziellen Gewindeeinsatz reingedreht. Nachträglich eingebaute Zündkerzengewindeeinsätze sitzen sicher und sind kompressionsdicht.

Getriebe/Achsantrieb

Folgende Wartungspunkte müssen nach dem Wartungsplan durchgeführt werden:

- Schaltgetriebe/Automatikgetriebe: Sichtprüfung auf Undichtigkeiten.

Nur bei erschwerten Betriebsbedingungen:

- Automatisches Getriebe: Getriebeöl wechseln (Werkstattarbeit).

Achtung: Getriebe-Altöl **keinesfalls einfach wegschütten oder dem Hausmüll mitgeben**. Die Öl-Verkaufsstellen nehmen die entsprechende Menge Altöl kostenlos entgegen, daher beim Ölkauf Quittung und Ölkanister für spätere Altölrückgabe aufbewahren!

Getriebe-Sichtprüfung auf Dichtheit

Spezialwerkzeug: nicht erforderlich.

Folgende Leckstellen sind möglich:

- Trennstelle zwischen Motorblock und Getriebe.
- Antriebswelle an Getriebe.
- Öleinfüllschraube.
- Ölablassschraube.

Prüfen

Bei ölverschmiertem Getriebe und Ölverlust überprüfen, wo das Öl austritt. Bei der Suche nach der Leckstelle folgendermaßen vorgehen:

- Getriebegehäuse mit Kaltreiniger reinigen.
- Mögliche Leckstellen mit Kalk oder Talkumpuder bestäuben.
- Probefahrt durchführen. Damit das Öl besonders dünnflüssig wird, sollte die Probefahrt auf einer Schnellstraße über eine Entfernung von ca. 30 km durchgeführt werden.

Sicherheitshinweis
Beim Aufbocken des Fahrzeugs besteht Unfallgefahr! Hinweise im Kapitel »Fahrzeug aufbocken« beachten.

- Fahrzeug aufbocken und Getriebe mit einer Lampe anstrahlen und nach der Leckstelle absuchen.
- Leckstelle umgehend beseitigen. Anschließend Getriebeöl auffüllen.

Getriebeölstand prüfen

Der Ölstand muss nur geprüft werden, wenn bei der Sichtprüfung Ölundichtigkeiten festgestellt werden.

1,4-/1,6-/1,8-l-Benzinmotor sowie 1,7-l-Dieselmotor Z17DTL mit Getriebe F13/F17+:

Sicherheitshinweis
Beim Aufbocken des Fahrzeugs besteht Unfallgefahr! Hinweise im Kapitel »Fahrzeug aufbocken« beachten.

- Fahrzeug aufbocken.
- Falls vorhanden, untere Motorraumabdeckung ausbauen, siehe Seite 246.

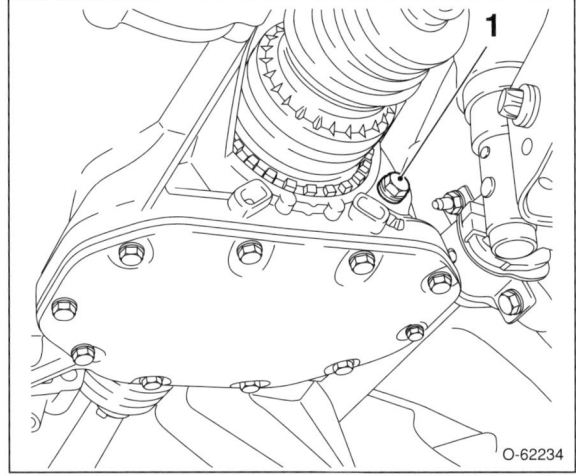

- Ölkontrollschraube –1– herausdrehen. Die Kontrollschraube befindet sich links hinten am Getriebe (hinter der Antriebswelle).
- Der Ölstand liegt produktionsseitig bis zu 16 mm unter der Unterkante der Kontrollöffnung. Das entspricht gleichzeitig dem Mindestölstand. Zur Kontrolle rechtwinklig gebogenen Hilfsdraht einführen.

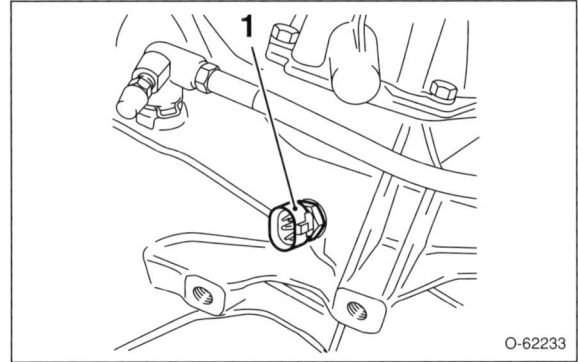

- Zum Nachfüllen Stecker am Schalter für Rückfahrscheinwerfer –1– abziehen und den Schalter herausdrehen. Getriebeöl durch die Bohrung des Schalters einfüllen.

- Getriebeöl langsam einfüllen, bis es an der Kontrollbohrung herausläuft. **Achtung:** Getriebeöl ist zähflüssig und braucht Zeit, bis es sich unten im Getriebe sammelt. Nicht zu viel Öl auf einmal einfüllen, zwischendurch Ölstand prüfen.

- Kontrollschraube wieder einschrauben. Anzugsdrehmoment: Mit **4 Nm** anziehen und anschließend mit starrem Schlüssel um **45° bis 135°** (also ⅛ bis maximal ⅜ Umdrehung) weiterdrehen.

- Falls ausgebaut, Schalter für Rückfahrscheinwerfer mit **neuem** Dichtring einschrauben und mit **20 Nm** festziehen.

- Falls vorhanden, untere Motorraumabdeckung einbauen, siehe Seite 246.

- Fahrzeug ablassen.

Speziell 1,7-l-Dieselmotor Z17DTH mit Getriebe F23

Die Kontrolle des Getriebeölstandes erfolgt prinzipiell auf die gleiche Weise wie beim 1,4-/1,6-/1,8-l-Benzinmotor.

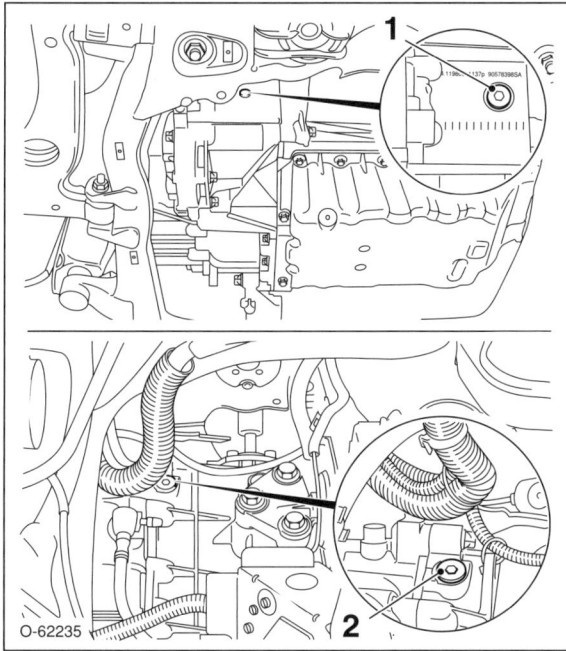

1 – Ölkontrollschraube, Anzugsdrehmoment: **35 Nm.**

2 – Öleinfüllschraube, Anzugsdrehmoment: **35 Nm.**
   Achtung: Damit die Schraube zugänglich wird, müssen eventuell die Fahrzeugbatterie und der Batterieträger ausgebaut werden, siehe Seite 55.

Speziell 1,3-/1,9-l-Dieselmotor mit Getriebe M20/M32

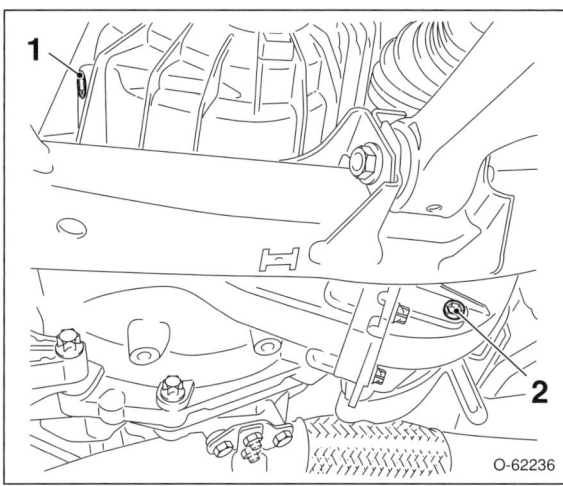

Achtung: Die Kontrolle des Getriebeölstandes ist nicht vorgesehen. Die **Ölkontrollschraube** –1– darf **nicht** geöffnet werden, sonst kann es zu Ölundichtigkeiten am Getriebe kommen. Bei Verdacht auf Ölverlust, Ursache beseitigen und Getriebeöl wechseln.

Getriebeöl wechseln

- Getriebeöl vor dem Ablassen auf Betriebstemperatur bringen.

- Ablassschraube –2– herausdrehen und Getriebeöl in eine Auffangwanne ablaufen lassen. Dabei das Getriebeöl mindestens 10 Minuten herauslaufen lassen.

- **Neue** Ablassschraube einschrauben und mit **20 Nm** festziehen.

- Batterieträger ausbauen, siehe Seite 55.

- Öleinfüllschraube oben am Getriebe, neben dem Getriebeträger, herausdrehen.

- Getriebe mit 2,2 l neuem Getriebeöl befüllen. **Achtung:** Die Füllmenge beträgt eigentlich 2,4 l, aber 0,2 l verbleiben beim Ablassen im Getriebe. Ein neues Getriebe ist werksseitig bereits mit 0,7 l Öl befüllt, daher in diesem Fall nur 1,7 l Öl auffüllen.

- **Neue** Öleinfüllschraube mit **30 Nm** festziehen.

- Batterieträger einbauen, siehe Seite 55.

Vorderachse/Lenkung

Folgende Wartungspunkte müssen nach dem Wartungsplan durchgeführt werden:

- Radaufhängung sichtprüfen: Federn auf Bruch, Stoßdämpfer auf deutliche Ölspuren prüfen – etwas Feuchtigkeit ist unbedenklich.
- Gummimanschetten der Gelenkwellen: Auf Undichtigkeiten und Beschädigungen prüfen.
- Lenkgetriebe: Manschetten prüfen.
- Spurstangenköpfe und Achsgelenke: Staubkappen prüfen, Gelenke auf Spiel prüfen.
- Servolenkung: Auf Dichtheit sichtprüfen, gegebenenfalls Flüssigkeitsstand prüfen.

Gummimanschetten der Gelenkwellen prüfen

Für die Prüfung werden weder Spezialwerkzeuge noch Verschleißteile benötigt.

Sicherheitshinweis
Beim Aufbocken des Fahrzeugs besteht Unfallgefahr! Hinweise im Kapitel »Fahrzeug aufbocken« beachten.

- Fahrzeug aufbocken.

- Gummi der Manschetten –1– mit Lampe anstrahlen und auf Porosität und Risse untersuchen. Eingerissene Gelenkschutzhüllen umgehend erneuern.
- Sollte eine Manschette durch Unterdruck im Gelenk nach innen gezogen oder defekt sein, so ist sie umgehend auszutauschen.
- Auf sichtbare Fettspuren an den Manschetten und in deren Umgebung achten.
- Festen Sitz der Manschettenbänder –2– prüfen.

Lenkmanschetten prüfen

Für die Prüfung werden weder Spezialwerkzeuge noch Verschleißteile benötigt.

Sicherheitshinweis
Beim Aufbocken des Fahrzeugs besteht Unfallgefahr! Hinweise im Kapitel »Fahrzeug aufbocken« beachten.

- Fahrzeug vorn aufbocken.

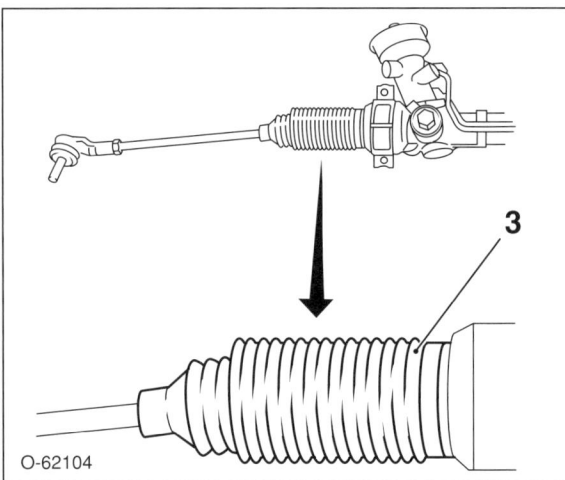

- Gummimanschetten –3– links und rechts mit Lampe anstrahlen und auf Beschädigungen überprüfen, dabei auf Fettspuren an den Manschetten und in deren Umgebung achten.
- Manschetten auf Risse, Einschnitte oder Marderbisse prüfen.
- Festen Sitz der Manschettenbänder prüfen.
- Fahrzeug ablassen.

Spurstangen- und Achsgelenke: Auf Undichtigkeit und Spiel prüfen

Staubkappen prüfen

Für die Prüfung werden weder Spezialwerkzeuge noch Verschleißteile benötigt.

Sicherheitshinweis
Beim Aufbocken des Fahrzeugs besteht Unfallgefahr! Hinweise im Kapitel »Fahrzeug aufbocken« beachten.

- Fahrzeug vorn aufbocken.

Spurstangengelenk

Achsgelenk

- Staubkappen links und rechts mit Lampe anstrahlen und auf Beschädigungen überprüfen, dabei auf Fettspuren an den Manschetten und in deren Umgebung achten.
- Manschetten auf Risse, Einschnitte und festen Sitz prüfen.
- Bei beschädigter Staubkappe sicherheitshalber entsprechendes Gelenk mit Schutzkappe auswechseln. Eingedrungener Schmutz zerstört das Gelenk.
- Befestigungsmuttern für die Gelenke auf festen Sitz prüfen, dabei Mutter jedoch nicht verdrehen.
- **Achsgelenke auf Spiel prüfen.** Dazu Vorderrad oben und unten packen und versuchen, dieses über den Nabenmittelpunkt zu schwenken. Dabei darf kein spürbares Spiel vorhanden sein, andernfalls entsprechendes Achsgelenk ersetzen.
- Fahrzeug ablassen.

Spurstangengelenk auf Spiel prüfen

Für die Prüfung wird eine Grube benötigt.

- Fahrzeug über eine Montagegrube fahren.
- Räder und Lenkrad in Geradeausstellung bringen.
- Zündschlüssel abziehen und Lenkradschloss einrasten.
- Handbremse anziehen.

- Von unten Spurstangen mit beiden Händen fassen und abwechselnd Axialbewegungen (nach links und rechts schieben) und Torsionsbewegungen (drehen) ausführen. Dabei darf in den Spurstangengelenken kein spürbares Spiel vorhanden sein. Andernfalls entsprechendes Spurstangengelenk ersetzen.

Servolenkung: Flüssigkeitsstand prüfen

Spezialwerkzeug: nicht erforderlich.

Erforderliche Verschleißteile:

- Spezial-Hydrauliköl (Pentosin) der Spezifikation OPEL-19 40 715 (93 160 548).

Prüfen

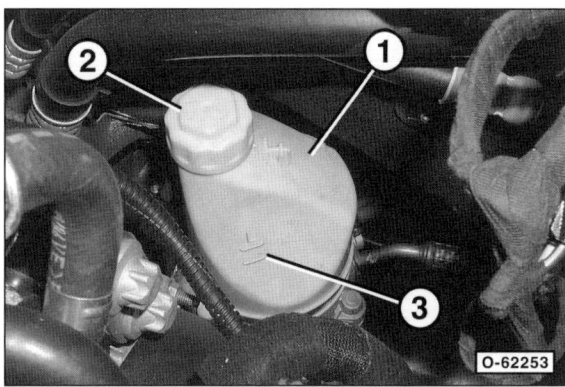

Der Vorratsbehälter –1– ist in die hydraulische Versorgungseinheit der elektrohydraulischen Servolenkung integriert und befindet sich rechts im Motorraum zwischen Motor und Spritzwand.

- Verschlussdeckel –2– abschrauben.
- Mit einer kleinen Taschenlampe in die Öffnung des Vorratsbehälters leuchten. Dadurch wird der Flüssigkeitsspiegel außen am Behälter sichtbar.
- Bei kaltem Servoöl (Umgebungstemperatur) muss der Flüssigkeitsstand an der unteren Markierung –3– liegen.

Achtung: Es können unterschiedliche Vorratsbehälter eingebaut sein. In einer anderen Ausführung hat der Verschlussdeckel einen Bajonettverschluss und der Deckel einen Messstab mit MIN- und MAX-Markierung. Der Ölstand muss dann an der oberen Markierung liegen. Hat der Deckel einen Schraubverschluss, aber keine Ölschwallbleche, dann muss der Flüssigkeitsstand 5 mm über der alten MAX-Marke liegen. Ölschwallbleche sind kreisförmige Kunststoffplättchen, die am Peilstab des Verschlussdeckels angeordnet sind. Sie verhindern ein Überschwappen und damit Auslaufen des Servoöls bei extremer Kurvenfahrt.

Bremsen/Reifen/Räder

Folgende Wartungspunkte müssen nach dem Wartungsplan durchgeführt werden:

- Bremsflüssigkeitsstand prüfen.
- Bremsanlage vorn/hinten: Belagstärke prüfen.
- Handbremse: Funktion prüfen.
- Bremsanlage: Leitungen, Schläuche und Anschlüsse auf Undichtigkeiten und Beschädigungen prüfen.
- Bremsflüssigkeit für Bremssystem und Kupplungshydraulik wechseln.
- Bereifung: Reifenfülldruck und Profiltiefe prüfen (einschließlich Reserverad); Reifen auf Verschleiß und Beschädigungen prüfen.
- Reifendichtmittel: Haltbarkeitsdatum prüfen, Dichtmittelflasche alle 4 Jahre ersetzen.
- Räder: Radschrauben lösen und über Kreuz mit **110 Nm** festziehen.

Bremsflüssigkeitsstand prüfen

Spezialwerkzeug: nicht erforderlich.

Erforderliche Verschleißteile:

- Bremsflüssigkeit der Spezifikation **DOT 4**.

Der Vorratsbehälter für die Bremsflüssigkeit befindet sich im Motorraum vor der Stirnwand.

Der Vorratsbehälter ist durchscheinend, so dass der Bremsflüssigkeitsstand von außen überprüft werden kann. Außerdem wird ein zu niedriger Bremsflüssigkeitsstand durch eine Warnleuchte im Kombiinstrument signalisiert. Dennoch ist es ratsam, bei der regelmäßigen Motorölkontrolle auch einen Blick auf den Vorratsbehälter zu werfen.

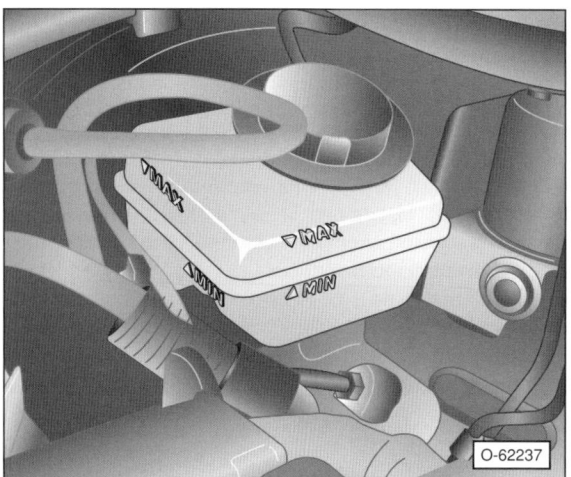

- Der Flüssigkeitsstand soll zwischen der MAX- und der MIN-Marke liegen.

- Falls nachgefüllt werden muss, nur **neue** Bremsflüssigkeit einfüllen.

Hinweis: Durch Abnutzung der Scheibenbremsbeläge entsteht ein geringfügiges Absinken der Bremsflüssigkeit. Das ist normal. Es muss keine Bremsflüssigkeit nachgefüllt werden.

Achtung: Sinkt die Bremsflüssigkeit jedoch innerhalb kurzer Zeit stark ab oder liegt der Flüssigkeitsspiegel unter der MIN-Marke, ist das ein Zeichen für Bremsflüssigkeitsverlust.

Die Leckstelle muss dann sofort ausfindig gemacht werden. Sicherheitshalber sollte die Überprüfung der Anlage von einer Fachwerkstatt durchgeführt werden.

Bremsbelagdicke prüfen

Für die Prüfung werden weder Spezialwerkzeuge noch Verschleißteile benötigt.

> **Sicherheitshinweis**
> Beim Aufbocken des Fahrzeugs besteht Unfallgefahr! Hinweise im Kapitel »Fahrzeug aufbocken« beachten.

- Fahrzeug aufbocken.
- Reifen-Laufrichtung mit Pfeil am Reifen markieren. Radschrauben lösen. Fahrzeug aufbocken und Räder abnehmen. **Achtung:** Unbedingt Hinweise im Kapitel »Rad aus- und einbauen« beachten.
- Bremsscheibendicke prüfen, siehe Seite 151.

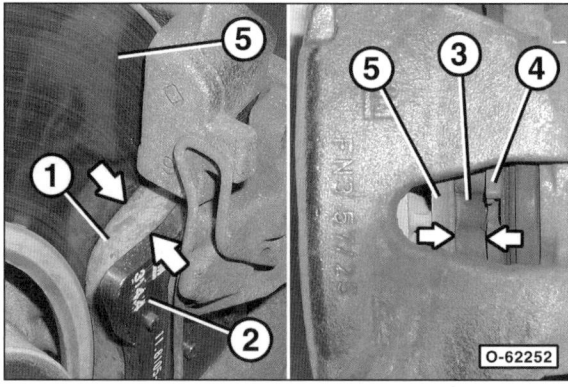

- Dicke des äußeren Bremsbelages –1– ohne Rückenplatte –2– sowie des inneren Bremsbelages –3– ohne Rückenplatte –4– sichtprüfen. Die Dicke des Bremsbelags muss **vorn** mindestens **2 mm** betragen. 5 – Bremsscheibe. **Hinweis:** Die Dicke von neuen Belägen liegt vorn bei 12 mm (1,4-/1,6-l-Motor) beziehungsweise 14 mm (alle außer 1,4-/1,6-l-Motor), hinten bei 10,5 mm.

- Im Zweifelsfall Bremsbeläge ausbauen und Belagdicke mit einer Schieblehre messen.
- Ist die Verschleißgrenze der Bremsbeläge erreicht, Bremsbeläge wechseln. Dabei müssen immer alle vier Beläge einer Achse ersetzt werden. Auch dann, wenn nur ein Belag die Verschleißgrenze erreicht hat.

Hinweis: Nach einer Faustregel entspricht bei den vorderen Scheibenbremsen 1 mm Bremsbelag einer Fahrleistung von mindestens 1.000 km. Diese Faustregel gilt unter ungünstigen Bedingungen. Im Normalfall halten die Beläge viel länger. Bei einer Belagdicke der Scheibenbremsbeläge von 5,0 mm (ohne Rückenplatte) beträgt die Restnutzbarkeit der Bremsbeläge also noch mindestens 3.000 km.

- Reifen-Laufrichtung beachten, Räder anschrauben, Fahrzeug ablassen, erst dann Radschrauben über Kreuz mit **110 Nm** festziehen. **Achtung:** Unbedingt Hinweise im Kapitel »Rad aus- und einbauen« beachten.

Handbremse prüfen

Erforderliches Spezialwerkzeug:

- Eine Grube oder ein hydraulischer Wagenheber mit Unterstellböcken.

Verschleißteile/Betriebsmittel: nicht erforderlich.

> **Sicherheitshinweis**
> Beim Aufbocken des Fahrzeugs besteht Unfallgefahr! Deshalb vorher das Kapitel »Fahrzeug aufbocken« durchlesen.

- Fahrzeug hinten aufbocken und durch Unterstellböcke sichern. Die Räder sollen sich mindestens 5 cm über dem Boden befinden.
- Handbremse lösen und Hinterräder drehen. Die Räder müssen frei drehbar sein, die Bremsen dürfen nicht schleifen.
- Handbremshebel um 2 Zähne anziehen und Hinterräder drehen.
- Die Bremswirkung auf die Hinterräder muss gerade einsetzen. Die Hinterräder dürfen sich gerade noch drehen lassen (schwergängig). Die Bremswirkung muss an beiden Rädern gleich groß sein.
- Handbremshebel lösen und um 3 Zähne anziehen.
- Die Hinterräder dürfen sich jetzt nicht mehr drehen lassen.
- Andernfalls Ursache suchen, siehe Kapitel »Bremsanlage«.
- Führungen für Handbremsseile fetten, zum Beispiel mit Silikonfett OPEL-19 70 206 (90 167 353).
- Fahrzeug ablassen.

Bremsleitungen sichtprüfen

Für die Prüfung werden weder Spezialwerkzeug noch Verschleißteile benötigt.

> **Sicherheitshinweis**
> Beim Aufbocken des Fahrzeugs besteht Unfallgefahr! Hinweise im Kapitel »Fahrzeug aufbocken« beachten.

- Fahrzeug aufbocken.
- Bremsleitungen mit Kaltreiniger reinigen.

Achtung: Die Bremsleitungen sind zum Schutz gegen Korrosion mit einer Kunststoffschicht überzogen. Wird diese Schutzschicht beschädigt, kann es zur Korrosion der Leitungen kommen. Aus diesem Grund dürfen Bremsleitungen nicht mit Drahtbürste, Schmirgelleinen oder Schraubendreher gereinigt werden.

- Bremsleitungen vom Hauptbremszylinder zu den einzelnen Radbremszylindern mit Lampe anstrahlen und überprüfen. Der Hauptbremszylinder sitzt im Motorraum unter dem Vorratsbehälter für Bremsflüssigkeit.
- Bremsleitungen dürfen weder geknickt noch gequetscht sein. Auch dürfen sie keine Rostnarben oder Scheuerstellen aufweisen. Andernfalls Leitung bis zur nächsten Trennstelle ersetzen.
- Bremsschläuche verbinden die Bremsleitungen mit den Radbremszylindern an den beweglichen Teilen des Fahrzeugs. Sie bestehen aus hochdruckfestem Material, können aber mit der Zeit porös werden, aufquellen oder durch scharfe Gegenstände angeschnitten werden. In einem solchen Fall sind sie sofort zu ersetzen.

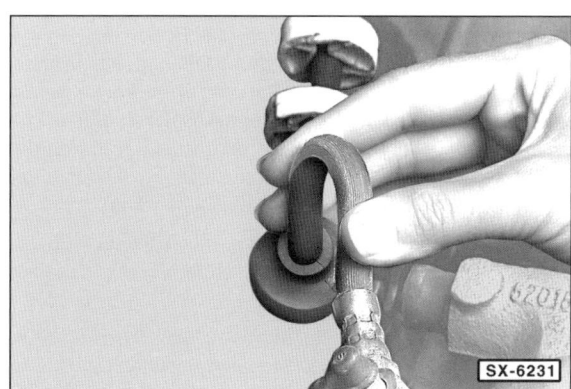

- Bremsschläuche mit der Hand hin- und herbiegen, um Beschädigungen festzustellen. Schläuche dürfen nicht verdreht sein, farbige Kennlinie beachten, falls vorhanden!
- Lenkrad nach links und rechts bis zum Anschlag drehen. Die Bremsschläuche dürfen dabei in keiner Stellung Fahrzeugteile berühren.
- Anschlussstellen von Bremsleitungen und -schläuchen dürfen nicht durch ausgetretene Flüssigkeit feucht sein.

Achtung: Wenn der Vorratsbehälter und die Dichtungen durch ausgetretene Bremsflüssigkeit feucht sind, so ist das nicht unbedingt ein Hinweis auf einen defekten Hauptbremszylinder. Vielmehr dürfte die Bremsflüssigkeit durch die Belüftungsbohrung im Deckel oder durch die Deckeldichtung ausgetreten sein.

- Fahrzeug ablassen.

Bremsflüssigkeit wechseln

Achtung: Da die Kupplungsbetätigung ebenfalls mit Bremsflüssigkeit arbeitet, muss im Rahmen der Wartung auch die Flüssigkeit des Kupplungssystems ersetzt werden. Dazu schreibt OPEL vor, dass die hydraulische Kupplungsbetätigung nur noch mit einem Brems-Entlüftungsgerät entlüftet werden darf. Manuelles Entlüften ist nicht mehr zulässig.

Es empfiehlt sich daher, das Wechseln der Bremsflüssigkeit in der Fachwerkstatt vornehmen zu lassen.

Da das Bremssystem auch weiterhin manuell entlüftet werden darf, bezieht sich die folgende Beschreibung nur auf den Wechsel der Bremsflüssigkeit im Bremssystem.

Bremsflüssigkeit im Bremssystem wechseln

Erforderliches Spezialwerkzeug:

- Ringschlüssel für Entlüftungsschrauben.
- Durchsichtigen Entlüftungsschlauch und Auffangflasche.

Erforderliches Betriebsmittel:

- 1,0 l Bremsflüssigkeit der Spezifikation **DOT 4+**.

Die Bremsflüssigkeit nimmt durch die Poren der Bremsschläuche sowie durch die Entlüftungsöffnung des Vorratsbehälters Luftfeuchtigkeit auf. Dadurch sinkt im Laufe der Betriebszeit der Siedepunkt der Bremsflüssigkeit. Bei starker Beanspruchung der Bremse kann es deshalb zu Dampfblasenbildung in den Bremsleitungen kommen, wodurch die Funktion der Bremsanlage stark beeinträchtigt wird.

Die Bremsflüssigkeit soll alle 2 Jahre, möglichst im Frühjahr, erneuert werden. Bei vielen Gebirgsfahrten, Bremsflüssigkeit in kürzeren Abständen wechseln.

Achtung: Die Arbeitsschritte zum Wechseln der Bremsflüssigkeit sind weitgehend gleich wie beim Entlüften der Bremsanlage. In der folgenden Beschreibung wird nur auf die Unterschiede eingegangen, daher muss auf jeden Fall auch das Kapitel »Bremsanlage entlüften« durchgelesen werden, siehe Seite 157.

- Bremsflüssigkeitsstand auf dem Vorratsbehälter mit Filzstift markieren. Nach Erneuern der Bremsflüssigkeit ursprünglichen Flüssigkeitsstand wieder herstellen. Dadurch wird ein Überlaufen des Bremsflüssigkeitsbehälters beim Wechsel der Bremsbeläge vermieden.
- Mit einer Absaugflasche aus dem Bremsflüssigkeitsbehälter so viel Bremsflüssigkeit wie möglich absaugen, maximal aber bis zu einem Stand von ca. 10 mm.

- Vorratsbehälter bis zur MAX-Marke mit **neuer** Bremsflüssigkeit füllen.
- Alte Bremsflüssigkeit durch Treten des Bremspedals nacheinander aus den Bremssätteln herauspumpen. Die abfließende Bremsflüssigkeit muss in jedem Fall klar und blasenfrei sein. An jedem Bremssattel sollen ca. **200 cm³** Bremsflüssigkeit herausgepumpt werden.

Achtung: Vorratsbehälter zwischendurch immer mit **neuer** Bremsflüssigkeit auffüllen. Er darf nie ganz leer sein, sonst gelangt Luft in das Bremssystem. Falls der Bremsflüssigkeitsbehälter dennoch leer läuft, Bremsanlage in der Fachwerkstatt entlüften lassen.

- Nach dem Bremsflüssigkeitswechsel das Bremspedal betätigen und Leerweg prüfen. Der Leerweg darf maximal ⅓ des gesamten Pedalwegs betragen.
- Bremsflüssigkeit im Vorratsbehälter bis zum markierten Stand vor dem Bremsflüssigkeitswechsel auffüllen.
- Verschlussdeckel am Vorratsbehälter anschrauben.

Achtung, Sicherheitskontrolle durchführen:
- Sind die Entlüftungsschrauben angezogen?
- Ist genügend Bremsflüssigkeit eingefüllt?
- Bei laufendem Motor Dichtheitskontrolle durchführen. Hierzu Bremspedal mit 200 bis 300 N (entspricht 20 bis 30 kg) etwa 10 Sekunden betätigen. Das Bremspedal darf nicht nachgeben. Sämtliche Anschlüsse auf Dichtheit kontrollieren.

- Nach dem Wechseln der Bremsflüssigkeit beziehungsweise dem Entlüften der Bremsanlage darf sich beim Treten auf das Bremspedal der Druck nicht schwammig anfühlen. Falls doch, Anlage nochmals entlüften. Dabei an jedem Bremssattel den Entlüftungsvorgang 5-mal durchführen.
- Anschließend einige Bremsungen auf einer Straße ohne Verkehr durchführen. Dabei sollte mindestens einmal die Bremsregelung des ABS-Systems geprüft werden, beispielsweise auf losem Untergrund. Dazu Bremse stark betätigen, bis am spürbaren Pulsieren des Bremspedals der Beginn der Bremsregelung erkennbar ist.

Achtung: Falls der Bremspedalweg nach der Probefahrt zu groß ist, obwohl er direkt nach dem Entlüften in Ordnung war, dann ist möglicherweise Luft in der ABS-Hydraulikeinheit. In diesem Fall Bremsanlage umgehend in der Fachwerkstatt entlüften lassen.

Reifenprofil/Radbefestigung prüfen

Spezialwerkzeug: nicht erforderlich.

Die Reifen ausgewuchteter Räder nutzen sich bei gewissenhaftem Einhalten des vorgeschriebenen Fülldrucks und bei fehlerfreier Radeinstellung und Stoßdämpferfunktion auf der gesamten Lauffläche annähernd gleichmäßig ab. Bei ungleichmäßiger Abnutzung können verschiedene Fehler vorliegen, siehe Kapitel »Räder und Reifen«. Im Übrigen lässt sich keine generelle Aussage über die Lebensdauer bestimmter Reifenfabrikate machen, denn die Lebensdauer hängt von unterschiedlichen Faktoren ab:

- Fahrbahnoberfläche
- Reifenfülldruck
- Fahrweise
- Witterung

Vor allem sportliche Fahrweise, scharfes Anfahren und starkes Bremsen fördern den schnellen Reifenverschleiß.

Achtung: Die Rechtsprechung verlangt, dass Reifen lediglich bis zu einer Profiltiefe von 1,6 mm abgefahren werden dürfen, und zwar müssen die Profilrillen auf der gesamten Lauffläche noch mindestens 1,6 mm Tiefe aufweisen. Es empfiehlt sich jedoch, sicherheitshalber die Reifen bereits bei einer Mindestprofiltiefe von 2 mm auszutauschen.

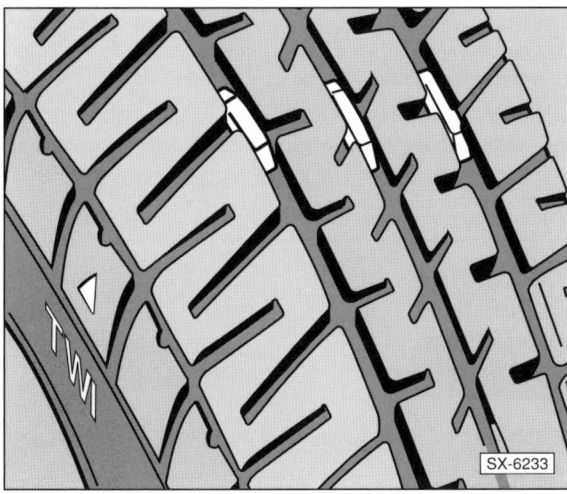

Nähert sich die Profiltiefe der gesetzlich zulässigen Mindestprofiltiefe, das heißt, weist der mehrmals am Reifenumfang angeordnete 1,6 mm hohe Verschleißanzeiger kein Profil mehr auf, müssen die Reifen gewechselt werden.

Achtung: »M+S«-Reifen haben auf Matsch und Schnee nur den gewünschten Grip, wenn ihr Profil noch mindestens 4 mm tief ist.

Achtung: Reifen auf Schnittstellen untersuchen und mit kleinem Schraubendreher Tiefe der Schnitte feststellen. Wenn die Schnitte bis zur Karkasse reichen, korrodiert durch eindringendes Wasser der Stahlgürtel. Dadurch löst sich unter Umständen die Lauffläche von der Karkasse, der Reifen platzt. Deshalb: Bei tiefen Einschnitten im Profil aus Sicherheitsgründen Reifen austauschen.

- Sämtliche Radschrauben lösen und über Kreuz mit **110 Nm** festziehen.

Reifenfülldruck prüfen

Für die Prüfung werden weder Spezialwerkzeug noch Verschleißteile benötigt.

Reifenfülldruck einmal im Monat an der Tankstelle prüfen. Vor längeren Autobahnfahrten Fülldruck zusätzlich kontrollieren, da hierbei die Temperaturbelastung für den Reifen am größten ist.

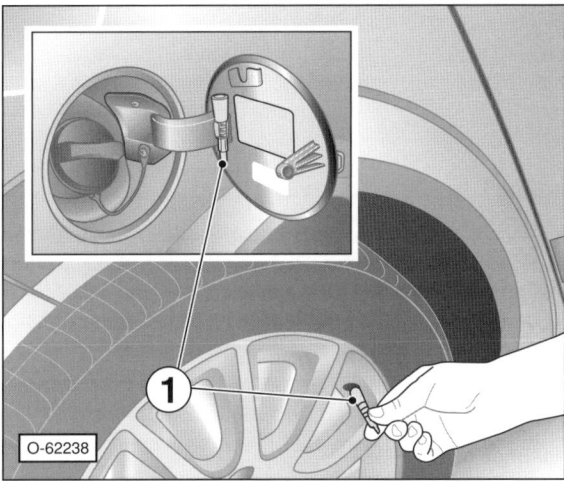

- Ventilkappe abschrauben. Damit die Finger nicht verschmutzen, Kunststoffröhrchen (Ventilkappenschlüssel) –1– innen an der Tankklappe abnehmen und damit die Ventilkappe abschrauben.

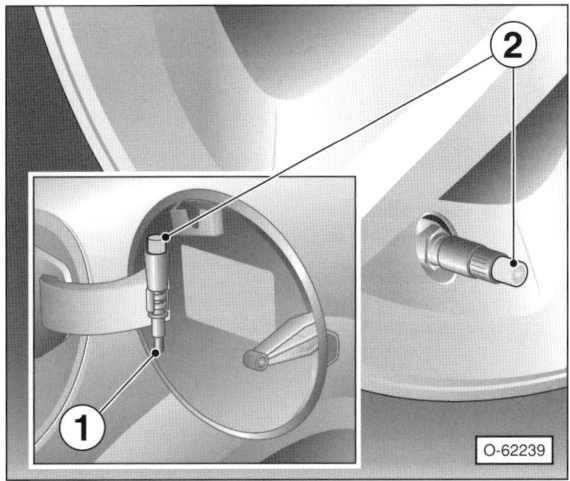

- Bei Fahrzeugen mit Reifendruck-Kontrollsystem vor dem Ansetzen des Reifendruckprüfgerätes Adapter –2– aus dem Ventilkappenschlüssel –1– herausnehmen und auf das Ventil aufschrauben. **Achtung:** Andernfalls kann der Alu-Ventilkörper beschädigt werden. **Hinweis:** Bei Fahrzeugen mit Reifendruck-Kontrollsystem ist der Ventilschaft aus Metall (sonst Gummi) und die Ventilkappe aus Aluminium (sonst Kunststoff).

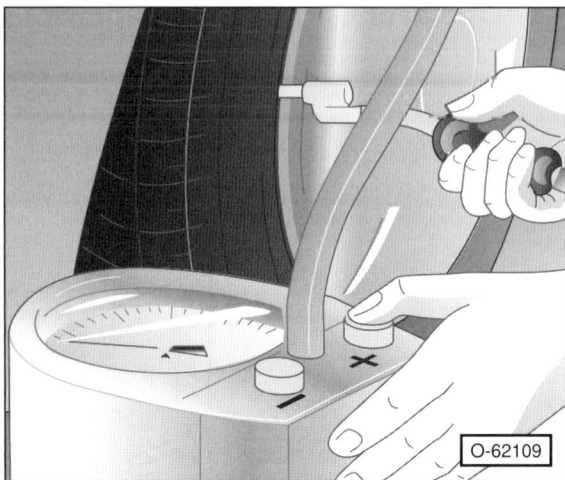

- Reifenfülldruck grundsätzlich am kalten Reifen prüfen. Höherer Druck infolge Reifenerwärmung durch längere Fahrt darf nicht reduziert werden. Der richtige Reifenfülldruck steht auf der Innenseite der Tankklappe. Anhaltswerte für den Reifenfülldruck, siehe Seite 137.
- Bei der Druckprüfung im Rahmen der Wartung ebenfalls das Reserverad prüfen, falls vorhanden. Der richtige Fülldruck entspricht dem höchsten angegebenen Druck bei voller Beladung.
- Ventilkappe mit Hilfswerkzeug fest aufschrauben. Gegebenenfalls vorher Adapter abschrauben und in den Ventilkappenschlüssel einsetzen.

Reifenventil prüfen

Erforderliches Spezialwerkzeug:

- Ventil-Metallschutzkappe oder HAZET 666-1.

Prüfen

- Staubschutzkappe vom Ventil abschrauben.

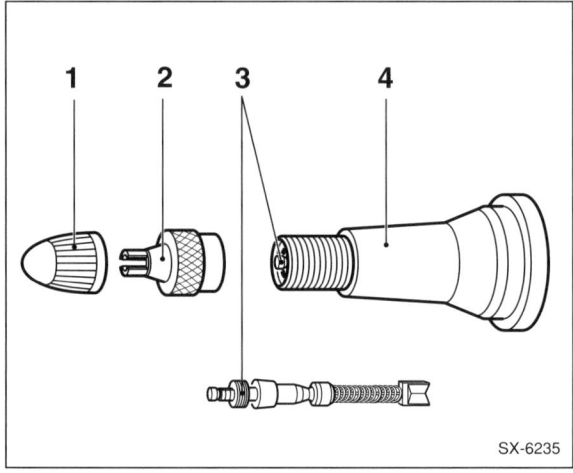

- Etwas Seifenwasser oder Speichel auf das Ventil geben. Wenn sich eine Blase bildet, Ventileinsatz –3– mit umgedrehter Metallschutzkappe –2– festdrehen.

Achtung: Zum Anziehen des Ventileinsatzes kann nur eine Metallschutzkappe –2– verwendet werden. Metallschutzkappen sind an der Tankstelle erhältlich. 1 – Gummischutzkappe, 4 – Ventil.

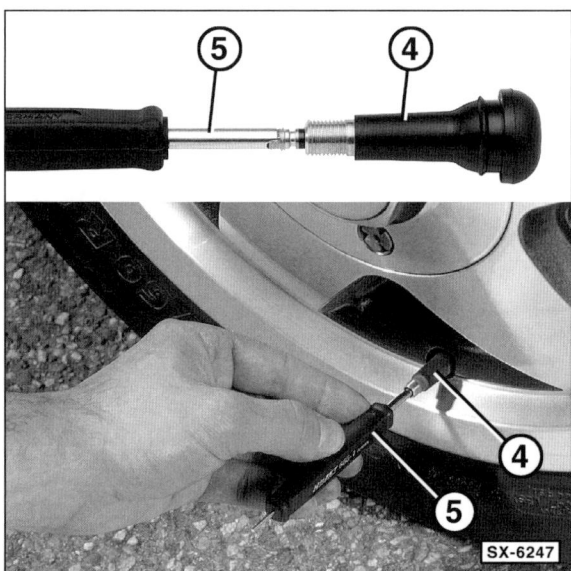

Hinweis: Anstelle der Metallschutzkappe kann auch das Werkzeug HAZET 666-1 –5– verwendet werden. 4 – Ventil.

- Ventil erneut prüfen. Falls sich wieder Blasen bilden oder das Ventil sich nicht weiter anziehen lässt, Ventileinsatz beziehungsweise Ventil erneuern.
- Grundsätzlich Staubschutzkappe wieder aufschrauben.

Reifenreparatur-Set prüfen/ersetzen

Spezialwerkzeug: nicht erforderlich.

Prüfen/Ersetzen

Das Reifenreparatur-Set, falls vorhanden, befindet sich im Gepäckraum: Beim ASTRA in einer Ablage in der Reserveradmulde und beim ZAFIRA rechts hinter einer Abdeckung. Zum Öffnen der Abdeckung Sperrzungen nach vorn drücken.

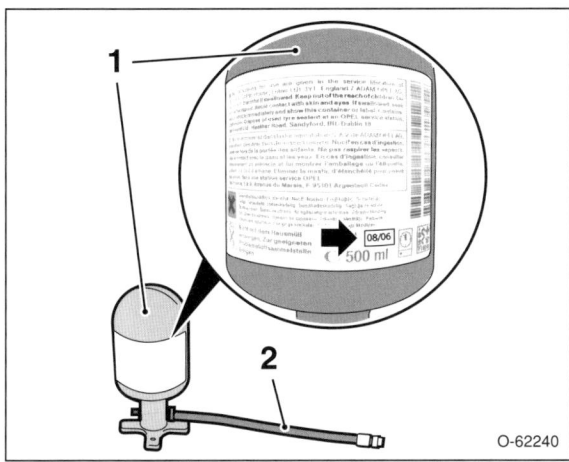

- Haltbarkeitsdatum –Pfeil– auf der Dichtmittelflasche –1– überprüfen. Bei Ablauf des Verfallsdatums, Flasche erneuern. In der Regel muss die Dichtmittelflasche alle 4 Jahre ersetzt werden. 2 – Füllschlauch.

- Nach Benutzung muss das Reifendichtmittel grundsätzlich ersetzt werden.

Karosserie/Innenausstattung/Heizung

Folgende Wartungspunkte müssen nach dem Wartungsplan durchgeführt werden:

- Airbag-Einheiten: Sichtprüfen auf Beschädigungen.
- Klimakompressor auf Dichtheit sichtprüfen.
- Pollenfilter: Filtereinsatz ersetzen.
- Türfeststeller und Türscharniere, Tür-Schließzylinder, Schließbügel, Motorhaubenschloss und Heckklappenscharniere: Schmieren.
- Erste-Hilfe-Kasten: Haltbarkeitsdatum überprüfen, gegebenenfalls Erste-Hilfe-Kasten ersetzen.
- Karosserie: Lackierung auf Beschädigung sichtprüfen.
- Unterbodenschutz und Hohlraumkonservierung: Sichtprüfen, Beschädigungen ausbessern.

Airbageinheiten sichtprüfen

Spezialwerkzeug und Verschleißteile/Betriebsmittel sind nicht erforderlich.

Erkennungsmerkmal für den Airbag ist der Schriftzug »AIRBAG« auf der Polsterplatte des Lenkrades beziehungsweise auf der Abdeckung an der rechten Seite der Armaturentafel.

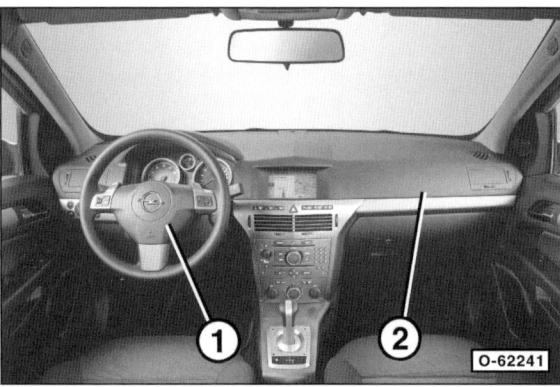

- Sichtprüfung der Airbageinheiten –1– und –2– auf äußere Beschädigungen durchführen.

Sicherheitshinweise
- Die Abdeckungen der Airbag-Einheiten dürfen nicht beklebt, überzogen oder anderweitig verändert werden.
- Die Abdeckungen der Airbag-Einheiten dürfen nur mit einem trockenen oder mit Wasser angefeuchteten Lappen gereinigt werden.

Zusätzliche Hinweise:

- Bei Ausstattung mit Seitenairbags dürfen die Sitzlehnen nur mit speziellen und von OPEL freigegebenen Bezügen überzogen werden.

Pollenfilter ersetzen

Spezialwerkzeug: nicht erforderlich.

Erforderliche Betriebsmittel/Verschleißteile:

- Filtereinsatz.

Der Filter sitzt unterhalb der Windschutzscheibe in der Mitte hinter einer Abdeckung. Er reinigt die von außen eintretende Luft von Staub, Ruß, Pollen und Sporen. Bei häufigen Fahrten in staubiger Umgebung Filter in kürzeren Abständen wechseln.

Hinweis: Fahrzeuge mit Klimaanlage besitzen einen herkömmlichen Pollenfilter, Fahrzeuge ohne Klimaanlage einen Filter mit Aktivkohlebeschichtung (dunkleres Filterflies). Filter immer gegen einen gleicher Ausführung ersetzen.

Ausbau

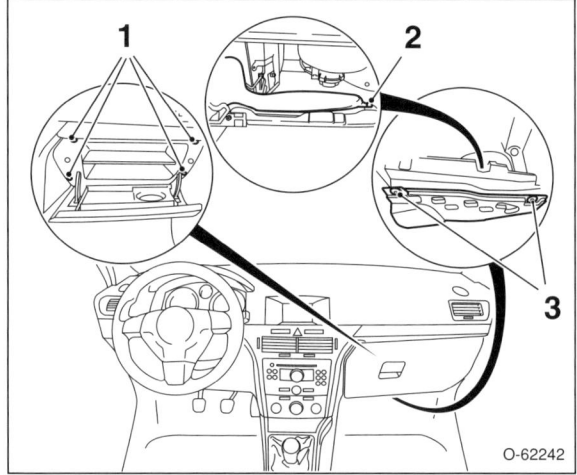

- Handschuhkasten ausbauen. Dazu 4 Schrauben –1– herausdrehen und Mehrfachstecker abziehen.
- Abdeckung unter der Armaturentafel im Beifahrerfußraum ausbauen. Dazu 2 Schrauben –3– herausdrehen.
- Luftführung im Beifahrerfußraum ausbauen. Dazu Spreiznit –2– herausdrücken. Zum Ausbau von Spreiznieten siehe auch Seite 245.

Hinweis: Für den leichteren Einbau ist es empfehlenswert sich die Einbaulage des Filtereinsatzes zu merken.

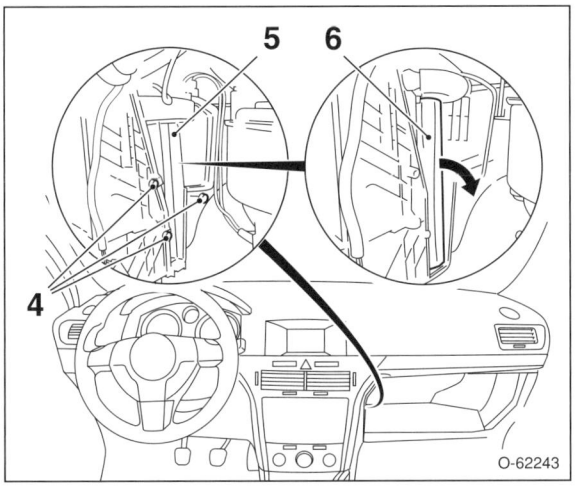

- 3 Schrauben –4– herausdrehen und Serviceklappe –5– öffnen.
- Pollenfilter –6– in Pfeilrichtung herausziehen.

Einbau

- Filtereinsatz einsetzen.
- Serviceklappe schließen und anschrauben.
- Der weitere Einbau erfolgt in umgekehrter Ausbaureihenfolge.

Schließeinrichtungen schmieren

Spezialwerkzeug: nicht erforderlich.

Erforderliches Betriebsmittel:

- Für Schließzylinder: OPEL-Sprühfett mit der Kat-Nr. 19 48 610 und der ET-Nr. 09163311.
  Für die übrigen Schmierstellen: Radlager- oder Hochdruckfett, zum Beispiel OPEL-Fett mit der Kat-Nr. 19 48 607/-608 und der ET-Nr. 90 510 336/-2 280.

Schmierstellen

- Türscharniere.

- Haltebänder der Türbremsen mit einem Lappen abwischen und mit neuem Fett bestreichen.

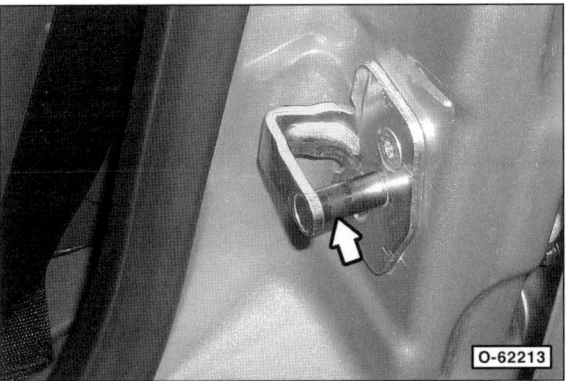

- Schließbügel nur dünn fetten.

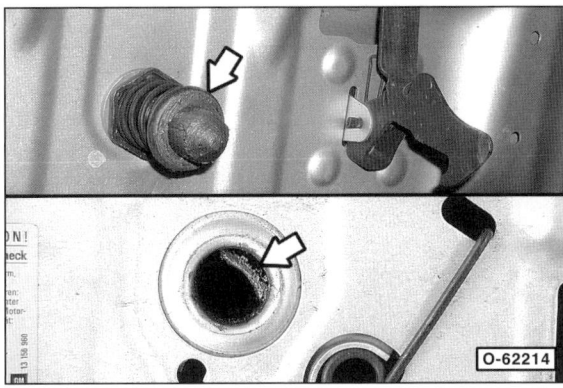

- Motorhaubenschloss.

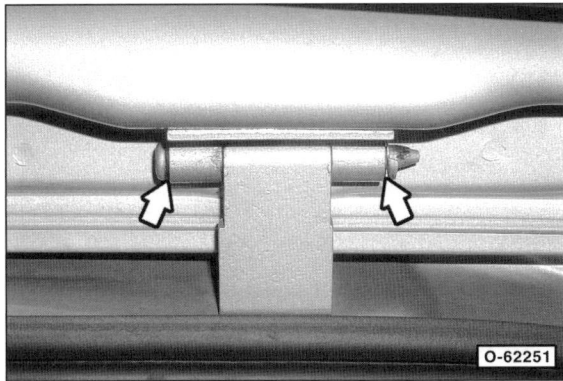

- Heckklappenscharniere.
- Tür-Schließzylinder. Spezialfett ca. 1 Sekunde in den Schließzylinder sprühen. Anschließend Fett durch mehrere Schließvorgänge einarbeiten.

Achtung: Bei Verwendung von Türschloss-Enteisungsmittel müssen die Schließzylinder nachgefettet werden.

Elektrische Anlage

Folgende Wartungspunkte müssen nach dem Wartungsplan durchgeführt werden:

- Alle Stromverbraucher: Funktion prüfen.
- Hupe: Funktion prüfen.
- Beleuchtungsanlage/Kontrolllampen: Funktion prüfen.
- Scheinwerfereinstellung prüfen (Werkstattarbeit).
- Scheibenwischer: Wischergummis auf Verschleiß prüfen.
- Scheibenwaschanlage: Funktion prüfen, Düsenstellung kontrollieren, Flüssigkeit nachfüllen, Scheinwerfer-Waschanlage prüfen, siehe Kapitel »Scheibenwischanlage«.
- Funk-Fernbedienung: Batterien wechseln.
- Fahrzeugbatterie: Prüfen.
- Eigendiagnose: Fehlerspeicher auslesen (Werkstattarbeit). Dazu wird ein geeignetes Fahrzeugdiagnosegerät, zum Beispiel OPEL-TECH2 mit einem passenden Verbindungskabel benötigt.

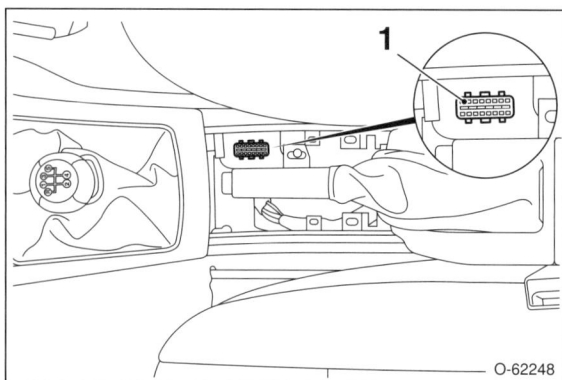

- **ASTRA:** Diagnosegerät bei ausgeschalteter Zündung an den Diagnoseanschluss –1– in der Mittelkonsole anschließen. Vorher Abdeckung unterhalb des Handbremsgriffs abnehmen.

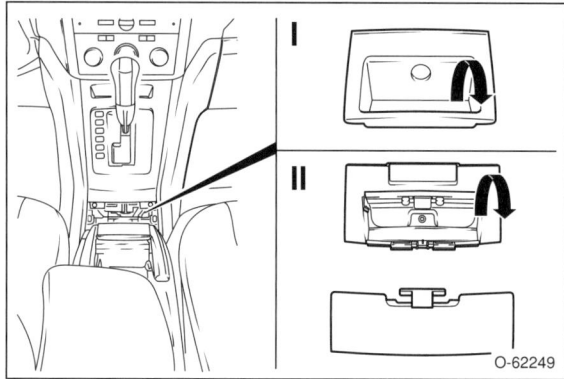

- **ZAFIRA:** Der Diagnosseanschluss befindet sich in der Mittelkonsole unterhalb des Schalthebels hinter einer Abdeckung –I–, bei Fahrzeugen mit Aschenbecher –II– hinter dem Aschenbecher.

- Die Service-Intervallanzeige kann auch mit dem Fahrzeugdiagnosegerät zurückgesetzt beziehungsweise umcodiert werden. Durch Umcodieren wird die Service-Intervallanzeige von flexiblen Wartungsintervallen auf feste Wartungsintervalle umgestellt.

Stromverbraucher prüfen

Für die Prüfung werden weder Spezialwerkzeuge noch Verschleißteile benötigt.

Folgende Funktionen prüfen, gegebenenfalls Fehler beheben. Je nach Ausstattung sind nicht alle Verbraucher vorhanden:

- Beleuchtung: Abblendlicht, Fernlicht, Standlicht, Nebellicht vorn, Blinkleuchten, Warnblinkanlage, Schlusslicht, Nebelschlusslicht, Rückfahrlicht, Bremslicht.
- Leuchtweitenregulierung.
- Innen- und Leseleuchten (Abschaltautomatik für Innenleuchten vorn), Handschuhkastenbeleuchtung, beleuchteter Ascher, Sonnenblendenbeleuchtung, Einstiegsleuchten, Kofferraumbeleuchtung.
- Warnsummer für nicht ausgeschaltetes Licht und/oder Radio.
- Alle Schalter in der Konsole.
- Bordcomputer.
- Kombiinstrument mit allen Anzeigen, Leuchten und Beleuchtung.
- Hupe (Doppeltonfanfare).
- Scheibenwisch-/Scheibenwaschanlage, Scheinwerferreinigungsanlage.
- Zigarettenanzünder.
- Elektrische Außenspiegel, Beheizung und Verstellung.
- Elektrische Fensterheber.
- Elektrisches Schiebe-/Ausstelldach.
- Zentralverriegelung, Funk-Fernbedienung.
- Beheizbare Sitze.
- Radio.

Funk-Fernbedienung: Batterie wechseln

Spezialwerkzeug: nicht erforderlich.

Erforderliche Betriebsmittel/Verschleißteile:

- Batterien für Fernbedienung, Batterie-Typ CR 2032.
  Hinweis: Es empfiehlt sich, ebenfalls die Batterie für den Zweitschlüssel zu wechseln.

Achtung: Die Batterie enthält Problemstoffe und darf auf keinen Fall dem Hausmüll mitgegeben werden. Verbrauchte Batterie bei der Verkaufsstelle der neuen Batterie abgeben.

Batterie wechseln

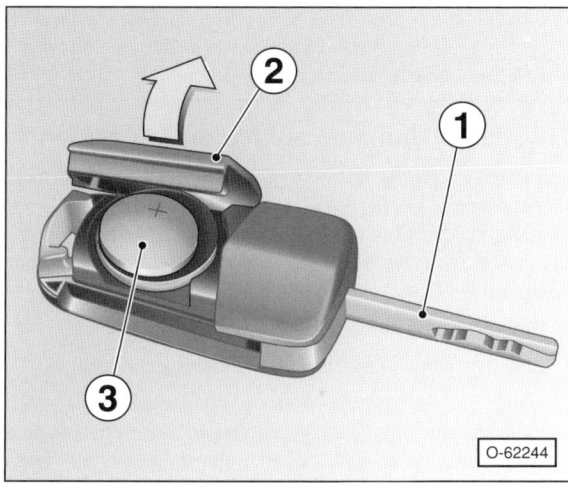

- Bei klappbarem Schlüssel, Schlüsselbart –1– ausklappen.
- Abdeckung –2– am Schlüsselgriff hochklappen –Pfeil–.

Achtung: Prüfen, ob die Polarität auf den Batterien eingeprägt ist, andernfalls Einbaulage notieren. Batteriewechsel **innerhalb von 3 Minuten** durchführen, sonst muss man die Fernbedienung neu synchronisieren.

- Batterie –3– herausnehmen und durch eine neue gleicher Ausführung (CR 2032) ersetzen. Neue Batterie in gleicher Lage wie die ausgebaute einsetzen, dabei auf richtige Polarität (+/–) achten.
- Fernbedienung zuklappen und hörbar einrasten.

Achtung: Bei der Schlüsselausführung mit festem Schlüsselbart muss die Funk-Fernbedienung nach dem Wechsel der Batterie immer neu synchronisiert werden. Dazu Schlüssel in das Türschloss stecken und Tür entriegeln. Anschließend Schlüssel in das Zündschloss stecken.

Speziell ZAFIRA mit Open & Start-System

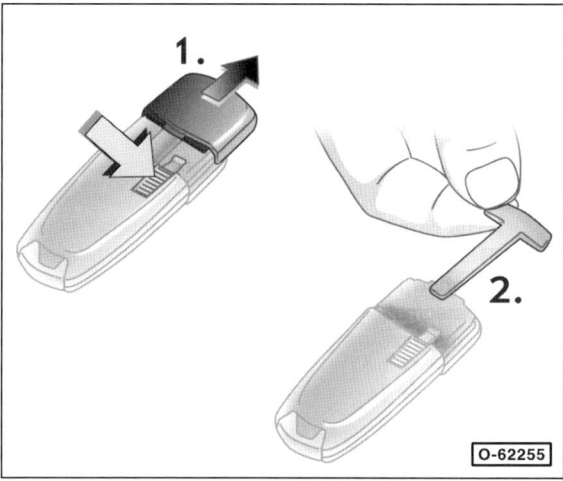

- Rasthaken niederdrücken und Abdeckkappe auf der Notschlüsselseite abziehen –1–. **Hinweis:** Der Notschlüssel braucht nicht herausgenommen zu werden –2–.

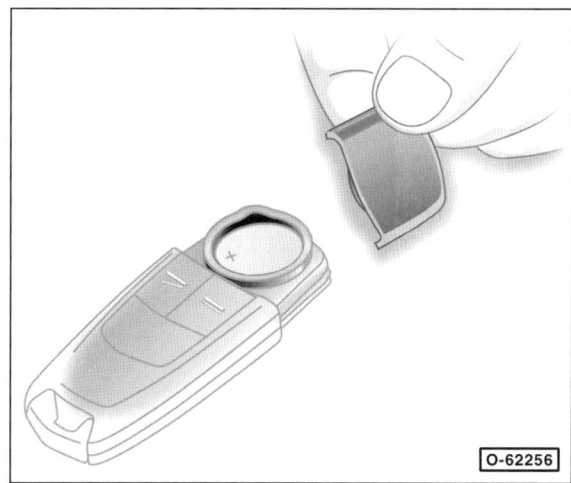

- Batteriekappe auf der Seite mit den Betätigungstasten mit dem Daumen seitlich herunterdrücken und abziehen. **Achtung:** Keine scharfen oder harten Gegenstände verwenden, um die Chromschicht der Kappe nicht zu beschädigen.
- Batterie herausnehmen.
- Neue Batterie an der Fixiernase vorbeiführen und unter leichtem Druck einsetzen. **Achtung:** Dabei auf richtige Polung (+/–) der Batterie achten, siehe dazu auch die Markierungen in der Kappe beziehungsweise im Batteriefach.
- Kappe für Batteriefach aufschieben und einrasten.
- Kappe auf der Notschlüsselseite aufschieben und einrasten.

Wischergummis prüfen

Spezialwerkzeug: nicht erforderlich.

Erforderliche Betriebsmittel/Verschleißteile:

- Bei Bedarf: Scheibenwaschkonzentrat, Wischerblätter.

Prüfen

- Wischerarme hochklappen und Wischerblätter abwinkeln.
- Wischlippen mit einem weichen Tuch sowie Scheibenreinigungs- und Frostschutzmittel reinigen.
- Wischlippen auf Verhärtungen oder Risse prüfen, gegebenenfalls Wischergummis/Wischerblätter ersetzen, siehe Kapitel »Scheibenwischanlage«.

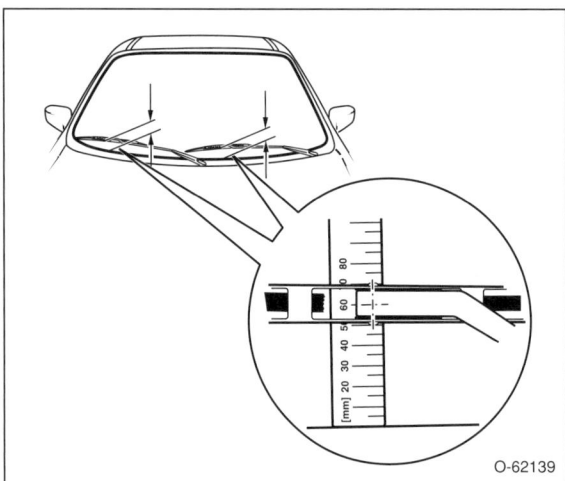

- Ruhestellung der Scheibenwischerarme prüfen. Dazu Abstandsmaß von der Scheibenfassung (sichtbares Glasende) zur Wischerblattmitte am Wischerblatt-Einhängepunkt messen. Gegebenenfalls Wischerarm an der Wischerwelle umsetzen, siehe Kapitel »Scheibenwischanlage«.

Fahrzeugbatterie prüfen

Erforderliches Spezialwerkzeug:

- Voltmeter (Spannungsmessgerät).

Batterie sichtprüfen

- Batterieauge sichtprüfen. Bei grünem Batterieauge ist die Batterie in Ordnung. Bei schwarzem Batterieauge muss die Batterie geladen werden. **Hinweis:** Falls das Batterieauge nach dem Laden schwarz bleibt, Batterieauge nach einiger Zeit erneut prüfen. Wenn die Batterie in Ordnung ist, dann wird das Batterieauge aufgrund der Durchmischung der Batterieflüssigkeit beim Fahren nach einiger Zeit von selbst grün.
- Batteriegehäuse auf Beschädigungen sichtprüfen. Bei beschädigtem Gehäuse kann Batteriesäure auslaufen und die umliegenden Bauteile beschädigen. In diesem Fall Batterie schnellstmöglich ersetzen.

Batterie/Polklemmen auf festen Sitz prüfen

Eine lockere Batterie hat eine verkürzte Lebensdauer durch Rüttelschäden. Lockere Batterieanschlüsse können einen Kabelbrand oder Funktionsstörungen in der elektrischen Anlage nach sich ziehen. Eine lockere Batterie vermindert außerdem die Crash-Sicherheit des Fahrzeuges.

- Batterie kräftig hin- und herbewegen.
- Sitzt die Batterie lose, Batterie-Haltebügel festziehen.

Achtung: Falls die Batterie-Plusklemme locker ist, muss vor dem Festziehen der Plusklemme wegen Kurzschlussgefahr die Masseklemme an der Batterie abgeklemmt werden. Nach Festziehen der Plusklemme, Massekabel wieder anklemmen. Batterie-Massekabel abklemmen, siehe Seite 55.

- Batterieklemmen hin- und herbewegen und festen Sitz prüfen, gegebenenfalls Befestigungsmuttern nachziehen.

Wagenpflege

Aus dem Inhalt:

- **Fahrzeug waschen**
- **Lackierung pflegen**
- **Unterbodenschutz**
- **Hohlraumkonservierung**
- **Polster reinigen**
- **Lackschäden ausbessern**

Fahrzeug waschen

Aus Umweltschutzgründen ist es in den meisten Gemeinden verboten, Fahrzeuge auf öffentlichen Plätzen zu waschen. Wird das Auto sehr oft in einer automatischen Waschanlage gewaschen, hinterlassen die rotierenden Waschbürsten Schleifspuren auf dem Lack. Diese lassen sich verhindern, wenn man den Wagen von Hand in einer entsprechenden Waschanlage wäscht.

- Vogelkot, Insekten, Baumharze, Teer- und Fettflecken, Streusalz und andere aggressive Ablagerungen sofort abwaschen, da sie ätzende Bestandteile enthalten, die Lackschäden verursachen.
- Bedienungshinweise für den Hochdruckreiniger bezüglich Druck und Düsenabstand des Sprühkopfes befolgen.
- Beim Waschen reichlich Wasser verwenden. Mit einem Schwamm oder Waschhandschuh beziehungsweise einer weichen Bürste mit dem Reinigen des Fahrzeugdaches beginnen; Schwamm oft ausspülen.
- Waschmittel nur bei hartnäckiger Verschmutzung verwenden. Mit klarem Wasser gründlich nachspülen, um die Reste des Waschmittels zu entfernen. Bei regelmäßiger Benutzung von Waschmitteln muss öfter konserviert werden. Dem Waschwasser kann ein Konservierungsmittel beigegeben werden.
- Darauf achten, dass kein Wasser in die Eintrittsöffnungen für die Innenraumbelüftung eindringt. Hochdruckdüse nicht gegen den Kühler oder schadhafte Lackflächen des Fahrzeugs richten.
- Zum Abtrocknen sauberes Leder verwenden. Verschiedene Reinigungsleder für Lack- und Fensterflächen verwenden, da Konservierungsmittelrückstände auf den Scheiben zu Sichtbehinderungen führen.
- Durch Streusalz besonders gefährdet sind alle innen liegenden Falze, Flansche und Fugen an Türen und Hauben. Diese Stellen müssen deshalb bei jeder Wagenwäsche – auch nach der Wäsche in automatischen Waschstraßen – mit einem Schwamm gründlich gereinigt und anschließend abgespült und abgeledert werden.
- Wagen niemals in der Sonne waschen oder trocknen. Wasserflecken sind sonst unvermeidlich.

Achtung: Nach der Wagenwäsche Bremspedal während der Fahrt leicht antippen, um den Wasserfilm abzubremsen.

Lackierung pflegen

Konservieren: Die gewaschene und getrocknete Lackierung möglichst oft mit einem Konservierungsmittel behandeln, um die Oberfläche durch eine Poren schließende und Wasser abweisende Wachsschicht gegen Witterungseinflüsse zu schützen. Auch wenn beim Waschen regelmäßig Waschkonservierer verwendet werden, empfiehlt es sich, den Lack mindestens zweimal im Jahr mit Hartwachs zu schützen.

Sofern Kraftstoff, Öl, Fett oder Bremsflüssigkeit auf den Lack gelangt, diese Flüssigkeiten **sofort entfernen,** sonst kommt es zu Lackverfärbungen.

Spätestens dann, wenn Wasser nicht mehr deutlich vom Lack abperlt, muss konserviert werden. Der Lack trocknet sonst aus.

Polieren: Das Polieren des Lackes ist nur dann erforderlich, wenn dieser infolge mangelhafter Pflege beziehungsweise unter der Einwirkung von Umwelteinflüssen unansehnlich geworden ist und sich durch eine Behandlung mit Konservierungsmitteln kein Glanz mehr erzielen lässt. Zu warnen ist vor stark schleifenden oder chemisch stark angreifenden Poliermitteln, auch wenn der erste Versuch damit noch so sehr zu überzeugen scheint.

Vor jedem Polieren muss der Wagen sauber gewaschen und sorgfältig abgetrocknet werden. Im Übrigen ist nach der Gebrauchsanweisung für das Poliermittel zu verfahren.

Die Bearbeitung soll in nicht zu großen Flächen erfolgen, um ein vorzeitiges Eintrocknen der Politur zu vermeiden. Bei manchen Poliermitteln muss anschließend noch konserviert werden. Nicht in der prallen Sonne polieren!

Kunststoffteile und matt lackierte Teile dürfen nicht mit Konservierungs- oder Poliermitteln behandelt werden, da sich sonst Flecken bilden.

Teerflecke entfernen: Frische Teerflecke können mit einem in Waschbenzin getränkten weichen Lappen entfernt werden oder mit speziellen Teerfleck-Entfernern. Notfalls kann auch Petroleum oder Terpentinöl verwendet werden. Sehr gut gegen Teerflecke eignet sich auch ein Lackkonservierer. Bei

Verwendung dieses Mittels kann auf ein Nachwaschen verzichtet werden.

Insekten entfernen: Insekten enthalten aggressive Stoffe, die den Lackfilm beschädigen können. Sie müssen deshalb umgehend mit lauwarmer Seifen- oder Waschmittellösung abgewaschen werden. Es gibt auch spezielle Insekten-Entferner.

Außenbeleuchtung: Leuchten- und Scheinwerferabdeckungen sind aus Kunststoff. Verunreinigungen nur mit einem feuchten, weichen Tuch entfernen. Scheinwerferabdeckungen auf keinen Fall mit einem trockenen oder scheuernden Tuch reinigen. Keine Eiskratzer verwenden und nicht mit Reinigungs- oder Lösungsmitteln säubern.

Kunststoffteile pflegen: Kunststoffteile, Kunstledersitze, Himmel, Leuchtengläser sowie mattschwarz gespritzte Teile mit Wasser und Flüssigseife säubern. Fahrzeughimmel nicht durchfeuchten. Kunststoffteile gegebenenfalls mit Kunststoffreiniger behandeln.

Scheiben reinigen: Schnee und Eis von Scheiben und Spiegeln nur mit einem Kunststoffschaber entfernen. Um Kratzer durch Schmutz zu vermeiden, sollte der Schaber nicht nach vorn und dann zurückbewegt, sondern nur geschoben werden. Fensterscheiben innen und außen mit sauberem, weichem Lappen abreiben. Bei starker Verschmutzung helfen Spiritus oder Salmiakgeist und lauwarmes Wasser oder auch ein spezieller Scheibenreiniger. Beim Reinigen der Windschutzscheibe Scheibenwischerarme nach vorn klappen. Bei der Reinigung der Windschutzscheibe auch die Wischerblätter säubern.

Achtung: Bei Verwendung silikonhaltiger Mittel dürfen die zur Reinigung der Lackierung verwendeten Waschbürsten, Schwämme, Lederlappen und Tücher nicht für die Scheiben verwendet werden. Beim Einsprühen der Lackierung mit silikonhaltigen Pflegemitteln sollten die Scheiben mit Pappe oder anderem Material abgedeckt werden.

Gummidichtungen pflegen: Gummidichtungen durch Einpudern der Dicht- und Gleitflächen mit Talkum oder Besprühen mit Silikonspray geschmeidig halten. So werden auch quietschende oder knarrende Geräusche beim Schließen der Türen vermieden. Auch das Einreiben der betreffenden Flächen mit Schmierseife beseitigt die Geräusche.

Reifen reinigen: Reifen nicht mit einem Dampfstrahlgerät reinigen. Wird die Düse des Dampfstrahlers zu nahe an den Reifen gehalten, wird dessen Gummischicht innerhalb weniger Sekunden irreparabel zerstört, selbst bei Verwendung von kaltem Wasser. Ein auf diese Weise gereinigter Reifen sollte sicherheitshalber ersetzt werden.

Leichtmetall-Scheibenräder mit Felgenreiniger und Bürste reinigen, jedoch keine aggressiven, säurehaltigen, stark alkalischen und rauen Reinigungsmittel oder Dampfstrahler über +60° C verwenden.

Sicherheitsgurte nur mit milder Seifenlauge im eingebauten Zustand säubern, nicht chemisch reinigen, da dadurch das Gewebe zerstört werden kann. Automatikgurte nur in trockenem Zustand aufrollen.

Unterbodenschutz/Hohlraumkonservierung

Die Unterbodenverkleidung ist aus Kunststoff und schützt den hinteren Bereich des Fahrzeugunterbodens. Die besonders stark gefährdeten Bereiche in den Radläufen sind zusätzlich mit Kunststoffschalen gegen Steinschlag geschützt. Vor der kalten Jahreszeit und nach einer Unterbodenwäsche sollte der Unterbodenschutz kontrolliert und gegebenenfalls ausgebessert werden.

Im Schleuderbereich des Unterbaues können sich Staub, Lehm und Sand ablagern. Den angesammelten Schmutz entfernen, zumal er während der Winterzeit auch noch mit Streusalz angereichert sein kann.

Polsterbezüge pflegen/reinigen

Textilbezüge: Polsterbezüge mit Staubsauger und Bürste reinigen. Flecken mit Flüssigseife, 25-prozentiger Ammoniaklösung oder Branntweinessig entfernen.

Fett- und Ölflecke mit Reinigungsbenzin oder Fleckenwasser behandeln. Das Reinigungsmittel darf aber nicht unmittelbar auf den Stoff gegossen werden, da sich sonst unweigerlich Ränder bilden. Fleck durch kreisförmiges Reiben von außen nach innen bearbeiten. Andere Verschmutzungen lassen sich meistens mit lauwarmem Seifenwasser entfernen.

Lederbezüge: Bei starker Sonneneinstrahlung und längerer Standzeit Sitze abdecken, damit sie nicht ausbleichen.

Trikot- oder Wolllappen mit Wasser leicht anfeuchten und Lederflächen säubern, ohne das Leder oder die Nahtstellen zu durchfeuchten. Anschließend das getrocknete Leder mit einem sauberen und weichen Tuch nachreiben.

Stärker verschmutzte Lederflächen mit einem milden Feinwaschmittel ohne Aufheller (2 Esslöffel auf 1 Liter Wasser) oder Flüssigseife reinigen. Fett- und Ölflecke ohne zu reiben vorsichtig mit Reinigungsbenzin abtupfen.

Lackierte Lederpolster sollten nach dem Reinigen mit einem handelsüblichen Pflegemittel für Lederflächen behandelt werden. Das Mittel vor Gebrauch gut schütteln und mit einem weichen Lappen dünn auftragen. Nach dem Eintrocknen mit einem sauberen und weichen Tuch nachreiben. Diese Behandlung empfiehlt sich bei normaler Beanspruchung alle 6 Monate.

Steinschlagschäden ausbessern

Ausbeul- und Lackierarbeiten an der Autokarosserie setzen Erfahrung über den Werkstoff und dessen Bearbeitung voraus. Derartige Fertigkeiten werden in der Regel erst durch eine langjährige Praxis erreicht. Aus diesem Grund wird hier nur das Ausbessern von kleineren Lackschäden erläutert.

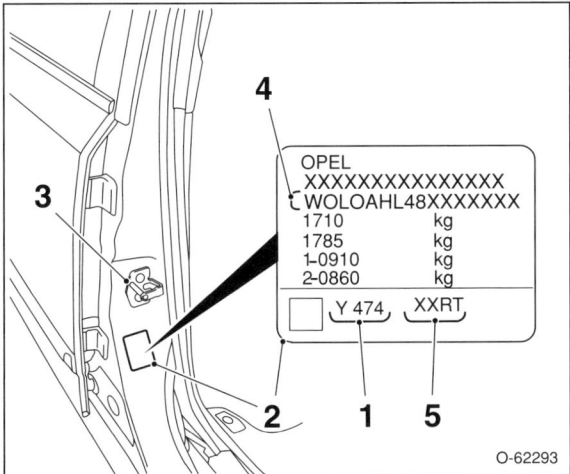

Zum Nachlackieren wird unbedingt dieselbe Lackfarbe benötigt, denn selbst kleinste Farbunterschiede fallen nach Abschluss der Arbeiten sofort ins Auge. Der jeweilige Fahrzeug-Farbton wird vom Hersteller durch die Lacknummer gekennzeichnet. Die Lacknummer –1– steht auf dem Fahrzeugtypschild –2–. Das Typschild befindet sich am rechten Vordertürrahmen, je nach Modell unterhalb oder oberhalb des Schließbügels –3–. Lacknummern sind beispielsweise: Y474 = Casablancaweiß, Z157 = Starsilber III, Y20Z = Royalblau, Z547 = Magmarot. 4 – Fahrgestellnummer; 5 – Farbkombination der Innenausstattung.

Treten dennoch Differenzen zwischen dem Originallack und dem Reparaturlack auf, dann liegt das daran, dass sich Fahrzeug-Lackierungen durch Alterung, ultraviolette Sonnenbestrahlung, extreme Temperaturdifferenzen, Witterungsbedingungen und chemische Einflüsse wie beispielsweise Industrieabgase mit der Zeit verändern. Außerdem können Oberflächenschäden, Farbveränderungen und Ausbleichen des Lackes eintreten, wenn Reinigung und Lackpflege mit ungeeigneten Mitteln durchgeführt wurden.

Die Metallic-Lackierung besteht aus 2 Schichten, dem Metallic-Grundlack und der farblosen Decklackierung. Beim Lackieren wird der Klarlack über den feuchten Grundlack gespritzt. Die Gefahr von Farbdifferenzen bei der nachträglichen Metallic-Lackierung ist besonders groß, da hier schon die unterschiedliche Viskosität des Reparaturlackes gegenüber dem Originallack zu Farbverschiebungen führt.

Es lohnt sich, auch kleinste Lackschäden regelmäßig zu beseitigen, da auf diese Weise Rostschäden und größere Reparaturen vermieden werden.

Für kleine Kratzer und Steinschläge, die lediglich den Decklack abgesplittert haben, also nicht bis aufs blanke Blech vorgedrungen sind, genügt im allgemeinen der Lackstift oder Tupflack. Dabei handelt es sich um eine kleine Lackdose, in deren Deckel ein Pinsel integriert ist. Der Lackstift wird im Auto-Zubehörhandel angeboten.

- Tiefere Steinschlagschäden, die schon kleine Rostnarben gebildet haben, mit einem »Rostradierer« beziehungsweise einem Messer oder einem kleinen Schraubendreher auskratzen, bis das blanke Blech erscheint. Wichtig ist, dass keine auch noch so kleine Roststelle mehr sichtbar ist. Bei »Rostradierern« handelt es sich um kleine Kunststoffhülsen, die zum Auskratzen des Rostes kurze Drahtborsten besitzen.

- Die blanken Stellen müssen einwandfrei trocken und fettfrei sein. Dazu Reparaturstelle sowie den umgebenden Lack mit Silikonentferner reinigen.

- Auf die blanke Metallfläche mit einem dünnen Pinsel etwas Lackgrundierung (»Primer«) auftragen. Da das Grundiermittel meist in Sprühdosen erhältlich ist, etwas Grundiermittel in den Deckel der Dose sprühen.

- Nachdem die Grundierung trocken ist, Stelle mit Tupflack ausbessern. Bei den Tupflackdosen ist ein Pinsel bereits im Deckel integriert. Falls nur eine Spraydose mit der entsprechenden Farbe zur Verfügung steht, etwas Farbe in den Deckel der Dose sprühen und Lack mit einem dünnen Wasserfarbenpinsel auftragen. Dabei in einem Arbeitsgang immer nur eine dünne Lackschicht anbringen, damit der Lack nicht herunterlaufen kann. Anschließend Farbe gut trocknen lassen. Vorgang so oft wiederholen, bis der Krater ausgefüllt ist und die ausgebesserte Stelle gegenüber der umgebenden Lackfläche keine Vertiefung mehr bildet.

Werkzeugausrüstung

Langfristig zahlt es sich immer aus, wenn man qualitativ hochwertiges Werkzeug kauft. Neben einer Grundausstattung mit Maul- und Ringschlüsseln in den gängigen Größen und verschiedenen Torxschraubendrehern sowie einem Satz Steckschlüssel empfiehlt sich auch der Kauf eines Drehmomentschlüssels. Darüber hinaus ist bei manchen Arbeitsgängen der Einsatz von Spezialwerkzeug zwingend erforderlich.

Gutes und stabiles Werkzeug wird von der Firma HAZET (42804 Remscheid, Postfach 100461) angeboten. In den Tabellen sind die Werkzeuge mit der HAZET-Bestellnummer aufgeführt. Vertrieben wird das Werkzeug über den Fachhandel.

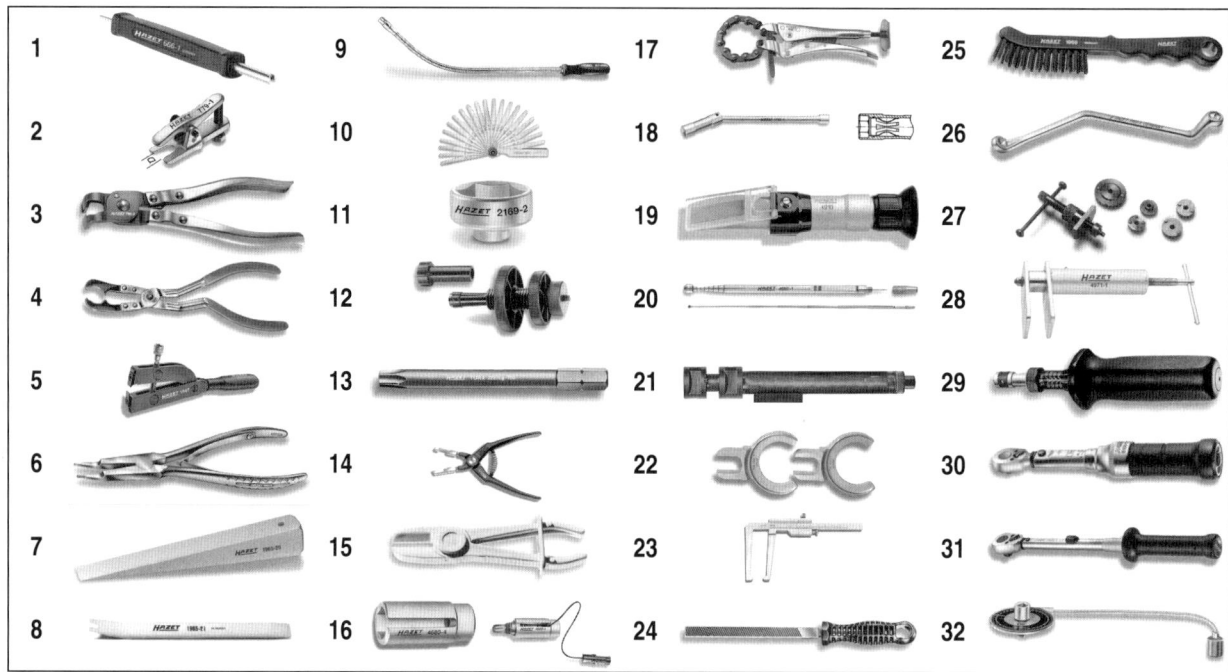

Abb.	Werkzeug	Hazet-Nr.
1	Ventildreher für Reifenventile	666-1
2	Kugelgelenk-Abzieher, Maulweite 20 – 22 mm, 2-stufig	1790-7
3	Zange für Clic-Typ-Schlauchschellen	798-2
4	Zange für Fensterkurbelsicherung	799
5	Klemmzange für Edelstahlhaltebänder der Gelenkwellenmanschetten	1847
6	Zange für Sicherungsring im Gleichlaufgelenk	1847-3
7	Montagekeil	1965-20
8	Montagekeil	1965-21
9	Magnet-Sucher	1976
10	Fühlerblattlehre 0,05 - 1,0 mm	2147
11	Ölfilterschlüssel für 1,3-l-Dieselmotor SW-27	2169-27
12	Kupplungs-Zentrierwerkzeug	2174
13	Innentorx-Einsatz für Airbagsensor-Schraube	2223Lg-T30
14	Zange für Verriegelung Kraftstoffleitungen	4501-1
15	Abklemmzangen-Satz	4590/3
16	Steckschlüssel für Lambdasondenausbau (1,6-l-Motor)	4680-4

Abb.	Werkzeug	Hazet-Nr.
17	Ketten-Abgasrohrschneider	4682
18	Zündkerzenschlüssel	4766-1
19	Messgerät für Frostschutzanteil	4810 C
20	Spritzdüseneinsteller für Scheibenwaschanlage	4850-1
21	Spanngerät für Schraubenfedern der Federbeine	4900-2A
22	Spannplatten-Paar zum Federspanngerät für den ASTRA-H vorn	4900-12
23	Bremsscheiben-Messschieber	4956-1
24	Bremssattelfeile	4968-1
25	Bremssatteldrahtbürste	4968-2
26	Entlüftungsschlüssel Bremse	4968-9
27	Bremskolbendrehwerkzeug für hintere Scheibenbremsen	4970/6
28	Bremskolben-Rücksetzwerkzeug für vordere Scheibenbremsen	4971-1
29	Drehmomentschlüssel 1 – 6 Nm	6003 CT
30	Drehmomentschlüssel 4 – 40 Nm	6109-2 CT
31	Drehmomentschlüssel 40 – 200 Nm	6122–1CT
32	Winkelscheibe für drehwinkelgesteuerten Schraubenanzug	6690

Motorstarthilfe

Sicherheitshinweise
Werden die vorgeschriebenen Anschlusshinweise nicht genau eingehalten, besteht die Gefahr der Verätzung durch austretende Batteriesäure. Außerdem können Verletzungen oder Schäden durch eine Batterieexplosion entstehen oder Defekte an der Fahrzeugelektrik auftreten.
- Batterieflüssigkeit von Augen, Haut, Gewebe und lackierten Flächen fern halten. Die Flüssigkeit ist ätzend. Säurespritzer sofort mit klarem Wasser gründlich abspülen. Gegebenenfalls einen Arzt aufsuchen.
- Keine Funken oder offenen Flammen in Batterienähe, da aus der Batterie brennbare Gase austreten können.
- Augenschutz tragen.
- Darauf achten, dass die Starthilfekabel nicht durch drehende Teile wie zum Beispiel Kühlerlüfter beschädigt werden.

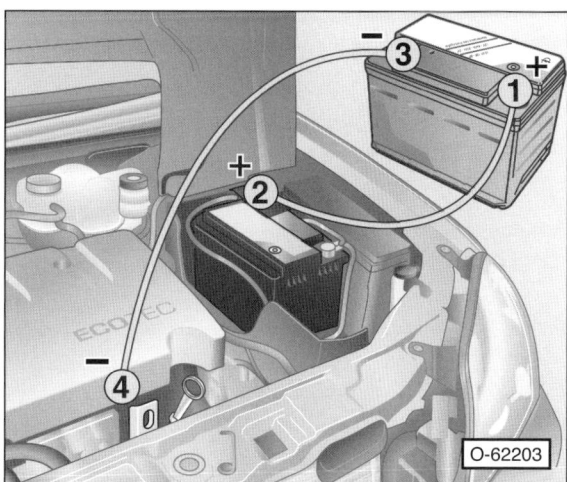

- Die Starthilfekabel sollten einen Leitungsquerschnitt von 25 mm² aufweisen und mit isolierten Kabelzangen ausgestattet sein. In der Regel ist der Leitungsquerschnitt auf der Packung der Starthilfekabel angegeben.
- Bei beiden Batterien muss die Spannung 12 Volt betragen. Die Kapazität der stromgebenden Batterie darf nicht wesentlich unter der der entladenen Batterie liegen.
- Eine entladene Batterie kann bereits bei −10° C gefrieren. Vor Anschluss der Starthilfekabel muss eine gefrorene Batterie unbedingt aufgetaut werden.
- Die entladene Batterie muss ordnungsgemäß am Bordnetz angeklemmt sein.
- Wenn möglich, Säurestand der entladenen Batterie prüfen, gegebenenfalls destilliertes Wasser auffüllen und Batterie verschließen.
- Fahrzeuge so weit auseinander stellen, dass kein metallischer Kontakt besteht. Andernfalls könnte bereits beim Verbinden der Pluspole ein Strom fließen.
- Bei beiden Fahrzeugen Handbremse anziehen. Schaltgetriebe in Leerlaufstellung, automatisches Getriebe zusätzlich in Parkstellung »P« schalten.
- Alle Stromverbraucher ausschalten.
- Grundsätzlich Motor des Spenderfahrzeuges ca. 1 Minute vor dem Startvorgang und während des Startvorganges mit Leerlaufdrehzahl drehen lassen. Dadurch wird eine Beschädigung des Generators durch Spannungsspitzen beim Startvorgang vermieden.
- Starthilfekabel in folgender Reihenfolge anschließen:
  1. Rotes Kabel an den Pluspol (+) −1− der stromgebenden Batterie anklemmen.
  2. Das andere Ende des roten Kabels an den Pluspol (+) −2− der entladenen Batterie anklemmen.
  3. Schwarzes Kabel an den Minuspol (−) −3− der stromgebenden Batterie anklemmen.
  4. Das andere Ende des schwarzen Kabels an eine gute Massestelle −4− des Empfängerfahrzeuges anschließen.

Achtung: Nicht an den Minuspol (−) der leeren Batterie. Am besten eignet sich ein mit dem Motorblock verschraubtes Metallteil. Unter ungünstigen Umständen könnte beim Anschließen des Kabels an den Minuspol der leeren Batterie, durch Funkenbildung und Knallgasentwicklung, die Batterie explodieren.

Achtung: Die Klemmen der Starthilfekabel dürfen bei angeschlossenen Kabeln nicht in Kontakt miteinander kommen, beziehungsweise die Plusklemmen dürfen keine Massestellen (Karosserie oder Rahmen) berühren − Kurzschlussgefahr!

- Motor des Empfängerfahrzeuges (leere Batterie) starten und laufen lassen. Beim Starten Anlasser nicht länger als 10 Sekunden ununterbrochen betätigen, da sich durch die hohe Stromaufnahme Polzangen und Kabel erwärmen. Deshalb zwischendurch eine »Abkühlpause« von mindestens ½ Minute einlegen.
- Bei Startschwierigkeiten nicht unnötig lange den Anlasser betätigen. Während des Anlassens wird permanent Kraftstoff eingespritzt. Fehlerursache ermitteln und beseitigen.
- Nach erfolgreichem Start beide Fahrzeuge mit der »Strombrücke« noch 3 Minuten laufen lassen.
- Um Spannungsspitzen beim Trennen abzubauen, im Fahrzeug mit der leeren Batterie Gebläse und Heckscheibenheizung einschalten. Nicht das Fahrlicht einschalten. Glühlampen brennen bei Überspannung durch.
- **Nach der Starthilfe** Kabel in **umgekehrter** Reihenfolge abklemmen: Zuerst schwarzes Kabel (−) am Empfängerfahrzeug −4−, dann am stromgebenden Fahrzeug −3− abklemmen. Rotes Kabel zuerst am Empfängerfahrzeug −2− und dann am stromgebenden Fahrzeug −1− abklemmen.
- Die entladene Batterie baldmöglichst mit einem Batterie-Ladegerät aufladen. Um die Batterie mit dem Drehstromgenerator vollständig aufzuladen, müsste der Motor ca. 8 Stunden ohne Unterbrechung laufen, ohne dass elektrische Verbraucher eingeschaltet sind.

Fahrzeug aufbocken

Bei Arbeiten unter dem Fahrzeug muss dieses, falls es nicht auf einer Hebebühne steht, auf zwei oder vier stabilen Unterstellböcken stehen.

> **Sicherheitshinweis**
> Wenn unter dem Fahrzeug gearbeitet werden soll, muss es mit geeigneten Unterstellböcken sicher abgestützt werden. Abstützen nur mit dem Wagenheber ist unzureichend. **Lebensgefahr!**

- Das Fahrzeug nur in unbeladenem Zustand auf ebener, fester Fläche aufbocken.
- Fahrzeug mit Unterstellböcken so abstützen, dass jeweils ein Bein seitlich nach außen zeigt.

Anheb- und Aufbockpunkte für Bordwagenheber

- Am Wagenunterbau sind vorn und hinten Aussparungen zum Ansetzen des Wagenhebers vorhanden.
- Wagenheber so ansetzen, dass der Wagenheberkopf in die Wagenheberaufnahme am Fahrzeugunterboden eingreift. Die Aufnahmen sind durch Markierungen –Pfeile– an der unteren Fahrzeugkante gekennzeichnet.

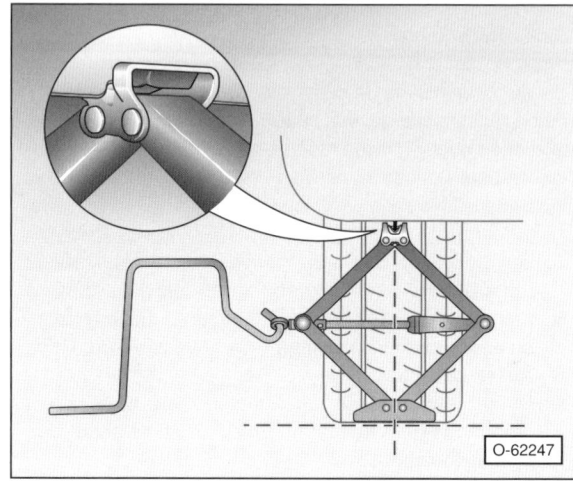

- Wagenheber in die Aufnahme drücken und Spindel von Hand drehen, bis der Wagenheberfuß den Boden berührt. Wagenheber so ausrichten, dass der Wagenheberfuß senkrecht unter der Wagenheberaufnahme auf dem Boden steht.
- Kurbelstange in die Öse der Wagenheberspindel einsetzen. Wagenheber hochkurbeln, bis das Rad vom Boden abgehoben hat. Fahrzeug mit Unterstellböcken abstützen, beispielsweise am vorderen Längsträger.
- Die Räder, die beim Anheben auf dem Boden stehen bleiben, mit Keilen gegen Vor- oder Zurückrollen sichern.

Aufnahmepunkte für Hebebühne und Werkstattwagenheber

Achtung: Um Beschädigungen am Unterbau zu vermeiden, geeignete Gummi- oder Holzzwischenlagen verwenden. Der Wagen darf keinesfalls am Antriebsaggregat, an der Vorder- oder Hinterachse angehoben werden.

- Die Aufnahmen einer Hebebühne oder eines Werkstattwagenhebers an den gleichen Stellen ansetzen, die auch für den Bordwagenheber vorgesehen sind. Vorn kann das Fahrzeug auch an den Längsträgern angehoben werden.

Elektrische Anlage

Aus dem Inhalt:

- Hupe ausbauen
- Sicherungen auswechseln
- Batterie ausbauen
- Generator ausbauen
- Anlasser ausbauen
- Scheibenwischer
- Beleuchtungsanlage
- Armaturen/Schalter

Steckverbinder trennen

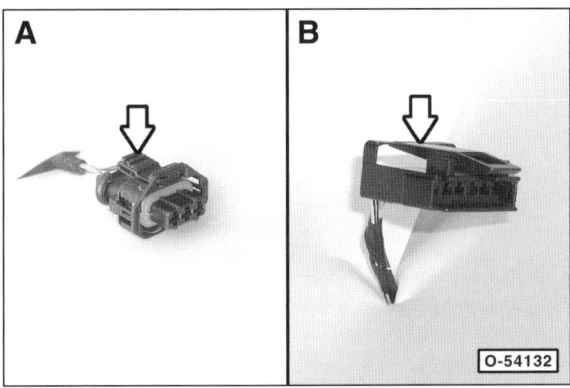

- Lasche herunterdrücken –Pfeil–, Stecker dabei ziehen und Verbindung trennen.
- Stecker beim Aufschieben hörbar einrasten lassen.

Lichtwellenleiter

Es kommen vermehrt Lichtwellenleiter als Steuerleitungen zum Einsatz, die sich durch verlustarme Datenübertragung sowie eine hohe Bandbreite auszeichnen.

Sicherheitshinweise im Umgang mit Lichtwellenleitern beachten:

- Steckverbindungen für Lichtwellenleiter vorsichtig trennen.
- Die Übergangsstellen des Lichtwellenleiters dürfen nicht verschmutzt oder verkratzt werden.
- Lichtwellenleiter nicht knicken, strecken oder quetschen.
- **Kontaktstellen mit Abdeckkappen und Stopfen schützen.**

Hupe aus- und einbauen

Ausbau

Hinweis: Die Hupe befindet sich auf der rechten Seite hinter der Stoßfängerabdeckung.

- Batterie abklemmen. **Achtung:** Hinweise im Kapitel »Batterie aus- und einbauen« beachten.

> **Sicherheitshinweis**
> Beim Aufbocken des Fahrzeugs besteht Unfallgefahr! Hinweise im Kapitel »Fahrzeug aufbocken« beachten.

- Fahrzeug vorne aufbocken.

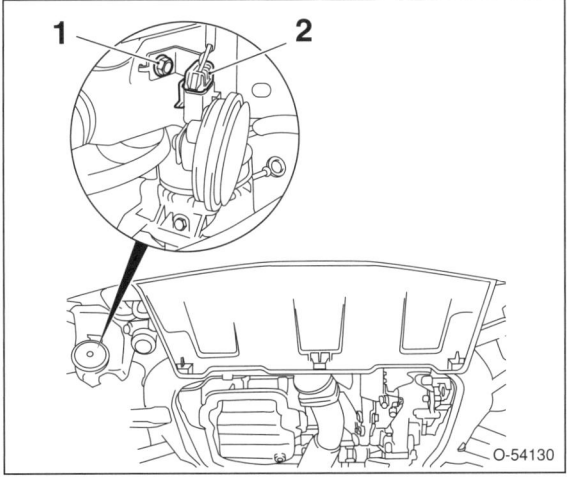

- Stecker –2– entriegeln und von der Hupe abziehen.
- Mutter –1– abdrehen und Hupe abnehmen.

Einbau

- Der Einbau erfolgt in umgekehrter Ausbaureihenfolge.
- Hupe auf Funktion prüfen.

Sensoren für Einparkhilfe aus- und einbauen

Je nach Ausstattung sind die Sensoren in der hinteren und der vorderen Stoßfängerabdeckung eingesetzt.

Ausbau

- Stoßfängerabdeckung ausbauen, siehe Seite 249/251.

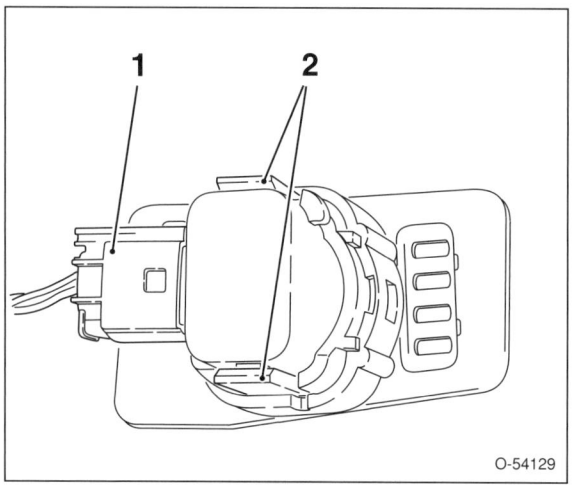

- An der Rückseite der Stoßfängerabdeckung Stecker –1– entriegeln und vom Sensor abziehen.
- Laschen –2– der Halterung auseinanderdrücken und Sensor herausziehen.

Einbau

- Sensor in Halterung stecken und einrasten lassen.
- Der weitere Einbau erfolgt in umgekehrter Ausbaureihenfolge.

Sicherungen auswechseln

Um Kurzschluss- und Überlastungsschäden an den Leitungen und Verbrauchern der elektrischen Anlage zu verhindern, sind die einzelnen Stromkreise durch Schmelzsicherungen geschützt.

- Vor dem Auswechseln einer Sicherung immer alle Stromverbraucher und die Zündung ausschalten.
- Es empfiehlt sich, stets einige Ersatzsicherungen im Wagen mitzuführen und diese nach Gebrauch zu ersetzen.
- Brennt eine neu eingesetzte Sicherung nach kurzer Zeit wieder durch, muss der entsprechende Stromkreis überprüft werden.

Achtung: Auf keinen Fall Sicherung durch Draht oder ähnliche Hilfsmittel ersetzen, weil dadurch ernste Schäden an der elektrischen Anlage auftreten können.

- Eine Übersicht der aktuellen Sicherungsbelegung befindet sich in der Bedienungsanleitung. **Hinweis:** Die Sicherungsbelegung ist abhängig von der Ausstattung und vom Baujahr des Fahrzeuges.

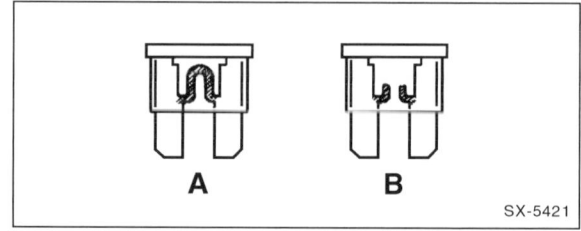

- Eine durchgebrannte Sicherung erkennt man am durchgeschmolzenen Metallstreifen. A – Sicherung in Ordnung, B – Sicherung durchgebrannt.

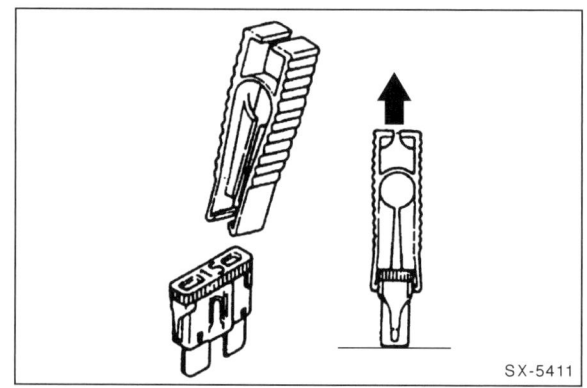

- Defekte Sicherung herausziehen. **Hinweis:** Eine Kunststoffklammer befindet sich im Sicherungskasten im Laderaum.

Kleine Sicherungen		Große Sicherungen	
Nennstromstärke in A *)	Kennfarbe	Nennstromstärke in A *)	Kennfarbe
3	violett	20	blau
5	beige	25	transparent
7,5	braun	30	rosa
10	rot	40	grün
15	blau	–	–
20	gelb	–	–
25	transparent	–	–
30	grün	–	–

*) **A** = Ampere

- Neue Sicherung **gleicher Sicherungsstärke** einsetzen. Die Nennstromstärke der Sicherung ist aufgedruckt. Außerdem ist die Sicherung durch eine Farbe gekennzeichnet, an der ebenfalls die Nennstromstärke zu erkennen ist.

Achtung: Die Kennfarben werden sowohl bei den herkömmlichen kleinen Sicherungen als auch bei Sicherungen mit höherer Nennstromstärke benutzt. Diese Sicherungen sind wesentlich größer.

Hinweis: Die Sicherungen sind in 2 Sicherungskästen eingesetzt. Der erste Sicherungskasten befindet sich hinter der Serviceklappe in der linken seitlichen Laderaumverkleidung und der zweite vorn links im Motorraum.

Sicherungskasten im Laderaum

● Heckklappe öffnen.

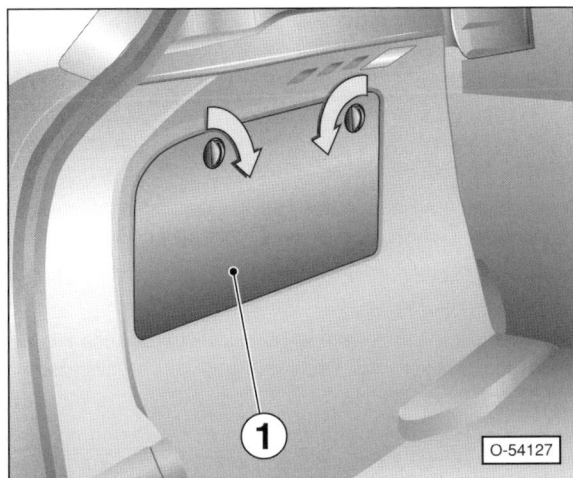

● **ASTRA:** 2 Drehknöpfe in der linken seitlichen Laderaumverkleidung in Pfeilrichtung drehen und Serviceklappe –1– herunterklappen. **Hinweis:** Falls nötig, Drehknöpfe mit einer Münze verdrehen und Klappe mit einem Kunststoffkeil oben aus der Verkleidung heraushebeln.

● **ZAFIRA:** 2 Haltelaschen nach vorne drücken, Serviceklappe aufklappen und aus der linken seitlichen Laderaumverkleidung herausnehmen.

Sicherungskasten im Motorraum

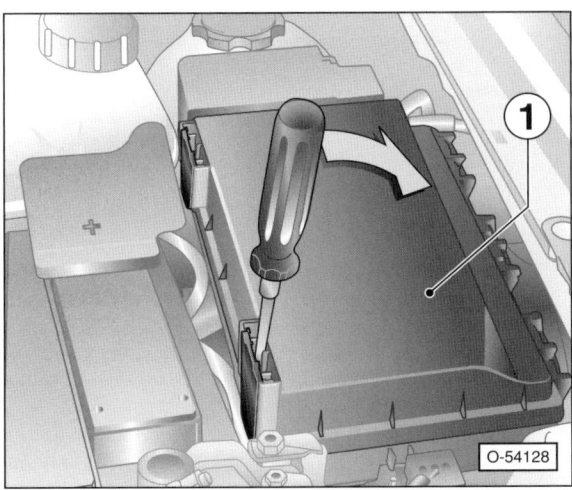

● Motorhaube öffnen, Schraubendreher in die Schlitze einführen, in Pfeilrichtung drücken und Haltelaschen entriegeln.

● Deckel –1– auf dem Sicherungskasten hochklappen und abnehmen.

Hinweis: Beim Schließen des Deckels, darauf achten, dass er hörbar einrastet.

Batterie/Batterieträger aus- und einbauen

Achtung: Aus Sicherheitsgründen immer die Batterie abklemmen.

Achtung: Durch das Abklemmen der Batterie werden einige **elektronische Speicher gelöscht**:

■ Je nach Ausführung des Radios Radiocode vor Abklemmen der Batterie oder Ausbau des Radios feststellen. Ansonsten kann das Radio nur durch die Fachwerkstatt oder den Hersteller wieder in Betrieb genommen werden. Die Code-Nummer ist in der Radio-Bedienungsanleitung angegeben. Sie sollte nicht im Fahrzeug aufbewahrt werden. **Hinweis:** Die OPEL-Radioanlagen werden seit Modelljahr 2005 von der Fahrzeugelektronik erkannt. Daher ist bei diesen Geräten eine Radiocode-Eingabe nicht erforderlich.

■ Je nach Ausstattung muss nach dem Anklemmen der Batterie die Hoch-/Tieflaufautomatik der elektrischen Fensterheber neu aktiviert werden:
   ◆ Alle Türen schließen und Zündung einschalten.
   ◆ Ein Fenster ganz hochfahren, danach Taste noch mindestens 2 Sekunden gedrückt halten.
   ◆ Vorgang für jedes Fenster wiederholen.

■ Wenn vorhanden, muss nach dem Anklemmen der Batterie das Schiebedach neu eingestellt werden:
   ◆ Schiebedach bis zum Endanschlag fahren.

Hinweis: Damit die gespeicherten Daten nicht verloren gehen, sollte möglichst ein so genanntes Ruhestrom-Erhaltungsgerät verwendet werden. Das Gerät wird vor Abklemmen der Batterie nach Herstelleranweisung am Zigarettenanzünder angeschlossen.

> **Hinweis:** Wird die Autobatterie ersetzt, unbedingt die Altbatterie zum Händler mitnehmen und zurückgeben. Sonst muss Pfand für die neue Batterie bezahlt werden.

Ausbau

● Alle elektrischen Verbraucher ausschalten.

● Zündung ausschalten und 1 Minute warten. Dadurch werden Schäden an elektronischen Steuergeräten vermieden.

● Motorhaube öffnen.

● Gegebenenfalls Wärmeschutzhülle um die Batterie oben aufclipsen.

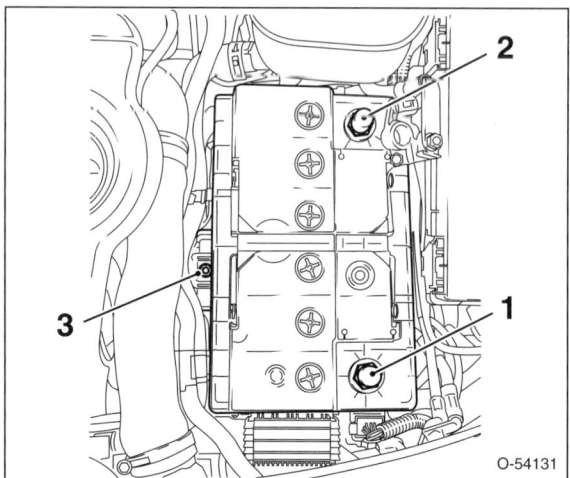

- **Zuerst Massekabel** von der Batterie abklemmen. Dazu Mutter abschrauben, Klemme vom Minuspol (−) −1− abziehen und Massekabel zur Seite legen.

Achtung: Niemals die Batterie-Plusklemme ab- oder anschrauben, wenn die Minusklemme angeschlossen ist. Kurzschlussgefahr.

Hinweis: Wird die Batterie lediglich abgeklemmt und nicht ausgebaut, aus Sicherheitsgründen **grundsätzlich beide Batterieklemmen von der Batterie entfernen**.

- Wenn vorhanden, Abdeckkappe über dem Pluspol (+) −2− hochklappen, Mutter abschrauben, Klemme vom Pluspol abziehen und Pluskabel zur Seite legen.
- Schraube −3− unten am Batteriefuß herausdrehen und Halteplatte abnehmen.
- Batterie nach oben herausziehen.

Hinweis: Für weiterführende Arbeiten muss eventuell noch der Batterieträger ausgebaut werden.

- 3 Schrauben am Boden des Batterieträgers herausdrehen.
- Kabel vom Batterieträger trennen.
- Kühlmittelschläuche aus dem Halter lösen und Halter ausclipsen. Steuergerät ausclipsen und Stecker ausclipsen.
- Batterieträger nach oben aus dem Motorraum herausziehen.

Einbau

- Batterieträger in den Motorraum einsetzen und festschrauben.
- Kabel und Schläuche am Batterieträger anclipsen. Stecker und Steuergerät einclipsen.
- Sicherstellen, dass nur Batterien mit gleichen Abmessungen gegeneinander ausgetauscht werden.
- Sicherheitshinweise an der Batterie beachten. Originalteile-Batterien sind mit Sicherheitshinweisen ausgestattet.
- Vor dem Einbau Batteriepole blank kratzen, geeignet ist dazu eine Messingdrahtbürste.

- Batterie einsetzen, Halteplatte über den Batteriefuß schieben und mit **7 Nm** festschrauben. Dabei auf festen Sitz der Batterie achten; eine nicht korrekt befestigte Batterie kann durch Rütteln beschädigt werden.
- Batterie mit Schlauch für die Zentralentgasung. Darauf achten, dass der Schlauch nicht abgeklemmt wird.
- Bei einer Batterie ohne Schlauch für Zentralentgasung darauf achten, dass eine Öffnung an der oberen Deckelseite der Batterie nicht verstopft ist.
- Vor dem Anklemmen der Batterie sicherstellen, dass die Zündung und alle Stromverbraucher ausgeschaltet sind.
- **Zuerst Pluskabel** am Pluspol (+) anklemmen, danach Massekabel am Minuspol (−). Muttern festziehen.

Hinweis: Durch eine falsch angeschlossene Batterie können erhebliche Schäden am Generator und an der elektrischen Anlage entstehen.

- Anschlussklemmen und Batteriepole mit Polfett oder etwas Vaseline dünn einfetten, um Korrosion zu vermeiden. **Achtung:** Pole **nicht vor** Anklemmen der Kabel fetten.
- Generator-Ladespannung prüfen, siehe Seite 62.

Hinweis: Eine zu hohe Ladespannung des Generators kann die Ursache für den Ausfall der bisherigen Batterie gewesen sein und, falls der Fehler weiter besteht, die neue Batterie schädigen.

- Abdeckkappe über den Pluspol (+) setzen.
- Wenn nötig, Radiocode eingeben.
- Radioprogramme, falls erforderlich, neu eingeben.
- Zeituhr prüfen und gegebenenfalls neu einstellen.
- Elektrischen Fensterheber und Schiebedach aktivieren.

Batterie prüfen

Batterie sichtprüfen

- Gehäuse der Batterie auf Beschädigungen sichtprüfen. Bei beschädigtem Gehäuse kann ätzende Batteriesäure auslaufen und die umliegenden Bauteile beschädigen.
- Bei beschädigtem Gehäuse Batterie schnellstmöglich ersetzen und umliegende Bauteile mit Seifenlauge und viel Wasser abwaschen.

Batterie/Batterieklemmen auf festen Sitz prüfen

Eine lockere Batterie hat eine verkürzte Lebensdauer durch Rüttelschäden und vermindert außerdem die Crash-Sicherheit des Fahrzeuges. Lockere Batterieanschlüsse können einen Kabelbrand oder Funktionsstörungen in der elektrischen Anlage nach sich ziehen.

- Falls ein Batteriedeckel vorhanden ist, Lasche hinten am Deckel zusammendrücken und Deckel nach vorn klappen.

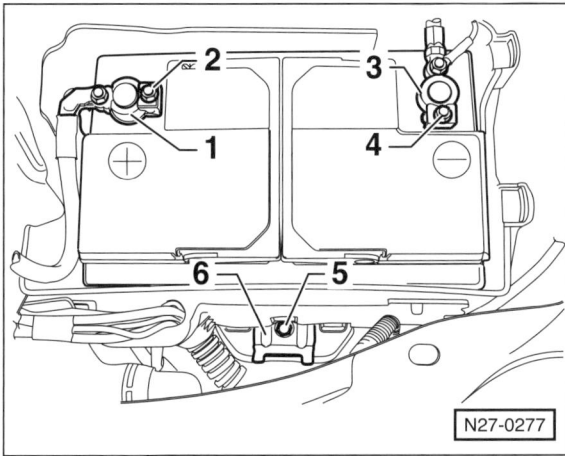

- Batterie kräftig hin- und herbewegen.
- Sitzt die Batterie lose, Batterie-Haltebügel –6– mit Batterie-Befestigungsschraube –5– und **25 Nm** festziehen.

Achtung: Falls die Batterie-Plusklemme locker ist, muss vor dem Festziehen der Plusklemme wegen Kurzschlussgefahr die Masseklemme an der Batterie abgeklemmt werden. Nachdem die Plusklemme festgezogen ist, Massekabel wieder anklemmen, siehe Seite 56.

- Batterieklemmen –1– und –3– hin- und herbewegen und festen Sitz prüfen, gegebenenfalls Befestigungsmuttern –2– und –4– nachziehen. Anzugsdrehmoment: **5 Nm**.
- Gegebenenfalls Batteriedeckel zurückklappen und einrasten.

Zustand der Batterie prüfen

Vor Beginn des Winters sollte der Zustand der Batterie unbedingt überprüft werden. Bei großer Kälte sinkt die Batteriespannung einer nur mäßig geladenen Batterie während des Anlassvorgangs stark ab.

Die Fahrzeugbatterie ist oftmals mit einem sogenannten »**magischen Auge**« ausgestattet. Durch diese optische Anzeige wird der Zustand der Batterie angezeigt, und zwar durch unterschiedliche Farbkennung.

Magisches Auge prüfen

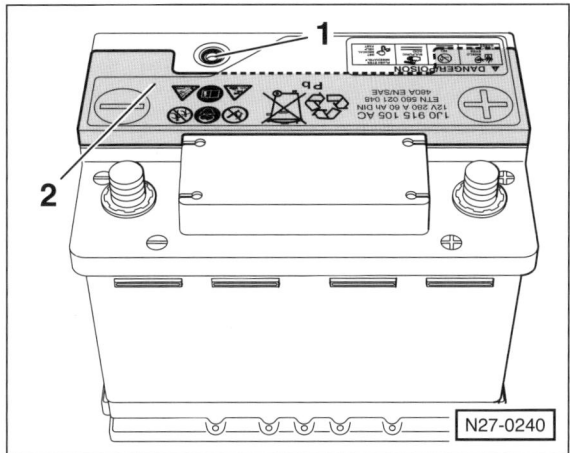

Das magische Auge –1– befindet sich auf der Oberseite der Batterie.

Hinweis: Die Zellöffnungen der Batterie sind mit einer Abdeckung –2– verschlossen. Die Abdeckung –2– dient nur zur Befüllung in der Produktion. Auf keinen Fall die Abdeckung abnehmen, sonst wird die Batterie unbrauchbar und muss ersetzt werden.

Anhand der Farbe des magischen Auges können der Säurestand und teilweise der Ladezustand der Batterie abgelesen werden. Da sich das magische Auge nur in einer Batteriezelle befindet, ist die Anzeige auch nur für diese Zelle gültig. Eine exakte Beurteilung des Batteriezustandes ist nur durch eine Belastungsprüfung mit einem speziellen Prüfgerät in der Werkstatt möglich.

Achtung: Es gibt 2 unterschiedliche Ausführungen des magischen Auges. Ältere Batterien besitzen ein magisches Auge mit 3-farbiger Anzeige, bei neueren Batterien ist die Anzeige 2-farbig.

- Magisches Auge mit einer Taschenlampe anleuchten und Farbanzeige prüfen. **Hinweis:** Durch Luftblasen unter dem magischen Auge kann die Farbanzeige verfälscht werden. Daher bei der Prüfung mit einem Schraubendrehergriff leicht auf das Batteriegehäuse klopfen.

Magisches Auge mit 3-farbiger Anzeige beurteilen:

- Grün – die Batterie ist ausreichend geladen, der Säurestand ist in Ordnung.
- Schwarz – die Batterie ist zu goring geladen oder entladen. Ruhespannung prüfen und Batterie laden.
- Farblos oder gelb – der Säurestand ist zu niedrig. Die Batterie muss ersetzt werden.

Magisches Auge mit 2-farbiger Anzeige beurteilen:

Der Ladezustand der Batterie kann nicht am magischen Auge abgelesen werden. Hierzu ist eine Batterie-Belastungsprüfung erforderlich.

- Schwarz – der Säurestand ist in Ordnung. Der Ladezustand kann nur mit einer Batterie-Belastungsprüfung festgestellt werden.
- Farblos oder gelb – der Säurestand ist zu niedrig. Die Batterie muss ersetzt werden.

Achung: Wenn das magische Auge farblos oder hellgelb anzeigt, darf die Batterie nicht mit einem speziellen Prüfgerät unter Belastung geprüft werden. Explosionsgefahr!

Batterie unter Belastung prüfen

Achung: Wenn das magische Auge farblos oder hellgelb anzeigt, darf die Batterie nicht mit einem speziellen Prüfgerät unter Belastung geprüft werden. Explosionsgefahr!

- Voltmeter an die Batteriepole anschließen. Anschlusskabel nicht abklemmen.
- Motor starten und Spannung ablesen.
- Während des Startvorganges darf bei einer vollen Batterie die Spannung nicht unter 10 Volt (bei einer Säuretemperatur von ca. +20° C) abfallen.
- Bricht die Spannung sogar zusammen, dann ist von einer defekten Batterie auszugehen.

Ruhespannung prüfen

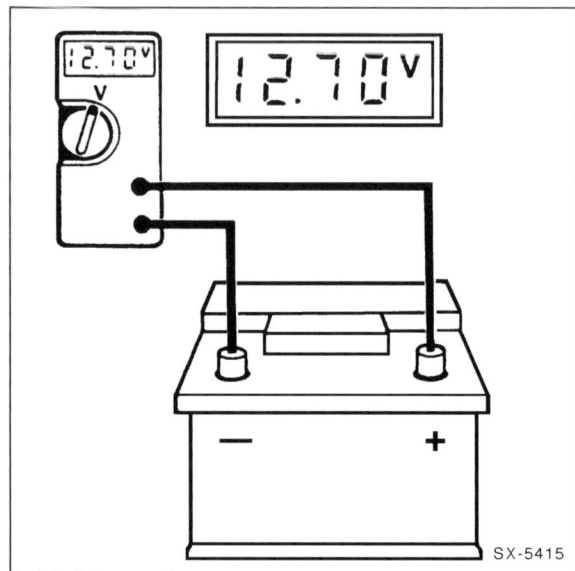

Der Batterie-Zustand wird durch Messen der Spannung mit einem Voltmeter zwischen den Batteriepolen überprüft.

- Batterie vom Stromnetz abklemmen, siehe Kapitel »Batterie aus- und einbauen«.
- Vor der Prüfung muss die Batterie mindestens zwei Stunden abgeklemmt sein.
- Voltmeter an die Batteriepole anschließen und Spannung messen.
- **Beurteilung des Spannungsmesswertes:**
  12,7 Volt oder darüber: Batterie in gutem Zustand.
  11,6 – 12,6 Volt: Batterie laden.
  unter 11,6 Volt: Batterie tiefentladen, Batterie laden oder ersetzen.
- Batterie anklemmen. Zuerst Batterie-Pluskabel (+) und dann Batterie-Massekabel (–) bei ausgeschalteter Zündung anklemmen.

Batterie laden

Sicherheitshinweise:

Vor dem Laden der Batterie Sicherheitshinweise im Kapitel »Batterie aus- und einbauen« durchlesen.

- Batterie **nicht** bei laufendem Motor abklemmen.
- Batterie **niemals kurzschließen,** das heißt Plus- (+) und Minuspol (−) dürfen nicht verbunden werden. Bei Kurzschluss erhitzt sich die Batterie und kann platzen.
- Gefrorene Batterie vor dem Laden auftauen. Eine geladene Batterie gefriert bei ca. −65° C, eine halbentladene bei ca. −30° C und eine entladene bei ca. −12° C. Aufgetaute Batterie vor dem Laden auf Gehäuserisse prüfen, gegebenenfalls ersetzen. Aus Sicherheitsgründen empfiehlt es sich allerdings, eine einmal gefrorene Batterie grundsätzlich zu ersetzen.
- Falls Batteriesäure ausgetreten ist: Batteriesäure ist ätzend und darf nicht in die Augen, auf die Haut oder die Kleidung gelangen. Außerdem beschädigt sie die umliegenden Bauteile. Den Bereich, der mit Batteriesäure in Verbindung geraten ist, mit Seifenlauge und viel Wasser abspülen.
- Batterie nur in gut belüftetem Raum oder im Freien laden. Beim Laden der eingebauten Batterie Motorhaube geöffnet lassen.
- Wenn bei einer Batterie mit optischer Zustandsanzeige das »magische Auge« **farblos** oder **hellgelb** anzeigt, darf die Batterie **nicht geladen** werden. **Explosionsgefahr!** Gegebenenfalls Batterie erneuern.

Zum Laden der Batterie möglichst ein **elektronisch gesteuertes Ladegerät** verwenden. In diesem Fall kann die Batterie im Fahrzeug angeklemmt bleiben.

Wenn die Batterie mit einem **Normal- oder Schnellladegerät** geladen wird: Batterie ausbauen. Zumindest aber Massekabel (−) sowie Pluskabel (+) abklemmen, andernfalls können Teile der Fahrzeugelektronik beschädigt werden.

Beim Laden muss die Batterie eine Temperatur von mindestens +10° C aufweisen.

Achtung: Wenn die Batterie zu lange Zeit entladen war, kann sie nicht mehr vollständig beziehungsweise gar nicht mehr aufgeladen werden.

Laden

- Batterie gegebenenfalls ausbauen, siehe entsprechendes Kapitel.
- Falls am Ladegerät der Ladestrom eingestellt werden kann, Ladestrom für Normalladung auf ca. 10 % der Batteriekapazität einstellen. Bei einer 50-Ah-Batterie also etwa 5,0 A. Als Richtwert für die Ladezeit können dann 10 Stunden genommen werden.
- **Bei ausgeschaltetem Ladegerät** Pluskabel (+) des Ladegerätes an den Pluspol (+) der Batterie anschließen. Minuskabel (−) des Ladegerätes mit dem Minuspol (−) der Batterie verbinden.
- Netzstecker des Ladegerätes in die Steckdose stecken. Falls erforderlich, Ladegerät einschalten.
- So lange laden, bis die Batterie vom Ladegerät als voll angezeigt wird.
- Wird die Batterie mit einem konstanten Ladestrom geladen, Temperatur der Batterie durch Auflegen der Hand prüfen. Die Säuretemperatur darf während des Ladens ca. +55° C nicht überschreiten, gegebenenfalls Ladung unterbrechen oder Ladestrom herabsetzen.
- Nach dem Laden der Batterie Ladegerät ausschalten (wenn möglich) und Netzstecker des Ladegerätes ziehen.
- Anschlusskabel des Ladegerätes von der Batterie abklemmen.
- Geladene Batterie prüfen, siehe entsprechendes Kapitel.
- Falls ausgebaut, Batterie einbauen, siehe entsprechendes Kapitel.

Tiefentladene und sulfatierte Batterie laden

Eine Batterie, die längere Zeit unbenutzt war (zum Beispiel Fahrzeug stillgelegt), entlädt sich allmählich selbst und sulfatiert.

Wenn die Ruhespannung der Batterie unter 11,6 Volt liegt, bezeichnet man sie als tiefentladen. Ruhespannung prüfen, siehe unter »Batterie prüfen«.

Bei einer tiefentladenen Batterie besteht die Batteriesäure (Schwefelsäure-Wassergemisch) fast nur noch aus Wasser. **Achtung:** Bei Minustemperaturen kann diese Batterie einfrieren und das Gehäuse kann dann platzen.

Eine tiefentladene Batterie sulfatiert, das heißt die gesamte Plattenoberfläche der Batterie verhärtet. Die Batteriesäure ist dann nicht klar, sie hat eine schwach weißliche Einfärbung.

Wenn die tiefentladene Batterie unmittelbar nach der Entladung wieder geladen wird, bildet sich die Sulfatierung wieder zurück. Andernfalls verhärten die Batterieplatten weiter und die Ladungsaufnahme bleibt dauerhaft eingeschränkt.

- Eine tiefentladene und sulfatierte Batterie muss mit einem geringen Ladestrom von ca. 5 % der Batteriekapazität geladen werden. Der Ladestrom beträgt dann beispielsweise bei einer 60 Ah-Batterie ca. 3 A.
- Die Ladespannung darf maximal 14,4 Volt betragen.

Achtung: Eine tiefentladene Batterie darf keinesfalls mit einem Schnellladegerät geladen werden.

Batterie entlädt sich selbstständig

Je nach Fahrzeugausstattung addiert sich zur natürlichen Selbstentladung der Batterie auch die Stromaufnahme der verschiedenen Stromverbraucher im Ruhezustand. Daher sollte die Batterie in einem abgestellten Fahrzeug alle 6 Wochen nachgeladen werden. Wenn der Verdacht auf Kriechströme besteht, Bordnetz nach folgender Anleitung prüfen:

● Zur Prüfung eine geladene Batterie verwenden.

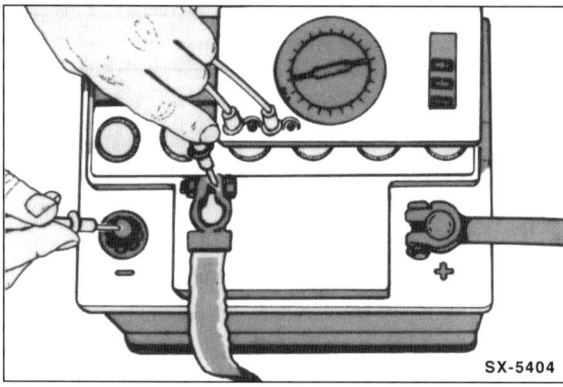

● Am Amperemeter den höchsten Messbereich einstellen.
● Batterie-Massekabel (–) abklemmen. **Achtung:** Hinweise im Kapitel »Batterie aus- und einbauen« beachten.
● Amperemeter zwischen Batterie-Minuspol (–) und Massekabel schalten: Amperemeter-Plus-Anschluss (+) an Massekabel und Minus-Anschluss (–) an Batterie-Minuspol (–).

Achtung: Die Prüfung kann auch mit einer Prüflampe durchgeführt werden. Leuchtet die Lampe zwischen Massekabel und Minuspol der Batterie jedoch nicht auf, ist auf jeden Fall ein Amperemeter zu verwenden.

● Alle Verbraucher ausschalten, vorhandene Zeituhr (und andere Dauerverbraucher) abklemmen, Türen schließen.
● Vom Amperebereich solange auf den Milliamperebereich zurückschalten bis eine ablesbare Anzeige erfolgt (1–3 mA sind zulässig).
● Durch Herausnehmen der Sicherungen nacheinander die verschiedenen Stromkreise unterbrechen. Geht bei einem unterbrochenen Stromkreis die Anzeige auf Null zurück, ist hier die Fehlerquelle zu suchen.
● Fehler können sein: korrodierte und verschmutzte Kontakte, durchgescheuerte Leitungen, interner Kurzschluss in Aggregaten.
● Wird in den abgesicherten Stromkreisen kein Fehler gefunden, so sind die Leitungen an den nicht abgesicherten Aggregaten, wie Generator und Anlasser, abzuziehen.
● Geht beim Abklemmen von einem der ungesicherten Aggregate die Anzeige auf Null zurück, betreffendes Bauteil überholen oder austauschen. Bei Stromverlust in der Anlasser- oder Zündanlage immer auch den Zünd-Anlassschalter nach Schaltplan prüfen.
● Batterie-Massekabel (–) anklemmen. **Achtung:** Hinweise im Kapitel »Batterie aus- und einbauen« beachten.

Batteriepole reinigen

Batteriepole auf Korrosion überprüfen. Korrosion an den Batteriepolen zeigt sich in Form von weißen oder gelblichen pulverartigen Ablagerungen an den Polen.

● Batterie ausbauen, siehe entsprechendes Kapitel.
● Zur Entfernung von Korrosion Batteriepole mit einer Lösung aus Wasser und Soda bestreichen. Es kommt zu einer chemischen Reaktion mit Blasenbildung und einer braunen Verfärbung an den Polen.
● Gegebenenfalls Batteriepole mit einem Polreiniger oder einer Drahtbürste, zum Beispiel HAZET 4650-4, von Korrosionsrückständen reinigen.
● Nach Abklingen dieser Reaktion Batteriepole und Batterie mit klarem Wasser abwaschen und Batterie abtrocknen.
● Batterie einbauen, siehe entsprechendes Kapitel.

Batterie lagern

Wird das Fahrzeug länger als 2 Monate stillgelegt, Batterie ausbauen und im aufgeladenen Zustand lagern. Die günstigste Lagertemperatur liegt zwischen 0° C und +27° C. Bei diesen Temperaturen hat die Batterie die günstigste Selbstentladungsrate. Spätestens nach 2 Monaten Batterie erneut aufladen, da sie sonst unbrauchbar wird.

● Tiefentladene und sulfatierte Batterie laden, siehe entsprechendes Kapitel.

Batterietypen

Je nach Modell und Ausstattung können technisch recht unterschiedliche Batterietypen im Fahrzeug eingebaut sein. .

Nass-Batterie

Eine Batterie mit flüssigem Elektrolyt wird als Nass-Batterie bezeichnet. Diese Batterie besitzt ein magisches Auge zur Kontrolle von Ladezustand und Säurestand. Es darf kein destilliertes Wasser nachgefüllt werden, wie bei früheren Ausführungen der Nass-Batterie. Wenn der Säurestand zu niedrig ist, muss die Batterie ersetzt werden. Die Nassbatterie ist nicht für Fahrzeuge mit Start-Stopp-System geeignet.

EFB-Batterie

EFB = **E**nhanced **F**looded **B**attery. Die EFB-Batterie ist eine Weiterentwicklung der Standard-Nass-Batterie und kann auch für Fahrzeuge mit Start-Stopp-System verwendet werden. Allerdings nur, wenn der Fahrzeughersteller nicht ausdrücklich eine AGM-Stromquelle vorschreibt.

AGM-Batterie (Vlies-Batterie)

AGM = **A**bsorbent-**G**lass-**M**att-**B**attery. Bei der AGM-Batterie ist der Elektrolyt in einem Mikroglasvlies festgelegt; sie gilt dadurch als auslaufsicher. Die Batterie ist mit einem Batteriedeckel verschlossen, Zellverschluss-Stopfen und Entgasungskanal sind im Deckel integriert. Die AGM-Batterie hat kein magisches Auge und bietet folgende Vorteile: hohe Zyklenfähigkeit (Zyklus = abwechselnder Lade- und Entladevorgang), Auslaufsicherheit, wartungsarm, geringe Gasung und gute Kaltstart?eigenschaften. Wird häufig bei Fahrzeugen mit Start-Stopp-System verwendet. Hinweis: Bei Ersatz einer AGM- oder Vlies-Batterie unbedingt wieder eine Vlies-Batterie einbauen.

VRLA-Batterie

Bei der **V**alve-**R**egulated-**L**ead-**A**cid-Batterie (VRLA) handelt es sich um einen wartungsfreien Stromspeicher mit festgelegtem Elektrolyt. Die Zellverschluss-Stopfen lassen sich nicht herausschrauben. Wird die Batterie überladen, werden die entstehenden Wasserstoff- und Sauerstoffgase innerhalb der jeweiligen Zelle wieder zu Wasser zurückgewandelt. Bei zu starker Ladung tritt das überschüssige Gas über ein Entspannungsventil aus. Da diese Flüssigkeitsmengen nicht wieder ersetzt werden können, ist eine nachhaltige Beschädigung der Batterie möglich. Deshalb muss beim Laden unbedingt ein Batterieladegerät mit einer Ladebegrenzung von 14,4 Volt eingesetzt werden.

Gel-Batterie

Bei der Gel-Batterie ist der Elektrolyt durch die Zugabe von Kieselsäure zur Schwefelsäure in einer gelartigen Masse eingebunden. Entsprechend ihrem Entgasungsprinzip zählt die Gel-Batterie zu den VRLA-Batterien. Dieser Batterietyp zeichnet sich durch eine hohe Zyklenfestigkeit aus, die Batterie kann also öfters ent- und geladen werden. Eine Gel-Batterie hat kein magisches Auge. Sie ist wartungsfrei und auslaufsicher. Da die Batterie nicht hochtemperaturfähig ist, eignet sie sich nicht für den Einbau im Motorraum.

Störungsdiagnose Batterie

Störung	Ursache	Abhilfe
Abgegebene Leistung ist zu gering, Spannung fällt stark ab.	Batterie entladen.	■ Batterie nachladen.
	Ladespannung zu niedrig.	■ Spannungsregler prüfen, gegebenenfalls austauschen.
	Anschlussklemmen lose oder oxydiert.	■ Anschlussklemmen reinigen, Klemmenmuttern anziehen.
	Masseverbindungen Batterie/Motor/Karosserie sind schlecht.	■ Masseverbindung überprüfen, gegebenenfalls metallische Verbindungen herstellen oder Schraubverbindungen festziehen. Korrodierte Schrauben durch verzinnte ersetzen.
	Zu große Selbstentladung der Batterie.	■ Batterie austauschen.
	Batterie sulfatiert.	■ Batterie mit geringer Stromstärke laden. Falls die abgegebene Leistung immer noch zu gering ist, Batterie austauschen.
Nicht ausreichende Ladung der Batterie.	Fehler an Generator, Spannungsregler oder Leitungsanschlüssen.	■ Generator und Spannungsregler überprüfen, gegebenenfalls Generator austauschen.
	Keilrippenriemen locker, Spannvorrichtung defekt.	■ Spannvorrichtung prüfen, gegebenenfalls Keilrippenriemen ersetzen.
	Zu viele Verbraucher angeschlossen.	■ Stärkere Batterie einbauen; eventuell auch leistungsstärkeren Generator verwenden.

Generator aus- und einbauen/ Generator-Ladespannung prüfen

Das Fahrzeug ist mit einem Drehstromgenerator ausgerüstet. Je nach Modell und Ausstattung können Generatoren mit unterschiedlichen Leistungen eingebaut sein. **Achtung:** Wenn nachträglich elektrisches Zubehör mit hohem Stromverbrauch in das Fahrzeug eingebaut wird, sollte überprüft werden, ob die bisherige Generatorleistung noch ausreicht; gegebenenfalls stärkeren Generator einbauen.

Ladespannung prüfen

Wenn die Batterie nicht ausreichend geladen wird, Generatorspannung prüfen:

- Voltmeter zwischen Plus- und Minuspol der Batterie anschließen.
- Motor starten. Die Spannung darf beim Startvorgang bis etwa 8 Volt (bei + 20° C Außentemperatur) absinken.
- Motordrehzahl auf 3.000/min erhöhen. Die Spannung soll dann 13 bis 14,5 Volt betragen. Dies ist ein Beweis, dass Generator und Regler arbeiten. Die Generatorspannung (Bordspannung) muss höher als die Batteriespannung sein, damit die Batterie im Fahrbetrieb wieder aufgeladen wird.
- Regelstabilität prüfen. Dazu Fernlicht einschalten und Messung bei 3.000/min wiederholen. Die gemessene Spannung darf nicht mehr als 0,4 Volt über dem vorher gemessenen Wert liegen.
- Liegen die gemessenen Werte außerhalb der Sollwerte, Generator und Regler von Fachwerkstatt überprüfen lassen.

Sicherheitshinweise

Bei Arbeiten an der elektrischen Anlage im Motorraum grundsätzlich die Batterie abklemmen. **Achtung:** Dadurch werden elektronische Speicher gelöscht, wie zum Beispiel die Daten im Motor-Fehlerspeicher. Vor dem Abklemmen der Batterie bitte Hinweise im Kapitel »Batterie aus- und einbauen« beachten.

- Batterie oder Spannungsregler **nicht** bei laufendem Motor abklemmen.
- Generator **nicht** bei angeschlossener Batterie ausbauen.
- Beim Elektroschweißen Batterie grundsätzlich vom Bordnetz abklemmen.

1,4-l-Benzinmotor Z14XEP

Hinweis: Die Arbeitsschritte zum Ausbau des Keilrippenriemens beim 1,4 l Motor sind sehr komplex und werden in diesem Buch nicht beschrieben.

Ausbau

- Batterie abklemmen. **Achtung:** Hinweise im Kapitel »Batterie aus- und einbauen« beachten.
- Reifen-Laufrichtung mit Pfeil am Reifen markieren. Radschrauben lösen. Fahrzeug aufbocken und rechtes Vorderrad abnehmen. **Achtung:** Unbedingt Hinweise im Kapitel »Rad aus- und einbauen« beachten.
- Motorspritzschutz an der rechten Seite ausbauen, siehe Kapitel »Keilrippenriemen aus- und einbauen«, Seite 177.
- Fahrzeug wieder auf die Räder stellen.
- Luftfiltergehäuse ausbauen, siehe Seite 208.
- Keilrippenriemen ausbauen.
- 2 Muttern abschrauben und Leitungen vom Generator abklemmen.

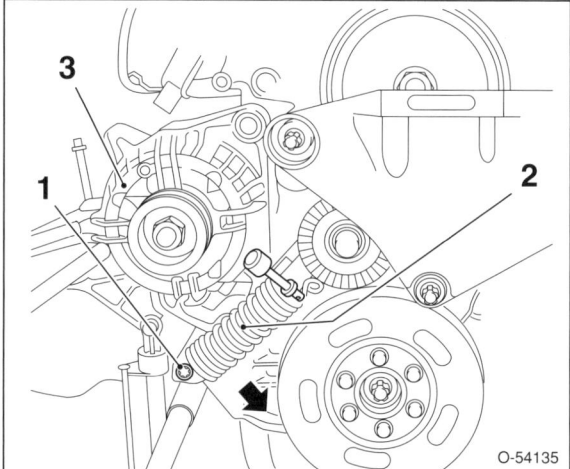

- Schraube –1– herausdrehen und Keilrippenriemenspanner –2– so weit zur Seite drücken –Pfeil–, bis die untere Generatorschraube zugänglich wird.
- 2 Muttern unten und oben am Generator –3– abschrauben, Schrauben herausziehen und Generator aus dem Motorraum herausziehen.

Einbau

- Der Einbau erfolgt in umgekehrter Ausbaureihenfolge.
  Anzugsdrehmomente:
  Schrauben für Generator . . . . **35 Nm**
  Mutter für Generatorklemme (M6) . . . . **5 Nm**
  Mutter für Generatorklemme (M8) . . . . **10 Nm**
  Schraube für Keilrippenriemenspanner (M8) . . . **20 Nm**

1,6-l-Benzinmotor

Ausbau

- Batterie abklemmen. **Achtung:** Hinweise im Kapitel »Batterie aus- und einbauen« beachten.
- **ASTRA:** Luftfiltergehäuse ausbauen, siehe Seite 208.

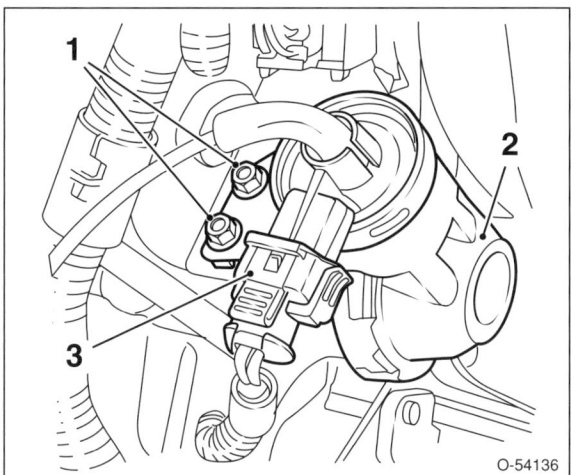

- Stecker –3– abziehen, Regelstange von der Unterdruckdose –2– abclipsen, 2 Schrauben –1– herausdrehen und Unterdruckdose nach oben ablegen.
- Keilrippenriemen ausbauen, siehe Seite 177.

> **Sicherheitshinweis**
> Beim Aufbocken des Fahrzeugs besteht Unfallgefahr!
> Hinweise im Kapitel »Fahrzeug aufbocken« beachten.

- Fahrzeug vorne aufbocken.

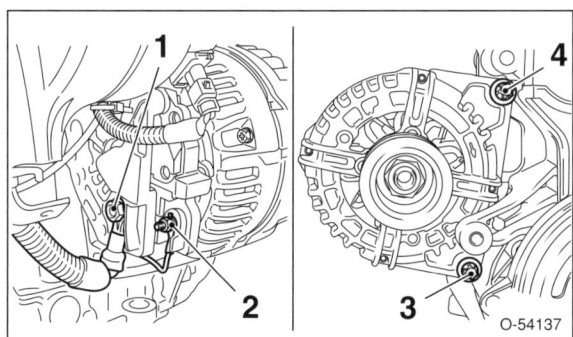

- 2 Muttern –1/2– abschrauben und Leitungen vom Generator abklemmen.
- Schraube –3– unten am Generator herausdrehen.
- Fahrzeug wieder auf die Räder stellen.
- Schraube –4– oben am Generator herausdrehen und Generator nach oben aus dem Motorraum herausziehen.

Einbau

- Der Einbau erfolgt in umgekehrter Ausbaureihenfolge.
  Anzugsdrehmomente:
  Schrauben für Generator . . . . **35 Nm**
  Mutter für Generatorklemme (M6) . . . . **5 Nm**
  Mutter für Generatorklemme (M8) . . . . **10 Nm**

1,8-l-Benzinmotor

Ausbau

- Batterie abklemmen. **Achtung:** Hinweise im Kapitel »Batterie aus- und einbauen« beachten.
- Luftfiltergehäuse ausbauen, siehe Seite 208.
- Keilrippenriemen ausbauen, siehe Seite 177.

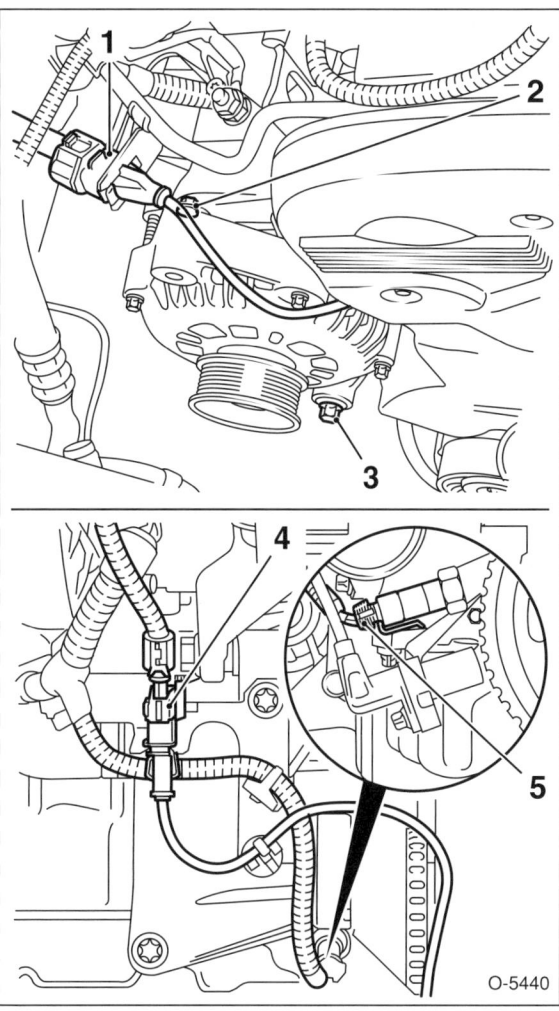

- Steckverbindung für Nockenwellensensor –1– trennen und aus dem Halter ausclipsen.
- Obere Generatorschraube –2– herausdrehen.
- Untere Generatorschraube –3– lockern und Generator nach hinten schwenken.
- Steckverbindung für Impulsgeber-Kurbelwelle –4– trennen. Stecker vom Öldruckschalter –5– abziehen. Kabelstrang freilegen.

- Reifen-Laufrichtung mit Pfeil am Reifen markieren. Radschrauben lösen. Fahrzeug aufbocken und rechtes Vorderrad abnehmen. **Achtung:** Unbedingt Hinweise im Kapitel »Rad aus- und einbauen« beachten.

- Motorspritzschutz an der rechten Seite ausbauen, siehe Kapitel »Keilrippenriemen aus- und einbauen«, Seite 177.

- Schraube für Keilrippenriemen-Spannvorrichtung herausdrehen und Riemenspanner vom Generator-Haltebock abnehmen.

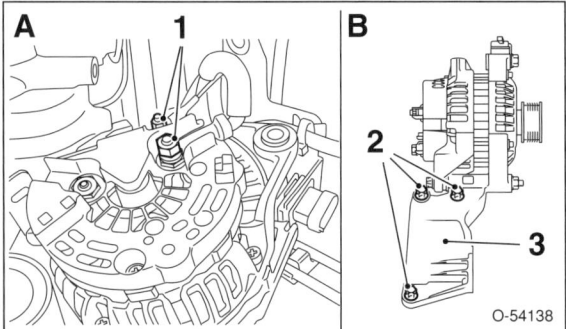

- 2 Muttern –1– abschrauben und Leitungen vom Generator abklemmen.
- 3 Schrauben –2– herausdrehen.
- Generator mit Haltebock –3– nach oben aus dem Motorraum herausziehen.

Einbau

- Der Einbau erfolgt in umgekehrter Ausbaureihenfolge. Dabei müssen die Zapfen der Keilrippenriemen-Spannvorrichtung in die Bohrungen des Generator-Haltebocks greifen.

  Anzugsdrehmomente:
  Schrauben für Generator-Haltebock . . . . **35 Nm**
  Mutter für Generatorklemme (M6) . . . . **5 Nm**
  Mutter für Generatorklemme (M8) . . . . **10 Nm**
  Keilrippenriemen-Spannvorrichtung . . . . . . **25 Nm**
  Obere Generatorschraube . . . . **20 Nm**
  Untere Generatorschraube . . . . **35 Nm**

2,0-l-Benzinmotor

Ausbau

- Batterie abklemmen. **Achtung:** Hinweise im Kapitel »Batterie aus- und einbauen« beachten.

- Über dem Zylinderkopf verlaufendes Luftansaugrohr ausbauen. Dazu 2 Schellen lösen und Luftansaugrohr vom Luftfilter-Anschlussrohr sowie vom Turbolader trennen. Schelle lösen und Entlüftungsschlauch vom Motor trennen. Schraube herausdrehen und Luftansaugrohr abnehmen. Anschlussstück des Turboladers sofort mit einem Lappen verschließen.

- Luftfiltergehäuse ausbauen, siehe Seite 208.

- Keilrippenriemen ausbauen, siehe Seite 177.

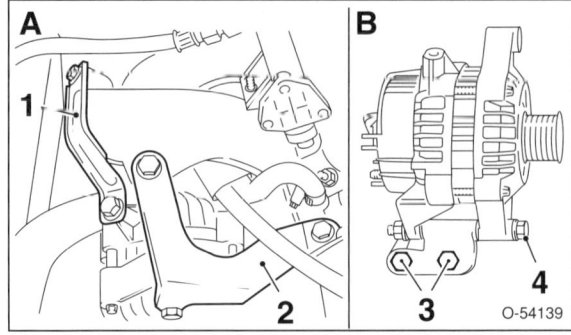

- Generator-Haltestreben –1/2– abschrauben.
- 2 Muttern abschrauben und Leitungen vom Generator abklemmen.
- **ASTRA:** 2 Schrauben –3– herausdrehen und Generator mit Haltebock nach oben aus dem Motorraum herausziehen.

Speziell ZAFIRA

- Untere Generatorschraube –4– lockern und Generator nach hinten kippen.

> **Sicherheitshinweis**
> Beim Aufbocken des Fahrzeugs besteht Unfallgefahr! Hinweise im Kapitel »Fahrzeug aufbocken« beachten.

- Fahrzeug vorne aufbocken.
- 2 Schrauben –3– für Generator-Haltebock herausdrehen, siehe Abbildung O-54139.
- Fahrzeug wieder auf die Räder stellen.
- Leitungen für Kraftstofftank-Entlüftung aus dem Halter ausclipsen und Halter abbauen.
- Generator mit Haltebock nach oben aus dem Motorraum herausziehen.

Einbau

- Der Einbau erfolgt in umgekehrter Ausbaureihenfolge.
  Anzugsdrehmomente:
  Schrauben für Generator-Haltebock . . . . **35 Nm**
  Schrauben für Generator-Haltestreben . . . . . **20 Nm**
  Schraube für Generator (ZAFIRA) . . . . **20 Nm**
  Mutter für Generatorklemme (M6) . . . . **5 Nm**
  Mutter für Generatorklemme (M8) . . . . **10 Nm**

2,2-l-Benzinmotor Z22YH; ZAFIRA

Ausbau

- Batterie abklemmen. **Achtung:** Hinweise im Kapitel »Batterie aus- und einbauen« beachten.
- Obere Motorabdeckung ausbauen, siehe Seite 162.
- Luftfiltergehäuse ausbauen, siehe Seite 208.
- Reifen-Laufrichtung mit Pfeil am Reifen markieren. Radschrauben lösen. Fahrzeug aufbocken und rechtes Vorderrad abnehmen. **Achtung:** Unbedingt Hinweise im Kapitel »Rad aus- und einbauen« beachten.
- Motorspritzschutz an der rechten Seite ausbauen, siehe Kapitel »Keilrippenriemen aus- und einbauen«, Seite 177.
- Keilrippenriemen ausbauen, siehe Seite 177.
- Mutter für Massekabel vom Generator abschrauben.
- Stecker am Generator abziehen.
- 2 untere Generatorschrauben herausdrehen.
- Fahrzeug wieder auf die Räder stellen.
- 2 obere Generatorschrauben herausdrehen.
- Kühlmittelschlauch zur Seite drücken und Generator nach oben aus dem Motorraum herausziehen.

Einbau

- Der Einbau erfolgt in umgekehrter Ausbaureihenfolge. Dabei obere Generatorschrauben erst nach Einbau des Keilrippenriemens festziehen.
  Anzugsdrehmomente:
  Schrauben für Generator . . . . **21 Nm**

1,3-l-Dieselmotor Z13DTH

Ausbau

- Batterie abklemmen. **Achtung:** Hinweise im Kapitel »Batterie aus- und einbauen« beachten.
- Luftfiltergehäuse ausbauen, siehe Seite 208.
- Keilrippenriemen ausbauen, siehe Seite 177.
- 3 Muttern abschrauben und Leitungen vom Generator abklemmen.
- 1 Schraube oben, 2 Schrauben unten am Generator herausdrehen und Generator nach oben aus dem Motorraum herausziehen.

Einbau

- Der Einbau erfolgt in umgekehrter Ausbaureihenfolge.
  Anzugsdrehmomente:
  Schrauben für Generator . . . . **22 Nm**
  Mutter für Generatorklemme (M6) . . . . **5 Nm**
  Mutter für Generatorklemme (M8) . . . . **10 Nm**

1,7-l-Dieselmotor

Ausbau

- Batterie abklemmen. **Achtung:** Hinweise im Kapitel »Batterie aus- und einbauen« beachten.

> **Sicherheitshinweis**
> Beim Aufbocken des Fahrzeugs besteht Unfallgefahr! Hinweise im Kapitel »Fahrzeug aufbocken« beachten.

- Fahrzeug vorne aufbocken.
- Untere Motorabdeckung ausbauen, siehe Seite 246.
- Keilrippenriemen ausbauen, siehe Seite 177.
- Hupe ausbauen, siehe entsprechendes Kapitel.

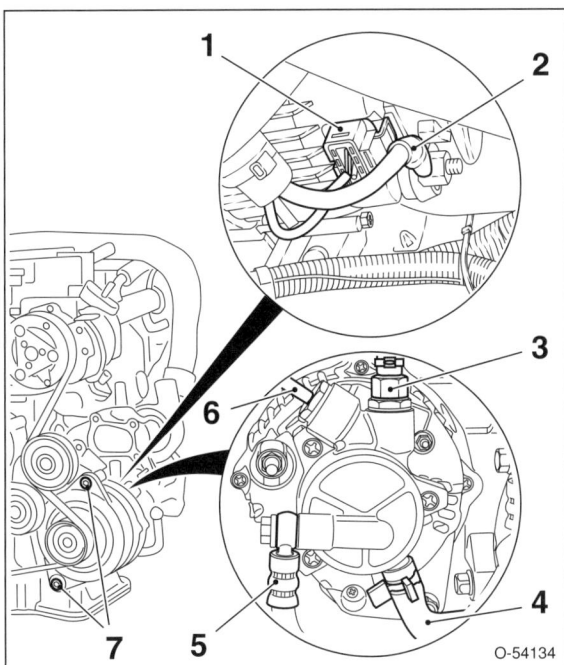

- Unterdruckleitung –3– für Bremskraftverstärker von der Vakuumpumpe abschrauben.
- Unterdruckleitung –6– für Magnetventile abziehen.
- Auffangschale unter die Vakuumpumpe legen. Hohlschraube herausdrehen und Ölvorlaufleitung –5– von der Vakuumpumpe abziehen.
- Schelle lösen und Ölrücklaufschlauch –4– abziehen.
- Mutter abschrauben und (B+)-Leitung –2– vom Generator abklemmen.
- Stecker –1– für (D+)-Leitung am Generator abziehen.
- 2 Schrauben –7– für Generator herausdrehen.
- Generator nach unten aus dem Motorraum herausziehen.

Einbau

- Der Einbau erfolgt in umgekehrter Ausbaureihenfolge. Dabei Ölvorlaufleitung mit neuen Dichtringen anschrauben.

  Anzugsdrehmomente:

  Schrauben für Generator (M8) . . . . **19 Nm**
  Schrauben für Generator (M10) . . . . **46 Nm**
  Mutter für Generatorklemme (M8) . . . . **10 Nm**
  Unterdruckleitung für Bremskraftverstärker . . . . **18 Nm**
  Hohlschraube für Ölvorlaufleitung . . . . **22 Nm**

1,9-l-Dieselmotor

Ausbau

- Batterie abklemmen. **Achtung:** Hinweise im Kapitel »Batterie aus- und einbauen« beachten.

> **Sicherheitshinweis**
> Beim Aufbocken des Fahrzeugs besteht Unfallgefahr! Hinweise im Kapitel »Fahrzeug aufbocken« beachten.

- Fahrzeug vorne aufbocken.
- Untere Motorabdeckung ausbauen, siehe Seite 246.
- Keilrippenriemen ausbauen, siehe Seite 177.

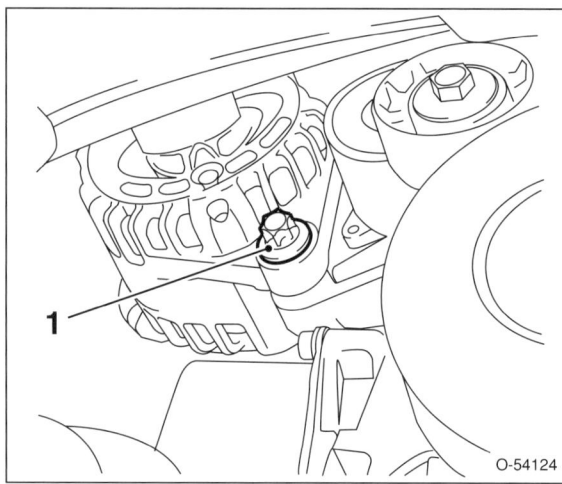

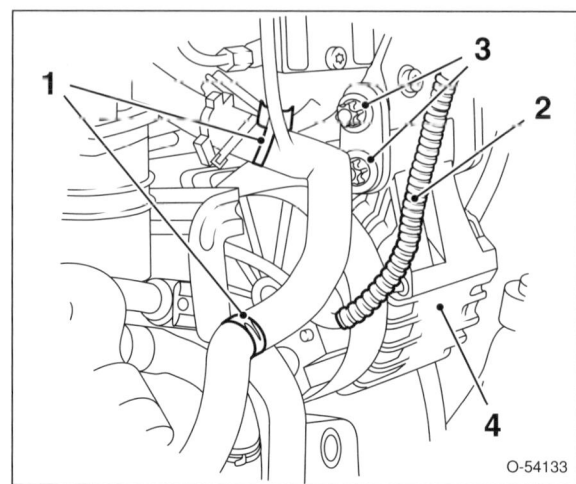

- Untere Schraube –1– für Generator herausdrehen.
- Fahrzeug absenken.
- Obere Motorabdeckung ausbauen, siehe Seite 162.
- Kraftstofffiltergehäuse aus der Crash-Box ausbauen, siehe Seite 25.
- Windlaufgrill ausbauen, siehe Seite 247.
- **ZAFIRA:** Stirnwandabdeckung ausbauen, siehe Seite 248.
- Crash-Box ausbauen, siehe Seite 207.

- Kabelbinder –1– für dicken Leitungsstrang für Motormanagement trennen.
- Kabelbinder für Leitung für Luftmassenmesser –2– trennen, Stecker entriegeln und abziehen.
- 3 Muttern abschrauben und Leitungen vom Generator abklemmen.
- 2 Schrauben –3– oben für Generator –4– herausdrehen und Halter abnehmen.
- Generator nach oben aus dem Motorraum herausziehen.

Einbau

- Der Einbau erfolgt in umgekehrter Ausbaureihenfolge. Dabei obere Generatorschrauben erst nach Einbau des Keilrippenriemens festziehen.

  Anzugsdrehmomente:

  Schrauben für Generator . . . . **70 Nm**
  Muttern für Generatorklemme (M6) . . . . **5 Nm**
  Mutter für Generatorklemme (M8) . . . . **10 Nm**
  Muttern für Kraftstofffilter-Crash-Box . . . . . . **25 Nm**

Spannungsregler aus- und einbauen

Ausbau

- Generator ausbauen, siehe entsprechendes Kapitel.
- Abdeckung für Regler vom Generator abclipsen.

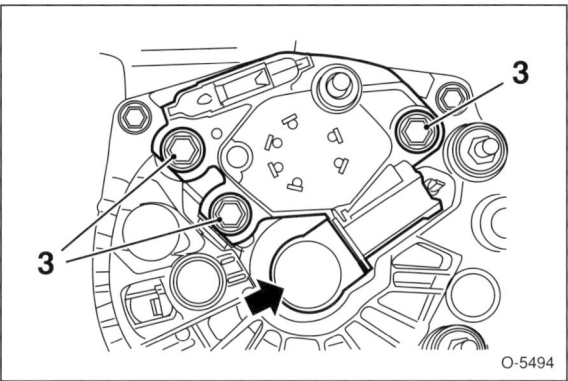

- Abdeckung –Pfeil– für Schleifkohlen abclipsen.
- 3 Schrauben –3– herausdrehen und Regler vom Generator abnehmen.

Einbau

- Der Einbau erfolgt in umgekehrter Ausbaureihenfolge.

Speziell ZAFIRA

- Generator ausbauen, siehe entsprechendes Kapitel.
- Schraube sowie 2 Muttern an der Rückseite des Generators abschrauben und Schutzabdeckung abziehen.
- 3 Schrauben herausdrehen und Regler vom Generator abnehmen.

Störungsdiagnose Generator

Störung	Ursache	Abhilfe
Ladekontrolllampe brennt nicht bei eingeschalteter Zündung.	Batterie leer.	■ Laden.
	Anschlusskabel an der Batterie locker oder korrodiert.	■ Kabel auf festen Sitz prüfen, Anschlüsse reinigen.
	Kabel am Generator locker oder korrodiert.	■ Kabel auf einwandfreien Kontakt prüfen, Mutter festziehen.
	Regler defekt.	■ Regler prüfen, gegebenenfalls austauschen.
	Unterbrechung in der Leitungsführung zwischen Generator, Zündschloss und Kontrolllampe.	■ Mit Ohmmeter nach Schaltplan untersuchen. Leitung gegebenenfalls reparieren beziehungsweise ersetzen.
	Kohlebürsten liegen nicht auf dem Schleifring auf.	■ Freigängigkeit der Kohlebürsten und Mindestlänge prüfen. Anpresskraft der Bürstenfedern prüfen lassen.
Ladekontrolllampe erlischt nicht bei Drehzahlsteigerung.	Keilrippenriemen locker, Riemen rutscht durch.	■ Keilrippenriemen prüfen, Spannvorrichtung prüfen, gegebenenfalls ersetzen.
	Kohlebürsten im Spannungsregler abgenutzt.	■ Kohlebürsten prüfen, gegebenenfalls austauschen.
	Verkabelung schadhaft oder locker.	■ Verkabelung überprüfen, gegebenenfalls instand setzen.

Anlasser aus- und einbauen

Zum Starten des Verbrennungsmotors ist ein elektrischer Motor erforderlich, der Anlasser. Damit der Motor überhaupt anspringen kann, muss der Anlasser den Verbrennungsmotor auf eine Drehzahl von mindestens 300 Umdrehungen in der Minute beschleunigen. Das funktioniert aber nur, wenn der Anlasser einwandfrei arbeitet und die Batterie hinreichend geladen ist.

Da zum Starten eine hohe Stromaufnahme erforderlich ist, ist im Rahmen der Wartung auf eine einwandfreie Kabelverbindung zu achten. Korrodierte Anschlüsse säubern und mit Polschutzfett einstreichen.

1,4-l-Benzinmotor Z14XEP

Ausbau

- **Batterie abklemmen. Achtung:** Hinweise im Kapitel »Batterie aus- und einbauen« beachten.

> **Sicherheitshinweis**
> Beim Aufbocken des Fahrzeugs besteht Unfallgefahr! Hinweise im Kapitel »Fahrzeug aufbocken« beachten.

- Fahrzeug vorne aufbocken.

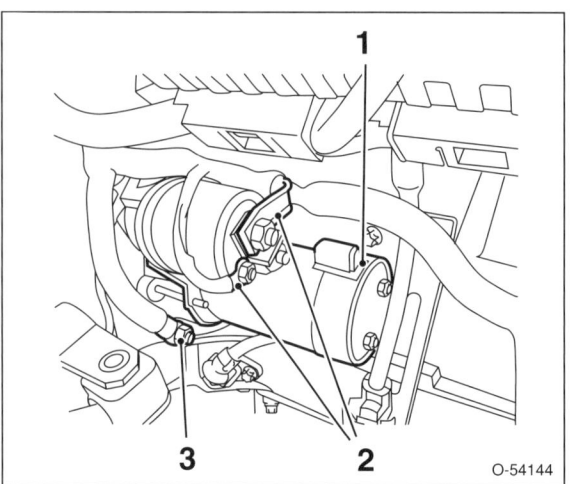

- Mutter –3– abschrauben und Massekabel abklemmen.
- 2 Muttern –2– abschrauben und Leitungen vom Anlasser –1– abklemmen.
- 2 Schrauben herausdrehen und Anlasser aus dem Motorraum herausziehen.

Einbau

- Der Einbau erfolgt in umgekehrter Ausbaureihenfolge.
  Anzugsdrehmomente:
  Schrauben für Anlasser . . . . 25 Nm

1,8-l-Benzinmotor

Ausbau

- **Batterie abklemmen. Achtung:** Hinweise im Kapitel »Batterie aus- und einbauen« beachten.

> **Sicherheitshinweis**
> Beim Aufbocken des Fahrzeugs besteht Unfallgefahr! Hinweise im Kapitel »Fahrzeug aufbocken« beachten.

- Fahrzeug vorne aufbocken.

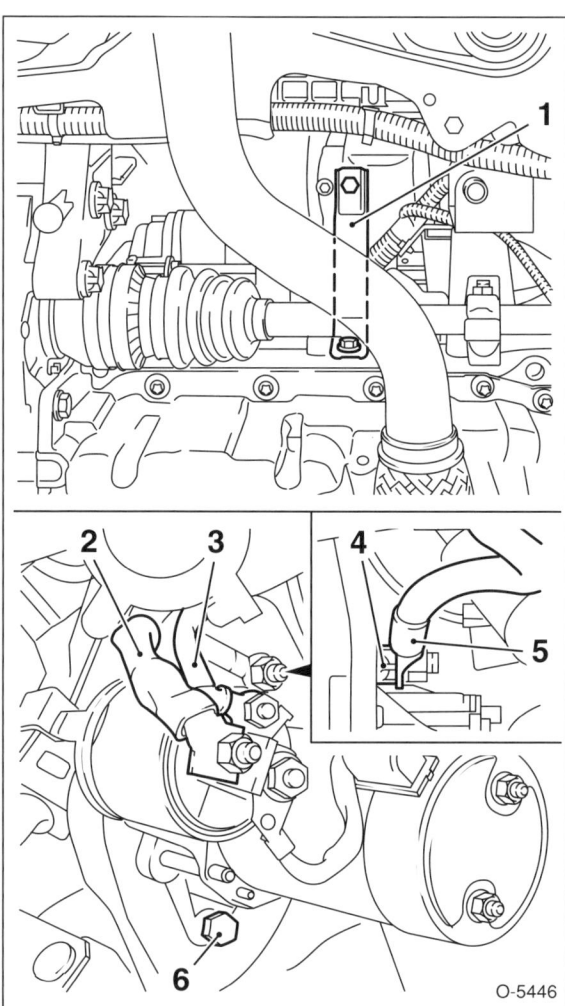

- Stütze –1– für Einlasskrümmer abschrauben.
- 2 Muttern abschrauben und Leitungen –2/3– vom Anlasser abklemmen.
- Massekabel –5– oben abschrauben.
- Mutter oben –4– sowie Schraube unten –6– herausdrehen und Anlasser nach unten aus dem Motorraum herausziehen.

Einbau

- Der Einbau erfolgt in umgekehrter Ausbaureihenfolge.
  Anzugsdrehmomente:
  Obere Mutter für Anlasser . . . . **40 Nm**
  Untere Schraube für Anlasser . . . . **25 Nm**
  Schraube für Stütze an Einlasskrümmer . . . . . **20 Nm**
  Schraube für Stütze an Zylinderblock. . . . . . . **35 Nm**

1,6-l-Benzinmotor Z16XEP

Ausbau

- **Batterie abklemmen. Achtung:** Hinweise im Kapitel »Batterie aus- und einbauen« beachten.

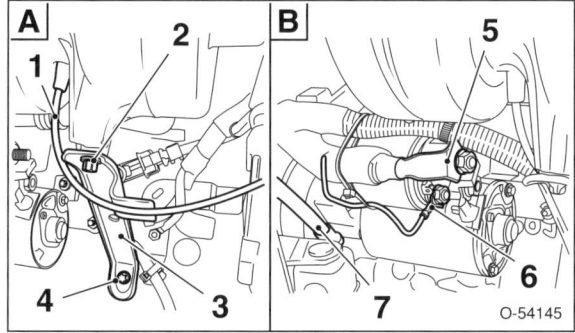

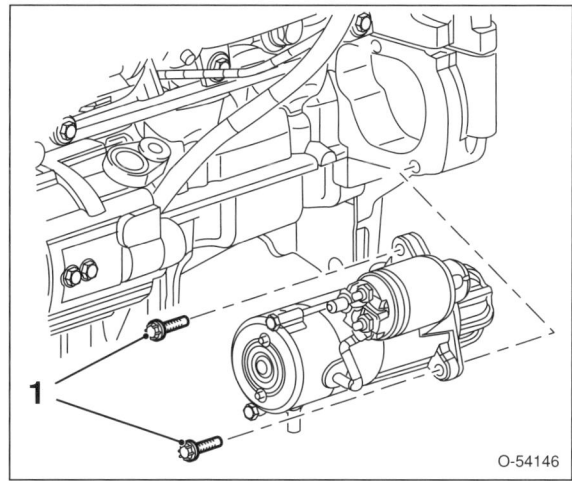

- Unterdruckschlauch –1– abziehen.
- 2 Schrauben –2/4– herausdrehen und Stütze –3– für Einlasskrümmer abbauen.
- 2 Muttern abschrauben und Leitungen –5/6– vom Anlasser abklemmen.
- Massekabel –7– abschrauben.
- Schraube unten herausdrehen, Stehbolzen oben herausdrehen und Anlasser aus dem Motorraum herausziehen.

Einbau

- Der Einbau erfolgt in umgekehrter Ausbaureihenfolge.
  Anzugsdrehmomente:
  Oberer Stehbolzen für Anlasser . . . . **25 Nm**
  Untere Schraube für Anlasser . . . . **25 Nm**
  Schrauben für Stütze des Einlasskrümmers . . . . **8 Nm**

2,2-l-Benzinmotor Z22YH; ZAFIRA

Ausbau

- **Batterie abklemmen. Achtung:** Hinweise im Kapitel »Batterie aus- und einbauen« beachten.

> **Sicherheitshinweis**
> Beim Aufbocken des Fahrzeugs besteht Unfallgefahr! Hinweise im Kapitel »Fahrzeug aufbocken« beachten.

- Fahrzeug vorne aufbocken.

- 2 Muttern abschrauben und Leitungen vom Anlasser abklemmen.
- 2 Schrauben –1– herausdrehen und Anlasser nach unten aus dem Motorraum herausziehen.

Einbau

- Der Einbau erfolgt in umgekehrter Ausbaureihenfolge.
  Anzugsdrehmomente:
  Schrauben für Anlasser . . . . **40 Nm**

2,0-l-Benzinmotor

Ausbau

- **Batterie abklemmen. Achtung:** Hinweise im Kapitel »Batterie aus- und einbauen« beachten.
- Halter für den Unterdruckspeicher mit 2 Schrauben am Einlasskrümmer sowie am Zylinderblock abschrauben.
  Hinweis: Der Unterdruckspeicher sitzt hinten oben am Zylinderblock.

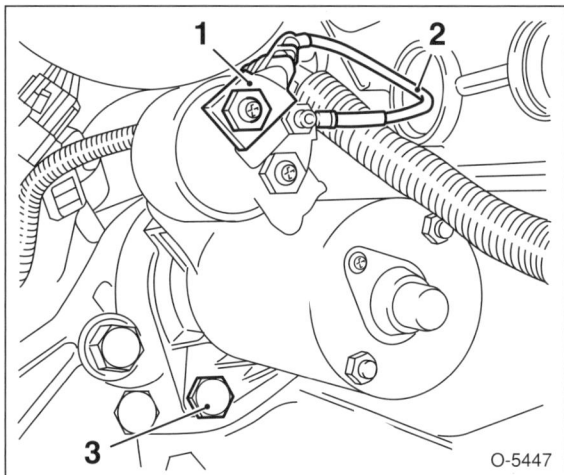

- 2 Muttern abschrauben und Leitungen –1/2– vom Anlasser abklemmen.
- Lange Schraube oben sowie Schraube unten –3– herausdrehen und Anlasser nach unten aus dem Motorraum herausziehen.

Einbau

- Der Einbau erfolgt in umgekehrter Ausbaureihenfolge.
  Anzugsdrehmomente:
  Lange Schraube oben für Anlasser . . . . **60 Nm**
  Untere Schraube für Anlasser . . . . **45 Nm**
  Schrauben für Halter des Unterdruckspeichers . . **25 Nm**

1,3-l-Dieselmotor Z13DTH

Ausbau

- Batterie und Batterieträger ausbauen, siehe Seite 55.

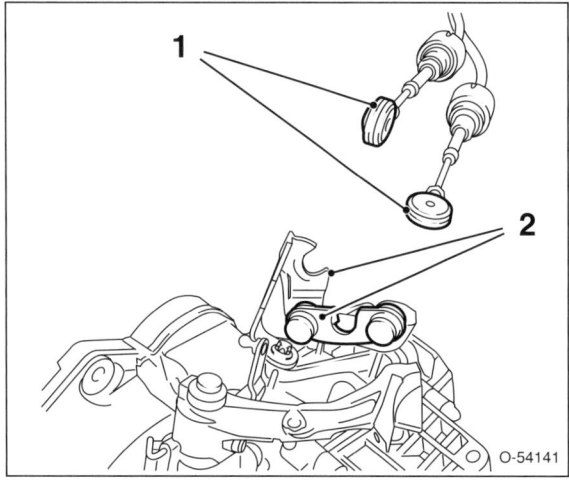

- Mit einem Maulschlüssel Schaltzüge –1– von den Kugelköpfen am Getriebe abdrücken. **Hinweis:** Die Werkstatt verwendet dazu den OPEL-Spezialhebel KM-6042.
- Sicherungsringe nach hinten ziehen und Schaltzüge aus den Gegenhaltern –2– herausziehen. Schaltzüge zur Seite legen.

Achtung: Die Schaltzüge dürfen nicht verdreht, geknickt oder gedehnt werden.

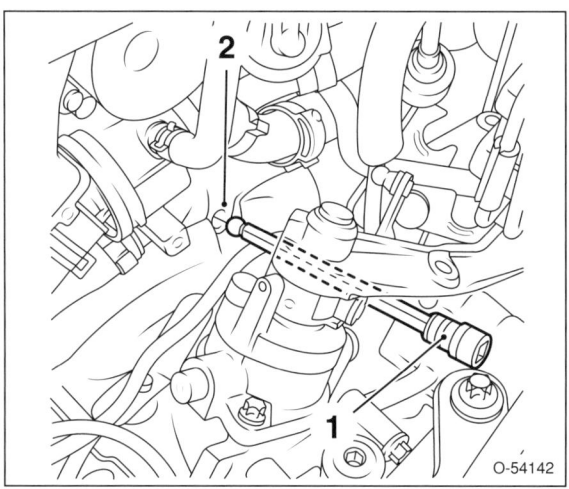

- Mit einem langen Steckschlüssel –1– obere Anlasserschraube –2– herausdrehen.

> **Sicherheitshinweis**
> Beim Aufbocken des Fahrzeugs besteht Unfallgefahr! Hinweise im Kapitel »Fahrzeug aufbocken« beachten.

- Fahrzeug vorne aufbocken.

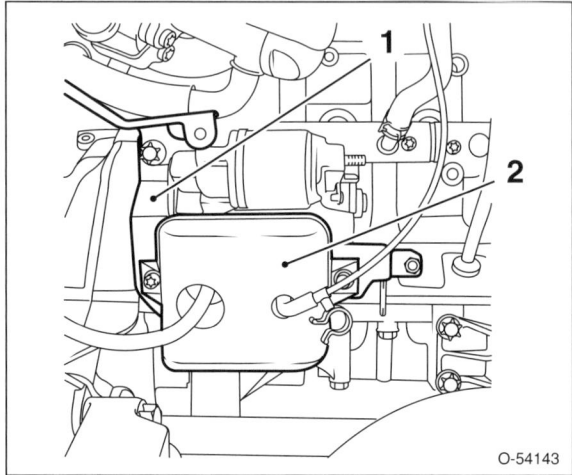

- 2 Unterdruckleitungen vom Unterdruckspeicher –2– abziehen.
- Mutter abschrauben und Massekabel abklemmen.
- 2 Schrauben herausdrehen und Unterdruckspeicher –2– mit Halter –1– abnehmen.
- 2 Muttern abschrauben und Leitungen vom Anlasser abklemmen.
- Untere Anlasserschraube herausdrehen und Anlasser aus dem Motorraum herausziehen.

Einbau

- Der Einbau erfolgt in umgekehrter Ausbaureihenfolge. Untere Anlasserschraube erst nach Festziehen der oberen Anlasserschraube anziehen.
  Anzugsdrehmomente:
  Schrauben für Anlasser . . . . **25 Nm**

1,7-l-Dieselmotor

Ausbau

- Batterie und Batterieträger ausbauen, siehe Seite 55.

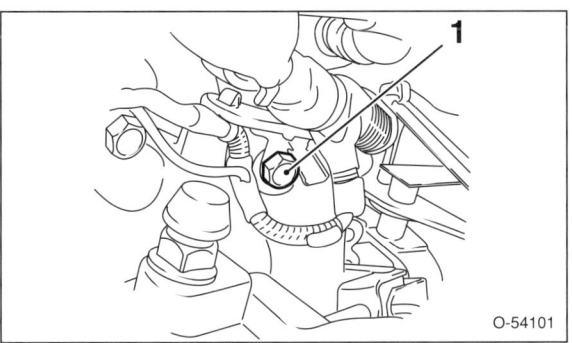
O-54101

- Obere Schraube –1– für Anlasser aus dem Getriebeblock herausdrehen. **Hinweis:** Der Anlasser sitzt hinten am Motorblock.

Sicherheitshinweis
Beim Aufbocken des Fahrzeugs besteht Unfallgefahr! Hinweise im Kapitel »Fahrzeug aufbocken« beachten.

- Fahrzeug vorne aufbocken.
- Untere Motorabdeckung ausbauen, siehe Seite 246.
- Ölrücklaufschlauch zwischen Ölfiltergehäuse und Motor vom Zylinderblock abziehen. Dazu eine Schelle lösen.

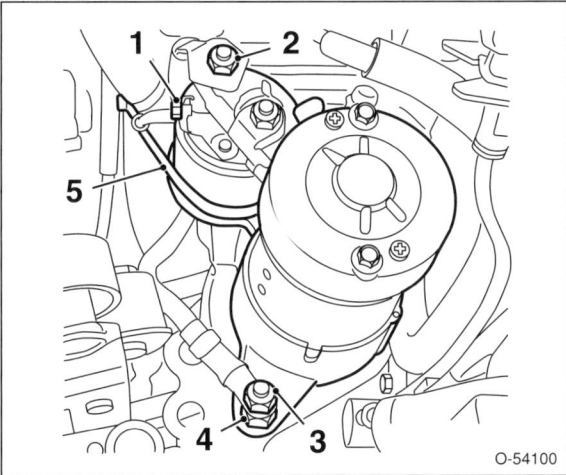
O-54100

- Kabelbinder –5– durchtrennen.
- Schraube –1– herausdrehen, Mutter –2– abschrauben und Leitungen vom Anlasser abklemmen.
- Mutter –3– für Massekabel abschrauben.
- Stehbolzen –4– herausdrehen und Anlasser nach unten aus dem Motorraum herausziehen.

Einbau

- Der Einbau erfolgt in umgekehrter Ausbaureihenfolge.
  Anzugsdrehmomente:
  Unterer Stehbolzen für Anlasser . . . . **38 Nm**
  Obere Schraube für Anlasser . . . . **60 Nm**

1,9-l-Dieselmotor

Ausbau

- **Batterie abklemmen. Achtung:** Hinweise im Kapitel »Batterie aus- und einbauen« beachten.
- Obere Motorabdeckung ausbauen, siehe Seite 162.
- **ZAFIRA Z19DT/Z19DTL:** Windlaufgrill ausbauen, siehe Seite 247.
- **ZAFIRA Z19DT/Z19DTL:** Stirnwandabdeckung ausbauen, siehe Seite 248.

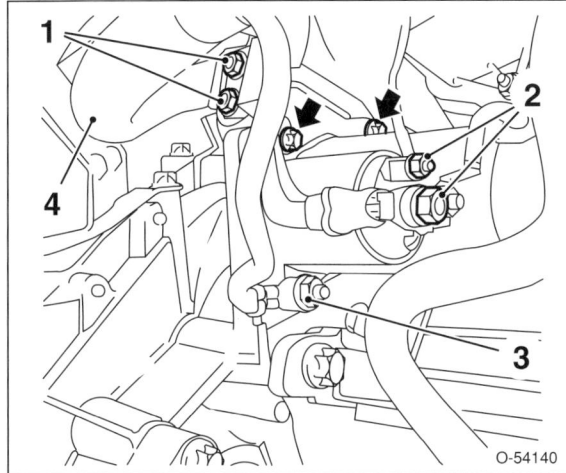
O-54140

- Kühlmittelschläuche –4– aus der Halterung ausclipsen.
- 2 Muttern –1– abschrauben und Halter für Kabelstrang lösen.
- Kabelstrang zur Seite drücken. 2 Muttern –2– abschrauben und Leitungen vom Anlasser abklemmen.
- 2 Schrauben –Pfeile– für Anlasser herausdrehen.

Sicherheitshinweis
Beim Aufbocken des Fahrzeugs besteht Unfallgefahr! Hinweise im Kapitel »Fahrzeug aufbocken« beachten.

- Fahrzeug vorne aufbocken.
- Untere Motorabdeckung ausbauen, siehe Seite 246.
- Mutter –3– abschrauben und Massekabel abnehmen.
- Stehbolzen des Masseanschlusses herausdrehen.
- Anlasser aus dem Motorraum herausziehen.

Einbau

- Der Einbau erfolgt in umgekehrter Ausbaureihenfolge.

Störungsdiagnose Anlasser

Störung	Ursache	Abhilfe
Anlasser dreht sich nicht beim Betätigen des Zündanlassschalters.	Batterie entladen.	■ Batterie laden.
	Anlasser läuft an nach Überbrücken der Klemmen 30 und 50; dann ist die Leitung vom Zündanlassschalter unterbrochen, oder der Anlassschalter ist defekt.	■ Unterbrechung beseitigen, defekte Teile ersetzen.
	Kabel oder Masseanschluss ist unterbrochen, oder die Batterie ist entladen.	■ Batteriekabel und Anschlüsse prüfen. Batteriespannung messen, ggf. laden.
	Ungenügender Stromdurchgang infolge lockerer oder oxydierter Anschlüsse.	■ Batteriepole und -klemmen reinigen. Stromsichere Verbindungen zwischen Batterie, Anlasser und Masse herstellen.
	Keine Spannung an Klemme 50.	■ Leitung unterbrochen, Zündanlassschalter defekt.
Anlasserwelle dreht sich zu langsam und zieht den Motor nicht durch.	Batterie teilentladen.	■ Batterie laden.
	Ungenügender Stromdurchgang infolge lockerer oder oxydierter Anschlüsse.	■ Batteriepole und -klemmen und Anschlüsse am Anlasser reinigen, Anschlüsse festziehen.
	Kohlebürsten liegen nicht auf dem Kollektor auf, klemmen in ihren Führungen, sind abgenutzt, gebrochen, verölt oder verschmutzt.	■ Kohlebürsten überprüfen, reinigen beziehungsweise auswechseln. Führungen prüfen.
	Ungenügender Abstand zwischen Kohlebürsten und Kollektor.	■ Kohlebürsten ersetzen und Führungen für Kohlebürsten reinigen.
	Kollektor riefig oder verbrannt und verschmutzt.	■ Anlasser ersetzen.
	Spannung an Klemme 50 zu niedrig (weniger als 10 Volt).	■ Zündanlassschalter oder Magnetschalter überprüfen.
	Lager ausgeschlagen.	■ Lager prüfen, gegebenenfalls auswechseln.
	Magnetschalter defekt.	■ Magnetschalter auswechseln.
Anlasserritzel spurt ein und zieht an, Motor dreht nicht oder nur ruckweise.	Ritzelgetriebe defekt.	■ Anlasser ersetzen.
	Ritzel verschmutzt.	■ Ritzel reinigen.
	Zahnkranz am Schwungrad defekt.	■ Schwungrad erneuern.
Ritzelgetriebe spurt nicht aus.	Ritzelgetriebe oder Steilgewinde verschmutzt beziehungsweise beschädigt.	■ Anlasser ersetzen.
	Magnetschalter defekt.	■ Magnetschalter ersetzen.
	Rückzugfeder schwach oder gebrochen.	■ Magnetschalter ersetzen.
Anlasserwelle läuft weiter, nachdem der Zündschlüssel losgelassen wurde.	Magnetschalter hängt, schaltet nicht ab.	■ Zündung sofort ausschalten, Magnetschalter ersetzen.
	Zündanlassschalter schaltet nicht ab.	■ Sofort Batterie abklemmen, Zündanlassschalter ersetzen.

Scheibenwischanlage

Scheibenwischerblatt ersetzen

Sicherheitshinweis
Bei Wartungs- und Reparaturarbeiten an der Scheibenwischanlage besteht Verletzungsgefahr der Hände durch Klemmen oder Quetschen. Im Extremfall durch Abscheren von Gliedmaßen bei Eingriffen in die Scheibenwischermechanik. Vor jeglichen Reparaturarbeiten ist stets der Zündschlüssel abzuziehen.

Aero-Wischer/Frontscheibe

Das Wischerblatt besteht aus dem Wischergummi, in das eine Metallversteifung eingearbeitet ist.

Ausbau

- Wischerarme in »Servicestellung« fahren: Zündung ausschalten, Zündschlüssel stecken lassen. Innerhalb von 4 Sekunden Wischerschalter nach unten drücken und loslassen, wenn die Wischer senkrecht stehen.

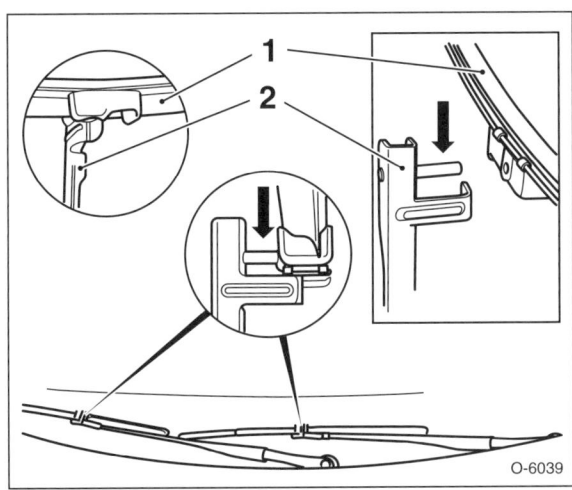

- Wischerarm hochklappen. Wischergummi –1– rechtwinklig zum Wischerarm –2– stellen und von der Achse –Pfeile– abziehen.

Einbau

- Der Einbau erfolgt in umgekehrter Ausbaureihenfolge.

Wischer/Heckscheibe

Ausbau

- Wischerarm hochklappen und Wischerblatt rechtwinklig zum Wischerarm stellen.

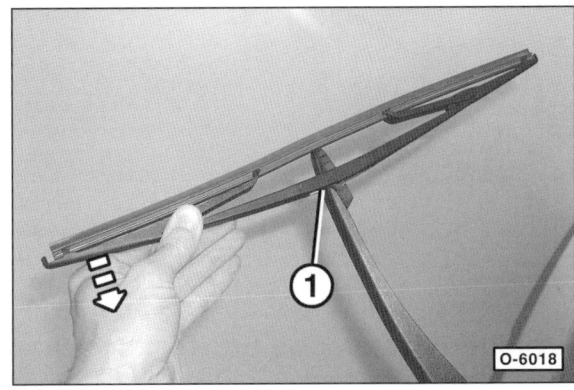

- Wischerblatt gegen den Anschlag –1– drücken –Pfeil– und aus der Halterung ausrasten.

Einbau

- Wischerblatt über Wischerarm schieben, Steg am Wischerblatt in die Halterung am Wischerarm einsetzen und einrasten.

- Wischerarm zurückklappen.

Scheibenwaschdüse für Frontscheibe aus- und einbauen

Ausbau

- Windlaufgrill ausbauen, siehe Seite 247.

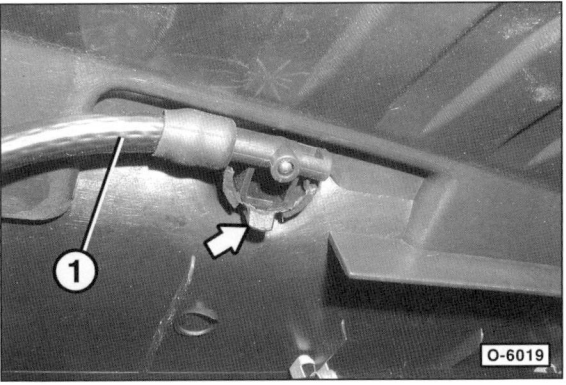

- Rasthaken –Pfeil– an der Rückseite des Windlaufgrills entriegelnen und Scheibenwaschdüse nach unten aus dem Windlaufgrill herausdrücken.

- Wasserschläuche –1– von der Düse abziehen.

Einbau

- Der Einbau erfolgt in umgekehrter Ausbaureihenfolge.

Einstellen

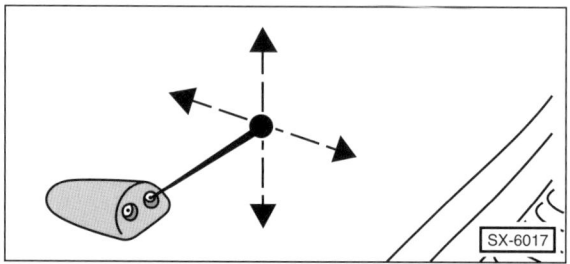

- Die Spritzrichtungen der vorderen Scheibenwaschdüsen können mit einem speziellen Einstelldorn, zum Beispiel HAZET 4850-1, eingestellt werden. Dorn in die Düse einsetzen und Zielpunkt auf der Scheibe anpeilen.

Scheibenwaschdüse für Heckscheibe aus- und einbauen

ASTRA Limousine/ASTRA GTC

Ausbau

- Hecklappenverkleidung ausbauen, siehe Seite 259.
- Zusatzbremsleuchte ausbauen, siehe Seite 90.

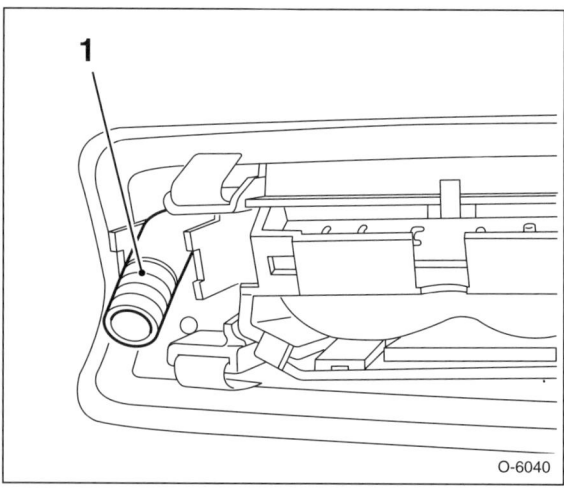

- **ASTRA Limousine:** Scheibenwaschdüse –1– aus der Zusatzbremsleuchte ausclipsen.

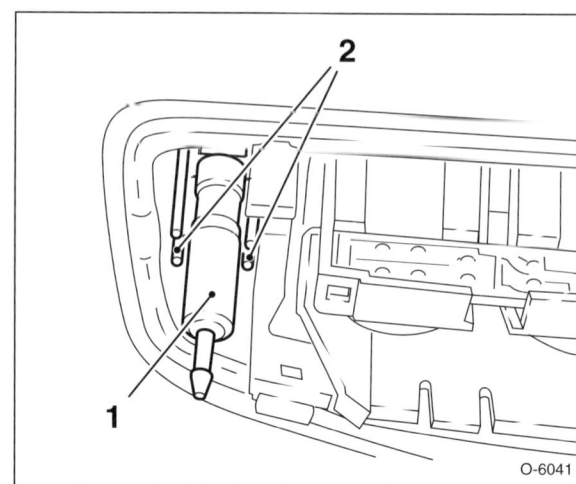

- **ASTRA GTC:** 2 Haltelaschen –2– entriegeln und Scheibenwaschdüse –1– aus der Zusatzbremsleuchte herausziehen.

Einbau

- Der Einbau erfolgt in umgekehrter Ausbaureihenfolge.

ASTRA CARAVAN/ZAFIRA

Ausbau

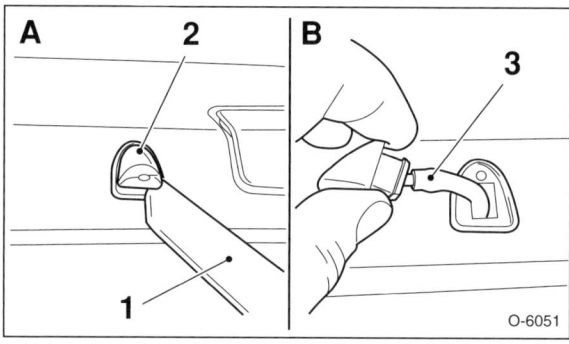

- Mit einem Kunststoffkeil –1–, zum Beispiel HAZET 1965-20, Scheibenwaschdüse –2– aus der Öffnung in der Hecklappe herausheben.
- Scheibenwaschdüse vorsichtig aus der Öffnung herausziehen und Wasserschlauch –3– abziehen.

Einbau

- Der Einbau erfolgt in umgekehrter Ausbaureihenfolge.

Spritzdüse für Scheinwerfer-Reinigungsanlage aus- und einbauen

ASTRA

Ausbau

- Stoßfängerabdeckung vorn ausbauen, siehe Seite 249.
- An der Rückseite der Stoßfängerabdeckung Schlauch von der Scheinwerfer-Reinigungsanlage abziehen.

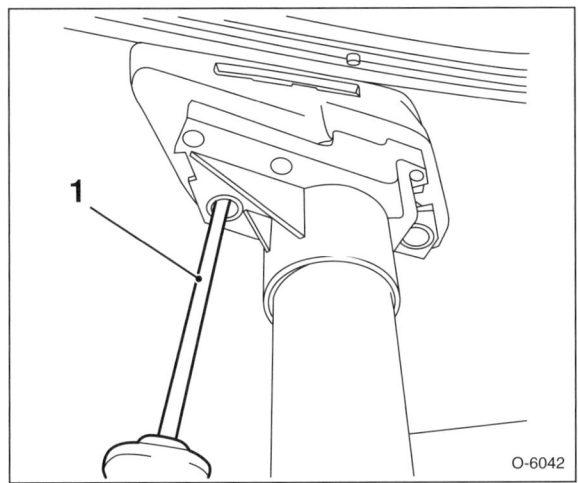

- Mit einem Schraubendreher –1– Abdeckkappe der Spritzdüse von unten aus der Stoßfängerabdeckung herausdrücken.

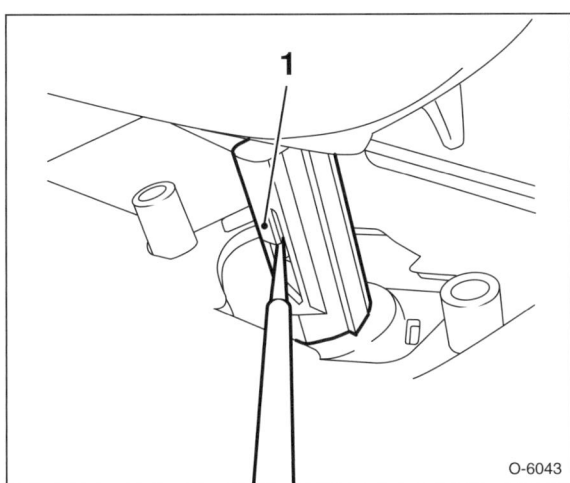

- Rastnase –1– entriegeln und Spitzdüse aus der Stoßfängerabdeckung herausziehen.

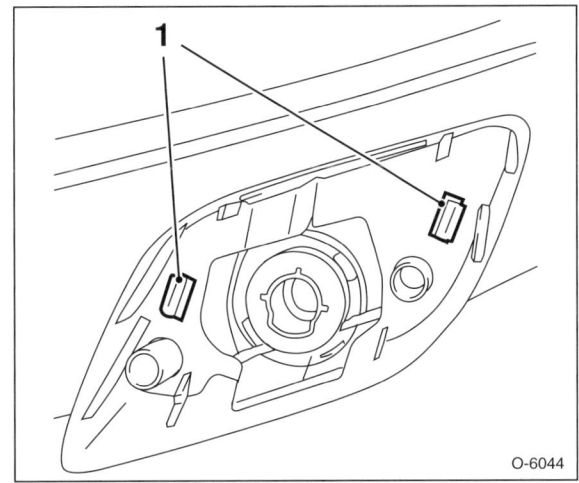

- Abdeckkappe von der Spitzdüse abclipsen –1–.

Einbau

- Der Einbau erfolgt in umgekehrter Ausbaureihenfolge.

Scheibenwaschbehälter/-pumpe aus- und einbauen

ASTRA

Ausbau

- Kühlergrill ausbauen, siehe Seite 252.

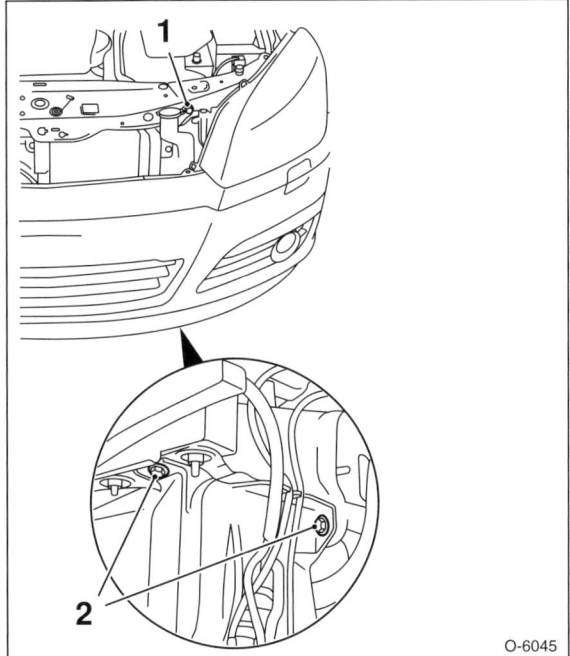

- Schrauben oben –1– und unten –2– am Scheibenwaschbehälter herausdrehen.

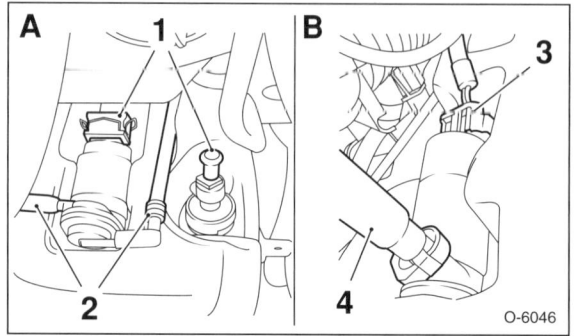

- Stecker –1– von der Scheibenwaschpumpe und vom Füllstandsensor abziehen.
- Schläuche –2– von der Scheibenwaschpumpe abziehen. Dabei auslaufende Scheibenwaschflüssigkeit auffangen.
- Je nach Ausstattung Stecker –3– und Schlauch –4– von der Pumpe für Scheinwerfer-Reinigungsanlage abziehen.
- Scheibenwaschbehälter nach unten aus dem Motorraum herausziehen und Leitungen vom Behälter ablösen.
- Scheibenwaschpumpe und Pumpe für Scheinwerfer-Reinigungsanlage nach oben aus der Halterung am Scheibenwaschbehälter herausziehen.
- Füllstandsensor aus dem Scheibenwaschbehälter herausziehen.

Hinweis: Soll nur die Pumpe ausgebaut werden, muss der Scheibenwaschbehälter nicht ausgebaut werden.

Einbau

- Der Einbau erfolgt in umgekehrter Ausbaureihenfolge.
- Scheibenwaschbehälter nach dem Einbau mit Scheibenwaschflüssigkeit auffüllen.

ZAFIRA

Ausbau

- Stoßfängerabdeckung vorn ausbauen, siehe Seite 249.
- Mutter oben am Scheibenwaschbehälter abschrauben.

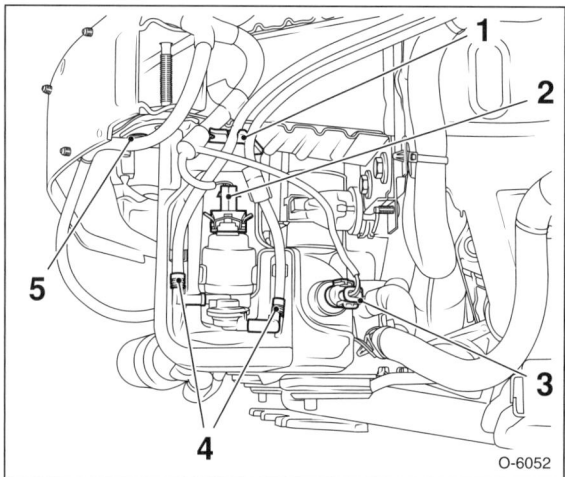

- Schläuche aus der Halterung –1– ausclipsen.

- Stecker –2/3– von der Scheibenwaschpumpe und vom Füllstandsensor abziehen.
- Schläuche –4– von der Scheibenwaschpumpe abziehen. Dabei auslaufende Scheibenwaschflüssigkeit auffangen.
- Mutter –5– abschrauben und Scheibenwaschbehälter aus dem Motorraum herausziehen.

Hinweis: Der Ausbau der Pumpe erfolgt wie beim ASTRA.

Einbau

- Der Einbau erfolgt in umgekehrter Ausbaureihenfolge.

Wischerarm aus- und einbauen

Frontscheibe

Ausbau

- Frontscheibe mit Wasser benetzen.
- Scheibenwischeranlage kurze Zeit laufen lassen und über den Scheibenwischerschalter abschalten. Dadurch läuft der Wischer in die Endstellung.
- Stellung der Wischergummis auf der Frontscheibe markieren. Dazu Klebeband neben den Wischergummis auf die Scheibe kleben.
- Motorhaube öffnen.

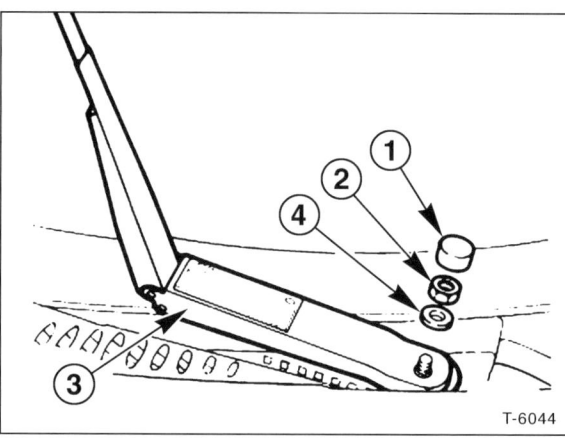

Hinweis: Je nach Modell ist eine Unterlegscheibe –4– eingesetzt; Einbaulage beachten.

- Mit einem Schraubendreher Abdeckkappe –1– von der Wischerwelle abheben.

Hinweis: Beim ASTRA die Abdeckkappe mit der Hand lockern, bis ein flaches Werkzeug zwischen Kappe und Wischerarm eingeführt werden kann.

- Mutter –2– ca. 2 Umdrehungen lösen.
- Wischerarm –3– leicht hin und her bewegen, bis er sich von der Wischerwelle löst. Es kann auch ein geeignetes Abziehwerkzeug, zum Beispiel HAZET 4855-9, verwendet werden.
- Mutter ganz abschrauben.
- Wischerarm –3– von der Welle abziehen.

Einbau

- Sicherstellen, dass der Scheibenwischermotor in Endstellung steht. Gegebenenfalls Motor kurz laufen lassen und mit Wischerschalter abschalten.
- Wischerarm auf die Wischerwelle aufsetzen und anhand der beim Ausbau angebrachten Klebeband-Markierung ausrichten.
- Mutter aufschrauben und handfest anziehen.
- Endstellung der Wischerarme überprüfen. Dazu Motorhaube schließen, Scheibe mit Wasser benetzen und Scheibenwischer kurz laufen lassen. Die Wischerarme müssen in die eingestellte Endstellung zurückkehren und dürfen sich beim Wischen nicht über den Scheibenrand hinausbewegen. Gegebenenfalls Mutter lösen und Einstellung erneut vornehmen.
- Mutter festziehen und Abdeckkappe aufdrücken.
  Anzugsdrehmomente:
  Mutter, ASTRA . . . . **17 Nm**
  Mutter, ZAFIRA . . . . **14 Nm**

Heckscheibe

Der Aus- und Einbau des Wischerarmes an der Heckscheibe erfolgt ähnlich wie an der Frontscheibe.

Ausbau

- Abdeckkappe an der Wischerwelle hochklappen.
- Mutter von der Wischerwelle abschrauben und Unterlegscheibe abnehmen.

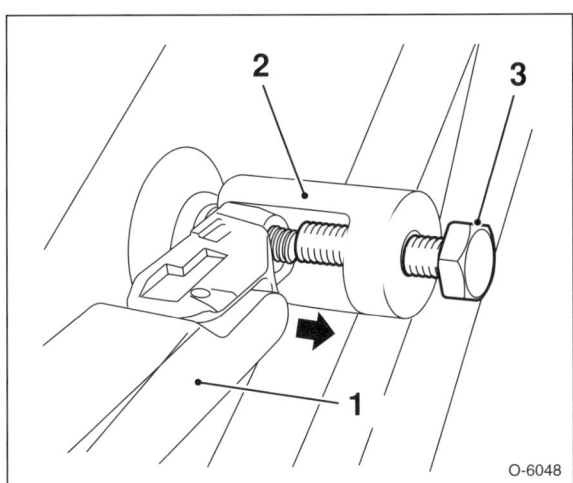

- Abziehwerkzeug –2–, zum Beispiel HAZET 1779-18, am Wischerarm –1– einsetzen. Abzieherschraube –3– drehen und Wischerarm von der Welle abziehen.

Einbau

- Wischerarm auf die Wischerwelle aufsetzen und Mutter mit **9 Nm** festschrauben.
- Abdeckkappe aufdrücken.

Wischermotor an der Frontscheibe aus- und einbauen

ASTRA

Ausbau

- Wischerarme ausbauen, siehe entsprechendes Kapitel.
- Windlaufgrill ausbauen, siehe Seite 247.
- Batterie abklemmen. **Achtung:** Hinweise im Kapitel »Batterie aus- und einbauen« beachten.

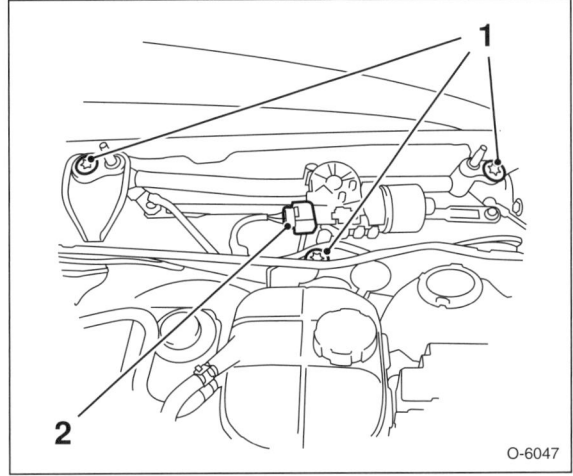

- 3 Schrauben –1– herausdrehen.
- Stecker –2– vom Wischermotor abziehen und Wischergestänge mit Wischermotor herausnehmen.
- Gestänge mit einem großen Schraubendreher von der Kurbel des Motors abhebeln.
- Stellung der Kurbel zur Montageplatte markieren. Dazu mit Filzstift oder Reißnadel entlang der Kurbel einen Strich auf der Montageplatte anbringen.
- Mutter abschrauben und Kurbel vom Wischermotor abnehmen.
- 3 Schrauben herausdrehen und Wischermotor von der Montageplatte abnehmen.

Einbau

Achtung: Vor dem Einbau prüfen, ob sich der Wischermotor in Endstellung befindet. Dazu kurzzeitig Anschlussstecker aufschieben und Batteriekabel anschließen. Motor kurz laufen lassen und anschließend mit Wischerschalter ausschalten, damit der Motor in Endstellung stehen bleibt.

- Der Einbau erfolgt in umgekehrter Ausbaureihenfolge. Dabei Wischergestänge mit **9 Nm** festschrauben.
- Einstellung der Wischerarme überprüfen.

ZAFIRA

Ausbau

- Wischerarme ausbauen, siehe entsprechendes Kapitel.
- Windlaufgrill ausbauen, siehe Seite 247.
- Batterie abklemmen. **Achtung:** Hinweise im Kapitel »Batterie aus- und einbauen« beachten.
- Stirnwandabdeckung ausbauen, siehe Seite 248.

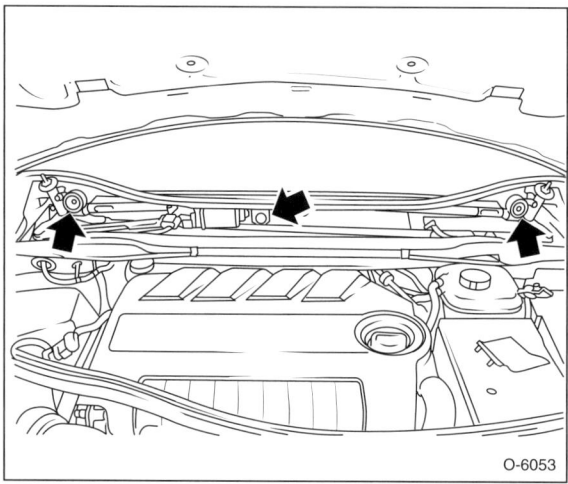

- 3 Schrauben –Pfeile– herausdrehen.
- Stecker vom Wischermotor abziehen und Wischergestänge mit Wischermotor herausnehmen.

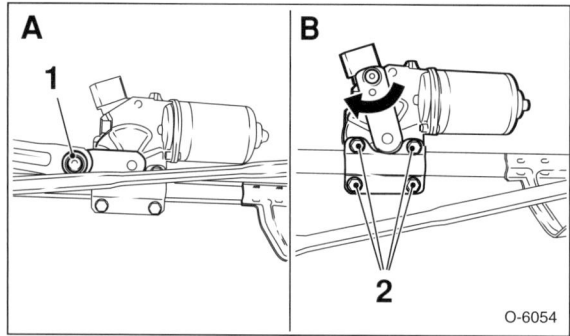

- Gestänge mit einem großen Schraubendreher vom Kugelgelenk –1– der Kurbel des Motors abhebeln.
- Kurbel soweit drehen –Pfeil–, bis die Schrauben zugänglich sind. 4 Schrauben –2– herausdrehen und Wischermotor vom Gestänge abnehmen.

Einbau

- Der Einbau erfolgt in umgekehrter Ausbaureihenfolge.

Wischermotor an der Heckscheibe aus- und einbauen

Ausbau

- Batterie abklemmen. **Achtung:** Hinweise im Kapitel »Batterie aus- und einbauen« beachten.
- Wischerarm ausbauen, siehe entsprechendes Kapitel.
- Heckklappenverkleidung ausbauen, siehe Seite 259.

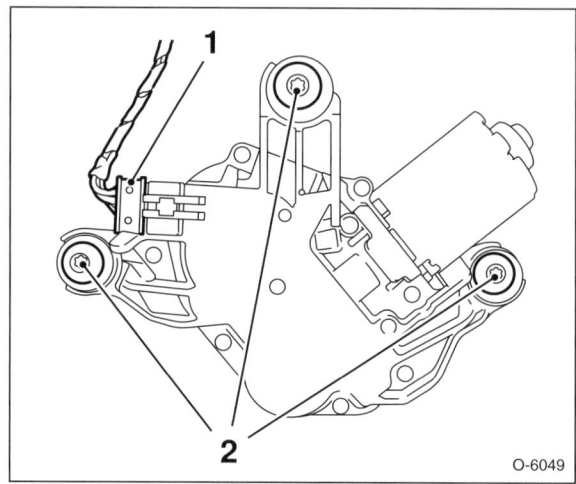

- Stecker –1– entriegeln und abziehen.
- 3 Schrauben –2– herausdrehen und Heckwischermotor vorsichtig aus der Führung an der Heckklappe herausziehen.

Einbau

- Wischermotor in Endstellung bringen.
- Der Einbau erfolgt in umgekehrter Ausbaureihenfolge.
- Einstellung des Wischerarmes überprüfen.

Regensensor aus- und einbauen

ASTRA

Ausbau

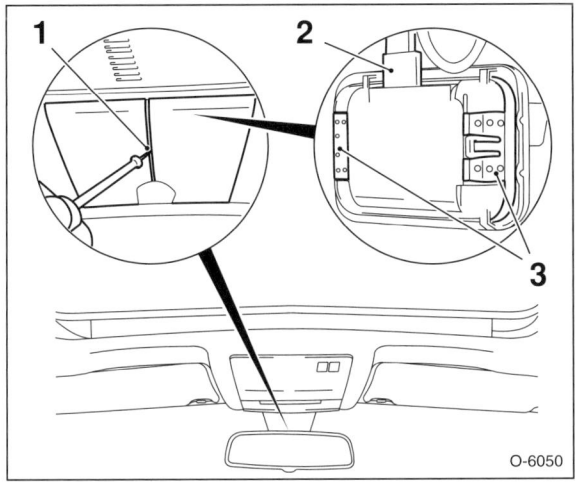

O-6050

- Abdeckung am Innenspiegel mit einem Kunststoffkeil abclipsen –1–.
- Stecker –2– am Regensensor abziehen.
- 2 Halteklammern –3– lösen und Regensensor abnehmen.

Einbau

- Der Einbau erfolgt in umgekehrter Ausbaureihenfolge.

ZAFIRA

Ausbau

- Abdeckung für Regensensor ausbauen, siehe Kapitel »Innenspiegel aus- und einbauen«, Seite 217.

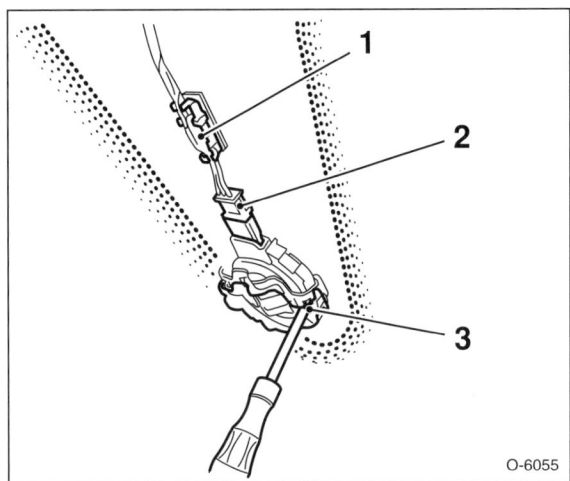

O-6055

- Kabel –1– für Regensensor aus der Halterung ausclipsen und Stecker –2– am Regensensor abziehen.
- Mit einem Schraubendreher Sicherungsbügel –3– lösen und Regensensor aus der Halterung herausnehmen.

Einbau

- Der Einbau erfolgt in umgekehrter Ausbaureihenfolge.

Störungsdiagnose Scheibenwischergummi

Wischbild	Ursache	Abhilfe
Schlieren.	Wischergummi verschmutzt.	■ Wischergummi mit harter Nylonbürste und einer Waschmittellösung oder Spiritus reinigen.
	Ausgefranste Wischlippe, Gummi ausgerissen oder abgenutzt.	■ Wischergummi erneuern.
	Wischergummi gealtert, rissige Oberfläche.	■ Wischergummi erneuern.
Im Wischfeld verbleibende Wasserreste ziehen sich sofort zu Perlen zusammen.	Frontscheibe durch Lackpolitur oder Öl verschmutzt.	■ Frontscheibe mit sauberem Putzlappen und einem Fett-Öl-Silikonentferner reinigen.

Beleuchtungsanlage

Lampentabelle

12-V-Glühlampe für	Typ	Leistung
Halogen-Scheinwerfer: Abblendlicht	H7	55W
Halogen-Scheinwerfer: Fernlicht	H1	55W
Xenon-Scheinwerfer: Abblendlicht	D2S	35W
Xenon-Scheinwerfer: Fernlicht	H7	55W
ZAFIRA mit Kurvenlicht und Bi-Xenon-Scheinwerfern	D1S	35W
Standlicht	W	5W
Vordere Blinkleuchte (ASTRA)	H	21WLL
Vordere Blinkleuchte, Xenon	PY	21W
Vordere Blinkleuchte (ZAFIRA)	P	21W
Nebelscheinwerfer	H3	55W
Seitliche Blinkleuchte	W	5W
Hintere Blinkleuchte	PY[1]	21W
Brems-/Schlussleuchte[2]	P	21W
Schlussleuchte[3]	P	21W
Nebelschlussleuchte	P	21W
Rückfahrleuchte	P	21W

H1/H7: Halogenlampe; P: Bajonett-Sockel; W: Glassockel; Y: Leuchtenfarbe orange.

[1] ZAFIRA: P
[2] Die Glühlampe hat die beiden Funktionen »Bremslicht« (hell) und »Schlusslicht« (weniger hell), obwohl nur eine Glühwendel vorhanden ist. Dabei wird das helle »Bremslicht« für die »Schlussleuchten«-Funktion im Prinzip gedimmt.
[3] Die Leuchtkraft der separaten 21-W-Schlussleuchte beim ASTRA wird dauerhaft gedimmt.

Hinweis: Glühlampen grundsätzlich nur durch solche gleicher Ausführung ersetzen. Vor einem Lampenwechsel sicherstellen, dass der betreffende Schalter ausgeschaltet ist.

Achtung: Den Glaskolben einer leistungsstarken Glühlampe nicht mit bloßen Fingern berühren. Am besten ein sauberes Stofftuch dazwischen legen oder Baumwollhandschuhe anziehen. Der durch die Berührung verursachte Fingerabdruck verdampft aufgrund der Hitzeentwicklung. Rückstände setzen sich auf dem Reflektor ab und lassen den Scheinwerfer matt werden. Dies gilt insbesondere für die Haupt- und Nebelscheinwerfer. Versehentlich entstandene Berührungsflecken auf dem Glaskolben mit einem sauberen, nicht fasernden Tuch und etwas Spiritus abwischen.

Achtung: Die mit einem Schutzlack beschichteten Kunststoffscheiben der Hauptscheinwerfer dürfen auf keinen Fall mit einem trockenen oder gar scheuernden Lappen gesäubert werden. Es dürfen auch keine Reinigungs- oder Lösungsmittel benutzt werden. Die Scheiben nur mit einem weichen, feuchten Tuch reinigen.

Glühlampen am Scheinwerfer auswechseln

Je nach Modell und Ausstattung kommen unterschiedliche Scheinwerfer- und Glühlampentypen zum Einsatz: Herkömmliche Halogenlampen und Xenonlampen.

Achtung: Halogen-Lampen stehen unter Druck und können platzen. Deshalb beim Lampenwechsel Schutzbrille und Handschuhe tragen.

Sicherheitshinweis/Xenon-Scheinwerfer
Vorsicht beim Lampenwechsel an Xenon-Scheinwerfern. Verletzungsgefahr durch Hochspannung! **Auf jeden Fall Scheinwerfer ausschalten und Batterie vom Stromnetz abklemmen.** Anschließend Scheinwerferschalter kurz ein- und wieder ausschalten, um Restspannungen abzubauen. Sicherheitshalber Schutzbrille, Handschuhe sowie Schuhe mit Gummisohlen tragen.

- Zündung und Schalter des Scheinwerfers ausschalten.
- Batterie abklemmen. **Achtung:** Hinweise im Kapitel »Batterie aus- und einbauen« beachten.

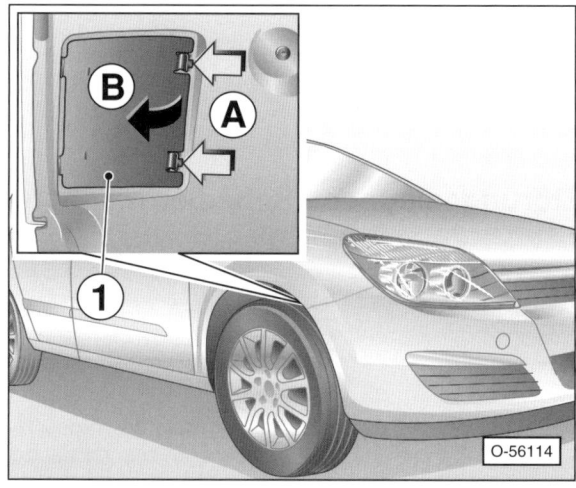

- **Äußere Lampe:** Serviceklappe –1– im Innenkotflügel öffnen. Dazu Rad einschlagen, bis Klappe zugänglich ist, 2 Riegel –Pfeile A– ausrasten und Klappe öffnen –Pfeil B–. **Hinweis:** Der Zugang zur Lampe wird wesentlich erleichtert, wenn das Fahrzeug aufgebockt und das Rad abgenommen wird.
- **Innere Lampe:** Motorhaube öffnen.
- Nach dem Einbau neue Glühlampe auf Funktion überprüfen. Gegebenenfalls Scheinwerfer-Einstellung von einer Werkstatt kontrollieren und einstellen lassen.

Scheinwerfer rechts mit Halogen-Licht; ASTRA

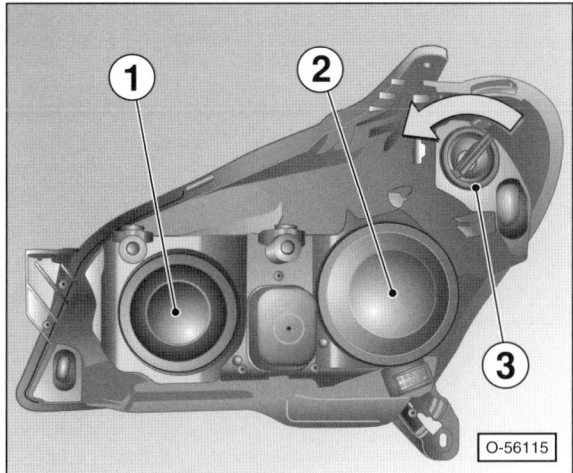

1 – Abdeckkappe Fernlicht/Standlicht
2 – Abdeckkappe Abblendlicht
3 – Lampenfassung Blinklicht mit Griffstück

Hinweis: Beim **ZAFIRA** ist die Anordnung der Lampen im Prinzip gleich. Über der Lampenfassung für Blinklicht ist eine Abdeckkappe aufgesetzt.

Scheinwerfer rechts mit Xenon-Licht; ASTRA

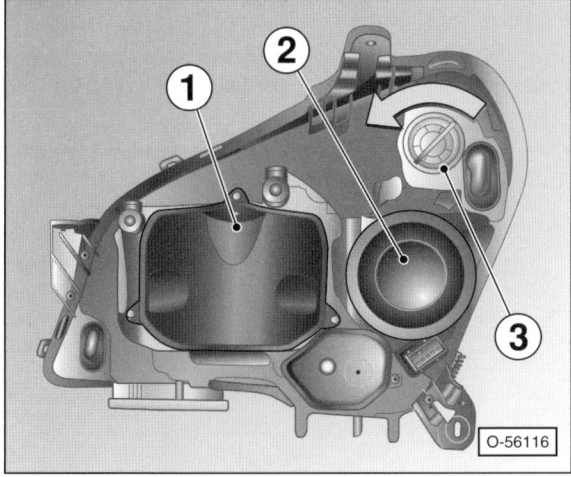

1 – Deckel Abblendlicht
2 – Abdeckkappe Fernlicht/Standlicht
3 – Lampenfassung Blinklicht mit Griffstück

Abblendlicht/Halogen-Scheinwerfer

Ausbau

- Serviceklappe im Innenkotflügel öffnen.
- An der Rückseite des Scheinwerfers Abdeckkappe über der äußeren Lampe abziehen.

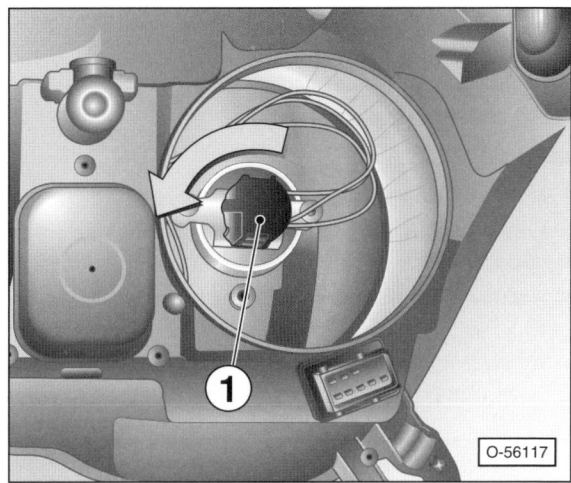

- Lampenfassung –1– gegen den Uhrzeigersinn drehen –Pfeil–, entriegeln und mit Lampe aus dem Reflektor herausziehen.

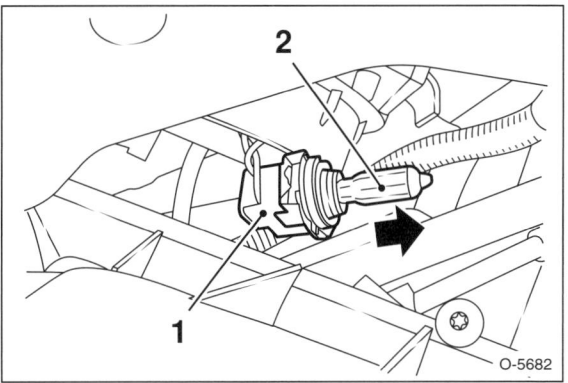

- Glühlampe –2– aus der Fassung –1– herausziehen –Pfeil–. Die Fassung besteht dabei aus dem Stecker und einem aufgeclipsten Führungsblech.

Hinweis: Unter Umständen kann es leichter sein, die Lampe zusammen mit dem Führungsblech vom Stecker abzuziehen. Dazu Führungsblech an 2 Stellen vom Stecker abclipsen. Einbaulage des Führungsblechs merken.

Einbau

- Neue Glühlampe in die Fassung einsetzen. Wurde das Führungsblech mit abgezogen, Führungsblech vorher am Stecker aufclipsen.
- Lampenfassung mit Lampe so in den Reflektor einsetzen, dass die 2 Nasen des Führungsblechs unter die 2 Führungsstifte am Reflektor geschoben werden können.
- Lampenfassung im Uhrzeigersinn drehen und verriegeln.
- Abdeckkappe aufdrücken.

Fernlicht/Halogen-Scheinwerfer

Ausbau

- Motorhaube öffnen.
- **Linker Scheinwerfer:** Stecker am Sicherungskasten ababziehen.
- **Rechter Scheinwerfer:** Luftschlauch am Luftfilter abziehen.
- An der Rückseite des Scheinwerfers Lasche drücken und Abdeckkappe über der inneren Lampe abnehmen.

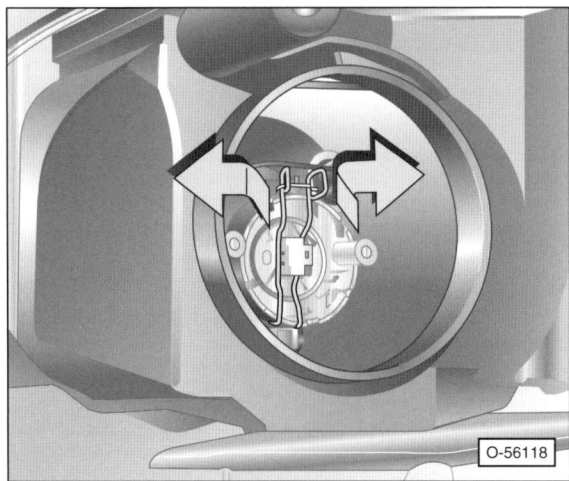

- Stecker von der Glühlampe abziehen, Drahtbügel zum Entriegeln nach vorne, dann zur Seite drücken –Pfeile– und herunterklappen.
- Glühlampe aus dem Reflektor herausnehmen.

Einbau

- Neue Glühlampe so in den Reflektor einsetzen, dass die Rastnasen in die entsprechenden Aussparungen passen.
- Drahtbügel zurückklappen und einhängen.
- Der weitere Einbau erfolgt in umgekehrter Ausbaureihenfolge.

Speziell ZAFIRA

- Abdeckkappe über der inneren Lampe abziehen.

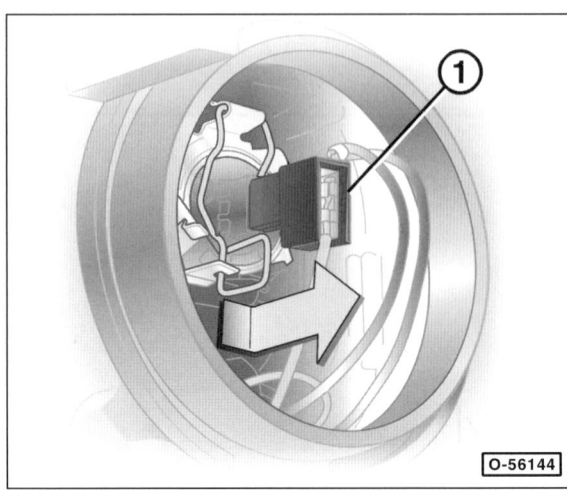

- Stecker –1– von der Glühlampe für Fernlicht abziehen, Drahtbügel zum Entriegeln nach vorne, dann zur Seite drücken –Pfeil– und hochklappen.

Standlicht/Halogen-Scheinwerfer

Ausbau

- Motorhaube öffnen.
- **Linker Scheinwerfer:** Stecker am Sicherungskasten ababziehen.
- **Rechter Scheinwerfer:** Luftschlauch am Luftfilter abziehen.
- An der Rückseite des Scheinwerfers Abdeckkappe über der inneren Lampe abnehmen.

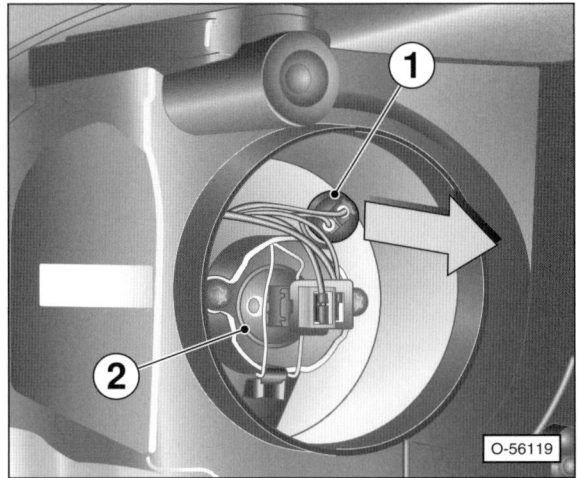

- Lampenfassung –1– mit Glühlampe für Standlicht aus dem Reflektor herausziehen. 2 – Glühlampe für Fernlicht.

Hinweis: Beim ZAFIRA sitzt die Glühlampe für Standlicht unter der Glühlampe für Fernlicht.

- Glühlampe aus der Fassung herausziehen.

Einbau

- Neue Glühlampe in die Fassung einsetzen, Fassung mit Glühlampe in den Reflektor einsetzen.
- Der weitere Einbau erfolgt in umgekehrter Ausbaureihenfolge.

Abblendlicht/Xenon-Scheinwerfer

Ausbau

> **Sicherheitshinweis/Xenon-Scheinwerfer:**
> Vorsicht beim Lampenwechsel an Xenon-Scheinwerfern. Verletzungsgefahr durch Hochspannung! Auf jeden Fall Scheinwerfer ausschalten und Batterie abklemmen. Anschließend Scheinwerferschalter kurz ein- und wieder ausschalten, um Restspannungen abzubauen. Sicherheitshalber Schuhe mit Gummisohlen tragen.

- **Linker Scheinwerfer:** Scheinwerfer ausbauen, siehe entsprechendes Kapitel.
- **Rechter Scheinwerfer:** Luftfiltergehäuse mit Luftansaugschlauch ausbauen, siehe Seite 208.

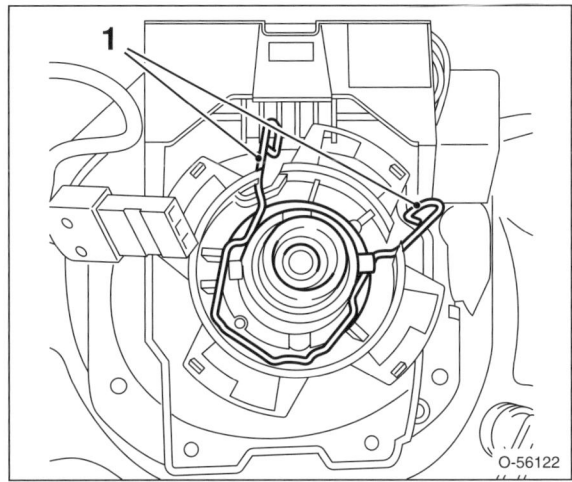

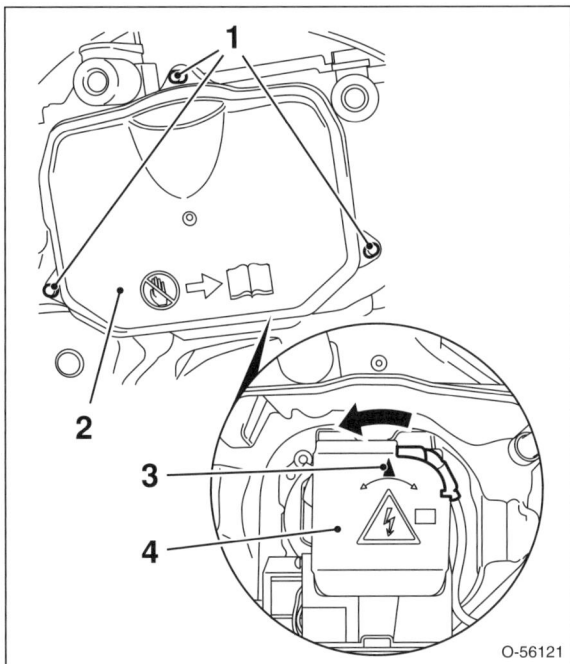

- An der Rückseite des Scheinwerfers 3 Schrauben –1– herausdrehen und Deckel –2– über der inneren Lampe abnehmen.
- Zündgerät –4– gegen den Uhrzeigersinn drehen –Pfeil– und entriegeln. 3 – Markierung für den Einbau.

Hinweis: In der Abbildung ist das Zündgerät am linken Scheinwerfer dargestellt.

- Stecker vom Zündgerät abziehen und Zündgerät von der Lampe abnehmen.

Achtung: Die Scheinwerfer dürfen bei abgezogenem Zündgerät nicht eingeschaltet werden.

- Drahtbügel –1– zum Entriegeln an den Enden zusammendrücken.

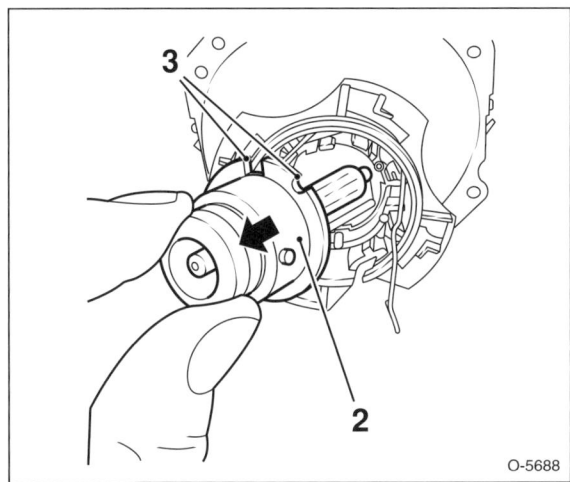

- Xenon-Glühlampe –2– aus dem Reflektor herausziehen.

Einbau

- Neue Glühlampe in den Reflektor einsetzen, dabei darauf achten, dass die Führungsnasen in die entsprechenden Aussparungen –3– greifen.
- Drahtbügel einhängen.
- Zündgerät auf die Lampe stecken, im Uhrzeigersinn drehen und verriegeln.

Hinweis: Die Markierung –3– am Zündgerät muss beim linken Scheinwerfer nach oben zeigen und beim rechten Scheinwerfer nach unten zeigen, siehe Abbildung O-56121.

- Stecker am Zündgerät aufschieben.
- Deckel an der Rückseite des Scheinwerfers aufsetzen und anschrauben.
- **Linker Scheinwerfer:** Scheinwerfer einbauen, siehe entsprechendes Kapitel.
- **Rechter Scheinwerfer:** Luftfiltergehäuse mit Luftansaugschlauch einbauen, siehe Seite 208.

Fern- und Standlicht/Xenon-Scheinwerfer

Ausbau

- Serviceklappe im Innenkotflügel öffnen.
- An der Rückseite des Scheinwerfers Abdeckkappe über der äußeren Lampe abziehen.

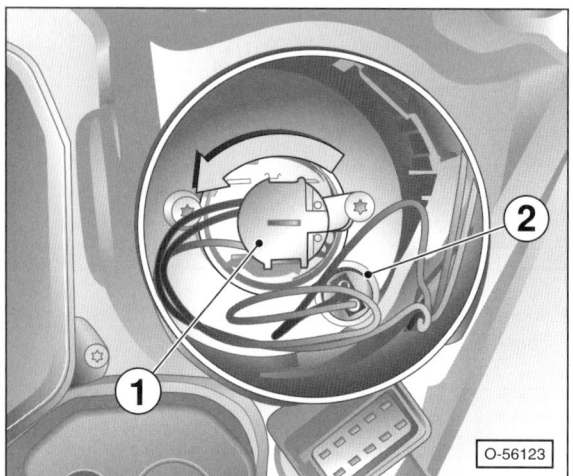

- Lampenfassung –1– für **Fernlicht** gegen den Uhrzeigersinn drehen –Pfeil–, entriegeln und mit Lampe aus dem Reflektor herausziehen. Glühlampe aus der Fassung herausziehen und ersetzen.

Hinweis: Der Ausbau der Fernlichtlampe beim Xenon-Scheinwerfer erfolgt in gleicher Weise wie der Ausbau der Abblendlicht-Lampe beim Halogen-Scheinwerfer, siehe entsprechenden Abschnitt.

- Lampenfassung –2– mit Glühlampe für **Standlicht** aus dem Reflektor herausziehen. Glühlampe aus der Fassung herausziehen und ersetzen.

Einbau

- Der Einbau erfolgt in umgekehrter Ausbaureihenfolge.

Blinklicht; ASTRA

Ausbau

- Serviceklappe im Innenkotflügel öffnen.
- Lampenfassung –3– an der Rückseite des Scheinwerfers gegen den Uhrzeigersinn drehen –Pfeil– und entriegeln, siehe Abbildung O-56115/O-56116.

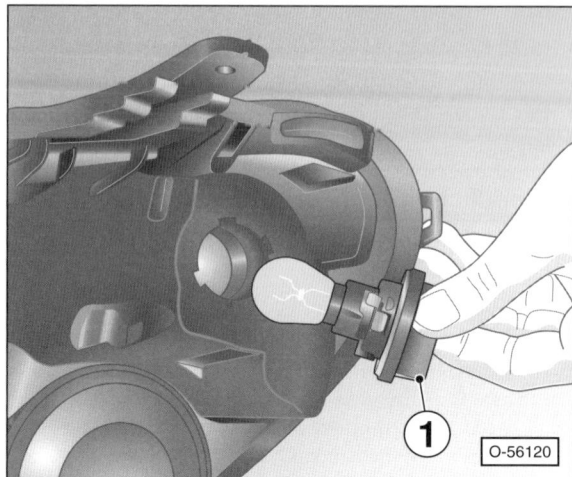

- Lampenfassung –1– mit Lampe aus dem Reflektor herausziehen.
- Glühlampe eindrücken, gegen den Uhrzeigersinn drehen und aus der Fassung herausziehen.

Einbau

- Neue Glühlampe in die Fassung einsetzen und einrasten.
- Fassung mit Glühlampe in den Reflektor einsetzen und im Uhrzeigersinn drehen, bis die Fassung einrastet.

Blinklicht; ZAFIRA

Ausbau

- Serviceklappe im Innenkotflügel öffnen.
- Abdeckkappe über der Lampe ganz außen abziehen.

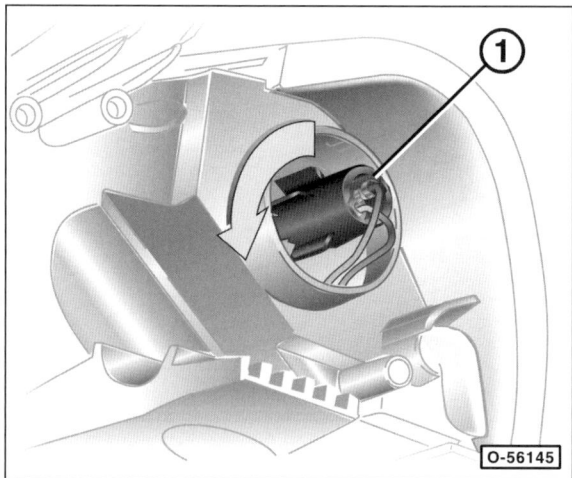

- Lampenfassung –1– an der Rückseite des Scheinwerfers gegen den Uhrzeigersinn drehen –Pfeil– und entriegeln.
- Lampenfassung –1– mit Lampe aus dem Reflektor herausziehen.
- Glühlampe eindrücken, gegen den Uhrzeigersinn drehen und aus der Fassung herausziehen.

Einbau

- Neue Glühlampe in die Fassung einsetzen und einrasten.
- Fassung mit Glühlampe in den Reflektor einsetzen und im Uhrzeigersinn drehen, bis die Fassung einrastet.
- Abdeckkappe über der Lampe aufdrücken.

Stellmotor für Leuchtweitenregelung aus- und einbauen

Halogen-Scheinwerfer; ASTRA

Ausbau

- Batterie abklemmen. **Achtung:** Hinweise im Kapitel »Batterie aus- und einbauen« beachten.
- Scheinwerfer ausbauen, siehe entsprechendes Kapitel.

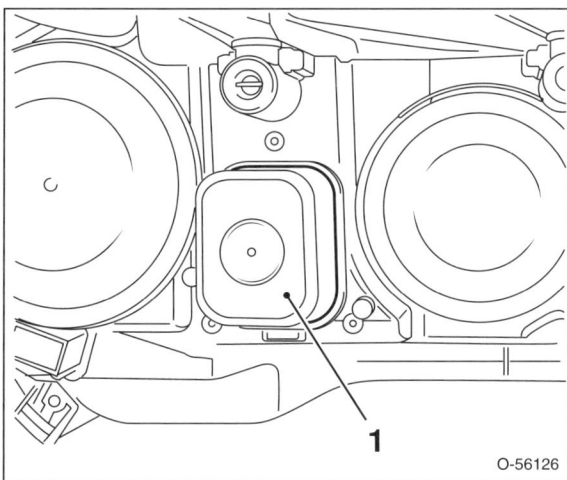

- An der Rückseite des Scheinwerfers Gehäusedeckel –1– für Stellmotor umlaufend mit einem Messer durchschneiden und abnehmen.

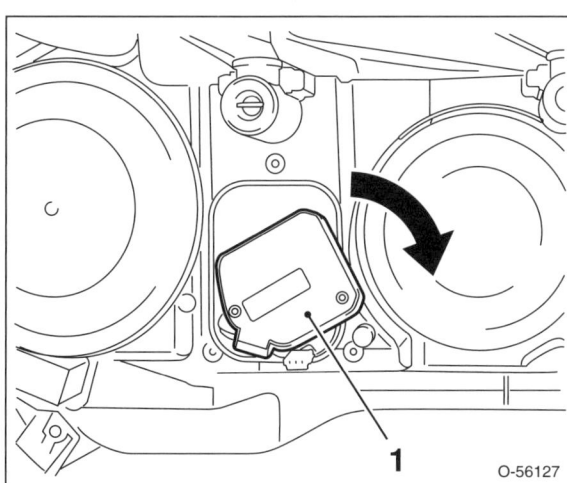

- Stecker vom Stellmotor –1– für Leuchtweitenregelung abziehen. Stellmotor in Pfeilrichtung drehen und entriegeln.
- Stellmotor aus dem Gelenkkopf am Scheinwerfer herausziehen.

Einbau

- Stellmotor vorsichtig in den Gelenkkopf einclipsen, durch Drehen verriegeln und Stecker anschließen.
- Neuen Gehäusedeckel mit Dichtung und 3 Schrauben am Scheinwerfer anschrauben.
- Scheinwerfer einbauen, siehe entsprechendes Kapitel.
- Batterie anklemmen. **Achtung:** Hinweise im Kapitel »Batterie aus- und einbauen« beachten.

Scheinwerfer aus- und einbauen

Ausbau

- Zündung und Lichtschalter ausschalten.
- Motorhaube öffnen.
- Batterie abklemmen. **Achtung:** Hinweise im Kapitel »Batterie aus- und einbauen« beachten.
- Stoßfängerabdeckung vorn ausbauen, siehe Seite 249.

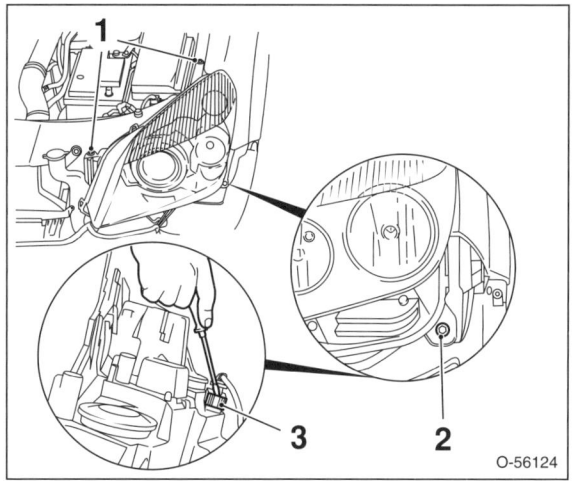

- 2 Schrauben oben –1– herausdrehen.
- Schraube –2– unten herausdrehen.
- **Xenon-Scheinwerfer:** Stütze abbauen.
- Mit einem Schraubendreher Stecker –3– entriegeln und vom Scheinwerfer abziehen.
- Scheinwerfer nach vorne aus dem Motorraum herausziehen.

Einbau

- Der Einbau erfolgt in umgekehrter Ausbaureihenfolge. Dabei auf gleichmäßige Fugenmaße zu den anschließenden Karosserieteilen achten.
- Scheinwerfer-Einstellung so bald wie möglich von einer Werkstatt kontrollieren und gegebenenfalls einstellen lassen. **Achtung:** Für die Verkehrssicherheit ist die exakte Einstellung der Scheinwerfer von großer Bedeutung.

Einstellen; ASTRA

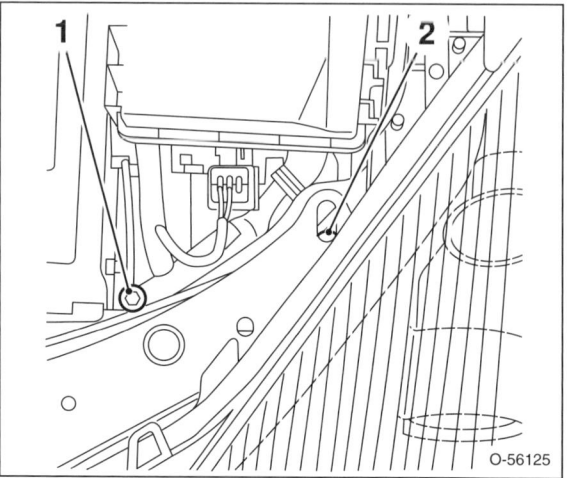

Höheneinstellung mit Schraube –2–. Seiteneinstellung mit Schraube –1–. **Hinweis:** Die richtige Einstellung der Scheinwerfer wird mit einem Spezialgerät in einer Werkstatt durchgeführt.

Nebelscheinwerfer aus- und einbauen

Ausbau

- Zündung und Schalter der Leuchte ausschalten.
- Batterie abklemmen. **Achtung:** Hinweise im Kapitel »Batterie aus- und einbauen« beachten.

> **Sicherheitshinweis**
> Beim Aufbocken des Fahrzeugs besteht Unfallgefahr! Hinweise im Kapitel »Fahrzeug aufbocken« beachten.

- Fahrzeug vorne aufbocken.

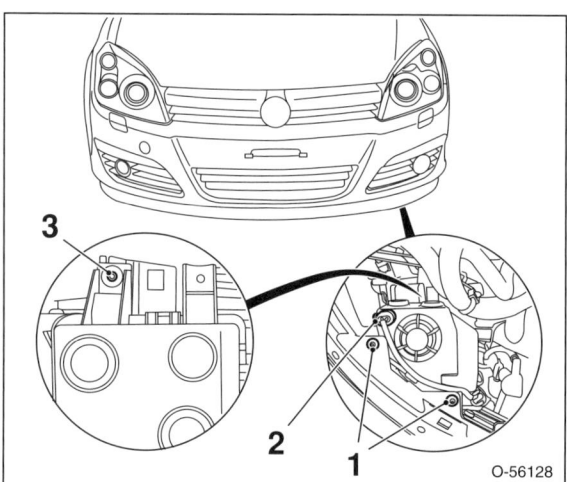

- Stecker –2– am Nebelscheinwerfer abziehen.
- 3 Schrauben –1/3– an der Rückseite der Stoßfängerabdeckung herausdrehen und Nebelscheinwerfer abnehmen.

Einbau

- Der Einbau erfolgt in umgekehrter Ausbaureihenfolge.
- Nebelscheinwerfer einstellen. Die Einstellschraube ist von vorne durch das Abdeckgitter am Nebelscheinwerfer zugänglich.

Glühlampe für Nebelscheinwerfer wechseln

Ausbau

- Gegebenenfalls Fahrzeug vorn aufbocken.

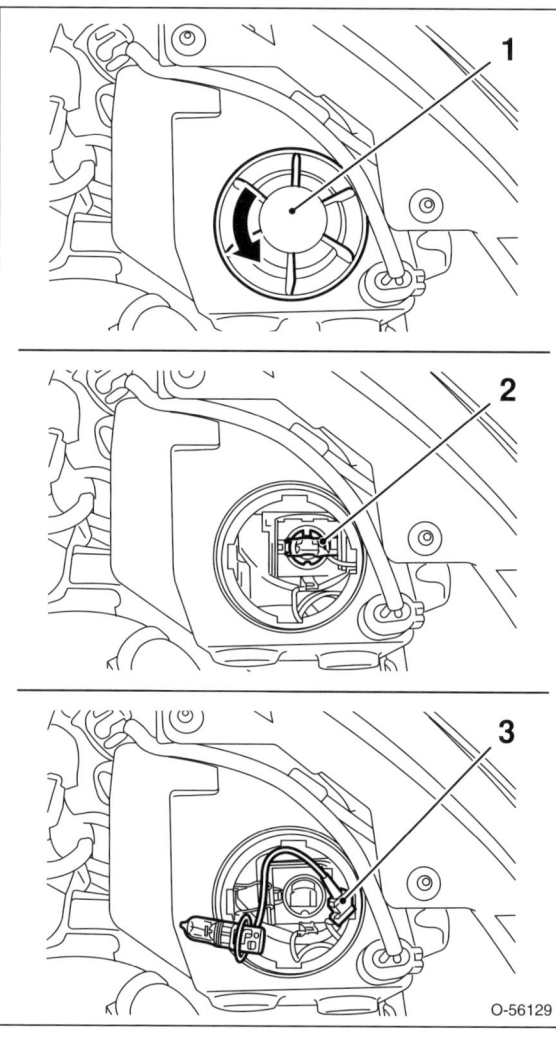

- Abdeckkappe –1– an der Unterseite des Nebelscheinwerfers gegen den Uhrzeigersinn drehen –Pfeil– und nach unten abnehmen.
- Drahtbügel –2– an den Rastnasen aushängen.
- Glühlampe herausnehmen und Stecker –3– abziehen.

Einbau

- Stecker aufschieben. Neue Glühlampe so in die Fassung einsetzen, dass die Nasen in die entsprechenden Aussparungen am Lampensockel eingreifen.

- Lampensockel mit dem Finger in Einbaulage halten und Drahtbügel mit der anderen Hand einhaken.
- Abdeckkappe einsetzen und im Uhrzeigersinn festdrehen, dabei kräftig gegen den ersten Widerstand drehen.
- Glühlampe auf Funktion prüfen.

Speziell ZAFIRA

- Stoßfängerabdeckung vorn ausbauen, siehe Seite 249.

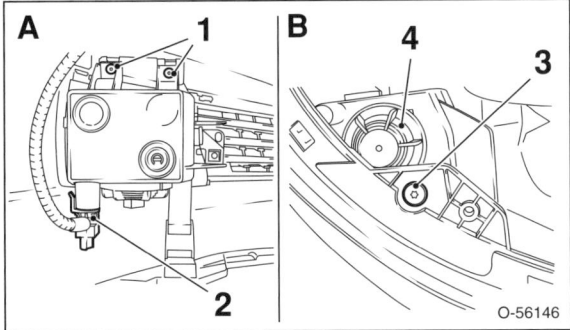

- Stecker –2– am Nebelscheinwerfer abziehen.
- 3 Schrauben –1/3– an der Rückseite der Stoßfängerabdeckung herausdrehen und Nebelscheinwerfer abnehmen.
- Zum Wechseln der Glühlampe Abdeckkappe –4– an der Unterseite des Nebelscheinwerfers gegen den Uhrzeigersinn drehen und nach unten abnehmen.

Seitliche Blinkleuchte aus- und einbauen

Ausbau

- Zündung und Schalter der Leuchte ausschalten.
- Batterie abklemmen. **Achtung:** Hinweise im Kapitel »Batterie aus- und einbauen« beachten.

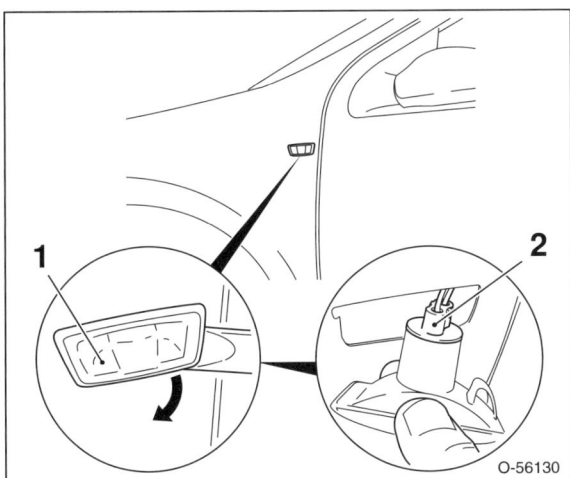

- Blinkleuchte –1– mit einem Kunststoffkeil, zum Beispiel HAZET 1965-20, in Pfeilrichtung drücken und aus dem Kotflügel herausziehen. Keil dabei an der rechten Seite der Leuchte ansetzen.

- Lampenfassung –2– gegen den Uhrzeigersinn drehen und aus der Leuchte herausziehen. Die Leitung ist fest mit der Fassung verbunden.
- Glühlampe aus der Fassung herausziehen.

Einbau

- Neue Glühlampe in die Fassung einsetzen.
- Fassung in die Leuchte einsetzen, im Uhrzeigersinn drehen und einrasten.
- Blinkleuchte zuerst an der linken Seite in die Öffnung am Kotflügel einsetzen, dann rechts andrücken, bis die Kunststofffeder einrastet.
- Batterie anklemmen. **Achtung:** Hinweise im Kapitel »Batterie aus- und einbauen« beachten.
- Glühlampe auf Funktion prüfen.

Heckleuchte aus- und einbauen/ Glühlampe wechseln

ASTRA Limousine/ASTRA GTC

Ausbau

- Zündung und Schalter der Leuchte ausschalten.
- Batterie abklemmen. **Achtung:** Hinweise im Kapitel »Batterie aus- und einbauen« beachten.
- Heckklappe öffnen, Verschlussschraube mit einer Münze drehen und Serviceklappe in der seitlichen Laderaumverkleidung herunterklappen.

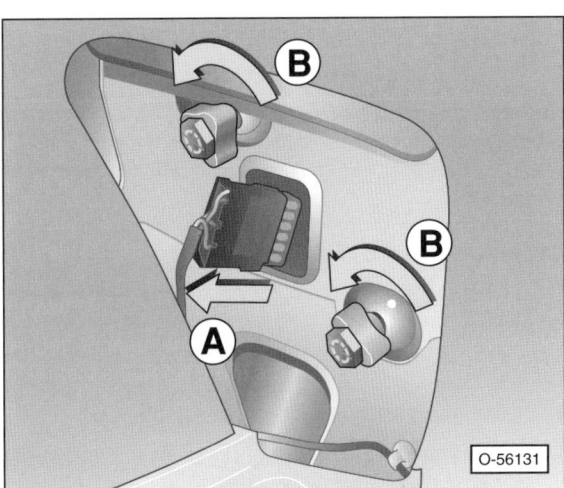

- Stecker an der Rückseite der Heckleuchte abziehen –Pfeil A–.
- Heckleuchte außen festhalten, 2 Flügelmuttern abschrauben –Pfeile B– und Heckleuchte nach hinten abnehmen.

Hinweis: Beim ASTRA GTC müssen 2 Schrauben herausgedreht werden. Der Stecker kann erst nach dem Abnehmen der Heckleuchte abgezogen werden.

Einbau

- Der Einbau erfolgt in umgekehrter Ausbaureihenfolge.

Glühlampe wechseln

- Heckleuchte ausbauen.

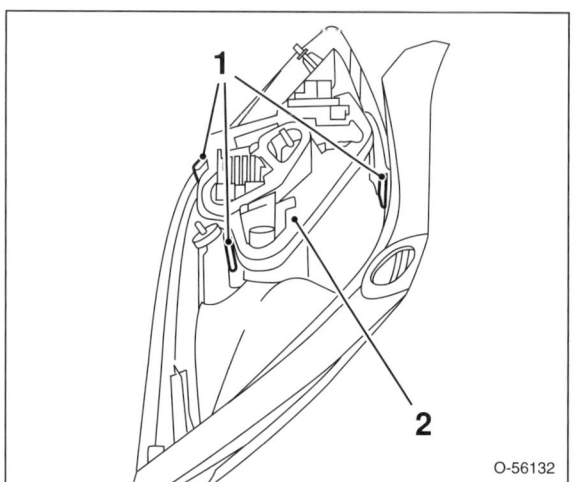

- Sperrungen –1– nach außen drücken und Lampenträger –2– aus der Heckleuchte herausnehmen.

Hinweis: Beim ASTRA GTC müssen 4 Sperrzungen entriegelt werden.

- Glühlampe eindrücken, gegen den Uhrzeigersinn drehen und aus der Fassung auf dem Lampenträger herausziehen.
- Neue Glühlampe einsetzen und einrasten.
- Lampenträger in die Heckleuchte einsetzen und einrasten.
- Heckleuchte einbauen.
- Glühlampe auf Funktion prüfen.

Hinweis: In beiden Heckleuchten ist eine Glühlampe für das Nebelschlusslicht eingesetzt. Es wird jedoch nur die linke angesteuert, die rechte Glühlampe kann als Ersatzlampe verwendet werden.

Heckleuchte; ASTRA CARAVAN

Der Ausbau erfolgt im Prinzip auf die gleiche Weise wie bei der ASTRA Limousine.

Ausbau

- Zündung und Schalter der Leuchte ausschalten.
- Batterie abklemmen. **Achtung:** Hinweise im Kapitel »Batterie aus- und einbauen« beachten.
- Heckklappe öffnen.

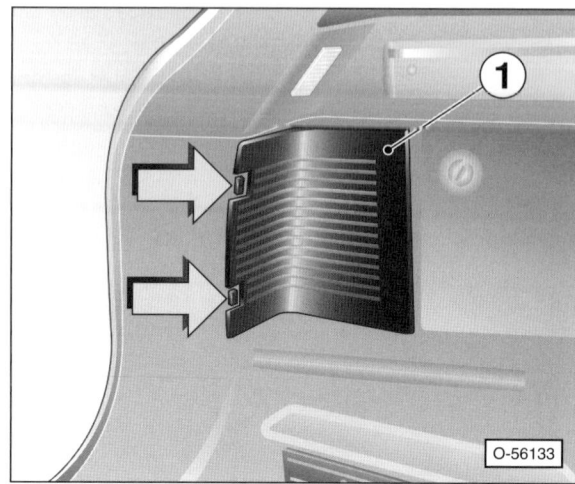

- 2 Haltelaschen –Pfeile– drücken und Klappe –1– aus der Laderaumverkleidung herausnehmen.
- Stecker an der Rückseite der Heckleuchte abziehen.
- Heckleuchte außen festhalten, 3 Flügelmuttern abschrauben und Heckleuchte nach hinten abnehmen.

Einbau

- Der Einbau erfolgt in umgekehrter Ausbaureihenfolge.

Glühlampe wechseln

- Heckleuchte ausbauen.

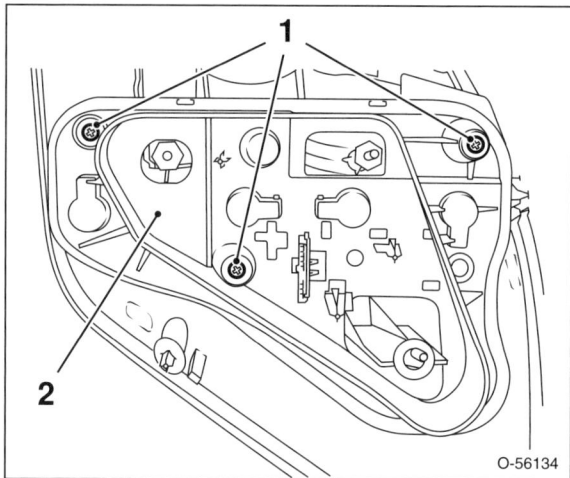

- 3 Schrauben –1– herausdrehen und Lampenträger –2– aus der Heckleuchte herausnehmen.
- Glühlampe eindrücken, gegen den Uhrzeigersinn drehen und aus der Fassung auf dem Lampenträger herausziehen.
- Neue Glühlampe einsetzen und einrasten.
- Lampenträger in die Heckleuchte einsetzen und einrasten.
- Heckleuchte einbauen.
- Glühlampe auf Funktion prüfen.

Heckleuchte; ZAFIRA

Der Ausbau erfolgt im Prinzip auf die gleiche Weise wie bei der ASTRA Limousine.

Ausbau

- Zündung und Schalter der Leuchte ausschalten.
- Batterie abklemmen. **Achtung:** Hinweise im Kapitel »Batterie aus- und einbauen« beachten.
- Heckklappe öffnen, Träger der Laderaumabdeckplane entriegeln und aus der hinteren Auflage herausnehmen.
- 2 Haltelaschen drücken und Klappe aus der Laderaumverkleidung herausnehmen, siehe Abbildung O-56133 im Abschnitt für den ASTRA CARAVAN.
- **Heckleuchte rechts:** Falls eingebaut, Reifenreparatursatz herausnehmen.
- **Heckleuchte links:** Schraube herausdrehen und obere Dreieckabdeckung hinten aus der Laderaumverkleidung herausziehen.

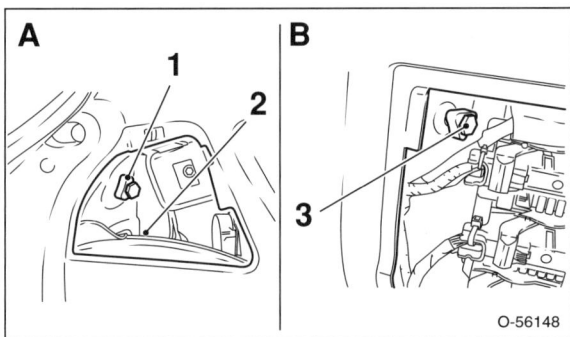

O-56148

- Heckleuchte außen festhalten, 2 Flügelmuttern –1/3– abschrauben und Heckleuchte nach hinten abnehmen. **Hinweis:** In der Abbildung sind die beiden Serviceöffnungen auf der linken Seite dargestellt.
- Stecker –2– an der Rückseite der Heckleuchte abziehen.

Einbau

- Der Einbau erfolgt in umgekehrter Ausbaureihenfolge.

Glühlampe wechseln

- Heckleuchte ausbauen.

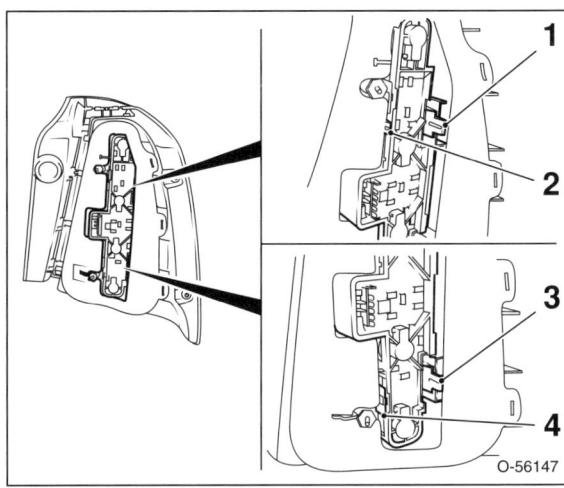

O-56147

- 2 Sperrungen –1/3– entriegeln, Lampenträger aushängen –2/4– und aus der Heckleuchte herausnehmen.
- Glühlampe eindrücken, gegen den Uhrzeigersinn drehen und aus der Fassung auf dem Lampenträger herausziehen.
- Neue Glühlampe einsetzen und einrasten.
- Lampenträger in die Heckleuchte einsetzen und einrasten.
- Heckleuchte einbauen.
- Glühlampe auf Funktion prüfen.

Zusatzbremsleuchte aus- und einbauen

In der Zusatzbremsleuchte sind Leuchtdioden eingesetzt, die nicht einzeln ausgetauscht werden können.

ASTRA Limousine

Ausbau

- Zündung ausschalten.

- Batterie abklemmen. **Achtung:** Hinweise im Kapitel »Batterie aus- und einbauen« beachten.

- Heckklappenverkleidung ausbauen, siehe Seite 259.

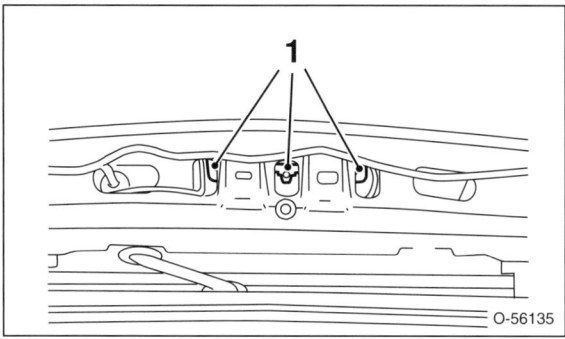

- Zusatzbremsleuchte an 6 Halteclips –1– aus der Heckklappe lösen.

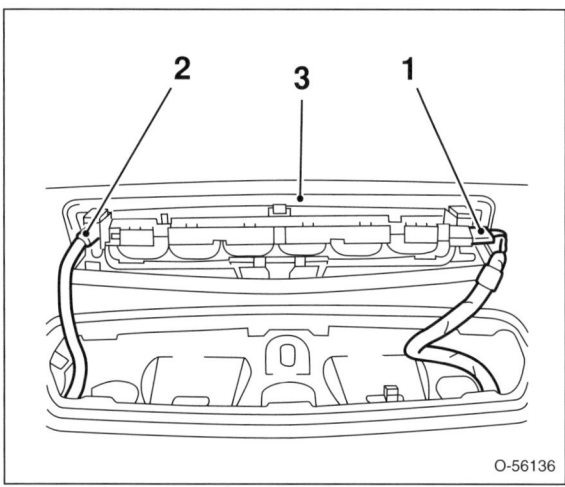

- Zusatzbremsleuchte –3– aus der Heckklappe herausziehen, Stecker –1– entriegeln und von der Zusatzbremsleuchte abziehen.

- Schlauch –2– für Scheibenwaschdüse abziehen und Zusatzbremsleuchte abnehmen.

Einbau

- Der Einbau erfolgt in umgekehrter Ausbaureihenfolge.

Zusatzbremsleuchte; ASTRA GTC

Ausbau

- Zündung ausschalten.

- Batterie abklemmen. **Achtung:** Hinweise im Kapitel »Batterie aus- und einbauen« beachten.

- Heckklappenverkleidung oben rechts und links vom Fensterrahmen ausbauen, siehe Seite 259.

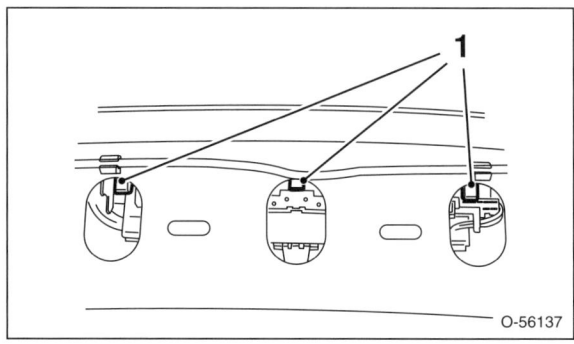

- 3 Führungsnasen –1– entriegeln und Zusatzbremsleuchte nach außen von der Heckklappe abziehen.

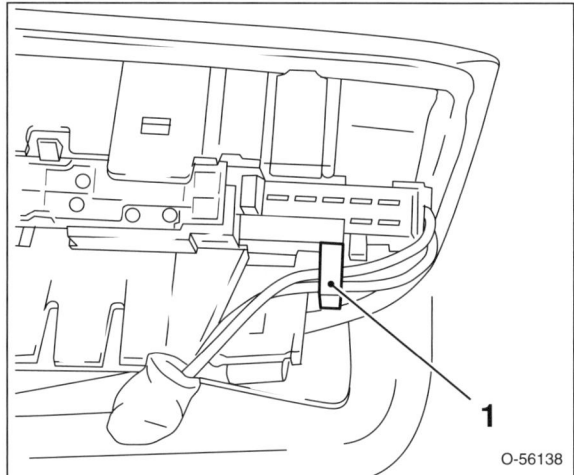

- Schlauch für Scheibenwaschdüse abziehen.

- Kabel aus der Halterung –1– lösen.

- Stecker entriegeln und von der Zusatzbremsleuchte abziehen. Zusatzbremsleuchte von der Heckklappe nehmen.

Einbau

- Der Einbau erfolgt in umgekehrter Ausbaureihenfolge. Zusatzbremsleuchte dabei zuerst an der rechten Seite in die Heckklappe einsetzen. Zusatzbremsleuchte hörbar einrasten. Auf korrekte Velegung der Kabel achten.

Zusatzbremsleuchte; ASTRA CARAVAN/ZAFIRA

Ausbau

- Zündung ausschalten.
- Batterie abklemmen. **Achtung:** Hinweise im Kapitel »Batterie aus- und einbauen« beachten.
- Heckklappenverkleidung oben ausbauen, siehe Seite 259.

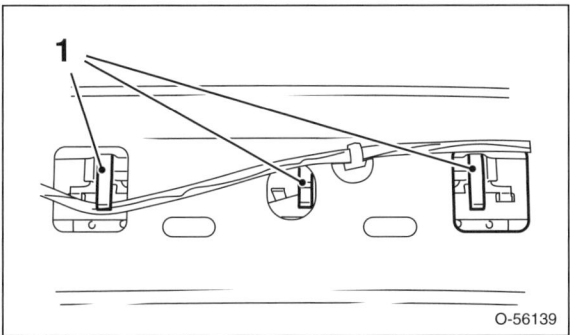

- 3 Haltenasen –1– entriegeln.
- Stecker entriegeln und von der Zusatzbremsleuchte abziehen.
- Zusatzbremsleuchte nach außen von der Heckklappe abziehen.

Einbau

- Der Einbau erfolgt in umgekehrter Ausbaureihenfolge.

Kennzeichenleuchte aus- und einbauen/Glühlampe wechseln

Ausbau

- Zündung und Schalter der Leuchte ausschalten.
- Batterie abklemmen. **Achtung:** Hinweise im Kapitel »Batterie aus- und einbauen« beachten.

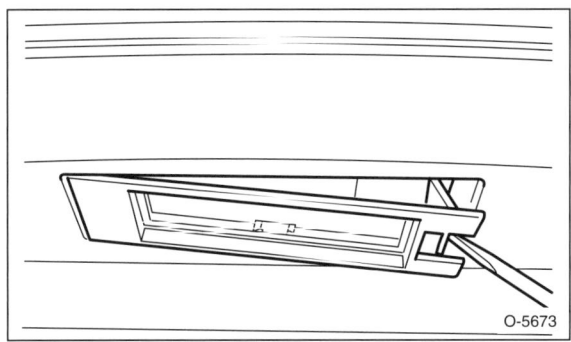

- Schraubendreher an der rechten Seite der Kennzeichenleuchte einführen, Feder entriegeln und Leuchte aus dem Stoßfänger beziehungsweise aus der Heckklappe heraushebeln.
- Stecker von der Kennzeichenleuchte abziehen.

Einbau

- Der Einbau erfolgt in umgekehrter Ausbaureihenfolge.

Glühlampe wechseln

- Kennzeichenleuchte ausbauen.

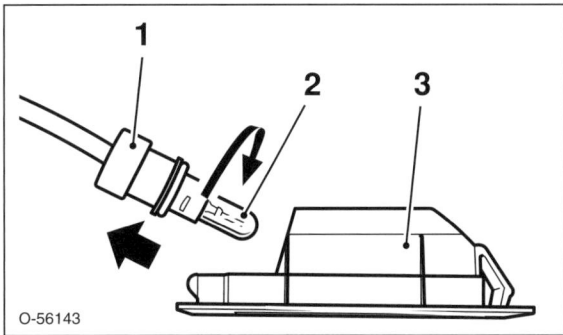

- Lampenfassung –1– durch Drehen gegen den Uhrzeigersinn entriegeln und mit Glühlampe aus der Kennzeichenleuchte –3– herausziehen.
- Glühlampe –2– aus der Fassung herausziehen und ersetzen.

Deckenleuchte vorn aus- und einbauen

Ausbau

- Zündung und Schalter der Leuchte ausschalten.
- Batterie abklemmen. **Achtung:** Hinweise im Kapitel »Batterie aus- und einbauen« beachten.

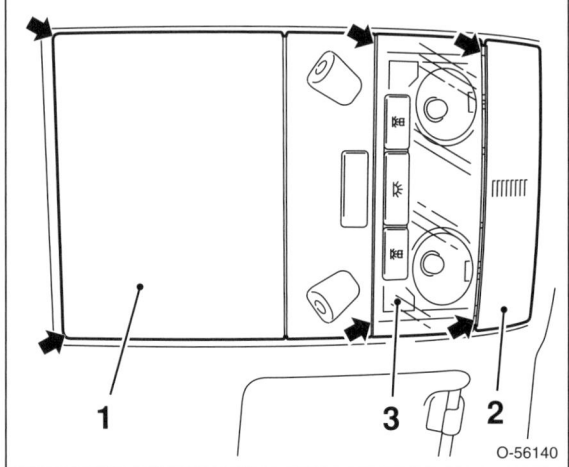

- Mit einem Kunststoffkeil hintere Blende –1– und vordere Blende –2– von der Deckenleuchte abhebeln. Dabei Keil jeweils hinten ansetzen –Pfeile–.
- Je nach Ausstattung, Mikrofon an der Rückseite der vorderen Blende –2– aus der Halterung ausclipsen. Dazu Lasche mit einem Schraubendreher vorsichtig nach hinten drücken.
- Kunststoffkeil hinten am Leuchtenglas –3– ansetzen –Pfeile– und Leuchtenglas vorsichtig abhebeln. Leuchtenglas hinten absenken und vordere Rasthaken von innen mit einem kleinen Schraubendreher entriegeln. Leuchtenglas abnehmen.

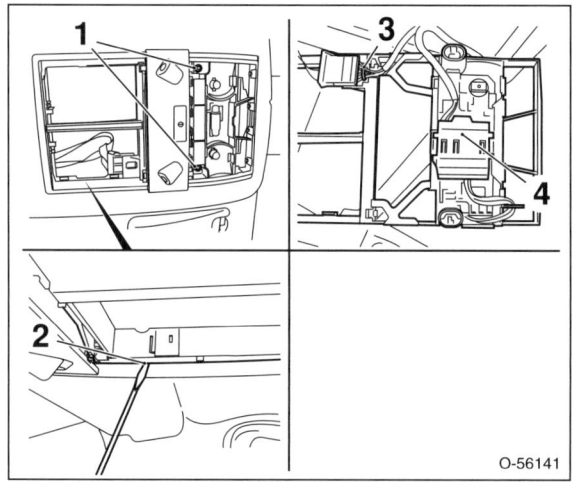

- 2 Schrauben –1– herausdrehen.

- Deckenleuchte –2– rundherum ausclipsen und aus dem Dachhimmel herausziehen.
- An der Rückseite der Deckenleuchte Kabel –3– aus der Halterung ausclipsen und Stecker –4– trennen.

Einbau

- Der Einbau erfolgt in umgekehrter Ausbaureihenfolge.

Glühlampen wechseln

- Leuchtenglas aus der Deckenleuchte herausheben.
- Defekte Soffittenlampe aus der Halterung herausnehmen und ersetzen.
- Defekte Glühlampe für Leseleuchte aus der Fassung herausziehen und ersetzen.

Glühlampen für Innenleuchten auswechseln

- Zündung und Schalter der Leuchte ausschalten.
- Batterie abklemmen. **Achtung:** Hinweise im Kapitel »Batterie aus- und einbauen« beachten.

Hinweis: Nach dem Einbau neue Glühlampe auf Funktion überprüfen.

Deckenleuchte hinten

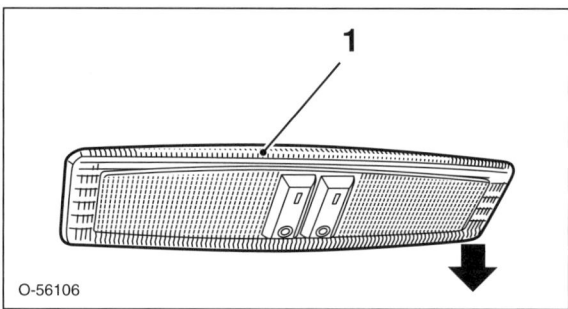

- Schraubendreher an der in Fahrtrichtung gesehen linken Seite ansetzen und Deckenleuchte –1– aus dem Dachhimmel heraushebeln –Pfeil–.

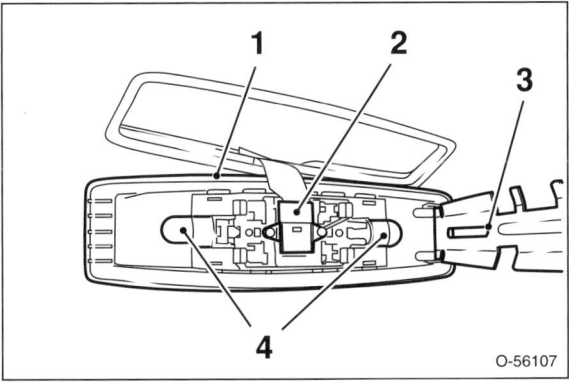

- Abdeckblech –3– auf der Rückseite der Deckenleuchte –1– aufklappen. Abdeckblech dabei an der Seite der Einrastfeder der Leuchte aufklappen.
- Stecker –2– entriegeln und abziehen.
- Glühlampe –4– aus der Fassung herausziehen und ersetzen.

Deckenleuchte Mitte; ZAFIRA

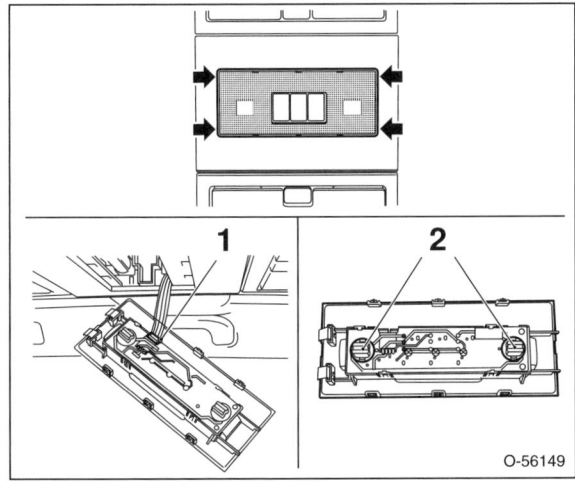

- Mit einem Kunststoffkeil Deckenleuchte aus dem Dachhimmel heraushebeln –Pfeile–.
- An der Rückseite der Deckenleuchte Stecker –1– abziehen.
- Fassung –2– an der Rückseite der Deckenleuchte gegen den Uhrzeigersinn drehen und mit Glühlampe herausnehmen.
- Defekte Glühlampe aus der Fassung herausziehen und ersetzen.

Kofferraum-/Laderaumleuchte Handschuhfachleuchte/Fußraumleuchte

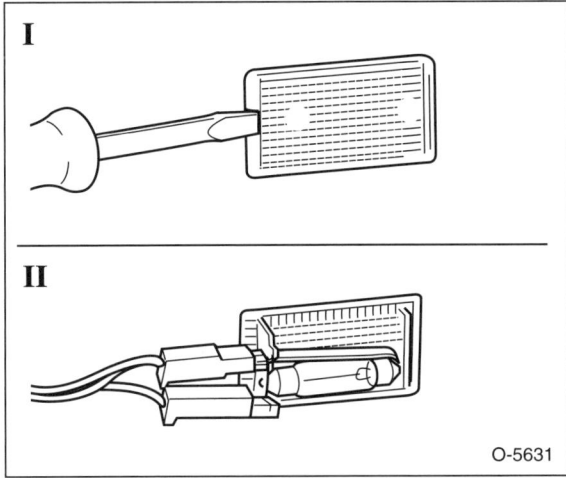

- Leuchtenglas mit einem Schraubendreher vorsichtig aus der Verkleidung heraushebeln.
- Soffittenlampe an der Rückseite des Leuchtenglases gegen die federnde Klemme drücken, herausnehmen und ersetzen.

Aschenbecherbeleuchtung; ASTRA

- Aschenbecher ausbauen, siehe Seite 222.

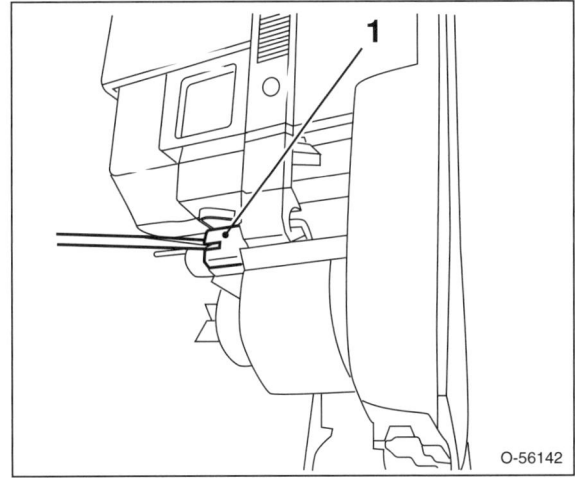

- Haltenase –1– entriegeln und Fassung mit Glühlampe herausziehen.
- Glühlampe aus der Fassung herausziehen und ersetzen.

Armaturen/Schalter/Radioanlage

Kombiinstrument aus- und einbauen

Hinweis: In den Kontrollleuchten des Kombiinstrumentes sind Leuchtdioden eingesetzt. Bei einem Defekt wird das Kombiinstrument komplett ausgetauscht.

Ausbau

- Wird das Kombiinstrument erneuert, abspeicherte Daten mit einem Diagnosegerät herunterladen lassen (Werkstattarbeit).
- Batterie abklemmen. **Achtung:** Hinweise im Kapitel »Batterie aus- und einbauen« beachten.
- Lenksäulenverkleidung unten ausbauen, siehe Seite 218.

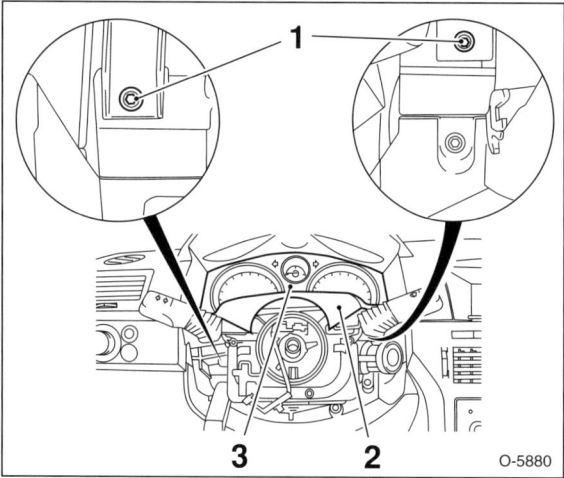

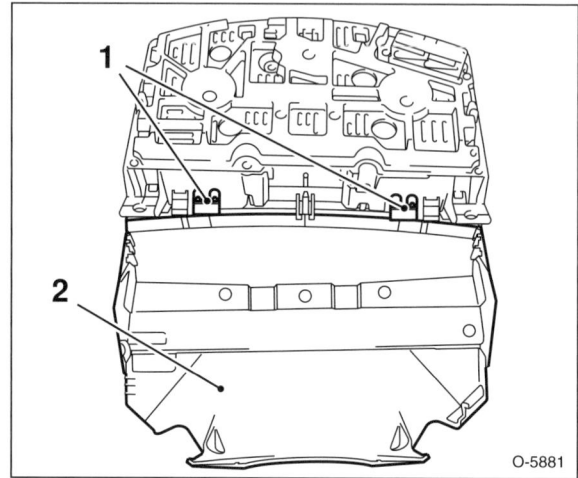

- Obere Lenksäulenverkleidung –2– vom Kombiinstrument ausclipsen –1–.

Einbau

- Der Einbau erfolgt in umgekehrter Ausbaureihenfolge.
- Wurde das Kombiinstrument erneuert, Service-Intervallanzeige und Wegstreckenzähler anpassen lassen (Werkstattarbeit).
- Zündung einschalten und Kontrollleuchten sowie Anzeigeinstrumente im Kombiinstrument auf Funktion prüfen.

Speziell ZAFIRA

Hinweis: Der Aus- und Einbau erfolgt im Prinzip wie beim ASTRA.

- Lenksäulenverkleidung unten ausbauen, siehe Seite 218.
- Lenksäulenverkleidung oben anheben.

- 2 Schrauben –1– herausdrehen.
- Kombiinstrument –3– zusammen mit der oberen Lenksäulenverkleidung –2– aus der Armaturentafel herausziehen.

Hinweis: Das Lenkrad muss nicht ausgebaut werden.

- Stecker an der Rückseite des Kombiinstruments entriegeln und abziehen.

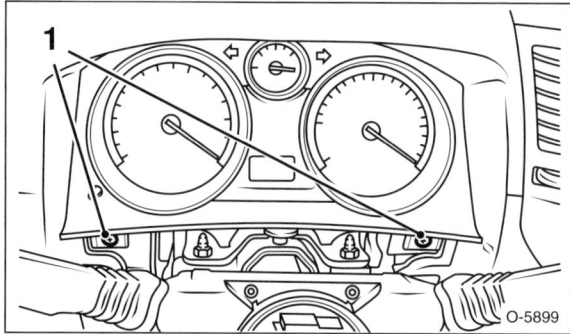

- 2 Schrauben –1– herausdrehen.
- Stecker an der Rückseite des Kombiinstruments entriegeln und abziehen.

Anzeigeinstrument in der Mitte der Armaturentafel aus- und einbauen

Ausbau

- Batterie abklemmen. **Achtung:** Hinweise im Kapitel »Batterie aus- und einbauen« beachten.
- Radio ausbauen, siehe Seite 101.
- Heizung-/Klimabedieneinheit ausbauen, siehe Seite 106.
- Mittlere Blende der Armaturentafel mit Luftaustrittsdüse ausbauen, siehe Seite 222.

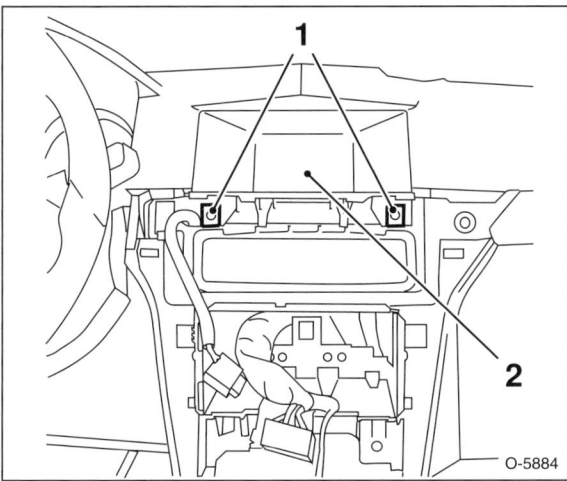

- 2 Schrauben –1– herausdrehen und Anzeigeinstrument –2– zusammen mit der Blende aus der Armaturentafel herausziehen.
- Stecker an der Rückseite des Anzeigeinstrumentes entriegeln und abziehen.
- Blende an 2 Stellen vom Anzeigeinstrument ausclipsen und nach oben abziehen.

Einbau

- Der Einbau erfolgt in umgekehrter Ausbaureihenfolge.
- Datum und Uhrzeit einstellen.
- Wurde das Anzeigeinstrument erneuert, Anzeigeinstrument mit Diagnosegerät in der Werkstatt anpassen lassen.

Speziell ZAFIRA

Hinweis: Der Aus- und Einbau erfolgt im Prinzip wie beim ASTRA.

- Mittlere Blende der Armaturentafel mit Luftaustrittsdüsen ausbauen, siehe Seite 234.

Hinweis: Beide Blendenteile müssen ausgebaut werden.

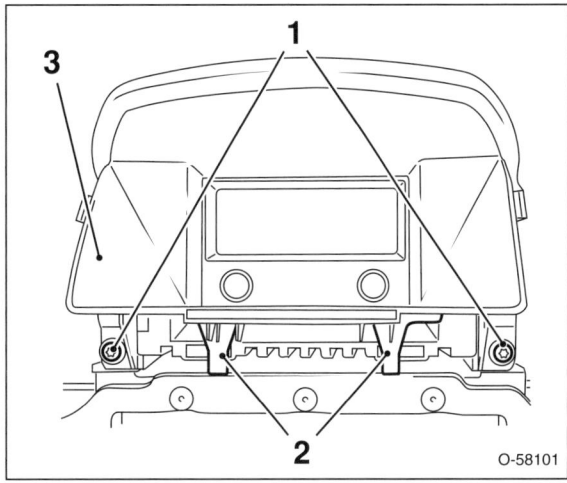

- 2 Schrauben –1– herausdrehen und 2 Haltelaschen –2– entriegeln.
- Blende –3– des Anzeigeinstruments nach unten herausnehmen.
- Anzeigeinstrument zusammen mit der Abdeckung aus der Armaturentafel herausziehen.
- Stecker an der Rückseite des Anzeigeinstrumentes entriegeln und abziehen.

Lichtschaltereinheit aus- und einbauen

Ausbau

- Batterie abklemmen. **Achtung:** Hinweise im Kapitel »Batterie aus- und einbauen« beachten.

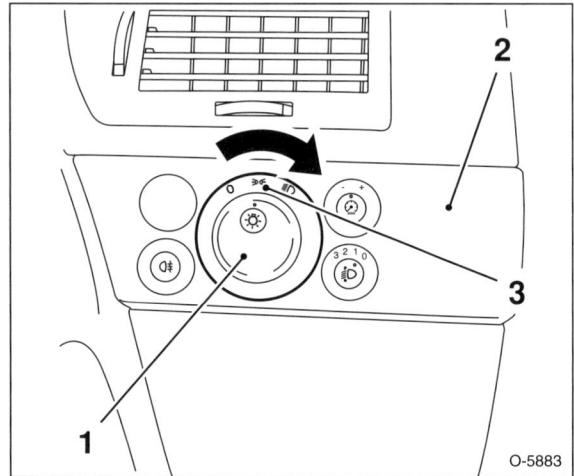

- Stellrad –1– der Lichtschaltereinheit –2– ganz nach rechts drehen (Stellung »0«). **Hinweis:** Bei Fahrzeugen mit automatischem Abblendlicht auf Stellung »AUTO« drehen.

- Stellrad fest hineindrücken und gleichzeitig nach rechts auf Mittelstellung –3– drehen –Pfeil–. Die Lichtschaltereinheit –2– ist damit entriegelt.

- Lichtschaltereinheit –2– aus der Armaturentafel herausziehen.

- Stecker an der Rückseite entriegeln und abziehen.

Einbau

- Stecker an der Rückseite aufschieben und verriegeln.

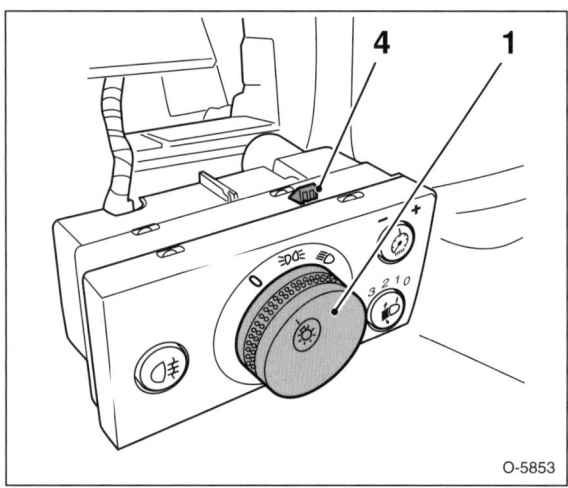

- Schaltereinheit festhalten, Stellrad –1– des Lichtschalters fest hineindrücken und gleichzeitig nach rechts drehen.

Hinweis: Dadurch werden die Verriegelungshaken –4– des Schalters oben und unten versenkt.

- Stellrad in dieser Stellung halten und Lichtschaltereinheit in die Öffnung in der Armaturentafel eindrücken.

- Stellrad nach links drehen und Lichtschaltereinheit einrasten.

- Sämtliche Positionen des Schalters durchschalten und festen Sitz des Schalters prüfen.

- Batterie anklemmen. **Achtung:** Hinweise im Kapitel »Batterie aus- und einbauen« beachten.

Hebel für Lenkstockschalter aus- und einbauen

Die Schalter an der Lenksäule für Blinker/Fernlicht sowie Scheibenwischer sind in der Kontakteinheit integriert. Zum Ausbau der Kontakteinheit siehe Seite 134.

Ausbau

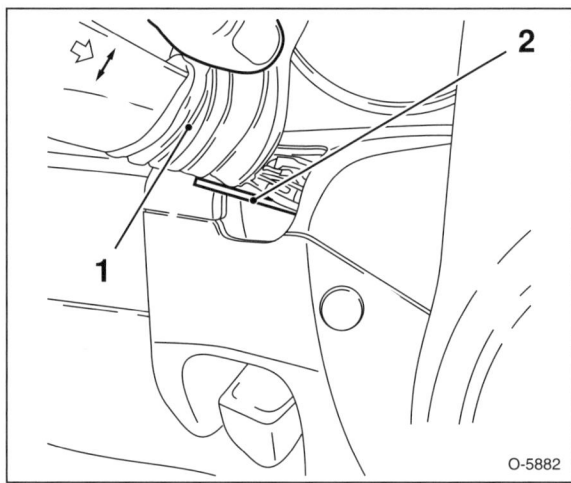

- Manschette –1– am Schalterhebel zurückschieben.
- Inbusschlüssel ⌀ 1,5 mm –2– am Schalter einschieben und Rastnase entriegeln.
- Schalterhebel herausziehen.

Einbau

- Schalterhebel aufschieben und einrasten.
- Manschette vorschieben und in die Lenksäulenverkleidung einhängen.

Schalter in der Armaturentafel aus- und einbauen

Hinweis: In dem Schalterfeld sind je nach Ausstattung die Schalter für Warnblicklicht, Zentralverriegelung, Sitzheizung, Einparkhilfe, Sport-Modus und Reifen-Kontroll-System integriert.

Ausbau

- Batterie abklemmen. **Achtung:** Hinweise im Kapitel »Batterie aus- und einbauen« beachten.
- Radio ausbauen, siehe Seite 101.
- Heizung-/Klimabedieneinheit ausbauen, siehe Seite 106.
- Mittlere Blende der Armaturentafel mit Luftaustrittsdüse ausbauen, siehe Seite 222.

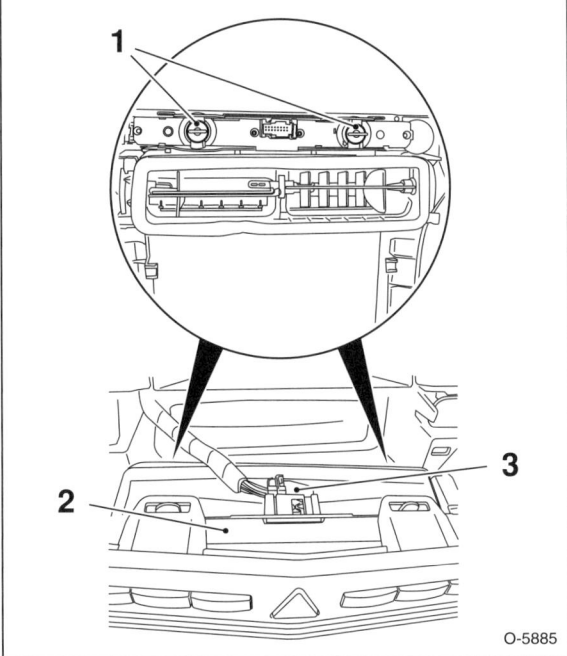

- Stecker –3– an der Rückseite der Blende entriegeln und abziehen.
- 2 Drehverschlüsse –1– entriegeln und Schalterleiste –2– von der Blende abnehmen.

Einbau

- Der Einbau erfolgt in umgekehrter Ausbaureihenfolge.

Speziell ZAFIRA

Hinweis: Der Aus- und Einbau erfolgt im Prinzip wie beim ASTRA, dabei müssen beide Blendenteile von der Armaturentafel ausgebaut werden, siehe Seite 234.

Schalter in der Mittelkonsole aus- und einbauen

ASTRA

Hinweis: Bei Fahrzeugen mit Direktschaltgetriebe ist am Wählhebel der Schalter für den Winterbetrieb eingebaut.

Ausbau

- Batterie abklemmen. **Achtung:** Hinweise im Kapitel »Batterie aus- und einbauen« beachten.
- Abdeckung für Schalt-/Wählhebel aus der Mittelkonsole ausbauen, siehe Seite 221.

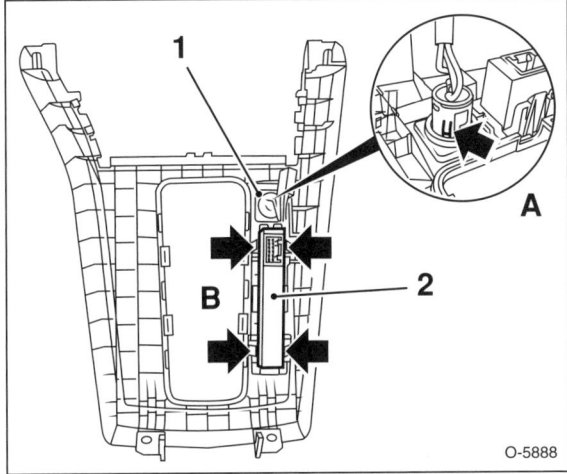

- An der Rückseite der Abdeckung Schalter –1– entriegeln –Pfeil A– und abnehmen.
- 4 Haltelaschen –Pfeile B– vorsichtig nach außen drücken und Leuchtenleiste –2– abnehmen.

Einbau

- Der Einbau erfolgt in umgekehrter Ausbaureihenfolge.

Schalter für Fensterheber aus- und einbauen

Tür vorn

Ausbau

- Batterie abklemmen. **Achtung:** Hinweise im Kapitel »Batterie aus- und einbauen« beachten.
- Türverkleidung ausbauen, siehe Seite 265/267.
- An der Rückseite der Verkleidung Stecker vom Schalterfeld abziehen.

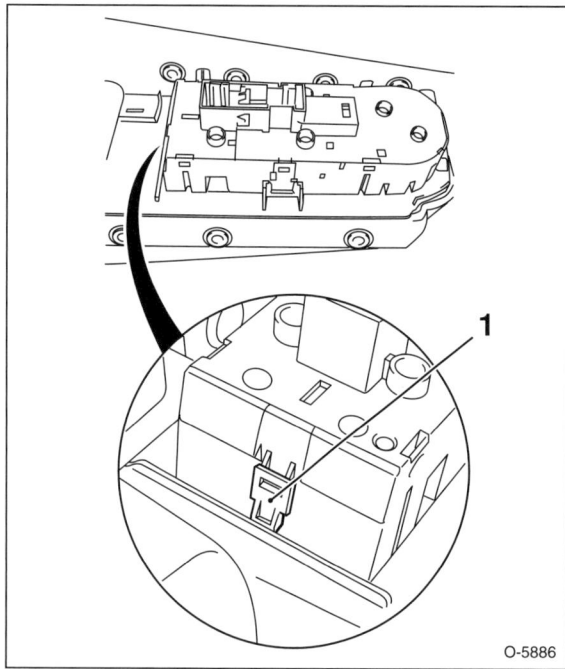

- Haltelasche –1– entriegeln und Schalterfeld aus der Türverkleidung herausziehen.

Einbau

- Der Einbau erfolgt in umgekehrter Ausbaureihenfolge.

Tür hinten

Ausbau

- Batterie abklemmen. **Achtung:** Hinweise im Kapitel »Batterie aus- und einbauen« beachten.

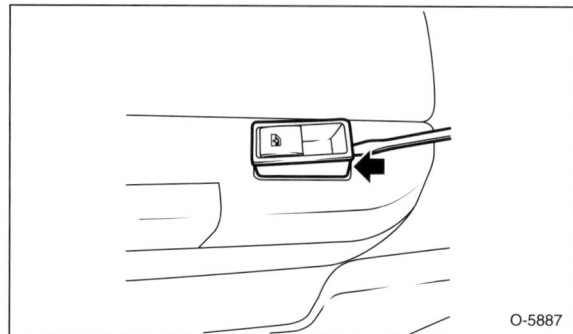

- Schalter mit einem Schraubendreher vorsichtig aus der Türverkleidung heraushebeln –Pfeil–.
- Schalter herausziehen und Stecker an der Rückseite abziehen.

Einbau

- Der Einbau erfolgt in umgekehrter Ausbaureihenfolge.

Schalter im Lenkrad aus- und einbauen

Hinweis: Je nach Ausstattung sind im Lenkrad die Schalter zur Fernbedienung der Radio- und Navigationsanlage eingesetzt.

Ausbau

- Batterie abklemmen. **Achtung:** Hinweise im Kapitel »Batterie aus- und einbauen« beachten.

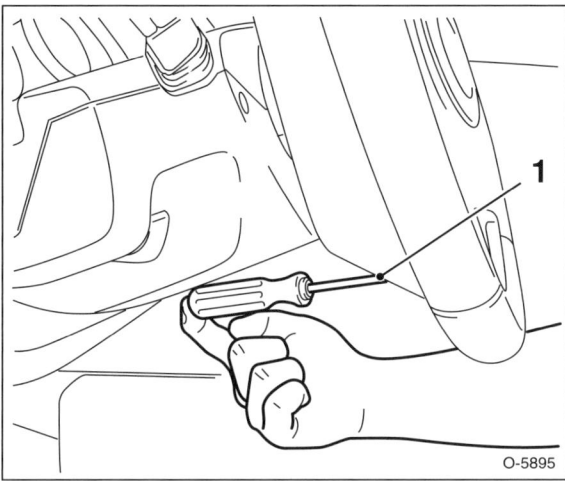

- Lenkrad um 90° nach links drehen und Schraube herausdrehen –1–.
- Lenkrad um 90° zurückdrehen und Schalterblende vorsichtig nach hinten vom Lenkrad abziehen.

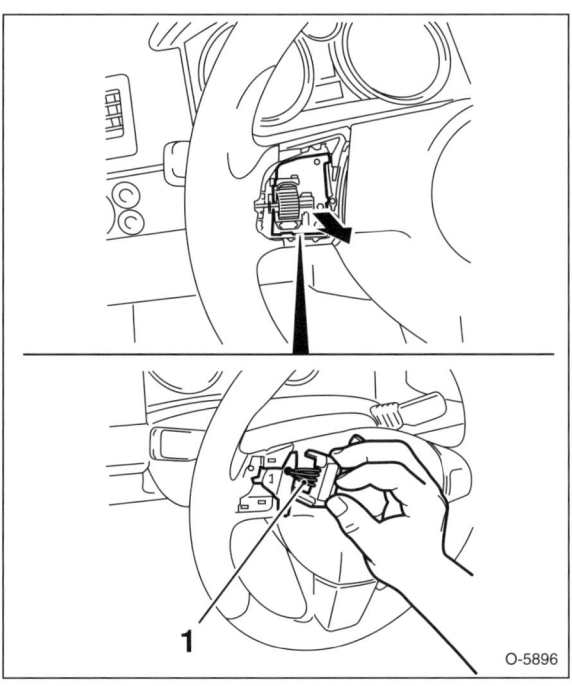

- Schalter ausclipsen und nach hinten vom Lenkrad abziehen –Pfeil–.

- Stecker –1– vom Schalter abziehen.

Einbau

- Der Einbau erfolgt in umgekehrter Ausbaureihenfolge.

Kontaktschalter für Motorhaube aus- und einbauen

Fahrzeuge mit Diebstahlwarnanlage

Ausbau

- Batterie abklemmen. **Achtung:** Hinweise im Kapitel »Batterie aus- und einbauen« beachten.
- Motorhaube öffnen.

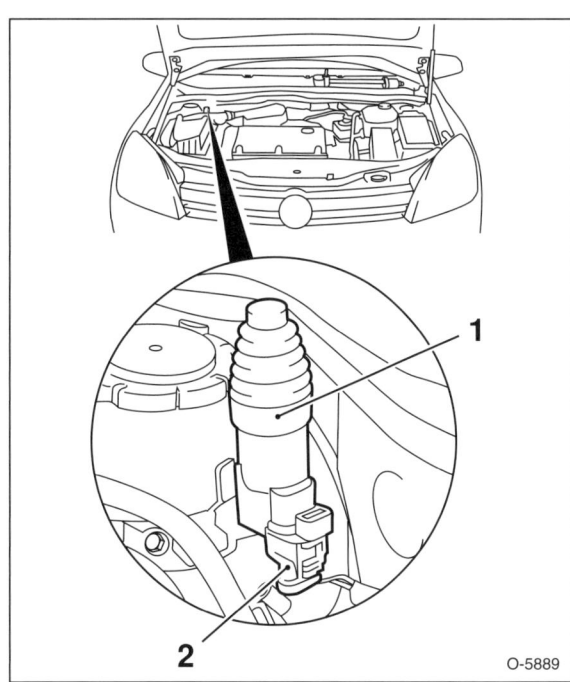

- Lasche entriegeln und Schalter –1– von der Halterung abziehen.
- Stecker –2– vom Schalter abziehen.

Einbau

- Stecker am Schalter aufstecken, Schalter in die Halterung einsetzen und einrasten.

Schalter für Heckklappenschloss aus- und einbauen

Ausbau

- Batterie abklemmen. **Achtung:** Hinweise im Kapitel »Batterie aus- und einbauen« beachten.
- **ASTRA CARAVAN:** Beide Kennzeichenleuchten ausbauen und Glühlampen aus den Fassungen herausziehen, siehe Seite 91.
- Heckklappenverkleidung ausbauen, siehe Seite 259.
- Zierleiste von der Heckklappe ausbauen, siehe Kapitel »Schutzleiste aus- und einbauen«, Seite 245.
- **ASTRA CARAVAN/ASTRA GTC:** Gewindebolzen seitlich aus den Halterungen auf der Zierleiste herausziehen.

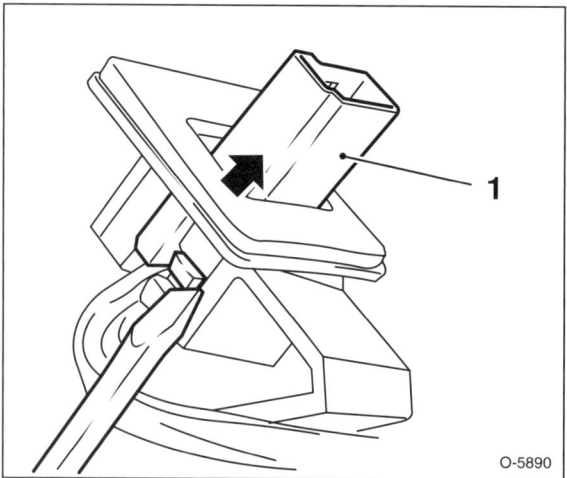

- Mit einem Schraubendreher Stecker –1– entriegeln und zusammen mit dem Kabel aus der Halterung in der Zierleiste herausziehen –Pfeil–.

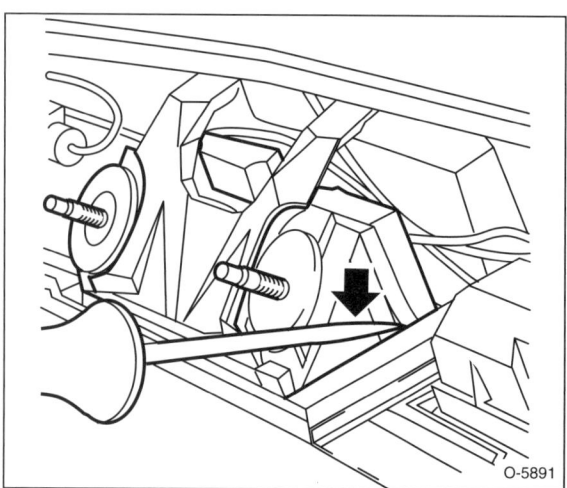

- Schalter aus 2 Führungen entriegeln –Pfeil– und zusammen mit dem Kabel von der Zierleiste nehmen.

Einbau

- Der Einbau erfolgt in umgekehrter Ausbaureihenfolge. Dabei auf korrekte Verlegung des Kabels achten.

Speziell ZAFIRA

Hinweis: Der Aus- und Einbau erfolgt im Prinzip wie beim ASTRA.

- Heckklappenverkleidung ausbauen, siehe Seite 259.
- Zierleiste von der Heckklappe ausbauen, siehe Seite 245.
- Beide Kennzeichenleuchten ausbauen und Glühlampen aus den Fassungen herausziehen, siehe Seite 91.

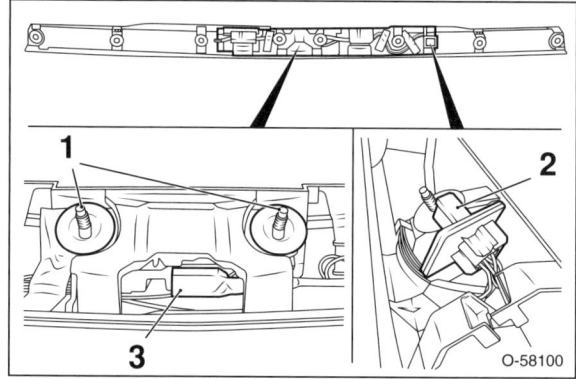

- Gewindebolzen –1– seitlich aus den Halterungen auf der Zierleiste herausziehen.
- Stecker –3– ausclipsen und Kabelstrang freilegen.
- Hauptstecker –2– entriegeln und zusammen mit dem Kabel aus der Halterung in der Zierleiste herausziehen.
- Schalter mit dem Kabel von der Zierleiste nehmen.

Radio aus- und einbauen

Serienmäßig ist ein Radio mit **Anti-Diebstahl-Codierung** eingebaut, die die unbefugte Inbetriebnahme des Gerätes verhindert, wenn die Stromversorgung unterbrochen wurde. Die Stromversorgung wird beispielsweise unterbrochen beim Abklemmen der Batterie, beim Ausbau des Radios oder wenn die Radiosicherung durchgebrannt ist.

Beim Trennen und Wiederanschließen der Stromversorgung, beziehungsweise beim Aus- und Einbau desselben Radios, werden die OPEL-Radioanlagen seit Modelljahr 2005 von der Fahrzeugelektronik erkannt. Daher ist eine Radiocode-Eingabe nicht erforderlich.

Achtung: Falls ein nachträglich eingebautes Radio codiert ist, Radiocode vor Abklemmen der Batterie oder Ausbau des Radios feststellen. Ansonsten kann das Radio nur durch den Hersteller wieder in Betrieb genommen werden. Der Radiocode ist in der Radio-Bedienungsanleitung angegeben und sollte nicht im Fahrzeug aufbewahrt werden.

Ausbau

Hinweis: Das ab Werk eingebaute Radiogerät ist mit einer Einschubhalterung ausgestattet, die den schnellen Aus- und Einbau des Radios ermöglicht. Allerdings werden dazu 2 Ausziehbügel KM-6067 von OPEL benötigt.

- Batterie abklemmen. **Achtung:** Hinweise im Kapitel »Batterie aus- und einbauen« beachten.

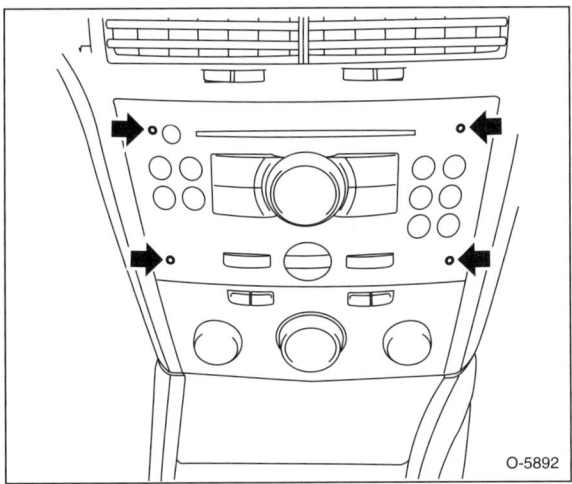

- Ausziehbügel von OPEL bis zum Einrasten in die Öffnungen –Pfeile– einführen.
- Ausziehbügel nach außen drücken und Radio aus dem Radioeinschubgehäuse herausziehen.

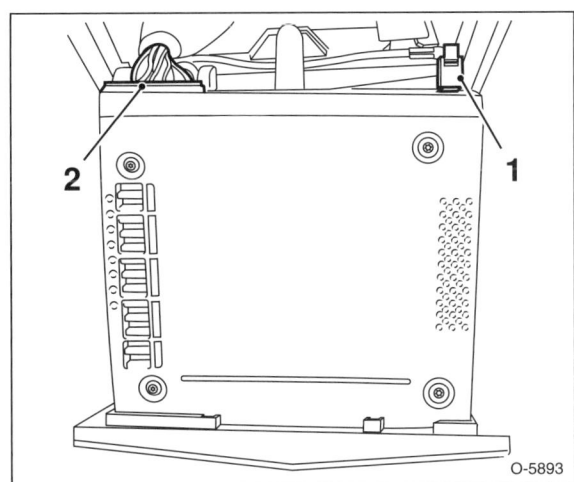

- Stecker –2– und Antennenkabel –1– an der Rückseite des Radios abziehen.

Einbau

- Stecker sowie Antennenkabel an der Rückseite des Radios anschließen.
- Radio in das Radioeinschubgehäuse schieben, bis es einrastet.
- Batterie anklemmen. **Achtung:** Hinweise im Kapitel »Batterie aus- und einbauen« beachten.
- Wenn nötig, Radiocode eingeben und Sender einstellen. Radio einschalten und auf Funktion überprüfen.
- Neues Radio in der Werkstatt auf Diebstahlcode und Fahrgestellnummer abstimmen lassen.

Lautsprecher aus- und einbauen

Breitbandlautsprecher vorn und hinten
Ausbau

Hinweis: Der Lautsprecher ist im Türrahmen befestigt. Beim ASTRA GTC ist der hintere Lautsprecher an der Seitenwand festgeschraubt.

- Türverkleidung beziehungsweise Seitenverkleidung hinten ausbauen, siehe Seite 265/267 beziehungsweise Seite 230.

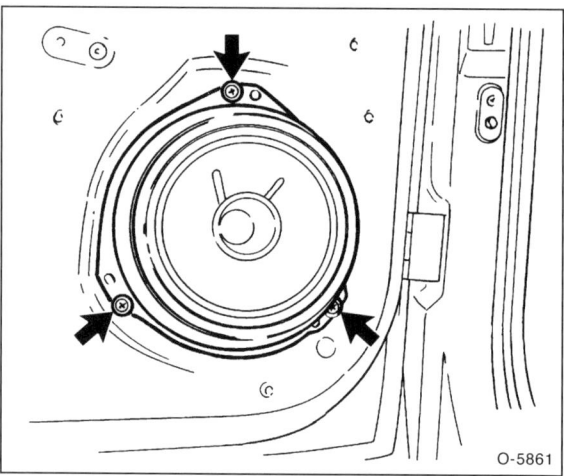

- 3 Schrauben –Pfeile– herausdrehen und Lautsprecher vom Türrahmen/Seitenwand abnehmen.
- Steckverbindung für Lautsprecher abziehen.

Einbau
- Der Einbau erfolgt in umgekehrter Ausbaureihenfolge.

Hochtonlautsprecher vorn; ASTRA
Ausbau
- Dreiecksblende an 3 Halteclips mit einem Kunststoffkeil, zum Beispiel HAZET 1965-20, von der Tür vorn abhebeln.
- Schaumstoffeinlage herausnehmen.

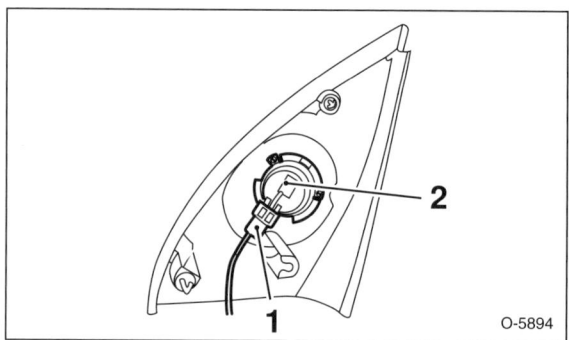

- An der Rückseite der Dreiecksblende Stecker –1– vom Lautsprecher abziehen.

- Lautsprecher –2– aus der Halterung ausclipsen und herausnehmen.

Einbau
- Der Einbau erfolgt in umgekehrter Ausbaureihenfolge.

Lautsprecher in der Armaturentafel; ASTRA
Ausbau

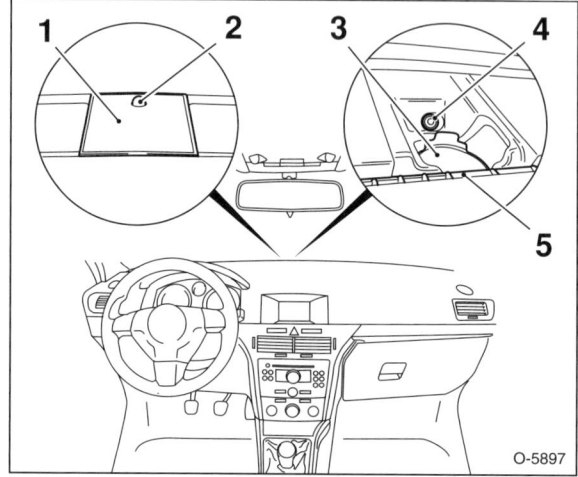

- Mit einem Kunststoffkeil, zum Beispiel HAZET 1965-20, Lautsprecherabdeckung –1– aus der Armaturentafel heraushebeln.
- Falls eingebaut, an der Rückseite der Lautsprecherabdeckung Stecker vom Sonnensensor –2– entriegeln und abziehen. **Hinweis:** Darauf achten, dass das Kabel nicht in die Öffnung in der Armaturentafel hineingezogen wird.
- Blende Luftkanal –5– aus der Armaturentafel ausclipsen und darunter liegende Schraube herausdrehen.
- Schraube –4– herausdrehen.
- Lautsprecher –3– aus der Armaturentafel herausziehen und Stecker vom Lautsprecher abziehen.

Einbau
- Der Einbau erfolgt in umgekehrter Ausbaureihenfolge.

Hochtonlautsprecher vorn; ZAFIRA

Ausbau

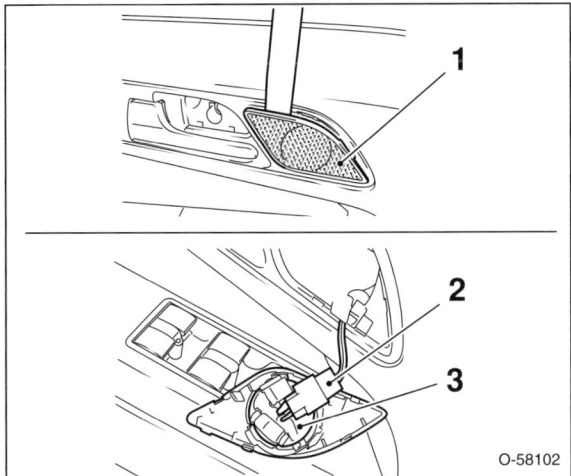

- Mit einem Kunststoffkeil, zum Beispiel HAZET 1965-20, Lautsprecherblende –1– von der Tür vorn abhebeln.
- An der Rückseite der Lautsprecherblende Stecker –2– vom Lautsprecher –3– abziehen.
- 3 Haltelaschen entriegeln und Lautsprecher –3– aus der Halterung herausnehmen.

Einbau

- Der Einbau erfolgt in umgekehrter Ausbaureihenfolge.

Lautsprecher in der Armaturentafel; ZAFIRA

Ausbau

- Obere Blende der Armaturentafel ausbauen, siehe Kapitel »Mittlere Blende der Armaturentafel aus- und einbauen«, Seite 234.

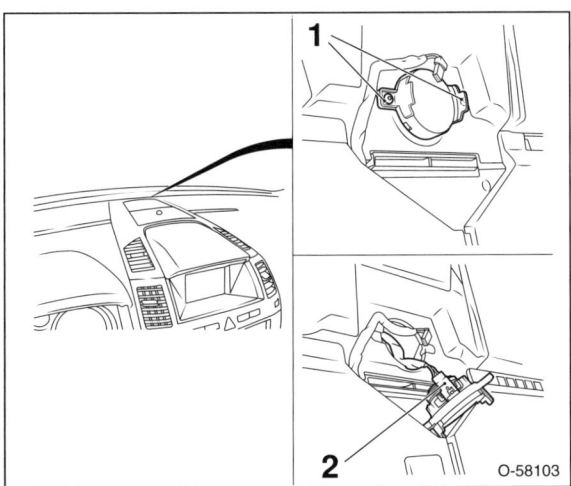

- 2 Schrauben –1– herausdrehen.
- Lautsprecher aus der Armaturentafel herausziehen und Stecker –2– vom Lautsprecher abziehen.

Einbau

- Der Einbau erfolgt in umgekehrter Ausbaureihenfolge.

Dachantenne aus- und einbauen

Ausbau

- Heckklappe öffnen.
- **ASTRA CARAVAN/ZAFIRA:** Mit einem Kunststoffkeil, zum Beispiel HAZET 1965-20, Dachabschlussleiste ausclipsen und abnehmen, siehe Seite 227/235.
- C/D-Säulenverkleidung oben ausbauen, siehe Seite 223/227/230/235.
- Dachhimmel vorsichtig nach unten ziehen. **Hinweis:** Der Dachhimmel wird hinten durch einen Klettverschluss am Dach gehalten.

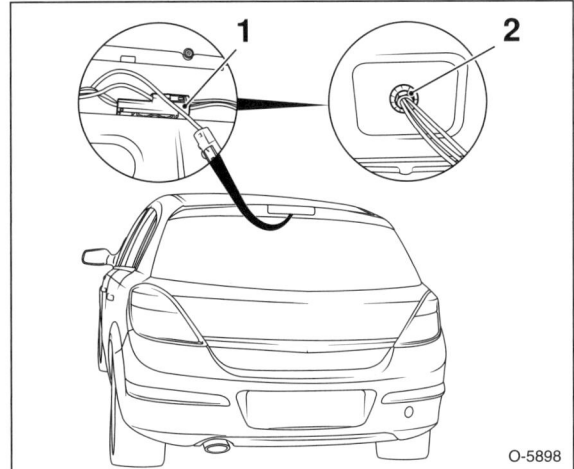

- Stecker –1– vom Antennenfuß abziehen.
- Mutter –2– abschrauben.
- Kabel ausclipsen und Antennenfuß aus der Öffnung im Fahrzeugdach herausziehen.

Einbau

- Der Einbau erfolgt in umgekehrter Ausbaureihenfolge. Antennenfuß mit **5 Nm** am Dach anschrauben.

Heizung/Klimatisierung

Aus dem Inhalt:

- **Klimaanlage**
- **Luftaustrittsdüsen**
- **Heizungsbedieneinheit**
- **Stellmotoren**
- **Frischluft-/Heizgebläse**
- **Vorwiderstand**
- **Zuheizer**
- **Außentemperaturfühler**

Beim ASTRA/ZAFIRA wird die Frischluft für die Heizungs- und Belüftungsanlage von einem elektrischen Gebläse angesaugt. Bevor die Luft in den Innenraum gelangt, wird sie von einem Staub- und Pollenfilter gereinigt.

Erwärmt wird die Luft für den Fahrzeuginnenraum über den Wärmetauscher oder sie wird, sofern vorhanden, im Verdampfer der Klimaanlage abgekühlt. Danach durchströmt die Luft das Heizungsgehäuse und wird durch verschiedene Klappen auf die einzelnen Luftaustrittsdüsen im Fahrzeuginnenraum verteilt.

Der Wärmetauscher wird ständig von der heißen Motorkühlflüssigkeit durchströmt, so dass er die Wärme für den Fahrzeuginnenraum schnell an die vorbeiströmende Frischluft abgibt. Um den Luftdurchsatz zu erhöhen, kann das integrierte Frischluftgebläse in mehreren Leistungsstufen betrieben werden.

Soll keine Frischluft von außen angesaugt werden, zum Beispiel bei schlechter Außenluft, kann bei Fahrzeugen mit Klimaanlage auf Umluftbetrieb umgeschaltet werden. In dieser Betriebsart wird nur die im Fahrzeug befindliche Luft umgewälzt. Geschieht das über einen längeren Zeitraum, können die Scheiben innen beschlagen.

> **Achtung:** Wenn im Rahmen von Arbeiten an der Heizung auch Arbeiten an der elektrischen Anlage durchgeführt werden, **grundsätzlich** die Batterie abklemmen. Dazu unbedingt Hinweise im Kapitel »Batterie aus- und einbauen« beachten.

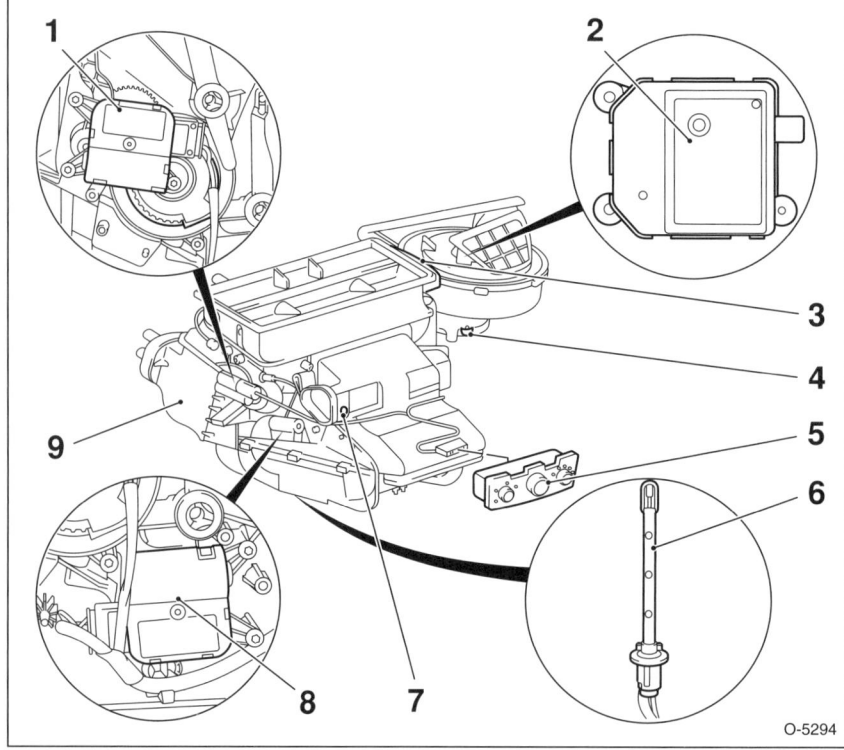

Elektronisch gesteuerte Klimaanlage; ASTRA

1 – **Stellmotor für Luftverteilung**
2 – **Stellmotor für Umluftklappe**
   Nur Klimaanlage.
3 – **Temperatursensor**
   Im Luftaustrittskanal für Kopfraum.
   Nur elektronisch gesteuerte Klimaanlage.
4 – **Gebläsemotor**
5 – **Heizungs-/Klimabedieneinheit**
6 – **Temperatursensor im Verdampfer**
   Nur Klimaanlage.
7 – **Temperatursensor**
   Im Luftaustrittskanal für Fußraum.
   Nur elektronisch gesteuerte Klimaanlage.
8 – **Stellmotor für Mischluftklappe**
9 – **Luftverteilergehäuse**

Wird der ASTRA/ZAFIRA von einem Dieselmotor angetrieben, ist ein **Zusatzheizelement** eingebaut, um bei tiefen Außentemperaturen das Heizungsdefizit zu verbessern. Der elektrische Zuheizer ist am Heizgerät befestigt. Nach dem Start des Motors erwärmt sich der Zuheizer in Abhängigkeit von der Außentemperatur und gibt die Wärme an die vorbeiströmende kalte Luft ab.

Tritt ein Fehler in der Heizungs- oder Klimaanlage auf, wird er in einem elektronischen Speicher abgelegt. Über ein Fehlerauslesegerät kann der entsprechende Speicher ausgelesen werden. Eine exakte Fehlerdiagnose ohne Auslesegerät ist nicht möglich.

Klimaanlage

Auf Wunsch ist der ASTRA/ZAFIRA mit einer Klimaanlage ausgestattet. Die Klimaanlage ist eine kombinierte Kühl- und Heizanlage. Im Kühlbetrieb arbeitet die Klimaanlage im Prinzip wie ein Kühlschrank. Der Kompressor verdichtet das dampfförmige FCKW-freie Kältemittel R 134 A. Dieses erhitzt sich dabei und wird in den Kondensator geleitet. Dort wird das Kältemittel abgekühlt und verflüssigt sich. Über das Expansionsventil wird das Kältemittel entspannt und in den Verdampfer eingespritzt, wo es auf Grund seines niedrigen Druckes verdampft. Es kühlt dabei stark ab.

Durch diesen Verdampfungs- und Abkühlungsprozess wird der von außen vorbeistreichenden Luft Wärme entzogen. Die Luft kühlt sich ab und mitgeführte Luftfeuchtigkeit wird zu Kondenswasser, das ins Freie geleitet wird. Die Intensität der Kühlung ist abhängig von der eingestellten Temperatur und von der Gebläseschalterstellung.

> **Sicherheitshinweis**
> Der **Kältemittelkreislauf der Klimaanlage darf nicht geöffnet** werden, da das Kältemittel bei Hautberührung Erfrierungen hervorrufen kann.
> Bei versehentlichem Hautkontakt betroffene Stelle sofort mindestens 15 Minuten lang mit kaltem Wasser spülen. Kältemittel ist farb- und geruchlos sowie schwerer als Luft. Bei austretendem Kältemittel besteht am Boden beziehungsweise in unteren Räumen Erstickungsgefahr.
> Das Kältemittelgas ist nicht wahrnehmbar.

Durch das Abschalten der Kühlanlage läuft der Klimakompressor nicht mit, so dass Kraftstoff eingespart wird. Bei Dieselfahrzeugen wird außerdem die Zusatzheizung abgeschaltet. Auch diese Maßnahme dient der Kraftstoffeinsparung.

Hinweis: Die Klimaanlage sollte, vor allem in der kalten Jahreszeit, einmal im Monat für einige Zeit bei höchster Gebläsestufe eingeschaltet werden, und zwar bei normaler und gleichmäßiger Fahrzeuggeschwindigkeit und bei betriebswarmem Motor. Dadurch wird sichergestellt, dass das im Kältemittel enthaltene Schmieröl in Umlauf gebracht wird, die beweglichen Teile der Klimaanlage regelmäßig geschmiert werden und die Dichtungen nicht porös werden.

Achtung: Arbeiten an der Klimaanlage dürfen nur von einer Fachwerkstatt durchgeführt werden. Deshalb werden Reparaturen an der Klimaanlage nicht beschrieben.

Optional gibt es für den ASTRA/ZAFIRA auch eine **elektronisch gesteuerte Klimaanlage**. Der Automatikmodus sorgt für konstante Temperaturen im Innenraum und entfeuchtet die Luft im Fahrzeuginnern, so dass die Scheiben nicht beschlagen. Außerdem werden Lufttemperatur, Luftmenge und Luftverteilung automatisch geregelt und Schwankungen der Außentemperatur ausgeglichen. Im Eco-Betrieb wird die Kühlanlage ausgeschaltet; dennoch wird die Heizungs- und Belüftungsanlage automatisch geregelt.

Außentemperaturfühler aus- und einbauen

Ausbau

- Batterie abklemmen. **Achtung:** Hinweise im Kapitel »Batterie aus- und einbauen« beachten.

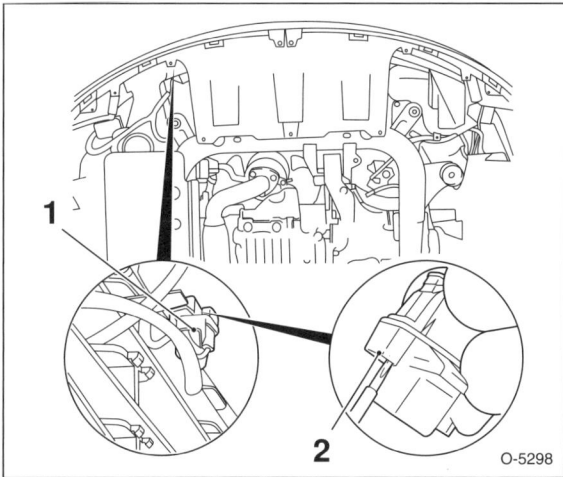

- Außentemperaturfühler –1– aus der Halterung am Lüftungsgitter vor dem Kühler ausclipsen.
- Stecker –2– vom Außentemperaturfühler abziehen.

Einbau

- Der Einbau erfolgt in umgekehrter Ausbaureihenfolge.

Speziell ZAFIRA

- Mit einem Kunststoffkeil, zum Beispiel HAZET 1965-20, Lüftungsgitter links unten aus der Stoßfängerabdeckung heraushebeln. **Hinweis:** Je nach Ausstattung, befindet sich hinter dem Lüftungsgitter der Nebelscheinwerfer.
- Außentemperaturfühler aus der Halterung ausclipsen.
- Stecker vom Außentemperaturfühler abziehen.

Heizungs-/Klimabedieneinheit aus- und einbauen

Ausbau

- Batterie abklemmen. **Achtung:** Hinweise im Kapitel »Batterie aus- und einbauen« beachten.
- Radio ausbauen, siehe Seite 101.

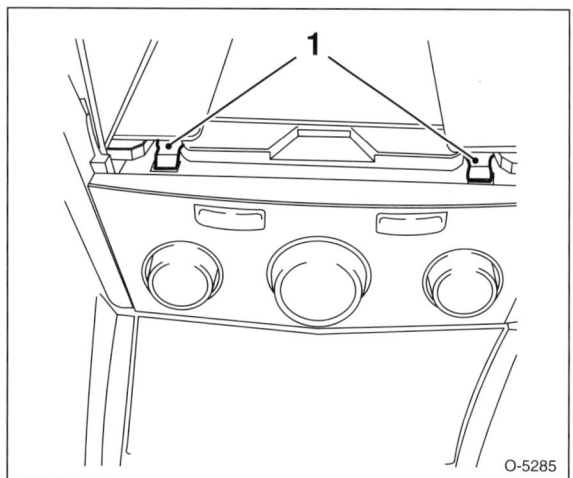

- Bedieneinheit oben und unten ausclipsen –1– und aus der Armaturentafel herausziehen.

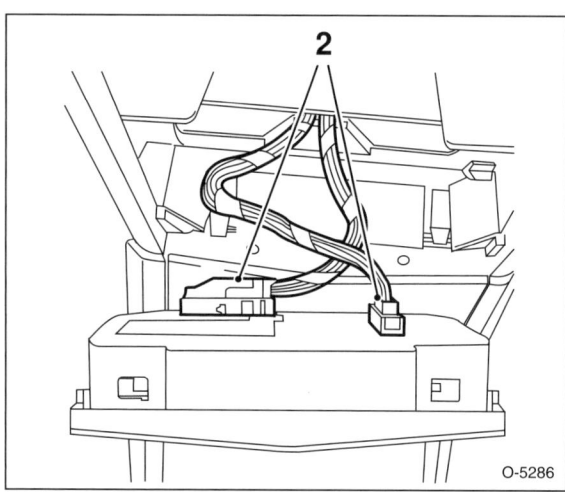

- 2 Stecker –2– an der Rückseite der Bedieneinheit entriegeln und abziehen.

Einbau

- Stecker an der Rückseite der Bedieneinheit anschließen.
- Bedieneinheit in die Armaturentafel schieben, bis sie einrastet.
- Batterie anklemmen. **Achtung:** Hinweise im Kapitel »Batterie aus- und einbauen« beachten.
- **Elektronisch gesteuerte Klimaanlage:** Wurde die Bedieneinheit erneuert, Bedieneinheit mit Diagnosegerät in der Werkstatt anpassen lassen.

Luftaustrittsdüsen aus- und einbauen
ASTRA

Seitliche Luftaustrittsdüse

Ausbau

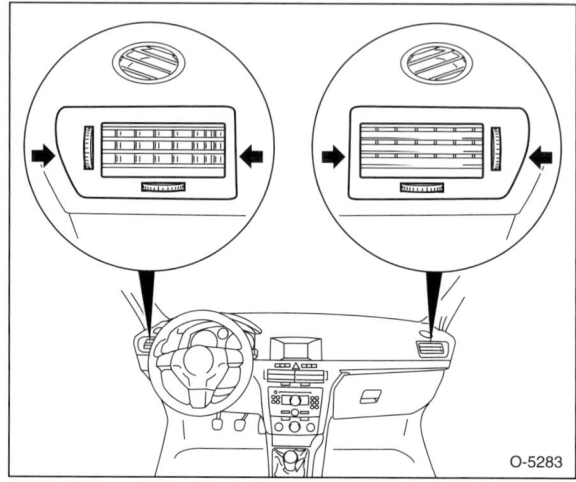

- Düse mit einem Kunststoffkeil, zum Beispiel HAZET 1965-20, aus der Armaturentafel herausheben –Pfeil–.

Einbau

- Düse in die Armaturentafel einsetzen und einrasten.

Mittlere Luftaustrittsdüse

Ausbau

- Mittlere Blende der Armaturentafel mit Luftaustrittsdüse ausbauen, siehe Seite 222.

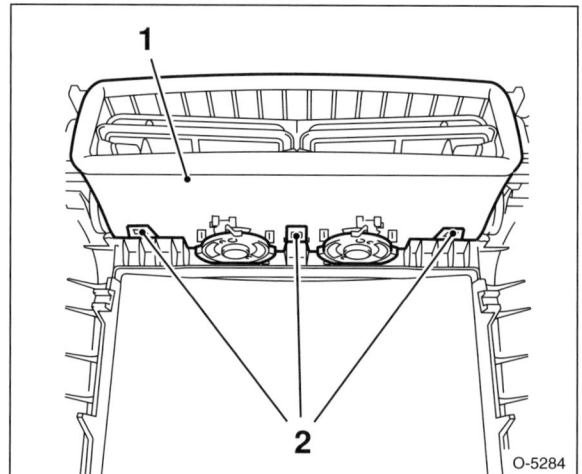

- An der Rückseite der Blende Luftaustrittsdüse –1– an 6 Einraststellen –2– ausclipsen.

Einbau

- Der Einbau erfolgt in umgekehrter Ausbaureihenfolge.

Luftaustrittsdüsen aus- und einbauen
ZAFIRA

Seitliche Luftaustrittsdüse
Ausbau

- **Luftaustrittsdüse rechts:** Obere Verkleidung im Fußraum auf der Beifahrerseite ausbauen, siehe Seite 218.
- **Luftaustrittsdüse rechts:** Handschuhfach ausbauen, siehe Seite 219.
- **Luftaustrittsdüse links:** Lichtschaltereinheit ausbauen, siehe Seite 96.

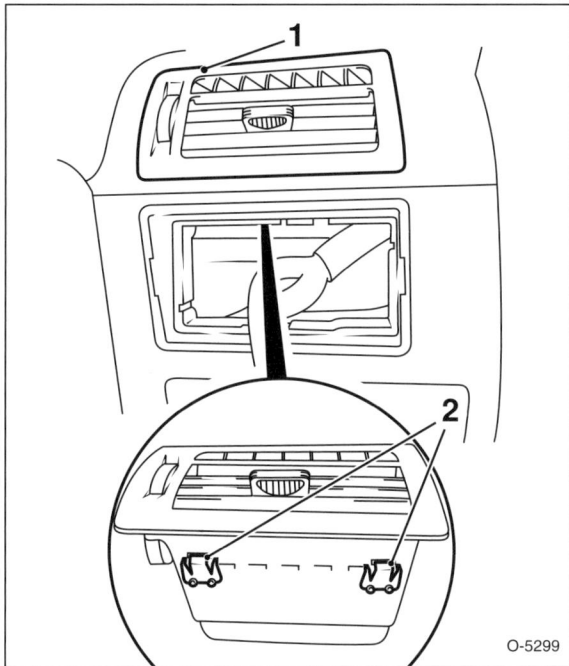

- Durch die Öffnung Düse –1– unten an 2 Clips –2– ausrasten und aus der Armaturentafel herausdrücken.

Einbau

- Düse in die Armaturentafel einsetzen und einrasten.
- Der weitere Einbau erfolgt in umgekehrter Ausbaureihenfolge.

Mittlere Luftaustrittsdüsen, obere Düse
Ausbau

- Obere Blende der Armaturentafel ausbauen, siehe Kapitel »Mittlere Blende der Armaturentafel aus- und einbauen«, Seite 234.
- Düse nach oben aus der Armaturentafel herausziehen.

Einbau

- Der Einbau erfolgt in umgekehrter Ausbaureihenfolge.

Mittlere Luftaustrittsdüsen, untere Düse
Ausbau

- Mittlere Blende der Armaturentafel mit Luftaustrittsdüsen ausbauen, siehe Seite 234.

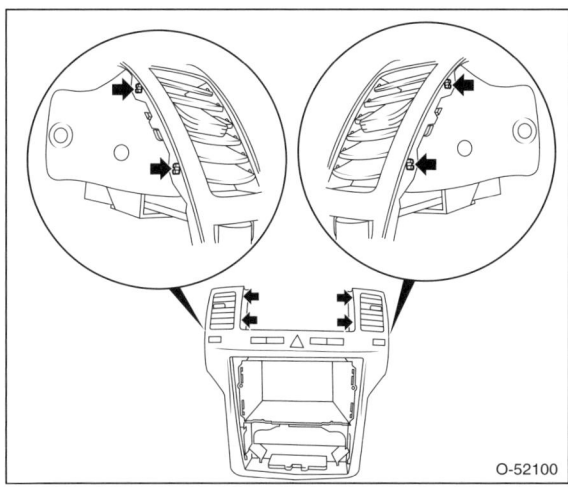

- Düse seitlich an 4 Clips –Pfeile– ausrasten und aus der unteren Blende herausdrücken.

Einbau

- Düse in die untere Blende einsetzen und einrasten.
- Mittlere Blende der Armaturentafel einbauen, siehe Seite 234.

Gebläsemotor für Heizung und Klimaanlage aus- und einbauen

Ausbau

- Batterie abklemmen. **Achtung:** Hinweise im Kapitel »Batterie aus- und einbauen« beachten.
- Handschuhfach ausbauen, siehe Seite 219.
- Obere Verkleidung im Fußraum auf der Beifahrerseite ausbauen, siehe Seite 218.

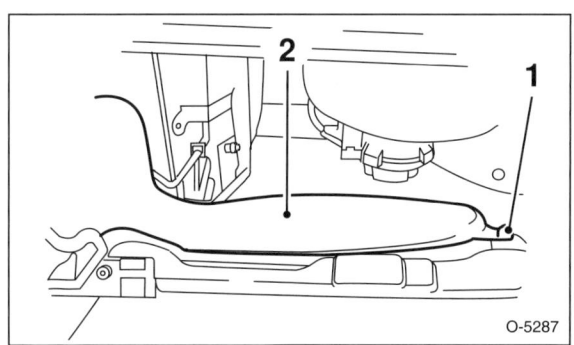

- Spreizniete –1– herausziehen, Luftführungskanal –2– für den Beifahrer-Fußraum vom Luftverteilergehäuse abziehen und aus dem Fußraum herausziehen.

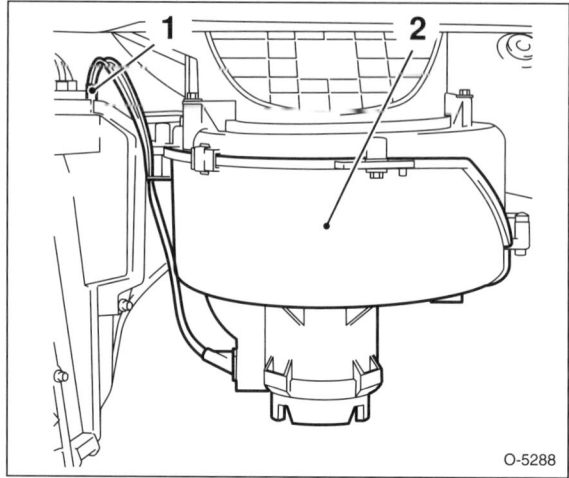

- 2 Stecker –1– abziehen.
- Vorwiderstand herausziehen.
- 5 Schrauben herausdrehen.
- Clip lösen und Gebläsemotor –2– nach unten abnehmen.

Einbau

- Der Einbau erfolgt in umgekehrter Ausbaureihenfolge.

Speziell ZAFIRA

Hinweis: Der Aus- und Einbau erfolgt im Prinzip wie beim ASTRA. Der Gebläsemotor ist nicht mit Schrauben am Luftverteilergehäuse befestigt.

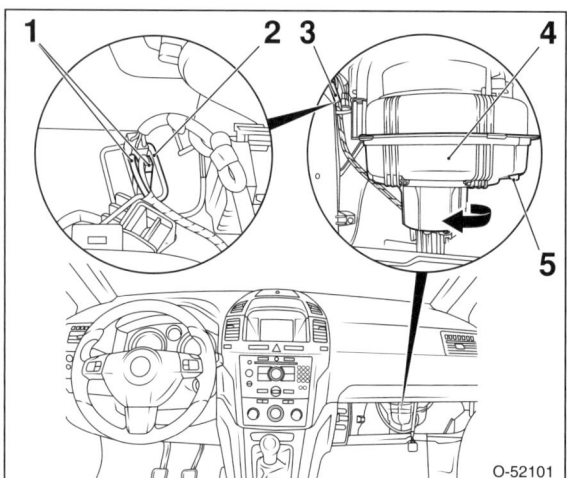

- Isolierband –3– entfernen und Kabel des Gebläsemotors vom Kabelstrang lösen.
- 2 Stecker –1– abziehen.
- Vorwiderstand –2– herausziehen.

- Arretierung –5– drücken, Gebläsemotor –4– in Pfeilrichtung drehen und nach unten abnehmen.

Hinweis: Wird die Arretierung beim Ausbau beschädigt, Gebläsemotor mit Schrauben fixieren.

Vorwiderstand aus- und einbauen

Läuft das Gebläse bei einer Geschwindigkeitsstufe nicht, ist meistens der Vorwiderstand defekt. In diesem Fall den Vorwiderstand ersetzen.

Ausbau

- Batterie abklemmen. **Achtung:** Hinweise im Kapitel »Batterie aus- und einbauen« beachten.
- Handschuhfach ausbauen, siehe Seite 219.

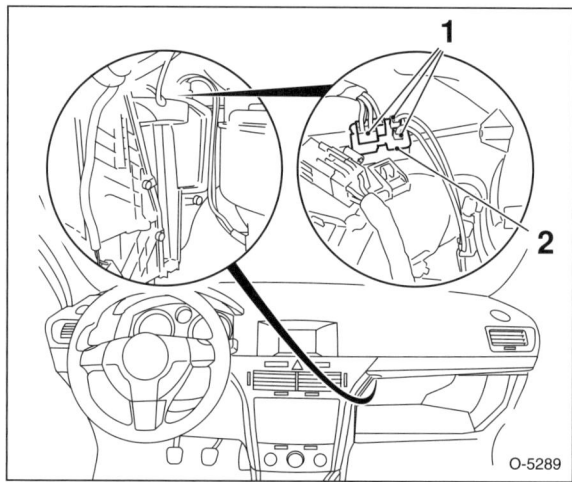

- Vorwiderstand –2– nach oben aus dem Luftverteilergehäuse herausziehen.
- 3 Stecker –1– entriegeln und abziehen.

Hinweis: Die Stecker sind schwer zu entriegeln.

Einbau

- Der Einbau erfolgt in umgekehrter Ausbaureihenfolge.

Zuheizer aus- und einbauen
Dieselmotor

Ausbau

- Batterie abklemmen. **Achtung:** Hinweise im Kapitel »Batterie aus- und einbauen« beachten.
- Mittelkonsole ausbauen, siehe Seite 220.

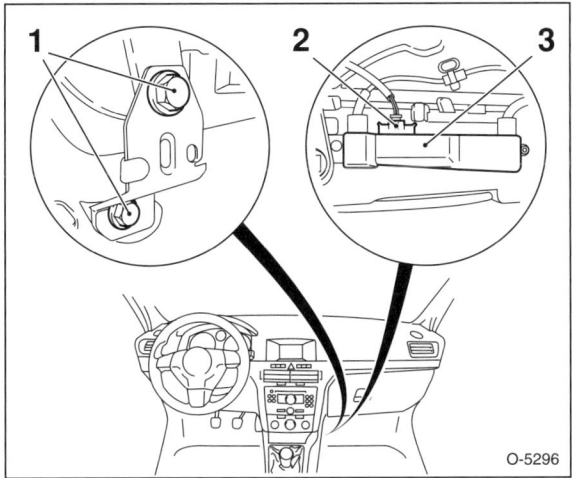

Stellmotor für Mischluftklappe aus- und einbauen

Ausbau

- Batterie abklemmen. **Achtung:** Hinweise im Kapitel »Batterie aus- und einbauen« beachten.
- Obere Verkleidung im Fußraum auf der Fahrerseite ausbauen, siehe Seite 218.

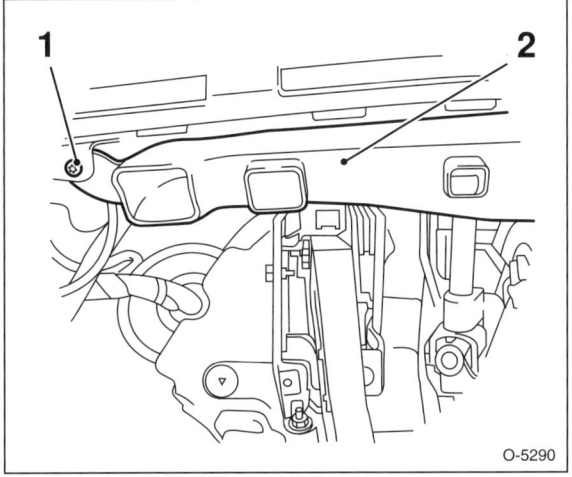

- 2 Schrauben –1– herausdrehen und Stütze für Armaturentafel abnehmen.
- Steuerleitung für Zuheizer abziehen –2–.
- Abdeckung –3– über den Kontakten des Zuheizers abziehen.

- Torxschraube (T25) aus der Spreizniete –1– herausdrehen, Spreizniete herausziehen, Luftführungskanal –2– für den Fahrer-Fußraum vom Luftverteilergehäuse abziehen und aus dem Fußraum herausziehen.

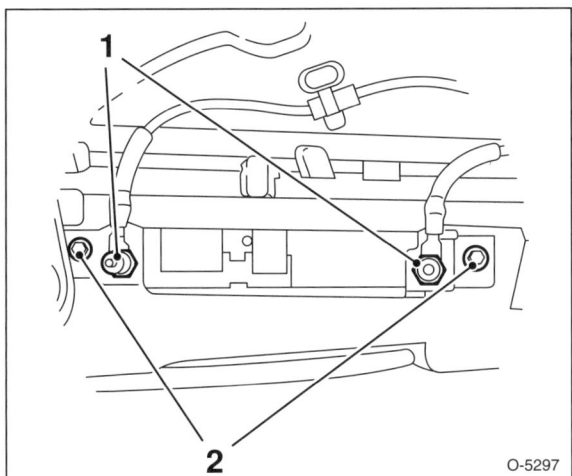

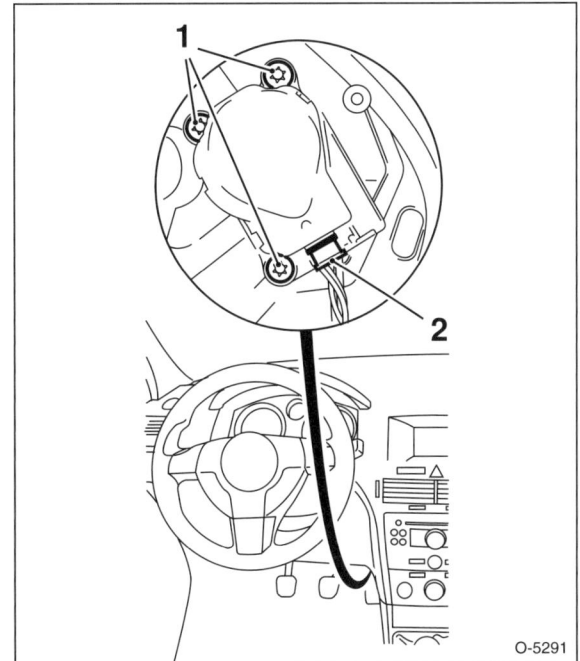

- Muttern –1– abschrauben und Minus- und Pluskabel vom Zuheizer abklemmen.
- 2 Schrauben –2– herausdrehen und Zuheizer vorsichtig in den Fußraum auf der Beifahrerseite ziehen.

Einbau

- Der Einbau erfolgt in umgekehrter Ausbaureihenfolge.

Speziell ZAFIRA

Hinweis: Der Aus- und Einbau erfolgt im Prinzip wie beim ASTRA. Hier werden nur die Unterschiede aufgeführt.

- Seitliche Verkleidung der Schaltkonsole auf der Beifahrerseite ausbauen, siehe Seite 233.
- Zuheizer vorsichtig aus der Schaltkonsole in den Fußraum auf der Beifahrerseite ziehen.

- Stecker –2– am Stellmotor entriegeln und abziehen.
- 3 Schrauben –1– herausdrehen und Stellmotor vom Luftverteilergehäuse abnehmen.

Einbau

- Der Einbau erfolgt in umgekehrter Ausbaureihenfolge.

Speziell ZAFIRA

Hinweis: Der Aus- und Einbau erfolgt im Prinzip wie beim ASTRA. Hier werden nur die Unterschiede aufgeführt.

- Seitliche Verkleidung der Schaltkonsole auf der Fahrerseite ausbauen, siehe Seite 233.
- Verkleidung unter der Lenksäule ausbauen, siehe Seite 235.

Stellmotor für Luftverteilung aus- und einbauen

Ausbau

- Batterie abklemmen. **Achtung:** Hinweise im Kapitel »Batterie aus- und einbauen« beachten.

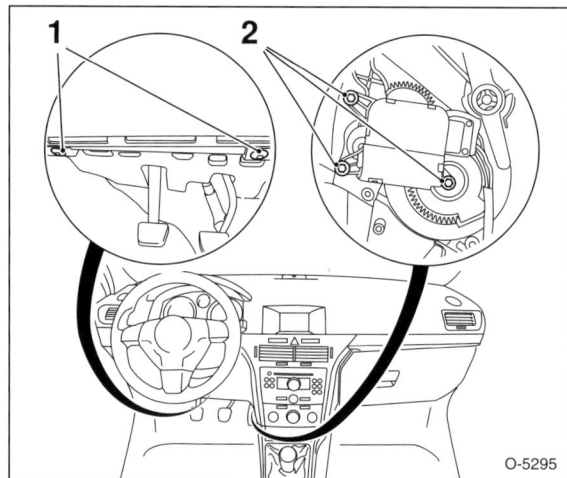

- Obere Verkleidung im Fußraum auf der Fahrerseite abschrauben –1–.
- 3 Schrauben –2– herausdrehen und Stellmotor vom Luftverteilergehäuse abnehmen.
- Stecker am Stellmotor entriegeln und abziehen.

Einbau

- Der Einbau erfolgt in umgekehrter Ausbaureihenfolge.

Gehäuse für Umluftklappe aus- und einbauen

ASTRA, Fahrzeuge mit Klimaanlage

Ausbau

- Windlaufgrill ausbauen, siehe Seite 247.

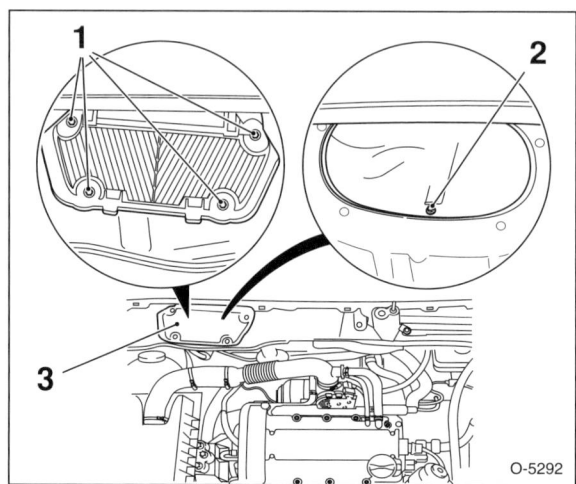

- 4 Schrauben –1– herausdrehen und Gitter vom Umluftklappengehäuse –3– abnehmen.
- Schraube –2– herausdrehen.
- Gebläsemotor ausbauen, siehe entsprechendes Kapitel.

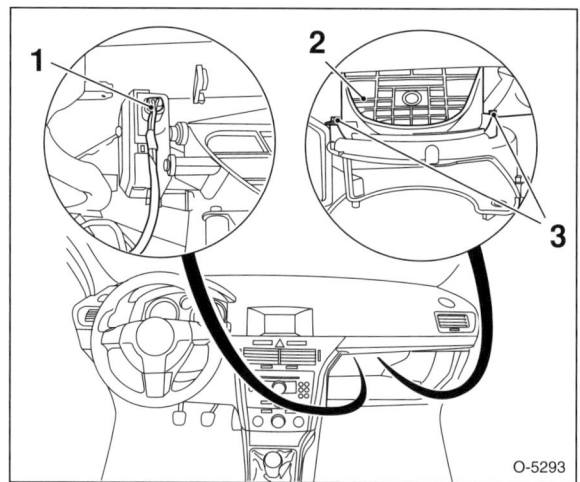

- Stecker –1– vom Stellmotor der Umluftklappe entriegeln und abziehen.
- 2 Schrauben –3– herausdrehen und Umluftklappengehäuse –2– herausziehen

Einbau

- Der Einbau erfolgt in umgekehrter Ausbaureihenfolge.

Störungsdiagnose Heizung

Störung	Ursache	Abhilfe
Heizgebläse läuft nicht.	Sicherung für Gebläsemotor defekt.	■ Sicherung für Gebläse prüfen, gegebenenfalls ersetzen.
	Gebläseschalter defekt.	■ Bedieneinheit ausbauen und prüfen, gegebenenfalls ersetzen.
	Gebläsewiderstand defekt.	■ Gebläsewiderstand ausbauen und Spannung am Kontakt des Gebläsemotors bei eingeschalteter Zündung und betätigtem Gebläseschalter messen. Falls keine oder zu geringe Spannung anliegt, Gebläsewiderstand ersetzen.
	Gebläsemotor defekt.	■ Prüfen, ob bei eingeschalteter Zündung und betätigtem Gebläseschalter am Kontakt des Gebläsemotors Spannung anliegt. Dazu müssen der Motor sowie der Gebläsewiderstand ausgebaut werden. Wenn ja, Gebläsemotor auswechseln.
Heizleistung zu gering.	Kühlmittelstand zu niedrig.	■ Kühlmittelstand prüfen, gegebenenfalls Kühlmittel auffüllen.
	Staubfilter verstopft.	■ Staubfilter ersetzen.
	Wärmetauscher undicht oder verstopft.	■ Wärmetauscher ersetzen (Werkstattarbeit).
	Diesel-Fahrzeuge: Zuheizer defekt.	■ Zuheizer prüfen, gegebenenfalls ersetzen.
Heizgebläse läuft nur mit einer Geschwindigkeit.	Gebläsewiderstand defekt.	■ Gebläsewiderstand ersetzen.
Geräusche im Bereich des Heizgebläses.	Eingedrungener Schmutz, Laub.	■ Gebläse ausbauen, reinigen, Luftkanal säubern.
	Lüfterrad hat Unwucht, Lager defekt.	■ Gebläsemotor ausbauen und auf leichten Lauf prüfen.
Heizluft riecht süßlich, Scheiben beschlagen, wenn Heizung eingeschaltet wird.	Wärmetauscher undicht.	■ Kühlsystem abdrücken (Werkstattarbeit). Wenn Kühlflüssigkeit aus dem Heizungskasten austritt, Wärmetauscher erneuern lassen.
Frischluft bzw. Heizluft riecht nach faulen Eiern.	Spannungsregler am Generator defekt. Batterie wird zu stark geladen und beginnt zu gasen. Dabei bildet sich Schwefelwasserstoff (H_2S).	■ Ladespannung bzw. Spannungsregler des Generators prüfen, ggf. Spannungsregler ersetzen.

Fahrwerk

Aus dem Inhalt:

- **Vorderachse**
- **Federbein**
- **Stoßdämpfer**
- **Schraubenfeder**
- **Gelenkwelle**
- **Hinterachse**
- **Lenkung/Airbag**
- **Spurstangenkopf**
- **Räder und Reifen**

Der ASTRA/ZAFIRA verfügt über eine McPherson-Vorderachse und eine Torsionslenker-Hinterachse. Zur Geräuschreduzierung ist die Vorderachse an einem hydrogeformten Hilfsrahmen befestigt, der über 6 Gummimetalllager mit der Karosserie verbunden ist. Ein Querstabilisator an der Vorderachse unterdrückt die Seitenneigung des Fahrzeugs bei Kurvenfahrt und stabilisiert das Eigenlenkverhalten des Fahrzeugs.

ASTRA CARAVAN und ZAFIRA sind im Prinzip mit dem gleichen Fahrwerk ausgestattet wie die ASTRA Limousine. Allerdings sind die Radstände von ASTRA CARAVAN und ZAFIRA um 75 mm beziehungsweise 89 mm länger.

Optimale Fahreigenschaften und geringster Reifenverschleiß sind nur dann zu erzielen, wenn die Stellung der Räder einwandfrei ist. Bei unnormaler Reifenabnutzung sowie mangelhafter Straßenlage sollte die Werkstatt aufgesucht werden, um den Wagen optisch vermessen zu lassen. Die Fahrwerkvermessung kann ohne eine entsprechende Messanlage nicht durchgeführt werden.

> **Sicherheitshinweis**
> Schweiß- und Richtarbeiten an tragenden und radführenden Bauteilen der Vorder- und Hinterradaufhängung **sind nicht zulässig. Selbstsichernde Schrauben/Muttern** sowie korrodierte Schrauben/Muttern sind im Reparaturfall **immer zu ersetzen.**

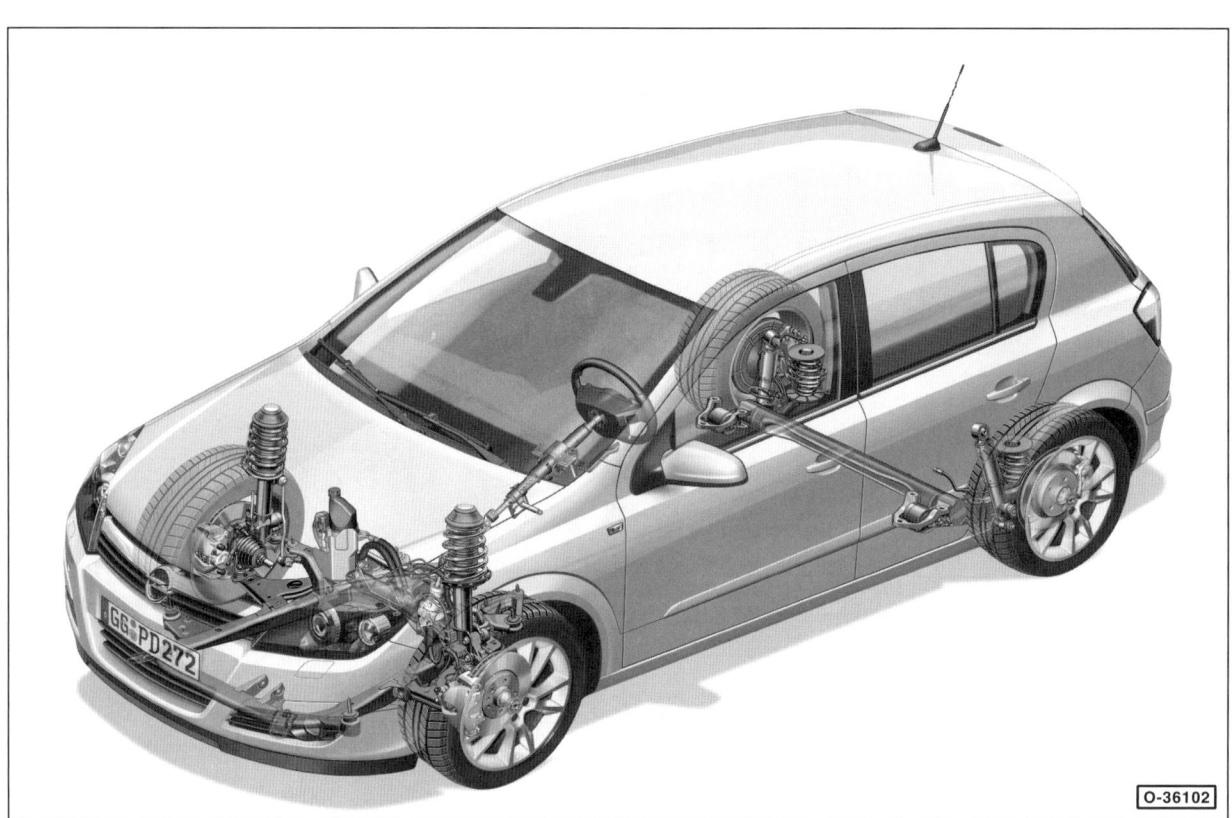

Vorderachse

Tragendes Element der Vorderachse ist ein geschlossener Fahrschemel, der an 6 Punkten über Dämpfungsbuchsen mit der Karosserie verschraubt ist. Zusätzlich sind hinten 2 seitliche Stützen mit dem Fahrzeugunterboden verbunden. Diese Konstruktion der Vorderachse sorgt für eine hohe Quersteifigkeit des Fahrzeugs.

Um Fahrgeräusche und Vibrationen zu verringern, sind die Querlenker über hydraulische Lagerbuchsen mit dem Fahrschemel verschraubt. Ein quer liegender Stabilisator sorgt für eine Reduzierung der Seitenneigung des Fahrzeugs. Der Stabilisator ist über 2 Koppelstangen mit den Federbeinen verbunden.

Die Übertragung der Motor-Antriebskraft auf die Räder erfolgt über zwei Gelenkwellen. An der rechten Fahrzeugseite wird die Antriebskraft bei den Dieselmotoren und den leistungsstarken Benzinmotoren über eine Zwischenwelle auf die Gelenkwelle und das rechte Rad geleitet.

Die Räder sind einzeln aufgehängt und werden über McPherson-Federbeine abgefedert. Die Schraubenfedern übernehmen aufgrund der leichten Krümmung der Federachse die Kompensation von Querkräften.

Radnabe und Radlager sind zu einer kompakten Einheit zusammengefasst. Die Radlagereinheit ist mit dem Achsschenkel verschraubt. Die Vorderachse einschließlich der Radlager ist wartungsfrei.

Einstellwerte für die **Vorderachse**:
Spur ASTRA/ZAFIRA . . . . +0° ± 10'

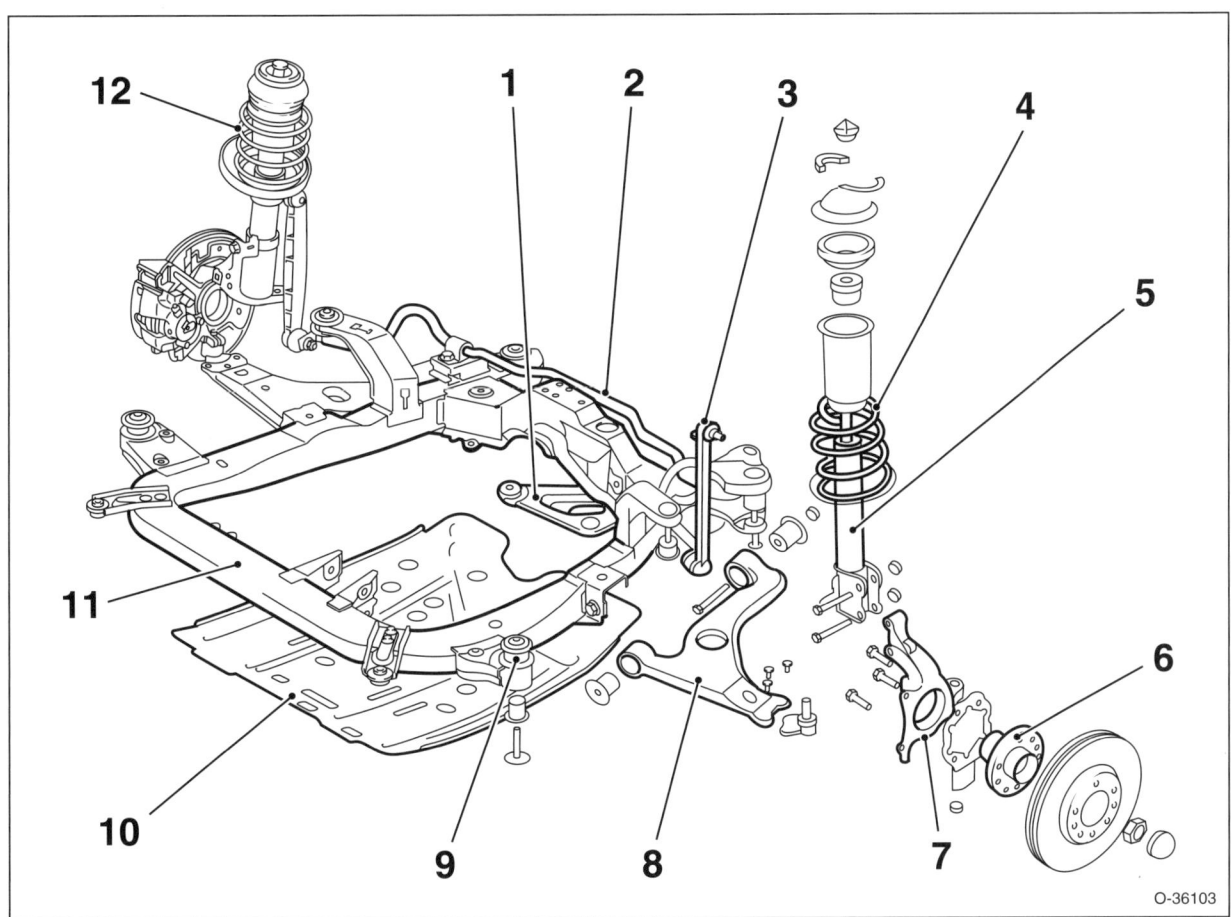

1 – **Dreieckblech**
  Zur Verstärkung der hinteren Halterung des Vorderachsträgers.
2 – **Stabilisator**
3 – **Koppelstange**
  Je nach Modell aus Kunststoff oder Stahl.
4 – **Schraubenfeder**
5 – **Stoßdämpfer**
6 – **Radlagereinheit**
  Nicht zerlegbar. Wartungsfrei.
7 – **Achsschenkel**
8 – **Querlenker**
9 – **Gummimetallager**
10 – **Untere Motorraumabdeckung**
11 – **Vorderachsträger**
12 – **Federbein**

Federbein aus- und einbauen

Ausbau

- **ZAFIRA:** Motorhaube öffnen und Stirnwandabdeckung ausbauen, siehe Seite 248.
- **ZAFIRA:** Seitliche Abdeckung über dem Federbeindom ausclipsen und zur Seite klappen.
- Reifen-Laufrichtung mit Pfeil am Reifen markieren. Radschrauben lösen. Fahrzeug vorn aufbocken und Rad abnehmen. **Achtung:** Unbedingt Hinweise im Kapitel »Rad aus- und einbauen« beachten.

> **Sicherheitshinweis**
> Beim Aufbocken des Fahrzeugs besteht Unfallgefahr! Hinweise im Kapitel »Fahrzeug aufbocken« beachten.

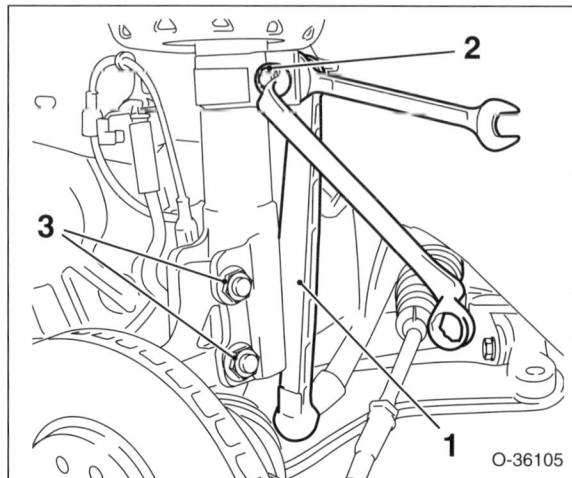

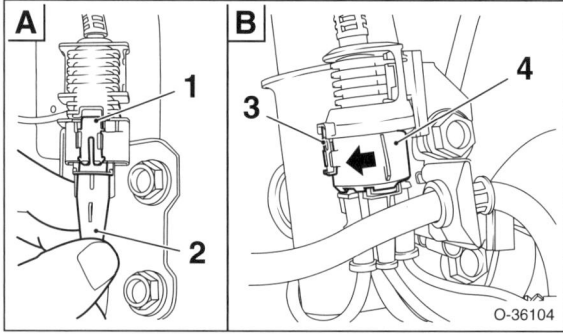

- Fahrzeuge ohne Bremsbelag-Verschleißsensor –A–: Verriegelung –1– nach unten schieben und Steckverbindung für ABS-Sensor –2– trennen.
- Fahrzeuge mit Bremsbelag-Verschleißsensor –B–: Erste Verriegelung –3– nach unten schieben und zweite Verriegelung –4– in Pfeilrichtung drehen. Steckverbindung für ABS-Sensor und Verschleißsensor trennen.

Hinweis: Bei Fahrzeugen mit elektronischer Dämpferregelung (CDC) werden 4 Steckverbindungen getrennt.

- Fahrzeuge mit elektronischer Dämpferregelung: Sensor mit Halter vom Federbein abschrauben.
- Leitung am Federbein aushängen.
- Bremsschlauch aus der Halterung am Federbein ausbauen, siehe Seite 155.

- Mutter –2– für Koppelstange –1– abschrauben. Dabei Gelenk-Kugelbolzen an den abgeflachten Stellen mit Gabelschlüssel gegenhalten.
- Gelenkbolzen aus dem Federbein herausziehen und Koppelstange abnehmen.
- Einbaulage der Schrauben für untere Federbeinbefestigung –3– am Achsschenkel kennzeichnen. Damit der Achsschenkel in gleicher Lage wieder angeschraubt wird, Schraubenköpfe mit Reißnadel umkreisen. **Achtung:** Durch Verschieben des Achsschenkels in den Bohrungen kann der Radsturz eingestellt werden.
- Muttern –3– abschrauben, Schrauben aus dem Achsschenkel herausziehen und Achsschenkel nach außen drücken.
- Motorhaube öffnen.
- Federbein durch einen Helfer abstützen.

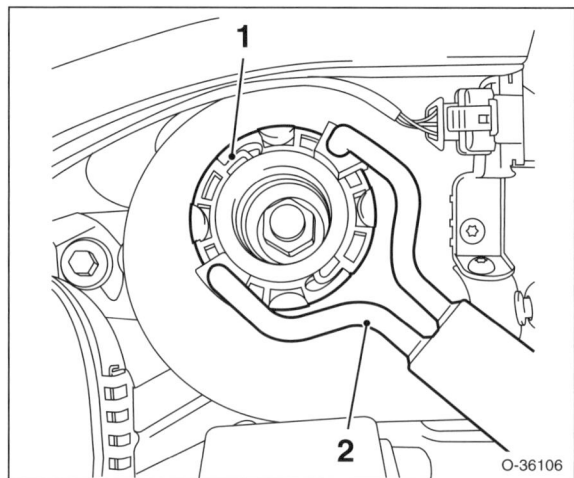

- Am Federbeindom Sicherungsring –1– mit einem geeigneten Werkzeug abhebeln. 2 – OPEL-Einbauwerkzeug.

Achtung: Der Sicherungsring wird dabei zerstört und muss ersetzt werden.

- Federbein nach unten aus dem Radkasten herausziehen.

Einbau

- Federbein in den Radkasten einführen und am Federbeindom einsetzen.
- Federbein durch einen Helfer abstützen.
- **Neuen Sicherungsring** –1– am Federbeindom einsetzen. **Hinweis:** Der Sicherungsring besteht aus 2 Ringhälften.
- Sicherungsringhälften mit OPEL-Einbauwerkzeug –2– KM-6384 zusammendrücken, siehe Abbildung O-36106.
- Federbein mit **neuen selbstsichernden Schrauben und Muttern** unten am Achsschenkel anschrauben, dabei Schraubenköpfe nach den Markierungen ausrichten. Schrauben von vorne einsetzen.
- Schraubverbindung für Federbein in 3 Stufen festziehen:
  1. Stufe: . . mit Drehmomentschlüssel **85 Nm** anziehen.
  2. Stufe: . . . . mit starrem Schlüssel **75°** weiterdrehen.
  3. Stufe: . . . . mit starrem Schlüssel **15°** weiterdrehen.

Achtung: Falls die Einstellung des Radsturzes direkt nach dem Einbau des Federbeines erfolgt, Schraubverbindung mit **50 Nm** voranziehen und erst nach der Einstellung endgültig festziehen.

Hinweis: Um die Winkelgrade beim Anziehen einzuhalten, ist es sinnvoll, eine Winkelscheibe aus Pappe auszuschneiden oder die Winkelscheibe HAZET 6690 zu verwenden.

- Koppelstange mit **neuer Mutter** am Federbein festschrauben. Dabei Gelenkbolzen mit Gabelschlüssel gegenhalten. **Anzugsdrehmoment:**
  Mutter für Koppelstange . . . . **55 Nm**
- Bremsschlauch in der Halterung am Federbein einbauen, siehe Seite 155.
- Leitung am Federbein anclipsen.
- Fahrzeuge mit elektronischer Dämpferregelung: Sensor mit Halter am Federbein anschrauben.
- Je nach Ausstattung Stecker für ABS-Sensor, Verschleißsensor und Dämpferregelung verbinden und verriegeln.
- Reifen-Laufrichtung beachten, Rad anschrauben, Fahrzeug ablassen, erst dann Radschrauben über Kreuz mit **110 Nm** festziehen. **Achtung:** Unbedingt Hinweise im Kapitel »Rad aus- und einbauen« beachten.
- ZAFIRA: Seitliche Abdeckung über dem Federbeindom einclipsen.
- ZAFIRA: Stirnwandabdeckung einbauen, siehe Seite 248.
- Radsturz baldmöglichst in einer Fachwerkstatt kontrollieren und gegebenenfalls einstellen lassen.

Achtung: Wenn der Radsturz eingestellt werden muss, werden die selbstsichernden Schrauben und Muttern für die untere Federbeinbefestigung ausgetauscht. Gegebenenfalls zweiten Satz Schrauben und Muttern bereit halten.

Federbein zerlegen/Stoßdämpfer/ Schraubenfeder aus- und einbauen

Ausbau

- Federbein ausbauen, siehe entsprechendes Kapitel.

Achtung: Die Schraubenfeder steht unter hoher Spannung. Um den Stoßdämpfer ausbauen zu können, **muss die Schraubenfeder mit einem geeigneten Federspanner zusammengedrückt werden.**

> **Sicherheitshinweis**
> Auf keinen Fall Stoßdämpfermutter lösen, wenn die Feder nicht einwandfrei und sicher gespannt ist. Darauf achten, dass die Federwindungen sicher von den Spannplatten umfasst werden und der Federspanner nicht abrutschen kann. Nur stabiles Werkzeug verwenden. Keinesfalls Feder mit Draht zusammenbinden. Unfallgefahr!

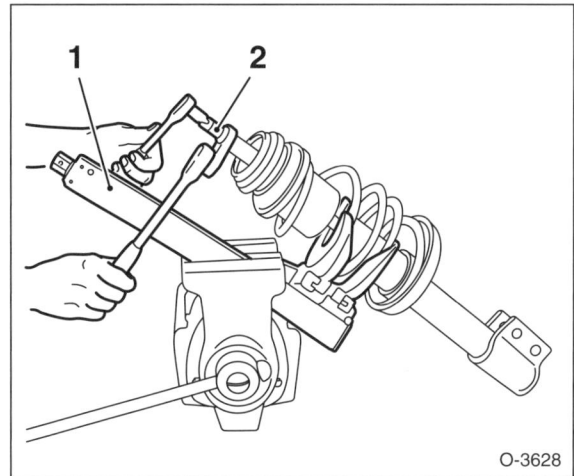

O-3628

- Geeigneten Federspanner –1– mit Spannplattenpaar, zum Beispiel OPEL MKM-6068, in einen Schraubstock einspannen. **Hinweis:** Es kann auch der Federspanner HAZET 4900-2A mit Spannplattenpaar HAZET 4900-12 verwendet werden.
- Federbein mit den Windungen der Schraubenfeder so in den Federspanner –1– einsetzen, dass mindestens 3 Windungen der Feder gespannt werden.

Hinweis: Bei Fahrzeugen mit elektronischer Dämpferregelung (CDC) Druckregler am Stoßdämpfer nicht beschädigen.

- Feder zusammendrücken, bis das Stützlager entlastet ist.
- Mutter für Stützlager mit tiefgekröpftem Ringschlüssel –2– abschrauben, dabei an der Stoßdämpfer-Kolbenstange mit Ringschlüssel gegenhalten. **Hinweis:** In der OPEL-Werkstatt wird das Werkzeug KM-6399 verwendet. Es kann auch der HAZET-Steckschlüsseleinsatz 4910-21 mit Torx-Schlüssel HAZET 4910-T50 verwendet werden.

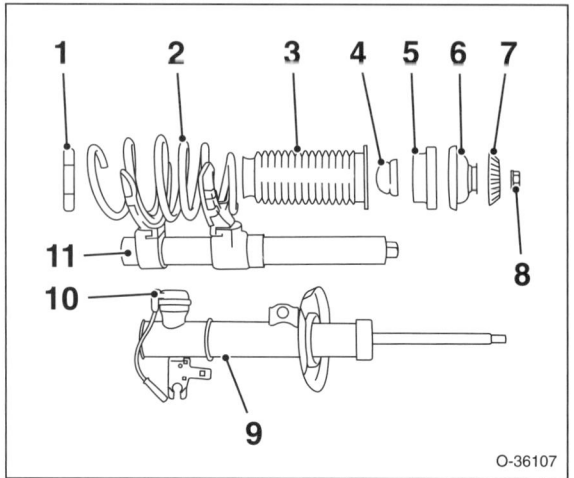

1 – Gummiauflage, unten
2 – Schraubenfeder
3 – Staubmanschette
4 – Anschlagpuffer
5 – Federsitz, oben
6 – Stützlager
7 – Dämpfungsring, oben
8 – Mutter für Stützlager
9 – Federbeinstützrohr mit Stoßdämpfer
10 – Druckregler (CDC)
11 – Federspanner

- Einbaulage der Federbein-Bauteile notieren und gegebenenfalls kennzeichnen.
- Dämpfungsring –7–, Stützlager –6–, Federsitz –5– und Staubmanschette –3– abziehen. Anschlagpuffer –4– von der Kolbenstange des Stoßdämpfers abziehen.
- Federbeinstützrohr mit Stoßdämpfer –9– aus der Schraubenfeder herausziehen.
- Stoßdämpfer prüfen, siehe entsprechendes Kapitel.
- Alle Einzelteile des Federbeins auf Risse, Verschleiß, Korrosion und Alterungserscheinungen sichtprüfen. Beschädigte beziehungsweise verschlissene Teile erneuern.
- Falls die Schraubenfeder –2– ausgewechselt werden soll, **Feder langsam entspannen** und aus dem Federspanner –11– nehmen.

Einbau

Schraubenfedern und Stoßdämpfer immer paarweise austauschen, also an beiden Fahrzeugseiten. Beim Einbau neuer Federn darauf achten, dass je nach Motorisierung/Fahrzeugausstattung unterschiedliche Federn eingebaut sein können. Nur gleiche Federn an einer Achse verwenden. Die Kennzeichnung der Federn erfolgt durch eine Farbmarkierung an einer Windung.

Hinweis: Neue Schraubenfedern sind gegen Korrosion mit einem Schutzlack versehen. Die Oberfläche darf nicht beschädigt sein.

- Wenn die Schraubenfeder ausgebaut war, Schraubenfeder in den Federspanner einsetzen und zusammendrücken.
- Der Einbau erfolgt in umgekehrter Ausbaureihenfolge.
- **Neue Mutter** auf die Stoßdämpfer-Kolbenstange aufschrauben und mit **80 Nm** festziehen. Dabei Kolbenstange gegenhalten.
- Schraubenfeder langsam entspannen, dabei auf richtigen Sitz der Feder achten.
- Federbein aus dem Federspanner herausnehmen.
- Federbein einbauen, siehe entsprechendes Kapitel.

Stoßdämpfer prüfen

Folgende Fahreigenschaften weisen auf defekte Stoßdämpfer hin:

- Langes Nachschwingen der Karosserie bei Bodenunebenheiten.
- Aufschaukeln der Karosserie bei aufeinander folgenden Bodenunebenheiten.
- Springen der Räder auch auf normaler Fahrbahn.
- Ausbrechen des Fahrzeuges beim Bremsen (kann auch andere Ursachen haben).
- Kurvenunsicherheit durch mangelnde Spurhaltung, Schleudern des Fahrzeuges.
- Abnorme Reifenabnutzung mit Abflachungen (Auswaschungen) am Reifenprofil.
- Polter- und Knackgeräusche während der Fahrt. Allerdings haben diese Geräusche häufig auch andere Ursachen, zum Beispiel lockere Fahrwerksschrauben und Muttern, defektes Radlager oder Gleichlaufgelenk (Achsgelenk). Daher Dämpfer vor dem Ersetzen immer prüfen, gegebenenfalls auf Stoßdämpferprüfstand prüfen lassen.

Der Stoßdämpfer kann von Hand geprüft werden. Eine genaue Überprüfung der Stoßdämpferleistung ist jedoch nur mit einem Shock-Tester (Stoßdämpfer eingebaut) oder einer Stoßdämpfer-Prüfmaschine möglich.

Prüfung von Hand

- Stoßdämpfer ausbauen.

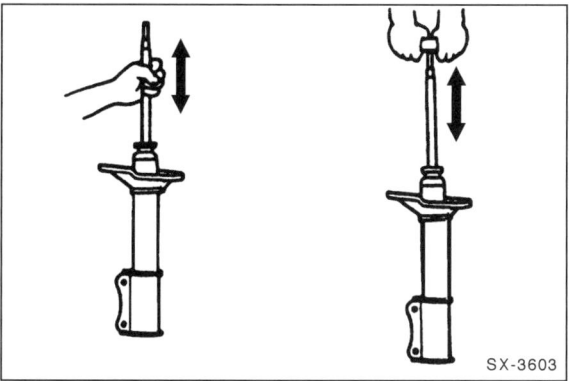

- Stoßdämpfer in Einbaulage halten, Stoßdämpfer auseinander ziehen und zusammendrücken. Der Stoßdämpfer muss sich über den gesamten Hub gleichmäßig schwer und ruckfrei bewegen lassen.
- Kolbenstange auf Oberflächen-Beschädigung, Verbiegung und auf klemmfreien Lauf in der Führungsbuchse prüfen.
- Gummilager im Gehäuseauge sichtprüfen. Die Gummilager müssen fest im Gehäuse sitzen und dürfen nicht gerissen oder beschädigt sein. Defekte Gummilager können im Fahrbetrieb Poltergeräusche verursachen.

- Bei Gasdruck-Stoßdämpfern geht die Kolbenstange bei ausreichendem Gasfülldruck von selbst wieder in die Ausgangslage zurück. Ist dies nicht der Fall, braucht der Dämpfer nicht unbedingt ersetzt werden. Die Wirkungsweise entspricht, solange kein größerer Ölverlust eingetreten ist, der Wirkungsweise eines konventionellen Dämpfers. Die dämpfende Funktion ist auch ohne Gasdruck vollständig vorhanden. Allerdings kann sich das Geräuschverhalten verschlechtern.
- Bei einwandfreier Funktion sind geringe Spuren von Stoßdämpferöl kein Grund zum Austausch. Als Faustregel gilt: Wenn ein Ölfleck sichtbar ist und sich nicht weiter ausbreitet als vom oberen Stoßdämpferverschluss (Kolbenstangendichtring) bis zum unteren Federteller, gilt der Dämpfer als in Ordnung. Voraussetzung ist, dass der Ölfleck stumpf, matt beziehungsweise durch Staub getrocknet ist. Ein geringfügiger Ölaustritt ist sogar von Vorteil, weil dadurch der Dichtring geschmiert wird und sich somit die Lebensdauer erhöht.
- Bei starkem Ölverlust Stoßdämpfer austauschen.

Stoßdämpfer verschrotten

Damit ein defekter Stoßdämpfer entsorgt werden kann, muss das Hydrauliköl aus dem Stoßdämpfer abgelassen werden. Der entleerte Stoßdämpfer kann dann wie normaler Eisenschrott behandelt werden.

Achtung: Hydrauliköl ist ein Problemstoff und darf auf keinen Fall einfach weggeschüttet oder dem Hausmüll mitgegeben werden. Gemeinde- und Stadtverwaltungen informieren darüber, wo sich die nächste Problemstoff-Sammelstelle befindet.

> **Sicherheitshinweis**
> Der Gasdruck eines neuen Stoßdämpfer beträgt bis zu 25 bar. Deshalb beim Öffnen des Dämpfers Arbeitsstelle abdecken und **unbedingt Schutzbrille tragen.**

Stoßdämpfer können auf 2 Arten entleert werden, entweder durch Anbohren oder durch Aufsägen der Außenwand.

Stoßdämpfer anbohren

- Ausgebauten Stoßdämpfer senkrecht, mit der Kolbenstange nach unten, in den Schraubstock einspannen.

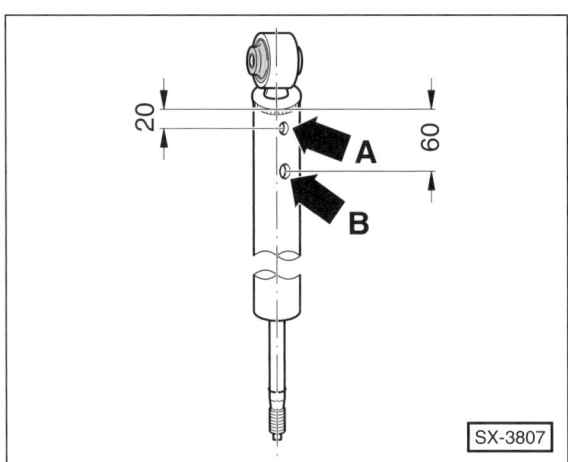

- An der Stelle –A– ein Loch mit 3 mm ⌀ in das Außenrohr bohren.

Achtung: Bei Gasdruckstoßdämpfern entweicht nach dem Durchbohren der ersten Rohrwandung Gas. Öffnung während des Entgasens mit Lappen abdecken. Anschließend weiterbohren, bis das innenliegende Rohr (ca. 25 mm) durchbohrt ist.

- An der Stelle –B– eine zweite Bohrung mit 6 mm-Bohrer bis durch das innenliegende Rohr bohren.
- Dämpfer über eine Ölauffangwanne halten und Hydrauliköl durch hin- und herbewegen der Kolbenstange über den gesamten Hub herausdrücken.
- Dämpfer abtropfen lassen, bis kein Hydrauliköl mehr austritt.
- Hydrauliköl bei einer Problemstoff-Sammelstelle entsorgen.
- Entleerten Stoßdämpfer als Eisenschrott entsorgen.

Stoßdämpfer aufsägen

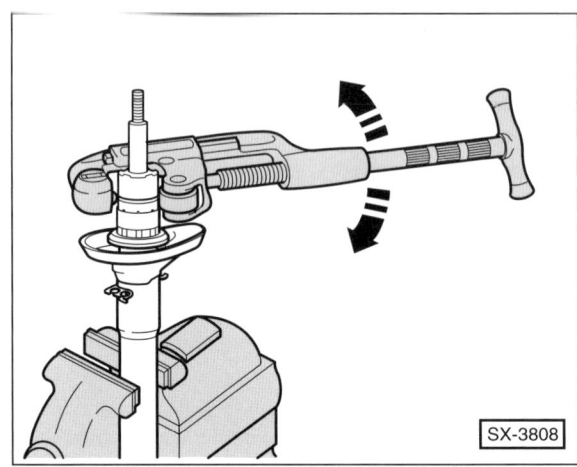

- Federbein in Schraubstock spannen.
- Rohrschneider, zum Beispiel Stahlwille Express 150/3, ansetzen und Außenrohr durchtrennen. **Achtung:** Bei Gasdruck-Stoßdämpfern entweicht dabei das Gas; Schutzbrille tragen.
- Kolbenstange hochziehen, dabei das Innenrohr mit einer Wasserrohrzange festhalten und nach unten drücken, so dass dieses beim langsamen Hochziehen der Kolbenstange im Außenrohr verbleibt.
- Kolbenstange vom Innenrohr abziehen.
- Dämpfer über eine Ölauffangwanne halten und Hydrauliköl ablaufen lassen, bis kein Hydrauliköl mehr austritt.
- Hydrauliköl bei einer Problemstoff-Sammelstelle entsorgen.
- Entleerten Stoßdämpfer als Eisenschrott entsorgen.

Radnabenmutter aus- und einbauen

Ausbau

- Schaltgetriebe in Leerlaufstellung bringen; Automatikgetriebe auf Stellung »N«. Handbremse anziehen.
- Reifen-Laufrichtung mit Pfeil am Reifen markieren. Radschrauben lösen. Fahrzeug vorne aufbocken und Rad abnehmen. **Achtung:** Unbedingt Hinweise im Kapitel »Rad aus- und einbauen« beachten.

> **Sicherheitshinweis**
> Beim Aufbocken des Fahrzeugs besteht Unfallgefahr! Hinweise im Kapitel »Fahrzeug aufbocken« beachten.

- Falls vorhanden, Staubkappe mit einem Schraubendreher von der Radnabe abhebeln. **Hinweis:** Die Kappe wird dabei beschädigt und muss ersetzt werden.

Achtung: Hohes Löse- und Anzugsmoment der Nabenmutter! Wir empfehlen, vor Lösen und Anziehen der Nabenmutter das Rad zu montieren und das Fahrzeug wieder auf die Räder zu stellen. Fußbremse beim Losdrehen der Mutter durch Helfer treten lassen.

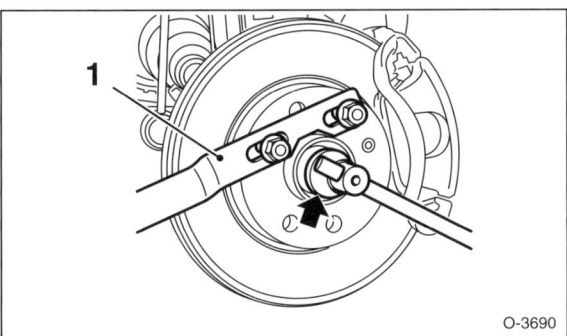

- Bleibt das Fahrzeug zum Abschrauben der Radnabenmutter –Pfeil– aufgebockt, muss die Radnabe beim Losdrehen der Mutter mit einem langen Hebelwerkzeug –1– gegengehalten werden. **Achtung:** Fahrzeug sicher aufbocken!
- Hebelwerkzeug anfertigen: Flacheisen mit Langlöchern versehen und mit Radschrauben an der Radnabe anschrauben.
- Radnabenmutter –Pfeil– von der Gelenkwelle abschrauben.
- Gegebenenfalls Hebelwerkzeug von der Radnabe abschrauben.

Einbau

- **Neue selbstsichernde Radnabenmutter** auf die Gelenkwelle aufschrauben und genügend fest anziehen.

Achtung: Hohes Anzugsmoment der Nabenmutter! Wir empfehlen, vor Anziehen der Nabenmutter das Rad zu montieren und das Fahrzeug auf die Räder zu stellen. Beim Anziehen der Nabenmutter von Helfer Bremspedal treten lassen.

- Bleibt das Fahrzeug zum Anziehen der Radnabenmutter aufgebockt, Hebelwerkzeug an der Radnabe anschrauben.
- Radnabenmutter in 3 Stufen festziehen:
  1. Stufe: mit Drehmomentschlüssel **150 Nm** anziehen.
  2. Stufe: Mutter um **45° losdrehen**.
  3. Stufe: mit Drehmomentschlüssel **250 Nm** anziehen.
- Gegebenenfalls Hebelwerkzeug von der Radnabe abschrauben.
- **Gegebenenfalls neue Staubkappe** auf die Radnabe aufdrücken.
- Reifen-Laufrichtung beachten, Rad anschrauben, Fahrzeug ablassen, erst dann Radschrauben über Kreuz mit **110 Nm** festziehen. **Achtung:** Unbedingt Hinweise im Kapitel »Rad aus- und einbauen« beachten.

Achsgelenk prüfen

> **Sicherheitshinweis**
> Beim Aufbocken des Fahrzeugs besteht Unfallgefahr! Hinweise im Kapitel »Fahrzeug aufbocken« beachten.

- Fahrzeug vorn aufbocken.

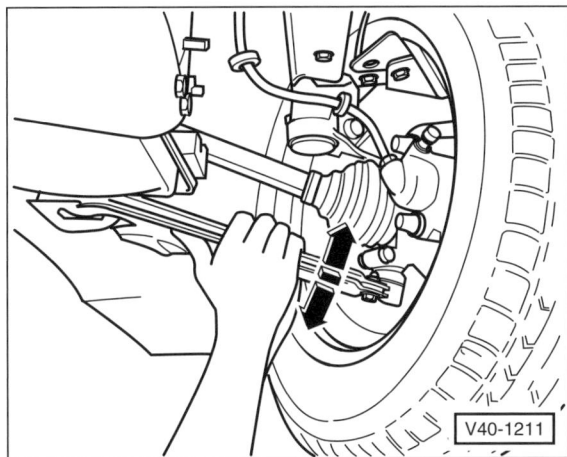

- Querlenker kräftig nach oben drücken und nach unten ziehen, dabei das Achsgelenk beobachten.
- Rad unten kräftig nach außen und innen drücken, dabei das Achsgelenk beobachten.
- Bei beiden Prüfungen darf kein fühlbares und sichtbares Spiel im Achsgelenk vorhanden sein.

Hinweis: Eventuell vorhandenes Radlagerspiel oder Spiel im Federbeinlager oben berücksichtigen.

- Gummibalg auf Beschädigung prüfen, bei Beschädigung Achsgelenk erneuern.

Gelenkwelle aus- und einbauen

Je nach Motor wird die Antriebskraft auf der rechten Fahrzeugseite vom Getriebe über eine Zwischenwelle auf die Gelenkwelle und das Rad geleitet.

Ausbau

Achtung: Beim Ausbau der Gelenkwelle stets nur am Gelenk und nicht an der Welle ziehen.

- Gang in Leerlaufstellung bringen; Automatikgetriebe auf Stellung »N«.

Achtung: Hohes Lösemoment der Radnabenmutter!

- Radnabenmutter ausbauen, siehe entsprechendes Kapitel.
- Reifen-Laufrichtung mit Pfeil am Reifen markieren. Radschrauben lösen. Fahrzeug vorne aufbocken und Rad abnehmen. **Achtung:** Unbedingt Hinweise im Kapitel »Rad aus- und einbauen« beachten.
- Falls eingebaut, untere Motorraumabdeckung ausbauen, siehe Seite 246.
- Spurstangenkopf aus dem Achsschenkel ausbauen, siehe Seite 135.
- Bremsschlauch aus der Halterung am Federbein ausbauen, siehe Seite 155.
- Koppelstange vom Federbein abschrauben, siehe Kapitel »Federbein aus- und einbauen«.

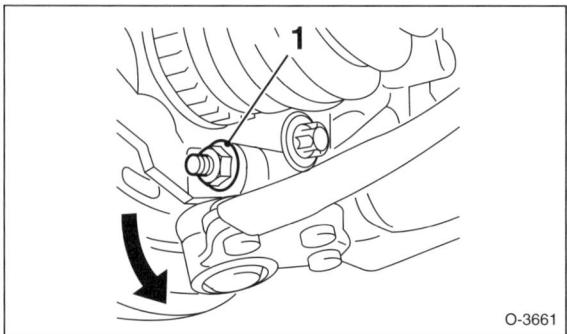

- Mutter –1– für Achsgelenk am Achsschenkel abschrauben und Schraube herausziehen.
- Aufnahme am Achsschenkel mit geeignetem Werkzeug, zum Beispiel einem Inbusschlüssel, spreizen. Achsgelenk nach unten drücken –Pfeil– und aus dem Achsschenkel herausziehen.
- Gelenkwelle mit Draht abstützen, damit die Gelenke beim Ausbau nicht bis zum Anschlag gebeugt werden.

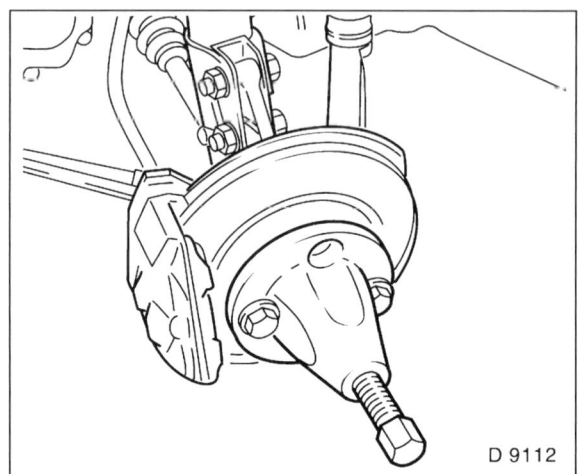

- Gelenkwelle aus der Radnabe herausziehen, indem das Federbein nach außen gezogen wird. Falls das nicht möglich ist, Gelenkwelle mit handelsüblichem Radnabenabzieher, zum Beispiel HAZET 781-5, herausdrücken.

Für den Abbau der Gelenkwelle vom Getriebe beziehungsweise von der Zwischenwelle werden unterschiedliche Trennmethoden angewendet. Dies hängt ab von der Zugänglichkeit der Trennstelle und der Beschaffenheit des Innengelenks der Welle (Gleichlauf-/Tripodegelenk). Anhand der Tabelle Motor der jeweiligen Trennmethode zuordnen.

Gelenkwelle	Motor	Trennmethode
links	alle Motoren	–1–, s. Abb. O-36108
rechts	1,3-l	–1–, s. Abb. O-36108
rechts	1,4-l / 1,6-l / 1,8-l / Z17DTL	–2–, s. Abb. O-36109
rechts	Z17DTH, 1,9-l / 2,0-l / 2,2-l	–3–, s. Abb. O-36110

Trennmethode 1

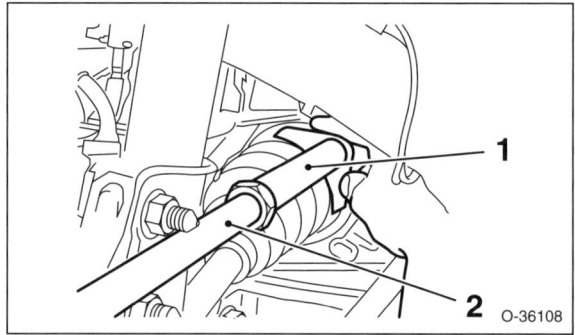

- **Linke Gelenkwelle:** Gelenkwelle mit der OPEL-Ausziehklaue KM-6003 –1– und dem OPEL-Schlagauszieher KM-313 –2– aus dem Getriebegehäuse beziehungsweise von der Zwischenwelle treiben. Ausziehklaue dabei am Flansch zwischen Getriebe/Zwischenwelle und Gelenkwelle ansetzen.

Trennmethode 2

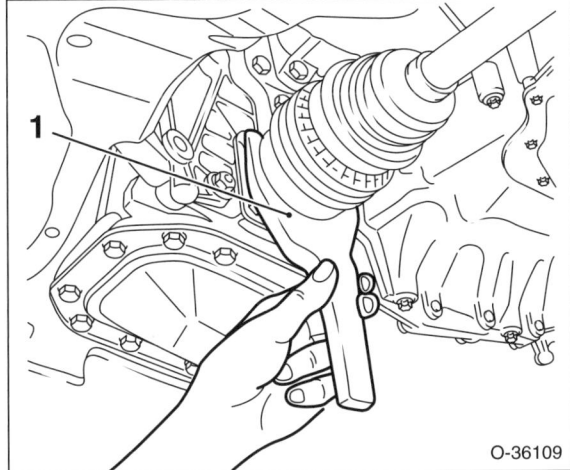

- **Rechte Gelenkwelle:** Gelenkwelle mit OPEL-Ausdrückwerkzeug KM-460-2-B –1– aus dem Getriebegehäuse beziehungsweise von der Zwischenwelle treiben. **Achtung:** Anstelle des OPEL-Werkzeugs kann auch ein Montierhebel genommen werden. Beim Ausheben der Gelenkwelle darauf achten, dass keine Teile beschädigt werden.

Trennmethode 3

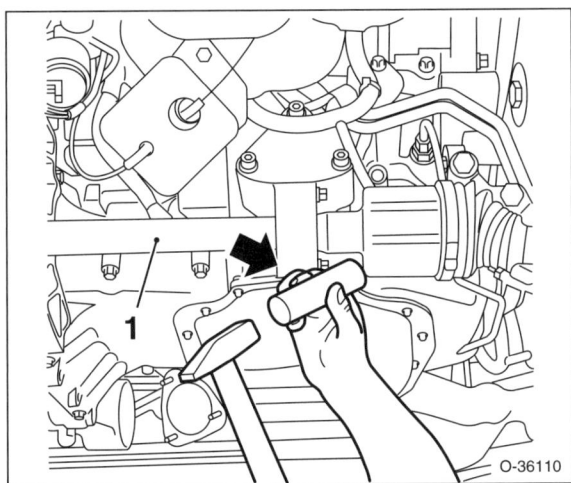

- **Rechte Gelenkwelle:** Gelenkwelle mit einem Kunststoffhammer und einem Messingdorn –Pfeil– von der Zwischenwelle –1– schlagen.

- Gelenkwelle vorsichtig aus dem Motorraum herausziehen.

Achtung: Aus dem Getriebegehäuse tritt beim Herausziehen der Gelenkwelle Öl aus. Auffanggefäß unterstellen und Öffnung schnell mit geeignetem Stopfen verschließen.

Einbau

Achtung: Die Welle vorsichtig behandeln, sie darf nicht längere Zeit auf den Faltenbälgen lagern.

- Lagerstellen und Verzahnungen im Getriebe beziehungsweise an der Zwischenwelle sowie an der Radnabe säubern und mit Getriebeöl schmieren.

Gleichlaufgelenk innen, Fahrzeuge ohne Zwischenwelle

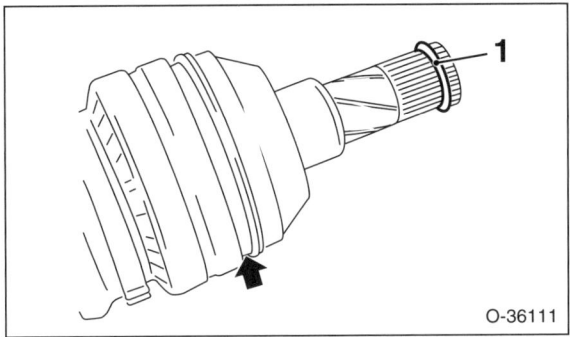

- Mit einem Schraubendreher Sicherungsring –1– aus der getriebeseitigen Gelenknut herausheben. **Neuen Sicherungsring** einsetzen, dabei nicht überdehnen.

- Verschlussstopfen am Getriebe abnehmen.

- Gelenkwelle in das Getriebegehäuse einführen, dabei Dichtring am Getriebe nicht beschädigen, gegebenenfalls Schutzhülse OPEL KM-6332 verwenden. Schutzhülse nach dem Einführen der Wellenverzahnung herausziehen.

- Gelenkwelle mit Draht abstützen, damit die Gelenke nicht bis zum Anschlag gebeugt werden.

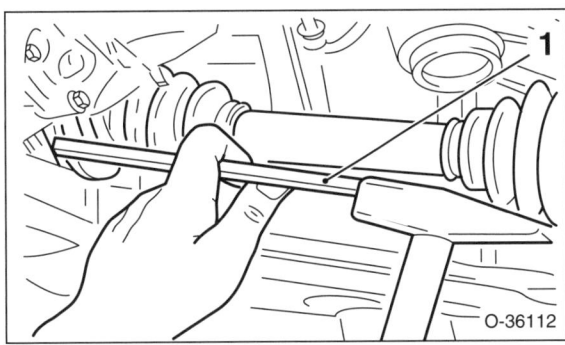

- Gelenkwelle mit einem Kunststoffhammer und einem Messingdorn –1– bis zum Einrasten des Sicherungsringes in das Getriebegehäuse eintreiben.

Hinweis: Messingdorn dabei an der Wulst der Schweißnaht –Pfeil– ansetzen, siehe Abbildung O-36111.

- Nach dem Einrasten des Sicherungsringes festen Sitz des Gelenkes durch Ziehen am **Gelenk** prüfen. Nicht an der Welle ziehen.

- Gelenkwelle in die Verzahnung der Radnabe einsetzen.

Gleichlaufgelenk innen, Fahrzeuge mit Zwischenwelle

- Neuen Sicherungsring an der Zwischenwelle einsetzen, siehe Kapitel »Zwischenwelle aus- und einbauen«.

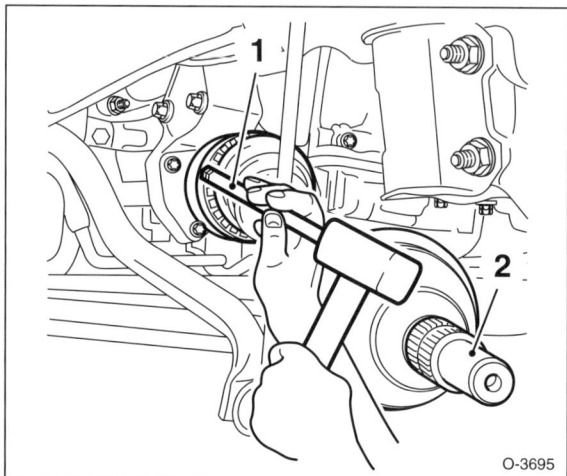

- Rechte Gelenkwelle –2– auf Zwischenwelle aufschieben.
- Gelenkwelle mit einem Messingdorn –1– auf die Zwischenwelle aufschlagen, bis zum Einrasten des Sicherungsringes. Dabei die Verzahnung nicht beschädigen.
- Nach dem Einrasten des Sicherungsringes festen Sitz des Gelenkes durch Ziehen am **Gelenk** prüfen. Nicht an der Welle ziehen.
- Gelenkwelle in die Verzahnung der Radnabe einsetzen.

Fahrzeuge mit Tripodegelenk innen

- Gelenkwelle in die Verzahnung der Radnabe einsetzen.
- Sicherungsring auf der Gelenkwelle beziehungsweise der Zwischenwelle ersetzen.
- Gelenkwelle vorsichtig ins Getriebe einführen beziehungsweise auf die Zwischenwelle aufstecken.

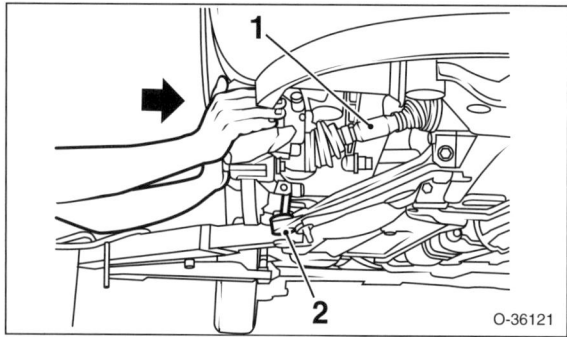

- Durch Drücken an der Bremsscheibe Gelenkwelle –1– einrasten. Dabei Achsgelenk –2– nicht beschädigen.
- Nach dem Einrasten des Sicherungsringes festen Sitz des Gelenkes durch Ziehen am **Gelenk** prüfen. Nicht an der Welle ziehen.

- **Neue Radnabenmutter** auf die Gelenkwelle aufschrauben und genügend fest anziehen.
- Sicherungsdraht für die Gelenkwelle entfernen.
- Achsgelenk in den Achsschenkel einsetzen. Schraube von vorne in den Achsschenkel einschieben und **neue Mutter** mit **50 Nm** festziehen.
- Koppelstange am Federbein anschrauben, siehe Kapitel »Federbein aus- und einbauen«.
- Spurstangenkopf am Achsschenkel einbauen, siehe Seite 135.
- Bremsschlauch in der Halterung am Federbein einbauen, siehe Seite 155.
- Getriebeölstand prüfen, Öl gegebenenfalls auffüllen, siehe Seite 32.
- Falls eingebaut, untere Motorraumabdeckung einbauen, siehe Seite 246.
- Radnabenmutter festziehen, siehe entsprechendes Kapitel.

Achtung: Hohes Anzugsmoment der Radnabenmutter!

- **Neue Staubkappe** auf die Radnabe aufdrücken.
- Reifen-Laufrichtung beachten, Rad anschrauben, Fahrzeug ablassen, erst dann Radschrauben über Kreuz mit **110 Nm** festziehen. **Achtung:** Unbedingt Hinweise im Kapitel »Rad aus- und einbauen« beachten.

Zwischenwelle aus- und einbauen

Vom Getriebe führt eine Zwischenwelle zur rechten Gelenkwelle, dadurch werden Drehschwingungen vermieden.

Ausbau

- Reifen-Laufrichtung mit Pfeil am Reifen markieren. Radschrauben lösen. Fahrzeug vorn aufbocken und rechtes Vorderrad abnehmen. **Achtung:** Unbedingt Hinweise im Kapitel »Rad aus- und einbauen« beachten.
- Koppelstange vom Federbein abschrauben, siehe Kapitel »Federbein aus- und einbauen«.
- Spurstangenkopf aus dem Achsschenkel ausbauen, siehe Seite 135.
- Achsgelenk aus dem Achsschenkel ausbauen, siehe Kapitel »Gelenkwelle aus- und einbauen«.
- Rechte Gelenkwelle aus der Radnabe ausbauen und mit Draht abstützen, siehe Kapitel »Gelenkwelle aus- und einbauen«.
- Rechte Gelenkwelle von der Zwischenwelle trennen, siehe Kapitel »Gelenkwelle aus- und einbauen«.

Achtung: Aus dem Getriebegehäuse tritt beim Herausziehen der Zwischenwelle Öl aus. Auffanggefäß unterstellen und Öffnung schnell mit geeignetem Stopfen verschließen.

ASTRA: 1,3-/1,9-l-Dieselmotor, ZAFIRA: Alle Motoren

- Bremsschlauch aus dem Bremssattel herausschrauben und aus der Halterung am Federbein ausbauen, siehe Seite 155.

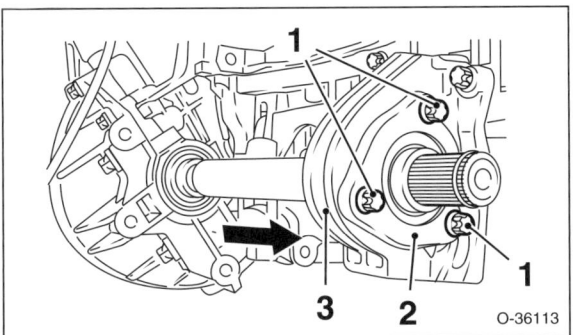

- 3 Schrauben –1– herausdrehen und Zwischenwelle mit Lagerflansch –2– durch den Haltebock –3– aus dem Getriebe herausziehen –Pfeil–.

ASTRA: 2,0-l-Benzinmotor/1,7-l-Dieselmotor

- Bremsschlauch aus der Halterung am Federbein ausbauen, siehe Seite 155.

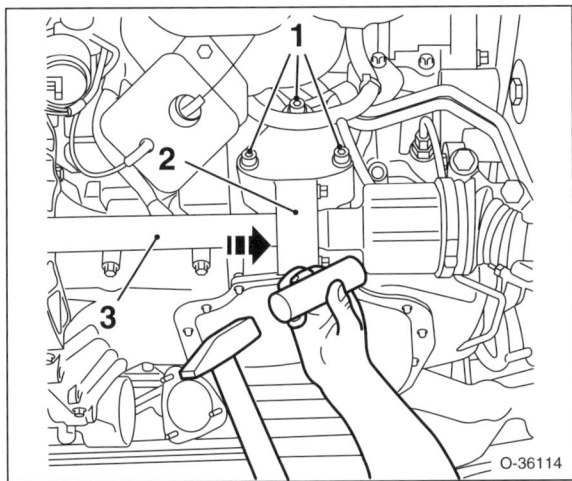

- 3 Schrauben –1– für Haltebock –2– aus dem Motorblock herausdrehen.
- Zwischenwelle –3– aus dem Getriebe herausziehen –Pfeil– und zusammen mit dem Haltebock aus dem Motorraum herausziehen.

Einbau

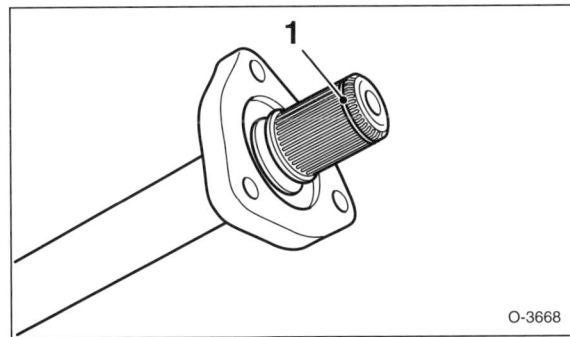

- Mit einem Schraubendreher Sicherungsring –1– von der Zwischenwelle abheben.
- **Neuen Sicherungsring** –1– an der Zwischenwelle einsetzen, Sicherungsring dabei bis in die Nut aufschieben. **Achtung:** Der Sicherungsring darf nicht zu weit auseinandergespreizt werden.

Hinweis: Zwischenwelle in einen Schraubstock einspannen. Dabei die Welle mit zwischengelegten Aluminiumblechen schützen.

- **1,3-/1,9-l-Dieselmotor, ASTRA und alle Motoren, ZAFIRA:** Zwischenwelle durch den Haltebock schieben und vorsichtig ins Getriebe einführen. Lagerflansch mit **18 Nm** am Haltebock festschrauben.
- **2,0-l-Benzinmotor/1,7-l-Dieselmotor, ASTRA:** Zwischenwelle vorsichtig ins Getriebe einführen. Haltebock mit **55 Nm** am Motorblock festschrauben

Hinweis: Beim Einschieben der Zwischenwelle Dichtring am Getriebe nicht beschädigen, gegebenenfalls Schutzhülse OPEL KM-6332 verwenden. Schutzhülse nach dem Einführen der Wellenverzahnung herausziehen.

- Rechte Gelenkwelle vorsichtig abhängen, über die Zwischenwelle aufschieben und einrasten, siehe Kapitel »Gelenkwelle aus- und einbauen«.
- Sicherungsdraht für die Gelenkwelle entfernen.
- **1,3-/1,9-l-Dieselmotor, ASTRA und alle Motoren, ZAFIRA:** Bremsschlauch in den Bremssattel einschrauben. Bremsanlage entlüften, siehe Seite 157.
- Bremsschlauch an der Halterung am Federbein einbauen, siehe Seite 155.
- Der weitere Einbau erfolgt in umgekehrter Ausbaureihenfolge.

Gelenkwelle zerlegen/ Manschette ersetzen

Defekte Gelenkmanschette (Faltenbalg) sofort erneuern, dazu muss die Gelenkwelle zerlegt werden. Falls Schmutz in das Fett eingedrungen ist, Gelenk auswaschen und mit neuem Spezialfett schmieren. **Achtung:** Auf peinlichste Sauberkeit achten. Jede noch so geringe Verschmutzung führt zur Zerstörung des Gelenkes.

Defekte Kugeln im Lager machen sich durch Lastwechselschlagen und Knackgeräusche bemerkbar. In diesem Fall Gelenk komplett erneuern.

Bei Fahrzeugen mit höherer Laufleistung empfiehlt es sich, beide Manschetten auszuwechseln. Auch wenn beide Manschetten erneuert werden sollen, immer nur ein Gelenk ausbauen.

Achtung: Je nach Motor-/Getriebekombination ist das getriebeseitige Gelenk (Innengelenk) als Gleichlauf-Kugelgelenk oder als Tripode-Gelenk ausgelegt. Das Tripodegelenk hat anstelle der Kugeln 3 Rollen, die um 120° versetzt auf einem Tripodestern angeordnet sind.

Gleichlaufgelenk außen

Ausbau

- Gelenkwelle ausbauen, siehe entsprechendes Kapitel.
- Gelenkwelle in Schraubstock spannen. Dabei die Welle mit Aluminiumblechen schützen.
- Manschettenbänder an der Gelenkmanschette mit Seitenschneider auftrennen und abnehmen.
- Manschette an der Gelenkwelle mit Seitenschneider aufschneiden. **Achtung:** Gelenk und Welle dabei nicht beschädigen.

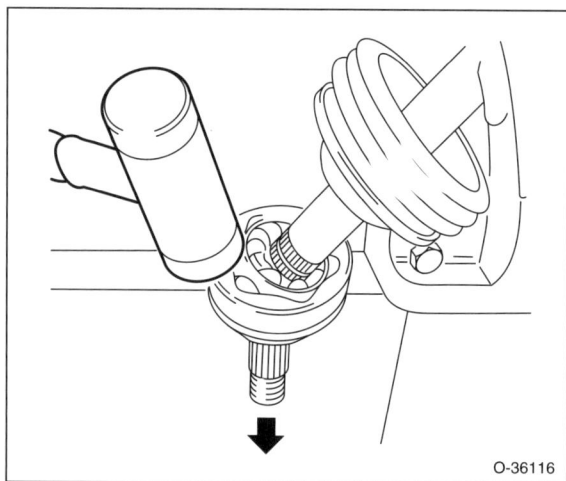

- Gelenkmanschette zurückschieben und Gelenk mit Kunststoffhammer von der Wellenverzahnung abtreiben –Pfeil–.
- Manschette von der Gelenkwelle abziehen.

Einbau

Achtung: Spröde oder gerissene Manschetten ersetzen. Defekte Gelenke grundsätzlich komplett erneuern.

- Alte Fettfüllung aus dem Gelenk herausnehmen. Gelenk gründlich mit Benzin auswaschen.
- Mit einem Holzspachtel Gelenk-Hohlräume mit neuem Spezialfett füllen, zum Beispiel LM 47 von Liqui Moly.

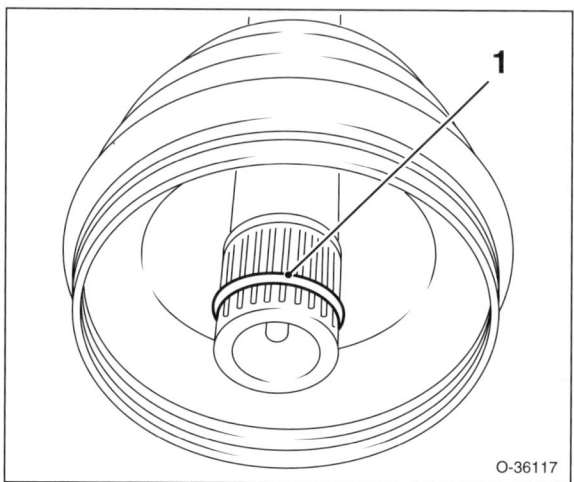

- **Neuen** Sicherungsring –1– an der Welle einsetzen. Dabei darauf achten, dass der Sicherungsring einwandfrei in seiner Nut sitzt.
- Manschette auf die Gelenkwelle aufschieben.
- Restliches Fett in Manschette einfüllen.
- Gelenk auf die Wellenverzahnung aufschieben und mit Kunststoffhammer bis zum Einrasten des Sicherungsringes aufschlagen.
- **Neue** Manschette über das Gelenk schieben. **Hinweis:** Die Manschette muss dabei in der Nut des Gelenks und in der Nut der Welle sitzen.
- Mit Schraubendreher Manschette an der Welle etwas anheben und entlüften.
- **Neue Manschettenbänder** um die Manschette legen. **Achtung:** Die Manschette darf gegenüber der Gelenkwelle nicht verdreht sitzen.

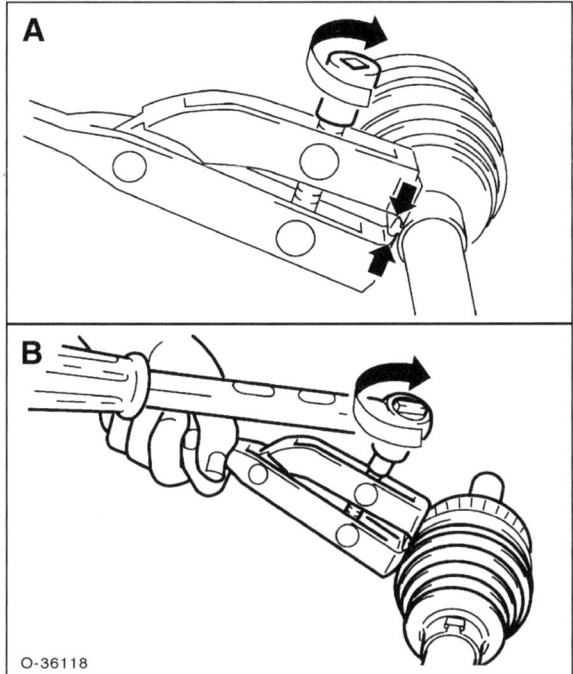

Gleichlaufgelenk innen

Der Aus- und Einbau des getriebeseitigen Gelenks erfolgt in ähnlicher Weise wie beim Außengelenk. Hier werden nur die Unterschiede beschrieben.

Ausbau

- Einbaulage der Manschette auf der Gelenkwelle markieren.

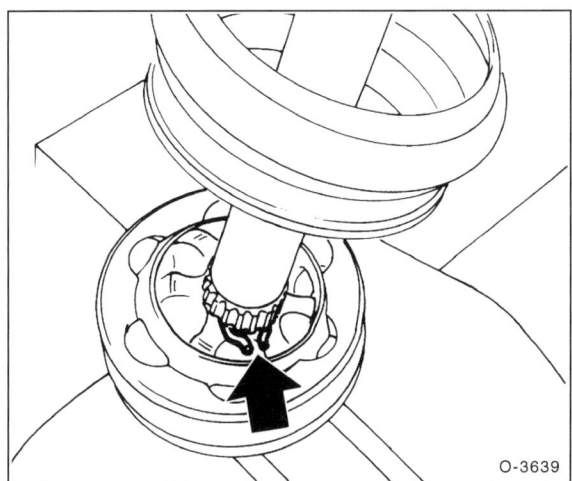

- Gelenkmanschette zurückschieben und Fettfüllung aus dem Gelenk herausnehmen, bis der Sicherungsring –Pfeil– sichtbar ist.

- **Außengelenk:** Mit Spannzange, zum Beispiel HAZET 1847, Manschettenbänder zunächst von Hand anziehen –Pfeil A–. Anschließend mit Drehmomentschlüssel und **25 Nm** festziehen –Pfeil B–. **Hinweis:** Das Gewinde der Zange muss leichtgängig sein, gegebenenfalls vorher mit MoS_2-Fett schmieren.

Achtung: An den **radseitigen,** äußeren Gelenken werden Edelstahl-Manschettenbänder verwendet. Um die nötige Spannkraft zu erreichen, müssen die Manschettenbänder mit Drehmoment angezogen werden.

- Gelenkwelle einbauen, siehe entsprechendes Kapitel.

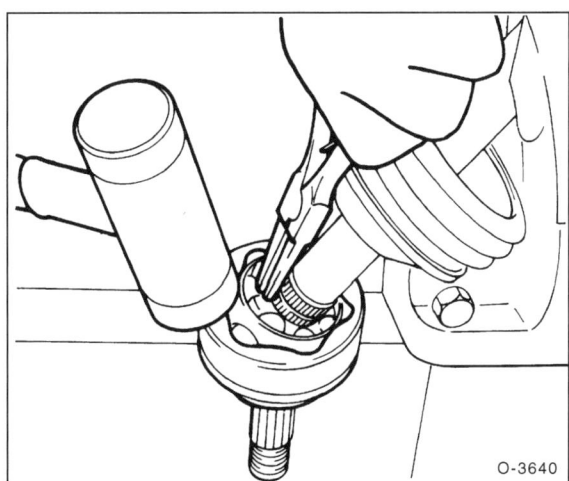

- Sicherungsring im Gelenk mit einer Zange spreizen und dabei Gelenk mit Kunststoffhammer von der Wellenverzahnung abtreiben.

Einbau

- **Neuen** Sicherungsring im Gelenk einsetzen. Dabei darauf achten, dass der Sicherungsring einwandfrei in seiner Nut sitzt.

- **Neue** Manschette bis zur Markierung über die Gelenkwelle schieben.

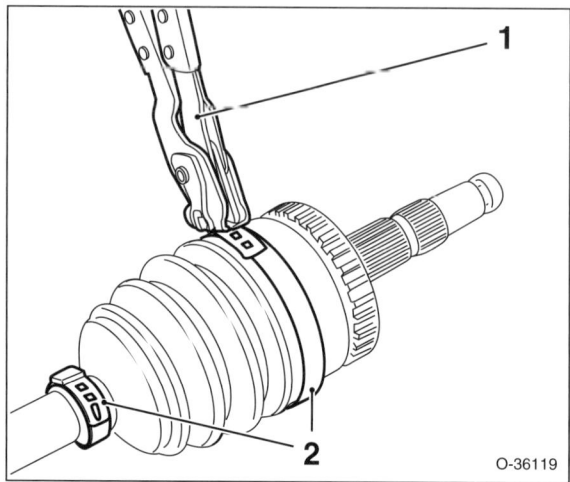

- Manschettenbänder –2– über die Manschette legen und mit Klemmzange –1–, zum Beispiel HAZET 1847-1, spannen.

Tripodengelenk innen

Das Tripodegelenk kann nicht von der Gelenkwelle ausgebaut werden. Zum Ausbau der getriebeseitigen Manschette muss das Außengelenk ausgebaut werden.

Hinweis: Beim 1,8-l-Benzinmotor Z18XE mit Automatikgetriebe AF17 ist der Ausbau der inneren Manschette nicht möglich, weil die Gelenkwelle mit einem Tilgergewicht versehen ist. In diesem Fall muss eine neue Gelenkwelle verwendet werden; das radseitige Gleichlaufgelenk kann dabei auf die neue Welle umgebaut werden.

Ausbau

- Gelenkwelle ausbauen, siehe entsprechendes Kapitel.
- Gelenkwelle in Schraubstock spannen. Dabei die Welle mit Aluminiumblechen schützen.
- Einbaulage der Manschette auf der Gelenkwelle markieren.

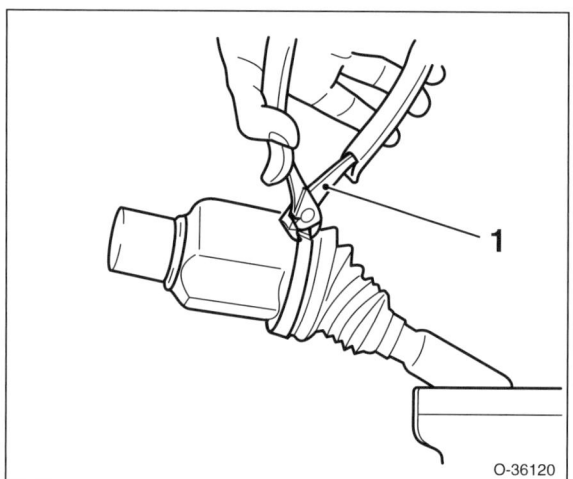

- Manschettenbänder an der Gelenkmanschette mit Seitenschneider –1– auftrennen und abnehmen.
- Getriebeseitige Manschette an der Gelenkwelle mit Seitenschneider aufschneiden.
- Außengelenk und radseitige Manschette von der Gelenkwelle ausbauen, siehe entsprechenden Abschnitt.
- Getriebeseitige Manschette über die Gelenkwelle ziehen und ausbauen.

Einbau

- Alte Fettfüllung aus dem getriebeseitigen Tripodegelenk herausnehmen. Gelenk gründlich mit Benzin auswaschen.
- Mit einem Holzspachtel Gelenk-Hohlräume mit neuem Spezialfett füllen, zum Beispiel LM 47 von Liqui Moly.
- **Neue,** getriebeseitige Manschette bis zur Markierung über die Gelenkwelle schieben.
- Manschettenbänder über die Manschette legen und mit Klemmzange, zum Beispiel HAZET 1847-1, spannen, siehe Abschnitt »Gleichlaufgelenk innen«.
- Radseitige Manschette und Außengelenk einbauen, siehe entsprechenden Abschnitt.
- Gelenkwelle einbauen, siehe entsprechendes Kapitel.

Gelenkwelle/Manschetten/Gelenke

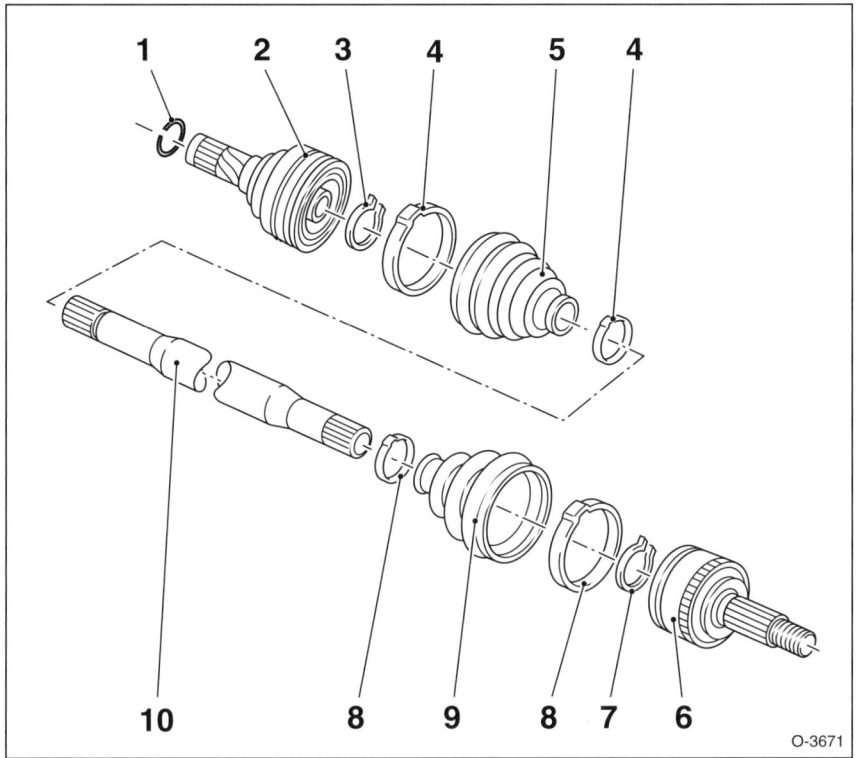

Gelenkwelle mit Gleichlaufgelenken

1 – Sicherungsring auf der Welle
2 – Gleichlaufgelenk Getriebeseite
3 – Sicherungsring im Gelenk
4 – Manschettenbänder (Gleichlaufgelenk Getriebeseite)
5 – Manschette Getriebeseite
6 – Gleichlaufgelenk Radseite
7 – Sicherungsring im Gelenk
8 – Manschettenbänder (Gleichlaufgelenk Radseite)
9 – Manschette Radseite
10 – Gelenkwelle

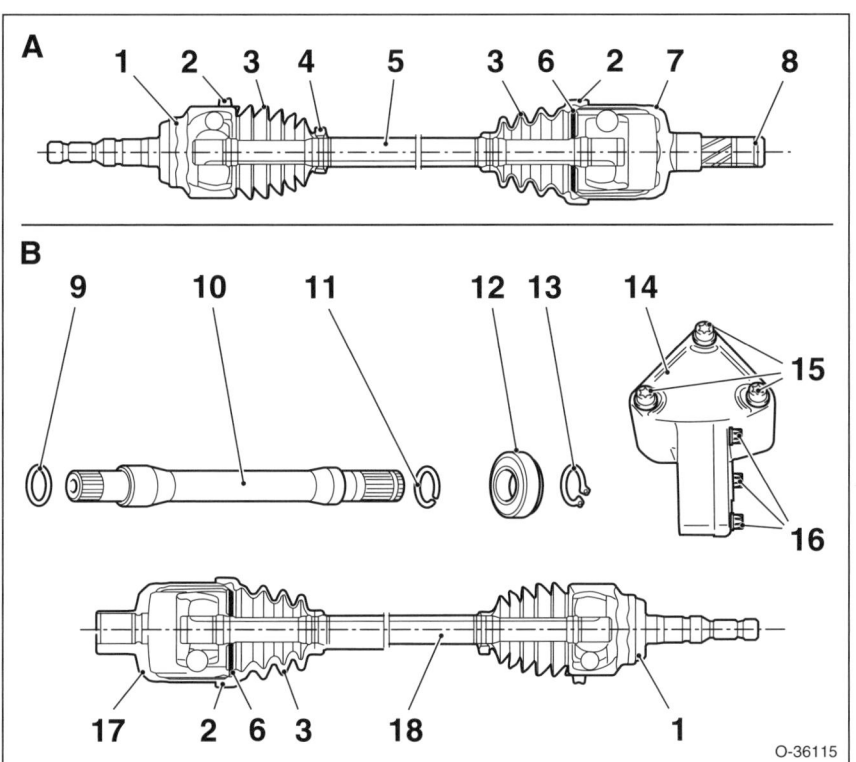

Gelenkwelle mit Tripodegelenk innen und Zwischenwelle

1 – Gleichlaufgelenk Radseite
2 – Manschettenbänder, groß
3 – Manschette
4 – Manschettenband, klein
5 – Gelenkwelle links
6 – Sicherungsring im Tripodegelenk
7 – Tripodegelenk innen (Getriebeseite)
8 – Sicherungsring auf der Welle (Getriebeseite)
9 – O-Ring auf der Zwischenwelle (Getriebeseite)
10 – Zwischenwelle
11 – Sicherungsring auf der Zwischenwelle
12 – Lager der Zwischenwelle
13 – Sicherungsring
14 – Haltebock für Zwischenwelle
15 – Schrauben für Haltebock, 55 Nm
16 – Schrauben für Lagerflansch, 18 Nm
17 – Tripodegelenk innen (mit Verzahnung für Zwischenwelle)
18 – Gelenkwelle rechts

Hinterachse

Die Verbundlenker-Hinterachse des ASTRA/ZAFIRA besteht aus dem Achskörper mit U-Profil, an dem beidseitig die Längslenker angeschweißt sind. Der verdrehbare Achskörper wirkt zusätzlich als Stabilisator, der die Kurvenneigung des Fahrzeuges verringert und dadurch das Fahrverhalten stabilisiert. Die Hinterachse ist über Gummimetalllager mit dem Aufbau verbunden. Abgefedert wird das Fahrzeug hinten durch 2 Miniblock-Schraubenfedern und 2 hydraulisch arbeitende Stoßdämpfer. Schraubenfedern und Stoßdämpfer sind getrennt angeordnet, wodurch eine große Laderaumbreite verwirklicht werden konnte.

Einstellwert für die **Hinterachse**:
Spur ASTRA Limousine . . . . +0°10' + 30'/- 20'
Spur ASTRA CARAVAN/ZAFIRA . . . . . . +0°05' + 30'/- 20'

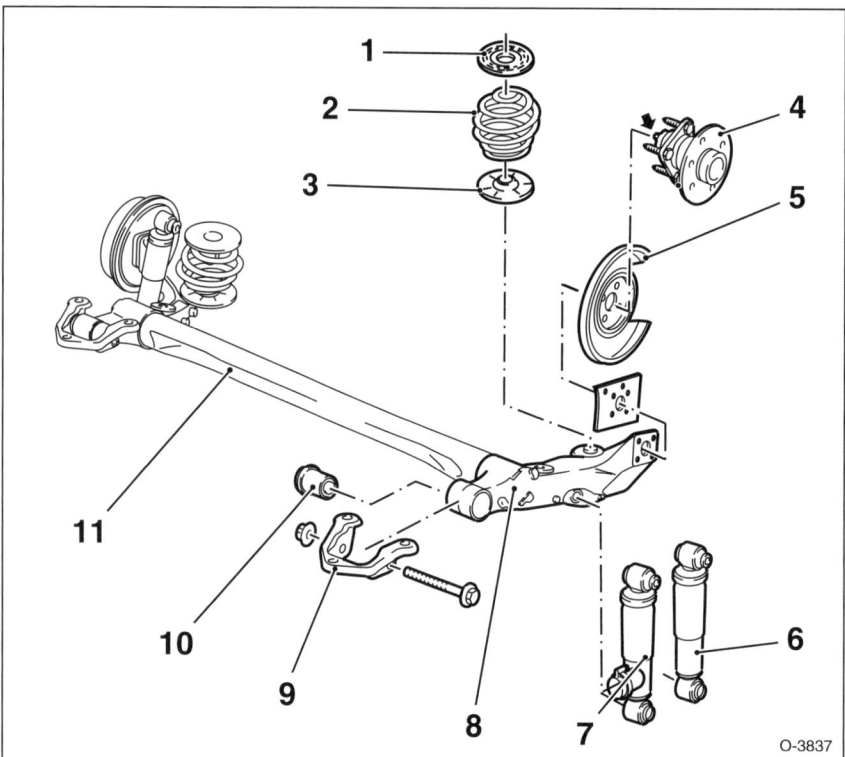

1 – Dämpfungsring oben
2 – Schraubenfeder
3 – Dämpfungsring unten
4 – Radlager mit Radsensor (Pfeil)
5 – Bremsabdeckblech
6 – Stoßdämpfer
  Ohne Dämpferregelung.
7 – Stoßdämpfer
  Mit stufenloser, elektronischer Dämpferregelung (CDC).
8 – Längslenker
9 – Halter Hinterachse
10 – Dämpfungsbuchse
11 – Hinterachskörper

Stoßdämpfer an der Hinterachse aus- und einbauen

Achtung: Stoßdämpfer immer paarweise austauschen, also an beiden Fahrzeugseiten. Es gibt unterschiedliche Ausführungen; deshalb nur die für die jeweilige Fahrzeugausführung vorgesehenen Ersatzteile verwenden.

Achtung: Bedingt durch die Achskonstruktion können die Stoßdämpfer nur nacheinander aus- und eingebaut werden. Werden beide Stoßdämpfer gleichzeitig gelöst, fällt die Hinterachse nach unten.

Ausbau

- Reifen-Laufrichtung mit Pfeil am Reifen markieren. Radschrauben lösen. Fahrzeug hinten aufbocken und Rad abnehmen. **Achtung:** Unbedingt Hinweise im Kapitel »Rad aus- und einbauen« beachten.

> **Sicherheitshinweis**
> Beim Aufbocken des Fahrzeugs besteht Unfallgefahr! Hinweise im Kapitel »Fahrzeug aufbocken« beachten.

- Fahrzeuge mit elektronischer Dämpferregelung (CDC): Stecker vom Druckregler am Stoßdämpfer abziehen.
- Mit einem Werkstattwagenheber Längslenker der Hinterachse im Bereich des Stoßdämpfers etwas anheben. Damit ist sichergestellt, dass die Feder nicht wegspringen kann. Darauf achten, dass das Fahrzeug beim Anheben nicht von den Böcken rutscht. **Unfallgefahr!**

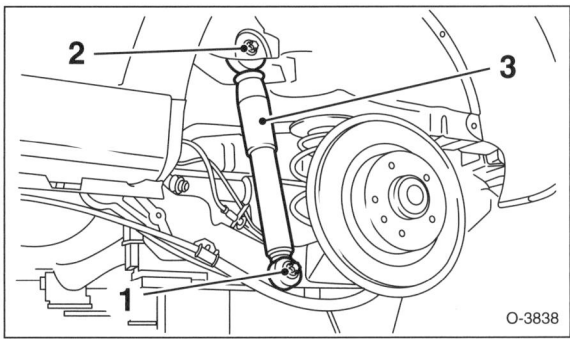

- Untere Schraube –1– für Stoßdämpfer –3– herausdrehen.
- Obere Schraube –2– herausdrehen und Stoßdämpfer –3– nach unten aus dem Radkasten herausnehmen.

Einbau

- Stoßdämpfer prüfen, siehe Seite 117.
- Stoßdämpfer oben in den Halter am Fahrzeugunterbau einsetzen. Befestigungsschraube am Halter ansetzen und mit **90 Nm** festziehen.
- Stoßdämpfer an der Hinterachse mit **110 Nm** festschrauben.
- Werkstattwagenheber unter der Hinterachse entfernen.

- Fahrzeuge mit elektronischer Dämpferregelung (CDC): Stecker am Stoßdämpfer aufschieben.
- Reifen-Laufrichtung beachten, Rad anschrauben, Fahrzeug ablassen, erst dann Radschrauben über Kreuz mit **110 Nm** festziehen. **Achtung:** Unbedingt Hinweise im Kapitel »Rad aus- und einbauen« beachten.
- Stoßdämpfer am anderen Hinterrad in gleicher Weise ersetzen.

Schraubenfeder an der Hinterachse aus- und einbauen

Achtung: Schraubenfedern immer paarweise austauschen, also an beiden Fahrzeugseiten. Es gibt unterschiedliche Ausführungen und Federhärten; deshalb nur die für die jeweilige Fahrzeugausführung vorgesehenen Ersatzteile verwenden.

Ausbau

- Reifen-Laufrichtung mit Pfeil am Reifen markieren. Radschrauben lösen. Fahrzeug hinten aufbocken und Rad abnehmen. **Achtung:** Unbedingt Hinweise im Kapitel »Rad aus- und einbauen« beachten.
- Mit einem Werkstattwagenheber Längslenker der Hinterachse etwas anheben und untere Schraube für Stoßdämpfer herausdrehen, siehe Kapitel »Stoßdämpfer an der Hinterachse aus- und einbauen«.
- Werkstattwagenheber absenken, bis die Hinterachse frei hängt und die Schraubenfeder entlastet ist.

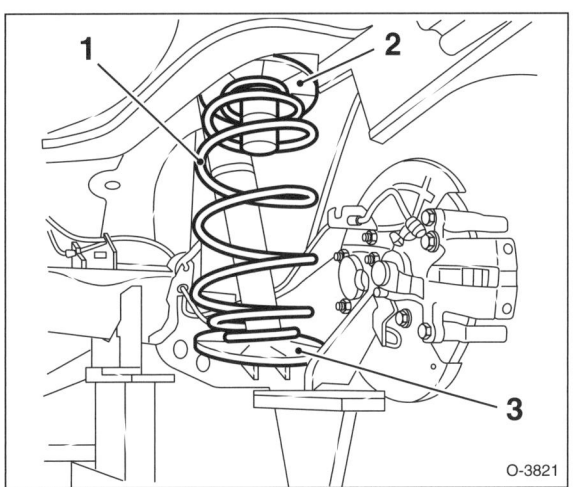

- Hinterachse nach unten drücken und Schraubenfeder –1– mit Dämpfungsring oben –2– und unten –3– herausnehmen.

Achtung: Dabei darauf achten, dass die Bremsschläuche nicht gedehnt werden.

Hinweis: Auf die Einbaulage der Dämpfungsringe achten.

- Dämpfungsringe aus der Feder herausnehmen und auf Verschleiß prüfen, gegebenenfalls erneuern.

Einbau

- Dämpfungsringe in die Schraubenfeder einsetzen, dabei auf korrekten Sitz der Dämpfungsringe achten.
- Hinterachse nach unten drücken und Schraubenfeder mit Dämpfungsringen in den Federsitz am Fahrzeug-Unterboden und an der Hinterachse einsetzen.
- Hinterachse mit Werkstattwagenheber anheben und Stoßdämpfer mit **110 Nm** an der Hinterachse anschrauben.
- Werkstattwagenheber absenken und entfernen.
- Reifen-Laufrichtung beachten, Rad anschrauben, Fahrzeug ablassen, erst dann Radschrauben über Kreuz mit **110 Nm** festziehen. **Achtung:** Unbedingt Hinweise im Kapitel »Rad aus- und einbauen« beachten.
- Schraubenfeder am anderen Hinterrad in gleicher Weise ersetzen.

Radlager/Radlagereinheit hinten aus- und einbauen

In der Radlagereinheit sind Radlager und Radnabe integriert. Die Radlagereinheit ist wartungsfrei, sie muss weder eingestellt noch geschmiert werden.

Ausbau

- Reifen-Laufrichtung mit Pfeil am Reifen markieren. Radschrauben lösen. Fahrzeug hinten aufbocken und Rad abnehmen. **Achtung:** Unbedingt Hinweise im Kapitel »Rad aus- und einbauen« beachten.
- Bremssattelträger hinten ausbauen. **Achtung:** Hohes Lösemoment, siehe Seite 149.
- Bremsscheibe hinten ausbauen, siehe Seite 150.

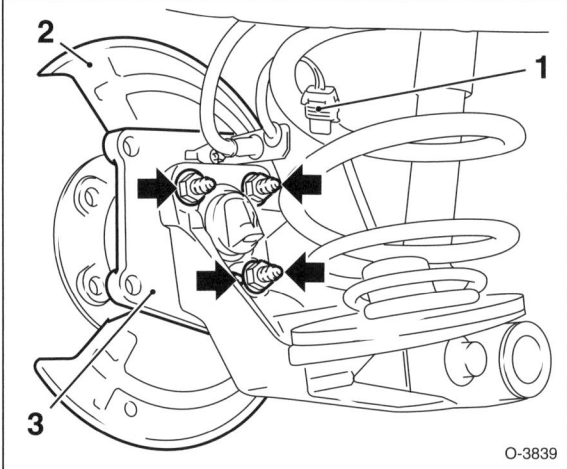

- Stecker –1– vom ABS-Sensor abziehen.
- 4 Muttern –Pfeile– abschrauben und Radlagereinheit –3– mit Bremsabdeckblech –2– vom Längslenker abnehmen.

Einbau

- Radlagereinheit mit Bremsabdeckblech am Längslenker anschrauben und **neue Muttern** in 3 Stufen festziehen:
  1. Stufe: . . mit Drehmomentschlüssel **50 Nm** anziehen.
  2. Stufe: . . . . mit starrem Schlüssel **30°** weiterdrehen.
  3. Stufe: . . . . mit starrem Schlüssel **15°** weiterdrehen.

Hinweis: Um die Winkelgrade beim Anziehen einzuhalten, ist es sinnvoll, eine Winkelscheibe aus Pappe auszuschneiden oder die Winkelscheibe HAZET 6690 zu verwenden.

- Der weitere Einbau erfolgt in umgekehrter Ausbaureihenfolge.
- Handbremse einstellen, siehe Seite 154.

Lenkung/Airbag

Die Lenkung besteht im Wesentlichen aus dem Lenkrad mit der Lenksäule, dem Zahnstangen-Lenkgetriebe und den Spurstangen. Die Lenksäule überträgt die Lenkbewegungen auf das Lenkgetriebe. Über eine Verzahnung im Lenkgetriebe wird die Zahnstange entsprechend dem Lenkradeinschlag nach links oder rechts bewegt. Die Spurstangen übertragen die Lenkkräfte über die Spurstangengelenke und Achsschenkel auf die Räder.

Die Zahnstangenlenkung ist spiel- und wartungsfrei, nur die Lenkmanschetten und Staubkappen der Spurstangenköpfe müssen im Rahmen der Wartung auf einwandfreien Zustand geprüft werden.

Der Kraftaufwand beim Einschlagen der Räder, insbesondere bei stehendem Fahrzeug, wird durch eine **elektrohydraulische Lenkhilfe** (Servolenkung) verringert. Die Lenkhilfe besteht aus der elektrischen Ölpumpe, dem darüber liegenden Vorratsbehälter und den Öldruckleitungen. Die Pumpe saugt das Hydrauliköl aus dem Vorratsbehälter an und fördert es mit hohem Druck zum Lenkgetriebe. Dort wird das Öl je nach Lenkeinschlag in die entsprechende Seite des Arbeitszylinders geleitet. Das Öl drückt gegen den Zahnstangenkolben und unterstützt dadurch die Lenkbewegungen.

Je nach Motor werden Servolenkungen von zwei verschiedenen Herstellern eingebaut. Die Servolenkung von TRW ist an dem runden Vorratsbehälter und den festverbundenen elektrischen Anschlüssen an der Ölpumpe zu erkennen. Die Servolenkung von ZF hat einen runden und an zwei Seiten abgeflacheten Vorratsbehälter.

Achtung: Die angegebenen Anzugsdrehmomente sind unbedingt einzuhalten. Bei mangelnder Erfahrung sollten Arbeiten an der Lenkung von einer Fachwerkstatt durchgeführt werden.

> **Sicherheitshinweis**
> Schweiß- und Richtarbeiten an Bauteilen der Lenkung **sind nicht zulässig. Selbstsichernde Schrauben/Muttern** sowie korrodierte Schrauben/Muttern im Reparaturfall **immer ersetzen**.

Im Lenkrad ist der Fahrer-**Airbag** untergebracht. Der Airbag ist ein zusammengefalteter Luftsack, der im Fall einer Frontalkollision aufgeblasen wird und dadurch Oberkörper und Kopf des Fahrers vor einem Aufprall auf das Lenkrad schützt. Bei einer entsprechend starken Frontalkollision wird über ein Steuergerät eine kleine Sprengladung im Gasgenerator der Airbag-Einheit gezündet. Es entstehen Explosionsgase, die den Luftsack innerhalb weniger Millisekunden aufblasen. Diese Zeit reicht aus, um den Aufprall des nach vorn schnellenden Fahrer-Oberkörpers zu dämpfen. Der Airbag fällt anschließend innerhalb weniger Sekunden wieder in sich zusammen, da die Gase durch Austrittsöffnungen entweichen.

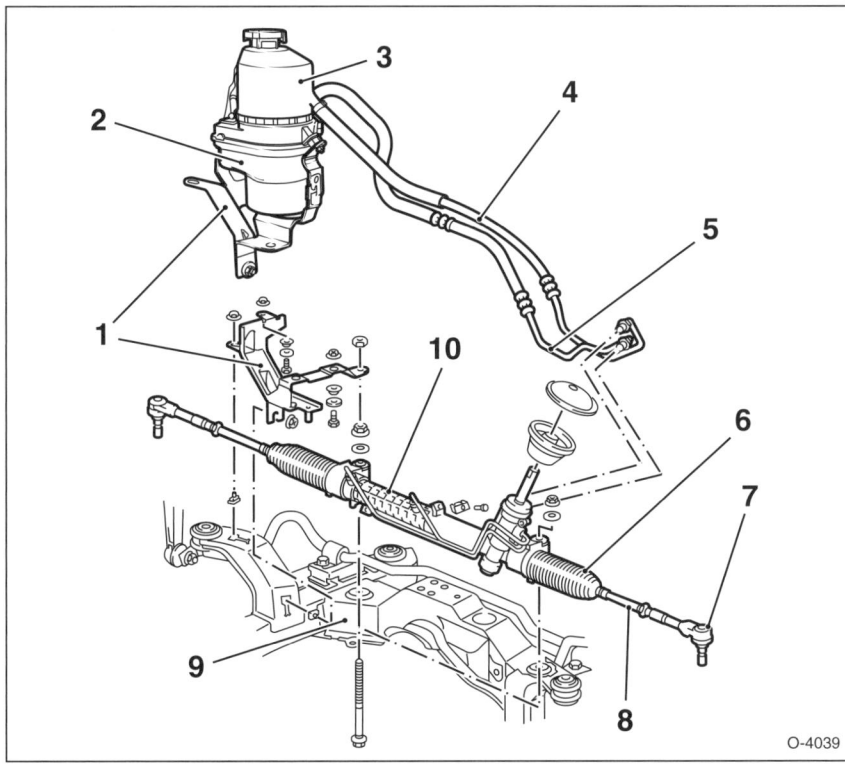

Servolenkung von TRW

1 – Halterung für elektrohydraulische Versorgungseinheit
2 – Elektrische Ölpumpe
3 – Vorratsbehälter
4 – Rücklaufleitung
5 – Druckleitung
6 – Manschette
7 – Spurstangenkopf
8 – Spurstange
   Achtung: Ab 2/07 geänderte Spurstange darf nur mit zugehöriger Manschette –6– eingebaut werden.
9 – Vorderachsträger
10 – Lenkgetriebe

Airbag-Sicherheitshinweise

Das Airbag-System besteht aus Aufprallsensor, Gasgenerator, Steuergerät und Airbag. Das Aufblasen des Airbags wird elektrisch ausgelöst. Serienmäßig ist der ASTRA/ZAFIRA mit Front-, Seiten- sowie Kopf-Airbags einschließlich Gurtstraffern ausgestattet.

Auf dem Beifahrersitz darf kein gegen die Fahrtrichtung angeordneter Babysitz montiert werden, wenn der Beifahrer-Airbag aktiviert ist; ausgenommen ist ein spezieller Kindersitz in Zusammenhang mit der automatischen Kindersitzerkennung.

Achtung: Aus Sicherheitsgründen keine Arbeiten an Teilen des Airbag- oder Gurtstraffer-Systems durchführen.

Folgende Hinweise unbedingt beachten:

- Zuerst Batterie-Massekabel (–) und anschließend Batterie-Pluskabel (+) abklemmen. **Achtung:** Hinweise im Kapitel »Batterie aus- und einbauen« durchlesen.
- Batteriepole isolieren, um einen versehentlichen Kontakt zu vermeiden.
- Vor dem Abklemmen von Airbag-Komponenten **1 Minute warten**, um Restspannungen abzubauen.
- Vor dem Abnehmen (Berühren) der Airbag-Einheit elektrostatische Aufladung abbauen. Dazu kurz den Schließkeil der Tür oder die Karosserie anfassen.

Achtung: Beim Anklemmen der Batterie darf sich keine Person im Innenraum des Fahrzeuges aufhalten.

Speziell beim Fahrer-Airbag ist Folgendes zu beachten:

- Räder in Geradeausstellung, Lenkrad in Mittelstellung bringen.
- Die Airbag-Einheit ist im ausgebauten Zustand immer so abzulegen, dass das Lenkradpolster nach oben zeigt. Bei umgekehrter Lagerung besteht die Gefahr, dass bei eventueller Zündung der Gasgenerator nach oben geschleudert wird. Dadurch erhöht sich die Verletzungsgefahr.

Allgemeine Hinweise:

- Niemals Airbag-Komponenten oder das Lenkrad eines anderen Fahrzeugs einbauen. Beim Austausch stets neue Teile verwenden.
- Selbst nach einem leichten Unfall, der nicht zum Auslösen des Airbags führte, Airbag- und Gurtstraffer-System von einer Fachwerkstatt überprüfen lassen.
- **Das Airbag-System darf nur in der Fachwerkstatt geprüft werden. Keinesfalls mit Prüflampe, Voltmeter oder Ohmmeter prüfen.**
- Airbag-Komponenten, die aus einer Höhe von mehr als 80 cm fallengelassen wurden, müssen grundsätzlich ersetzt werden.
- Airbag-Komponenten vor großer Hitze und direkter Flammeneinwirkung schützen und keinen Temperaturen über +80° C aussetzen, auch nicht kurzfristig.
- Airbag-Komponenten vor Kontakt mit Wasser, Fett oder Öl schützen. Sofort mit einem trockenem Lappen abwischen.
- Bei Arbeitsunterbrechung die Airbag-Einheit nicht unbeaufsichtigt liegen lassen.
- Die Airbag-Einheit darf nicht zerlegt werden, bei einem Defekt ist sie immer komplett zu ersetzen. Da die Airbag-Einheit Explosivstoffe enthält, ist sie unter Verschluss oder geeigneter Aufsicht aufzubewahren.
- Vor Verschrotten des Fahrzeugs müssen die Airbag-Einheiten entsorgt werden. Die Entsorgung erfolgt nur durch eine Fachwerkstatt.
- Zwischen Airbag und Insassen dürfen sich keine Gegenstände befinden. Genügend großen Abstand zum Airbag einhalten, damit sich der Airbag-Luftsack beim Auslösen entfalten kann.
- Lenkrad, Armaturentafel und Vordersitzlehnen im Bereich der Airbag-Einheit nicht bekleben und von Gegenständen freihalten.
- An den Haken der Handgriffe nur leichte Kleidungsstücke ohne Kleiderbügel aufhängen. Keine Gegenstände in den Taschen der Kleidungsstücke belassen.
- Die Airbag-Kontrolllampe im Kombiinstrument muss beim Einschalten der Zündung aufleuchten und nach etwa 4 Sekunden erlöschen. Andernfalls liegt eine Störung vor.

Speziell beim Seitenairbag ist Folgendes zu beachten:

- Es dürfen nur original Sitzbezüge und Rücksitzbezüge verbaut werden, die für Seitenairbags freigegeben sind (erkennbar am Airbag-Annäher auf dem Bezug).
- Die Rückenlehnen dürfen nicht mit Schonbezügen überzogen werden, da dadurch die Funktion des Seitenairbags beeinflusst wird.
- Sitzplatzauflagen, -matten oder Ähnliches, die die Funktion der Sitzbelegungserkennung und der Airbags beeinträchtigen, sind nicht zulässig.
- Bei Beschädigung des Bezuges (durch Risse, Brandlöcher usw.) im Bereich des Seitenairbags ist aus Sicherheitsgründen immer der Bezug zu wechseln, da sich sonst der Seitenairbag nicht richtig entfaltet.
- Nicht mit der Polsternadel oder ähnlich spitzen Gegenständen im Bereich Airbag und Sensormatte in den Bezug stechen.

Speziell beim Kopfairbag ist Folgendes zu beachten:

- Kopfairbag nicht knicken oder verdrehen.
- Beschädigte Verkleidungen an den Fahrzeugsäulen immer ersetzen, nie reparieren.

Airbag-Einheit aus- und einbauen

Ausbau

- Airbag-Sicherheitshinweise durchlesen und befolgen.
- Batterie abklemmen. Achtung: Hinweise im Kapitel »Batterie aus- und einbauen« beachten.
- Batteriepole isolieren.

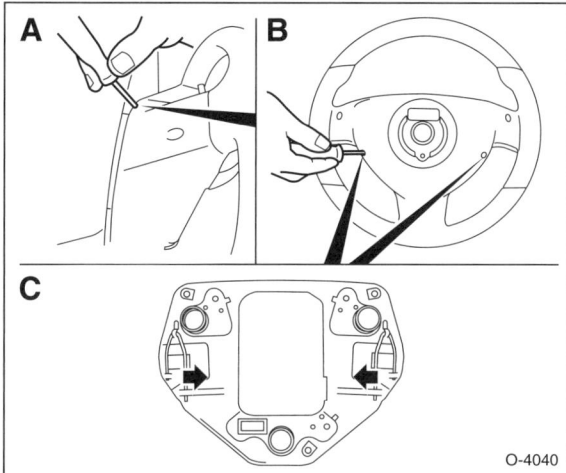

- –A–: Lenkrad um 90° nach rechts drehen.
- –B–: Kleinen Schraubendreher in die Öffnung an der Rückseite des Lenkrades einführen.
- Haltedraht nach innen drücken –Pfeile C– und entriegeln. Darauf achten, dass der Haltedraht nicht verbogen wird.
- Lenkrad in die entsprechende Position nach links drehen und 2. Haltedraht in gleicher Weise entriegeln.
- Airbageinheit vorsichtig ein Stück vom Lenkrad abheben.

Achtung: Vor dem Abziehen der Kabel muss sich der Monteur elektrostatisch entladen. Dazu Schließkeil für Tür oder Karosserie kurz anfassen.

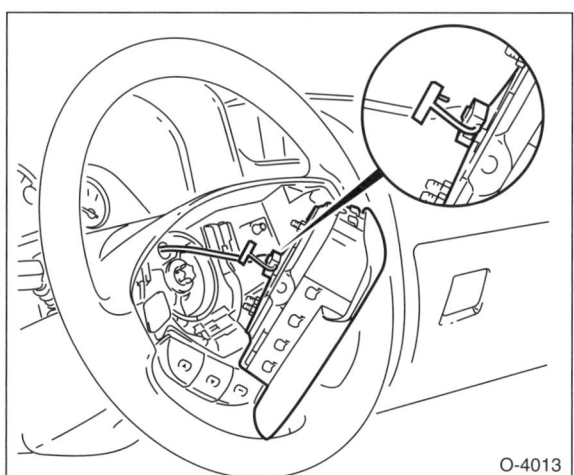

- Sicherungsnippel am Stecker herausziehen und Stecker von der Airbageinheit abziehen.

- Airbageinheit abnehmen und so ablegen, dass das Prallpolster nach oben zeigt.

Einbau

- Stecker an der Airbageinheit aufschieben und Sicherungsnippel einsetzen.
- Airbag-Einheit vorsichtig auf das Lenkrad setzen, dabei auf korrekten Sitz und gleichmäßige Spaltmaße achten.
- Airbag-Einheit an den Haltedrähten rechts und links einrasten.
- Isolierband an den Polen der Batterie entfernen und Batterie anklemmen. **Achtung:** Hinweise im Kapitel »Batterie aus- und einbauen« beachten.

Achtung: Beim Anklemmen der Batterie darf sich keine Person im Innenraum des Fahrzeuges aufhalten.

- Zündung einschalten; die Airbag-Kontrolllampe im Kombiinstrument muss für etwa 4 Sekunden aufleuchten.

Lenkrad aus- und einbauen

Ausbau

- Airbageinheit ausbauen, dabei Airbag-Sicherheitshinweise befolgen, siehe Seite 132.
- Räder in Geradeausstellung bringen, Zündschlüssel abziehen und Lenkradschloss einrasten lassen.

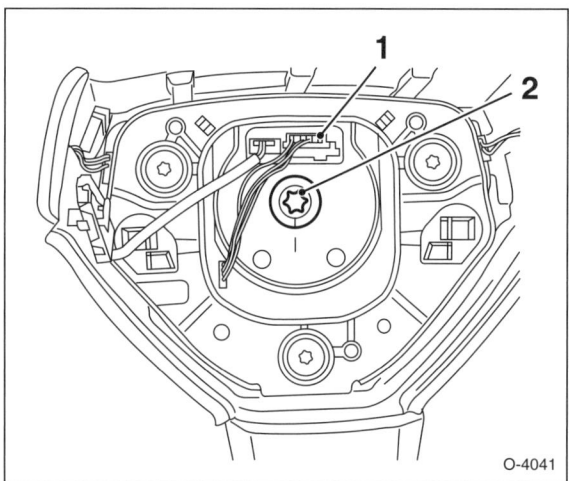

- Stecker –1– für Hupe und, falls vorhanden, für Radiofernbedienung entriegeln und trennen.
- Schraube –2– von der Lenkspindel abschrauben.
- Lenkrad von Hand von der Lenkspindel abziehen, dabei Kabel durch Lenkradnabe durchziehen.

Achtung: Lenkrad nicht ab- oder aufschlagen. Darauf achten, dass die Kabel beim Abziehen nicht beschädigt werden.

Einbau

- Gewinde in der Lenkspindel nachschneiden und säubern.

Achtung: Beim Aufsetzen des Lenkrades müssen sich die Räder in Geradeausstellung befinden.

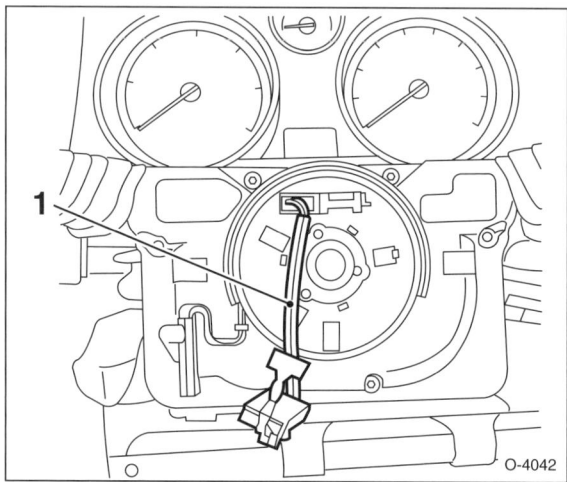

- Kabel –1– durch die Nabe des Lenkrades durchziehen.

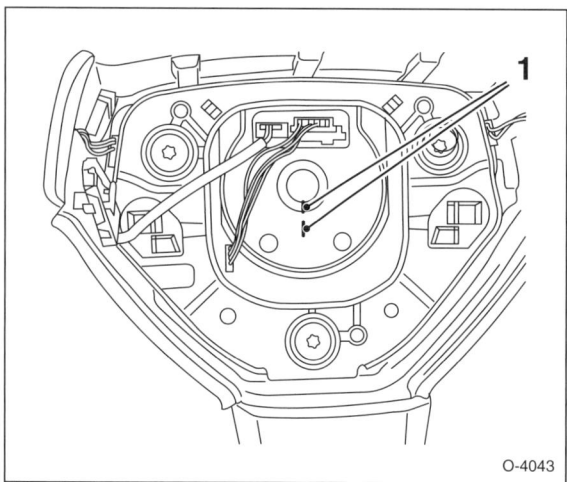

- Lenkrad so auf Lenkspindel aufsetzen, dass die Strichmarkierungen –1– auf der Nabe des Lenkrades und auf der Lenkspindel fluchten.

- **Neue Schraube** für Lenkrad mit Schraubensicherungsmittel, zum Beispiel LOCTITE 243, bestreichen, einsetzen und mit **30 Nm** festziehen.

- Stecker für Hupe und, falls vorhanden, für Radiofernbedienung anschließen. Auf korrekte Verlegung der Kabel achten.

- Airbageinheit einbauen, siehe entsprechendes Kapitel.

- Auf ebener Straße kontrollieren, ob das Lenkrad in Mittelstellung steht, gegebenenfalls Lenkrad umsetzen.

- Hupe und, falls vorhanden, Radiofernbedienung auf Funktion prüfen.

Kontakteinheit aus- und einbauen

In der Kontakteinheit sind die Lenkstockschalter für Blinker/Fernlicht und Scheibenwischer integriert.

Hinweis: Bei Austausch der Kontakteinheit Daten des Steuergerätes in der Werkstatt abgleichen.

Ausbau

- Räder in Geradeausstellung bringen.
- Batterie abklemmen. **Achtung:** Hinweise im Kapitel »Batterie aus- und einbauen« beachten.
- Airbag-Einheit ausbauen, dabei Airbag-Sicherheitshinweise befolgen, siehe Seite 132.
- Lenkrad ausbauen, siehe entsprechendes Kapitel.
- Lenksäulenverkleidung unten ausbauen, siehe Seite 218.

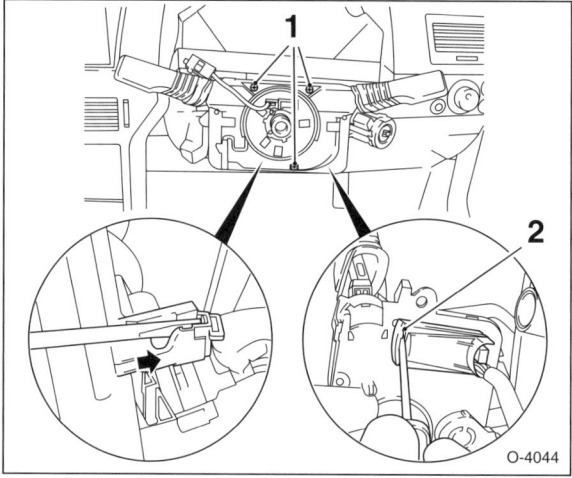

- 3 Schrauben –1– herausdrehen.
- Mit einem Schraubendreher Kabelhalterung ausclipsen –Pfeil–.
- Mit einem Schraubendreher –2– Stecker entriegeln und trennen.
- Kontakteinheit von der Lenkspindel abziehen.

Achtung: Nach dem Ausbau darf die Achse der Kontakteinheit nicht mehr verdreht werden.

Einbau

Achtung: Die Wickelfeder der Kontakteinheit muss in Mittelstellung stehen, Hinweise auf der Kontakteinheit beachten.

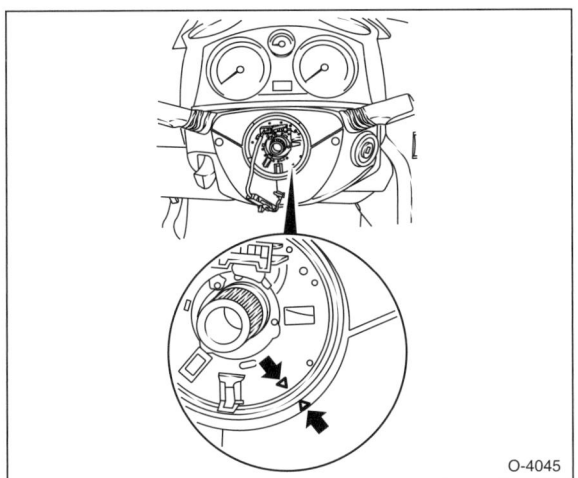

O-4045

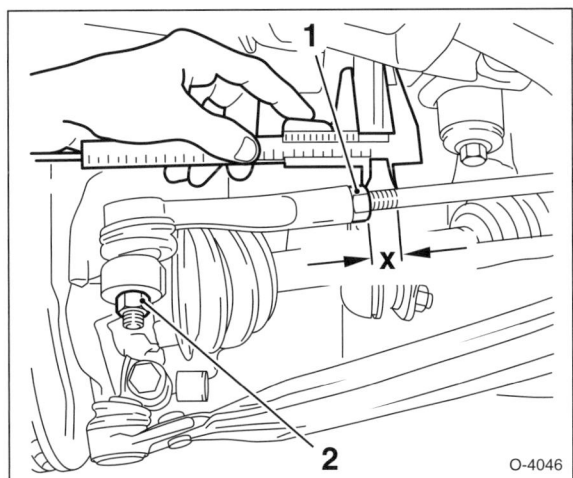

O-4046

- Kontakteinheit auf die Lenkspindel schieben und so ausrichten, dass die Markierungen –Pfeile– fluchten.
- Kontakteinheit festschrauben.
- Stecker aufschieben und verriegeln.
- Der weitere Einbau erfolgt in umgekehrter Ausbaureihenfolge.
- Wurde die Kontakteinheit erneuert, Kontakteinheit mit Einstellgerät in der Werkstatt anpassen lassen.

Spurstangenkopf aus- und einbauen

Ausbau

- **Spurstangenspiel prüfen:** Fahrzeug vorn aufbocken, die Räder müssen frei hängen. Räder und Spurstangen bewegen. Dabei darf kein Spiel auftreten.
- Reifen-Laufrichtung mit Pfeil am Reifen markieren. Radschrauben lösen. Fahrzeug vorn aufbocken und Rad abnehmen. **Achtung:** Unbedingt Hinweise im Kapitel »Rad aus- und einbauen« beachten.

> **Sicherheitshinweis**
> Beim Aufbocken des Fahrzeugs besteht Unfallgefahr! Hinweise im Kapitel »Fahrzeug aufbocken« beachten.

- Aufschraubtiefe –x– des Spurstangenkopfes auf der Spurstange messen und notieren.
- Kontermutter –1– losdrehen, dabei den Spurstangenkopf mit einem Gabelschlüssel gegenhalten.
- Mutter –2– für Spurstangenkopf einige Umdrehungen losschrauben.

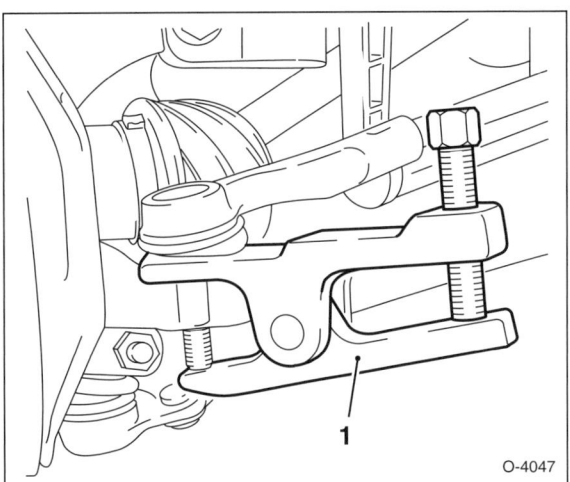

O-4047

- Spurstangenkopf mit handelsüblichem Ausdrücker –1–, zum Beispiel HAZET 779, aus dem Achsschenkel herausdrücken, der Ausdrücker stützt sich dabei auf der Mutter ab.
- Mutter für Spurstangenkopf abschrauben.
- Spurstangenkopf von der Spurstange abschrauben. Dabei die Anzahl der Umdrehungen für den späteren Einbau merken.

Einbau

- Spurstangenkopf mit der gleichen Anzahl an Umdrehungen wie beim Ausbau auf die Spurstange aufschrauben. Dabei das ermittelte Maß für die Aufschraubtiefe, welches beim Ausbau notiert wurde, überprüfen. Kontermutter handfest anschrauben.

- Spurstangenkopf am Achsschenkel einsetzen und mit **neuer selbstsichernder** Mutter in 3 Stufen festziehen:

    1. Stufe: . . mit Drehmomentschlüssel **30 Nm** anziehen.
    2. Stufe: . . . . mit starrem Schlüssel **90°** weiterdrehen.
    3. Stufe: . . . . mit starrem Schlüssel **15°** weiterdrehen.

Hinweis: Um die Winkelgrade beim Anziehen einzuhalten, ist es sinnvoll, eine Winkelscheibe aus Pappe auszuschneiden oder die Winkelscheibe HAZET 6690 zu verwenden.

- Kontermutter für Spurstangenkopf mit **60 Nm** festziehen.

- Reifen-Laufrichtung beachten, Rad anschrauben, Fahrzeug ablassen, erst dann Radschrauben über Kreuz mit **110 Nm** festziehen. **Achtung:** Unbedingt Hinweise im Kapitel »Rad aus- und einbauen« beachten.

- Spur in der Fachwerkstatt überprüfen und gegebenenfalls einstellen lassen.

Manschette am Lenkgetriebe aus- und einbauen

Achtung: Ab 2/07 werden geänderte Spurstangen und Lenkmanschetten eingebaut. Die neuen Manschetten sind länger und benötigen am kleineren Durchmesser eine breitere Klemmschelle. Bei Ersatz unbedingt auf richtige Zuordnung von Spurstange, Manschette und Klemmschelle achten.

Ausbau

- Reifen-Laufrichtung mit Pfeil am Reifen markieren. Radschrauben lösen. Fahrzeug vorn aufbocken und Rad abnehmen. **Achtung:** Unbedingt Hinweise im Kapitel »Rad aus- und einbauen« beachten.

- Falls vorhanden, untere Motorraumabdeckung ausbauen, siehe Seite 246.

- Spurstangenkopf ausbauen, siehe entsprechendes Kapitel.

- Kontermutter für Spurstangenkopf von der Spurstange abschrauben.

- Spurstange vor Ausbau der Manschette von Verschmutzungen säubern.

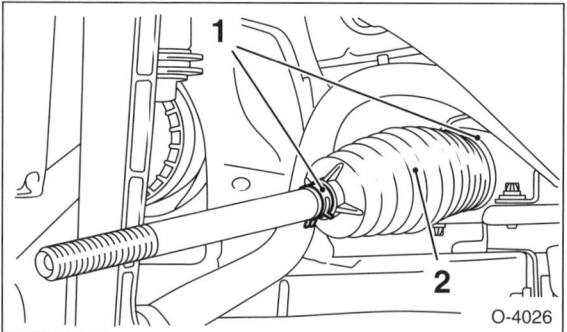

- Beide Manschettenbänder –1– lösen, dabei die Einbaulage der Manschettenbänder merken.

Hinweis: Das innere Manschettenband muss zerschnitten werden.

- Manschette –2– von der Spurstange abziehen.

Einbau

- Spurstange reinigen und leicht einfetten.

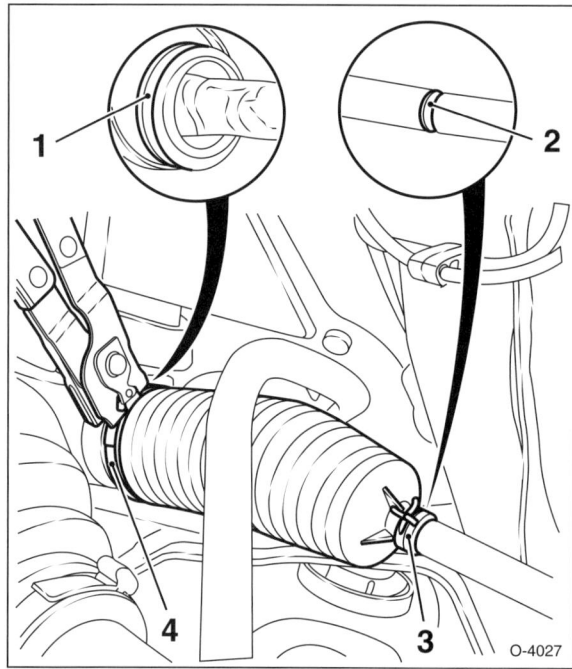

- **Neue** Manschette über die Spurstange aufziehen, dabei darauf achten, dass die Manschette in den Nuten des Lenkgetriebes –1– und der Spurstange –2– richtig sitzt.

- Manschette am Lenkgetriebe mit **neuem** Halteband –4– befestigen und mit Klemmzange, zum Beispiel HAZET 1847-1, spannen.

- Manschette an der Spurstange mit **neuer** Klemmschelle –3– befestigen und mit Schlauchklemmenzange, zum Beispiel HAZET 798-5, spannen. Klemmschelle dabei wie vor dem Ausbau ausrichten.

- Kontermutter auf die Spurstange aufschrauben und Spurstangenkopf einbauen, siehe entsprechendes Kapitel.

- Gegebenenfalls untere Motorraumabdeckung einbauen, siehe Seite 246.

- Sicherstellen, dass die Manschette nicht verdreht ist.

- Reifen-Laufrichtung beachten, Rad anschrauben, Fahrzeug ablassen, erst dann Radschrauben über Kreuz mit **110 Nm** festziehen. **Achtung:** Unbedingt Hinweise im Kapitel »Rad aus- und einbauen« beachten.

Räder und Reifen

Der ASTRA/ZAFIRA ist je nach Modell und Ausstattung mit Rädern unterschiedlicher Größe ausgerüstet. Sofern Reifen montiert werden, die nicht in den Fahrzeugpapieren vermerkt sind, müssen sie in der EG-Übereinstimmungsbescheinigung »CoC« zum Fahrzeug stehen (**CoC** = **C**ertificate **o**f **C**onformity). Die Bescheinigung oder eine Kopie davon ist dann grundsätzlich im Fahrzeug mitzuführen.

Neben der Felgenbreite und dem Felgendurchmesser sind bei einem Wechsel der Felge auch die Einpresstiefe und der Lochkreisdurchmesser zu beachten. Die Einpresstiefe ist das Maß von der Felgenmitte (= Mitte der Reifenspur) bis zur Anlagefläche der Radschüssel an die Radnabe/Bremstrommel. Der Lochkreisdurchmesser gibt den Durchmesser des Kreises an, an dem die Radschrauben angeordnet sind.

Alle Scheibenräder sind als Hump-Felgen ausgelegt. Der Hump ist ein in die Felgenschulter eingepresster Wulst, der auch bei extrem scharfer Kurvenfahrt nicht zulässt, dass der schlauchlose Reifen von der Felge gedrückt wird. **Achtung:** In schlauchlose Reifen darf kein Schlauch eingezogen werden.

Reifenfülldruck

Der Reifenfülldruck wird vom Automobilhersteller in Abhängigkeit verschiedener Parameter festgelegt. Dazu zählen unter anderem die Zuladung und die Höchstgeschwindigkeit des Fahrzeugs. Vom Werk sind für den ASTRA/ZAFIRA unterschiedliche Reifendimensionen und Felgengrößen zugelassen. Die vorliegende Reifentabelle listet nur einen Querschnitt möglicher Reifen-/Felgenkombinationen auf.

Hinweis: Eine komplette Liste aller zugelassenen Reifen und Felgen hat jede OPEL-Fachwerkstatt.

Für die Lebensdauer der Reifen und die Fahrzeugsicherheit ist das Einhalten des Reifenfülldrucks von großer Wichtigkeit. Reifenfülldruck deshalb alle 4 Wochen und vor jeder längeren Fahrt prüfen (auch am Reserverad).

Hinweis: Die Reifenfülldruckwerte stehen auf einem Aufkleber an der Innenseite der **Tankklappe**.

- Reifenfülldruckangaben beziehen sich auf **kalte** Reifen. Der sich bei längerer Fahrt einstellende und um ca. 0,2 bis 0,4 bar höhere Überdruck darf nicht reduziert werden. **Winterreifen** (Bezeichnung M+S) können mit einem um **0,1 bar höheren Überdruck** als Sommerreifen gefahren werden. Auf jeden Fall müssen die Reifenfülldrücke bei Winterreifen entsprechend den Vorgaben des Reifenherstellers eingehalten werden. Unterliegen die Winterreifen einer Geschwindigkeitsbeschränkung, muss ein Hinweis im Blickfeld des Fahrers angebracht werden (§ 36, Absatz 1 StVZO).
- Bei **Anhängerbetrieb** Reifenfülldruck auf den unter »volle Zuladung« angegebenen Wert erhöhen. Reifenfülldruck der Anhängerbereifung ebenfalls kontrollieren.
- Der Reifenfülldruck für das **Reserverad** entspricht dem höchsten für das Fahrzeug vorgesehenen Fülldruck.

Eine Auswahl von Reifen-/Felgenkombinationen für den OPEL ASTRA/ZAFIRA

Bei diesen Reifenfülldruck-Angaben handelt es sich um Anhaltswerte. Der Fülldruck ist abhängig von Reifengröße, Ausführung, Fahrwerk und Baujahr des Fahrzeuges. Der richtige Fülldruck steht auf einem Aufkleber an der Innenseite der Tankklappe.

Modell/Motor ASTRA H	Reifengröße	Felgengröße	Einpress- tiefe in mm	Reifenfülldruck (Überdruck) in bar			
				halbe Zuladung		volle Zuladung	
				vorn	hinten	vorn	hinten
Z14XEP/Z16XEP/Z18XE	195/65 R 15	6 1/2J x15	35	2,0	2,0	2,0	2,5
	205/55 R 16	6 1/2Jx16	37	2,0	2,0	2,0	2,5
Z20LEL/Z20LER/ Z19DTH/Z19DTJ	205/55 R 16	6 1/2Jx16	37	2,3	2,1	2,5	2,9
	225/45 R 17 [1)]	7 Jx17	39	2,3	2,1	2,5	2,9
Z13DTH/Z17DTH/Z17DTL	195/65 R 15	6 1/2J x15	35	2,1	2,1	2,5	2,9
	205/55 R 16	6 1/2Jx16	37	2,1	2,1	2,5	2,9
ZAFIRA B							
Z16XEP/Z18XER	195/65 R 15	6 1/2J x15	35	2,0	2,0	2,1	2,6
	205/55 R 16	6 1/2Jx16	37	2,0	2,0	2,1	2,6
Z20LER	205/55 R 16	6 1/2Jx16	37	2,5	2,3	2,6	3,1
	225/45 R 17	7 Jx17	35	2,5	2,3	2,6	3,1
Z22YH	205/55 R 16	6 1/2Jx16	37	2,2	2,0	2,4	2,9
	225/45 R 17	7 Jx17	35	2,2	2,0	2,4	2,9
Z19DTH/Z19DT	205/55 R 16	6 1/2Jx16	37	2,4	2,2	2,6	3,1
	225/45 R 17	7 Jx17	35	2,4	2,2	2,6	3,1

[1)] Nur mit Sport-Fahrwerk.

Reifen- und Scheibenrad-Bezeichnungen/Herstellungsdatum

Reifen Bezeichnungen

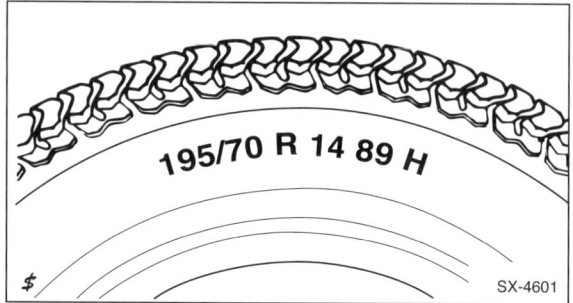

SX-4601

- **195** = Reifenbreite in mm.
- **/70** = Verhältnis Höhe zu Breite (die Höhe des Reifenquerschnitts beträgt 70 % von der Breite).

Fehlt eine Angabe des Querschnittverhältnisses (zum Beispiel 155 R 13), so handelt es sich um das »normale« Höhen-Breiten-Verhältnis. Es beträgt bei Gürtelreifen 82 %.

- **R** = Radial-Bauart (= Gürtelreifen).
- **14** = Felgendurchmesser in Zoll.
- **89** = Tragfähigkeits-Kennzahl.
- **H** = Kennbuchstabe für zulässige Höchstgeschwindigkeit, H: bis 210 km/h. Der Geschwindigkeitsbuchstabe steht hinter der Reifengröße und gilt sowohl für Sommer- als auch für Winterreifen.
- **M+S** = Winterreifen (M+S = Matsch und Schnee).
- ▲ = Nur mit diesem »Alpine-Symbol«, ein Bergpiktogramm mit Schneeflocke, sind die Reifen in der EU als Winterreifen zugelassen. Dies gilt auch für Ganzjahresreifen.

Geschwindigkeits-Kennbuchstabe

Kennbuchstabe	Zulässige Höchstgeschwindigkeit
Q	160 km/h
S	180 km/h
T	190 km/h
H	210 km/h
V	240 km/h
ZR	über 240 km/h

Achtung: Steht hinter der Reifenbezeichnung das Wort »reinforced«, handelt es sich um einen Reifen in verstärkter Ausführung, beispielsweise für Vans und Transporter.

Reifen-Herstellungsdatum

Das Herstellungsdatum steht auf dem Reifen im Hersteller-Code.

Beispiel: DOT CUL2 UM8 3707 TUBELESS.

- DOT = Department of Transportation (US-Verkehrsministerium).
- CU = Kürzel für Reifenhersteller.
- L2 = Reifengröße.
- UM8 = Reifenausführung.
- 3707 = Herstellungsdatum = 37. Produktionswoche 2007
  Hinweis: Falls anstelle der 4-stelligen Ziffer eine 3-stellige Ziffer gefolgt von einem ◁ Symbol aufgeführt ist, dann handelt es sich um Reifen aus den 90er Jahren, die aktuell nicht mehr benutzt werden sollten.
- TUBELESS = schlauchlos (TUBETYPE = Schlauchreifen).

Achtung: Neureifen müssen zusätzlich mit einer ECE-Prüfnummer an der Reifenflanke versehen sein. Diese Prüfnummer weist nach, dass der Reifen dem ECE-Standard entspricht. Werden Reifen **ohne** ECE-Prüfnummer montiert, erlischt die Allgemeine Betriebserlaubnis (ABE) des Fahrzeuges.

Scheibenrad-Bezeichnungen

Beispiel: 5½J x 15 H2, ET 35, LK 5/110.

- **5½** = Maulweite (Innenbreite) der Felge in Zoll.
- **J** = Kennbuchstabe für Höhe und Kontur des Felgenhorns (B = niedrigere Hornform).
- **x** = Kennzeichen für einteilige Tiefbettfelge.
- **15** = Felgen-Durchmesser in Zoll.
- **H2** = Felgenprofil an Außen- und Innenseite mit Hump-Schulter (Hump = Sicherheitswulst, damit der Reifen nicht von der Felge rutscht).
- **ET 35** = Einpresstiefe: 35 mm. Das Maß gibt in mm an, wie weit die Felgenanschraubfläche von der Felgenmitte entfernt ist.
- **LK 5/110** = Auf der Felge sind die 5 Löcher für die Radschrauben kreisförmig mit einem Durchmesser von 110 mm angeordnet – dem Lochkreisdurchmesser (LK).

Profiltiefe messen

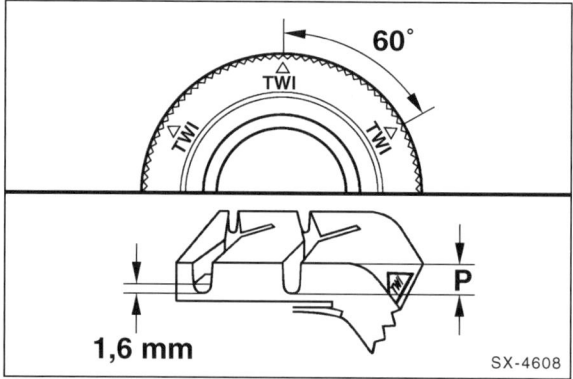

SX-4608

Reifen dürfen aufgrund gesetzlicher Vorschriften bis zu einer Profiltiefe von 1,6 mm abgefahren werden, und zwar an der gesamten Reifenlauffläche gemessen. Aus Sicherheitsgründen empfiehlt es sich, die Sommerreifen bereits bei einer Profiltiefe von **2 mm** und die Winterreifen bei einer Profiltiefe von **4 mm** auszutauschen.

Die Tiefe des Reifenprofils an den Hauptprofilrillen mit dem stärksten Verschleiß messen. Im Profilgrund der Originalbereifung sind Abnutzungsindikatoren vorhanden. An den Reifenflanken kennzeichnen Buchstaben (TWI = **T**read **W**ear Indicator) oder Dreiecksymbole die Lage der Verschleißanzeiger. Die Flächen der Abnutzungsindikatoren haben eine Höhe von 1,6 mm. Sie dürfen nicht in die Messung mit einbezogen werden. Für die Messwerte entscheidend ist das Maß an der Stelle mit der geringsten Profiltiefe –P–.

Auswuchten von Rädern

Die serienmäßigen Räder werden im Werk ausgewuchtet. Das Auswuchten ist notwendig, um unterschiedliche Gewichtsverteilung und Materialungenauigkeiten auszugleichen. Im Fahrbetrieb macht sich die Unwucht durch Trampel- und Flattererscheinungen bemerkbar. Das Lenkrad beginnt dann bei höherem Tempo zu zittern. In der Regel tritt dieses Zittern nur in einem bestimmten Geschwindigkeitsbereich auf und verschwindet wieder bei niedrigerer oder höherer Geschwindigkeit. Solche Unwuchterscheinungen können mit der Zeit zu Schäden an Achsgelenken, Lenkgetriebe und Stoßdämpfern sowie am Reifenprofil führen.

Räder nach jeder Reifenreparatur und nach jeder Montage eines neuen Reifens auswuchten lassen, da sich durch Abnutzung und Reparatur die Gewichts- und Materialverteilung am Reifen ändert.

Schneeketten

Schneeketten sind nur an den **Vorderrädern** zulässig. Aus technischen Gründen ist die Verwendung von Schneeketten nur mit bestimmten Reifen-/Felgenkombinationen zulässig, siehe Bedienungsanleitung. Auf dem Notrad keine Schneeketten auflegen. Um Beschädigungen an den Radvollblenden zu vermeiden, sollten diese bei Schneekettenbetrieb abgenommen werden. Nach Entfernen der Schneeketten, Radvollblenden wieder montieren.

Achtung: Nur feingliedrige Schneeketten aufziehen, die an der Lauffläche und an den Reifeninnenseiten inklusive Schloss maximal 15 mm auftragen.

Mit Schneeketten darf in Deutschland nicht schneller als **50 km/h** gefahren werden. Auf schnee- und eisfreien Straßen Schneeketten abnehmen.

Rad aus- und einbauen

Ausbau

Hinweis: Leichtmetallfelgen sind durch einen Klarlacküberzug gegen Korrosion geschützt. Beim Radwechsel darauf achten, dass die Schutzschicht nicht beschädigt wird, andernfalls mit Klarlack ausbessern.

- Reifen-Laufrichtung mit Kreide durch einen Pfeil am Reifen markieren.
- Fahrzeug gegen Wegrollen sichern. Dazu Handbremse anziehen, Rückwärtsgang oder 1. Gang einlegen. Bei Fahrzeugen mit Automatikgetriebe Wählhebel in Stellung »P« legen. Außerdem einen Keil hinter das diagonal gegenüberliegende Rad legen. Dabei Keil immer an der von der Aufbockstelle weg zeigenden Seite unterlegen.

- **Räder mit Radvollblende:** Für das Abziehen der Radblende gibt es ein spezielles Werkzeug, welches dem Bordwerkzeug beigelegt ist. Fehlt das Werkzeug zum Lösen der Radblende, Schraubendreher in den Spalt der Radblende einführen und Radkappe abhebeln.
- **Leichtmetallräder:** Abdeckkappen mit einem Schraubendreher vorsichtig von den Radschrauben abhebeln und abziehen. Felge dabei mit einem untergelegtem Stück Pappe vor Beschädigung schützen.

- **Radschrauben ½ Umdrehung** lockern, nicht abschrauben.

Achtung: Radschrauben lösen, wenn das Fahrzeug auf dem Boden steht. Dabei muss ein Gang eingelegt und die Handbremse angezogen sein. Zum Lösen keinen Drehmomentschlüssel verwenden.

> **Sicherheitshinweis**
> Beim Aufbocken des Fahrzeugs besteht Unfallgefahr! Hinweise im Kapitel »Fahrzeug aufbocken« beachten.

- Fahrzeug mit dem Wagenheber so weit anheben, bis das Rad vom Boden abgehoben hat, siehe Seite 52.

- Radschrauben herausdrehen und Rad abnehmen. Dabei Schrauben so ablegen, dass sie nicht verschmutzen.

Einbau

- Zum Schutz gegen das Festrosten des Rades Zentriersitz der Felge an der Radnabe vorn und hinten vor jeder Montage des jeweiligen Rades dünn mit Wälzlagerfett einfetten.
- Verschmutzte Schrauben und Gewinde reinigen. Gewinde der Radschrauben **nicht** fetten oder ölen.

Achtung: Korrodierte oder schwergängige Schrauben umgehend erneuern. Bis dahin vorsichtshalber nur mit mäßiger Geschwindigkeit fahren.

- Kegelflächen der Schrauben mit Wälzlagerfett bestreichen.
- Rad entsprechend der beim Ausbau angebrachten Laufrichtungs-Markierung ansetzen.
- Radschrauben anschrauben und leicht mit etwa **50 Nm** über Kreuz anziehen.
- Fahrzeug absenken und Wagenheber entfernen.
- Radschrauben über Kreuz in mehreren Durchgängen anziehen. Zum Festziehen der Radschrauben sollte stets ein Drehmomentschlüssel verwendet werden. Dadurch wird sichergestellt, dass die Radschrauben gleichmäßig und fest angezogen sind. **Das Anzugsdrehmoment für die Radschrauben beträgt für Stahl- und Leichtmetallfelgen 110 Nm.**

Achtung: Wurden die Radschrauben nicht mit einem Drehmomentschlüssel festgezogen, unbedingt das Anzugsdrehmoment in einer Werkstatt kontrollieren lassen. Durch einseitiges oder unterschiedlich starkes Anziehen der Radschrauben können das Rad oder die Radnabe verspannt werden.

- **Fahrzeuge mit Radvollblende:** Felge im Bereich der Halteklammern säubern. Radblende im Bereich des Ventilausschnittes zuerst aufdrücken. Dabei auf das Ventilsymbol an der Rückseite der Blende achten. Radblende ansetzen und einrasten lassen. Radblende gegebenenfalls mit dem Handballen aufschlagen.
- **Leichtmetallräder:** Abdeckkappen auf die Radschrauben stecken und eindrücken.
- Nach dem Reifenwechsel unbedingt Reifenfülldruck prüfen und gegebenenfalls korrigieren.

Achtung: Nach ca. **100 km Fahrt** Radschrauben in der angegebenen Reihenfolge mit **110 Nm nachziehen**.

Reifenkontrolle

Der ASTRA/ZAFIRA verfügt als Sonderausstattung über ein Reifendruck-Kontrollsystem zur Erkennung von langsamen Reifendruckverlusten. Sensoren in den Reifenventilen senden Reifenzustandsdaten, unter anderem den Reifendruck, an einen zentralen Empfänger im Fahrgastraum. Falls Reifen ohne Sensoren aufgezogen werden, werden die Reifendruckwerte durch ein zweites Überwachungssystem ermittelt. Dabei werden anhand der Reifengröße und der Raddrehzahl, die über den ABS-Radsensor erhalten wird, der Abrollumfang jedes Reifens ermittelt. Eine Veränderung des Abrollumfangs wird als Absinken des Fülldrucks interpretiert.

Im Handel werden auch **RFT-Reifen** (**R**un **F**lat **T**yre) mit einer Notlauf-Eigenschaft angeboten. Diese Reifen weisen eine spezielle Verstärkung der Seitenwände auf, wodurch das Fahrzeug bei plötzlichem Reifendruckverlust weiterhin sicher gesteuert werden kann. Bei einer Höchstgeschwindigkeit von etwa 80 km/h können mit dem drucklosen Reifen noch bis zu 250 Kilometer zurückgelegt werden. RFT-Reifen dürfen nur bei Fahrzeugen mit einem Reifendruck-Kontrollsystem eingesetzt werden. Zudem muss das Fahrzeug vom Hersteller speziell für den Einsatz von Run-Flat-Reifen zugelassen sein.

Reifenpflegetipps

Reifen haben ein »Gedächtnis«. Unsachgemäße Behandlung – und dazu zählt beispielsweise auch schon schnelles oder häufiges Überfahren von Bordstein- oder Schienenkanten – führt deshalb zu Reifenpannen, mitunter sogar erst nach längerer Laufleistung.

Reifen reinigen

- Reifen generell **nicht** mit einem Dampfstrahlgerät reinigen. Wird die Düse des Dampfstrahlers zu nahe an den Reifen gehalten, dann wird die Gummischicht innerhalb weniger Sekunden irreparabel zerstört, selbst bei Verwendung von kaltem Wasser. Ein auf diese Weise gereinigter Reifen sollte sicherheitshalber ersetzt werden.
- Ersetzt werden sollte auch ein Reifen, der über längere Zeit mit Öl, Fett oder Kraftstoff in Berührung kam. Der Reifen quillt an den betreffenden Stellen zunächst auf, nimmt jedoch später wieder seine normale Form an und sieht äußerlich unbeschädigt aus. Die Belastungsfähigkeit des Reifens nimmt aber ab.

Reifen lagern

- Reifen sollten kühl, dunkel und trocken aufbewahrt werden. Sie dürfen nicht mit Fett, Öl oder Kraftstoff in Berührung kommen.
- Räder liegend oder an den Felgen aufgehängt in der Garage oder im Keller lagern. Reifen, die nicht auf einer Felge montiert sind, sollten stehend aufbewahrt werden.
- Bevor die Räder abmontiert werden, Reifenfülldruck etwas erhöhen (ca. 0,3 – 0,5 bar).

Hinweis: Für Winterreifen eigene Felgen verwenden; das Ummontieren der Reifen lohnt sich aus Kostengründen nicht.

Reifen einfahren

Neue Reifen haben vom Produktionsprozess her eine besonders glatte Oberfläche. Deshalb müssen neue Reifen – das gilt auch für das neue Ersatzrad – etwa **300 Kilometer** mit mäßiger Geschwindigkeit und vorsichtiger Fahrweise eingefahren werden; speziell auf regennasser Fahrbahn muss vorsichtig gefahren werden. Bei diesem Einfahren raut sich durch die beginnende Abnutzung die glatte Oberfläche auf, das Haftvermögen des Reifens verbessert sich.

Austauschen der Räder/Laufrichtung

Sicherheitshinweise
Reifen nicht einzeln, sondern mindestens achsweise ersetzen. Reifen mit der größeren Profiltiefe **vorn** montieren. Am Fahrzeug dürfen nur Reifen gleicher Bauart verwendet werden. An einer Achse dürfen nur Reifen desselben Herstellers und mit der selben Profilausführung eingebaut werden. Reifen, die älter als 6 Jahre sind, nur im Notfall und bei vorsichtiger Fahrweise verwenden. Keine gebrauchten Reifen verwenden, deren Ursprung nicht bekannt ist. Beim Erneuern von Felge oder Reifen grundsätzlich das Gummiventil ersetzen.

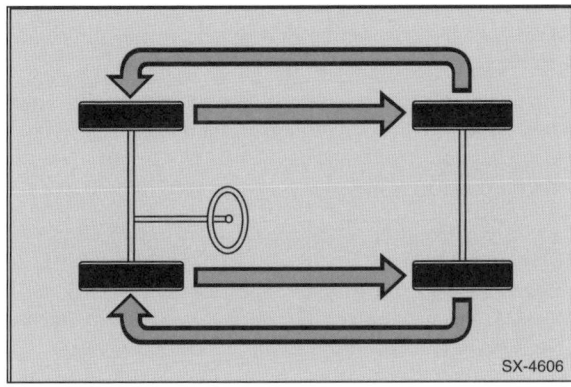

- Bei größerem Verschleiß der vorderen Reifen, die Vorderräder gegen die Hinterräder tauschen. Dadurch haben alle 4 Reifen etwa die gleiche Lebensdauer.

Es ist nicht zweckmäßig, bei einem Austausch der Räder die Drehrichtung der Reifen zu ändern, da sich die Reifen nur unter vorübergehend stärkerem Verschleiß der veränderten Drehrichtung anpassen.

- Bei Reifen **mit laufrichtungsgebundenem Profil,** erkennbar an Pfeilen auf der Reifenflanke in Laufrichtung, **muss** die Laufrichtung des Reifens **unbedingt** eingehalten werden. Dadurch werden optimale Laufeigenschaften bezüglich Aquaplaning, Haftvermögen, Geräusch und Abrieb sichergestellt.

Hinweis: Laufrichtungsgebundenes Reserverad bei einer Reifenpanne nur vorübergehend entgegen der Laufrichtung montieren. Insbesondere bei Nässe empfiehlt es sich, die Geschwindigkeit den Fahrbahnverhältnissen anpassen.

Fehlerhafte Reifenabnutzung

- In erster Linie ist auf vorschriftsmäßigen Reifenfülldruck zu achten, wobei alle 4 Wochen und vor jeder längeren Fahrt sowie bei hoher Zuladung eine Prüfung vorgenommen werden sollte.

- Reifenfülldruck nur bei kühlen Reifen prüfen. Der Reifenfülldruck steigt nämlich mit zunehmender Erhitzung bei schneller Fahrt an. Dennoch ist es völlig falsch, aus erhitzten Reifen Luft abzulassen.

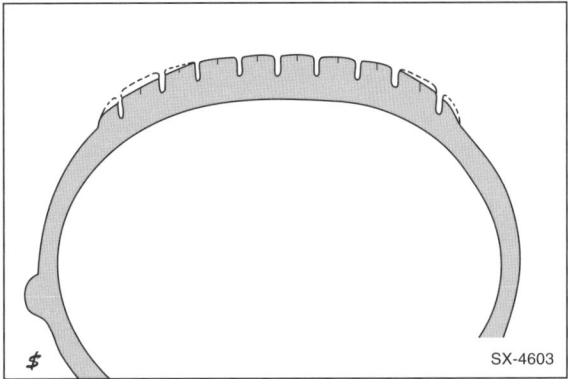

- An den Vorderrädern ist eine etwas größere Abnutzung der Reifenschultern gegenüber der Lauffllächenmitte normal, wobei aufgrund der Straßenneigung die Abnutzung der zur Straßenmitte zeigenden Reifenschulter (linkes Rad: außen, rechtes Rad: innen) deutlicher ausgeprägt sein kann.

- Ungleichmäßiger Reifenverschleiß ist zumeist die Folge zu geringen oder zu hohen Reifenfülldrucks. Er kann auch auf Fehler in der Radeinstellung oder der Radauswuchtung sowie auf mangelhafte Stoßdämpfer oder Felgen zurückzuführen sein.

- Bei zu hohem Reifenfülldruck wird die Laufflächenmitte mehr abgenutzt, da der Reifen an der Lauffläche durch den hohen Innendruck mehr gewölbt ist.

- Bei zu niedrigem Reifenfülldruck liegt die Lauffläche an den Reifenschultern stärker auf, und die Laufflächenmitte wölbt sich nach innen durch. Dadurch ergibt sich ein stärkerer Reifenverschleiß der Reifenschultern.

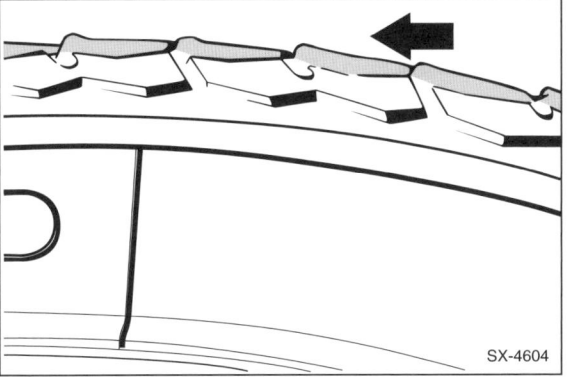

- Sägezahnförmige Abnutzung des Profils ist in der Regel auf eine Überbelastung des Fahrzeugs zurückzuführen.

Bremsanlage

Aus dem Inhalt:

- Bremsbeläge wechseln
- Bremsscheibe prüfen
- Bremsscheibe wechseln
- Bremse entlüften
- Handbremse einstellen
- ABS/TC/ESP
- Handbremsseil
- Bremskraftverstärker
- Bremslichtschalter

Das Arbeiten an der Bremsanlage erfordert peinliche Sauberkeit und exakte Arbeitsweise. Falls die nötige Arbeitserfahrung fehlt, sollten Reparaturarbeiten an der Bremsanlage von einer Fachwerkstatt durchgeführt werden.

Das Bremssystem besteht aus dem Hauptbremszylinder, dem Bremskraftverstärker und den Scheibenbremsen für die Vorder- und Hinterräder. Das hydraulische Bremssystem ist in zwei Kreise aufgeteilt, die diagonal wirken. Ein Bremskreis ist mit den Bremssätteln vorn rechts/hinten links verbunden, der zweite mit den Bremssätteln vorn links/hinten rechts. Dadurch kann bei Ausfall eines Bremskreises, zum Beispiel durch ein Leck, das Fahrzeug über den anderen Bremskreis zum Stehen gebracht werden. Der Druck für beide Bremskreise wird im Tandem-Hauptbremszylinder über das Bremspedal aufgebaut.

Der Bremsflüssigkeitsbehälter befindet sich im Motorraum über dem Hauptbremszylinder. Er versorgt das Bremssystem wie auch das hydraulische Kupplungssystem mit Bremsflüssigkeit.

Der Bremskraftverstärker speichert beim Benzinmotor einen Teil des vom Motor erzeugten Ansaugunterdruckes. Beim Betätigen des Bremspedals wird dann die Pedalkraft durch den Unterdruck verstärkt.

Da beim Dieselmotor der Ansaugunterdruck nicht vorhanden ist, erzeugt eine **Vakuumpumpe** den Unterdruck für den Bremskraftverstärker. Die Vakuumpumpe sitzt am Zylinderkopf und wird über die Nockenwelle angetrieben. **Hinweis:** Beim 1,7-l-Dieselmotor ist die Vakuumpumpe an der Rückseite des Generators angeschraubt und wird über die Generatorwelle angetrieben.

Die Bremsbeläge sind Bestandteil der Allgemeinen Betriebserlaubnis (ABE), außerdem sind sie vom Werk auf das jeweilige Fahrzeugmodell abgestimmt. Es dürfen deshalb nur die vom Automobilhersteller beziehungsweise vom Kraftfahrtbundesamt (KBA) freigegebenen Bremsbeläge verwendet werden. Diese Bremsbeläge haben eine KBA-Freigabenummer.

Hinweis: Während des Fahrens auf stark regennassen Fahrbahnen die Fußbremse von Zeit zu Zeit betätigen, um die Bremsscheiben von Rückständen zu befreien. Während der Fahrt wird zwar durch die Zentrifugalkraft das Wasser von den Bremsscheiben geschleudert, doch bleibt teilweise ein dünner Film von Fett und Verschmutzungen zurück, der das Ansprechen der Bremse vermindert.

Eingebrannter Schmutz auf den Bremsbelägen und zugesetzte Regennuten in den Bremsbelägen führen zur Riefenbildung auf den Bremsscheiben. Dadurch kann eine verminderte Bremswirkung eintreten.

> **Sicherheitshinweis**
> Beim Reinigen der Bremsanlage fällt Bremsstaub an, der zu gesundheitlichen Schäden führen kann. Beim Reinigen der Bremsanlage Bremsstaub nicht einatmen.

ABS/TC/ESP

Grundsätzlich dürfen Arbeiten an den elektronisch gesteuerten Brems- und Fahrwerkskomponenten nur von dafür ausgebildeten Fachkräften ausgeführt werden.

ABS: Das **A**nti-**B**lockier-**S**ystem verhindert bei scharfem Abbremsen das Blockieren der Räder, dadurch bleibt das Fahrzeug lenkbar. Serienmäßig ist der OPEL ASTRA/ZAFIRA mit ABS, Bremsassistent und der Kurvenbremskontrolle CBC (**C**ornering **B**rake **C**ontrol) ausgestattet.

TC: Der OPEL ASTRA/ZAFIRA ist serienmäßig mit einer Traktionskontrolle (**T**raction **C**ontrol) ausgerüstet. Sie verhindert, dass die Antriebsräder beim Gasgeben durchdrehen, zum Beispiel bei Nässe. Die TC kontrolliert den Schlupf der Räder, reduziert sofort die Motorleistung und bremst gegebenenfalls das betroffene Rad ab. Die TC/ESP-Warnleuchte im Kombiinstrument blinkt, wenn ein Rad die Schlupfgrenze erreicht hat.

ESP: Der OPEL ASTRA/ZAFIRA ist serienmäßig mit dem **E**lektronischen **S**tabilitäts-**P**rogramm ausgerüstet. Über die ABS-Funktionen hinaus verringert ESP das Schleuderrisiko, auch wenn gerade nicht Gas gegeben oder gebremst wird. Im ESP sind die Funktionen der Traktionskontrolle (TC) integriert.

In schnell durchfahrenen Kurven oder bei abrupten Ausweichmanövern erkennt ESP, ob das Fahrzeug auszubrechen droht. Über Sensoren erfasst ESP den Lenkwinkel und die Drehgeschwindigkeit des Fahrzeugs um die Hochachse. Unstabile Fahrzustände werden sofort erkannt. Durch das Abbremsen einzelner Räder und die Regulierung der Motorleistung wird das Fahrzeug bestmöglichst auf dem gewünschten Kurs gehalten.

Ist die ESP-Regelung aktiv, wird dies durch Blinken der TC/ESP-Warnleuchte im Kombiinstrument signalisiert. Die Fahrweise sollte dann den Straßenverhältnissen angepasst werden, sonst besteht Unfallgefahr.

Hinweise zur ABS/TC/ESP-Anlage

Eine Sicherheitsschaltung im elektronischen Steuergerät sorgt dafür, dass sich die Anlage bei einem Defekt (zum Beispiel Kabelbruch) oder bei zu niedriger Betriebsspannung (Batteriespannung unter 10 Volt) selbst abschaltet. Angezeigt wird dies durch das Aufleuchten der Kontrolllampen im Kombiinstrument. Die herkömmliche Bremsanlage bleibt dabei in Betrieb. Das Fahrzeug verhält sich dann beispielsweise beim Bremsen so, als ob keine ABS-Anlage eingebaut wäre.

> **Sicherheitshinweis**
> Wenn während der Fahrt die Kontrollleuchten für das ABS und für die Bremsanlage leuchten, können bei starkem Abbremsen die Hinterräder blockieren, da die Bremskraftverteilung ausgefallen ist.

Leuchten eine oder mehrere Kontrolllampen im Kombiinstrument während der Fahrt auf, folgende Punkte beachten:

- Fahrzeug kurz anhalten, Motor abstellen und wieder starten.
- Batteriespannung prüfen. Wenn die Spannung unter 10,5 Volt liegt, Batterie laden.

Achtung: Wenn die Kontrolllampen am Anfang einer Fahrt aufleuchten und nach einiger Zeit wieder erlöschen, deutet das darauf hin, dass die Batteriespannung zunächst zu gering war, bis sie sich während der Fahrt durch Ladung über den Generator wieder erhöht hat.

- Prüfen, ob die Batterieklemmen richtig festgezogen sind und einwandfreien Kontakt haben.
- Fahrzeug aufbocken, Räder abnehmen, elektrische Leitungen zu den Drehzahlfühlern auf äußere Beschädigungen (Scheuerstellen) prüfen. Weitere Prüfungen der ABS/TC/ESP-Anlage sollten von einer Fachwerkstatt durchgeführt werden.

Achtung: Vor Schweißarbeiten mit einem elektrischen Schweißgerät muss der Stecker von der ABS-Steuereinheit im Motorraum abgezogen werden. Stecker nur bei ausgeschalteter Zündung abziehen. Bei Lackierarbeiten darf das Steuergerät auch kurzzeitig keiner Temperatur von mehr als +80° C belastet werden.

Technische Daten Bremsanlage

Scheibenbremse		vorn				hinten		
Bremsscheibendurchmesser	mm	256	280	308	321	240	264	278
Bremsscheibendicke, neu	mm	24,0 *)	25,0 *)	25,0 *)	28,0 *)	10	10	10
Bremsscheibendicke, Verschleißgrenze	mm	21,0	22,0	22,0	25,0	8	8	8
Zulässiger Seitenschlag der Bremsscheibe	mm	0,11	0,11	0,11	0,11	0,03	0,03	0,03
Zulässige Riefentiefe der Bremsscheibe	mm	0,4	0,4	0,4	0,4	0,4	0,4	0,4
Maximale Abweichung der Bremsscheibendicke	mm	0,01	0,01	0,01	0,01	0,01	0,01	0,01
Bremsbelagdicke, neu (ohne Rückenplatte)	mm	12,0	14,0	14,0	14,0	10,5	10,5	10,5
Verschleißgrenze (ohne Rückenplatte)	mm	2,0	2,0	2,0	2,0	2,0	2,0	2,0

*) Bremsscheibe vorne innenbelüftet.

Scheibenbremsbeläge vorn aus- und einbauen

Ausbau

Achtung: Bremsbeläge sind Bestandteil der Allgemeinen Betriebserlaubnis (ABE) und vom Werk auf das jeweilige Modell abgestimmt. Es dürfen deshalb nur die vom Automobilhersteller freigegebenen Bremsbeläge verwendet werden.

Achtung: Sollen die Bremsbeläge wieder verwendet werden, müssen sie beim Ausbau gekennzeichnet werden. Ein Wechsel der Beläge von der Außen- zur Innenseite oder vom rechten zum linken Rad ist nicht zulässig.

Achtung: Grundsätzlich alle Scheibenbremsbeläge einer Achse gleichzeitig ersetzen, auch wenn nur ein Belag die Verschleißgrenze erreicht hat.

- Reifen-Laufrichtung mit Pfeil am Reifen markieren. Radschrauben lösen. Fahrzeug vorn aufbocken und Räder abnehmen. **Achtung:** Unbedingt Hinweise im Kapitel »Rad aus- und einbauen« beachten.

> **Sicherheitshinweis**
> Beim Aufbocken des Fahrzeugs besteht Unfallgefahr! Hinweise im Kapitel »Fahrzeug aufbocken« beachten.

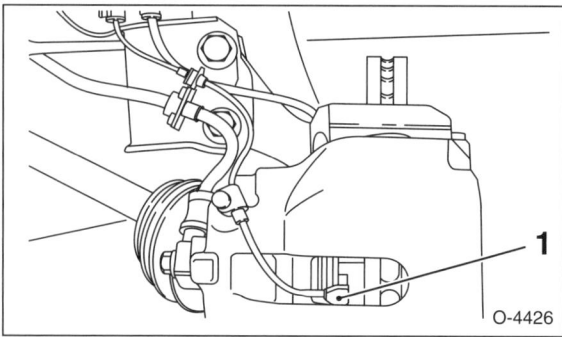

- Falls vorhanden, Verschleißsensor –1– von Hand oder mit einem Schraubendreher vom Bremsbelag abnehmen.

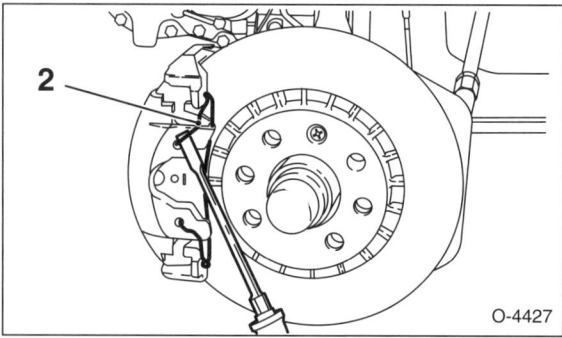

- Haltefeder –2– für Bremsbeläge mit einem Schraubendreher aus dem Bremssattel heraushebeln und abnehmen.

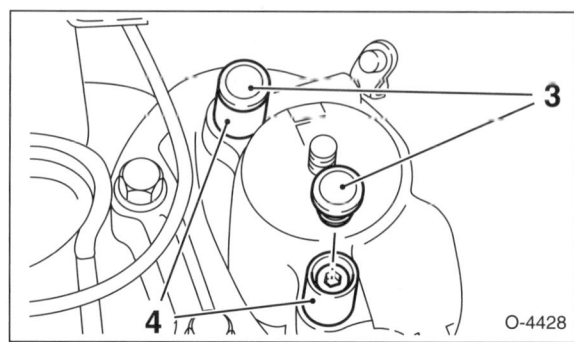

- Abdeckkappen –3– von beiden Schutzhülsen –4– für Führungsbolzen abnehmen. Beide Führungsbolzen mit Innensechskantschlüssel herausdrehen.
- Bremssattel abnehmen und mit Draht am Aufbau aufhängen.

Hinweis: Wenn die Bremsscheibe eingefahren ist, lässt sich der Bremssattel mit eingelegten Belägen oftmals nicht von der Bremsscheibe abziehen. In diesem Fall müssen die Bremsbeläge mit einer geeigneten Zange oder einem Hebelwerkzeug auseinandergedrückt werden. Vorher Deckel des Bremsflüssigkeitsbehälters abschrauben.

Achtung: Bremssattel nicht einfach nach unten hängen lassen; der Bremsschlauch darf nicht auf Zug beansprucht oder verdreht werden.

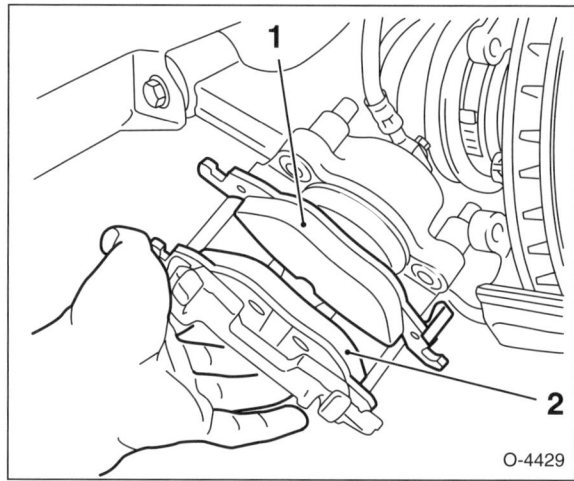

- Äußeren Bremsbelag –2– aus dem Bremssattel nehmen.
- Inneren Bremsbelag –1– mit Spreizfeder aus dem Bremskolben ziehen.

Hinweis: Bremsbeläge müssen in einigen Kommunen als Sondermüll entsorgt werden. Die örtlichen Behörden geben darüber Auskunft, ob auch eine Entsorgung über den hausmüllähnlichen Gewerbemüll zulässig ist.

Einbau

Achtung: Bei ausgebauten Bremsbelägen nicht auf das Bremspedal treten, sonst wird der Kolben aus dem Gehäuse herausgedrückt. In diesem Fall Bremssattel komplett ausbauen und Kolben in der Werkstatt einsetzen lassen.

- Vor Einbau der Beläge ist die Bremsscheibe durch Abtasten mit den Fingern auf Riefen zu untersuchen. Riefige Bremsscheiben können abgedreht werden (Werkstattarbeit), sofern sie noch eine ausreichende Dicke aufweisen. Grundsätzlich beide Bremsscheiben einer Achse auf gleiches Maß abdrehen lassen.
- Bremsscheibendicke messen, bei Erreichen der Verschleißgrenze Bremsscheibe ersetzen, siehe entsprechendes Kapitel.
- Anlageflächen sowie Belagführungsflächen mit einer Weichmetallbürste oder einer alten Zahnbürste reinigen. Anschließend mit einem Lappen und Spiritus reinigen.

Achtung: Zum Reinigen der Bremse **ausschließlich** Spiritus verwenden. Keine scharfkantigen Werkzeuge verwenden. Staubmanschette nicht beschädigen.

- Beide Führungsbolzen für Bremssattel säubern.
- Staubkappe für Bremskolben auf Anrisse prüfen. Eine beschädigte Staubkappe umgehend ersetzen lassen, da eingedrungener Schmutz schnell zu Undichtigkeiten des Bremssattels führt. Der Bremssattel muss hierzu zerlegt werden (Werkstattarbeit).
- Bei hohem Bremsbelagverschleiß Leichtgängigkeit des Bremskolbens prüfen. Dazu Holzklotz in den Bremssattel einsetzen und durch Helfer langsam auf das Bremspedal treten lassen. Der Bremskolben muss sich leicht heraus- und hineindrücken lassen. Zur Prüfung muss der andere Bremssattel eingebaut sein. Darauf achten, dass der Bremskolben nicht ganz herausgedrückt wird. Angerosteten Bremskolben nur mit Bremsflüssigkeit oder Spiritus reinigen. Bei schwergängigem Kolben Bremssattel in der Werkstatt reparieren lassen oder ersetzen.

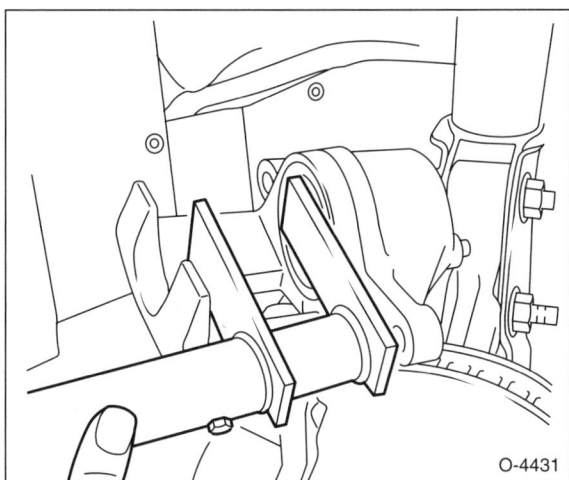

O-4431

- Bremskolben mit Rücksetzwerkzeug, zum Beispiel HAZET 4971-1 oder einem Hartholzstab, zurückdrücken.
Hinweis: Gegebenenfalls alten Bremsbelag als Auflagefläche zwischenlegen und zwar vor den Bremskolben.

Achtung: Bremskolben nicht verkanten. Kolbenfläche und Staubkappe nicht beschädigen.

Hinweis: Beim Zurückdrücken des Kolbens wird Bremsflüssigkeit aus dem Bremszylinder in den Vorratsbehälter gedrückt; daher Deckel des Bremsflüssigkeitsbehälters abschrauben. Flüssigkeit im Behälter beobachten, eventuell Bremsflüssigkeit mit einem Saugheber absaugen.

Sicherheitshinweis

Zum Absaugen eine Entlüfter- oder Plastikflasche verwenden, die nur mit Bremsflüssigkeit in Berührung kommt. Keine Trinkflaschen verwenden! **Bremsflüssigkeit ist giftig und darf auf gar keinen Fall mit dem Mund über einen Schlauch abgesaugt werden. Saugheber verwenden.** Auch nach dem Belagwechsel darf die MAX-Marke am Bremsflüssigkeitsbehälter nicht überschritten werden, da sich die Flüssigkeit bei Erwärmung ausdehnt. Ausgelaufene Bremsflüssigkeit läuft am Hauptbremszylinder herunter, zerstört den Lack und führt zur Rostbildung.

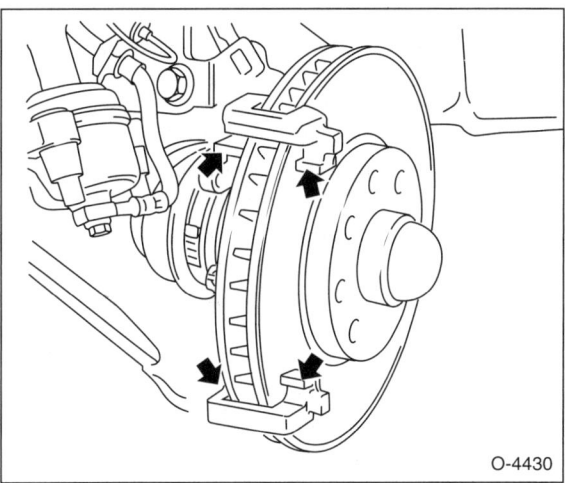

O-4430

- Vor dem Einsetzen neuer Bremsbeläge Bremssattelträger reinigen. Belagführungsflächen –Pfeile– dünn mit hitzebeständigem Schmierfett, zum Beispiel Bremsen-Antiquietschpaste von Liqui Moly, bestreichen.

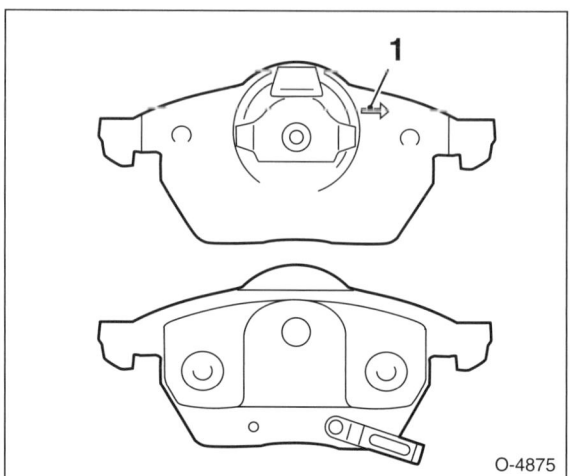

O-4875

Achtung: Die Bremsbeläge sind mit einem Pfeil –1– versehen. Der Pfeil muss in Drehrichtung der Bremsscheibe bei Vorwärtsfahrt zeigen. Bei Falschmontage auf der anderen Fahrzeugseite kann es zu Quietschgeräuschen kommen.

- Inneren Bremsbelag mit der Spreizfeder in den Bremskolben einsetzen.
- Äußeren Bremsbelag in den Bremssattel einsetzen, Pfeilrichtung auf dem Bremsbelag beachten.
- Bremssattel mit Bremsbelägen aufsetzen. Darauf achten, dass der Bremsschlauch nicht verdreht wird.
- Gesäuberte, trockene Führungsbolzen am Gewinde mit Sicherungsmittel, zum Beispiel Loctite Typ 243, bestreichen. Beide Führungsbolzen für Bremssattel mit **28 Nm** anschrauben. Korrodierte und beschädigte Bolzen erneuern.
- Beide Abdeckkappen für Führungsbolzen einsetzen.
- Haltefeder in den Bremssattel einsetzen, siehe Abbildung O-4427 unter »Ausbau«. **Achtung:** Nach dem Einsetzen in die beiden Bohrungen muss die Haltefeder unter den Bremssattelträger gedrückt werden. Bei fehlerhafter Montage stellt sich trotz Verschleiß der äußere Bremsbelag nicht nach, so dass sich der Pedalweg langsam vergrößert.
- Falls vorhanden, Verschleißsensor in den inneren Bremsbelag eindrücken. Kabel am Federbein befestigen.
- Reifen-Laufrichtung beachten, Räder anschrauben, Fahrzeug ablassen, erst dann Radschrauben über Kreuz mit **110 Nm** festziehen. **Achtung:** Unbedingt Hinweise im Kapitel »Rad aus- und einbauen« beachten.

Achtung: Bremspedal im Stand mehrmals kräftig niedertreten, bis fester Widerstand spürbar ist. Dadurch legen sich die Bremsbeläge an die Bremsscheiben an und nehmen einen dem Betriebszustand entsprechenden Sitz ein.

- Bremsflüssigkeit im Vorratsbehälter prüfen, gegebenenfalls bis zur MAX-Marke auffüllen.
- Neue Bremsbeläge vorsichtig einbremsen, dazu Fahrzeug mehrmals von ca. 80 km/h auf 40 km/h mit geringem Pedaldruck abbremsen. Dazwischen Bremse etwas abkühlen lassen.

Achtung: Nach dem Einbau neuer Bremsbeläge müssen diese eingebremst werden. Während einer Fahrtstrecke von rund 200 km sollten unnötige Vollbremsungen unterbleiben.

Hinweis: Bremsbeläge müssen in einigen Kommunen als Sondermüll entsorgt werden. Die örtlichen Behörden geben darüber Auskunft, ob auch eine Entsorgung über den hausmüllähnlichen Gewerbemüll zulässig ist.

Achtung, Sicherheitskontrolle durchführen:
- Sind die Bremsschläuche festgezogen?
- Befindet sich der Bremsschlauch in der Halterung?
- Sind die Entlüftungsschrauben angezogen?
- Ist genügend Bremsflüssigkeit eingefüllt?
- Bei laufendem Motor Dichtheitskontrolle durchführen. Hierzu Bremspedal mit 200 bis 300 N (entspricht 20 bis 30 kg) etwa 10 Sekunden betätigen. Das Bremspedal darf nicht nachgeben. Sämtliche Anschlüsse auf Dichtheit kontrollieren.
- Anschließend einige Sicherheitsbremsungen auf einer Straße ohne Verkehr durchführen.

Scheibenbremsbeläge hinten aus- und einbauen

Ausbau

Achtung: Bremsbeläge sind Bestandteil der Allgemeinen Betriebserlaubnis (ABE) und vom Werk auf das jeweilige Modell abgestimmt. Deshalb dürfen nur die vom Automobilhersteller freigegebenen Bremsbeläge verwendet werden.

Achtung: Sollen die Bremsbeläge wieder verwendet werden, müssen sie beim Ausbau gekennzeichnet werden. Ein Wechsel der Beläge von der Außen- zur Innenseite und umgekehrt oder auch vom rechten zum linken Rad ist nicht zulässig. **Grundsätzlich alle Scheibenbremsbeläge an einer Achse gleichzeitig ersetzen, auch wenn nur ein Belag die Verschleißgrenze erreicht hat.**

- Handbremsseil entspannen: Dazu Einstellmutter am Handbremshebel lockern, siehe Kapitel »Handbremse einstellen«.
- Reifen-Laufrichtung mit Pfeil am Reifen markieren. Radschrauben lösen. Fahrzeug hinten aufbocken und Hinterräder abnehmen. **Achtung:** Unbedingt Hinweise im Kapitel »Rad aus- und einbauen« beachten.

Sicherheitshinweis
Beim Aufbocken des Fahrzeugs besteht Unfallgefahr! Hinweise im Kapitel »Fahrzeug aufbocken« beachten.

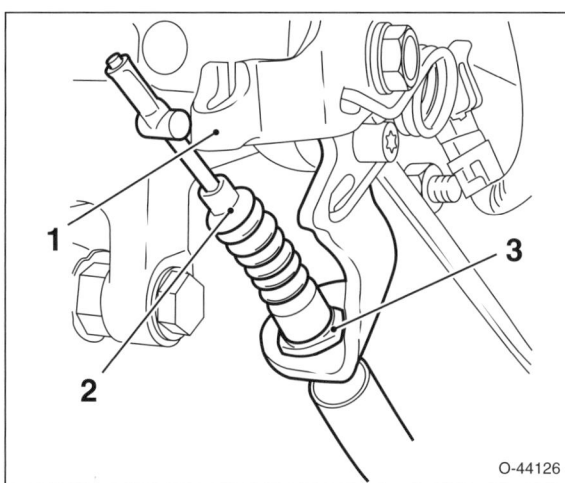

- Bremshebel –1– nach unten drücken und Handbremsseil aushängen –2–.
- Sicherungsblech –3– am Gegenhalter mit einem Schraubendreher abziehen und Handbremsseil aus dem Gegenhalter des Bremssattels herausnehmen.

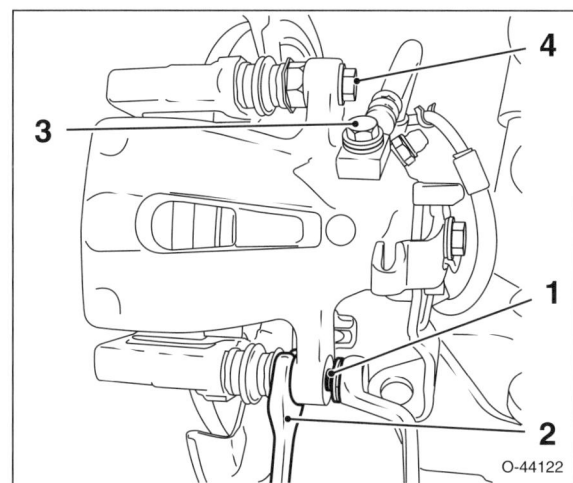

- Untere Schraube –1– für Bremssattel herausdrehen, dabei mit einem Maulschlüssel –2– am Sechskant des Führungsbolzens gegenhalten. 3 – Hohlschraube für Bremsschlauch, 4 – Obere Schraube für Bremssattel.

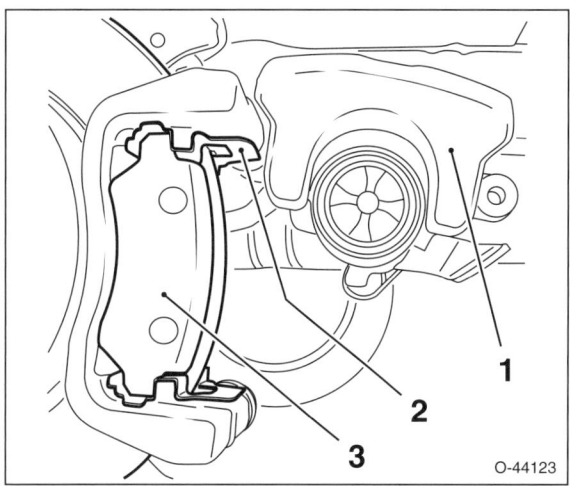

- Bremssattel –1– nach oben klappen. Dabei darauf achten, dass der Bremsschlauch nicht zu stark beansprucht wird. 2 – Gleitblech, 3 – Bremsbelag.

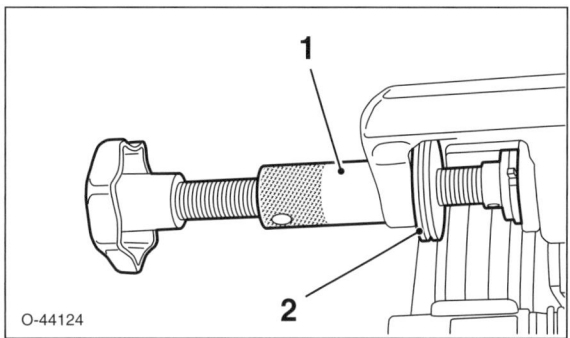

- Bremskolben mit Spezial-Rücksetzwerkzeug für Hinterradbremsen –1–, zum Beispiel HAZET 4970/6, zurückdrehen.

- Kolben durch Rechtsdrehen (im Uhrzeigersinn) mit dem Spezialwerkzeug unter kräftigem Druck langsam einschrauben. Der Bund –2– des Werkzeugs muss dabei am Bremssattel anliegen.

Achtung: Der Bremskolben darf nicht mit einer herkömmlichen Rücksetzvorrichtung zurückgedrückt werden. Die Nachstellung für die Handbremse würde dabei zerstört werden.

Achtung: Beim Zurückdrücken des Kolbens wird Bremsflüssigkeit aus dem Bremszylinder in den Vorratsbehälter gedrückt. Flüssigkeit im Behälter beobachten. Deckel des Bremsflüssigkeitsbehälters aufschrauben.

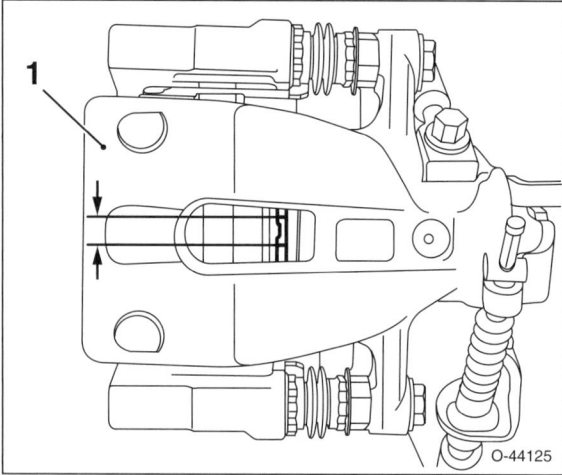

- Kolben zunächst bis zum Anschlag zurückdrücken. Anschließend wieder herausdrehen, bis eine Aussparung am Kolben geradlinig zum Sichtfenster des Bremssattels –1– steht –Pfeile–. **Hinweis:** Die Abbildung zeigt den Bremssattel nach der fertigen Montage.

Hinweis: Zum Ausbau der Bremsbeläge muss der Bremssattel vom Bremssattelträger abgeschraubt werden.

- Obere Schraube –4– für Bremssattel herausdrehen, dabei am Sechskant des Führungsbolzens gegenhalten, siehe Abbildung O-44122.
- Bremssattel vom Bremssattelträger abnehmen und mit Draht an der hinteren Schraubenfeder aufhängen.
- Bremsbeläge –3– aus dem Bremssattelträger herausnehmen, dabei die Einbaulage der Bremsbeläge merken, siehe Abbildung O-44123.
- Gleitbleche –2– aus dem Bremssattelträger herausziehen, siehe Abbildung O-44123.

Einbau

- Alle Anweisungen und Sicherheitshinweise aus dem Kapitel für die Vorderradbremse befolgen.
- Vor dem Einsetzen neuer Bremsbeläge Klebereste an den Anlageflächen der Beläge entfernen.
- Anlageflächen sowie Belagführungsflächen mit einer Weichmetallbürste oder einer alten Zahnbürste reinigen. Anschließend mit einem Lappen und Spiritus reinigen.

Achtung: Zum Reinigen der Bremse **ausschließlich** Spiritus verwenden. Keine scharfkantigen Werkzeuge verwenden. Staubmanschette nicht beschädigen.

- Führungsflächen der Gleitbleche am Bremssattelträger dünn mit hitzebeständigem Schmierfett bestreichen, zum Beispiel Bremsen-Antiquietschpaste von Liqui Moly.
- **Neue** Gleitbleche in den Bremssattelträger einsetzen.
- **Neue** Bremsbeläge zwischen die Gleitbleche einsetzen. Falls vorhanden, Belag mit akustischer Verschleißanzeige an der Innenseite der Bremse einsetzen. Auf korrekten Sitz der Bremsbeläge in den Gleitblechen achten.
- Schutzfolie nach Einsetzen des Bremsbelages von der Rückenplatte abziehen.
- Bremssattel von hinten über den Bremssattelträger und über die Beläge schieben. Dabei darauf achten, dass die Gleitbleche nicht verbogen werden und dass die Bremsbeläge nicht zu früh mit dem Bremssattel verkleben.
- Gewinde der Führungsbolzen reinigen. **Neue Schrauben** mit Sicherungsmittel, zum Beispiel Loctite Typ 243, bestreichen. Beide Schrauben für Bremssattel mit **25 Nm** anschrauben, dabei am Sechskant des Führungsbolzens gegenhalten.
- Handbremsseil in den Gegenhalter des Bremssattels einsetzen und Sicherungsblech einschieben.
- Bremshebel zusammendrücken und Handbremsseil einhängen.
- Reifen-Laufrichtung beachten, Räder anschrauben, Fahrzeug ablassen, erst dann Radschrauben über Kreuz mit **110 Nm** festziehen. **Achtung:** Unbedingt Hinweise im Kapitel »Rad aus- und einbauen« beachten.

Achtung: Bremspedal im Stand mehrmals kräftig niedertreten, bis fester Widerstand spürbar ist. Dadurch legen sich die Bremsbeläge an die Bremsscheiben an und nehmen einen dem Betriebszustand entsprechenden Sitz ein.

- Motor anlassen und Bremspedal im Stand für 30 Sekunden niedertreten.
- Bremsflüssigkeit im Vorratsbehälter prüfen, gegebenenfalls bis zur MAX-Marke auffüllen.
- Handbremse einstellen, siehe entsprechendes Kapitel.
- Neue Bremsbeläge vorsichtig einbremsen, dazu Fahrzeug mehrmals von ca. 80 km/h auf 40 km/h mit geringem Pedaldruck abbremsen. Dazwischen Bremse etwas abkühlen lassen.

Achtung: Nach dem Einbau neuer Bremsbeläge müssen diese eingebremst werden. Während einer Fahrtstrecke von rund 200 km sollten unnötige Vollbremsungen unterbleiben.

Hinweis: Bremsbeläge müssen in einigen Kommunen als Sondermüll entsorgt werden. Die örtlichen Behörden geben darüber Auskunft, ob auch eine Entsorgung über den hausmüllähnlichen Gewerbemüll zulässig ist.

Achtung, Sicherheitskontrolle durchführen:
◆ Sind die Bremsschläuche festgezogen?
◆ Befindet sich der Bremsschlauch in der Halterung?
◆ Sind die Entlüftungsschrauben angezogen?
◆ Ist genügend Bremsflüssigkeit eingefüllt?
◆ Bei laufendem Motor Dichtheitskontrolle durchführen. Hierzu Bremspedal mit 200 bis 300 N (entspricht 20 bis 30 kg) etwa 10 Sekunden betätigen. Das Bremspedal darf nicht nachgeben. Sämtliche Anschlüsse auf Dichtheit kontrollieren.
◆ Anschließend einige Sicherheitsbremsungen auf einer Straße ohne Verkehr durchführen.

Bremssattel/Bremsatttelträger aus- und einbauen

Ausbau

● Reifen-Laufrichtung mit Pfeil am Reifen markieren. Radschrauben lösen. Fahrzeug aufbocken und Rad abnehmen. **Achtung:** Unbedingt Hinweise im Kapitel »Rad aus- und einbauen« beachten.

> **Sicherheitshinweis**
> Beim Aufbocken des Fahrzeugs besteht Unfallgefahr! Hinweise im Kapitel »Fahrzeug aufbocken« beachten.

● **Hinterradbremse:** Handbremsseil am Bremssattel aushängen, siehe Kapitel »Scheibenbremsbeläge hinten aus- und einbauen«.

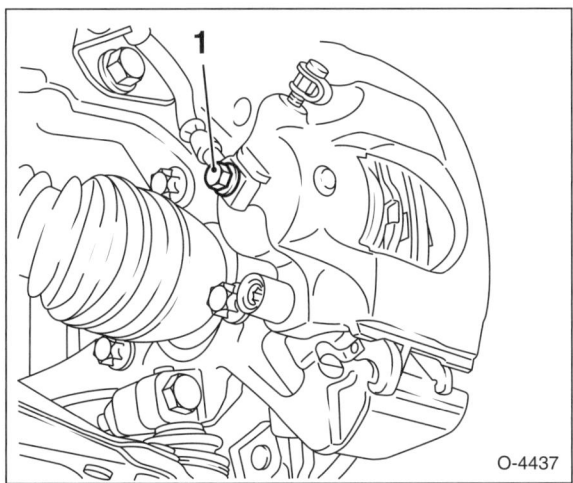

● Hohlschraube –1– für Bremsschlauch am Bremssattel abschrauben und Bremsschlauch sofort mit **neuen Dichtringen** am neuen Bremssattel anschrauben.
Hinweis: In der Abbildung ist die Vorderradbremse dargestellt.

> **Sicherheitshinweis**
> Beim Öffnen vom Bremskreis läuft Bremsflüssigkeit aus. Bremsflüssigkeit in einer untergelegten Schale auffangen. Man kann auch zuvor die Bremsflüssigkeit mit einem Saugheber aus dem Vorratsbehälter absaugen.

Hinweis: Wird der Bremssattel nur zum Ausbau der Bremsbeläge oder der Bremsscheibe ausgebaut, muss der Bremsschlauch nicht vom Bremssattel abgeschraubt werden. In diesem Fall den Bremssattel mit Draht so am Aufbau aufhängen, dass der Bremsschlauch nicht verdreht oder auf Zug beansprucht wird.

● Bremsbeläge ausbauen, siehe entsprechendes Kapitel.
● Bremssattel vom Bremssattelträger abnehmen.

Achtung: Hohes Löse- und Anzugsmoment der Schrauben für den Bremssattelträger!

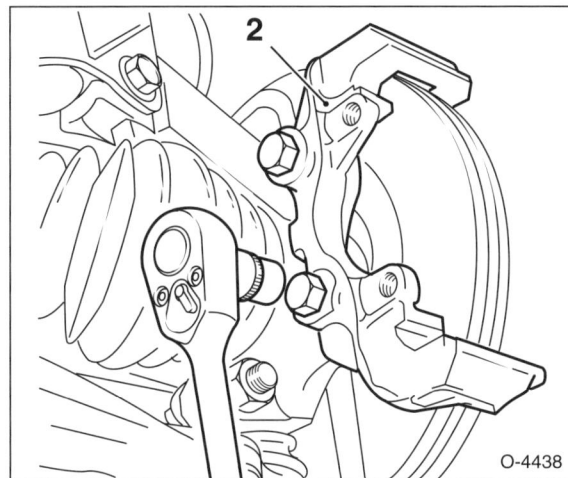

● **Vorderradbremse:** 2 Schrauben herausdrehen und Bremssattelträger –2– vom Achsschenkel abnehmen.

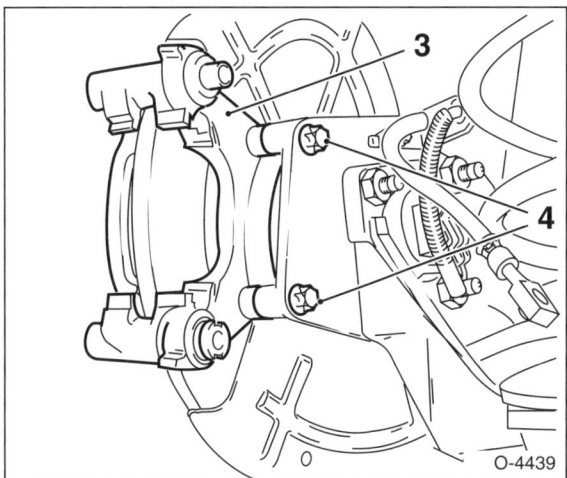

● **Hinterradbremse:** 2 Schrauben –4– herausdrehen und Bremssattelträger –3– vom Achsschenkel abnehmen.

Einbau

Achtung: Bei ausgebauten Bremsbelägen nicht auf das Bremspedal treten, sonst wird der Kolben aus dem Gehäuse herausgedrückt.

Achtung: Bei allen Schraubverbindungen, die mit Sicherungsmittel eingesetzt sind, Gewinde reinigen oder nachschneiden.

- Schrauben für Bremssattelträger mit Schraubensicherungsmittel, zum Beispiel LOCTITE 243, bestreichen.

Achtung: Hohes Anzugsmoment der Schrauben!

- Bremssattelträger am Achsschenkel ansetzen und mit **100 Nm** festschrauben.
- Bremsbeläge einbauen, siehe entsprechendes Kapitel.

Hinweis: Bei der Hinterradbremse Bremsbeläge mit neuer Klebefolie einbauen.

- Bremssattel am Bremssattelträger anschrauben. Anzugsdrehmomente:
  Vorderradbremse: . . . . **28 Nm**
  Hinterradbremse: . . . . **25 Nm**

- War der Bremsschlauch demontiert, Hohlschraube für Bremsschlauch mit **neuen Dichtringen** im Bremssattel eindrehen. Dabei darauf achten, dass der Bremsschlauch nicht verdreht wird. Hohlschraube mit **40 Nm** festziehen.

Achtung: Sicherstellen, dass der Bremsschlauch der Vorderradbremse bei maximalem Lenkereinschlag das Rad nicht berührt.

- **Hinterradbremse:** Handbremsseil am Bremssattel einhängen und Handbremse einstellen.

Achtung: Bremspedal im Stand mehrmals kräftig niedertreten, bis fester Widerstand spürbar ist. Dadurch legen sich die Bremsbeläge an die Bremsscheiben an und nehmen einen dem Betriebszustand entsprechenden Sitz ein.

- Bremsflüssigkeitsstand im Vorratsbehälter prüfen, gegebenenfalls auffüllen.
- **Falls der Bremsschlauch demontiert wurde, Bremsanlage entlüften, siehe entsprechendes Kapitel.**
- Reifen-Laufrichtung beachten, Rad anschrauben, Fahrzeug ablassen, erst dann Radschrauben über Kreuz mit **110 Nm** festziehen. **Achtung:** Unbedingt Hinweise im Kapitel »Rad aus- und einbauen« beachten.

Achtung, Sicherheitskontrolle durchführen:
- Sind die Bremsschläuche festgezogen?
- Befindet sich der Bremsschlauch in der Halterung?
- Sind die Entlüftungsschrauben angezogen?
- Ist genügend Bremsflüssigkeit eingefüllt?
- Bei laufendem Motor Dichtheitskontrolle durchführen. Hierzu Bremspedal mit 200 bis 300 N (entspricht 20 bis 30 kg) etwa 10 Sekunden betätigen. Das Bremspedal darf nicht nachgeben. Sämtliche Anschlüsse auf Dichtheit kontrollieren.
- Anschließend einige Sicherheitsbremsungen auf einer Straße ohne Verkehr durchführen.

Bremsscheibe aus- und einbauen

Um beidseitig eine gleichmäßige Verzögerung sicherzustellen, müssen alle Bremsscheiben die gleiche Oberfläche bezüglich Schliffbild und Rautiefe aufweisen. Deshalb **grundsätzlich beide** Bremsscheiben einer Achse ersetzen, beziehungsweise abdrehen lassen.

Achtung: Wenn die Bremsscheiben ersetzt oder abgedreht werden, müssen gleichzeitig neue Bremsbeläge eingebaut werden.

Korrodierte Bremsscheiben erzeugen beim Abbremsen einen Rubbeleffekt, der sich auch durch längeres Bremsen nicht beseitigen lässt. In diesem Fall müssen die Bremsscheiben erneuert werden.

Ausbau

- Reifen-Laufrichtung mit Pfeil am Reifen markieren. Radschrauben lösen. Fahrzeug aufbocken und Rad abnehmen. **Achtung:** Unbedingt Hinweise im Kapitel »Rad aus- und einbauen« beachten.

> **Sicherheitshinweis**
> Beim Aufbocken des Fahrzeugs besteht Unfallgefahr! Hinweise im Kapitel »Fahrzeug aufbocken« beachten.

- **Vorderradbremse:** Bremsschlauch aus der Halterung am Federbein herausziehen. Dazu vorher das Sicherungsblech mit einer Zange aus der Halterung ziehen.
- **Hinterradbremse:** Bremsbeläge ausbauen, siehe entsprechendes Kapitel.
- Bremssattelträger abschrauben, siehe entsprechendes Kapitel.

Hinweis: Bremssattel und Bremsbeläge müssen bei der Vorderradbremse nicht ausgebaut werden.

- Bremssattelträger so am Aufbau aufhängen, dass der Bremsschlauch nicht verdreht und auf Zug beansprucht wird.
- Um ein Herausgleiten des Bremskolbens zu verhindern, Holzstück zwischen Bremskolben und Bremssattel klemmen.

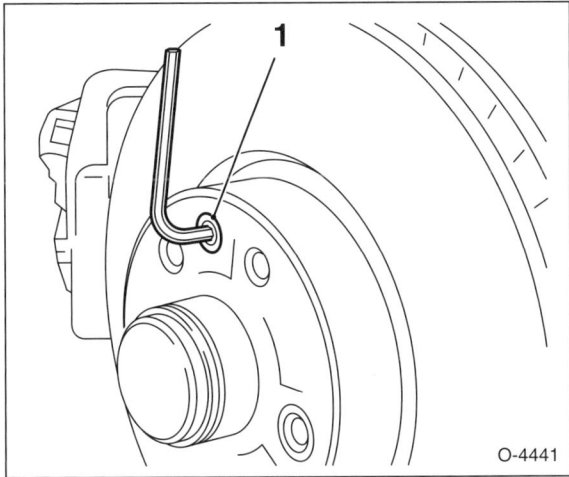

- Sicherungsschraube –1– aus der Bremsscheibe herausdrehen.

- Bremsscheibe von der Radnabe abnehmen. **Hinweis:** Fest sitzende Bremsscheibe durch leichte Schläge mit einem Kunststoffhammer von der Nabe lösen.

Achtung: Die Bremsscheibe darf nicht durch Gewaltanwendung (Hammerschläge) von der Radnabe getrennt werden. Stattdessen handelsüblichen Rostlöser anwenden, um Schäden an der Bremsscheibe zu vermeiden. Falls der Ausbau nur durch kräftige Hammerschläge möglich ist, aus Sicherheitsgründen Bremsscheibe und Radlager erneuern. Auch wenn ein Abzieher verwendet wird, Bremsscheibe erneuern.

Einbau

Die Werkstatt kann die Bremsscheibe auf Schlag prüfen. Maximal zulässiger Seitenschlag, siehe »Technische Daten Bremsanlage«.

- Falls vorhanden, Rost am Flansch der Bremsscheibe und der Radnabe entfernen.

- Neue Bremsscheibe mit Verdünnung vom Schutzlack reinigen.

- Bremsscheibe auf Radnabe aufsetzen und Sicherungsschraube eindrehen. Sicherungsschraube mit **7 Nm** (Vorderradbremse) beziehungsweise **4 Nm** (Hinterradbremse) festziehen.

- Bremssattelträger einbauen, siehe entsprechendes Kapitel.

- **Hinterradbremse:** Bremsbeläge einbauen, siehe entsprechendes Kapitel.

- **Hinterradbremse:** Handbremse einstellen.

- **Vorderradbremse:** Bremsschlauch in die Halterung am Federbein einsetzen und Sicherungsblech aufschieben.

- Reifen-Laufrichtung beachten, Rad anschrauben, Fahrzeug ablassen, erst dann Radschrauben über Kreuz mit **110 Nm** festziehen. **Achtung:** Unbedingt Hinweise im Kapitel »Rad aus- und einbauen« beachten.

Achtung: Bremspedal im Stand mehrmals kräftig niedertreten, bis fester Widerstand spürbar ist. Dadurch legen sich die Bremsbeläge an die Bremsscheiben an und nehmen einen dem Betriebszustand entsprechenden Sitz ein.

- Bremsflüssigkeit im Vorratsbehälter prüfen, gegebenenfalls bis zur MAX-Marke auffüllen.

Achtung, Sicherheitskontrolle durchführen:
- Sind die Bremsschläuche festgezogen?
- Befindet sich der Bremsschlauch in der Halterung?
- Sind die Entlüftungsschrauben angezogen?
- Ist genügend Bremsflüssigkeit eingefüllt?
- Bei laufendem Motor Dichtheitskontrolle durchführen. Hierzu Bremspedal mit 200 bis 300 N (entspricht 20 bis 30 kg) etwa 10 Sekunden betätigen. Das Bremspedal darf nicht nachgeben. Sämtliche Anschlüsse auf Dichtheit kontrollieren.
- Anschließend einige Sicherheitsbremsungen auf einer Straße ohne Verkehr durchführen.

- Neue Bremsscheiben vorsichtig einbremsen, dazu Fahrzeug mehrmals von ca. 80 km/h auf 40 km/h mit geringem Pedaldruck abbremsen. Dazwischen Bremse etwas abkühlen lassen.

Bremsscheibendicke prüfen

- Reifen-Laufrichtung mit Pfeil am Reifen markieren. Radschrauben lösen. Fahrzeug aufbocken und Rad abnehmen. **Achtung:** Unbedingt Hinweise im Kapitel »Rad aus- und einbauen« beachten.

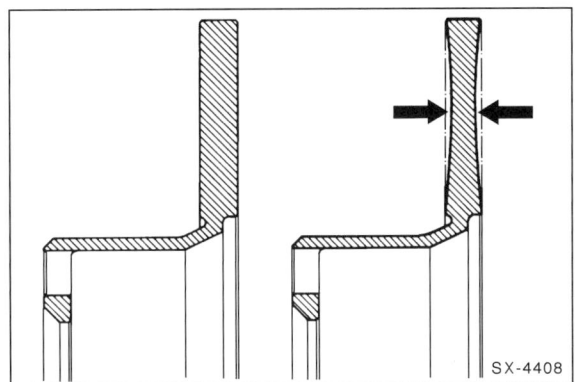

- Bremsscheibendicke immer an der dünnsten Stelle –Pfeile– messen. Die Werkstatt benutzt dazu einen speziellen Messschieber oder eine Mikrometer-Bügelmessschraube, da sich durch die Abnutzung der Bremsscheibe ein Rand bildet.

Hinweis: Man kann die Bremsscheibendicke auch mit einer normalen Schieblehre messen, allerdings muss dann auf jeder Seite der Bremsscheibe eine entsprechend starke Unterlage zwischengelegt werden (beispielsweise 2 Münzen). Um das exakte Maß der Bremsscheibendicke zu ermitteln, muss von dem gemessenen Wert die Dicke der Münzen beziehungsweise der Unterlage abgezogen werden.

Achtung: Messung an mehreren Punkten der Bremsscheibe vornehmen. Zulässige Toleranz an verschiedenen Messpunkten: **0,01 mm**.

- Soll- und Verschleißwerte für Bremsscheibe, siehe »Technische Daten Bremsanlage«.

- Wird die Verschleißgrenze erreicht, Bremsscheibe erneuern.
- Bei größeren Rissen oder bei Riefen, die tiefer als **0,4 mm** sind, Bremsscheibe erneuern, siehe entsprechendes Kapitel.
- Reifen-Laufrichtung beachten, Rad anschrauben, Fahrzeug ablassen, erst dann Radschrauben über Kreuz mit **110 Nm** festziehen. **Achtung:** Unbedingt Hinweise im Kapitel »Rad aus- und einbauen« beachten.

Handbremsseil aus- und einbauen
ASTRA

Handbremsseil vorn
Ausbau

- Mittelkonsole ausbauen, siehe Seite 220.

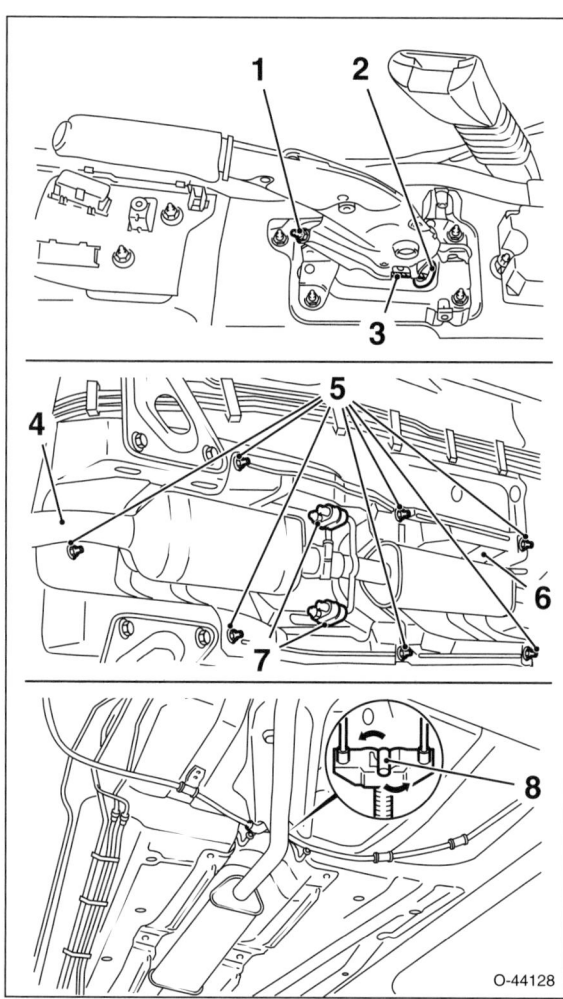

- Einstellmutter –1– am Handbremshebel mit Spezialschlüssel HAZET 4965-1 von der Gewindestange abschrauben.

- Handbremsseil am unteren Ende der Gewindestange –3– mit einer Zange greifen und aus der Seilführung aushängen.

> **Sicherheitshinweis**
> Beim Aufbocken des Fahrzeugs besteht Unfallgefahr! Hinweise im Kapitel »Fahrzeug aufbocken« beachten.

- Fahrzeug vorne aufbocken.
- Vorderes Abgasrohr –4– ausbauen, siehe Seite 212.
- Vorschalldämpfer ausbauen, siehe Seite 214.
- Muttern –5– abschrauben und Hitzeschutzblech –6– vom Fahrzeug-Unterboden abnehmen. 7 – Halteschlaufen.
- Vorderes Handbremsseil –8– um 90° verdrehen –Pfeile– und am Ausgleichbügel aushängen.
- Manschette –2– für Handbremsseil am Trägerblech des Handbremshebels aushängen.
- Vorderes Handbremsseil aus der Manschette und aus der Öffnung im Fahrzeugboden herausziehen.

Einbau

- Vorderes Handbremsseil durch die Manschette durchziehen und Manschette im Trägerblech des Handbremshebels einsetzen. Dabei auf richtigen Sitz der Manschette achten.

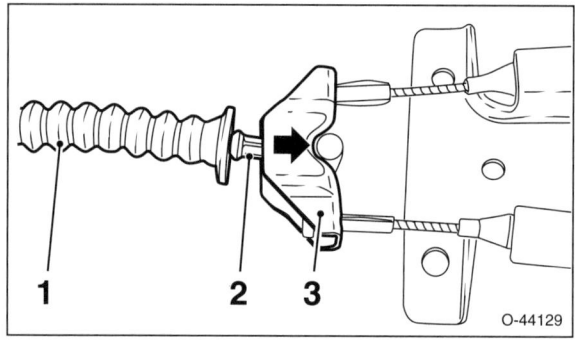

- Vorderes Handbremsseil am Ausgleichbügel –3– einhängen und um 90° verdrehen. Dabei darauf achten, dass das T-Stück –Pfeil– am Ende des Handbremsseils korrekt im Ausgleichbügel sitzt.
- Manschette –1– nach hinten über den Wulst –2– des Handbremsseils schieben. **Hinweis:** Dadurch wird das Handbremsseil am Ausgleichbügel gegen Herauslösen gesichert.
- Der weitere Einbau erfolgt in umgekehrter Ausbaureihenfolge.
- Einstellmutter am Handbremshebel locker auf die Gewindestange aufschrauben.
- Handbremse einstellen, siehe entsprechendes Kapitel.

Handbremsseil hinten

Ausbau

- Handbremsseil entspannen: Dazu Handbremshebel lösen und Einstellmutter am Handbremshebel lockern, siehe Kapitel »Handbremse einstellen«.
- Reifen-Laufrichtung mit Pfeil am Reifen markieren. Radschrauben lösen. Fahrzeug aufbocken und Hinterräder abnehmen. **Achtung:** Unbedingt Hinweise im Kapitel »Rad aus- und einbauen« beachten.

Sicherheitshinweis
Beim Aufbocken des Fahrzeugs besteht Unfallgefahr! Hinweise im Kapitel »Fahrzeug aufbocken« beachten.

- Vorderes Abgasrohr –4– ausbauen, siehe Seite 212.
- Vorschalldämpfer ausbauen, siehe Seite 214.
- Handbremsseil am Bremssattel hinten aushängen, siehe Kapitel »Scheibenbremsbeläge hinten aus- und einbauen«.
- Muttern –5– abschrauben und Hitzeschutzblech –6– vom Fahrzeug-Unterboden abnehmen. Halteschlaufen –7– aushängen, siehe Abbildung O-44128.

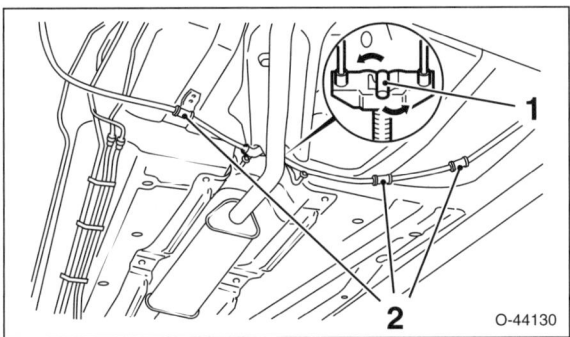

- Vorderes Handbremsseil –1– um 90° verdrehen –Pfeile– und am Ausgleichbügel aushängen.
- Hinteres Handbremsseil aus den Halterungen –2– an der Hinterachse und am Kraftstoffbehälter aushängen und vom Fahrzeug-Unterboden abnehmen.

Einbau

- Der Einbau erfolgt in umgekehrter Ausbaureihenfolge. Dabei **neues Sicherungsblech** am Gegenhalter des Bremssattels einsetzen.
- Handbremse einstellen, siehe entsprechendes Kapitel.
- Reifen-Laufrichtung beachten, Räder anschrauben, Fahrzeug ablassen, erst dann Radschrauben über Kreuz mit **110 Nm** festziehen. **Achtung:** Unbedingt Hinweise im Kapitel »Rad aus- und einbauen« beachten.

Handbremsseil/Handbremshebel aus- und einbauen

ZAFIRA

Der Aus- und Einbau des Handbremsseils erfolgt ähnlich wie beim ASTRA. Dabei muss der Handbremshebel ausgebaut werden. Hier werden nur die Unterschiede zum ASTRA aufgeführt.

Ausbau

- Einstellmutter am Handbremshebel ganz bis an das Ende der Gewindestange zurückdrehen und Handbremsseil lockern, siehe Kapitel »Handbremse einstellen«.
- Vorderes Handbremsseil um 90° verdrehen und am Ausgleichbügel aushängen.
- Mittelkonsole ausbauen, siehe Seite 233.
- Stecker vom Handbremsschalter abziehen.
- Stecker vom Gierraten-Sensor abziehen. 2 Muttern abschrauben und Gierraten-Sensor von der Trägerplatte abnehmen.

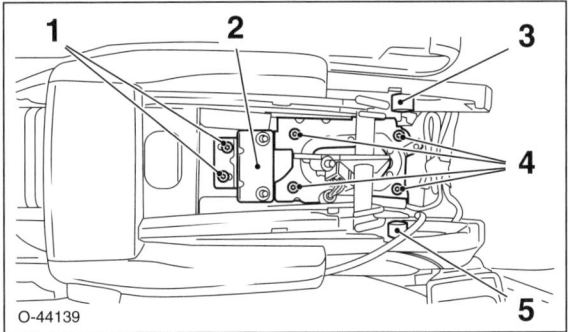

- 2 Muttern –1– abschrauben und Trägerplatte –2– abnehmen.
- 2 Schrauben –3/5– herausdrehen und Kabelkanäle an den Seiten vom Handbremshebel ausclipsen.
- Kabelstrang vom Trägerblech des Handbremshebels abclipsen.
- 4 Muttern –4– abschrauben und Handbremshebel vom Boden abnehmen.
- Manschette für Handbremsseil am Trägerblech des Handbremshebels aushängen.
- Vorderes Handbremsseil aus der Manschette herausziehen.

Einbau

- Der Einbau erfolgt in umgekehrter Ausbaureihenfolge. Dabei Handbremshebel mit **neuen Muttern** und **8 Nm** am Fahrzeugboden festschrauben.

Handbremse einstellen

ASTRA

Bei Ausbau der hinteren Bremsbeläge, des Bremssattels oder der Handbremsseile muss die Handbremse neu eingestellt werden. Für die Einstellung kann der Spezialschlüssel HAZET 4965-1 verwendet werden.

- Abdeckung für den Diagnosestecker unterhalb des Handbremshebels hinten untergreifen und mit einem Ruck aus der Mittelkonsole ausclipsen.

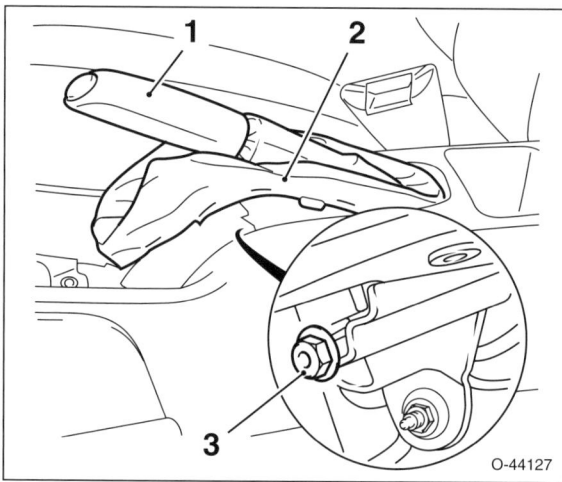

- Mit einem Kunststoffkeil, zum Beispiel HAZET 1965-20, Faltenbalg –2– vom Handbremshebel –1– aus der Mittelkonsole ausclipsen und nach oben stülpen.

- Einstellmutter –3– am Handbremshebel mit Spezialschlüssel HAZET 4965-1 ganz bis an das Ende der Gewindestange zurückdrehen.

- Handbremshebel lösen.

- Bremspedal mindestens 5-mal kräftig betätigen, es muss ein fester Widerstand am Pedal spürbar sein. Das Bremspedal muss nach jedem Betätigen vollständig in die Ausgangsstellung zurückgehen.

- Handbremshebel 5-mal bis zum Anschlag anziehen und wieder lösen.

> **Sicherheitshinweis**
> Beim Aufbocken des Fahrzeugs besteht Unfallgefahr! Hinweise im Kapitel »Fahrzeug aufbocken« beachten.

- Fahrzeug hinten aufbocken.

- Handbremshebel bis zur **2. Raste** anziehen.

- Einstellmutter –3– anziehen, bis sich die Hinterräder von Hand gerade noch drehen lassen.

- Handbremshebel bis zur **3. Raste** anziehen.

- Die Handbremse ist richtig eingestellt, wenn die Hinterräder blockiert sind und sich das Fahrzeug nicht mehr bewegen lässt. Die Bremswirkung muss an beiden Hinterrädern gleich sein.

- Sicherstellen, dass beide Hinterräder bei gelöstem Handbremshebel frei drehbar sind. Wenn nötig, Einstellmutter wieder etwas lockern.

- Fahrzeug ablassen.

- Faltenbalg für Handbremshebel in der Mittelkonsole einclipsen.

- Abdeckung für den Diagnoseanschluss einclipsen.

- Fahrzeug etwa 300 Meter mit geringer Geschwindigkeit und bei leicht angezogener Handbremse bewegen.

ZAFIRA

- Handbremshebel lösen.

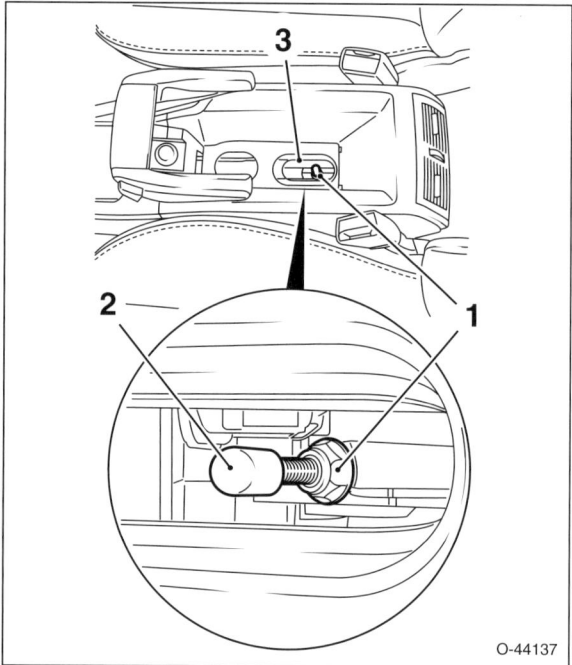

- Abdeckung aus der Serviceöffnung –3– in der Mittelkonsole heraushebeln.

- Abdeckkappe –2– von der Gewindestange abziehen.

- Einstellmutter –1– am Handbremshebel ganz bis an das Ende der Gewindestange zurückdrehen.

- Bremspedal mindestens 5-mal kräftig betätigen, es muss ein fester Widerstand am Pedal spürbar sein. Das Bremspedal muss nach jedem Betätigen vollständig in die Ausgangsstellung zurückgehen.

> **Sicherheitshinweis**
> Beim Aufbocken des Fahrzeugs besteht Unfallgefahr! Hinweise im Kapitel »Fahrzeug aufbocken« beachten.

- Fahrzeug hinten aufbocken.

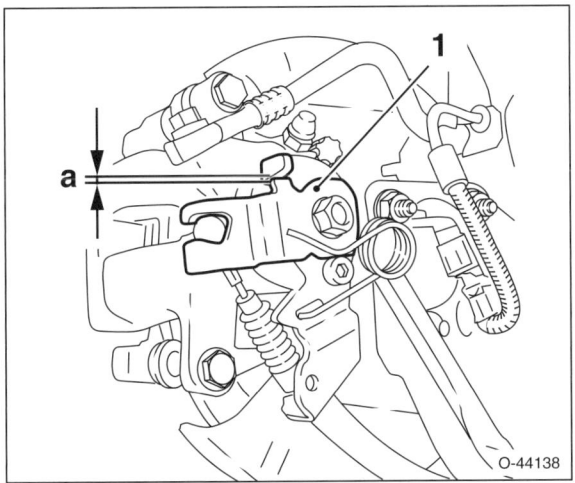

- Einstellmutter so verdrehen, dass bei gelöster Handbremse der Abstand –a– zwischen Bremshebel –1– und Anschlag an einem Bremssattel **0,1 mm** beträgt. Der Abstand an dem zweiten Bremssattel darf dann maximal 0,1 mm betragen.
- Handbremshebel bis zur **1. Raste** anziehen.
- Die Handbremse ist richtig eingestellt, wenn die Hinterräder sehr schwergängig oder bereits blockiert sind. Die Bremswirkung muss an beiden Hinterrädern gleich sein.
- Sicherstellen, dass beide Hinterräder bei gelöstem Handbremshebel frei drehbar sind. Wenn nötig, Einstellmutter wieder etwas lockern.
- Fahrzeug etwa 300 Meter mit geringer Geschwindigkeit und bei leicht angezogener Handbremse bewegen.

Bremsschlauch aus- und einbauen

Bremsschlauch für Vorderradbremse

Achtung: Die starren Bremsleitungen aus Metall sollen von einer Fachwerkstatt verlegt werden, da zur fachgerechten Montage einige Erfahrung nötig ist.

Als flexible Verbindungen zwischen den starren Fahrzeugteilen und den Bremssätteln werden druckfeste Bremsschläuche verwendet. Diese müssen bei erkennbaren Schäden sofort ausgewechselt werden. Ältere Bremsschläuche können so aufquellen, dass sich in ihrem Innern der Durchflussquerschnitt verringert. In diesem Fall kann die Bremsflüssigkeit nicht aus dem Radbremszylinder in den Hauptbremszylinder zurückfließen; die Radbremse erhitzt sich. Wird dann das betreffende Entlüfterventil am Radbremszylinder geöffnet und das Rad blockiert nicht mehr, ist das ein Zeichen für einen defekten Bremsschlauch.

> **Sicherheitshinweis**
> **Ist ein Bremsschlauch montiert worden oder eine Kammer des Bremsflüssigkeitbehälters leergelaufen**, wird Luft angesaugt, die in die ABS-Hydraulikpumpe gelangt. **Die Bremsanlage muss dann in der Werkstatt mit dem Entlüftungsgerät entlüftet werden.**

Achtung: Bremsschläuche nicht mit Öl oder Petroleum in Berührung bringen, nicht lackieren oder mit Unterbodenschutz besprühen.

Achtung: Regeln im Umgang mit Bremsflüssigkeit beachten, siehe Kapitel »Bremsanlage entlüften«.

Ausbau

- Bremsflüssigkeitsbehälter bis MAX-Markierung auffüllen.
- Reifen-Laufrichtung mit Pfeil am Reifen markieren. Radschrauben lösen. Fahrzeug aufbocken und Rad abnehmen. **Achtung:** Unbedingt Hinweise im Kapitel »Rad aus- und einbauen« beachten.

> **Sicherheitshinweis**
> Beim Aufbocken des Fahrzeugs besteht Unfallgefahr! Hinweise im Kapitel »Fahrzeug aufbocken« beachten.

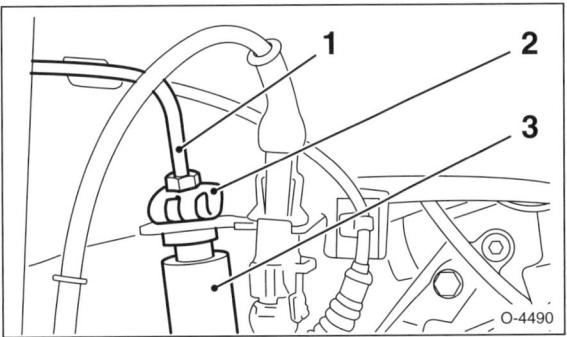

- Hohlschraube der Bremsleitung –1– aus dem Bremsschlauch –3– herausdrehen.

- Bremsschlauch –3– aus der Halterung im Radkasten herausziehen. Die Sicherungsklammer –2– bleibt dabei am Halter. **Achtung:** Austretende Bremsflüssigkeit mit Lappen auffangen.

- Bremsleitung in Richtung Hauptbremszylinder sofort mit geeignetem Stopfen verschließen.

Sicherheitshinweis
Beim Öffnen vom Bremskreis läuft Bremsflüssigkeit aus. Bremsflüssigkeit in einer Flasche sammeln, die ausschließlich für Bremsflüssigkeit vorgesehen ist. Man kann auch zuvor die Bremsflüssigkeit mit einem Saugheber aus dem Vorratsbehälter absaugen.

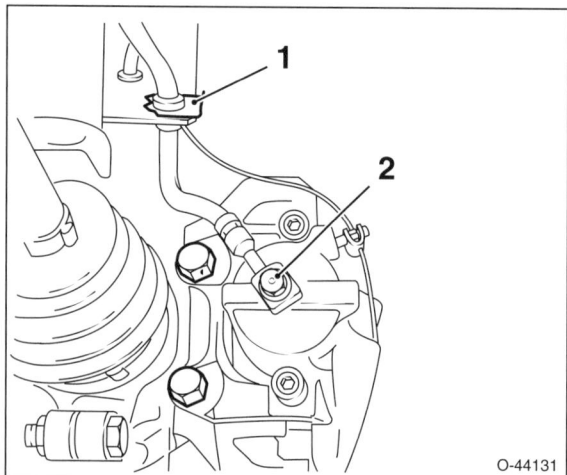

- Bremsschlauch aus der Halterung am Federbein herausziehen. Dazu vorher das Sicherungsblech –1– mit einer Zange aus der Halterung ziehen.

- Hohlschraube –2– herausdrehen und Bremsschlauch aus dem Bremssattel herausziehen, dabei Bremsschlauch nicht verdrillen. **Achtung:** Austretende Bremsflüssigkeit mit Lappen auffangen.

Einbau

Achtung: Nur vom Werk freigegebene Bremsschläuche einbauen. Neuen Bremsschlauch vorne so einbauen, dass er ohne Drall durchhängt.

- Bremsschlauch mit **neuen Dichtringen** am Bremssattel befestigen, dabei Hohlschraube mit **40 Nm** festziehen.

- Bremsleitung am Bremsschlauch ansetzen, Hohlschraube eindrehen und mit **14 Nm** festziehen.

- Bremsschlauch in Halterung im Radkasten einschieben und Sicherungsklammer aufschieben.

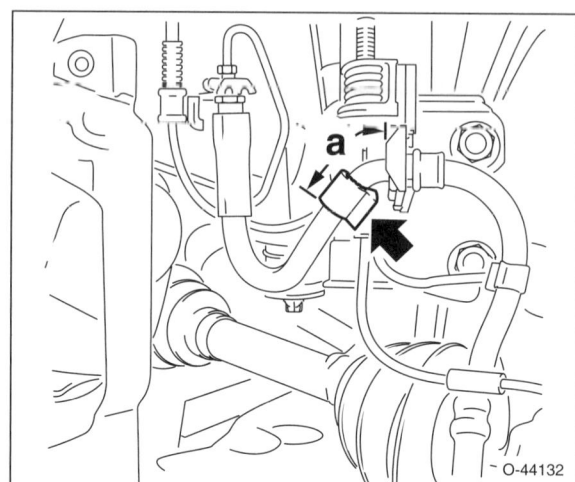

- **Bremsschlauch für IDS-Fahrwerksystem:** Protektor –Pfeil– im Abstand a = 53 mm einbauen.

- Bremsschlauch in den Halter am Federbein am Federbein einsetzen und Sicherungsblech aufschieben.

- Bei entlasteten Rädern (Wagen angehoben) Lenkung nach links und rechts einschlagen und sicherstellen, dass der Schlauch allen Radbewegungen folgt ohne irgendwo zu scheuern.

Achtung: Bremsanlage unbedingt mit einem Bremsentlüftungsgerät entlüften, siehe entsprechendes Kapitel.

- Halterung für ABS-Sensor am Bremsschlauch anclipsen.

- Reifen-Laufrichtung beachten, Rad anschrauben, Fahrzeug ablassen, erst dann Radschrauben über Kreuz mit **110 Nm** festziehen. **Achtung:** Unbedingt Hinweise im Kapitel »Rad aus- und einbauen« beachten.

- Bremsflüssigkeit im Vorratsbehälter prüfen, gegebenenfalls bis zur MAX-Marke auffüllen.

Achtung, Sicherheitskontrolle durchführen:
- Sind die Bremsschläuche festgezogen?
- Befindet sich der Bremsschlauch in der Halterung?
- Sind die Entlüftungsschrauben angezogen?
- Ist genügend Bremsflüssigkeit eingefüllt?
- Bei laufendem Motor Dichtheitskontrolle durchführen. Hierzu Bremspedal mit 200 bis 300 N (entspricht 20 bis 30 kg) etwa 10 Sekunden betätigen. Das Bremspedal darf nicht nachgeben. Sämtliche Anschlüsse auf Dichtheit kontrollieren.
- Anschließend einige Sicherheitsbremsungen auf einer Straße ohne Verkehr durchführen.

Bremsschlauch für Hinterradbremse

Hinweis: Der hintere Bremsschlauch wird in ähnlicher Weise ausgebaut wie der vordere. Dabei Bremsschlauch aus der Halterung an der Hinterachse herausziehen und Halterung abschrauben.

Bremsanlage entlüften

Beim Umgang mit Bremsflüssigkeit sind folgende Hinweise zu beachten:

> **Sicherheitshinweis**
> Bremsflüssigkeit ist giftig. Keinesfalls Bremsflüssigkeit mit dem Mund über einen Schlauch absaugen. Bremsflüssigkeit nur in Behälter füllen, bei denen ein versehentlicher Genuss ausgeschlossen ist.

- Bremsflüssigkeit ist ätzend und darf deshalb nicht mit dem Autolack in Berührung kommen, gegebenenfalls Bremsflüssigkeit sofort abwischen und mit viel Wasser abwaschen.
- Bremsflüssigkeit ist hygroskopisch, das heißt, sie nimmt aus der Luft Feuchtigkeit auf. Bremsflüssigkeit deshalb nur in geschlossenen Behältern aufbewahren.
- **Bremsflüssigkeit, die schon einmal im Bremssystem verwendet wurde, darf nicht wieder verwendet werden. Auch beim Entlüften der Bremsanlage nur neue Bremsflüssigkeit verwenden.**
- Bremsflüssigkeits-Spezifikationen: **DOT 4+** und **SAE J 1703**.
- **Bremsflüssigkeit darf nicht mit Mineralöl in Berührung kommen.** Schon geringe Spuren von Mineralöl machen die Bremsflüssigkeit unbrauchbar, beziehungsweise führen zum Ausfall des Bremssystems. Stopfen und Manschetten der Bremsanlage werden beschädigt, wenn sie mit mineralölhaltigen Mitteln zusammenkommen. Zum Reinigen keine mineralölhaltigen Putzlappen verwenden.
- Bremsflüssigkeit **alle 2 Jahre wechseln**, möglichst nach der kalten Jahreszeit.

Achtung: Bremsflüssigkeit ist ein Problemstoff und darf auf keinen Fall einfach weggeschüttet oder dem Hausmüll mitgegeben werden. Gemeinde- und Stadtverwaltungen informieren darüber, wo sich die nächste Problemstoff-Sammelstelle befindet.

Entlüften

Nach jeder Reparatur an der Bremse, bei der die Bremsanlage geöffnet wurde, kann Luft in die Druckleitungen eingedrungen sein. Dann muss das Bremssystem entlüftet werden. Luft ist auch dann in den Leitungen, wenn sich beim Treten des Bremspedals der Bremsdruck schwammig anfühlt. In diesem Fall muss die Undichtigkeit beseitigt und die Bremsanlage entlüftet werden.

In der Werkstatt wird die Bremse in der Regel mit einem Bremsentlüftungsgerät entlüftet. **Zwingend vorgeschrieben ist die Verwendung eines Bremsentlüftungsgerätes, wenn ein Bremsschlauch demontiert wurde, wenn nur eine Kammer des Bremsflüssigkeitsbehälters leer war oder wenn die hydraulische Kupplungsbetätigung entlüftet werden muss.** Im Normalfall geht es auch ohne das Bremsentlüftungsgerät. Die Bremsanlage wird dann durch Pumpen mit dem Bremspedal entlüftet, dazu ist eine zweite Person notwendig.

Muss die ganze Anlage entlüftet werden, jede Radbremse einzeln entlüften. Das ist immer dann der Fall, wenn Luft in jeden einzelnen Bremszylinder gedrungen ist. Dafür immer ein **Bremsentlüftungsgerät** verwenden. Falls nur ein Bremssattel erneuert beziehungsweise überholt wurde, genügt in der Regel das Entlüften des betreffenden Bremszylinders.

> **Sicherheitshinweis**
> Ist eine Kammer des Bremsflüssigkeit-Ausgleichbehälters komplett leergelaufen (zum Beispiel bei Undichtigkeiten im Bremssystem oder wenn beim Entlüften vergessen wurde, Bremsflüssigkeit nachzufüllen), wird Luft angesaugt, die in die ABS-Hydraulikpumpe gelangt. Die Bremsanlage muss dann in der Werkstatt mit dem Entlüftergerät entlüftet werden. Bei Einbau eines neuen Bremsschlauchs muss die Anlage ebenfalls mit einem Entlüftergerät entlüftet werden.

Die Reihenfolge der Entlüftung: 1. Bremse hinten rechts, 2. Bremse hinten links, 3. Bremse vorn rechts, 4. Bremse vorn links.

- Fahrzeug aufbocken.
- Bremsflüssigkeitsbehälter bis MAX-Markierung auffüllen.

Achtung: Entlüfterventile reinigen und vorsichtig öffnen, damit sie nicht abgedreht werden. Es empfiehlt sich, die Ventile ca. 1 Stunde vor dem Entlüften mit Rostlöser einzusprühen.

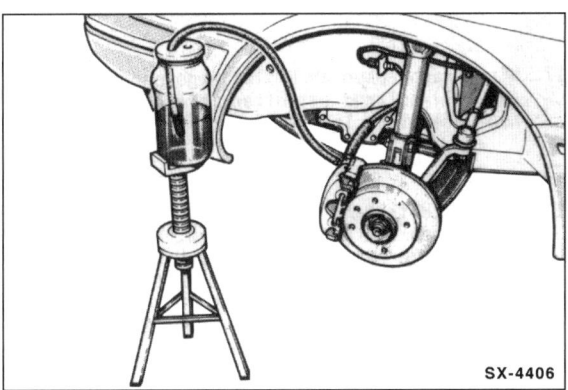

SX-4406

Achtung: Während des Entlüftens die Entlüfterflasche 30 Zentimeter höher als das Entlüfterventil halten und ab und zu den Bremsflüssigkeitsstand im Bremsflüssigkeitsbehälter beobachten. Der Flüssigkeitsspiegel darf nicht zu weit sinken, sonst wird über den Bremsflüssigkeitsbehälter Luft angesaugt. **Immer nur neue Bremsflüssigkeit nachgießen!**

- Staubkappe vom Entlüfterventil des Bremszylinders abnehmen. Entlüfterventil reinigen, sauberen Schlauch aufstecken, anderes Schlauchende in eine mit Bremsflüssigkeit halbvoll gefüllte Flasche stecken. **Hinweis:** Einen geeigneten Schlauch und ein passendes Gefäß gibt es im Autozubehörhandel.
- Von einem Helfer Bremspedal so oft niedertreten lassen, »pumpen«, bis sich im Bremssystem Druck aufgebaut hat – zu spüren am wachsenden Widerstand beim Betätigen des Pedals.
- Ist genügend Druck vorhanden, Bremspedal ganz durchtreten und Fuß auf dem Bremspedal halten.

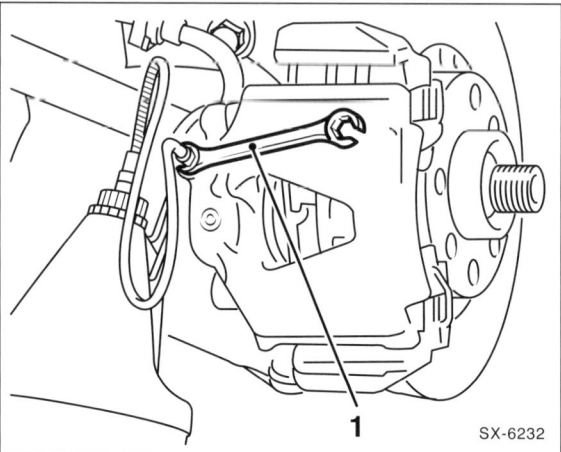

- Entlüfterventil am Bremssattel etwa ½ Umdrehung mit Ringschlüssel –1– öffnen. Zum Öffnen der Ventile gibt es spezielle Entlüftungsschlüssel, zum Beispiel HAZET 4968-9. Ausfließende Bremsflüssigkeit in der Flasche sammeln. **Hinweis:** Die Abbildung zeigt nicht den Bremssattel des ASTRA.

- Ausfließende Bremsflüssigkeit in der Flasche sammeln. Darauf achten, dass sich das Schlauchende in der Flasche ständig unterhalb des Flüssigkeitsspiegels befindet und dass die Flasche über dem Bremssattel steht.

- Sobald der Flüssigkeitsdruck nachlässt, Entlüfterventil schließen.

- Pumpvorgang wiederholen, bis sich Druck aufgebaut hat. Bremspedal niedertreten, Fuß auf dem Bremspedal lassen, Entlüfterventil öffnen, bis der Druck nachlässt. Entlüfterventil schließen.

- Entlüftungsvorgang an einem Bremszylinder so lange wiederholen, bis sich in der Bremsflüssigkeit, die in die Entlüfterflasche strömt, keine Luftblasen mehr zeigen.

- Nach dem Entlüften Schlauch vom Entlüfterventil abziehen, Entlüfterventil mit **10 Nm** festziehen und Staubkappe auf Ventil stecken.

- Die Bremszylinder an den anderen Rädern auf die gleiche Weise entlüften, dabei Reihenfolge einhalten.

- Nach dem Entlüften den Bremsflüssigkeitsbehälter bis zur MAX-Markierung auffüllen und verschließen.

Entlüften mit Bremsentlüftungsgerät

- Verschlussdeckel vom Bremsflüssigkeitsbehälter abschrauben und Entlüftungsgerät über einen Adapter am Bremsflüssigkeitsbehälter anschließen.

- Im Bremssystem einen Arbeitsdruck von 2,0 bis 2,5 bar einstellen.

- Nacheinander jeden Bremszylinder entlüften: Dazu Schlauch am Entlüfterventil aufstecken, Ventil öffnen und Flüssigkeit ausströmen lassen, bis sich keine Luftblasen mehr zeigen. Anschließend Ventil schließen.

- Nach dem Entlüften Adapter und Entlüftungsgerät abbauen, dabei darauf achten, dass der Bremsflüssigkeitsbehälter unter Druck steht.

- Bremsflüssigkeitsbehälter verschließen.

Achtung, Sicherheitskontrolle durchführen:
- Sind die Entlüftungsschrauben angezogen?
- Ist genügend Bremsflüssigkeit eingefüllt?
- Bei laufendem Motor Dichtheitskontrolle durchführen. Hierzu Bremspedal mit 200 bis 300 N (entspricht 20 bis 30 kg) etwa 10 Sekunden betätigen. Das Bremspedal darf nicht nachgeben. Sämtliche Anschlüsse auf Dichtheit kontrollieren.

- Nach dem Entlüften der Bremsanlage darf sich beim Treten auf das Bremspedal der Druck nicht schwammig anfühlen. Falls doch, Anlage nochmals entlüften. Dabei an jedem Bremssattel den Entlüftungsvorgang 5-mal durchführen.

- Anschließend einige Bremsungen auf einer Straße ohne Verkehr durchführen. Dabei sollte mindestens einmal die Bremsregelung des ABS-Systems geprüft werden, beispielsweise auf losem Untergrund. Dazu Bremse stark betätigen, bis am spürbaren Pulsieren des Bremspedals der Beginn der Bremsregelung erkennbar ist.

Achtung: Falls der Bremspedalweg nach der Probefahrt zu groß ist, obwohl er direkt nach dem Entlüften in Ordnung war, dann ist möglicherweise Luft in der ABS-Hydraulikeinheit. In diesem Fall Bremsanlage umgehend in der Fachwerkstatt entlüften lassen.

Bremskraftverstärker prüfen

Der Bremskraftverstärker sitzt an der Stirnwand unter dem Bremsflüssigkeitsbehälter. Er ist auf Funktion zu überprüfen, wenn zur Erzielung ausreichender Bremswirkung die Pedalkraft außergewöhnlich hoch ist.

- Bremspedal bei ausgeschaltetem Motor mindestens 5-mal kräftig durchtreten, dadurch baut sich der Unterdruck im Bremskraftverstärker ab. Dann bei belastetem Bremspedal Motor starten. Das Bremspedal muss jetzt unter dem Fuß spürbar nachgeben.

- Andernfalls Unterdruckschlauch mit Anschlussstück aus dem Bremskraftverstärker herausziehen. Motor starten. Durch Fingerauflegen am Ende des Unterdruckschlauches prüfen, ob Unterdruck vorhanden ist.

- Ist kein Unterdruck vorhanden: Unterdruckschlauch auf Undichtigkeiten und Beschädigungen prüfen, gegebenenfalls ersetzen. Sämtliche Schellen fest anziehen.

- **Dieselmotor:** Unterdruckschlauch entriegeln und von der Vakuumpumpe am Zylinderkopf abziehen. Mit dem Finger prüfen, ob Unterdruck am Schlauchanschluss anliegt. **Hinweis:** Beim 1,7-l-Dieselmotor sitzt die Vakuumpumpe hinter dem Generator.

- Ist Unterdruck vorhanden: Unterdruck messen, gegebenenfalls Bremskraftverstärker ersetzen (Werkstattarbeit).

Hinweis: Wird bei Fahrzeugen mit **Dieselmotor** die Bremse längere Zeit betätigt, kommt es zum Aufbrauch des Unterdrucks. Dadurch lässt sich das Bremspedal weiter durchtreten und wirkt schwammig. Dies ist aber kein Grund zur Beanstandung.

Schalter für Handbremskontrollleuchte aus- und einbauen

ASTRA

Ausbau

- Batterie abklemmen. **Achtung:** Hinweise im Kapitel »Batterie aus- und einbauen« beachten.
- Abdeckung für den Diagnosestecker unterhalb des Handbremshebels aus der Mittelkonsole ausclipsen.
- Mit einem Kunststoffkeil, zum Beispiel HAZET 1965-20, Faltenbalg vom Handbremshebel aus der Mittelkonsole ausclipsen und nach oben stülpen.

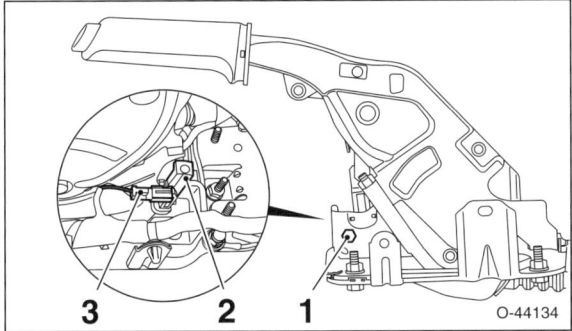

- Stecker –3– entriegeln und vom Handbremsschalter –2– abziehen.
- Schraube –1– aus dem Trägerblech des Handbremshebels herausdrehen und Schalter abnehmen.

Einbau

- Der Einbau erfolgt in umgekehrter Ausbaureihenfolge.

Speziell ZAFIRA

Der Ausbau erfolgt in ähnlicher Weise wie beim ASTRA. Dabei muss zuerst die Mittelkonsole ausgebaut werden.

Bremslichtschalter aus- und einbauen

Der Bremslichtschalter sitzt am Pedalbock. Beim Betätigen des Bremspedals wird über den Schalter das Bremslicht eingeschaltet. Das Bremslicht muss nach einem Bremspedalweg von 15 ± 5 mm aufleuchten.

Außerdem dient der Bremslichtschalter dem ABS/ESP-Steuergerät als Signalgeber für den Beginn eines Bremsvorganges. Daher ist eine korrekte Funktion und Einstellung äußerst wichtig.

Ausbau

- Batterie abklemmen. **Achtung:** Hinweise im Kapitel »Batterie aus- und einbauen« beachten.
- Vordersitz ganz nach hinten schieben.
- Obere Verkleidung im Fußraum auf der Fahrerseite ausbauen, siehe Seite 218.
- Luftführungskanal für den Fahrer-Fußraum ausbauen, siehe Kapitel »Stellmotor für Mischluftklappe aus- und einbauen«, Seite 109.

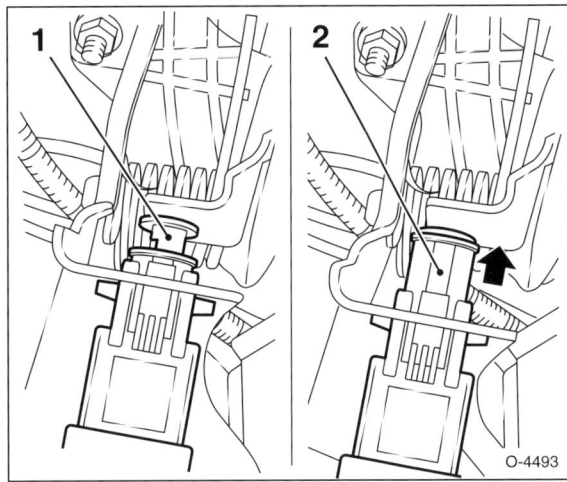

- Bremspedal durch einen Helfer durchtreten lassen und in dieser Stellung festhalten lassen. Der Kontakt-Stift –1– des Schalters wird dabei aus dem Schalter herausgedrückt.
- Verriegelungshülse –2– bis zum Anschlag aus dem Bremslichtschalter herausziehen –Pfeil–.

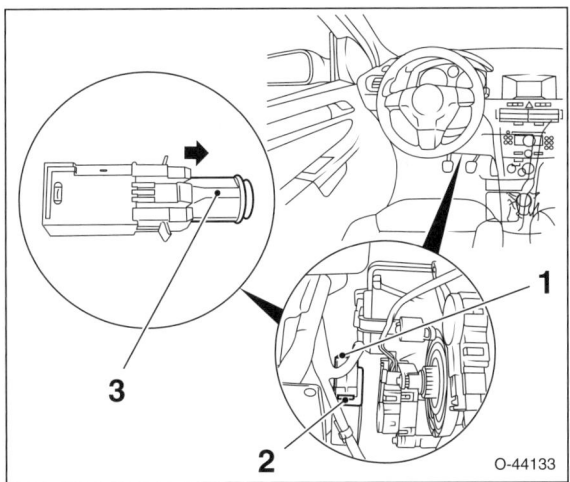

- 2 Haltenasen –2– entriegeln und Bremslichtschalter aus dem Pedalbock herausziehen. 3 – Verriegelungshülse.
- Stecker –1– entriegeln und vom Bremslichtschalter abziehen.

Einbau

- Der Einbau erfolgt in umgekehrter Ausbaureihenfolge.

Störungsdiagnose Bremse

Störung	Ursache	Abhilfe
Leerweg des Bremspedals zu groß.	Ein Bremskreis ausgefallen.	■ Bremskreise auf Flüssigkeitsverlust prüfen.
Bremspedal lässt sich weit und federnd durchtreten.	Luft im Bremssystem.	■ Bremse entlüften.
	Zu wenig Bremsflüssigkeit im Bremsflüssigkeitsbehälter.	■ Neue Bremsflüssigkeit nachfüllen. Bremse entlüften.
	Dampfblasenbildung. Tritt meist nach starker Beanspruchung auf, z. B. Passabfahrt.	■ Bremsflüssigkeit wechseln. Bremse entlüften.
Bremswirkung lässt nach, und Bremspedal lässt sich durchtreten.	Undichte Leitung.	■ Leitungsanschlüsse nachziehen oder Leitung erneuern. Bremsanlage in der Werkstatt prüfen lassen.
Schlechte Bremswirkung trotz hohen Fußdrucks.	Bremsbeläge verölt.	■ Bremsbeläge erneuern.
	Ungeeigneter oder verhärteter Bremsbelag.	■ Beläge erneuern. Nur vom Automobilhersteller freigegebene Bremsbeläge verwenden.
	Bremsbeläge abgenutzt.	■ Bremsbeläge erneuern.
	Bremskraftverstärker defekt, Unterdruckleitung porös, defekt.	■ Bremskraftverstärker und Unterdruckleitung prüfen.
Bremse zieht einseitig.	Unvorschriftsmäßiger Reifendruck.	■ Reifendruck prüfen und berichtigen.
	Bereifung ungleichmäßig abgefahren.	■ Abgefahrene Reifen ersetzen.
	Bremsbeläge verölt.	■ Bremsbeläge erneuern.
	Verschiedene Bremsbelagsorten auf einer Achse.	■ Beläge erneuern. Nur vom Automobilhersteller freigegebene Bremsbeläge verwenden.
	Schlechtes Tragbild der Bremsbeläge.	■ Bremsbeläge austauschen.
	Verschmutzte Bremssattelschächte.	■ Sitz- und Führungsflächen der Bremsbeläge im Bremssattel reinigen.
	Korrosion in den Bremssattelzylindern.	■ Bremssattel erneuern.
	Bremsbelag ungleichmäßig verschlissen.	■ Bremsbeläge erneuern (an beiden Rädern), Bremssättel auf Leichtgängigkeit prüfen.
Bremse zieht von selbst an.	Hauptbremszylinder defekt.	■ Hauptbremszylinder ersetzen.
Bremsen erhitzen sich während der Fahrt.	Bremse schwergängig.	■ Bewegliche Teile der Bremse schmieren. Bremssattel überholen lassen (Werkstattarbeit).
	Handbremsseil schwergängig.	■ Seil schmieren oder erneuern.
	Bremsschlauch innen aufgequollen, dicht.	■ Bremsschlauch erneuern.
	Korrosion in den Bremsattelzylindern.	■ Bremssattel erneuern.
Bremsen rattern.	Ungeeigneter Bremsbelag.	■ Beläge erneuern. Nur vom Automobilhersteller freigegebene Bremsbeläge verwenden.
	Bremsscheibe stellenweise korrodiert.	■ Scheibe mit Schleifklötzen sorgfältig glätten.
	Bremsscheibe hat Seitenschlag.	■ Scheibe nacharbeiten oder ersetzen.

Störung	Ursache	Abhilfe
Räder lassen sich schwer von Hand drehen.	Bremsbeläge lösen sich nicht von der Bremsscheibe, Korrosion in den Bremssattelzylindern.	■ Bremssattel austauschen.
Ungleichmäßiger Bremsbelag-Verschleiß.	Ungeeigneter Bremsbelag.	■ Beläge erneuern.
	Bremssattel verschmutzt.	■ Bremssattelschächte reinigen.
	Bremssattel klemmt.	■ Führungsbuchsen und -stifte gangbar machen.
	Kolben nicht leichtgängig.	■ Kolben gangbar machen (Werkstattarbeit).
	Bremssystem undicht.	■ Bremssystem auf Dichtigkeit prüfen.
Keilförmiger Bremsbelag-Verschleiß.	Bremsscheibe läuft nicht parallel zum Bremssattel.	■ Anlagefläche des Bremssattels prüfen.
	Korrosion in den Bremssätteln.	■ Verschmutzung beseitigen oder Bremssattel erneuern.
Bremsbeläge lösen sich nicht von der Bremsscheibe. Räder lassen sich schwer von Hand drehen.	Korrosion in den Bremssattelzylindern.	■ Bremssattel austauschen.
	Bremsschlauch innen aufgequollen, dicht.	■ Bremsschlauch erneuern.
Bremse quietscht.	Oft auf atmosphärische Einflüsse (Luftfeuchtigkeit) zurückzuführen.	■ Keine Abhilfe erforderlich, wenn Quietschen nach längerem Stillstand des Wagens bei hoher Luftfeuchtigkeit auftritt, sich dann aber nach den ersten Bremsungen nicht wiederholt.
	Ungeeigneter Bremsbelag.	■ Beläge erneuern. Rückenplatte mit Anti-Quietsch-Paste bestreichen.
	Bremsscheibe läuft nicht parallel zum Bremssattel.	■ Anlagefläche des Bremssattels prüfen.
	Verschmutzte Schächte im Bremssattel.	■ Bremssattelschächte reinigen.
Bremse pulsiert.	ABS bei Vollbremsung in Funktion.	■ Normal, keine Abhilfe.
	Seitenschlag oder Dickentoleranz der Bremsscheibe zu groß.	■ Schlag und Toleranz prüfen. Scheibe nacharbeiten oder ersetzen.
	Bremsscheibe läuft nicht parallel zum Bremssattel.	■ Anlagefläche des Bremssattels prüfen.
ABS-Kontrollleuchte leuchtet während der Fahrt.	Betriebsspannung zu niedrig (unter ca. 10 Volt).	■ Batteriespannung prüfen. Prüfen, ob Kontrolllampe für Generator nach dem Motorstart erlischt, andernfalls Keilrippenriemen und Generator prüfen.
		■ Hinweise zu ABS/TC/ESP beachten.
	ABS-Anlage defekt.	■ ABS-Anlage in der Fachwerkstatt prüfen lassen.
Wirkung der Handbremse nicht ausreichend.	Bowdenzüge korrodiert.	■ Neuteile einbauen.

Motor-Mechanik

Aus dem Inhalt:

- Zylinderkopfanzug
- Zahnriemen spannen
- Keilrippenriemenausbau
- Motor-Schmierung
- Das richtige Motoröl
- Motor-Kühlung
- Kühlmittel wechseln
- Frostschutz prüfen
- Kühlerausbau

Hinweis zum Aus- und Einbau von Zahnriemen, Zylinderkopf, Steuerkette

Das Auswechseln dieser Bauteile ist so komplex, dass ich davon abrate, die Arbeiten selbst durchzuführen. Aus diesem Grund habe ich die einzelnen Arbeitsschritte auch nicht beschrieben. In den folgenden Kapiteln sind nur einige wichtige Hinweise aufgeführt, die bei der Überprüfung beziehungsweise bei der Montage dieser Bauteile auf jeden Fall beachtet werden müssen.

Obere Motorabdeckung aus- und einbauen

Motor Z19DTH/Z17DT(L/H)/Z13DTH

Ausbau

- Obere Motorabdeckung –1– nach oben abziehen und dabei Gummiaufnahmen –2– von den Kugelköpfen –3– abclipsen. **Hinweis:** Die Abbildung zeigt den Motor Z19DTH. Beim Motor Z17DT(L/H) sind nur 3 Gummiaufnahmen vorhanden.

Hinweis: Falls die Gummiaufnahmen beim Abziehen auf den Kugelköpfen stecken bleiben, diese einzeln abziehen und seitlich in die Kunststoffaufnahmen der Abdeckung einschieben.

Einbau

- Obere Motorabdeckung mit den Gummiaufnahmen über den Kugelköpfen ansetzen, nach unten drücken und in die Kugelköpfe einrasten.

Motor Z19DT

Ausbau

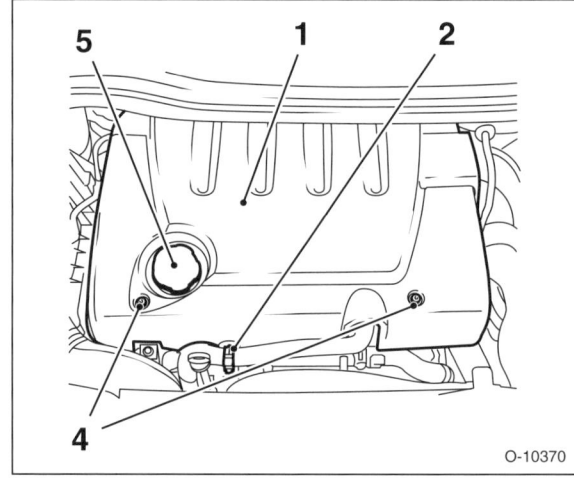

- 2 Schrauben –4– herausdrehen.
- Schlauch für Motorentlüftung am Halter –2– ausclipsen.
- Öleinfülldeckel –5– abschrauben.
- Motorabdeckung –1– nach oben abziehen und dabei die hinteren beiden Gummiaufnahmen von den Kugelköpfen abclipsen.

Hinweis: Falls die Gummiaufnahmen auf den Kugelköpfen stecken bleiben, diese einzeln abziehen und seitlich in die Kunststoffaufnahmen der Abdeckung einschieben.

- Öleinfülldeckel anschrauben, damit kein Schmutz in die Öffnung fallen kann.

Einbau

- Öleinfülldeckel abschrauben.

- Obere Motorabdeckung mit den Gummiaufnahmen über den Kugelköpfen ansetzen, nach unten drücken und in die Kugelköpfe einrasten.
- Öleinfülldeckel anschrauben.
- Schlauch für Motorentlüftung am Halter einclipsen.
- Abdeckung mit 2 Schrauben und **9 Nm** anschrauben.

Motor Z18XE

Ausbau

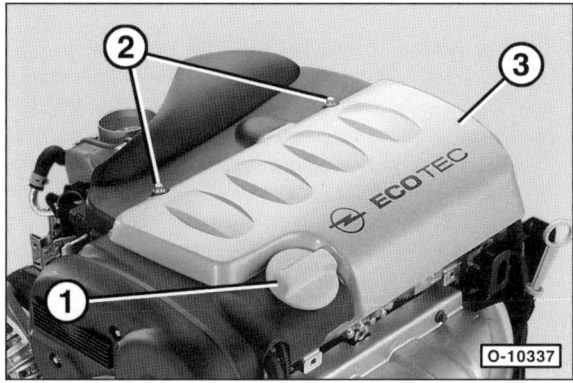

- Deckel –1– vom Öleinfüllstutzen abschrauben.
- 2 Schrauben –2– aus der Motorabdeckung –3– herausdrehen.
- Abdeckung hinten etwas anheben, waagerecht nach vorn schieben (zum Kühler) und aus den vorderen Gummihaltern aushängen.
- Anschließend Deckel am Öleinfüllstutzen aufschrauben.

Einbau

- Deckel vom Öleinfüllstutzen abschrauben.
- Obere Motorabdeckung ansetzen, vorn in die Gummihalter einschieben und hinten mit **8 Nm** anschrauben.
- Anschließend Deckel am Öleinfüllstutzen aufschrauben.

Motor auf OT für Zylinder 1 stellen/ Steuerzeiten prüfen

Die OT-Stellung für Zylinder 1 ist wichtig für viele weiterführende Arbeiten, wie zum Beispiel Zahnriemen wechseln, Steuerzeiten prüfen oder Zylinderkopfdichtung ersetzen. In diesem Kapitel wird beschrieben, wie der 1,6-l-Motor Z16XEP in die OT-Stellung für Zylinder 1 gebracht wird. Für die anderen Motoren werden nur die eigentliche OT-Stellung beschrieben. Dabei ist zu beachten, dass je nach Motor recht aufwändige Vorarbeiten sowie einige OPEL-Spezialwerkzeuge erforderlich sind.

OT steht für Oberer Totpunkt, das heißt, der Kolben des 1. Zylinders befindet sich am oberen Umkehrpunkt. Diese Stellung erreicht der Kolben beim Kompressions- und beim Auspufftakt. Die OT-Stellung beim Kompressionstakt nennt man auch Zünd-OT, weil bei normalem Motorlauf kurz vorher die Zündung erfolgt. Gezählt werden die Zylinder in der Reihenfolge von 1 bis 4. Der 1. Zylinder liegt hinter dem Keilrippenriemenantrieb.

Hinweis: Beim Motor **Z22YH** wird der **4.** Zylinder auf Zünd-OT gestellt.

Um den Kolben des 1. Zylinders auf OT zu stellen, muss die Motor-Kurbelwelle gedreht werden, bis die verschiedenen OT-Markierungen übereinstimmen. Dabei Kurbelwelle im Uhrzeigersinn langsam und gleichmäßig durchdrehen.

- Das Durchdrehen der Kurbelwelle beziehungsweise des Motors kann auf mehrere Arten erfolgen:

  1. Fahrzeug seitlich vorn aufbocken. Fünften Gang einlegen, Handbremse anziehen. Angehobenes Vorderrad durchdrehen. Dadurch dreht sich auch die Motor-Kurbelwelle. Zum Drehen des Rades wird ein Helfer benötigt.

  2. Fahrzeug auf ebene Fläche stellen. Fünften Gang einlegen. Fahrzeug vorschieben oder vorschieben lassen.

  3. Getriebe in Leerlaufstellung schalten und Handbremse anziehen. Kurbelwelle an der Zentralschraube der Kurbelwellen-Riemenscheibe mit Knarre und Steckschlüsseleinsatz im Uhrzeigersinn durchdrehen.

Achtung: Motor nicht an der Befestigungsschraube vom Nockenwellenrad durchdrehen. Dadurch wird der Zahnriemen beziehungsweise die Steuerkette überbeansprucht.

Motor Z16

- Luftfilter ausbauen, siehe Seite 208.

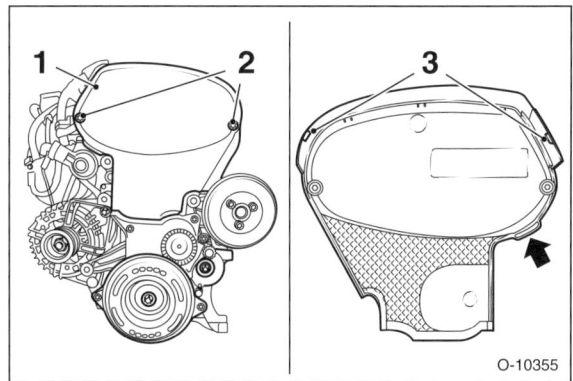

- Obere Zahnriemenabdeckung ausbauen. Dazu 2 Schrauben –2– herausdrehen. Obere Zahnriemenabdeckung –1– von der hinteren Zahnriemenabdeckung abclipsen –3–. Anschließend Zahnriemenabdeckung unter leichtem Zug am Anguss –Pfeil– nach oben ziehen.

> **Sicherheitshinweis**
> Beim Aufbocken des Fahrzeugs besteht Unfallgefahr! Hinweise im Kapitel »Fahrzeug aufbocken« beachten.

- Fahrzeug aufbocken.

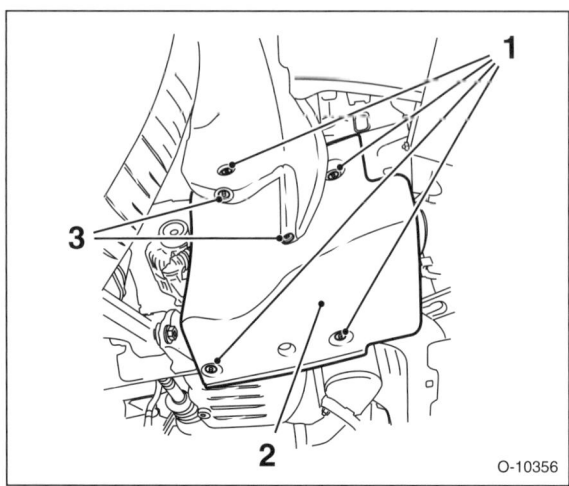

- Motorspritzschutz –2– ausbauen. Dazu 4 Schrauben –1– herausdrehen und 2 Spreiznieten –3– herausdrücken.

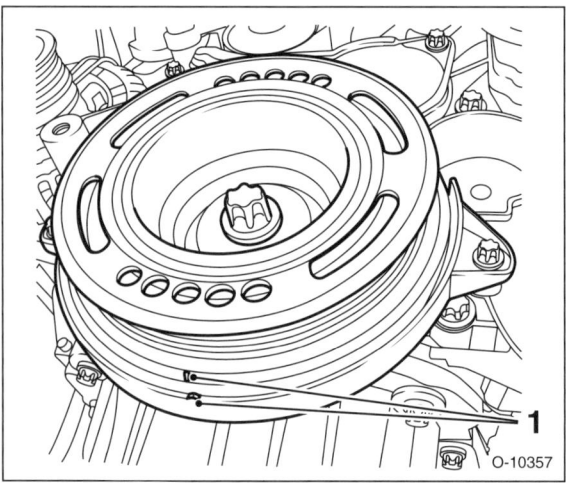

- Kurbelwellen-Riemenscheibe in Motordrehrichtung drehen, bis die Markierungen –1– übereinstimmen.

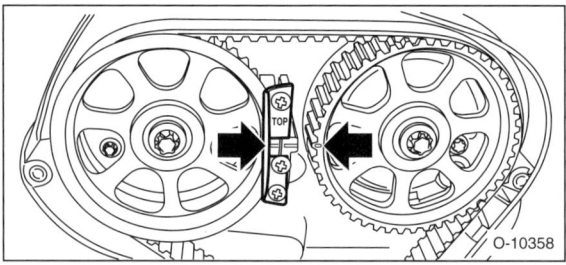

- Gleichzeitig müssen die Markierungen auf den Nockenwellenrädern einander gegenüberstehen. **Hinweis:** Zeigen die Markierungen nach außen, Kurbelwelle um eine Umdrehung in Motordrehrichtung weiterdrehen. Wenn die Markierungen nicht übereinstimmen, dann müssen die Steuerzeiten neu eingestellt werden (Werkstattarbeit).

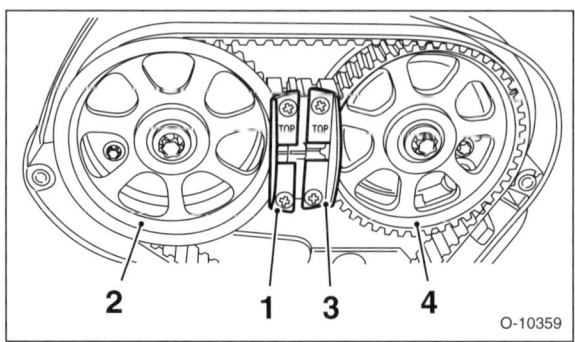

- Die Fachwerkstatt setzt zur Fixierung der Nockenwellen das Kontrollwerkzeug KM-6340 in die Nockenwellenräder ein. Dabei wird KM-6340-Left –1– am Einlass-Nockenwellenrad –2– und KM-6340-Right –3– am Auslass-Nockenwellenrad –4– eingesetzt. **Achtung:** Beim Motor **Z16XE1/XER** darf die punktförmige Markierung des Verstellers der Einlass-Nockenwelle nicht mit der Nut am Werkzeug KM-6340-Left übereinstimmen, sondern muss etwas oberhalb liegen.

Steuerzeitenmarkierungen

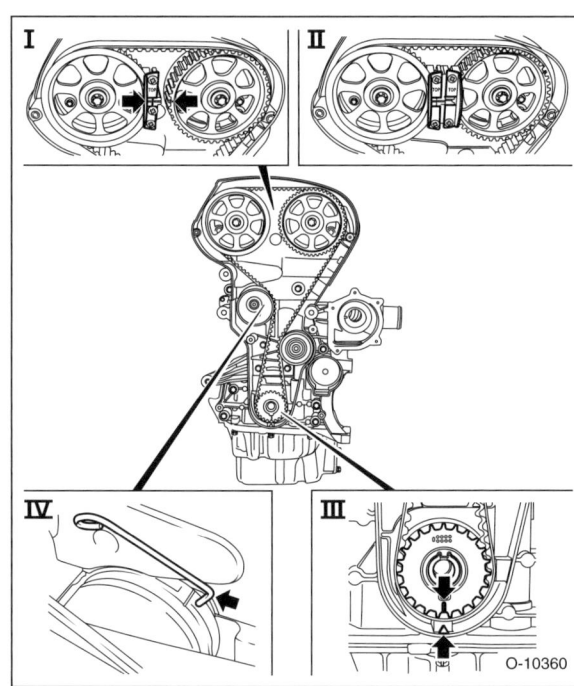

I Markierungen auf den Nockenwellenrädern –Pfeile–, Werkzeug KM-6340-Left eingesetzt (Motor Z16XER/XE1: Markierung muss etwas oberhalb der Nut liegen).

II Werkzeug KM-6340-Right eingesetzt.

III OT-Markierungen am Kurbelwellen-Zahnriemenrad.

IV Zahnriemenspannrolle wird zum Ausbau des Zahnriemens mit einem Inbusschlüssel im Uhrzeigersinn gespannt und mit dem Werkzeug KM-6333 –Pfeil– fixiert.

Motor Z18XE

- Obere Motorabdeckung ausbauen, siehe Seite 162.
- Luftfilter ausbauen, siehe Seite 208.

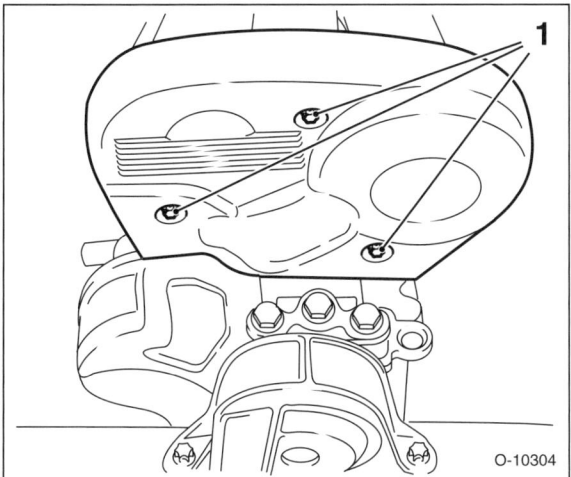

- Obere Zahnriemenabdeckung ausbauen. Dazu 3 Schrauben –1– herausdrehen. Obere Zahnriemenabdeckung von der hinteren Zahnriemenabdeckung abclipsen.

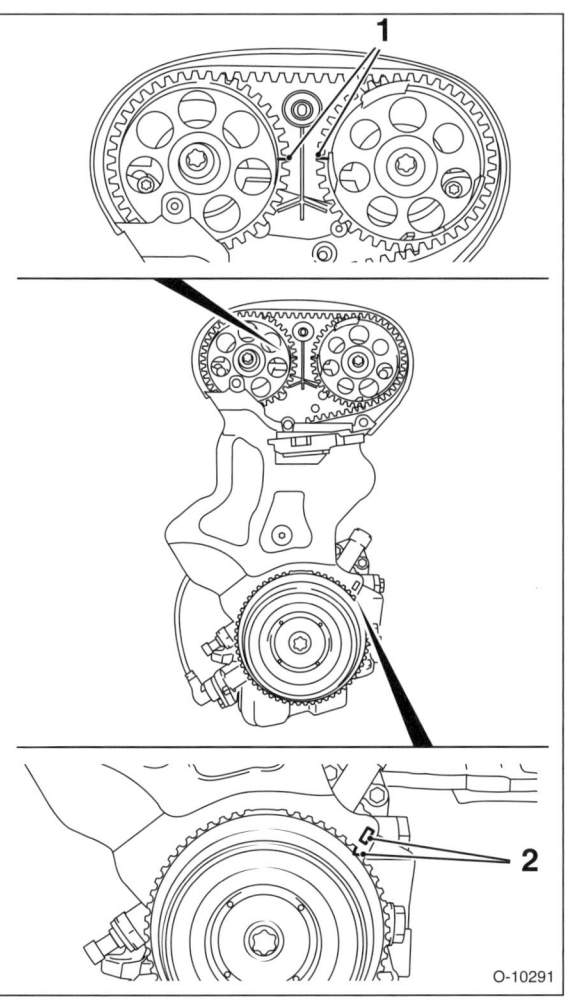

- Kurbelwelle auf Markierung –2– stellen.
- Gleichzeitig müssen sich die Markierungen –1– auf den Nockenwellenrädern innen gegenüberstehen und mit der Oberkante des Zylinderkopfes fluchten. Falls die Kerben auf den Nockenwellenrädern nach außen zeigen, Kurbelwelle um eine ganze Umdrehung weiterdrehen. **Hinweis:** Die Fachwerkstatt setzt zur genauen Ermittlung der OT-Stellung das Nockenwellen-Fixierwerkzeug KM-852 zwischen die Nockenwellenräder ein.
- Falls die Markierungen an den Nockenwellenrädern geringfügig versetzt sind, müssen die Steuerzeiten neu eingestellt werden. Dazu Zahnriemen ausbauen und Nockenwellenräder in OT-Stellung drehen. **Achtung:** Dabei immer den kürzesten Weg zur OT-Stellung wählen, sonst werden die Ventile der Zylinder 1 und 4 gegen die im OT stehenden Kolben gedrückt.
- Luftfilter einbauen, siehe Seite 208.
- Obere Motorabdeckung einbauen, siehe Seite 162.

Motor Z14XEP

Die Steuerzeiten können nur mit den OPEL-Spezialwerkzeugen KM-952, KM-953 und KM-954 geprüft beziehungsweise eingestellt werden. Da diese Werkzeuge dem Heimwerker in der Regel nicht zur Verfügung stehen, wird der Vorgang hier nicht beschrieben.

Motor Z20LE(L/R/H)

- Motor auf OT stellen, siehe Seite 169.

Motor Z22YH

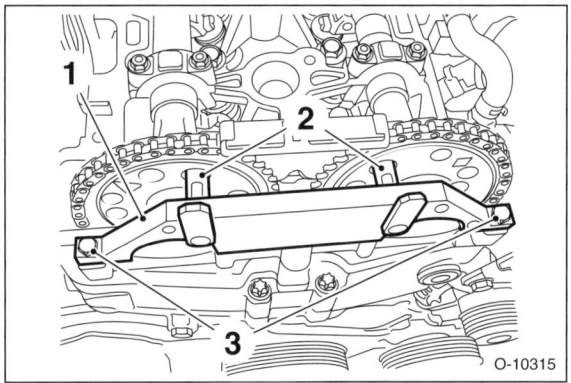

- Die Steuerzeiten können nur mit dem OPEL-Einstellwerkzeug KM-6148 –1– geprüft beziehungsweise eingestellt werden. Dazu Werkzeug –1– mit den Fixierbolzen –2– in die vorgesehenen Bohrungen der Nockenwellenräder schieben und mit den Befestigungsschrauben –3– anschrauben. **Hinweis:** Wenn sich die Fixierbolzen nicht einschieben lassen, dann müssen die Steuerzeiten eingestellt werden. Im Gegensatz zu den anderen Motoren wird der 2,2-l-Benzinmotor zum Prüfen der Steuerzeiten auf OT für Zylinder 4 gestellt.

Motor Z19DT(H)

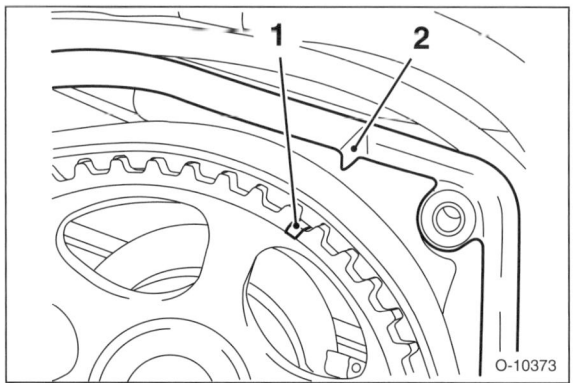

- **Z19DT:** Kurbelwelle drehen, bis die Markierung auf dem Nockenwellenrad –1– mit der Markierung auf dem Nockenwellengehäusedeckel –2– übereinstimmt.

- **Z19DTH:** 2 Verschlussschrauben am Nockenwellengehäuse vorn und hinten herausdrehen und stattdessen die Einstelldorne OPEL-EN-46789 (Auslassseite) und EN-46789-100 (Einlassseite) einschrauben. Kurbelwelle drehen, bis die Einstelldorne hörbar in die Nockenwellen einrasten.

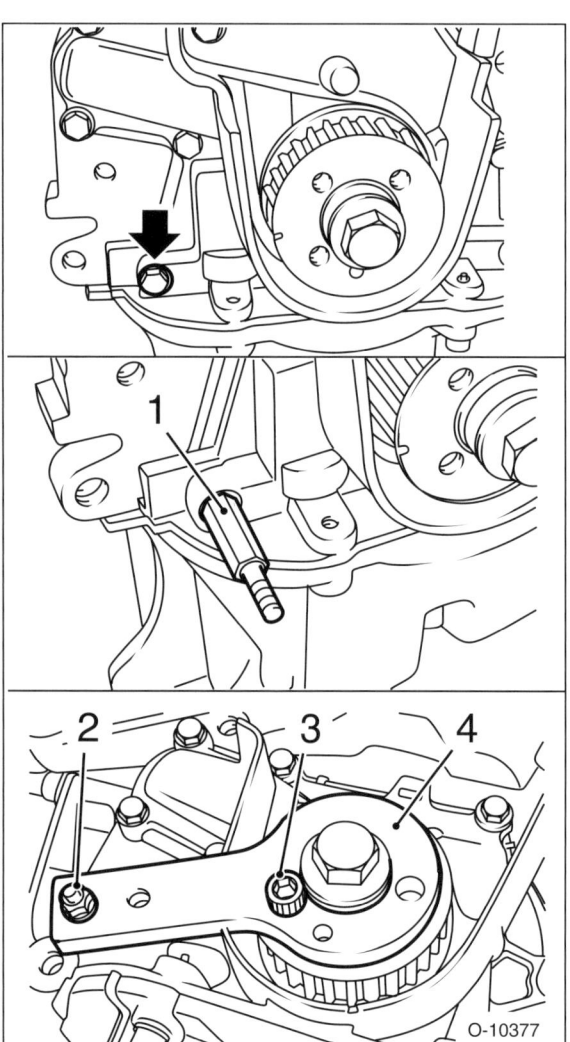

- Kurbelwellen-Arretierwerkzeug EN-46788 anbauen. Dazu Schraube –Pfeil– an der Ölpumpe herausdrehen. Stehbolzen –1– einschrauben. Arretierwerkzeug –4– am Kurbelwellen-Zahnrad ansetzen und mit Schraube –3– sowie Mutter –2– anschrauben.

- Wenn bei angebautem Spezialwerkzeug die OT-Markierungen an Nockenwellenrad und Nockenwellengehäusedeckel übereinstimmen, dann sind die Steuerzeiten korrekt eingestellt. Andernfalls Zahnriemen ausbauen und Steuerzeiten einstellen lassen (Werkstattarbeit).

Anzugsdrehmomente:
Kurbelwellen-Riemenscheibe .... **25 Nm**
Schraube für Ölpumpe .... **9 Nm**
Zahnriemen-Abdeckung: 4 obere Schrauben ... **9 Nm**
                      2 untere Schrauben .. **25 Nm**

Motor Z17DT(L/H/R)

- Obere Zahnriemenabdeckung abschrauben. **Achtung:** Es werden Schrauben unterschiedlicher Länge verwendet, daher die Einbaulage der Schrauben notieren beziehungsweise mit Filzstift markieren.

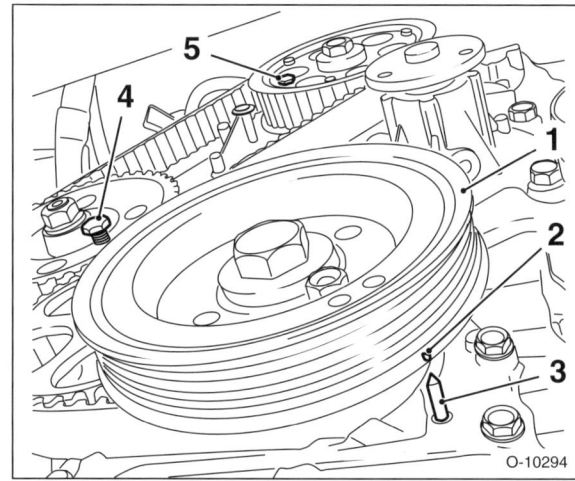

- Kurbelwelle drehen, bis die Markierung –2– auf der Kurbelwellen-Riemenscheibe –1– kurz vor dem Stift –3– am Ölpumpendeckel steht. **Hinweis:** Bei abgebauter Kurbelwellen-Riemenscheibe muss die Markierung auf dem Zahnriemenrad mit dem Anguss auf dem Ölpumpendeckel fluchten.

- Kurbelwelle langsam weiterdrehen und OT-Feststellschrauben M6 –5– für Nockenwellenrad und M8 –4– für Einspritzpumpenrad eindrehen. Bei eingedrehten Feststellschrauben muss die Markierung an der Kurbelwellen-Riemenscheibe mit dem Stift –3– am Ölpumpendeckel fluchten.

Achtung: Können die Feststellschrauben nicht eingeschraubt werden, während gleichzeitig die Markierungen fluchten, dann müssen die Steuerzeiten eingestellt werden. Dazu muss der Zahnriemen ausgebaut werden.

Motor Z13DTH

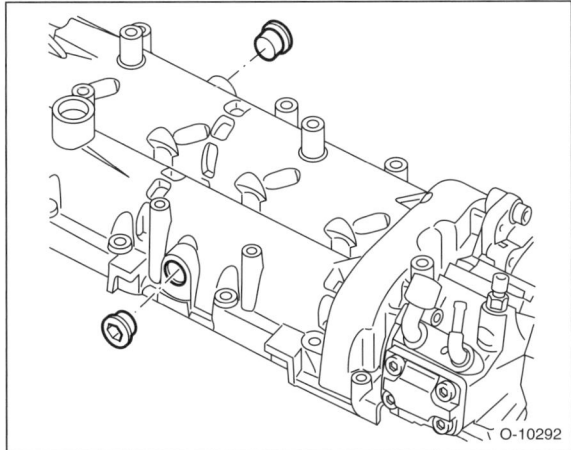

- 2 Verschlussschrauben aus dem Nockenwellengehäuse herausdrehen. Gewinde reinigen und 2 Fixierdorne (OPEL-EN-46781) in die Bohrungen einschrauben. Fixierdorne so einsetzen, dass die Abflachungen an den Spitzen waagerecht stehen. Gegebenenfalls Referenzmarkierung am Einschraubgriff anbringen.

- Kurbelwelle an der Zentralschraube in Motordrehrichtung drehen, bis die federunterstützten Fixierdorne hörbar einrasten. **Achtung:** Beim Drehen der Kurbelwelle muss ein Helfer sicherstellen, dass sich die Fixierdorne nicht verdrehen.

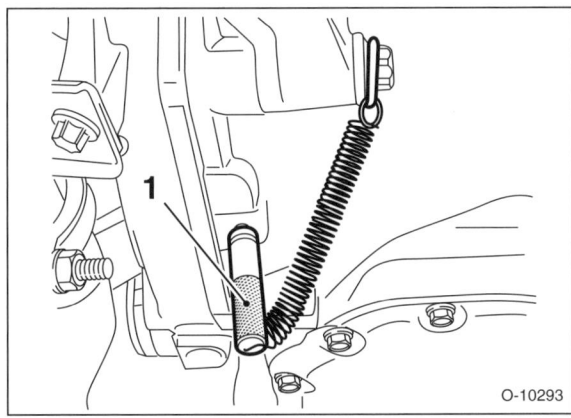

- Durch die Bohrung in der Getriebeglocke den Spezialdorn OPEL-EN-46785 –1– einsetzen. Dabei Kurbelwelle etwas drehen, damit der Dorn in die Bohrung am Schwungrad eingreift. **Achtung:** Lässt sich der Dorn nicht in das Schwungrad einsetzen, müssen die Steuerzeiten eingestellt werden (Werkstattarbeit).

Hinweise zum Zahnriemenwechsel

Achtung: Der exakte Wechsel des Zahnriemens wird nicht beschrieben. Hier einige wichtige Montagehinweise.

Motor Z16

Ausbauhinweise

- Motor auf OT für Zylinder 1 stellen, Steuerzeiten prüfen.

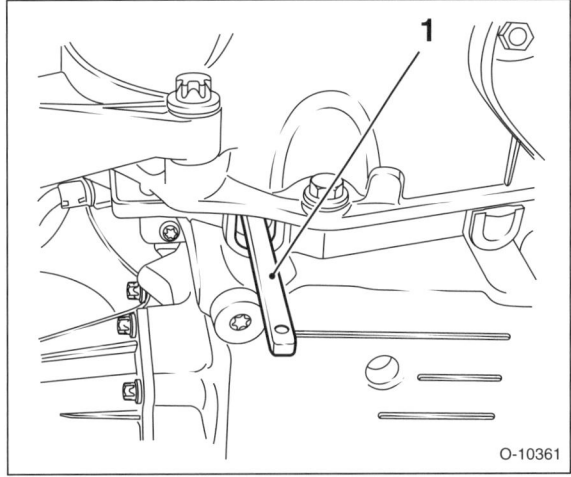

- Schwungrad blockieren, dazu Verschlussstopfen ausbauen und OPEL-Spezialwerkzeug KM-911 –1– einsetzen.

- Kurbelwellen-Riemenscheibe abschrauben.

- Keilrippenriemen ausbauen und Spannvorrichtung für Keilrippenriemen in arretiertem Zustand abschrauben, siehe Seite 177.

- Untere Zahnriemenabdeckung mit 3 Schrauben abschrauben.

- OT-Stellung des Motors erneut prüfen und Zahnriemen entspannen, siehe –IV– in Abbildung O-10360, Seite 164.

- Falls der Zahnriemen wieder eingebaut wird, vor dem Abnehmen Laufrichtung auf dem Zahnriemen markieren. Zahnriemen sehr vorsichtig herausnehmen, damit er beim Durchfädeln durch das Motorlager nicht geknickt wird. Ein geknickter Zahnriemen muss unbedingt ersetzt werden. **Hinweis:** Es empfiehlt sich, einen ausgebauten Zahnriemen grundsätzlich zu ersetzen.

Einbauhinweise (Steuerzeiten einstellen)

- OT-Stellung des Motors prüfen, gegebenenfalls Kurbel- und/oder Nockenwelle entsprechend verdrehen. **Achtung:** Beim Drehen der Nockenwelle ohne Zahnriemen darf die Kurbelwelle mit keinem Zylinder auf OT stehen. Beschädigungsgefahr für Ventile und/oder Kolbenböden.

Achtung: Zahnriemen vor dem Einbau in das Zahnriemen-Montagewerkzeug einsetzen, damit er beim Durchfädeln durch das Motorlager nicht geknickt wird. Das Montagewerkzeug liegt dem neuen Zahnriemen bei. Ein geknickter Zahnriemen kann im späteren Betrieb reißen und dadurch schwere Motorschäden verursachen.

- Montagewerkzeug abnehmen und Zahnriemen in der Reihenfolge Auslass-Nockenwellenrad, Einlass-Nockenwellenrad, Spann- und Umlenkrolle, Kurbelwellenrad auf die Zahnriemenräder auflegen.
- Arretierung aus der Zahnriemen-Spannrolle herausnehmen, dadurch wird die Zahnriemenspannung automatisch eingestellt.
- Sämtliche Blockierwerkzeuge abnehmen und Kurbelwelle um 2 Umdrehungen in Motordrehrichtung drehen und wieder auf OT stellen.
- Steuerzeiten prüfen, gegebenenfalls Zahnriemen abnehmen und erneut auflegen.

Anzugsdrehmomente:

Untere/obere Zahnriemenabdeckung . . . . **6 Nm**
Kurbelwellen-Riemenscheibe . . . . . . **95 Nm + 30° + 15°**
Keilrippenriemen-Spannvorrichtung . . . . **50 Nm**

Motor Z18XE

Hinweis: Zum Ausbau des Zahnriemens muss das rechte Motorlager ausgebaut werden, dazu muss der Motor abgefangen werden. Nach dem Einbau des Zahnriemens muss die Antriebseinheit zum Vorderachskörper ausgerichtet werden. Dazu sind einige OPEL-Spzialwerkzeuge erforderlich.

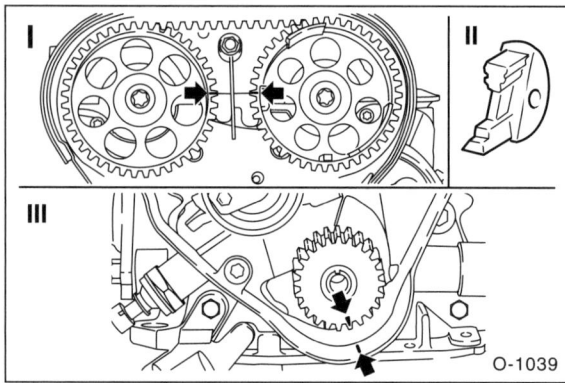

- OT-Stellung von Nockenwelle und Kurbelwelle überprüfen. Die Markierungen –Pfeile– müssen fluchten. Die Werkstatt verwendet das Werkzeug KM-852 –II– zum Einstellen und Arretieren der Nockenwellenräder.

Zahnriemen spannen

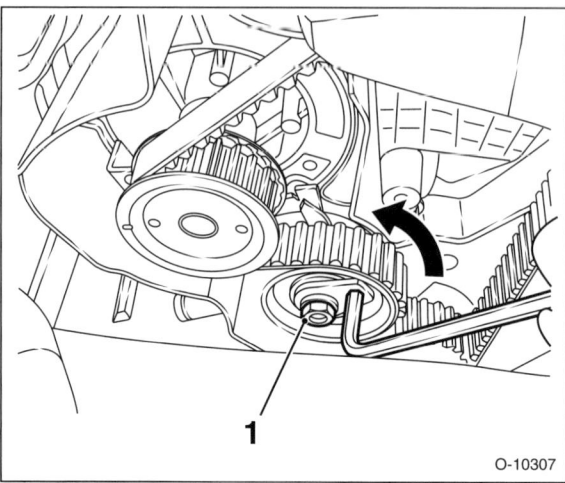

- Spannrolle am Einstellexzenter entgegen dem Uhrzeigersinn drehen –Pfeilrichtung–, bis der Zeiger der Spannrolle kurz vor dem rechten Anschlag steht. In dieser Stellung Befestigungsschraube –1– der Spannrolle beidrehen.
- Gegebenenfalls Fixierwerkzeug KM-852 abnehmen.
- Kurbelwelle langsam 2 ganze Umdrehungen in Motordrehrichtung weiterdrehen und auf OT-Stellung stellen. Falls das Fixierwerkzeug KM-852 vorhanden ist, zur Kontrolle Werkzeug einsetzen und wieder abnehmen.

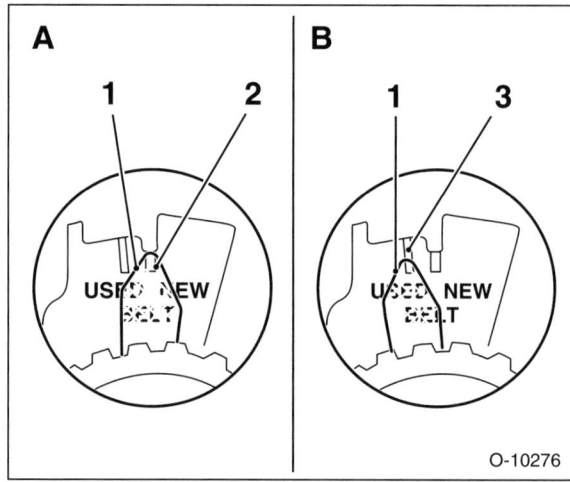

- Befestigungsschraube der Zahnriemenspannrolle etwas lösen und Einstellexzenter im Uhrzeigersinn drehen, bis die Zeigerstellung der Abbildung entspricht.
- Bei einem neuen Zahnriemen muss der Zeiger –1– der Zahnriemenspannrolle mit der Kerbmarkierung »NEW« –2– fluchten –A–.
- Bei einem gebrauchten Zahnriemen muss der Zeiger –1– der Zahnriemenspannrolle mit der Kerbmarkierung »USED« –3– fluchten –B–.
- Befestigungsschraube der Zahnriemen-Spannrolle mit **20 Nm** festziehen.

- Kurbelwelle langsam 2 ganze Umdrehungen in Motordrehrichtung weiterdrehen und auf OT-Stellung stellen.
- Sämtliche OT-Markierungen müssen gleichzeitig übereinstimmen, sonst Zahnriemen nochmals abnehmen und Einbau- sowie Spannvorgang wiederholen. Falls das Fixierwerkzeug KM-852 vorhanden ist, zur OT-Kontrolle das Werkzeug einsetzen und wieder abnehmen.
- Stellung des Zeigers der Zahnriemen-Spannrolle prüfen. Wenn der Zeiger nicht mit der entsprechenden Kerbmarkierung übereinstimmt, Spannvorgang wiederholen.

Anzugsdrehmomente:

Motorlager an Längsträger . . . . 35 Nm
Halter Motorlager an Haltebock . . . . 55 Nm
Untere/obere Zahnriemenabdeckung . . . . 4 Nm
Kurbelwellen-Riemenscheibe . . . . . 95 Nm + 45° + 15°
Keilrippenriemen-Spannvorrichtung . . . . 35 Nm

Hinweis: Falls der Zahnriemen gewechselt wurde, empfiehlt es sich, einen geeigneten Aufkleber mit aktuellem Kilometerstand und Datum an der Zahnriemenabdeckung anzubringen.

Motor Z20LE(L/R/H)

Hinweis: Zum Ausbau des Zahnriemens muss das rechte Motorlager ausgebaut werden, dazu muss der Motor abgefangen werden. Nach dem Einbau des Zahnriemens muss die Antriebseinheit zum Vorderachskörper ausgerichtet werden. Dazu sind einige OPEL-Spzialwerkzeuge erforderlich.

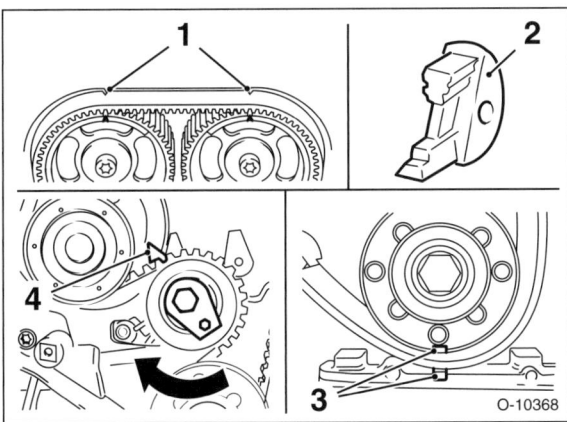

- OT-Stellung von Nockenwelle und Kurbelwelle überprüfen. Die Markierung auf dem Kurbelwellen-Zahnriemenrad muss mit der Bezugsmarke übereinstimmen –3–. Gleichzeitig müssen die Markierungen auf den Nockenwellenrädern mit den Bezugsmarken –1– auf dem Zylinderkopfdeckel fluchten. Die Werkstatt verwendet das Werkzeug KM-853 –2– zum Einstellen und Arretieren der Nockenwellenräder.
- Zahnriemen entspannen. Dazu Befestigungsschraube der Spannrolle lösen. Einstellexenter mit Inbusschlüssel in Pfeilrichtung drehen, bis der Zeiger –4– kurz vor dem linken Anschlag steht.
- Zahnriemen spannen. Dazu Befestigungsschraube der Spannrolle lösen. Einstellexenter mit Inbusschlüssel entgegen der Pfeilrichtung drehen, bis der Zeiger kurz vor dem rechten Anschlag steht. Befestigungsschraube anziehen.
- Kurbelwelle um 2 Umdrehungen weiterdrehen und wieder auf OT stellen.
- Befestigungsschraube der Zahnriemenspannrolle etwas lösen und Einstellexenter im Uhrzeigersinn drehen, bis der Zeiger bei neuem Zahnriemen mit der Kerbmarkierung fluchtet oder bei gebrauchtem Zahnriemen ca. 4 mm links von der Markierung steht. Wenn die Spannvorrichtung die »NEW/USED«-Markierungen enthält, muss die Zeigerstellung der Abbildung O-10278 entsprechen. **Hinweis:** Es können unterschiedliche Zahnriemen-Spannvorrichtungen eingebaut sein.
- Befestigungsschraube der Spannrolle mit **20 Nm** anziehen.

Motor Z19DTH

Einbauhinweise

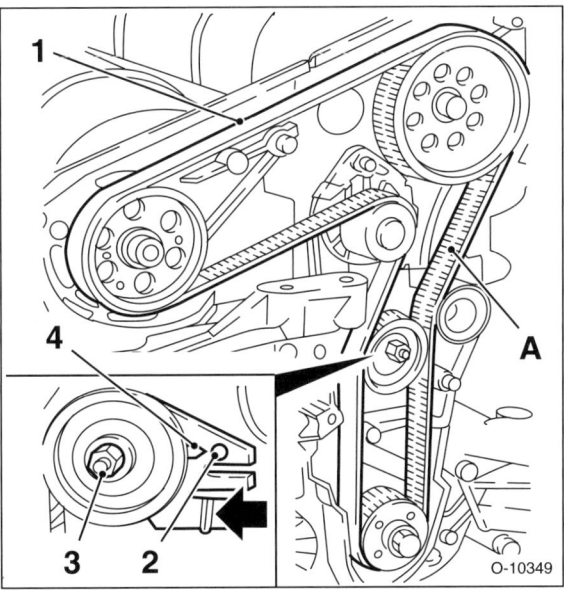

- Zahnriemen –1– so auflegen, dass er an der Zugseite –A– gestrafft ist. Dabei auch die vorgegebene Laufrichtung des Zahnriemens beachten.

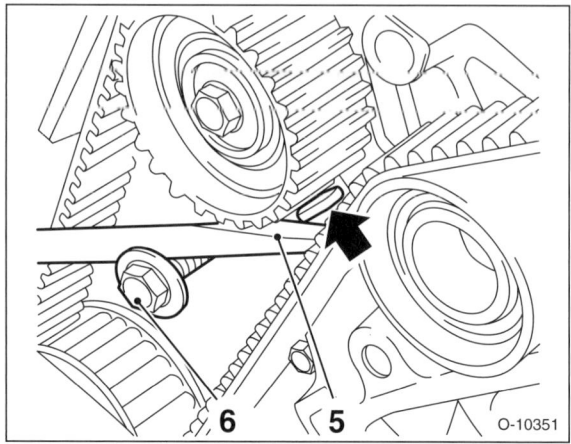

- Zahnriemen mit einem Helfer folgendermaßen spannen:
  - Schraube –6– eindrehen.
  - Zahnriemen-Spannrolle spannen. Dazu Einstellhebel mit einem Schraubendreher –5– in Pfeilrichtung drücken, bis der Zeiger –4– (Abbildung O-10349) der Zahnriemen-Spannrolle gegenüber der Bohrung –2– steht. In dieser Stellung die Klemmschraube –3– anziehen.
  - Kurbelwelle um 2 Umdrehungen in Motordrehrichtung weiterdrehen und auf OT für Zylinder 1 stellen.
  - Klemmschraube für Zahnriemen-Spannrolle lösen und Zahnriemenspannung erneut einstellen. Anschließend Klemmschraube mit **25 Nm** festziehen.

Anzugsdrehmomente:

Obere Keilrippenriemen-Umlenkrolle . . . . **50 Nm**
Keilrippenriemen-Spannrolle. . . . . **50 Nm**
3 obere Schrauben für Motorhalter . . . . **50 Nm**

Zylinderkopf-Anzugsmethode

Motor Z16

- Schlauch vom Tankentlüftungsventil abziehen, dabei Sicherungsring an den geriffelten Stellen zusammendrücken.
- 2 Kühlmittelschläuche am Heizungskasten abziehen. Dabei die Schnellverschluss-Ringe bis zum Anschlag zurückschieben. **Achtung:** Damit keine Kühlflüssigkeit ausläuft, vorher Kühlflüssigkeit ablassen, siehe Seite 185.

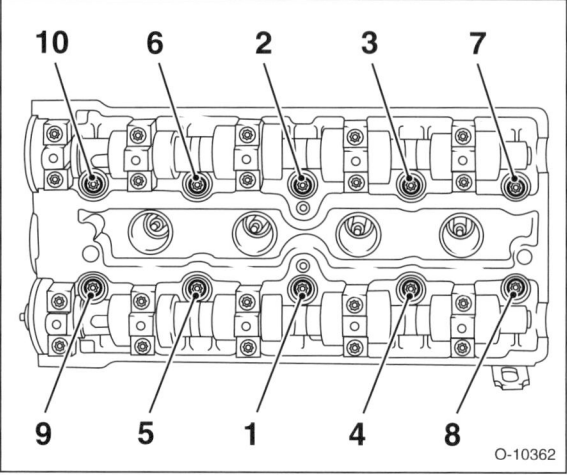

- Zylinderkopfschrauben in der Reihenfolge von 10 nach 1 in 3 Stufen herausdrehen.
  1. Stufe: Alle Schrauben um **90°** lösen.
  2. Stufe: Alle Schrauben um **180°** lösen.
  3. Stufe: Alle Schrauben vollständig herausdrehen.

- **Neue** Zylinderkopfschrauben in der Reihenfolge von 1 bis 10 in 5 Stufen festziehen.
  1. Stufe: mit Drehmomentschlüssel . . . . **25 Nm**
  2. Stufe: mit starrem Schlüssel . . . . **90°**
  3. Stufe: mit starrem Schlüssel . . . . **90°**
  4. Stufe: mit starrem Schlüssel . . . . **90°**
  5. Stufe: mit starrem Schlüssel . . . . **45°**

- Dichtung für Zylinderkopfdeckel grundsätzlich ersetzen. Darauf achten, dass sich die Dichtung beim Aufsetzen des Deckels nicht vom Deckel löst; der Bereich der vorderen Nockenwellenlagerdeckel muss sauber und frei von Dichtmittelresten sein. Die Fachwerkstatt verwendet zum korrekten Aufsetzen des Deckels einen Führungsdorn (KM-6354), der in das Kerzengewinde von Zylinder 1 eingeschraubt wird. Anzugsdrehmoment für Zylinderkopfdeckel: **8 Nm**.

Weitere Anzugsdrehmomente:

DIS-Zündmodul . . . . **8 Nm**
Kühlmittelrohr (5 Schrauben) . . . . **10 Nm**
Abgaskrümmer (11 **neue** Muttern). . . . . **22 Nm**
Hitzeschutzblech (3 Schrauben) . . . . **8 Nm**
Motor-Transportlasche. . . . . **25 Nm**
Lambdasonde für Gemischregelung (Gewinde mit
 schwarzem Spezialfett bestreichen) . . . . **40 Nm**
Öldruckschalter im Zylinderkopf (falls vorhanden) . . **20 Nm**

Kurbelwellen-Riemenscheibe
(**neue** Schraube) . . . . 95 Nm + 30° +15°
Keilrippenriemen-Spannvorrichtung . . . . 50 Nm
Katalysator-Stütze (2 Schrauben) . . . . 15 Nm
Einlasskrümmer-Stütze . . . . 8 Nm
Vorderes Abgasrohr . . . . 20 Nm

Anbau der beiden Kühlmittelschläuche an den Heizungskasten

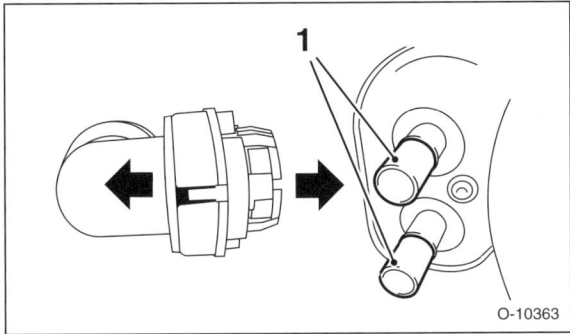

- Verriegelung am Schnellverschluss bis zum Anschlag zurückschieben –Pfeil links–, dadurch werden die grünen Kunststoffringe verdeckt.
- Schnellverschluss bis zum Anschlag am Anschlussstutzen –1– aufstecken.

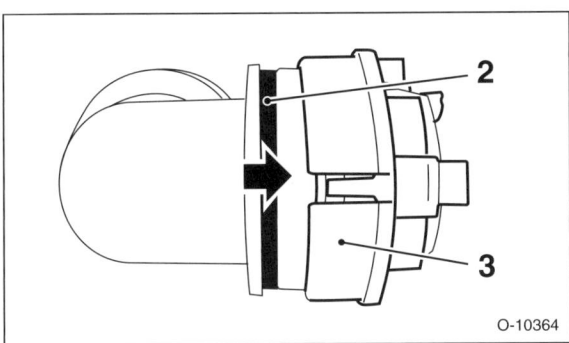

- Verriegelung –3– des Schnellverschlusses in Pfeilrichtung schieben. Dabei müssen die grünen Kunststoffringe –2– sichtbar werden.
- Durch Hin- und Herbewegen korrekten Sitz der Schnellverschlüsse prüfen.

Motor Z18XE

- Die Löse- und Anzugsmethode für die Zylinderkopfschrauben ist gleich wie beim Motor Z16XEP.

Weitere Anzugsdrehmomente:
Haltebock für Motorlager an Motorblock 65 Nm + 45° + 15°
Nockenwellenrad . . . . 50 Nm + 60° + 15°
Zahnriemen-Umlenkrolle . . . . 25 Nm
Zahnriemen-Spannrolle . . . . 20 Nm
Nockenwellensensor . . . . 8 Nm
Kurbelwellen-Riemenscheibe
(**neue** Schraube) . . . . 95 Nm + 45° +15°
Keilrippenriemen-Spannvorrichtung . . . . 35 Nm
Einlass-Krümmer . . . . 20 Nm

Motor Z14XEP

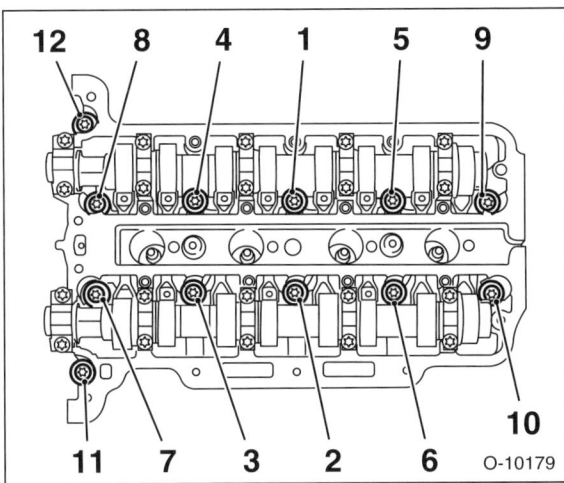

- **Neue** Zylinderkopfschrauben in der Reihenfolge von 1 bis 12 in 4 Stufen anziehen.
  1. Stufe: mit Drehmomentschlüssel . . . . 25 Nm
  2. Stufe: mit starrem Schlüssel . . . . 60°
  3. Stufe: mit starrem Schlüssel . . . . 60°
  4. Stufe: mit starrem Schlüssel . . . . 60°

Weitere Anzugsdrehmomente:
Steuergehäuse/Kühlmittelpumpe/Zylinderkopfdeckel . 8 Nm
Verschlussschraube Kettenspanner . . . . 50 Nm
Nockenwellenräder
(zuerst Einlass-Nockenwellenrad) . . . . . 50 Nm + 60°

Motor Z20LE(L/R/H)

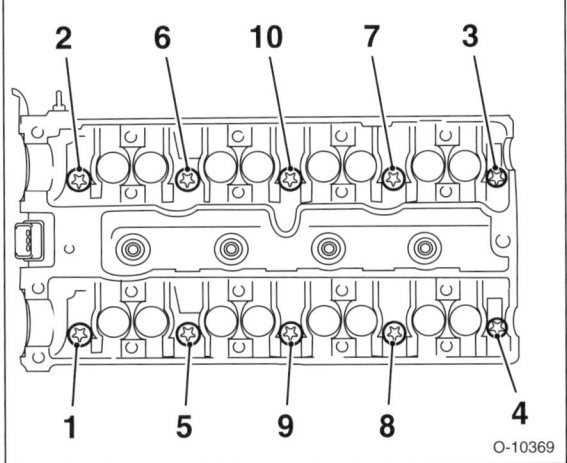

- **Neue** Zylinderkopfschrauben in der Reihenfolge von 1 bis 10 in 5 Stufen festziehen.
  1. Stufe: mit Drehmomentschlüssel . . . . 25 Nm
  2. Stufe: mit starrem Schlüssel . . . . 90°
  3. Stufe: mit starrem Schlüssel . . . . 90°
  4. Stufe: mit starrem Schlüssel . . . . 90°
  5. Stufe: mit starrem Schlüssel . . . . 15°

Motor Z22YH

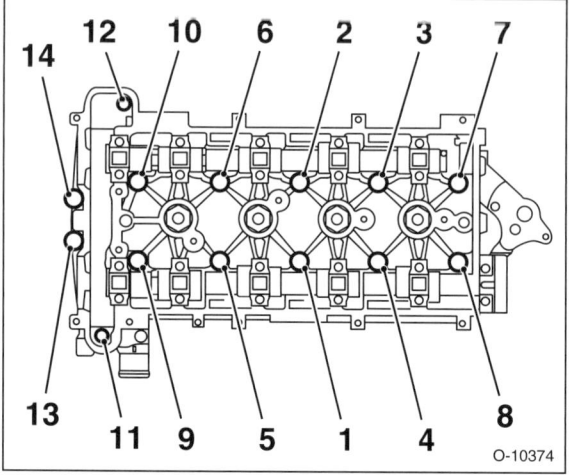

- **Neue** M10-Zylinderkopfschrauben in der Reihenfolge von 1 bis 10 in 4 Stufen anziehen.
  - **1. Stufe:** mit Drehmomentschlüssel . . . . **30 Nm**
  - **2. Stufe:** mit starrem Schlüssel . . . . **75°**
  - **3. Stufe:** mit starrem Schlüssel . . . . **75°**
  - **4. Stufe:** mit starrem Schlüssel . . . . **15°**
- 4 M8-Schrauben im Steuergehäuse mit Schraubensicherungsmittel einsetzen und in der Reihenfolge von 11 bis 14 mit **35 Nm** festziehen. **Achtung:** Vor Einsetzen der Schrauben Gewinde vorsichtig nachschneiden.

Motor Z13DTH

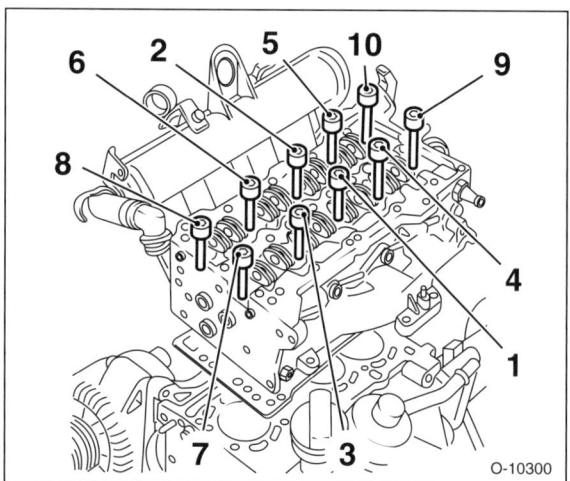

- **Neue** Zylinderkopfschrauben in der Reihenfolge von 1 bis 10 in 3 Stufen anziehen.
  - **1. Stufe:** mit Drehmomentschlüssel . . . . **40 Nm**
  - **2. Stufe:** mit starrem Schlüssel . . . . **90°**
  - **3. Stufe:** mit starrem Schlüssel . . . . **90°**

Motor Z17DTL/H

- **Neue** Zylinderkopfschrauben in der Reihenfolge von 1 bis 10 in 3 Stufen anziehen, siehe Abbildung O-10179.
  - **1. Stufe:** mit Drehmomentschlüssel . . . . **40 Nm**
  - **2. Stufe:** mit starrem Schlüssel . . . . **60°**
  - **3. Stufe:** mit starrem Schlüssel . . . . **60°**

Motor Z17DTJ/R

- **Neue** Zylinderkopfschrauben in der Reihenfolge von 1 bis 10 in 3 Stufen anziehen, siehe Abbildung O-10179.
  - **1. Stufe:** mit Drehmomentschlüssel . . . . **50 Nm**
  - **2. Stufe:** mit starrem Schlüssel . . . . **90°**
  - **3. Stufe:** mit starrem Schlüssel . . . . **90°**

Motor Z19DT(H)

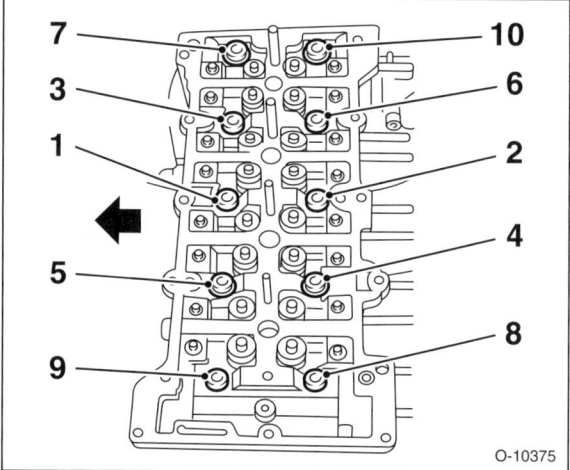

- **Neue** Zylinderkopfschrauben in der Reihenfolge von 1 bis 10 in 5 Stufen anziehen. **Hinweis:** Die Abbildung zeigt den Motor Z19DTH.
  - **1. Stufe:** mit Drehmomentschlüssel . . . . **20 Nm**
  - **2. Stufe:** mit Drehmomentschlüssel . . . . **65 Nm**
  - **3. Stufe:** mit starrem Schlüssel . . . . **90°**
  - **4. Stufe:** mit starrem Schlüssel . . . . **90°**
  - **5. Stufe:** mit starrem Schlüssel . . . . **90°**

Ventilspiel prüfen

Allgemeine Hinweise

Um unterschiedliche Wärmeausdehnungen im Ventiltrieb zu kompensieren, muss ein gewisses Ventilspiel vorhanden sein.

Bei zu geringem Spiel verändern sich die Steuerzeiten, die Verdichtung ist schlecht, die Motorleistung nimmt ab, der Motorlauf ist unregelmäßig. In extremen Fällen können sich die Ventile verziehen oder die Ventile beziehungsweise Ventilsitze verbrennen.

Bei zu großem Spiel stellen sich starke mechanische Geräusche ein, die Steuerzeiten verändern sich, der Motor gibt, in Folge zu kurzer Öffnungszeiten der Ventile und somit schlechter Zylinderfüllung, weniger Leistung ab, der Motorlauf ist unregelmäßig.

Das Einstellen der Ventile hat nur dann den gewünschten Erfolg, wenn die Ventile einwandfrei abdichten, diese kein unzulässiges Spiel in den Ventilführungen haben und am Schaftende nicht eingeschlagen sind.

Das Ventilspiel muss im Rahmen der Wartung, nach Reparaturen oder wenn Geräusche am Ventiltrieb auftreten, geprüft beziehungsweise eingestellt werden. Ventilspiel immer bei »kaltem« Motor prüfen/einstellen. Der Motor ist dann kalt, wenn er auf Umgebungstemperatur abgekühlt ist.

Allgemeine Arbeiten

- Batterie abklemmen. **Achtung:** Hinweise im Kapitel »Batterie aus- und einbauen« beachten.

> **Sicherheitshinweis**
> Beim Aufbocken des Fahrzeugs besteht Unfallgefahr! Hinweise im Kapitel »Fahrzeug aufbocken« beachten.

- Rechtes Vorderrad ausbauen. Vorher Reifen-Laufrichtung markieren. Radschrauben lösen. Fahrzeug aufbocken und Rad abnehmen. **Achtung:** Unbedingt Hinweise im Kapitel »Rad aus- und einbauen« beachten.

Motor Z16

Sollwerte für das Ventilspiel in mm:

Ventile/Motor	Prüfwert	Einstellwert
Einlass	0,25 ± 0,04	0,25
Auslass Z16XEP/ Z16XE(R/1)	0,31 ± 0,04	0,30
Auslass Z16LET	0,34 ± 0,04	0,34

Hinweis: Es wird nur das Prüfen des Ventilspiels beschrieben. Zum Einstellen müssen die Nockenwellen ausgebaut und die Tassenstößel ersetzt werden (Werkstattarbeit).

Prüfen

- Luftfilter ausbauen, siehe Seite 208.
- DIS-Zündmodul ausbauen, siehe Seite 30.
- Zylinderkopfdeckel ausbauen, siehe dazu auch Seite 170.
- Motor auf Zünd-OT für Zylinder 1 stellen, siehe Seite 163.

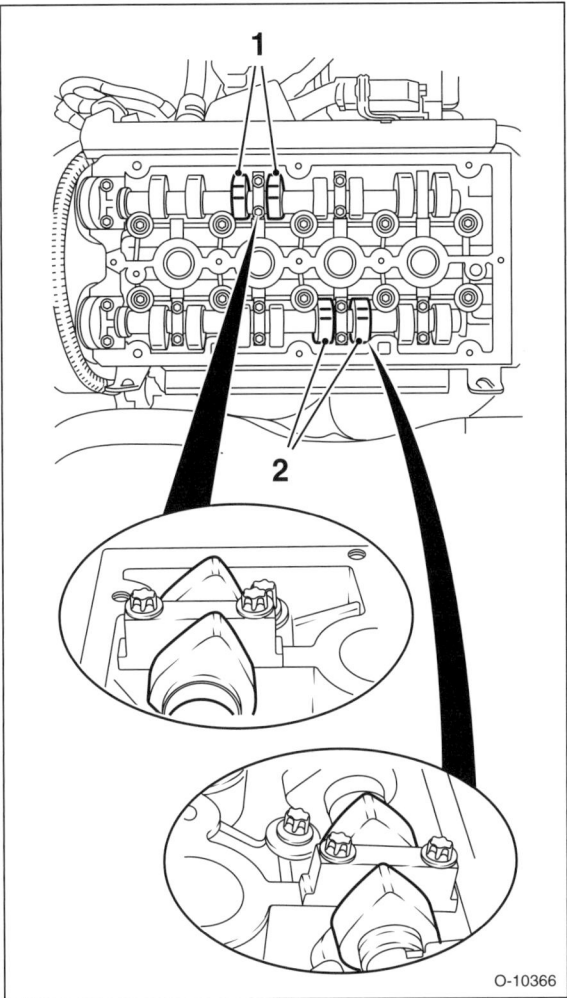

- Die Nocken des 2. Zylinders auf der Einlassseite –1– und des 3. Zylinders auf der Auslassseite –2– stehen nach oben und zeigen gleichmäßig leicht schräg nach innen.

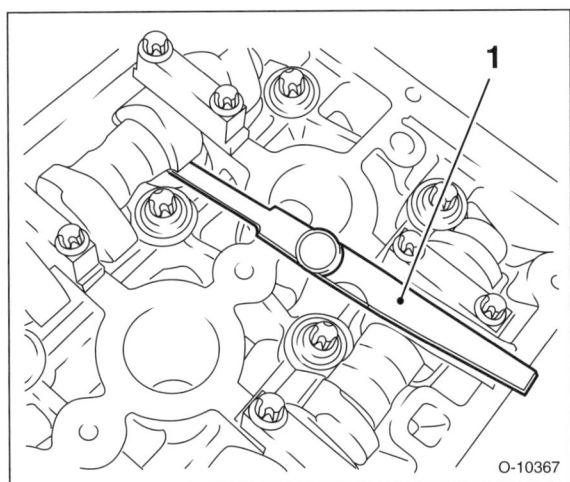

- An diesen Nocken das Ventilspiel mit einer Fühlerblattlehre –1– prüfen. Liegt das Ventilspiel außerhalb des Prüfwertes, aktuelles Ventilspiel durch Wechseln der Fühlerblätter ermitteln und notieren.

- Kurbelwelle um ½ Umdrehung in Motordrehrichtung weiterdrehen. Dies entspricht ¼ Umdrehung der Nockenwellenräder, dabei an den Markierungen der Nockenwellenräder orientieren. In dieser Stellung das Ventilspiel an den Nocken für die Einlassventile des 1. Zylinders und die Auslassventile des 4. Zylinders prüfen.
- Nach einer weiteren halben Umdrehung der Kurbelwelle Ventilspiel an den Nocken für die Einlassventile des 3. Zylinders und die Auslassventile des 2. Zylinders prüfen.
- Nach einer weiteren halben Umdrehung der Kurbelwelle Ventilspiel an den Nocken für die Einlassventile des 4. Zylinders und die Auslassventile des 1. Zylinders prüfen.

Motor Z19DT(L)

Prüfen

- Untere Motorraumabdeckung ausbauen, siehe Seite 246.
- Obere Motorabdeckung ausbauen, siehe Seite 162.

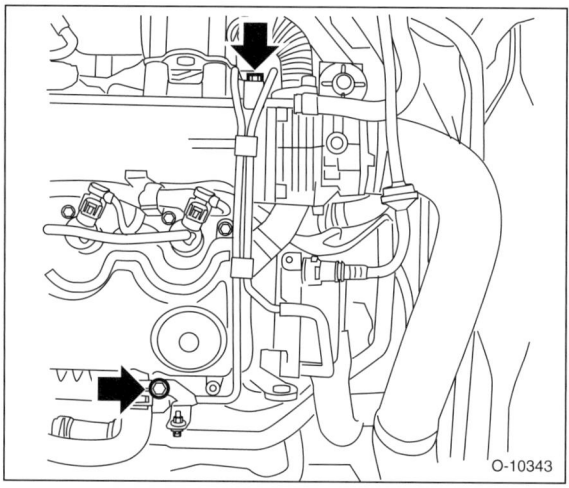

- 2 Unterdruckleitungen lösen, dazu 2 Schrauben –Pfeile– herausdrehen.

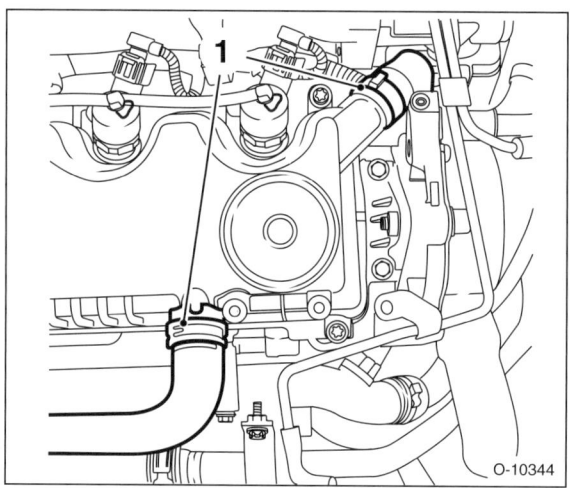

- 2 Schläuche abziehen, vorher die Schellen –1– öffnen und ganz zurückschieben.

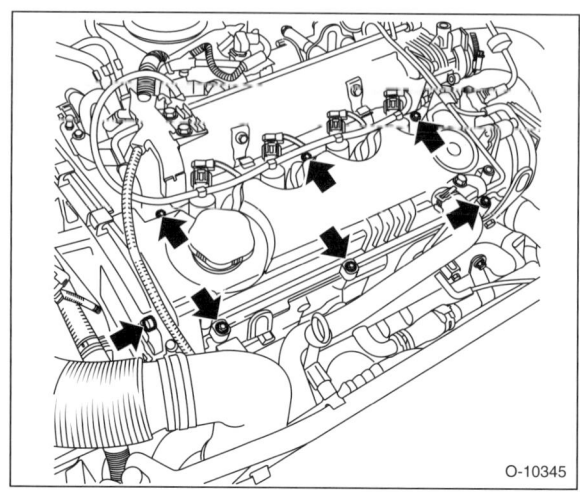

- Nockenwellengehäusedeckel abschrauben –Pfeile– und abnehmen.

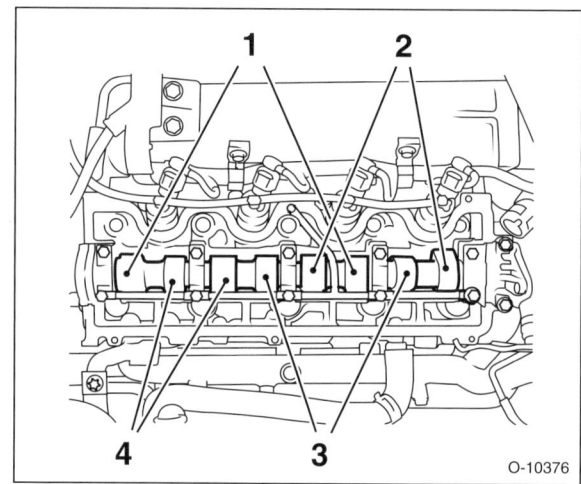

- Kurbelwelle drehen, bis das Nockenpaar –1– nach oben zeigt. Kurbelwelle drehen, siehe Seite 163.
- Ventilspiel mit Fühlerblattlehre prüfen. Dazu Fühlerblattlehre zwischen die Nocken –1– und die jeweils darunter liegenden Ventilstößel schieben. Die Lehre muss sich saugend durchschieben lassen, andernfalls ist das Ventilspiel einzustellen. **Prüfwert** für Einlass-/Auslass-Ventilspiel: **0,30 – 0,40 mm.**
- Liegt das gemessene Ventilspiel außerhalb des Prüfwertes, dann muss das Ventilspiel eingestellt werden.
- Falls das Ventilspiel eingestellt werden muss, Stärke der Fühlerblattlehre so lange wechseln, bis der Istwert des Ventilspiels ermittelt ist. Messwert notieren.

Ventilspiel einstellen; Motor Z19DT

- Tassenstößel drehen, bis die Stößelnut nach außen zeigt.
- Das Ventilspiel wird durch Auswechseln der Einstellscheiben eingestellt. Dazu müssen die Tassenstößel mit einem Niederhalter heruntergedrückt werden. **Achtung:** Da der Niederhalter genau in die Abstände der Tassenstößel passen muss, sind hierfür die OPEL-Spezialwerkzeuge EN-46797 und EN-46799 erforderlich.

Achtung: Grundsätzlich darauf achten, dass beim Herunterdrücken des Ventils der jeweilige Kolben nicht auf OT steht. Sonst wird das Ventil gegen den Kolbenboden gedrückt und kann dabei beschädigt werden.

- Tassenstößel niederdrücken und Einstellscheibe mit einem Schraubendreher oder einer Reißnadel aus dem Stößel heraushebeln und mit einem Stabmagneten herausziehen.
- Dicke der bisherigen Einstellscheibe ermitteln: Mit einer Bügelmessschraube die Stärke der bisher eingebauten Einstellscheibe messen, Ergebnis notieren. Die Stärke der Einstellscheibe ist auch an der Unterseite eingraviert.

Zur Berechnung der neuen Einstellscheibendicke folgende Formel anwenden:

$$N = T + A - S$$

- N = Dicke der neu einzusetzenden Scheibe
- T = Dicke der ausgebauten Scheibe
- A = Gemessenes Ventilspiel
- S = Ventilspiel-Einstellwert

Beispiel:

Dicke der ausgebauten Einstellscheibe »T«	3,15 mm
Messwert zwischen Nocken und Tassenstößel »A«	+ 0,45 mm
	= 3,60 mm
Einstellwert Ventilspiel »S«	− 0,35 mm
Dicke der neuen Einstellscheibe »N«	= 3,25 mm

- **Neue** Einstellscheibe mit Motoröl benetzen und einlegen. **Achtung:** Beim Einlegen der Einstellscheibe darauf achten, dass sie mit der Kennzeichnung nach unten eingelegt wird.

Hinweis: Einstellscheiben können in der Regel mehrmals verwendet werden, solange sie keine deutlich sichtbaren Verschleißspuren aufweisen. Ist beispielsweise die Dicke nicht mehr abzulesen, Einstellscheibe nicht wieder verwenden.

- Kurbelwelle ½ Umdrehung in Motordrehrichtung weiterdrehen, bis das Nockenpaar –2– oben steht, siehe Abbildung O-10326. Ventilspiel in der beschriebenen Weise kontrollieren beziehungsweise einstellen. Dann Kurbelwelle jeweils ½ Umdrehung weiterdrehen und Ventilspiel an den Stellen –3– und –4– prüfen und gegebenenfalls einstellen, siehe Abbildung O-10376.
- Auf diese Weise sämtliche Ventile einstellen.
- Anschließend Ventilspiel insbesondere bei den eingestellten Ventilen nochmals prüfen und gegebenenfalls korrigieren.
- Dichtflächen reinigen und Nockenwellengehäusedeckel mit **neuer** Dichtung aufsetzen. 7 Befestigungsschrauben mit **10 Nm** wechselweise festziehen.
- 2 Schläuche aufschieben und mit Schellen sichern.
- Halter für Unterdruckleitungen mit **9 Nm** anschrauben.
- Obere Motorabdeckung einbauen, siehe Seite 162.
- Untere Motorabdeckung einbauen, siehe Seite 246.
- Reifen-Laufrichtung beachten, Vorderrad anschrauben, Fahrzeug ablassen, erst dann Radschrauben über Kreuz mit **110 Nm** festziehen. **Achtung:** Unbedingt Hinweise im Kapitel »Rad aus- und einbauen« beachten.
- Batterie anklemmen. **Achtung:** Hinweise im Kapitel »Batterie aus- und einbauen« beachten.

Motor Z17DT(L/H)

Sollwerte für das Ventilspiel in mm:

	Prüfwert	Einstellwert
Einlass	0,40 ± 0,05	0,40
Auslass	0,40 ± 0,05	0,40

Hinweis: Die sehr aufwändigen Vorarbeiten für das Prüfen des Ventilspiels werden hier nicht beschrieben. Es werden lediglich Hinweise für den eigentlichen Prüf- und Einstellvorgang gegeben. Weitere Einstellhinweise stehen im Abschnitt über den Motor Z19DT.

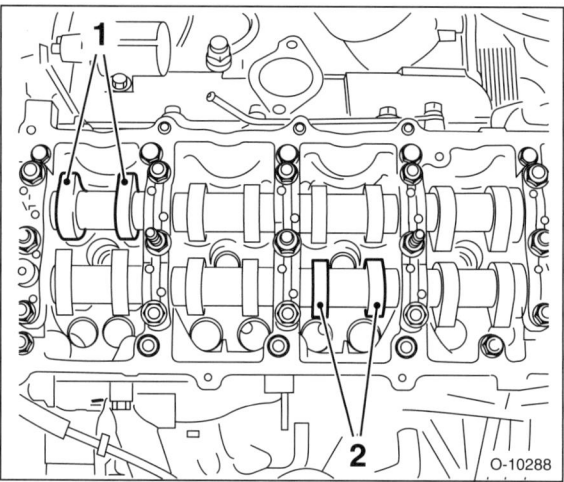

- Kurbelwelle drehen, bis die Nockenpaare –1– und –2– nach oben stehen.

- Ventilspiel mit Fühlerblattlehre prüfen. Dazu Fühlerblattlehre zwischen die Nocken –1– und –2– und die jeweils darunter liegenden Ventilstößel schieben. Die Lehre muss sich saugend durchschieben lassen, andernfalls ist das Ventilspiel einzustellen. **Prüfwert** für Einlass-/Auslass-Ventilspiel: **0,35 – 0,45 mm**.

- Liegt das gemessene Ventilspiel außerhalb des Prüfwertes, muss das Ventilspiel eingestellt werden.

- Falls das Ventilspiel eingestellt werden muss, Stärke der Fühlerblattlehre so lange wechseln, bis der Istwert des Ventilspiels ermittelt ist. Messwert notieren. Anschließend Solldicke der neuen Einstellscheibe ermitteln, siehe Abschnitt über den Motor Z19DT.

Ventilspiel einstellen

- Tassenstößel drehen, bis die Stößelnut nach außen zeigt.

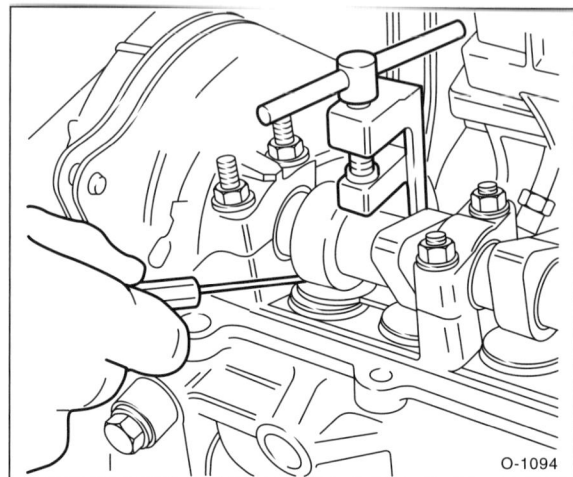

- Das Ventilspiel wird durch Auswechseln der Einstellscheiben eingestellt. Dazu müssen die Tassenstößel mit einem Niederhalter heruntergedrückt werden. **Achtung:** Da der Niederhalter genau in die Abstände der Tassenstößel passen muss, ist hierfür das OPEL-Spezialwerkzeug KM-6090 erforderlich.

Achtung: Beim Einsetzen des Werkzeuges auf unterschiedliche Werkzeugausführungen für Einlass- und Auslassventil achten. Markierung »IN« = Einlassseite; Markierung »EX« = Auslassseite.

Keilrippenriemen aus- und einbauen

Motor Z16

Hinweis: Die Beschreibung bezieht sich auf den 1,6-l-Benzinmotor Z16, für die anderen Motoren werden nur die Abweichungen beschrieben

Ausbau

- Luftfilter ausbauen, siehe Seite 208.
- Laufrichtung auf dem Keilrippenriemen markieren. Dazu mit Filzstift oder Kreide einen Pfeil in Laufrichtung anbringen. Der Keilrippenriemen dreht im Uhrzeigersinn.

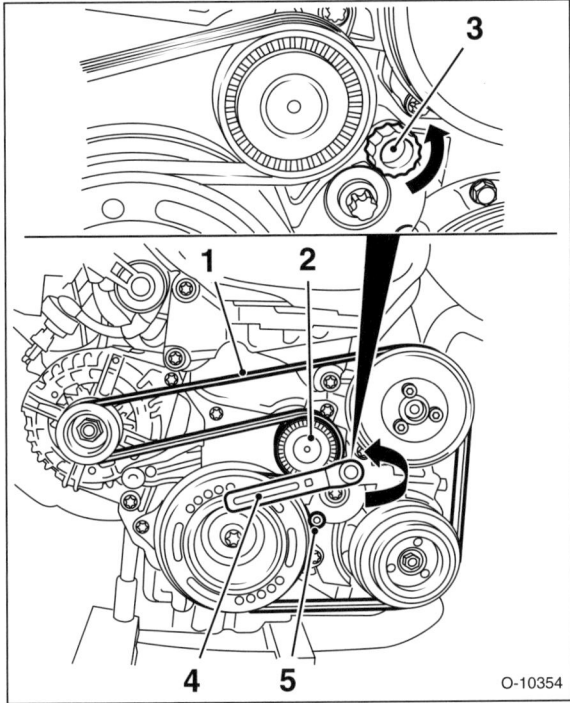

- Spannvorrichtung –2– am Vielzahn-Anguss –3– mit geeignetem Außenvielzahn-Steckschlüssel –4– in Pfeilrichtung spannen und mit einem Dorn –5– arretieren.
- Keilrippenriemen –1– abnehmen.

Einbau

- Keilrippenriemen –1– auflegen. **Achtung:** Wird der bisherige Riemen wieder eingebaut, Laufrichtungsmarkierung beachten. Der Keilrippenriemen darf nur in der gleichen Laufrichtung wieder eingebaut werden, da er sonst erhöhtem Verschleiß ausgesetzt ist.
- Spannvorrichtung etwas in Pfeilrichtung drehen und Dorn herausziehen. Anschließend Spannvorrichtung langsam im Uhrzeigersinn drehen und dadurch entspannen. Dadurch wird der Keilrippenriemen gespannt.
- Luftfilter einbauen, siehe Seite 208.

Hinweis: Falls die Spannvorrichtung aus- und eingebaut werden muss, Spannvorrichtung in arretiertem Zustand abschrauben und später mit **50 Nm** anschrauben.

Motor Z14XEP

Zum Ersetzen des Keilrippenriemens muss das rechte Motorlager ausgebaut werden, daher wird der Vorgang hier nicht beschrieben.

Speziell Motor Z18XE

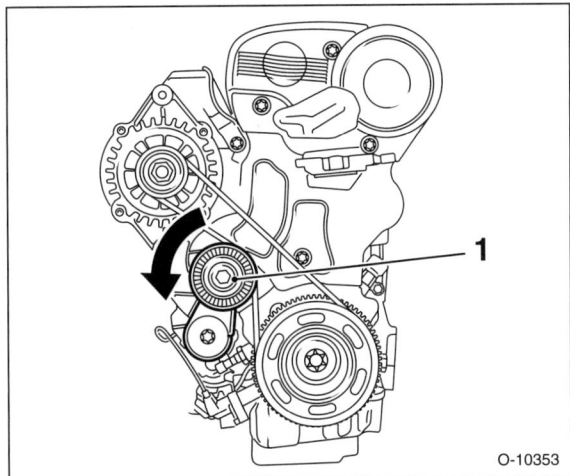

- Keilrippenriemen entspannen. Dazu Maulschlüssel SW-15 am Sechskant der Keilrippenriemen-Spannvorrichtung –1– ansetzen und Spannvorrichtung in Pfeilrichtung spannen.

Speziell Motor Z20LE(L/R/H)

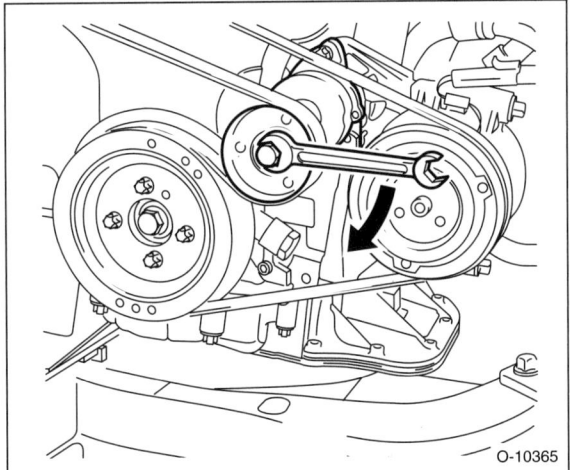

- Keilrippenriemen entspannen. Dazu Keilrippenriemen-Spannvorrichtung mit Maulschlüssel in Pfeilrichtung spannen.

Speziell Motor Z22YH

Hinweis: Der Keilrippenriemen wird bei diesem Motor von unten ausgebaut.

> **Sicherheitshinweis**
> Beim Aufbocken des Fahrzeugs besteht Unfallgefahr! Hinweise im Kapitel »Fahrzeug aufbocken« beachten.

- Fahrzeug aufbocken.
- Motorspritzschutz –2– ausbauen. Dazu 4 Schrauben –1– herausdrehen und 2 Spreiznieten –3– herausdrücken, siehe Abbildung O-10356 auf Seite 164.

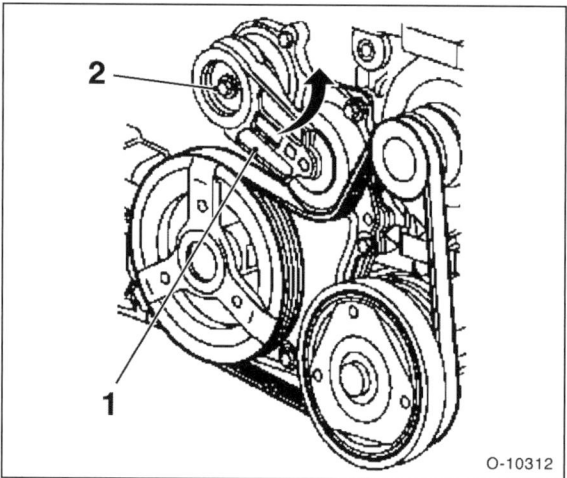

- Keilrippenriemen-Spannvorrichtung –1– an der Schraube –2– in Pfeilrichtung drehen und Keilrippenriemen entspannen.

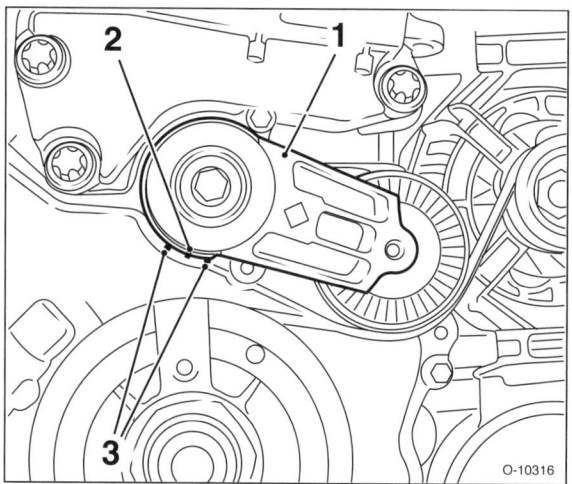

- Position des Spannarms –1– bei gespanntem Keilrippenriemen prüfen: Die Markierung –2– muss zwischen den beiden Markierungen –3– liegen.
- Motorspritzschutz einbauen und Fahrzeug ablassen.

Speziell Motor Z13DTH

Hinweis: Der Keilrippenriemen wird bei diesem Motor von unten ausgebaut.

> **Sicherheitshinweis**
> Beim Aufbocken des Fahrzeugs besteht Unfallgefahr! Hinweise im Kapitel »Fahrzeug aufbocken« beachten.

- Fahrzeug aufbocken.
- Motorspritzschutz –2– ausbauen. Dazu 4 Schrauben –1– herausdrehen und 2 Spreiznieten –3– herausdrücken, siehe Abbildung O-10356 auf Seite 164.

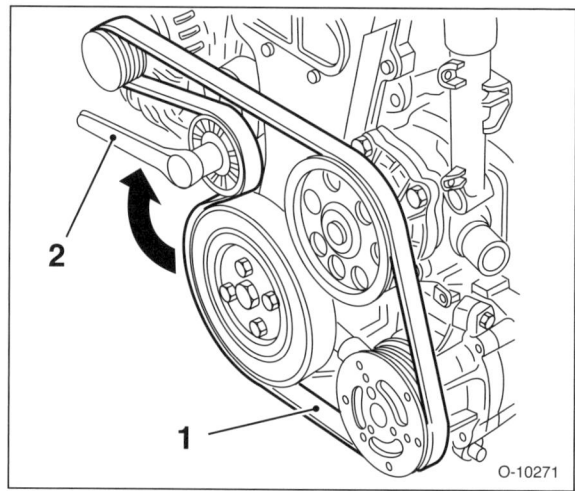

- Keilrippenriemen-Spannvorrichtung mit Schlüssel –2– in Pfeilrichtung spannen. 1 – Keilrippenriemen.

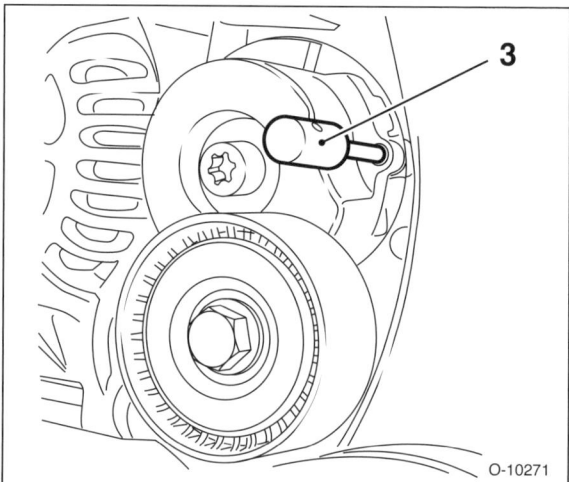

- In dieser Stellung Spannvorrichtung mit Absteckdorn –3– arretieren. Die Fachwerkstatt verwendet dazu den Dorn KM-6130.
- Keilrippenriemen abnehmen.

Speziell Motor Z17DT(R)

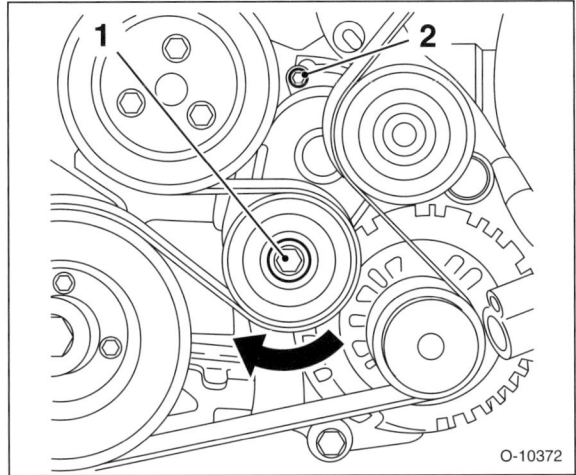

- Keilrippenriemen entspannen. Dazu Maulschlüssel an der Schraube –1– der Keilrippenriemen-Spannvorrichtung ansetzen und Spannvorrichtung in Pfeilrichtung spannen.
- Spannvorrichtung mit einem Dorn an der Bohrung –2– arretieren.

Speziell Motor Z19DT(H)

- Untere Motorraumabdeckung ausbauen, siehe Seite 246.

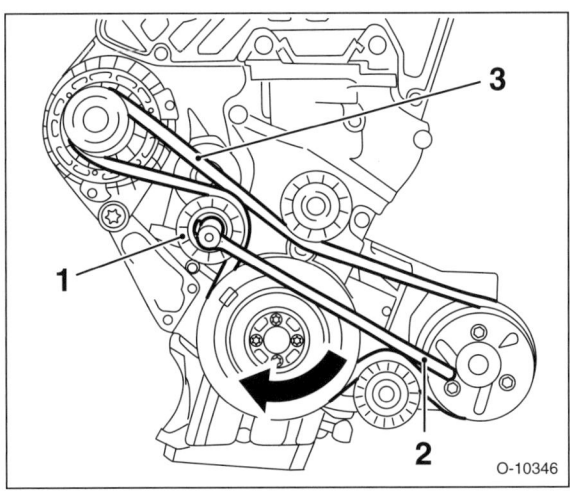

- Spannvorrichtung –1– mit geeignetem Schlüssel –2– in Pfeilrichtung spannen, bis die Arretierbohrungen übereinstimmen. 3 – Keilrippenriemen.

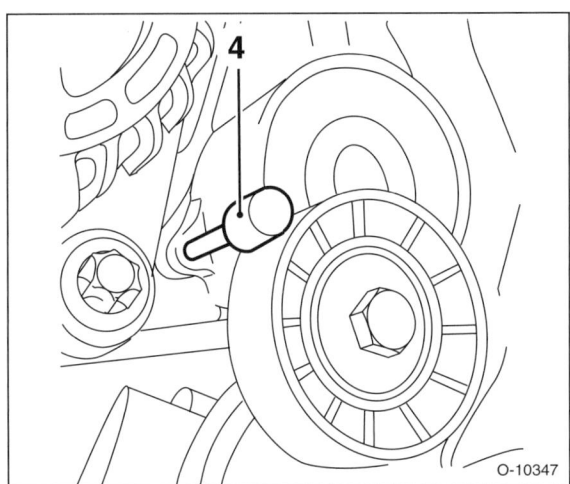

- Absteckdorn –4– in die Arretierbohrungen stecken und Spannvorrichtung arretieren.
- Keilrippenriemen abnehmen.
- Untere Motorraumabdeckung einbauen und Fahrzeug ablassen.

Motor starten

Alle Motoren

- **Schaltgetriebe:** Bremse treten, Kupplung ganz durchtreten und halten, Schaltgetriebe in Leerlauf schalten. Besonders bei niedrigen Außentemperaturen erleichtert eine betätigte Kupplung das Starten, da die Reibung vom Getriebe entfällt.
- **Automatikgetriebe:** Wählhebel in »P« oder »N« stellen. Fußbremse treten und halten.

Achtung: Anlasser nicht länger als 30 Sekunden ununterbrochen betätigen, sonst können Anlasser und Verkabelung überhitzen.

Benzinmotor

- Zündschlüssel drehen und Anlasser betätigen, dabei **kein Gas geben**. Sobald der Motor läuft, Schlüssel loslassen. Springt der Motor nach 10 Sekunden nicht an oder bleibt sofort wieder stehen, 30 Sekunden warten und Startvorgang wiederholen. Dazu Zündung ausschalten, Zündschlüssel abziehen und erneut ins Zündschloss stecken.
- Grundsätzlich sofort losfahren, nur bei strengem Frost Motor ca. 30 Sekunden warm laufen lassen.

Achtung: Vergebliche Startversuche hintereinander können den Katalysator schädigen, da unverbranntes Benzin in den Katalysator gelangt und bei Erwärmung explosionsartig verbrennt.

Dieselmotor

- **Bei kaltem Motor:** Zündung einschalten, bis die Vorglüh-Kontrolllampe erlischt. Sofort nach Verlöschen der Kontrolllampe Motor anlassen, dabei **kein Gas geben**. Setzen beim Starten nur unregelmäßige Zündungen ein, Anlasser so lange weiter betätigen (maximal 20 Sekunden), bis der Motor aus eigener Kraft durchläuft. Springt der Motor nicht an, Zündung ausschalten, Zündschlüssel abziehen und erneut ins Zündschloss stecken. Anschließend nochmals vorglühen und Startvorgang wie beschrieben wiederholen.

Hinweis: Aufgrund der guten Kaltstarteigenschaften des **Diesel-Direkteinspritzers**, braucht in der Regel erst bei Außentemperaturen unter 0° C vorgeglüht zu werden.

Wurde der Tank völlig leergefahren, dauert der Anlassvorgang nach dem Tanken deutlich länger (bis zu 1 Minute), da hierbei die Kraftstoffanlage entlüftet wird, siehe Seite 207.

- **Bei warmem Motor** braucht nicht vorgeglüht zu werden. Motor sofort anlassen, kein Gas geben.

Störungsdiagnose Motor

Benzinmotor: Wenn der Benzinmotor nicht anspringt, Fehler systematisch einkreisen. Damit der Motor überhaupt anspringen kann, müssen immer zwei Grundvoraussetzungen erfüllt sein: Das Kraftstoff-Luftgemisch muss bis in die Zylinder gelangen und der Zündfunke muss an den Zündkerzenelektroden überschlagen. Als Erstes ist deshalb zu prüfen, ob Kraftstoff gefördert wird.

Beim Dieselmotor Vorglüh- und Kraftstoffanlage prüfen.

Störung: Der Motor springt schlecht oder gar nicht an.

Ursache	Abhilfe
Sicherung defekt für Elektrische Kraftstoffpumpe, Benzin-Einspritzanlage, Vorglühanlage.	■ Sicherung prüfen, siehe »Elektrische Anlage«.
Benzinmotor: Zündanlage defekt.	■ Systemprüfung des Motormanagements (Werkstattarbeit).
Fehler im Motormanagement.	■ Motormanagement prüfen lassen (Werkstattarbeit).
Kraftstoffanlage defekt, verschmutzt.	■ Kraftstoffpumpe und -leitungen überprüfen.
Anlasser dreht zu langsam.	■ Batterie laden. Anlasserstromkreis überprüfen. Korrodierte Anschlüsse reinigen.
Falsche Steuerzeiten.	■ Steuerzeiten überprüfen/einstellen, ggf. Zahnriemen erneuern.
Wegfahrsperre sperrt den Motor. Der Motor springt normal an und geht kurz danach wieder aus. Dabei leuchtet das Symbol für Wegfahrsperre im Kombiinstrument kurz auf.	■ Zündung ausschalten. Zündschlüssel herausziehen, etwas warten und Zündschlüssel um 180° gedreht ins Zündschloss stecken. Wieder etwas warten, dann Zündung einschalten. Wenn die Kontrollleuchte für Wegfahrsperre jetzt leuchtet (nicht blinkt) kann der Motor gestartet werden. Gegebenenfalls Ersatzschlüssel verwenden. Fehlerspeicher der Wegfahrsperre auslesen lassen.
Fahrzeuge mit MTA-Getriebe ab Modelljahr 2007: Bremslichtschalter defekt	■ Bremslichtschalter ersetzen.
Zylinderkopfdichtung defekt.	■ Dichtung ersetzen (Werkstattarbeit).

Motor-Schmierung

Für die Motor-Schmierung sind **Mehrbereichsöle** vorgeschrieben, so dass ein jahreszeitbedingter Ölwechsel (Sommer/Winter) nicht erforderlich ist. Mehrbereichsöle bauen auf einem dünnflüssigen Einbereichsöl auf (zum Beispiel: 10 W) und werden durch so genannte »Viskositätsindexverbesserer« im heißen Zustand stabilisiert. Dadurch ist sowohl für den kalten wie auch für den heißen Motor die richtige Schmierfähigkeit gegeben.

Die SAE-Bezeichnung gibt die Viskosität des Motoröls an. **SAE** = **S**ociety of **A**utomotive **E**ngineers.

Beispiel: SAE 5 W 30:
5 – Viskosität des Öls in kaltem Zustand. Je kleiner die Zahl, desto dünnflüssiger ist das kalte Motoröl.
W – Das Motoröl ist wintertauglich.
40 – Viskosität des Öls in heißem Zustand. Je größer die Zahl, desto dickflüssiger ist das heiße Motoröl.

Longlife-Motoröl

Die ASTRA-H-/ZAFIRA-B-Motoren sind werksseitig mit einem Longlife-Motoröl befüllt. Das Longlife-Motoröl ist ein Mehrbereichsöl, das durch spezielle Zusätze auf hohe Alterungsbeständigkeit und daher für lange Motoröl-Wechselintervalle ausgelegt ist. Beim Nachfüllen von Motoröl und beim Ölwechsel darf nur Longlife-Motoröl nach OPEL-Norm verwendet werden, damit beim ASTRA H die 2-Jahres-Wartungsintervalle eingehalten werden können. Die OPEL-Norm muss auf der Öldose stehen.

Zuordnung der OPEL-Longlife-Motoröl-Normen:

<u>Benzinmotoren:</u> Longlife-Öl entsprechend der OPEL-Spezifikation **GM-LL-A-025** (5W-30).

<u>Dieselmotoren:</u> Longlife-Öl entsprechend der OPEL-Spezifikation **GM-LL-B-025** (5W-40).

GM   = **G**eneral **M**otors
LL   = **L**ong-**L**ife
A oder B = Motoröl-Qualität-Spezifikation, A – Benzinmotor, B – Dieselmotor.
025   = Modelljahr der Motoröl-Qualität-Spezifikation, hier MJ20**02,5** = Frühjahr 2002

Hinweis: Ein höherer Gültigkeitsindex als »**025**« ist auch zulässig.

Zwischen den Ölwechseln darf bis zu 1 Liter Motoröl der Qualität ACEA-A3/B3 nachgefüllt werden, ohne dass sich das Wechselintervall verkürzt. Bei mehr als 1 Liter verkürzt sich das Wechselintervall auf 30.000 km oder 1 Jahr.

Anwendungsbereich/Viskositätsklassen

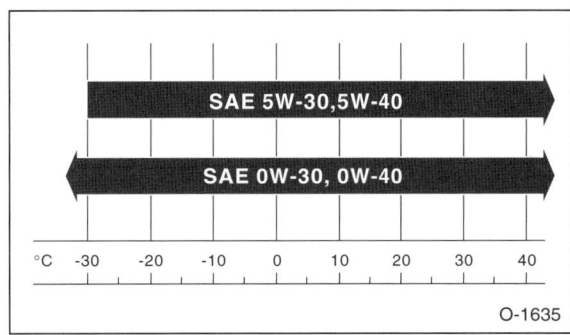

In der Abbildung wird die Motoröl-Viskosität in Abhängigkeit von der Außentemperatur für Benzin- und Dieselmotoren dargestellt.

Handelsübliches Mehrbereichs-Motoröl

Es kann auch handelsübliches Motoröl der Qualität **ACEA-A3/B3** verwendet werden. Allerdings müssen dann die Wartungsintervalle beim ASTRA H auf 12 Monate/30.000 km umgestellt werden (Werkstattarbeit).

ACEA-Spezifikation des Motoröls

Die Qualität eines Motoröls wird durch Normen der Automobil- sowie der Ölhersteller gekennzeichnet.

Europäische Ölhersteller klassifizieren ihre Öle nach der »**ACEA**«-Spezifikation (**A**ssociation des **C**onstructeurs **E**uropéens d'**A**utomobiles), die vor allem die europäische Motorentechnologie berücksichtigt. Öle für PKW-Benzinmotoren haben die ACEA-Qualitätsklassen A1-98 bis A3-98; Dieselmotoröle von B1-98 bis B4-98. Von höchster Qualität sind Öle »**A3**« für Ottomotoren und »**B3**« für Dieselmotoren. »**B4**« ist auf Diesel-Direkteinspritzer abgestimmt, sollte aber nur verwendet werden, wenn ebenfalls die Spezifikation »B3« angegeben ist. »**98**« gibt den Beginn der Gültigkeit der ACEA-Klassifikation im Jahr 1998 an. Motoröle mit höheren Jahreszahlangaben können ebenfalls verwendet werden.

Achtung: Motoröle, die vom Hersteller ausdrücklich als Öle für Diesel-Motoren bezeichnet werden, sind für Ottomotoren nicht geeignet. Es gibt Öle, die sowohl für den Otto- als auch für den Diesel-Motor geeignet sind. In diesem Fall sind beide Spezifikationen (Beispiel: ACEA A3-98/B3-98) auf der Öldose vermerkt.

Zusatzschmiermittel – gleich welcher Art – sollen weder dem Kraftstoff noch den Schmierölen beigemischt werden.

Ölverbrauch

Bei einem Verbrennungsmotor versteht man unter dem Ölverbrauch diejenige Ölmenge, die als Folge des Verbrennungsvorganges verbraucht wird. Auf keinen Fall ist Ölverbrauch mit Ölverlust gleichzusetzen, wie er durch Undichtigkeiten an Ölwanne, Zylinderkopfdeckel usw. auftritt.

Normaler Ölverbrauch entsteht durch Verbrennung jeweils kleiner Mengen im Zylinder; durch Abführen von Verbrennungsrückständen und Abrieb-Partikeln. Zudem verschleißt das Öl durch hohe Temperaturen und hohe Drücke, denen es im Motor fortwährend ausgesetzt ist.

Ferner haben auch äußere Betriebsverhältnisse, Fahrweise sowie Fertigungstoleranzen einen Einfluss auf den Ölverbrauch. Der Ölverbrauch darf höchstens 0,6 l/1000 km betragen.

Unbedingt muss Öl nachgefüllt werden, wenn die »Nachfüll«-Markierung erreicht ist. **Achtung:** Nicht zu viel Öl auf einmal nachfüllen. Die Nachfüllmenge zwischen MIN- und MAX-Markierung am Ölpeilstab beträgt 1,0 l.

Motor-Öltemperatur messen

Alle Motoren

Für verschiedene Einstellarbeiten ist die genaue Motor-Öltemperatur von Wichtigkeit.

- Die Motor-Öltemperatur sollte im Ölsumpf 1 cm über dem Boden gemessen werden. Dazu geeignete Messsonde in das Messstabführungsrohr bis zur Bodenberührung einführen, dann 1 cm zurückziehen.

- Damit keine Falschluft (Kurbelgehäuse-Entlüftung) über das Führungsrohr angesaugt wird, ist die Öffnung mit einem Gummistopfen abzudichten.

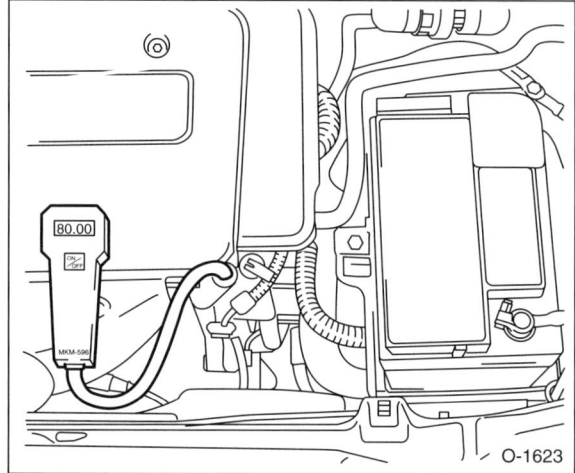

- Eine Öltemperatur von um die +80° C entspricht der Betriebstemperatur des Motors.

Achtung: Die Öltemperatur ist von der jeweiligen Motorbelastung abhängig. Bei extremen Belastungen sind Öltemperaturen bis zu +150° C möglich.

Ölwanne/Ölpumpe/Ölkühler

1,3-l-Dieselmotor Z13DT

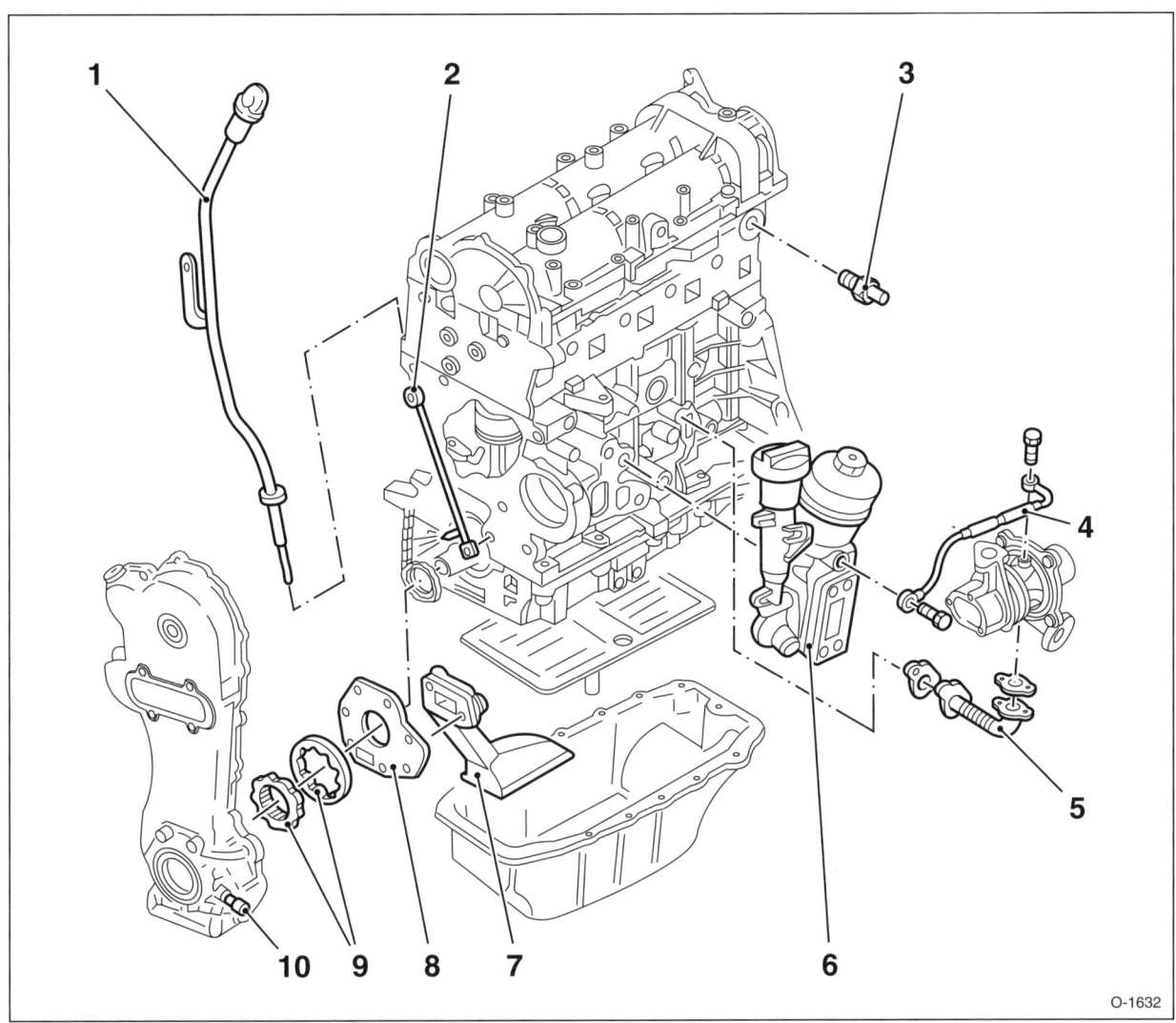

1 – Ölmessstab mit Führungsrohr
2 – Ölleitung
3 – Öldrucksensor
4 – Ölvorlaufleitung zum Turbolader
5 – Ölrücklaufleitung vom Turbolader
6 – Ölfiltergehäuse mit Ölkühler und Öleinfüllstutzen
7 – Ölansaugrohr
8 – Ölpumpen-Deckel
9 – Ölpumpen-Räder
10 – Öl-Überdruckventil

Motor-Kühlung

Kühlmittelkreislauf

Solange der Motor kalt ist, zirkuliert das Kühlmittel nur im Zylinderkopf sowie im Motorblock und im Wärmetauscher der Innenraumheizung. Mit zunehmender Erwärmung öffnet der Kühlmittelregler den großen Kühlmittelkreislauf. Das Kühlmittel wird von der ständig im Einsatz befindlichen Kühlmittelpumpe über den Kühler geleitet. Die Kühlflüssigkeit durchströmt den Kühler von oben nach unten und wird dabei durch die an den Kühlrippen vorbeistreichende Luft gekühlt.

Zur Verstärkung der Kühlluft ist ein elektrisch angetriebener, temperaturgesteuerter Lüfter eingebaut. Der Zeitpunkt für das Einschalten und die Drehzahl des Lüfters werden vom Motor-Steuergerät anhand der Werte des Kühlmittel-Temperaturfühlers bestimmt und über ein oder mehrere Kühlerlüfter-Relais geschaltet. Je nach Motor und Fahrzeugausstattung (Klimaanlage) sind 1 oder 2 Kühlerlüfter eingebaut.

Sicherheitshinweis
Der Elektrolüfter kann sich auch bei ausgeschalteter Zündung einschalten. Durch Stauwärme im Motorraum ist auch **mehrmaliges Einschalten möglich.** Abhilfe: **Sicherung für Kühlerlüfter abziehen.**

Sicherheitshinweis
Der **Kältemittelkreislauf der Klimaanlage darf nicht geöffnet** werden, da das Kältemittel bei Hautberührung Erfrierungen hervorrufen kann.
Bei versehentlichem Hautkontakt betroffene Stelle sofort mindestens 15 Minuten lang mit kaltem Wasser spülen. Kältemittel ist farb- und geruchlos sowie schwerer als Luft. Bei austretendem Kältemittel besteht am Boden beziehungsweise in unteren Räumen Erstickungsgefahr. Das Kältemittelgas ist nicht wahrnehmbar.

Kühler-Frostschutzmittel

Die Motor-Kühlanlage wird ganzjährig mit einer Mischung aus Wasser und Kühlerfrost- und Korrosions-Schutzmittel befüllt. Diese Mischung verhindert Frost- und Korrosionsschäden, Kalkansatz und hebt außerdem die Siedetemperatur des Kühlmittels an. Durch den Verschlussdeckel am Ausgleichbehälter wird bei warmem Motor innerhalb des Kühlkreislaufes ein Überdruck von ca. 1,2 bis 1,5 bar aufgebaut, der ebenfalls zur Siedepunkterhöhung der Kühlflüssigkeit

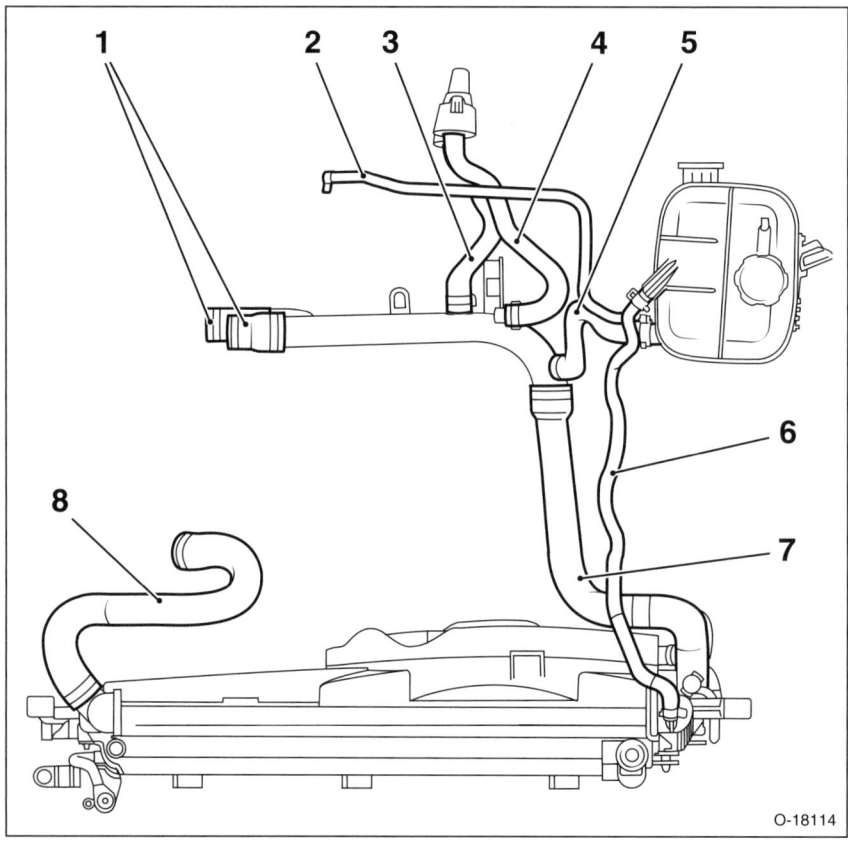

Anordnung der Kühlmittelschläuche

1,8-l-Motor Z18XE

1 – **Verbindungsschlauch**
Vom Kühlmittelstutzen zum Kühlmittelrohr.

2 – **Rücklaufschlauch**
Für Kraftstoff-Luftgemischvorwärmung.

3 – **Rücklaufschlauch**
Wärmetauscher.

4 – **Zulaufschlauch Wärmetauscher**

5 – **Verbindungsschlauch**
Vom Kühlmittelausgleichbehälter zum Temperaturreglergehäuse.

6 – **Verbindungsschlauch**
Vom Kühler zum Ausgleichbehälter.

7 – **Unterer Kühlerschlauch**

8 – **Oberer Kühlerschlauch**

beiträgt. Erforderlich ist der höhere Siedepunkt der Kühlflüssigkeit für ein einwandfreies Funktionieren der Motor-Kühlung. Bei zu niedrigem Siedepunkt der Flüssigkeit kann es zu einem Hitzestau kommen, wodurch der Kühlkreislauf behindert und die Kühlung des Motors vermindert wird. Deshalb muss das Kühlsystem unbedingt ganzjährig mit einer Kühlkonzentrat-Mischung gefüllt sein.

Grundsätzlich nur rotes, silikatfreies Frostschutzmittel verwenden. Das Frostschutzmittel muss von OPEL freigegeben sein beziehungsweise die OPEL-Nummer 19 40 650/09 194 431 aufweisen.

Achtung: Auf keinen Fall, das für ältere Fahrzeuge vorgesehene silikathaltige, blaugrüne Kühlmittel einfüllen.

Kühlmittel-Mischungsverhältnis

Die Kühlflüssigkeit wird aus einer Mischung von Kühlkonzentrat (Frostschutzmittel) und kalkarmem Trinkwasser hergestellt.

Frostschutz bis	Kühlkonzentrat	Wasser
– 30° C	40 %	60 %
– 40° C	50 %	50%

Empfehlenswert ist grundsätzlich ein Mischungsverhältnis von 1:1, also 50% Wasser und 50% Frostschutzmittel.

Die Kühlmittel-Füllmenge kann je nach Ausstattung des Fahrzeuges variieren. Anhaltswerte stehen in der Tabelle auf Seite 13.

Kühlmittel ablassen und auffüllen

Falls bei Reparaturen der Zylinderkopf, die Zylinderkopfdichtung, der Kühler, der Heizungs-Wärmetauscher oder der Motor ersetzt wurden, muss die Kühlflüssigkeit auf jeden Fall ersetzt werden. Das ist erforderlich, weil sich die Korrosionsschutzanteile in der Einlaufphase an den neuen Leichtmetallteilen absetzen und somit eine dauerhafte Korrosionsschutzschicht bilden. Bei gebrauchter Kühlflüssigkeit ist der Korrosionsschutzanteil in der Regel nicht mehr groß genug, um eine ausreichende Schutzschicht an den neuen Teilen zu bilden.

Ein Wechsel des Kühlmittels im Rahmen der Wartung ist nicht erforderlich.

Achtung: Bei Arbeiten am Kühlsystem unbedingt darauf achten, dass **kein Kühlmittel auf den Zahnriemen** gelangt. Der Glykolanteil des Kühlmittels kann das Gewebe des Zahnriemens so schädigen, dass der Riemen nach einiger Betriebszeit reißt, wodurch schwer wiegende Motorschäden auftreten können.

Hinweis: Kühlmittel ist leicht giftig. Gemeinde- und Stadtverwaltungen informieren darüber, wie das alte Kühlmittel entsorgt werden soll.

Ablassen

● Falls vorhanden, Klimaanlage ausschalten beziehungsweise auf ECO-Mode stellen.

> **Sicherheitshinweis**
> Bei heißem Motor vor dem Öffnen des Ausgleichbehälters einen dicken Lappen auflegen, um Verbrühungen durch heiße Kühlflüssigkeit oder Dampf zu vermeiden. Deckel nur bei Kühlmitteltemperaturen unter +90° C abnehmen.

● Verschlussdeckel am Ausgleichbehälter öffnen.

> **Sicherheitshinweis**
> Beim Aufbocken des Fahrzeugs besteht Unfallgefahr! Hinweise im Kapitel »Fahrzeug aufbocken« beachten.

● Fahrzeug aufbocken.
● Falls erforderlich, untere Motorraumabdeckung ausbauen, siehe Seite 246.
● Sauberes Auffanggefäß unter den Kühler stellen.

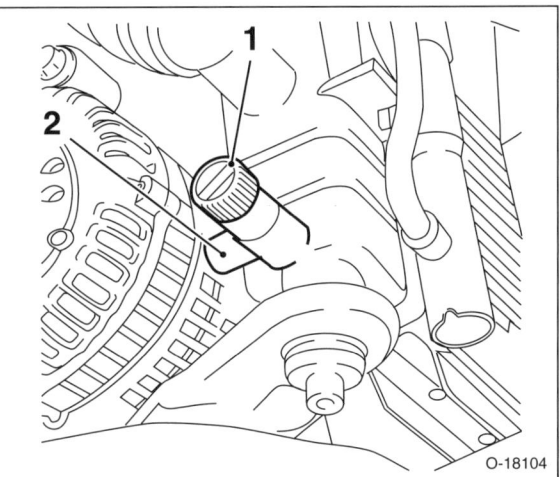

Hinweis: Um die Kühlflüssigkeit gezielt ablassen zu können, empfiehlt es sich, einen geeigneten Schlauch auf den Ablassstutzen –2– aufzuschieben.

● Kühlmittel-Ablassschraube –1– unten am Kühler öffnen und Kühlflüssigkeit in Auffangbehälter abfließen lassen.
● Anschließend Ablassschraube wieder verschließen.
● Fahrzeug ablassen.

Auffüllen

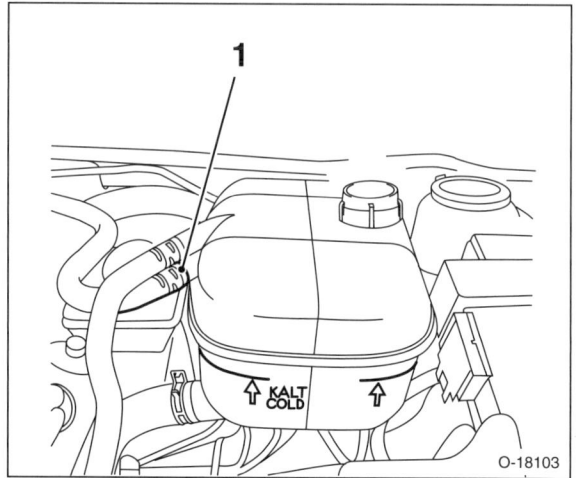

- Kühlflüssigkeit bis zur unteren Entlüftungsleitung –1– auffüllen
- Schraubverschluss für Ausgleichbehälter bis zum Anschlag festdrehen.
- Motor starten und warm laufen lassen. Dabei Motor mit Leerlaufdrehzahl bis maximal 2500/min laufen lassen, bis die erste Kühlerlüfterstufe zugeschaltet wird.
- Kühlsystem entlüften. Dazu Motor für 2 Minuten mit 2000 bis 2500/min laufen lassen. Dabei wird die Luft im Kühlsystem über die Entlüftungsleitungen separiert.
- Kühlsystem auf Dichtheit sichtprüfen.
- Motor abstellen und abkühlen lassen.
- Anschließend Kühlmittelstand nochmals prüfen, gegebenenfalls Kühlmittel bis zur »KALT/COLD«-Markierung nachfüllen.

Kühlerlüfter/Lüftermotor aus- und einbauen

Motor Z16XEP ohne Klimaanlage

Hinweise für die anderen Motoren stehen am Ende des Kapitels.

Ausbau

- Batterie abklemmen. **Achtung:** Hinweise im Kapitel »Batterie aus- und einbauen« beachten.

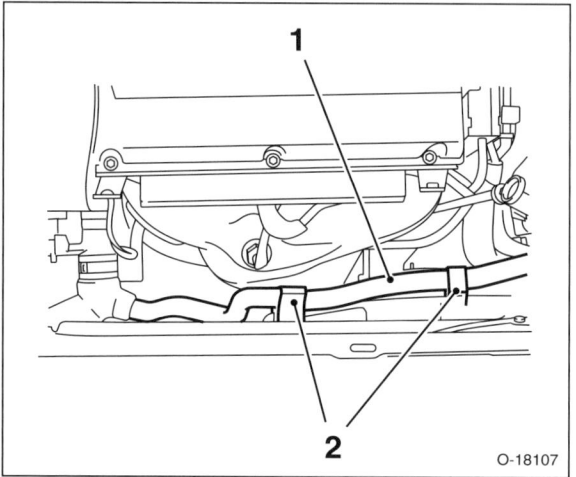

- Oberen Kühlerschlauch –1– aus den beiden Halterungen –2– herausziehen.
- Mehrfachstecker unten am Kühler abziehen.

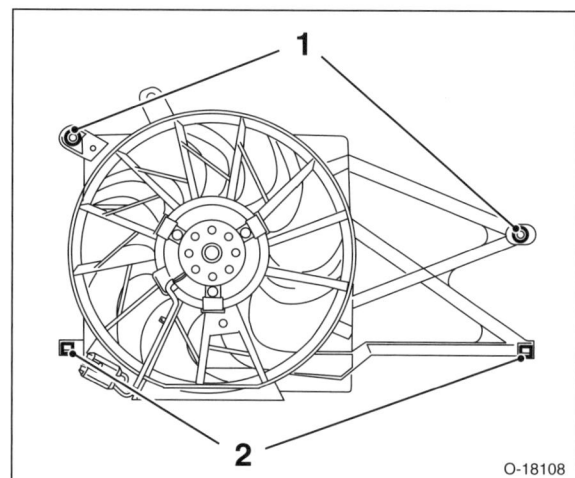

- Lüftergehäuse ausbauen. Dazu 2 Schrauben –1– herausdrehen. Halter –2– nach oben aus dem Kühler ziehen. Lüftergehäuse nach oben herausnehmen.

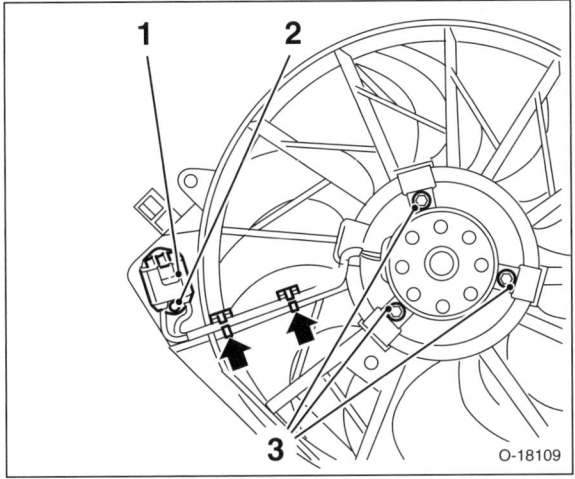

- Mehrfachstecker –1– abziehen.
- Schraube –2– herausdrehen.
- Leitungsstrang ausclipsen –Pfeile–.
- 3 Schrauben –3– herausdrehen und Lüftermotor abnehmen.

Einbau

- Lüftermotor einsetzen und anschrauben.
- Mehrfachstecker aufschieben, Schraube einschrauben und Leitungsstrang einclipsen.
- Lüftergehäuse von oben in den Halter am Kühler einsetzen und mit 2 Schrauben festziehen.
- Mehrfachstecker unten am Kühler aufstecken.
- Oberen Kühlerschlauch am Lüftergehäuse einclipsen.
- Batterie anklemmen. **Achtung:** Hinweise im Kapitel »Batterie aus- und einbauen« beachten.

Speziell Motor Z14XEP ohne Klimaanlage

- Resonator ausbauen, wie beim Motor Z18XE.

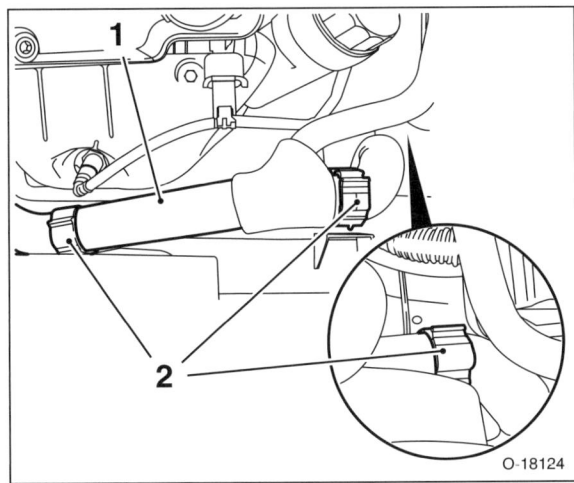

- Oberen Kühlerschlauch –1– vom Lüftergehäuse abbauen. Dazu 3 Clips –2– öffnen, um 90° drehen und abnehmen.

Speziell Motor Z18XE ohne Klimaanlage

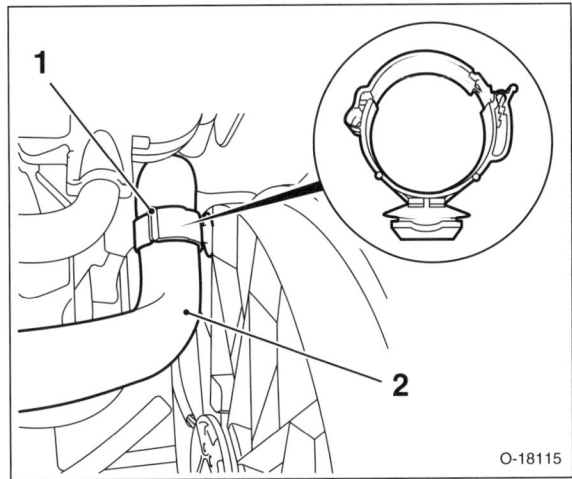

- Unteren Kühlerschlauch –2– vom Lüftergehäuse abbauen. Dazu Verrastung von Clip –1–, wie im Bildausschnitt gezeigt, öffnen. Clip um 90° drehen und abnehmen.

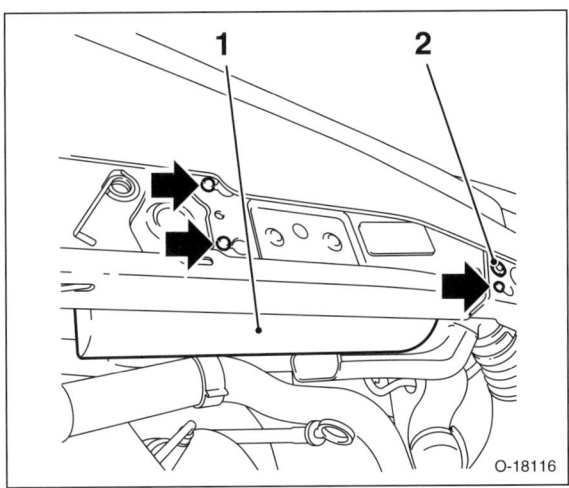

- Resonator –1– vom Luftleitblech abbauen. Dazu Luftansaugschlauch ausbauen. Schraube –2– herausdrehen und Resonator –1– aus der Halterung nach rechts schieben –Pfeile–.

Speziell Motor Z20LE(L/R/H)

- Lüfter ausbauen, siehe dazu Kapitel »Kühler aus- und einbauen«.

Speziell Motor Z22YH

- Batterie und Batterieträger ausbauen, siehe Seite 55.
- Halter für Motorkabelsatz abschrauben und Kabelsatz zur Seite legen.

Speziell Motor Z13DTH

- Batterie und Batterieträger ausbauen, siehe Seite 55.
- Obere Motorabdeckung ausbauen, siehe Seite 162.
- Ladeluftschlauch vom Ladeluftkühler am Ladeluftrohr abbauen, dazu 2 Schellen öffnen.
- Ladeluftschlauch vom Turbolader am Ladeluftrohr abbauen, dazu 2 Schellen öffnen.

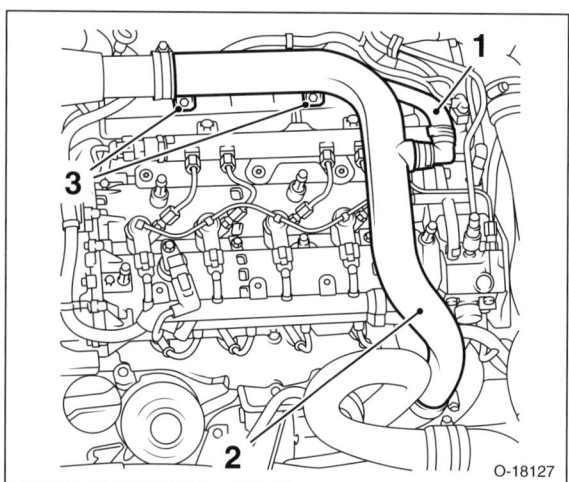

- Luftansaugrohr –2– ausbauen. Dazu 3 Leitungsstränge ausclipsen. Schnellverschluss öffnen und Schlauch für Motorentlüftung –1– abziehen. 2 Schrauben –3– herausdrehen. Verbindungsschellen öffnen
- Luftansaugschlauch abziehen, vorher Schelle öffnen.
- Leitungsstrang für Lambdasonde zweimal aus den Haltern ausclipsen und beiseite legen.

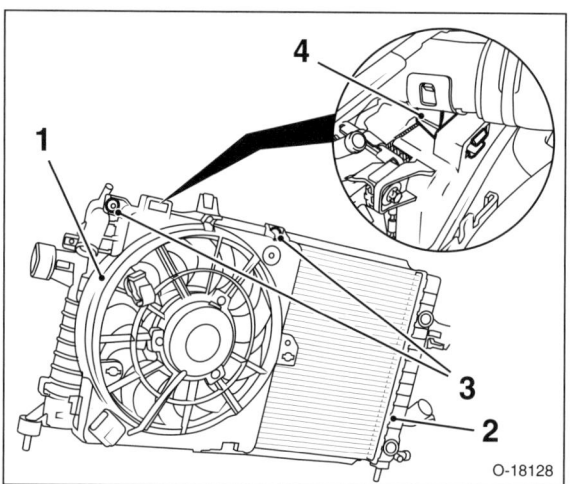

- Lüftergehäuse –1– vom Kühler –2– abschrauben –3– und vom Ladeluftrohr abclipsen –4–.

Motor Z13DTH mit Klimaanlage:

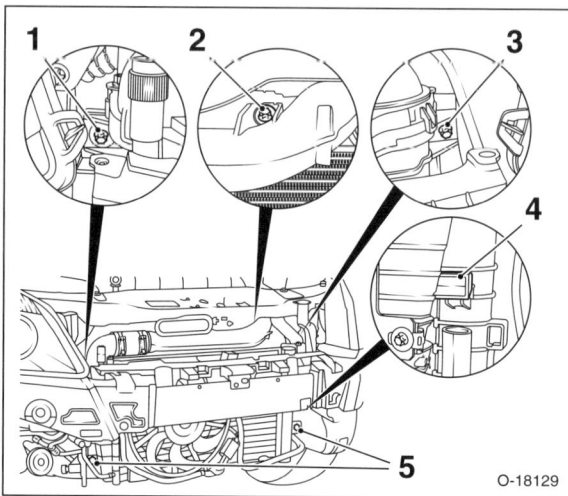

- Verflüssiger mit Draht oben am Frontblech anhängen.
- Verflüssiger mit Zusatzlüfter und Ladeluftkühler vom Kühler abbauen. Dazu 5 Schrauben –1/2/3/5– herausdrehen (Anzugsdrehmoment: **5 Nm**).
- Ladeluftkühler aus dem Halter –4– herausziehen.

Speziell Motor Z17DT(L/H) mit Klimaanlage

- Kühlergrill ausbauen, siehe Seite 252.
- Obere Motorabdeckung ausbauen, siehe Seite 162.
- Ladeluftschlauch vom Ladeluftkühler abziehen, dabei 2 Schellen öffnen und zurückschieben.

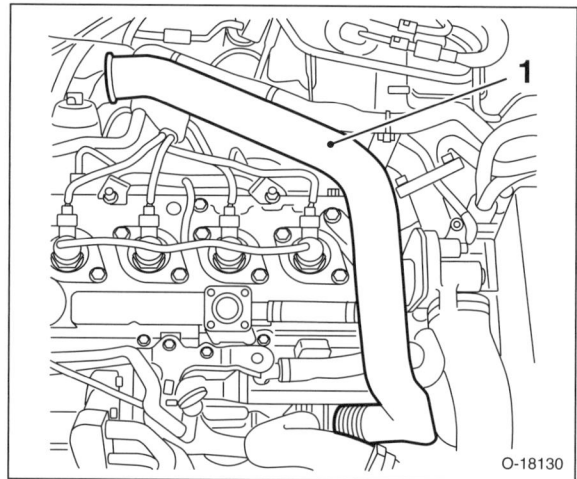

- Luftansaugrohr –1– ausbauen. Dazu Kabelstrang mit 2 Clips ausclipsen. Kraftstoffleitung ausclipsen. Schelle lösen und Motorentlüftungsschlauch abziehen. 2 Schrauben herausdrehen und 2 Schellen für Luftansaugrohr öffnen.
- 2 Kühlmittelschläuche am Lüftergehäuse ausclipsen.
- Untere Motorraumabdeckung ausbauen, siehe Seite 246.

- Mehrfachstecker für Lüftermotor abziehen. Kabelbinder für Kabelstrang durchschneiden, vorher Einbaulage markieren.
- Stoßfängerabdeckung vorn ausbauen, siehe Seite 249.

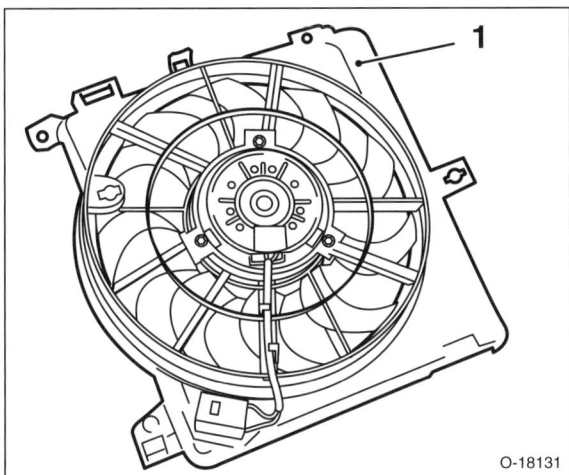

- Lüftergehäuse abschrauben und nach oben vorsichtig herausnehmen. Dazu 2 Schrauben herausdrehen und Lüftergehäuse –1– beim Herausnehmen verdrehen.

Speziell Motor Z19DTH mit Klimaanlage

- Kühlergrill ausbauen, siehe Seite 252.
- Stoßfängerabdeckung ausbauen, siehe Seite 249.
- Untere Motorraumabdeckung ausbauen, siehe Seite 246.
- Mehrfachstecker für Lüftermotor abziehen. Kabelbinder für Kabelstrang durchschneiden, vorher Einbaulage markieren.
- Kältemittelleitung vom Kühler abbauen, dazu Halteclip öffnen. **Achtung: Kältemittelkreislauf nicht öffnen.**
- Kabelstrang für Verdichter vom Kühler abclipsen.
- 2 Unterdruckleitung aus dem Halter am Kühler ausclipsen.
- Batterie ausbauen, siehe Seite 55.
- Steuergerät für Vorglühanlage nach oben aus dem Halter herausziehen. Mehrfachstecker vom Steuergerät abziehen. **Hinweis:** Das Steuergerät sitzt vor der Fahrzeugbatterie unter dem Schlossträger.
- Ladeluftschlauch vom Ladeluftrohr abziehen, dabei Schelle öffnen und zurückschieben.
- Lüftergehäuse abschrauben und Ladeluftrohr ausclipsen.
- Verflüssiger mit Draht oben am Frontblech anhängen.
- Verflüssiger mit Zusatzlüfter und Ladeluftkühler vom Kühler abbauen. Dazu 5 Schrauben –1/2/3/5– herausdrehen (Anzugsdrehmoment: **5 Nm**), siehe Abbildung O-18129.
- 2 Sicherungen für Kühler abnehmen und Kühler herausnehmen.
- Lüftergehäuse herausnehmen.

Kühler aus- und einbauen

Motor Z16XEP ohne Klimaanlage

Hinweise für die anderen Motoren stehen am Ende des Kapitels.

Ausbau

- Batterie abklemmen. **Achtung:** Hinweise im Kapitel »Batterie aus- und einbauen« beachten.
- Kühlflüssigkeit ablassen, siehe entsprechendes Kapitel.
- Mehrfachstecker unten am Kühler abziehen.
- Fahrzeug ablassen.

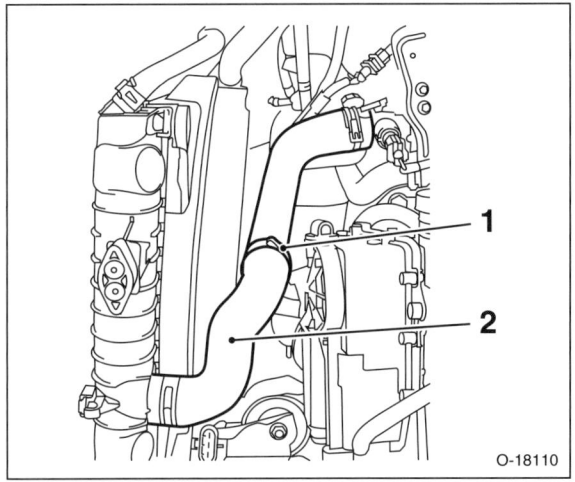

- Federbandschelle für Kühlerschlauch links –2– öffnen und zurückschieben. Schlauch vom Kühler abziehen und aus der Halterung –1– ausclipsen.

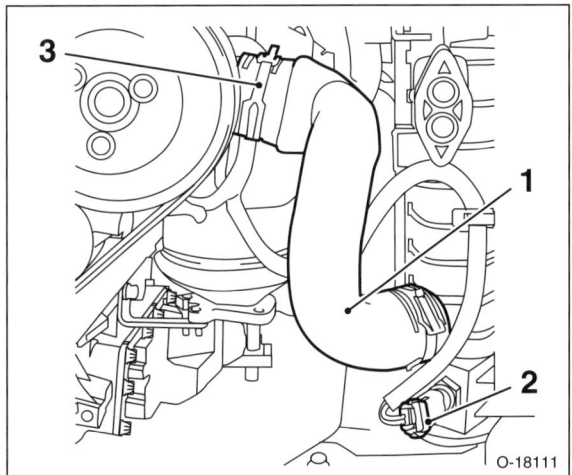

- Kühlerschlauch rechts –1– vom Thermostatgehäuse abziehen, vorher Schelle –3– öffnen und zurückschieben.
- Stecker –2– vom Kühlmittel-Temperaturgeber abziehen.
- Kühlergrill ausbauen, siehe Seite 252.
- Stoßfängerabdeckung ausbauen, siehe Seite 249.

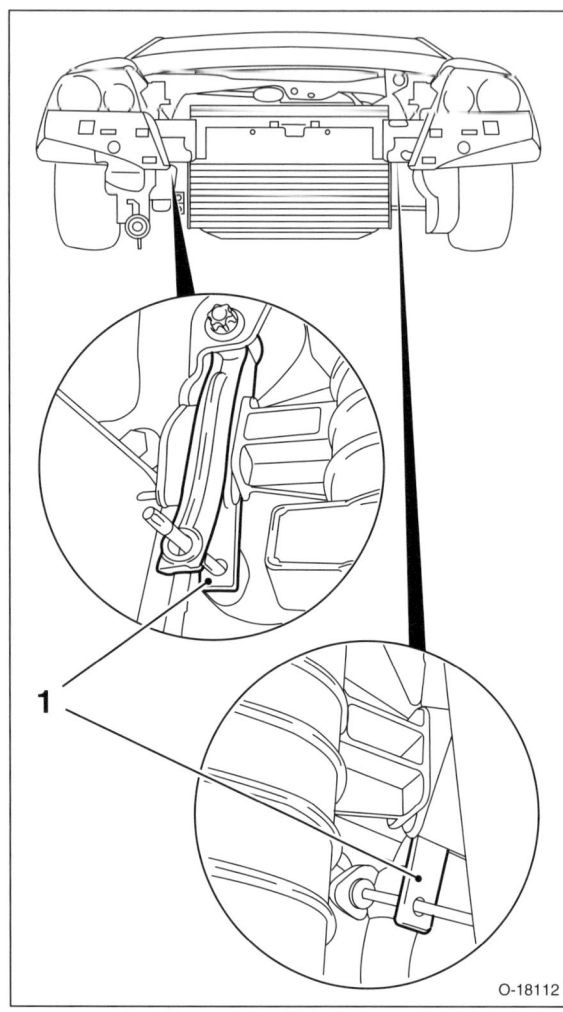

- Kühler mit Hilfswerkzeug oder Draht an den oberen Haltern sichern –1–.

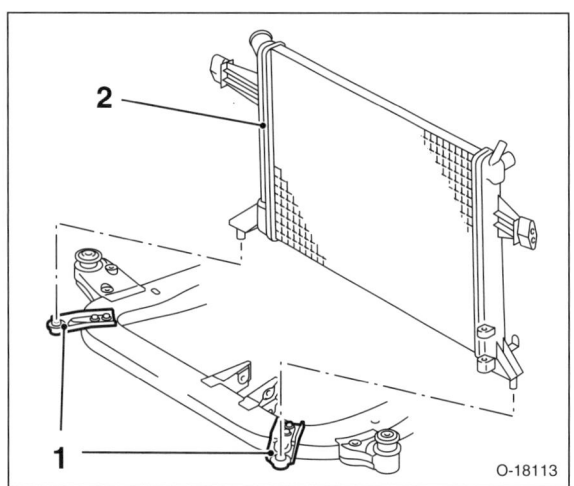

- Einbaulage der unteren Kühlerhalter –1– markieren. 4 Schrauben herausdrehen und Kühlerhalter vom Vorderachsträger abnehmen.

- Kühler –2– mit Lüfter nach hinten herausnehmen, dabei 2 Sicherungen aus dem Halter herausnehmen.
- Falls der Kühler erneuert wird, sämtliche Anbauteile auf neuen Kühler umbauen.

Einbau

- Kühler mit Lüfter nach oben einsetzen, dabei 2 Sicherungen in den Halter einsetzen.
- Untere Kühlerhalter am Vorerachsträger anschrauben, dabei Markierungen für Einbaulage beachten.
- Sicherungen von den oberen Kühlerhalterungen abnehmen.
- Mehrfachstecker unten am Kühler aufstecken.
- Stoßfängerabdeckung einbauen, siehe Seite 249.
- Fahrzeug absenken.
- Kühlergrill einbauen, siehe Seite 252.
- Stecker am Kühlmittel-Temperaturgeber aufstecken.
- Kühlerschläuche am Thermostatgehäuse sowie am Kühler aufschieben und mit Schellen sichern.
- Kühlflüssigkeit auffüllen, siehe entsprechendes Kapitel.
- Batterie anklemmen. **Achtung:** Hinweise im Kapitel »Batterie aus- und einbauen« beachten.

Speziell Motor Z14XEP ohne Klimaanlage

- Kühlmittelschlauch zum Ausgleichbehälter am Kühler abziehen, vorher Schelle öffnen und zurückschieben.

Speziell Motor Z20LE(L/R/H)

Achtung: Die Beschreibung bezieht sich auf die Motoren Z20LEL und Z20LER. Die Ausbauschritte für den Motor Z20LEH weichen etwas davon ab.

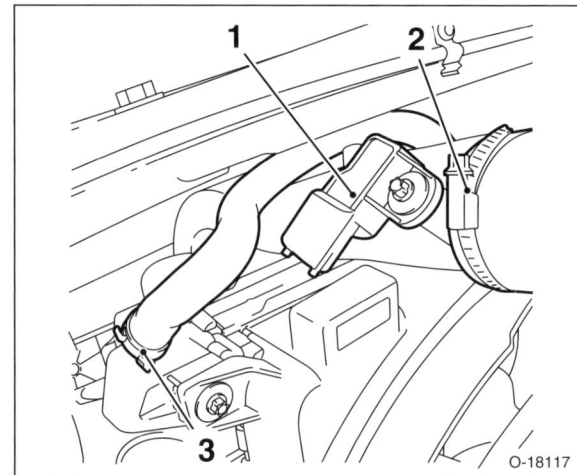

- Ladedrucksensor –1– abschrauben.
- Schelle –2– öffnen und zurückschieben. Ladeluftschlauch vom Ladeluftkühler abziehen.
- Kühlmittelrücklaufschlauch vom Turbolader am Kühler abziehen. Dazu Schelle –3– öffnen, Schlauch abziehen und aus dem Halter ausclipsen.

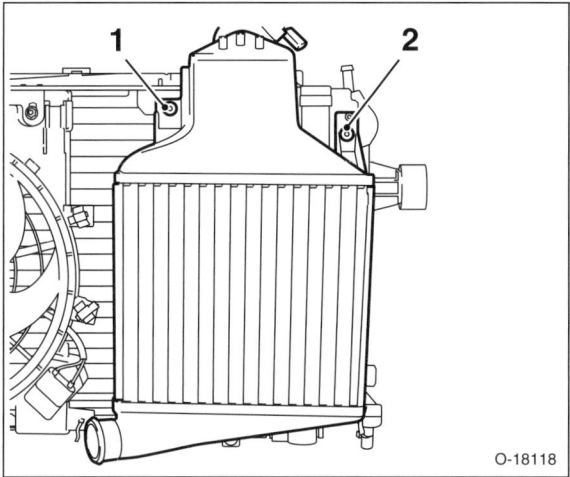

- Ladeluftkühler vom Verflüssiger abbauen. Dazu Schraube –2– und Mutter –1– herausdrehen. Ladeluftkühler in der unteren Halterung nach vorn kippen und herausnehmen. **Hinweis:** Zur besseren Darstellung ist das Kühlmodul in ausgebautem Zustand abgebildet.

- **Motor Z20LEH:** Kühlmittel-Rücklaufschlauch zum Ausgleichbehälter vom Kühler abziehen. Dazu Schelle öffnen und zurückschieben.

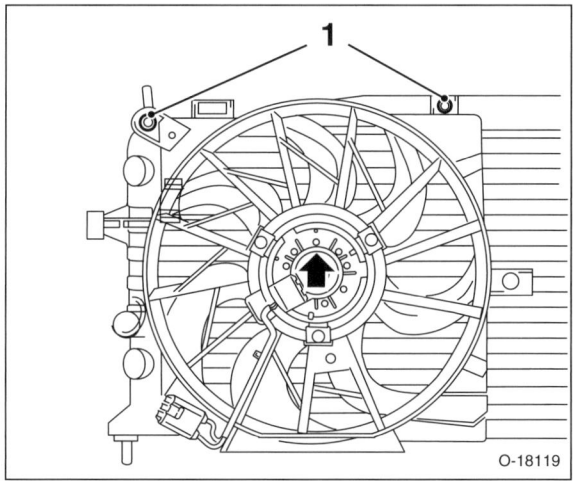

- Lüfter vom Kühler abschrauben –1– und nach oben –Pfeil– aus dem Fahrzeug herausnehmen. **Achtung:** Beim Motor Z20LEH Lüftergehäuse zusätzlich vom Ladeluftkühler abclipsen.

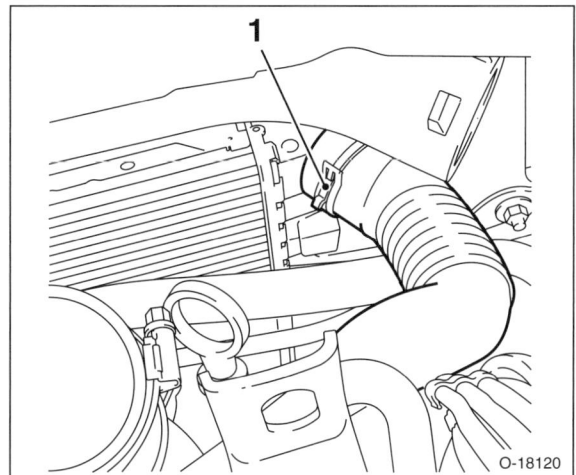

- Schelle –1– öffnen und oberen Kühlerschlauch vom Kühler abziehen.

Sicherheitshinweis
Beim Aufbocken des Fahrzeugs besteht Unfallgefahr! Hinweise im Kapitel »Fahrzeug aufbocken« beachten.

- Fahrzeug aufbocken.
- Kabelstrang für Klimaanlage vom Kühler abbauen. Dazu Einbaulage der Kabelbinder markieren und Kabelbinder durchschneiden.

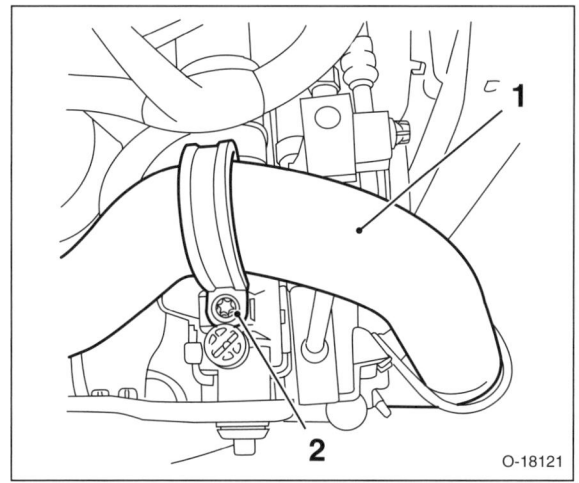

- Ladeluftschlauch –1– vom Kühler abbauen. Dazu Schraube –2– herausdrehen und Halteschelle abnehmen.

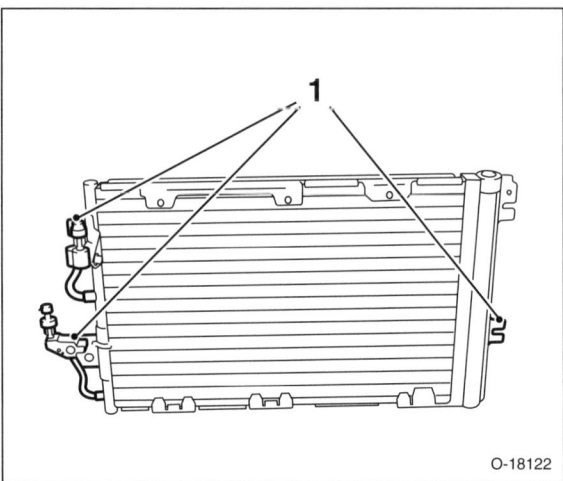

- Verflüssiger vom Kühler abschrauben –1–.
- Verflüssiger zusammen mit Ladeluftkühler mit Draht am Schlossträger anhängen.
- 2 Sicherungen für Kühler aus dem Halter ausbauen und Kühler vorsichtig nach unten herausnehmen.
- Der Einbau erfolgt in umgekehrter Ausbaureihenfolge.

Speziell Motor Z22YH ohne Klimaanlage

- Luftfilter ausbauen, siehe Seite 208.
- Rechte Motor-Transportlasche abschrauben.
- Batterie und Batterieträger ausbauen, siehe Seite 55.
- Kühlmittelschlauch oben vom Zylinderkopf abziehen, vorher Schelle öffnen und zurückschieben.
- Kühlmittelschlauch zum Ausgleichbehälter am Kühler abziehen, vorher Schelle öffnen und zurückschieben.

Speziell Motor Z17DT(L/H)

Der eigentliche Ausbau des Kühlers erfolgt wie beim Motor Z16XEP. Allerdings sind die Vorarbeiten wie beim Ausbau des Lüfters durchzuführen.

Speziell Motor Z19DTH

Siehe dazu die Arbeitsschritte im Kapitel »Lüfter aus- und einbauen«.

Kühlmittelpumpe aus- und einbauen

Motor Z16/Z17

Hinweise für die anderen Motoren stehen am Ende des Kapitels. In den Abbildungen ist der Motor Z16XEP dargestellt.

Ausbau

- Batterie abklemmen. **Achtung:** Hinweise im Kapitel »Batterie aus- und einbauen« beachten.
- Luftfilter ausbauen, siehe Seite 208.

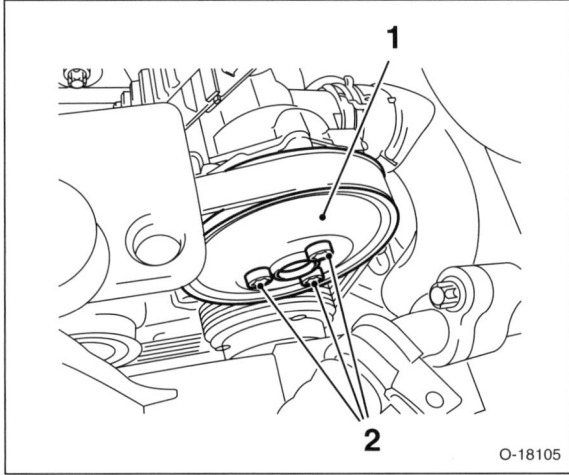

- Schrauben –2– für Kühlmittelpumpen-Riemenscheibe lockern, nicht herausdrehen. Dabei an der Kurbelwellen-Riemenscheibe –1– gegenhalten.
- Keilrippenriemen ausbauen, siehe Seite 177.
- Kühlflüssigkeit ablassen, siehe entsprechendes Kapitel.
- Fahrzeug absenken.
- Kühlmittelpumpen-Riemenscheibe abschrauben und abnehmen.

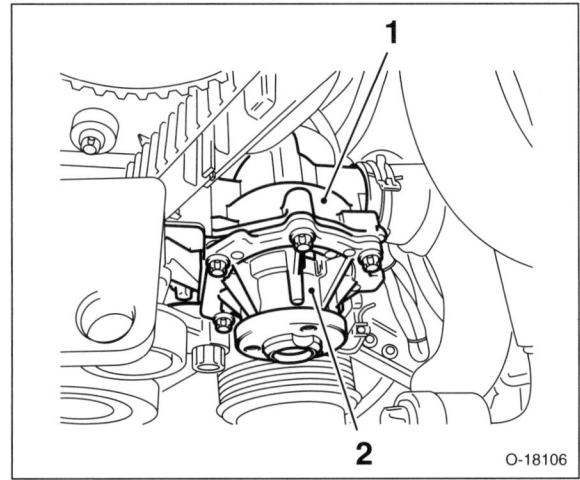

- Kühlmittelpumpe –2– vom Pumpengehäuse –1– abschrauben, dazu 5 Schrauben herausdrehen.
- Kühlmittelpumpe abnehmen.

- Dichtflächen und Gewinde der Schraubenaufnahmen reinigen: 3 Gewinde an der Pumpe für die Schrauben der Riemenscheibe, 5 Gewinde am Gehäuse.

Einbau

- Dichtflächen an Motorblock und Pumpe sorgfältig reinigen.
- **Motor Z16:** Dichtfläche für Kühlmittelpumpe mit einer dünnen Raupe Dichtmittel, zum Beispiel OPEL-90 542 114, bestreichen.
- **Motor Z16:** Kühlmittelpumpe ansetzen und mit **neuen** Torxschrauben M6x25 sowie **8 Nm** wechselweise festziehen.
- **Motor Z17DT(L/R/H):** Kühlmittelpumpe mit **neuer** Dichtung ansetzen. Sechskantschrauben M8x30 einschrauben und mit **24 Nm** wechselweise festziehen.
- Kühlmittelpumpen-Riemenscheibe anschrauben, Schrauben nicht festziehen.
- Keilrippenriemen einbauen, siehe Seite 177.
- Schrauben für Kühlmittelpumpen-Riemenscheibe festziehen, beim **Motor Z16** mit **20 Nm**, beim **Motor Z17DT(L/H)** mit **12 Nm**, beim **Motor Z17DTR** mit **16 Nm**.
- Luftfilter einbauen, siehe Seite 208.
- Batterie anklemmen. **Achtung:** Hinweise im Kapitel »Batterie aus- und einbauen« beachten.

Speziell Motor Z14XEP

Hinweis: Zum Ausbau der Kühlmittelpumpe muss der Motor abgefangen und das rechte Motorlager ausgebaut werden.

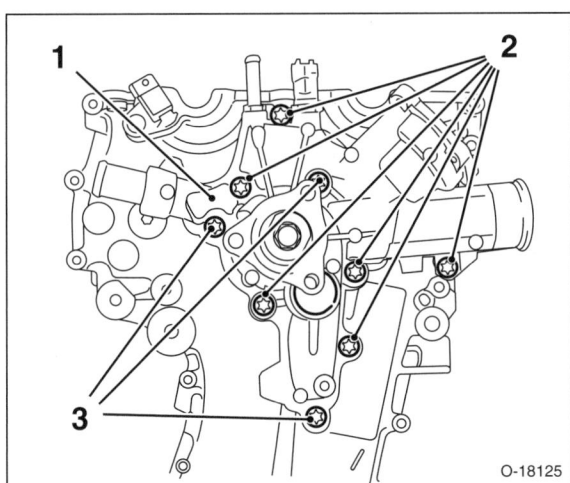

- Kühlmittelpumpe –1– vom Steuergehäuse abschrauben. Dazu 9 Schrauben –2/3– herausdrehen.

Achtung: Beim Abnehmen der Kühlmittelpumpe auf den Sitz der Führungshülsen achten. Beim Einbau muss der korrekte Sitz der Führungshülsen sichergestellt sein.

- Kühlmittelpumpe mit neuer Dichtung ansetzen und Befestigungsschrauben entsprechend ihrer Länge einschrauben. 2 = lange Schrauben, 3 = kurze Schrauben.
- Schrauben für Kühlmittelpumpe wechselweise mit **8 Nm** festziehen.

Anzugsdrehmomente:
Riemenscheibe . . . . **20 Nm**
Haltebock Motorlager an Steuergehäuse/Motorblock **50 Nm**
Motorlager an Karosserie . . . . **35 Nm**
Motorlager an Haltebock . . . . **55 Nm**

Motor Z18XE/Z20LE(L/R/H)

Ausbau

- Kühlflüssigkeit ablassen, siehe entsprechendes Kapitel.
- Zahnriemen und Zahnriemen-Spannrolle ausbauen (Werkstattarbeit).

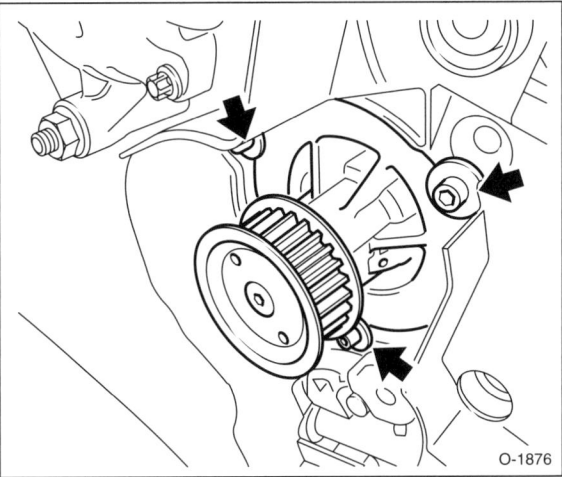

- 3 Schrauben –Pfeile– herausdrehen und Kühlmittelpumpe herausnehmen.

Einbau

- Dichtflächen an Pumpe und Motorblock reinigen.
- Um ein Festrosten der Kühlmittelpumpe zu vermeiden, sowohl Dichtfläche am Motorblock als auch Dichtring im Kühlmittelpumpengehäuse leicht mit Silikonfett bestreichen, zum Beispiel OPEL 19 70 206 (weiß).

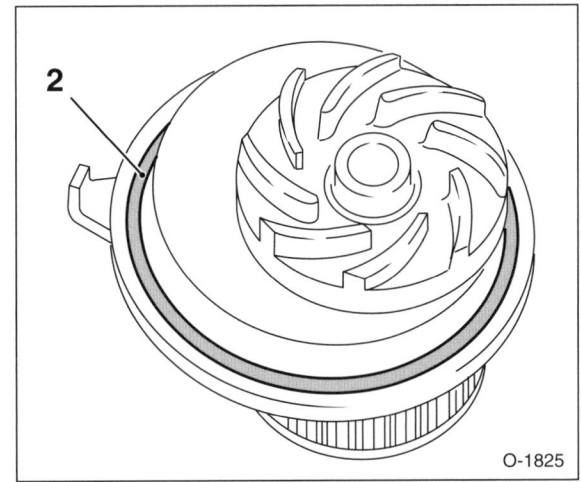

- Kühlmittelpumpe mit **neuem** Dichtring –2– einsetzen.

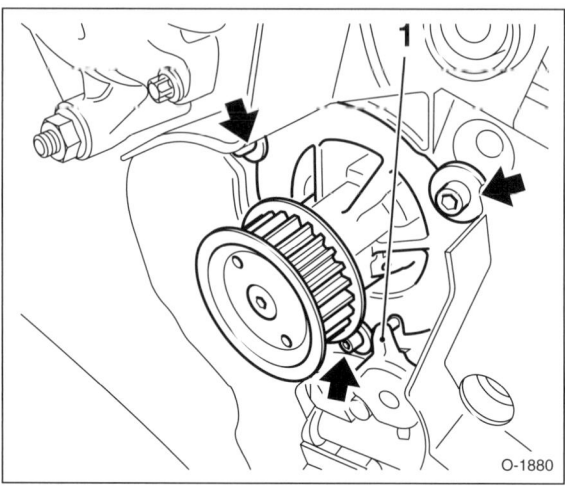

- Kühlmittelpumpe so einsetzen, dass der Anguss –1– der Ölpumpe in die Nut der Kühlmittelpumpe eingreift.
- Kühlmittelpumpe festziehen. **Anzugsdrehmoment:**
  1,8-l-Motor Z18XE: . . . . **8 Nm**
  2,0-l-Motor Z20LE(L/R/H): . . . . **25 Nm**
- Zahnriemen und Zahnriemen-Spannrolle einbauen (Werkstattarbeit).
- Kühlflüssigkeit auffüllen, siehe entsprechendes Kapitel.

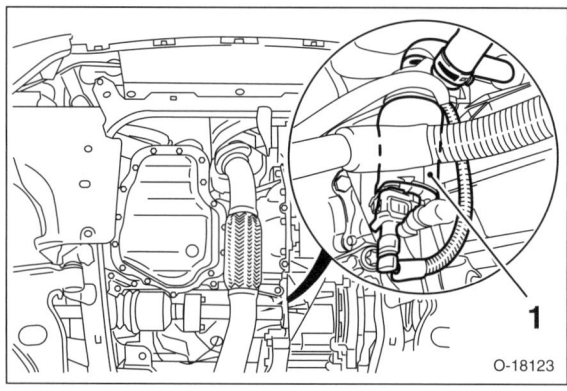

Hinweis: Der 2,0-l-Turbomotor Z20LEL/LER besitzt eine elektrische Zusatz-Kühlmittelpumpe –1–.

Speziell Motor Z13DTH

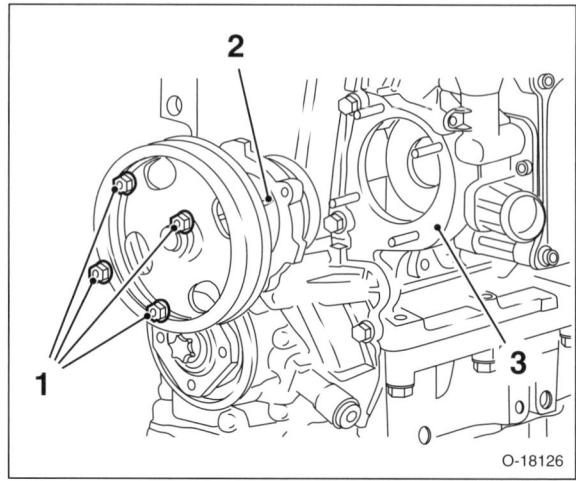

- 4 Muttern –1– abschrauben und Kühlmittelpumpe –2– am Motorblock –3– herausnehmen.
- Kühlmittelpumpe mit neuer Dichtung ansetzen und über Kreuz mit **9 Nm** festziehen.

Speziell Motor Z19DTH

- Zahnriemen und Zahnriemen-Spannrolle ausbauen (Werkstattarbeit).

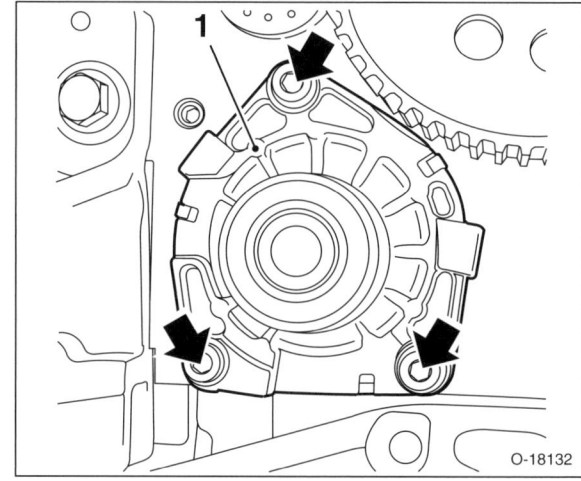

- Kühlmittelpumpe –1– abschrauben –Pfeile– und herausnehmen.
- Kühlmittelpumpe mit **neuen** Schrauben und **25 Nm** festziehen.

Störungsdiagnose Motor-Kühlung

Störung: Die Kühlmitteltemperatur ist zu hoch, Anzeige steht im Warnfeld.

Ursache	Abhilfe
Zu wenig Kühlflüssigkeit im Kreislauf.	■ Ausgleichbehälter muss bis zur Markierung »KALT/COLD« voll sein. Gegebenenfalls Kühlmittel nachfüllen. Kühlsystem auf Dichtheit prüfen.
Kühlmittelregler (Thermostat) öffnet nicht, Kühlflüssigkeit zirkuliert nur im kleinen Kreislauf.	■ Prüfen, ob der obere Kühlmittelschlauch am Kühler warm wird. Wenn nicht, Regler ausbauen und prüfen, gegebenenfalls Regler ersetzen (Werkstattarbeit).
Kühlerlamellen verschmutzt.	■ Kühler von der Motorseite her mit Pressluft durchblasen.
Kühler innen durch Kalkablagerungen oder Rost zugesetzt. Kühler wird nur im oberen Teil warm, unterer Kühlmittelschlauch vom Kühler wird nicht warm.	■ Kühler erneuern.
Elektrolüfter läuft nicht.	■ Stecker am Lüftermotor auf festen Sitz und guten Kontakt prüfen. **Achtung:** Verletzungsgefahr durch drehenden Lüfter!
Kühlmitteltemperaturanzeige defekt.	■ Geber überprüfen. Kombiinstrument prüfen lassen.
Kühlmittelpumpe defekt.	■ Kühlmittelpumpe ausbauen und überprüfen.
Spannung für Keilrippenriemen zu gering oder Keilrippenriemen gerissen (nur Z16XEP/Z/13DTH/Z17DT(L/H)).	■ Spannung für Keilrippenriemen beziehungsweise Spannrolle prüfen, gegebenenfalls Keilrippenriemen ersetzen.

Motor-Management

Aus dem Inhalt:

- Benzineinspritzanlage
- Kraftstoffanlage
- Dieseleinspritzanlage
- Luftfilter ersetzen
- Diesel-Vorglühanlage

Im Kapitel »Motor-Management« sind die Themen »Benzin-Einspritzanlage«, »Zündanlage« und »Diesel-Einspritzanlage« zusammengefasst.

Benzin-Einspritz- und Zündanlage

Das elektronische Motor-Management regelt die Kraftstoffzuteilung und das Zündsystem. Die Vorteile des elektronischen Motormanagements:

- Genau dosierte Kraftstoffmenge in jedem Betriebszustand des Motors, dadurch geringer Verbrauch bei guten Fahrleistungen.
- Reduzierung der Abgas-Schadstoffe durch exakte Kraftstoffzumessung und den Einsatz eines geregelten Katalysators.
- Die Eigendiagnose des Motor-Managements ermöglicht ein schnelleres Auffinden von Defekten. Das System ist mit einem Fehlerspeicher ausgestattet. Treten während des Betriebs Defekte auf, werden diese im Speicher abgelegt. Sollte der Motor nicht einwandfrei arbeiten, kann die Fachwerkstatt gegen Kostenerstattung eine Fehlerliste ausdrucken, damit gegebenenfalls der Defekt dann selbst behoben werden kann.

Das Steuergerät entspricht einem kleinen, sehr schnell arbeitenden Computer. Es bestimmt den optimalen Zündzeitpunkt, den Einspritzzeitpunkt und die Kraftstoff-Einspritzmenge. Dabei erfolgt eine Abstimmung des Steuergeräts mit anderen Fahrzeugsystemen, beispielsweise der Getriebesteuerung oder der Wegfahrsperre.

Die Bauteile des Zünd- und Einspritzsystems sind langzeitstabil und praktisch wartungsfrei. Nur der Luftfiltereinsatz sowie die Zündkerzen müssen im Rahmen der Wartung gewechselt werden. Wesentliche Einstell- und Reparaturarbeiten können nur mit Hilfe von teuren Prüfgeräten durchgeführt werden, so dass diese Arbeiten nur noch von entsprechend ausgerüsteten Fachwerkstätten ausgeführt werden können.

Sicherheitsmaßnahmen bei Arbeiten am Benzin-Einspritzsystem

- **Kein offenes Feuer, nicht rauchen, keine glühenden oder sehr heißen Teile in die Nähe des Arbeitsplatzes bringen. Unfallgefahr! Feuerlöscher bereitstellen.**
- **Unbedingt für gute Belüftung des Arbeitsplatzes sorgen. Kraftstoffdämpfe sind giftig.**
- **Das Kraftstoffsystem steht unter Druck!** Bevor Schlauchverbindungen gelöst werden, Kraftstoffdruck abbauen. **Achtung: Beim Direkteinspritz-Motor Z22YH wird dabei nur der Druck im Niederdruckteil (bis ca. 4,2 bar) abgebaut. Zum Druckabbau im Hochdruckteil (bis ca. 110 bar) werden spezielle Werkstattgeräte benötigt.** Der Hochdruckteil reicht von der hinten am Zylinderkopf angeflanschten Hochdruckpumpe bis zu den Einspritzventilen.
- **Beim Trennen der Schlauchverbindungen sicherheitshalber einen dicken Putzlappen um die Verbindungsstelle legen.**

Achtung: Bei Arbeiten am Einspritzteil des Systems sind auch die allgemeinen Sicherheits- und Sauberkeitsregeln zu beachten, siehe Kapitel »Kraftstoffanlage«.

Diesel-Einspritzanlage

Die Dieseleinspritzung wird vollelektronisch durch das Motor-Management geregelt. Die Vorteile sind:

- Die Eigendiagnose des Motor-Managements ermöglicht ein schnelleres Auffinden von Defekten.
- Genau dosierte Kraftstoffmenge. Dadurch Reduzierung der Abgas-Schadstoffe und geringer Verbrauch.
- Das Einstellen von Leerlaufdrehzahl und Abregeldrehzahl ist nicht erforderlich.

Die Bauteile des Motor-Managements sind langzeitstabil und praktisch wartungsfrei. Nur der Motor-Luftfiltereinsatz und der Kraftstofffilter müssen im Rahmen der Wartung gewechselt werden.

Benzin-Einspritzanlage

Einspritzventile aus- und einbauen

Z16XEP

Ausbau

Hinweis: Der Ausbau für die anderen Benzinmotoren ist im Prinzip gleich, lediglich die Zusatzarbeiten sind unterschiedlich. Dies gilt nicht für den Benzin-Direkteinspritzer Z22YH.

- Batterie abklemmen. **Achtung:** Hinweise im Kapitel »Batterie aus- und einbauen« beachten.
- Luftfilter ausbauen, siehe Seite 208.
- Kraftstoffdruck abbauen, siehe Seite 203.

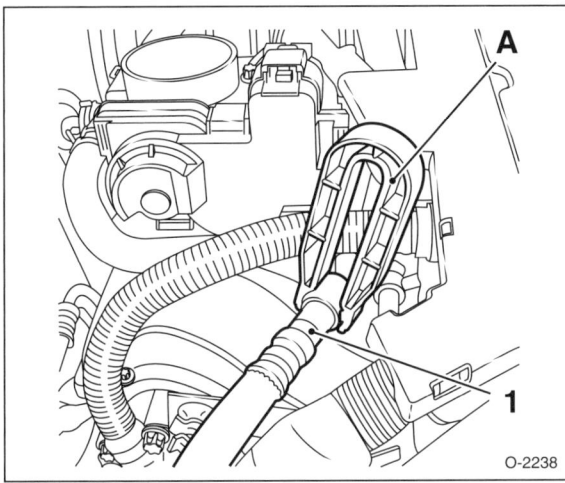

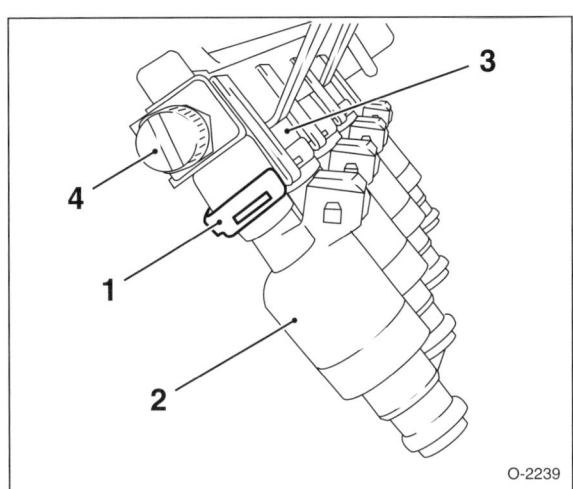

- Kraftstoffleitung –1– am Kraftstoffverteilerrohr abziehen, dabei Verbindung mit Spezialzange zum Beispiel HAZET 4501-1 –A–, entriegeln. Lappen um die Anschlüsse legen, um herauslaufenden Kraftstoff aufzufangen. Kraftstoffleitung mit Stopfen verschließen und zur Seite legen.
- 2 Stecker vom Motor-Steuergerät entriegeln und abziehen.
- Mehrfachstecker vom Drosselklappenmodul abziehen.
- Massekabel vom Motor-Steuergerät abschrauben.
- Motor-Steuergerät vom Einlasskrümmer abschrauben.
- Stecker vom Saugrohr-Druckfühler abziehen.
- Motorkabelstrang an 2 Stellen ausclipsen und zur Seite legen.
- 4 Stecker von den Einspritzventilen abziehen.
- 2 Schrauben für Kraftstoffverteilerrohr herausdrehen und Kraftstoffverteilerrohr mit Einspritzventilen abnehmen.

- Sicherungsklammer –1– herausziehen und Einspritzventil –2– aus dem Kraftstoffverteilerrohr –3– herausziehen. Restliche 3 Einspritzventile auf die gleiche Weise ausbauen. 4 – Abdeckkappe für Kraftstoffdruck-Prüfanschluss.

Einbau

- Dichtringe für Einspritzventile erneuern und mit Silikonfett (weiß) bestreichen.

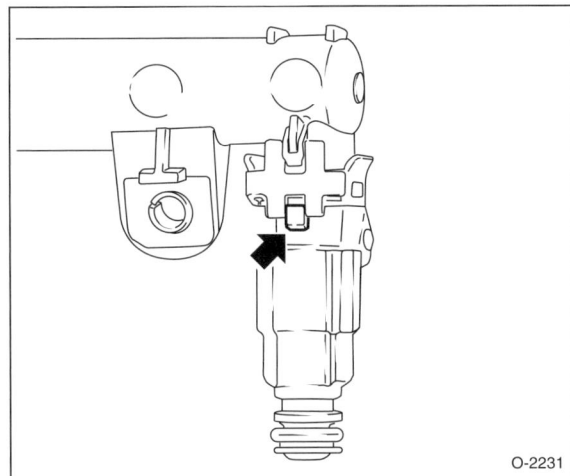

- Einspritzventile am Kraftstoffverteilerrohr einsetzen. Dabei Sicherungsklammer so einsetzen, dass die Nut in der Sicherungsklammer und die Nase am Einspritzventil ineinander greifen –Pfeil–.
- Kraftstoffverteilerrohr mit **8 Nm** anschrauben.
- Der weitere Einbau erfolgt in umgekehrter Ausbaureihenfolge. Motor-Steuergerät sowie Masseleitung mit **8 Nm** anschrauben.

Motorsensoren und -module in der Übersicht

1,8-l-Motor Z18XE

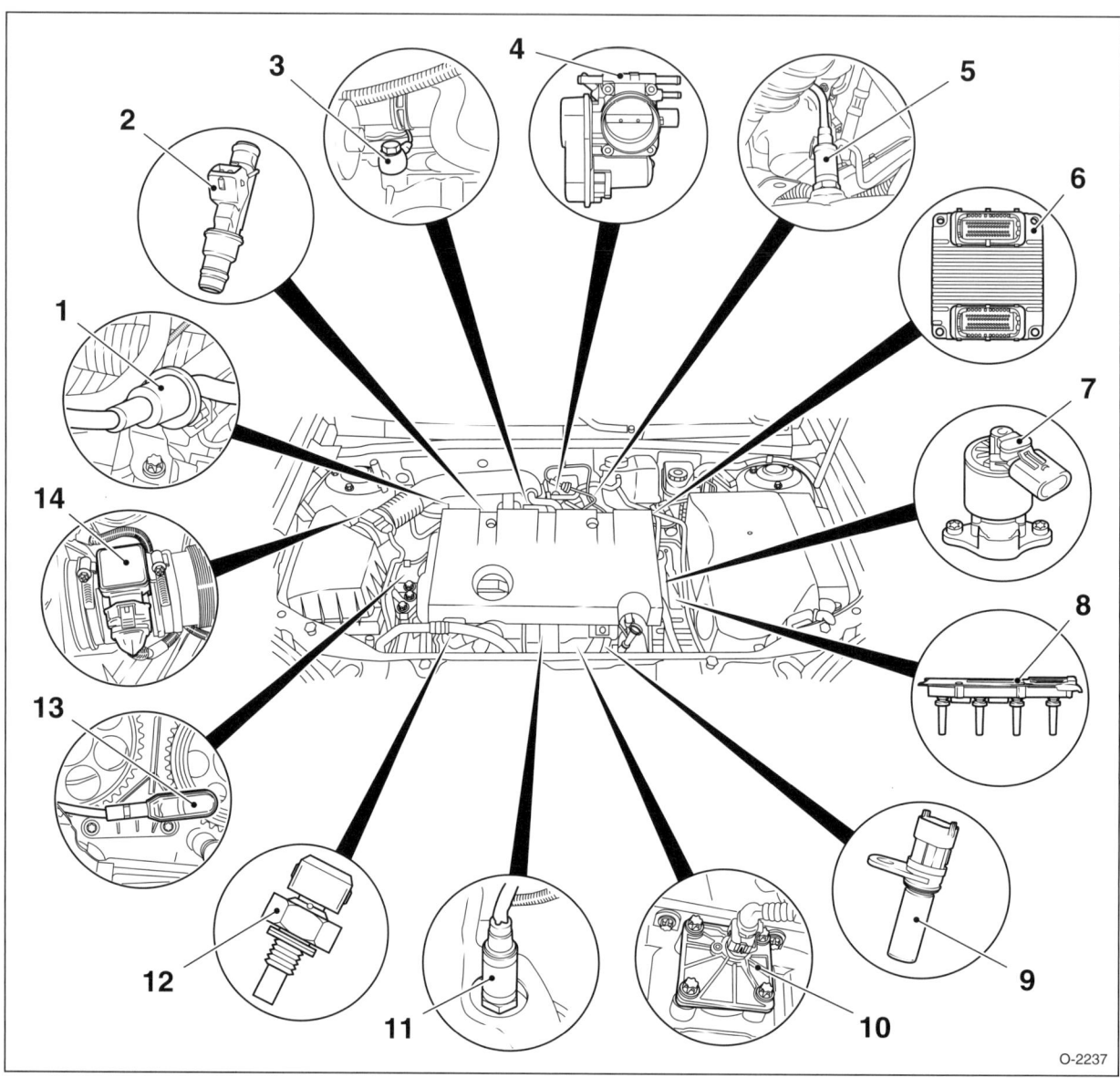

1 – **Tankentlüftungsventil**

2 – **Einspritzventil**

3 – **Klopfsensor**

4 – **Drosselklappenmodul**
Im Drosselklappenmodul befinden sich das Drosselklappen-Stellglied und das Drosselklappen-Potentiometer.
Als Stellglied fungiert ein elektrischer Schrittmotor, der die Stellung der Drosselklappe reguliert. Dadurch wird eine gleich bleibende Leerlaufdrehzahl erreicht, unabhängig davon, ob gerade Zusatzverbraucher eingeschaltet sind.
Das Drosselklappen-Potentiometer übermittelt an das Steuergerät die momentane Winkelstellung der Drosselklappe.

5 – **Lambdasonde 2**
Sitzt im vorderen Abgasrohr und dient zur Katalysatorkontrolle.

6 – **Motor-Steuergerät**

7 – **Abgasrückführventil**

8 – **DIS-Zündmodul**
Das Zündmodul mit den integrierten Zündkerzensteckern sitzt direkt über den Zündkerzen. Es beinhaltet für jeden Zylinder eine Zündspule und eine Zündungsendstufe, Zündkabel sind nicht vorhanden. DIS = Direct Ignition System = Direktzündung.

9 – **Kurbelwellensensor**

10 – **Sensor für dynamische Ölstandskontrolle**

11 – **Lambdasonde 1**
Sitzt vor dem Katalysator und dient zur Gemischregelung für den Katalysator.

12 – **Kühlmitteltemperatur-Sensor**

13 – **Nockenwellensensor**
Der Nockenwellensensor übermittelt dem Steuergerät die Zünd-OT-Stellung für Zylinder 1. Dies dient zur Synchronisation von Zündzeitpunkt und Einspritzreihenfolge.

14 – **Heißfilm-Luftmassenmesser**
Der Luftmassenmesser misst die angesaugte Luftmasse.
Im Gehäuse des Luftmassenmessers befindet sich eine dünne, elektrisch beheizte Sensorplatte, die durch die vorbeistreichende Ansaugluft abgekühlt wird. Eine Steuerelektronik regelt den Heizstrom so, dass die Temperatur der Platte konstant bleibt. Anhand der Schwankungen des Heizstromes erkennt das Motor-Steuergerät den Lastzustand des Motors und regelt dementsprechend die Kraftstoff-Einspritzmenge.

Twinport-System

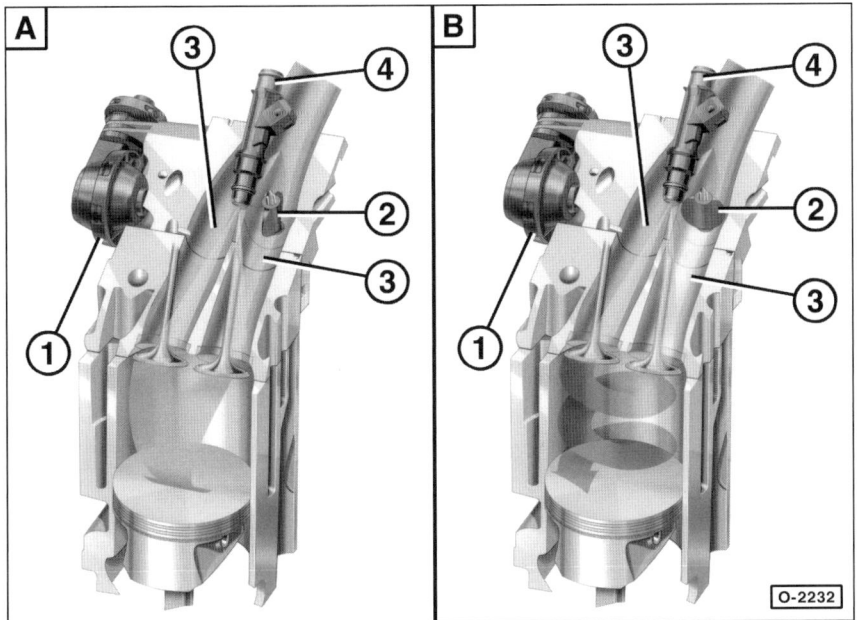

Motor Z14XEP

Beim Motor mit **Twinport-System** wird durch Kanalabschaltung der Kraftstoffverbrauch reduziert. Dabei öffnet oder schließt das Motor-Steuergerät je nach Bedarf die zusätzlichen Steuerklappen –2– in den zweigeteilten Einlasskanälen –3– des Ansaugkrümmers. Angesteuert werden die Steuerklappen über eine Unterdruckdose –1– und eine gemeinsame Betätigungsstange.

A – Twinport-Steuerklappe –2– geöffnet.
  Zum Beispiel bei Volllast.

B – Twinport-Steuerklappe –2– geschlossen
  Zum Beispiel bei Leerlaufdrehzahl und stehendem Fahrzeug.

4 – Einspritzventil

Störungsdiagnose Benzin-Einspritzanlage

Störungen in der Steuerelektronik lassen sich nur noch mit speziellen Messgeräten herausfinden. Bevor anhand der Störungsdiagnose ein Fehler aufgespürt wird, müssen folgende Prüfvoraussetzungen erfüllt sein: Bedienungsfehler beim Starten ausgeschlossen. Korrekter Startvorgang, siehe Seite 180.

Kraftstoff im Tank, Motor mechanisch in Ordnung, Batterie geladen, Anlasser dreht mit ausreichender Drehzahl, Zündanlage ist in Ordnung, keine Undichtigkeiten an der Kraftstoffanlage, Verschmutzungen im Kraftstoffsystem ausgeschlossen, Kurbelgehäuse-Entlüftung in Ordnung, elektrische Masseverbindungen »Motor-Getriebe-Aufbau« vorhanden. Fehlerspeicher abfragen (Werkstattarbeit). **Achtung:** Wenn Kraftstoffleitungen gelöst werden, vorher unbedingt Kraftstoffdruck abbauen.

Störung	Ursache	Abhilfe
Motor springt nicht an.	Elektro-Kraftstoffpumpe läuft beim Betätigen des Anlassers nicht an. Es sind keine Laufgeräusche hörbar.	■ Prüfen, ob Spannung an der Pumpe anliegt. Elektrische Kontakte auf gute Leitfähigkeit überprüfen.
	Sicherung für Kraftstoffpumpe defekt.	■ Sicherung überprüfen.
	Kraftstoffpumpen-Relais defekt.	■ Relais überprüfen.
	Einspritzventile erhalten keine Spannung.	■ Stecker von den Einspritzventilen abziehen, Diodenprüflampe an Zuleitung anschließen und Anlasser betätigen. Prüflampe muss flackern.
Der kalte Motor springt schlecht an, läuft unrund.	Geber für Kühlmitteltemperatur defekt.	■ Temperaturfühler und Stecker prüfen. Ggf. Geber und Stecker mit Goldkontakten einbauen.
Der Motor hat Übergangsstörungen.	Luftansaugsystem undicht.	■ Ansaugsystem prüfen. Dazu Motor im Leerlauf drehen lassen und Dichtstellen sowie Anschlüsse im Ansaugtrakt mit Benzin bestreichen. Wenn sich die Drehzahl kurzfristig erhöht, undichte Stelle beseitigen. **Achtung:** Benzindämpfe sind giftig, nicht einatmen!
	Kraftstoffsystem undicht.	■ Sichtprüfung an allen Verbindungsstellen im Bereich des Motors und der elektrischen Kraftstoffpumpe.

Diesel-Einspritzanlage

Diesel-Einspritzverfahren

Beim Dieselmotor wird reine Luft in die Zylinder angesaugt und dort sehr hoch verdichtet. Dadurch steigt die Temperatur in den Zylindern über die Zündtemperatur des Dieselöls an. Wenn der Kolben kurz vor dem Oberen Totpunkt steht, wird in die hoch verdichtete und etwa +600° C heiße Luft Dieselöl eingespritzt. Das Dieselöl zündet von selbst, Zündkerzen sind also nicht erforderlich.

Bei sehr kaltem Motor kann es vorkommen, dass allein durch die Verdichtung die Zündtemperatur nicht erreicht wird. In diesem Fall muss vorgeglüht werden. Dazu befindet sich in jedem Brennraum eine Glühkerze, die den Brennraum aufheizt. Die Dauer des Vorglühens ist abhängig von der Umgebungstemperatur und wird durch das Motor-Steuergerät über ein Vorglührelais gesteuert.

Für die Einspritzung beim Dieselmotor gibt es 3 unterschiedliche Verfahren: Die Wirbel- und Vorkammereinspritzung sowie die Direkteinspritzung.

Bei der **Wirbel- und Vorkammereinspritzung** wird der Kraftstoff in die Vorkammer des betreffenden Zylinders eingespritzt. Das Gemisch entzündet sich sofort. Die Sauerstoffmenge, die in der Vorkammer vorhanden ist, reicht aber nur zur Verbrennung eines Teils des eingespritzten Kraftstoffs. Der übrige, unverbrannte Teil wird durch den bei der Verbrennung entstandenen Überdruck in den Verbrennungsraum geblasen. Dort verbrennt der Kraftstoff vollständig.

Die **Direkteinspritzung** spritzt den Kraftstoff direkt in den Brennraum ein, und zwar in die Brennmulde im Kolben.

Direkteinspritzung im ASTRA/ZAFIRA

Die Diesel-Direkteinspritzung erfolgt durch ein **Common-Rail-System**. Dabei liegt der maximale Einspritzdruck beim 1,7-l-Motor bei etwa 1400 bar, bei den anderen Motoren bei etwa 1600 bar. Der Kraftstoff wird dadurch besonders fein zerstäubt und seine Energie kann besser genutzt werden. Der Kraftstoff wird durch eine elektrische Kraftstoffpumpe aus dem Tank zur Hochdruckpumpe gefördert. Diese baut bereits bei niedrigen Motordrehzahlen einen sehr hohen Druck auf. Von der Hochdruckpumpe führt eine gemeinsame Kraftstoffleitung (Common Rail) zu den Einspritzventilen der einzelnen Zylinder. Die gemeinsame Kraftstoffleitung dient als Druckspeicher und verteilt den Kraftstoff mit konstantem Druck an die Einspritzventile. Die erforderliche Kraftstoff-Einspritzmenge wird vom Motor-Steuergerät über die elektromagnetischen Einspritzventile den einzelnen Zylindern exakt zugeteilt.

Alle Dieselmotoren

Bevor der Kraftstoff in die Einspritz-/Hochdruckpumpe gelangt, wird er im Kraftstofffilter von Verunreinigungen und Wasser befreit. Daher ist es äußerst wichtig, den Kraftstofffilter im Rahmen der Wartung regelmäßig zu entwässern und auszuwechseln.

Die Einspritz-/Hochdruckpumpe ist wartungsfrei. Alle beweglichen Teile werden mit Dieselöl geschmiert. Angetrieben wird die Hochdruckpumpe durch die Kurbelwelle über den Zahnriemen der Motorsteuerung.

Achtung: Bei Arbeiten an der Kraftstoffanlage Sicherheits- und Sauberkeitsregeln befolgen, siehe Seite 203.

Diesel-Partikelfilter beim 1,9-l-Dieselmotor

Der Partikelfilter hält die Rußanteile im Abgas zurück. Dabei setzt sich der Filter im Laufe der Zeit mit Rußpartikeln zu. Zur Kontrolle misst ein Differenzdrucksensor den Abgasdruck vor und nach dem Filter. Anhand des Differenzdruckes erkennt das Motor-Steuergerät den Verschmutzungsgrad des Filters und leitet bei Bedarf automatisch eine Regenerierung (Reinigung) des Filters ein. Dabei wird während der Fahrt durch Veränderung der Einspritzmenge die Temperatur im Partikelfilter auf ca. +600° C erhöht und dadurch die angelagerten Rußpartikel abgebrannt. Dieser Vorgang kann bis zu 15 Minuten dauern und wird vom Fahrer normalerweise nicht wahrgenommen.

Glühkerzen aus- und einbauen

Die Glühkerze besteht im Wesentlichen aus einem Gehäuse mit eingepresstem Heizstab.

Hinweis: Aufgrund der guten Kaltstarteigenschaften des Diesel-Direkteinspritzmotors ist ein Vorglühen überwiegend erst bei Temperaturen unter ca. 0° C erforderlich.

Die Beschreibung bezieht sich auf den Motor Z19DTH, Hinweise für die anderen Motoren am Ende des Kapitels beachten.

Ausbau

- Batterie abklemmen. **Achtung:** Hinweise im Kapitel »Batterie aus- und einbauen« beachten.
- Obere Motorabdeckung ausbauen, siehe Seite 162.

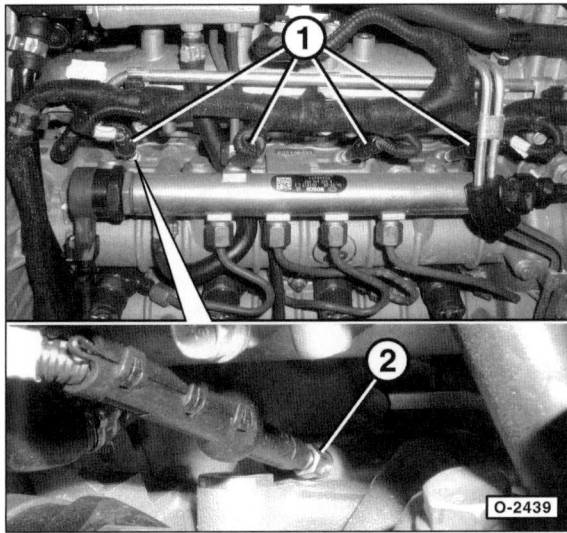

- Glühkerzenstecker –1– von den Glühkerzen abziehen.
- Glühkerzen –2– herausschrauben.

Einbau

- Glühkerzen einschrauben und mit folgendem Anzugsdrehmoment festziehen:
  Z13DTH . . . . 10 Nm
  Z17DT(L/H) . . . . 17,5 Nm
  Z19DTH . . . . 8 Nm
- Glühkerzenstecker an den Glühkerzen aufstecken.
- Obere Motorabdeckung einbauen, siehe Seite 162.
- Batterie anklemmen. **Achtung:** Hinweise im Kapitel »Batterie aus- und einbauen« beachten.

Speziell Motor Z13DTH

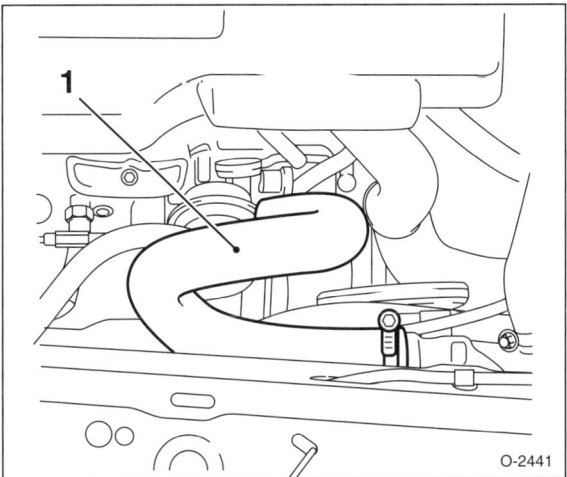

- Ladeluftschlauch vom Turbolader am Ladeluftrohr –1– abziehen, dazu 2 Schellen öffnen und zurückschieben.

Speziell Motor Z17DT(L/H)

- Luftansaugrohr –1– ausbauen, siehe Abbildung O-18130 auf Seite 188.

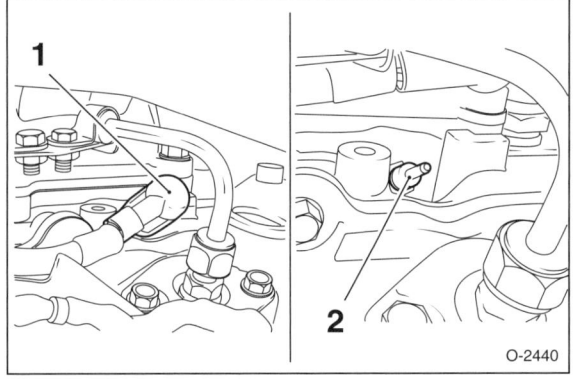

- Stecker –1– abziehen und Glühkerze –2– herausschrauben.

Common-Rail-Einspritzsystem

Motor Z13DTH/Z19DT(H)

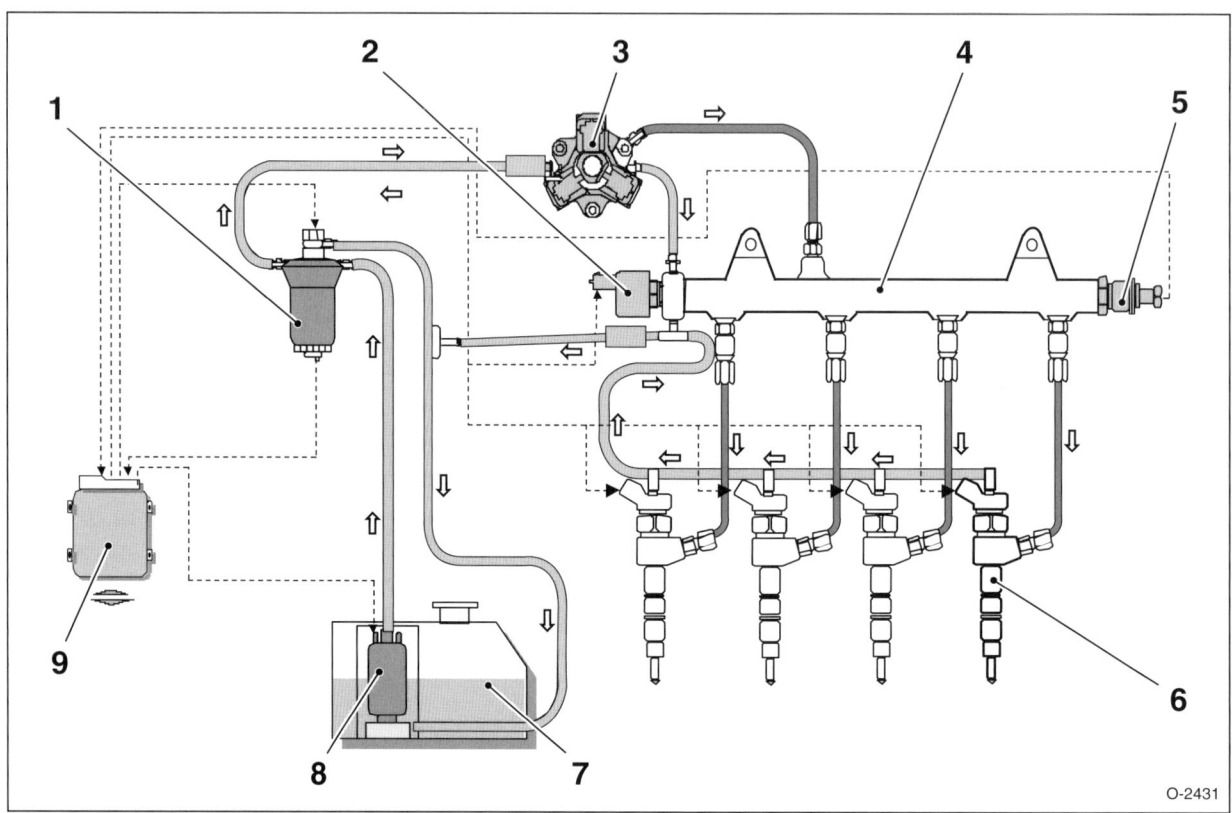

1 – Kraftstofffilter
2 – Druckregler
3 – Hochdruckpumpe
4 – Kraftstoffverteilerrohr (Common-Rail)
5 – Drucksensor
6 – Injektor (Einspritzventil)
7 – Kraftstoffvorratsbehälter (Tank)
8 – Elektrische Kraftstoffpumpe
9 – Motor-Steuergerät

Kraftstoffanlage

Zur Kraftstoffanlage zählen der Kraftstoffvorratsbehälter (Kraftstofftank), die Kraftstoffpumpe und die Kraftstoffleitungen sowie Kraftstoff- und Luftfilter. Hinweise zum Diesel-Kraftstofffilter befinden sich im Kapitel »Wartungsarbeiten«. Beim Benzinmotor befindet sich der Kraftstofffilter in der Kraftstoff-Fördereinheit im Tank.

Der Kraftstoffvorratsbehälter hat einen Inhalt von ca. 52 Litern und ist vor der Hinterachse angeordnet. Der jeweilige Kraftstoffvorrat wird dem Fahrer im Kombiinstrument angezeigt. Über ein Entlüftungssystem wird der Tank belüftet. Die schädlichen Benzindämpfe der Tankentlüftung werden in einem Aktivkohlespeicher aufgefangen und dem Motor kontrolliert zur Verbrennung zugeführt. Der Aktivkohlebehälter befindet sich am rechten Kotflügel.

Kraftstoff sparen beim Fahren

Wesentlichen Einfluss auf den Kraftstoffverbrauch hat die Fahrweise des Fahrzeuglenkers. Hier einige Tipps für den intelligenten Umgang mit dem Gaspedal:

- Nach dem Motorstart gleich losfahren, auch bei Frost.
- Motor abschalten bei voraussichtlichen Stopps über 40 Sekunden Dauer.
- Im höchstmöglichen Gang fahren.
- Möglichst gleichmäßige Geschwindigkeiten über längere Strecken fahren, hohe Geschwindigkeiten meiden. Vorausschauend fahren. Nicht unnötig bremsen.
- Keine unnötige Zuladung mitführen, Aufbauten am Fahrzeug, beispielsweise Dachgepäckträger, möglichst abbauen.
- Immer mit richtigem, nie mit zu niedrigem Reifendruck fahren.

Sicherheits- und Sauberkeitsregeln bei Arbeiten an der Kraftstoffversorgung

Bei Arbeiten an der Kraftstoffversorgung sind die folgenden Regeln zur Sicherheit und Sauberkeit sorgfältig zu beachten:

> **Sicherheitshinweise**
> - **Kein offenes Feuer, nicht rauchen, keine glühenden oder sehr heißen Teile in die Nähe des Arbeitsplatzes bringen. Unfallgefahr! Feuerlöscher bereitstellen.**
> - **Unbedingt für gute Belüftung des Arbeitsplatzes sorgen. Kraftstoffdämpfe sind giftig.**
> - **Das Kraftstoffsystem steht unter Druck. Beim Öffnen der Anlage kann Kraftstoff herausspritzen, daher austretenden Kraftstoff mit einem Lappen auffangen. Schutzbrille tragen.**

- Verbindungsstellen und deren Umgebung vor dem Lösen gründlich reinigen.
- Ausgebaute Teile auf einer sauberen Unterlage ablegen und abdecken. Folie oder Papier verwenden. Keine fasernden Lappen benutzen!
- Geöffnete Bauteile sorgfältig abdecken beziehungsweise verschließen, wenn die Reparatur nicht umgehend ausgeführt wird.
- Ersatzteile erst unmittelbar vor dem Einbau aus der Verpackung nehmen. Nur saubere Teile einbauen.
- Bei geöffneter Kraftstoffanlage möglichst nicht mit Druckluft arbeiten. Das Fahrzeug möglichst nicht bewegen.
- Keine silikonhaltigen Dichtmittel verwenden. Vom Motor angesaugte Spuren von Silikonbestandteilen werden im Motor nicht verbrannt und schädigen die Lambdasonden.

Kraftstoffdruck abbauen

Benzinmotor

Das Kraftstoffsystem steht auch nach dem Abstellen des Motors lange unter hohem Druck (3,8 bar). Vor dem Öffnen des Kraftstoffsystems, zum Beispiel durch Abziehen von Kraftstoffleitungen, muss auf jeden Fall der Kraftstoffdruck abgebaut werden.

Achtung: Beim Direkteinspritz-Motor Z22YH wird dabei nur der Druck im Niederdruckteil (bis ca. 4,2 bar) abgebaut. Zum Druckabbau im Hochdruckteil (bis ca. 110 bar) werden spezielle Werkstattgeräte benötigt. Der Hochdruckteil reicht von der hinten am Zylinderkopf angeflanschten Hochdruckpumpe bis zu den Einspritzventilen. **Arbeiten am Hochdruckteil** sollten der **Fachwerkstatt** vorbehalten bleiben.

- Obere Motorabdeckung ausbauen, siehe Seite 162.
- **Motor Z20LE(L/R):** Luftansaugrohr und Motorbelüftungsschlauch abbauen.

- Schutzkappe –4– am Prüfanschluss des Kraftstoffverteilerrohres –3– abschrauben. 1 – Sicherungsklammer, 2 – Einspritzventil. Die Abbildung zeigt den Motor Z16XEP.

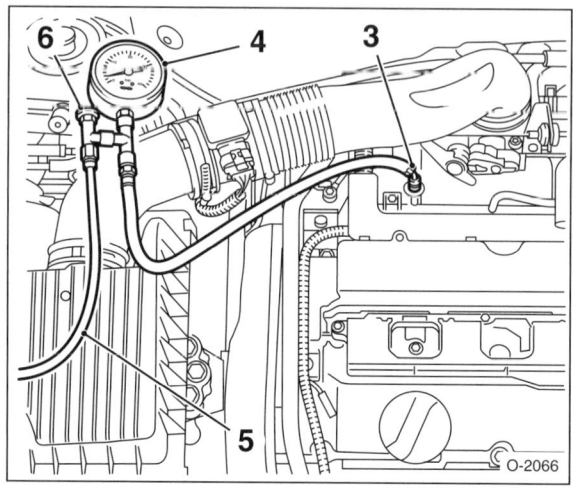

- Anschluss –3– für Kraftstoffdruck-Prüfgerät –4–, zum Beispiel OPEL-KM-J-34730-91, am Prüfanschluss anschließen, siehe auch Abbildung O-2074. Ablaufschlauch –5– in geeigneten Behälter führen. **Hinweis:** Die Abbildung zeigt den Motor Z18XE.

- Ablassventil –6– öffnen und Kraftstoffdruck abbauen. Dabei etwas Kraftstoff in den Auffangbehälter fließen lassen.

- Kraftstoffdruck-Prüfgerät abbauen und Schutzkappe aufschrauben.

Hinweis: Wenn das Spezialwerkzeug nicht zur Verfügung steht, kann folgendermaßen vorgegangen werden:

- Kraftstoffpumpen-Relais aus dem Relaiskasten herausziehen, siehe auch Seite 274.

- Motor starten und im Leerlauf laufen lassen, bis der Motor von selbst ausgeht.

- Motor mit Anlasser ca. 5 Sekunden durchdrehen, um sicherzustellen, dass der Druck in der Kraftstoffvorlaufleitung abgebaut wurde.

- Kraftstoffpumpen-Relais einstecken.

Kraftstoffpumpe/Tankgeber aus- und einbauen

Die elektrische Kraftstoffpumpe befindet sich zusammen mit dem Tankgeber im Kraftstofftank. Beim Benzinmotor befindet sich ebenfalls der Kraftstofffilter in der Kraftstoff-Fördereinheit (Pumpe und Tankgeber). Beim Dieselmotor ist der Kraftstofffilter im Motorraum angeordnet.

Der Tankgeber besteht aus einem Schwimmer und einem Potentiometer. Mit sinkendem Kraftstoffspiegel sinkt auch der Schwimmer des Tankgebers ab. Ein mit dem Schwimmer verbundenes Potentiometer erhöht dabei den elektrischen Widerstand des Gebers. Dadurch sinkt die Spannung am Anzeigeinstrument, und der Zeiger der Kraftstoff-Vorratsanzeige geht in Richtung »leer« zurück.

Hinweis: Ab Modelljahr 2007 wird ein geänderter Tankgeber eingebaut. Die Unterscheidungsmerkmale sind:

Merkmal	bis MJ 2006	ab MJ 2007
Aufkleber zwischen den Kraftstoffleitungen am Deckel:	A 3305	B 3305
Bezeichnung auf dem Tankgeber:	632	692
Leerwiderstand:	231 Ω	209 Ω

Sicherheitshinweis
Beim Ausbau der Kraftstoffpumpe kann etwas Kraftstoff austreten. Kraftstoffdämpfe sind giftig und feuergefährlich, deshalb auf besonders gute Belüftung des Arbeitsplatzes achten. Hautkontakt mit Kraftstoff vermeiden. Kraftstoffbeständige Handschuhe tragen. Kein offenes Feuer, Brandgefahr! Feuerlöscher bereitstellen.

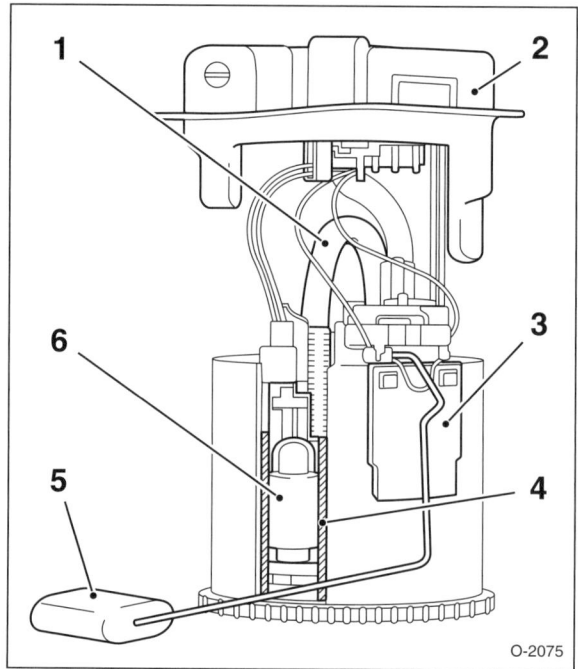

1 – Leitung Kraftstoffpumpe
2 – Oberes Gehäuse
3 – Unteres Gehäuse
4 – Filter
5 – Schwimmer Tankgeber
6 – Kraftstoffpumpe

Vor Ausbau von Kraftstoffpumpe und Tankgeber, Tank möglichst leer fahren. Der Tank darf maximal zu ⅔ voll sein. Zur Belüftung des Arbeitsplatzes kann auch ein Radiallüfter verwendet werden, **dessen Motor außerhalb des Luftstromes liegt und der über ein Mindest-Fördervolumen von 15 m³/h verfügt.**

Ausbau

Hinweis: Die Beschreibung der Ausbauschritte bezieht sich auf den ASTRA, beim ZAFIRA muss zuvor der Tank ausgebaut werden.

> **Sicherheitshinweise**
>
> ■ **Kein offenes Feuer, nicht rauchen, keine glühenden oder sehr heißen Teile in die Nähe des Arbeitsplatzes bringen. Unfallgefahr! Feuerlöscher bereitstellen.**
>
> ■ **Unbedingt für gute Belüftung des Arbeitsplatzes sorgen. Kraftstoffdämpfe sind giftig.**
>
> ■ Das Kraftstoffsystem steht unter Druck. Beim Öffnen der Anlage können Benzinspritzer auftreten, daher austretenden Kraftstoff mit einem Lappen auffangen. **Schutzbrille tragen.**

● Batterie abklemmen. **Achtung:** Hinweise im Kapitel »Batterie aus- und einbauen« beachten.

● Rücksitzbank, gegebenenfalls Rücksitzlehne ausbauen, siehe Seite 240.

● Bodenteppich über der Abdeckung der Kraftstoff-Fördereinheit hochklappen. **Hinweis:** Der Bereich über der Kraftstoffördereinheit ist im Bodenteppich bereits vorgeschnitten. Gegebenenfalls Verbindungsstege mit einem scharfen Messer durchtrennen.

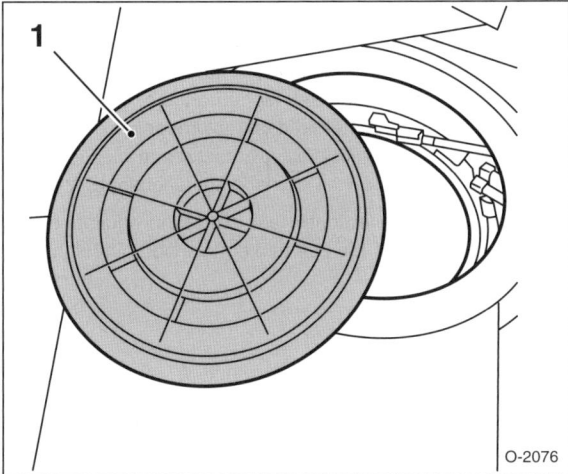

● Abdeckung –1– für Kraftstoff-Fördereinheit abhebeln.

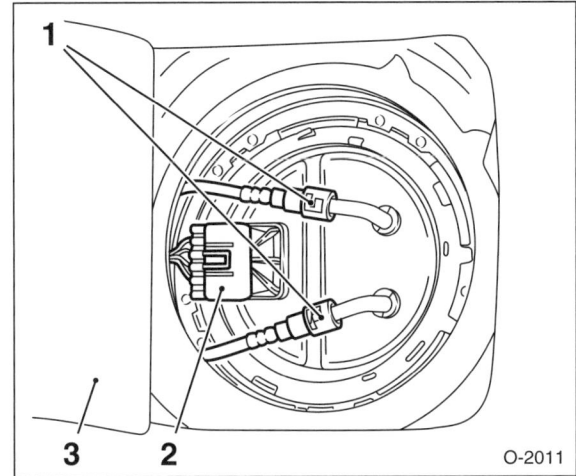

● Mehrfachstecker –2– vom Verschlussdeckel abziehen.

● Kraftstoffleitungen –1– mit Klebeband markieren, abziehen und mit geeigneten Stopfen verschließen. **Achtung:** Vor dem Abziehen der Schläuche dicken Lappen unterlegen und eventuell auslaufenden Kraftstoff auffangen. **Hinweis:** Zum Öffnen der Schnellverschlüsse von den Kraftstoffleitungen wird eine Spezialzange benötigt, zum Beispiel HAZET 4501-1. 3 – Abdeckung im Bodenteppich.

● Kraftstoffleitungen mit geeigneten Stopfen verschließen und zur Seite legen.

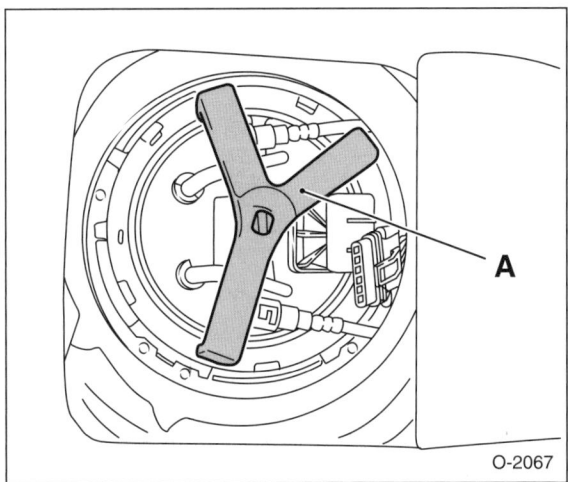

● Befestigungsring für Verschlussdeckel mit Spezialwerkzeug KM-797 –A– entriegeln. Steht das Werkzeug nicht zur Verfügung, geeigneten Kunststoffkeil an einer Nut des Sicherungsrings ansetzen und Ring durch leichte Schläge mit einem Kunststoffhammer lösen. **Achtung: Kein Metall verwenden, Brandgefahr durch eventuell entstehende Funken!**

● Verschlussdeckel vorsichtig nach oben ziehen. Dabei auf die Kabel- und Schlauchverbindungen achten.

● Mehrfachstecker für Kraftstoffpumpe und Tankgeber vom Deckel der Kraftstoff-Fördereinheit abziehen.

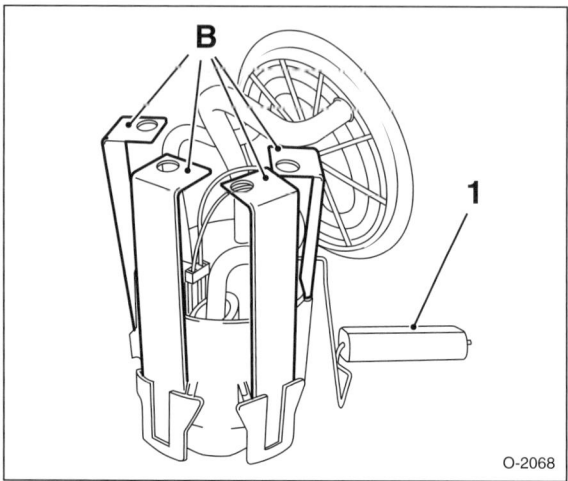

- Kraftstoff-Fördereinheit mit OPEL-Spezialwerkzeug KM-6391 –B– ausbauen. Die 4 Teile des Spezialwerkzeuges –B–, wie in der Abbildung gezeigt, in die Kraftstoff-Fördereinheit einsetzen. **Achtung:** Darauf achten, dass beim vorsichtigen Einsetzen des Spezialwerkzeuges der Schwimmer –1– des Tankgebers senkrecht steht.

- Spezialwerkzeug –B– herunterdrücken und dadurch die Kraftstoff-Fördereinheit entriegeln.

- Kraftstoff-Fördereinheit aus dem Tank herausnehmen.

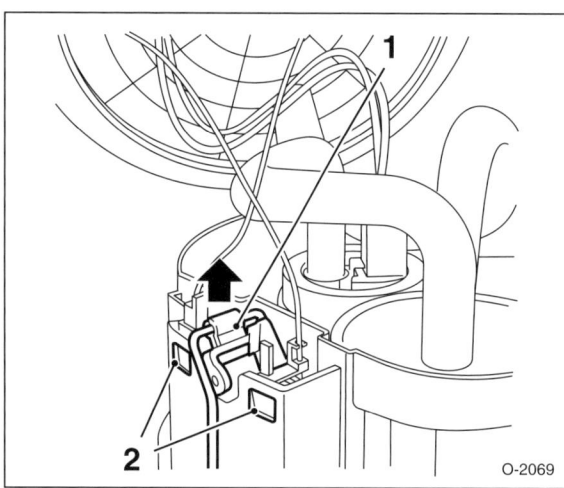

- Tankgeber ausbauen. Dazu 2 Halter –2– entriegeln und Tankgeber –1– vorsichtig nach oben –Pfeil– aus der Führung herausziehen. **Achtung: Nicht** an der Achse des Tankgebers ziehen.

Einbau

- Tankgeber in die Führung einsetzen und hörbar einrasten.

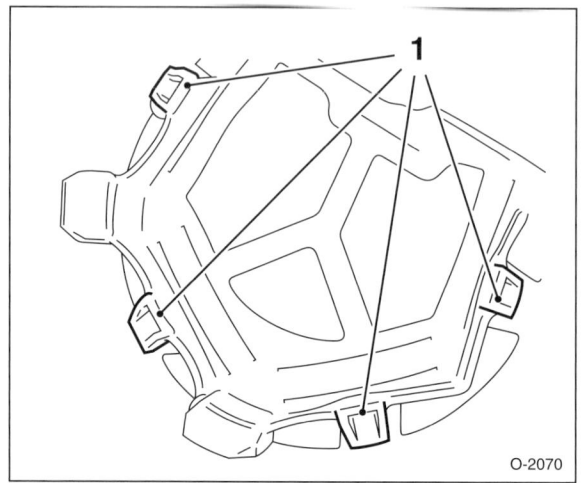

- Kraftstoff-Fördereinheit in die 4 Verriegelungen –1– einsetzen und hörbar einrasten.

- Mehrfachstecker für Kraftstoffpumpe und Tankgeber am Verschlussdeckel aufstecken.

- Verschlussdeckel mit neuer Dichtung vorsichtig ansetzen, dabei auf Verlegung der Kabel- und Schlauchverbindungen achten.

- Verriegelungsring für Verschlussdeckel ansetzen und mit OPEL-Spezialwerkzeug KM-797 im Uhrzeigersinn drehen, bis die Ringsicherungsnase am Anschlag ansteht. Steht das Werkzeug nicht zur Verfügung, geeigneten Kunststoff- oder Hartholzstab an einer Nut des Sicherungsrings ansetzen und Ring mit leichten Hammerschlägen festdrehen. **Achtung:** Kein Metall verwenden, Brandgefahr durch eventuell entstehende Funken!

- Kraftstoffleitungen entsprechend den angebrachten Markierungen aufstecken.

- Mehrfachstecker aufstecken und einrasten.

- Mehrfachstecker –1– aufstecken

- Falls erforderlich, Kraftstoff einfüllen.

- Batterie anklemmen. **Achtung:** Hinweise im Kapitel »Batterie aus- und einbauen« beachten.

- Motor starten und prüfen, ob die Kraftstoffpumpe anläuft und kein Kraftstoff austritt.

- Abdeckung für Kraftstoff-Fördereinheit aufdrücken und Bodenteppich zurückklappen.

- Rücksitzbank einbauen, siehe Seite 240.

Crash-Box aus- und einbauen

Dieselmotor

Ausbau

- Batterie abklemmen. **Achtung:** Hinweise im Kapitel »Batterie aus- und einbauen« durchlesen.
- Windlaufgrill ausbauen, siehe Seite 247.
- ZAFIRA: Stirnwandabdeckung ausbauen, siehe Seite 248.

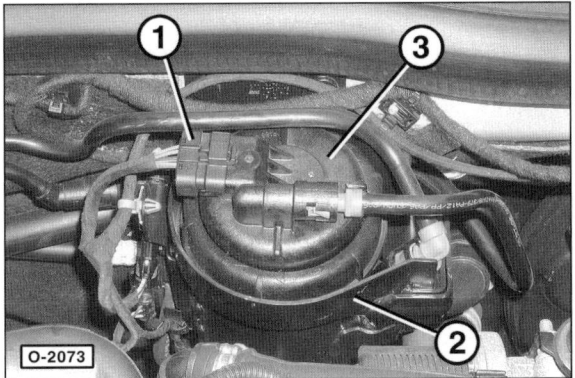

- Mehrfachstecker –1– für Kraftstoffvorwärmung abziehen.
- Kraftstoffleitungen und Unterdruckleitung für Bremskraftverstärker von der Crash-Box –2– abclipsen.
- Kraftstofffilter –3– mit Kraftstoffleitungen vorsichtig nach oben aus der Crash-Box herausziehen und zur Seite legen. **Achtung:** Die Kraftstoffleitungen bleiben angeschlossen.

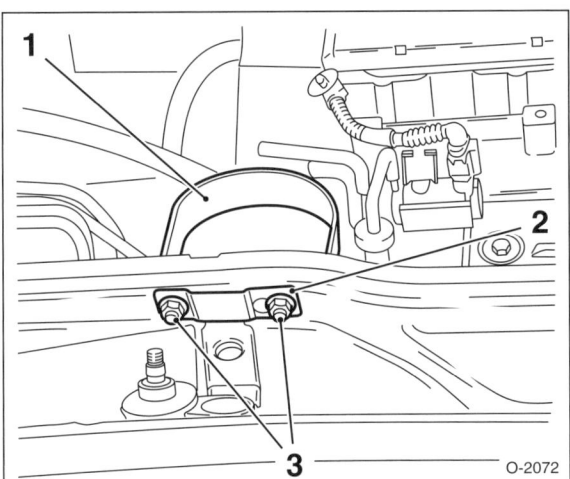

- Muttern –3– abschrauben und Halteblech –2– abnehmen.
- Crash-Box –1– herausnehmen.

Einbau

- Crash-Box mit Halteblech einsetzen und mit 2 Muttern sowie **25 Nm** an der Spritzwand anschrauben.
- Der weitere Einbau erfolgt in umgekehrter Ausbaureihenfolge.
- Batterie anklemmen. **Achtung:** Hinweise im Kapitel »Batterie aus- und einbauen« durchlesen.

Kraftstoffanlage entlüften

Dieselmotor

Die Kraftstoffanlage muss nach Arbeiten an der Kraftstoffanlage sowie nach dem Leerfahren des Kraftstofftanks entlüftet werden.

Entlüftungsvoraussetzung: Im Kraftstofftank müssen mindestens 5 Liter Kraftstoff eingefüllt sein.

- Zündung einschalten. Dadurch läuft die elektrische Vorförderpumpe an und füllt das Kraftstofffiltergehäuse. Nach ca. 15 Sekunden Zündung ausschalten. Anschließend diesen Vorgang noch 2-mal wiederholen.
- Mit dem Zündschlüssel Anlasser betätigen und so lange laufen lassen (maximal 40 Sekunden), bis der Motor anspringt.
- Gegebenenfalls Entlüftungsvorgang mehrmals wiederholen, bis der Motor anspringt.

Luftfilter/Luftführung

Motor Z19DTH

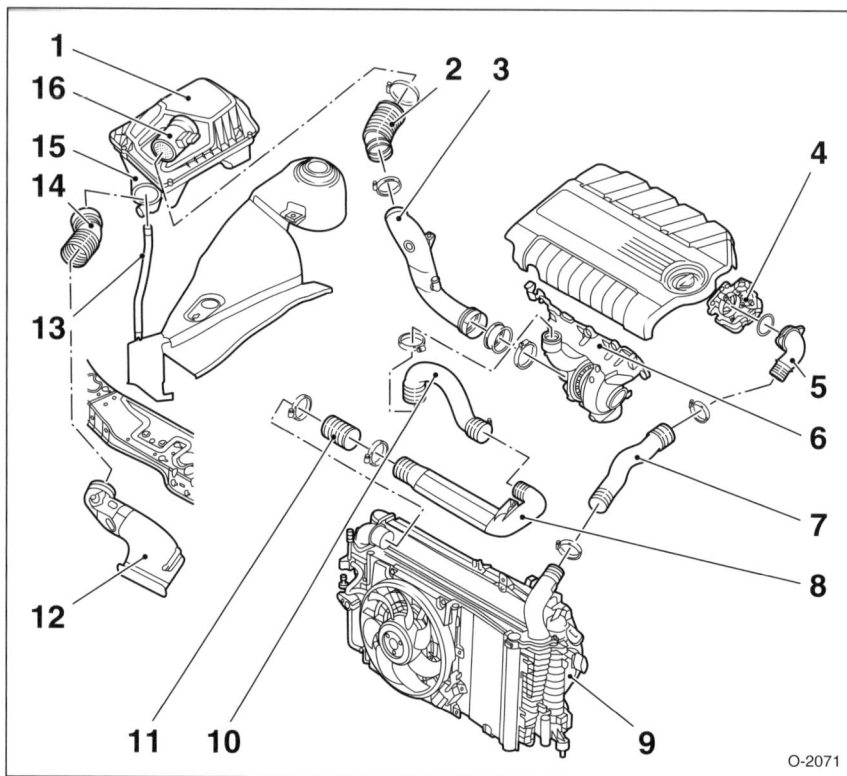

1 – Luftfilter
2 – Luftansaugschlauch
3 – Luftansaugrohr für Turbolader
4 – Drosselklappenstutzen
5 – Ladeluftschlauch
6 – Turbolader mit Abgaskrümmer
7 – Ladeluftschlauch
8 – Ladeluftrohr
9 – Ladeluftkühler
10 – Ladeluftschlauch
11 – Ladeluftschlauch
12 – Resonator
13 – Ablaufrohr
14 – Luftansaugrohr
15 – Luftfiltergehäuse-Unterteil
16 – Heißfilm-Luftmassenmesser

Luftfilter aus- und einbauen

Ausbau

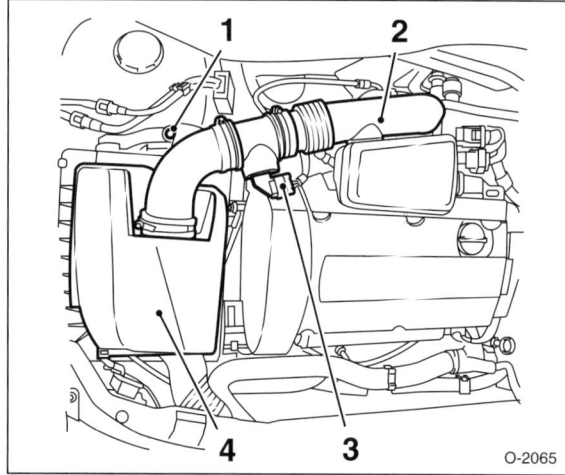

- Stecker –3– vom Luftmassenmesser abziehen. Dazu gelben Sicherungsbügel zurückziehen und Raste eindrücken. **Hinweis:** Die Abbildung zeigt den Motor Z16XEP.

- Schraube –1– herausdrehen.

- Schelle lösen und Luftansaugrohr –2– vom Drosselklappengehäuse beziehungsweise, je nach Motor, vom Luftansaugrohr abziehen.

- **Motor Z14XEP/Z18XE:** Motorentlüftungsschlauch abziehen, vorher Schelle lösen und zurückschieben.

- **Motor Z14XEP/Z22YH:** Tankentlüftungsleitung ausclipsen.

- **Motor Z14XEP:** Gummilagerung unten am Luftfilter ausclipsen. Vorderes Luftansaugrohr ausbauen.

- **Motor Z13DTH:** 2 Unterdruckleitungen ausclipsen.

- **Motor Z19DT(H)/Z17DT(L/H)/Z13DTH:** Wasserablaufschlauch vorn unten am Luftfilter abziehen, dabei Federbandschelle öffnen und zurückschieben.

- Luftfilter –4– mit Luftansaugrohr –2– herausnehmen.

Einbau

- Der Einbau erfolgt in umgekehrter Ausbaureihenfolge.

Abgasanlage

Aus dem Inhalt:

- **Katalysatorsysteme**
- **Abgasanlage demontieren**
- **Abgasanlage prüfen**
- **Abgasanlagen-Übersicht**
- **Lambdasonde**
- **Abgasturbolader**

Die Abgasanlage besteht je nach Motor-Ausführung aus Abgaskrümmer, Katalysator, Vorschalldämpfer, mittlerem Abgasrohr sowie Nachschalldämpfer und Endrohr. Beim Benziner sind zwei Lambdasonden zur Abgasregelung eingeschraubt, wobei sich eine vor und die andere hinter dem Katalysator befindet. Die Abgasanlage des Dieselmotors ist mit einem Katalysator und je nach Motor, Ausstattung oder Baujahr mit einem Rußpartikelfilter ausgerüstet.

Bei einer Reparatur lassen sich sämtliche Teile einzeln auswechseln.

Katalysatorschäden vermeiden

Um Beschädigungen am Katalysator zu vermeiden, sind folgende Hinweise unbedingt zu beachten:

Benzinmotor

- Grundsätzlich nur **bleifreies** Benzin tanken.
- Das Anlassen des Motors durch **Anschieben** oder Anschleppen darf nur in **einem** Versuch über eine Strecke von etwa 50 Metern erfolgen. Besser: Starthilfekabel verwenden. Unverbrannter Kraftstoff könnte bei einer Zündung zur Überhitzung des Katalysators und zu seiner Zerstörung führen. Ist der Motor **betriebswarm**, darf er **nicht** angeschoben oder angeschleppt werden.
- Treten Zündaussetzer auf, hohe Motordrehzahlen vermeiden und Fehler umgehend beheben.
- Nur die vorgeschriebenen Zündkerzen verwenden.
- Keine Funkenprüfung ohne ausreichende Masseverbindung durchführen.
- Es darf kein Zylindervergleich (Balancetest) durch Zündabschaltung eines Zylinders durchgeführt werden. Bei Zündabschaltung der einzelnen Zylinder – auch über Motortester – gelangt unverbrannter Kraftstoff in den Katalysator.

Benzin- und Dieselmotor

- Fahrzeug nicht über trockenem Laub oder Gras beziehungsweise auf einem Stoppelfeld abstellen. Die Abgasanlage wird im Bereich des Katalysators sehr heiß und strahlt die Wärme auch nach Abstellen des Motors noch ab.
- Keinen Unterbodenschutz auf Abgasrohre auftragen.
- Die Hitzeschilde der Abgasanlage nicht verändern.
- Bei Startschwierigkeiten nicht unnötig lange den Anlasser betätigen. Während des Anlassens wird permanent Kraftstoff eingespritzt. Fehlerursache ermitteln und beseitigen.
- Kraftstofftank nie ganz leer fahren.
- Beim Ein- oder Nachfüllen von Motoröl besonders darauf achten, dass auf keinen Fall die Maximum-Markierung am Ölmessstab (obere Markierung) überschritten wird. Das überschüssige Öl gelangt sonst aufgrund unvollständiger Verbrennung in den Katalysator und kann das Edelmetall beschädigen oder den Katalysator vollständig zerstören.

Aufbau des Katalysators

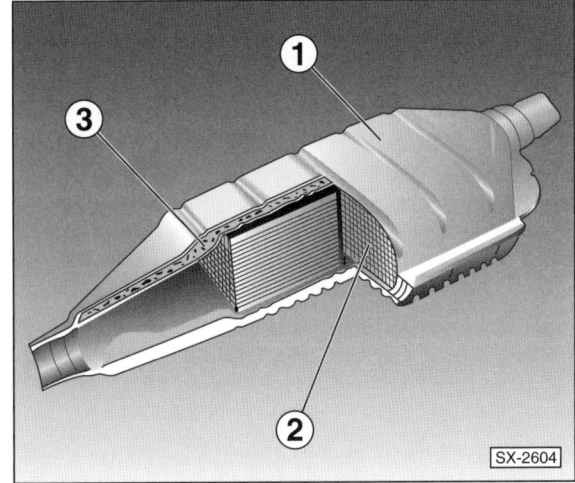

Der Katalysator dient zur Abgasumwandlung. Er besteht aus einem Keramik-Wabenkörper –2–, der mit einer Trägerschicht überzogen ist. Auf der Trägerschicht befinden sich Edelmetallsalze, die den Umwandlungsprozess bewirken. Im Gehäuse –1– wird der Katalysator durch eine Isolations-Stützmatte –3– fixiert, die außerdem Wärmeausdehnungen ausgleicht.

Abgasturbolader

Beim Turbolader sitzen auf einer Welle zwei Turbinenräder, die in zwei voneinander getrennten Gehäusen untergebracht sind. Für den Antrieb der Turbinenräder sorgen die Abgase. Sie bringen die Laderwelle auf bis zu 300.000 Umdrehungen in der Minute. Und da Abgas- und Frischluftrotor auf gleicher Welle sitzen, wird mit gleicher Drehzahl Frischluft in die Zylinder gedrückt. Zur Schmierung ist der Lader an den Ölkreislauf des Motors angeschlossen.

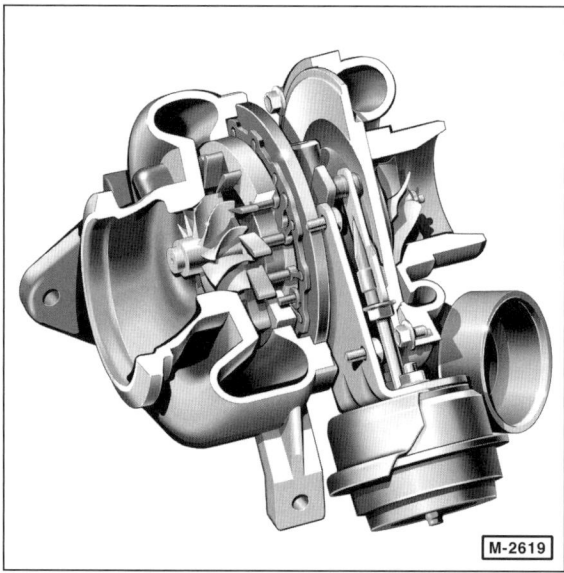

Aufgrund des guten Füllungsgrades lassen sich bei vorhandenen Motoren Leistungszuwachsraten von bis zu 100 Prozent verwirklichen. Neben der Motorleistung steigt bei der Verwendung eines Abgasladers auch das Drehmoment an. Abhängig ist der Leistungszuwachs unter anderem vom Ladedruck, der normalerweise ca. 1,0 bar beträgt. Der Ladedruck wird über einen Druckfühler laufend vom Motor-Steuergerät überprüft und geregelt. Dadurch ist auch sichergestellt, dass ein maximaler Ladedruck nicht überschritten wird.

Zwischen Turbolader und Einlasskanal des Motors befindet sich ein Ladeluftkühler, der die vorverdichtete Luft abkühlt. Dadurch wird die Leistung erhöht, weil kühle Luft durch die höhere Luftdichte einen höheren Sauerstoffanteil besitzt.

Gegenüber dem Ottomotor ist es beim Dieseltriebwerk nicht erforderlich, aufgrund der Aufladung die normale Verdichtung zu verringern, sodass auch im unteren Drehzahlbereich der eingespritzte Kraftstoff vollständig ausgenutzt wird.

Der Turbolader ist ein äußerst präzise hergestelltes Bauteil. Deshalb wird er in der Regel bei einem Defekt komplett ausgetauscht.

Diesel-Partikelfilter

Die Dieselmotoren sind auf Wunsch beziehungsweise ab 2/07 serienmäßig mit einem Diesel-Partikelfilter ausgestattet. Der Diesel-Partikelfilter filtert die bei der Verbrennung im Motor entstehenden Rußpartikel aus dem Abgas heraus. Dabei werden die Rußpartikel zunächst im Wabensystem des Filters gesammelt und anschließend in einem separaten Vorgang rückstandslos verbrannt.

Der Diesel-Partikelfilter muss regelmäßig von den angelagerten Rußpartikeln befreit werden, damit er nicht verstopft und in seiner Funktion beeinträchtigt wird. Bei dieser Regeneration wird die passive und die aktive Regeneration unterschieden.

Bei der passiven Regeneration werden die Rußpartikel ohne Eingriff der Motorsteuerung kontinuierlich verbrannt. Sobald Abgastemperaturen von 350° – 500° C erreicht werden, beispielsweise bei Autobahnbetrieb, werden die Rußpartikel durch chemische Reaktion mit dem im Abgas enthaltenen Stickstoffoxid (NOX) zu Kohlendioxid (CO_2) umgewandelt. Dieser Vorgang erfolgt langsam und kontinuierlich über die innere Beschichtung des Filters mit Platin, das hierbei als Katalysator dient.

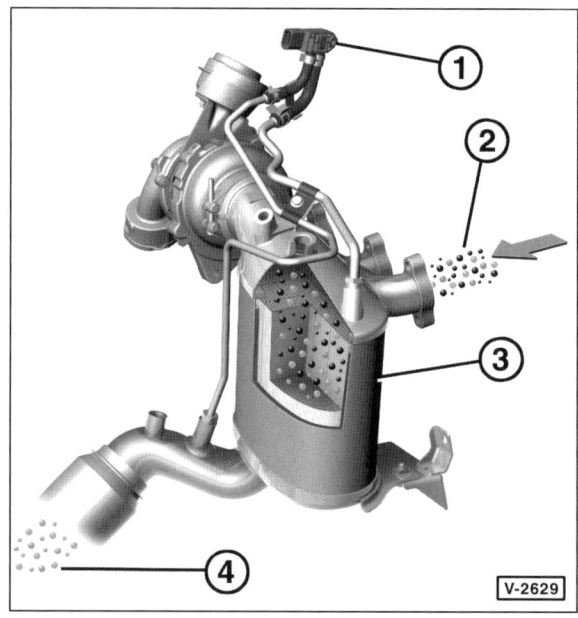

1 – Drucksensor
2 – Abgas mit Rußpartikeln
3 – Diesel-Partikelfilter
4 – Abgas ohne Rußpartikel

Aktive Regeneration: Der Drucksensor –1– vergleicht den Abgasdruck vor und nach dem Partikelfilter –3–. Hoher Druckunterschied deutet darauf hin, dass der Filter zum Verstopfen neigt. In diesem Fall wird die aktive Filter-Regeneration eingeleitet. In der Regel geschieht das dann, wenn die Abgas?temperaturen für die passive Regeneration des Filters zu niedrig sind, zum Beispiel bei häufigem Stadtverkehr.

Für die aktive Regeneration verändert das Motor-Steuergerät den Einspritzvorgang und erhöht dadurch die Abgas?temperatur auf 600° – 650° C. Bei dieser Temperatur werden die Rußpartikel zu Kohlendioxid (CO_2) verbrannt. Der aktive Regenerationsvorgang dauert ca. 10 Minuten und wird vom Fahrer in der Regel nicht bemerkt.

Abgasanlagen-Übersicht

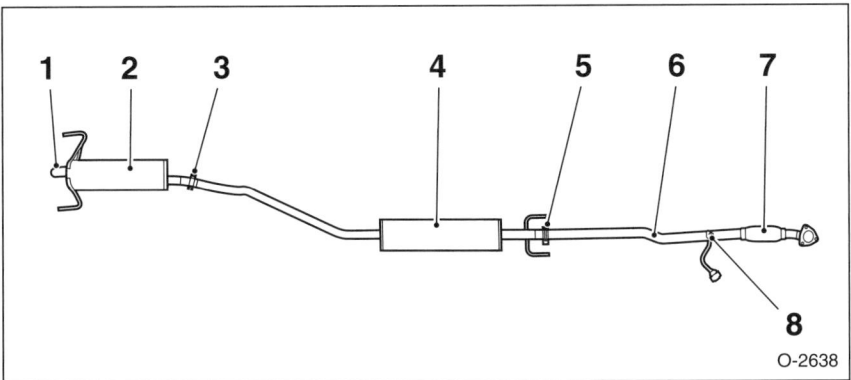

Motor Z14XEP/Z16XEP

1 – Endrohr
2 – Nachschalldämpfer
3 – Trennstelle hinten
4 – Mittelschalldämpfer
5 – Trennstelle vorn
6 – Vorderes Abgasrohr
7 – Flexrohr
8 – Lambdasonde

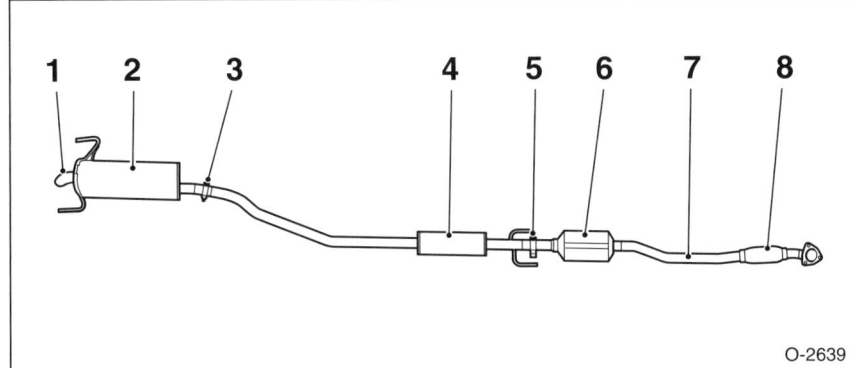

Motor Z17DT(L/H)

1 – Endrohr
2 – Nachschalldämpfer
3 – Trennstelle hinten
4 – Mittelschalldämpfer
5 – Trennstelle vorn
6 – Katalysator
7 – Vorderes Abgasrohr
8 – Flexrohr

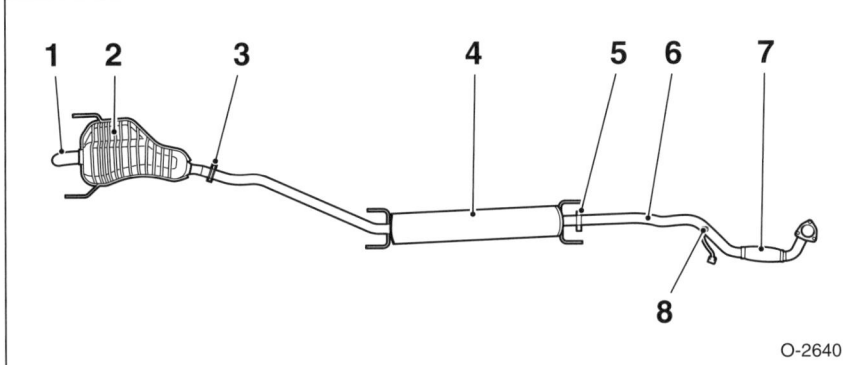

Motor Z18XE

1 – Endrohr
2 – Nachschalldämpfer
3 – Trennstelle hinten
4 – Mittelschalldämpfer
5 – Trennstelle vorn
6 – Vorderes Abgasrohr
7 – Flexrohr
8 – Lambdasonde

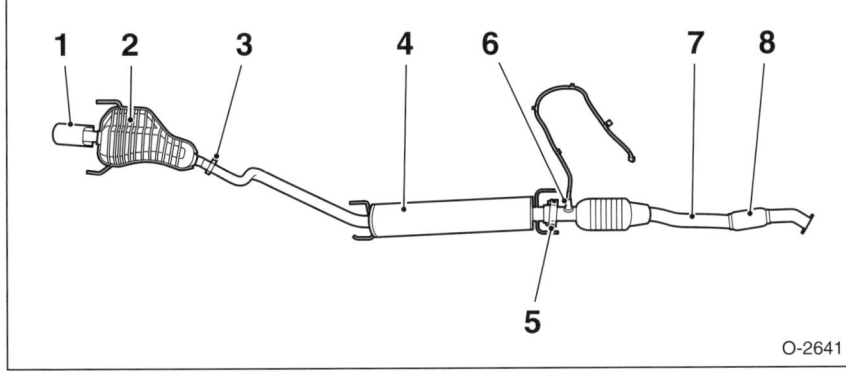

Motor Z20LEL

1 – Endrohr
2 – Nachschalldämpfer
3 – Trennstelle hinten
4 – Mittelschalldämpfer
5 – Trennstelle vorn
6 – Lambdasonde
7 – Vorderes Abgasrohr
8 – Flexrohr

Wichtige Hinweise bei Arbeiten an der Abgasanlage

- Sämtliche Schraubverbindungen der Abgasanlage, die voraussichtlich gelöst werden müssen, mit rostlösendem Mittel einsprühen. Rostlöser einige Zeit einwirken lassen.
- Dichtungen und Befestigungsteile grundsätzlich erneuern.
- Dichtfläche an wieder verwendeten Teilen mit Drahtbürste reinigen beziehungsweise abschmirgeln.

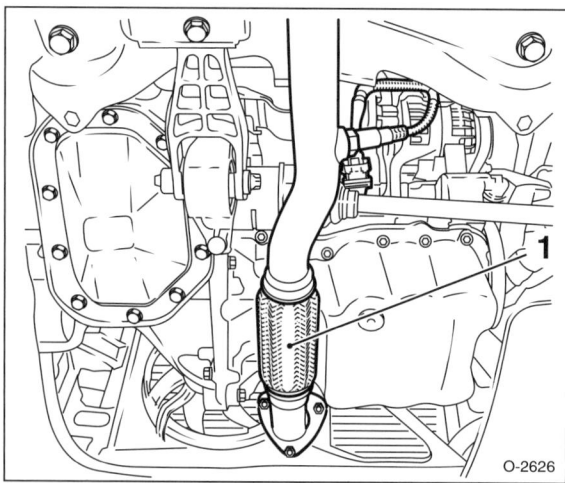

Achtung: Bei Arbeiten im Bereich der Abgasanlage ist das vordere Abgasrohr mit Flexrohr –1– gegen unkontrolliertes Durchhängen zu sichern. Bereits Beugungen des Flexrohres um 5 – 10 Winkelgrad und Verdrehungen um ± 0,5° aus der vorgesehenen Montageposition können eine Schädigung mit anschließendem Totalausfall des Flexrohres zur Folge haben.

Aus diesem Grund ist das Abgasanlagenstück mit dem darin befindlichen Flexrohr beispielsweise mit etwas Draht am Fahrzeugunterbau zu befestigen, dabei Abgasrohr, falls erforderlich, durch einen Helfer abstützen lassen.

Wenn das Flexrohr oder die komplette Abgasanlage ersetzt wird, Transportsicherung für Flexrohr erst nach Abschluss der Arbeiten, vor der Inbetriebnahme des Fahrzeuges, abnehmen. Es ist empfehlenswert die Transportsicherung aufzubewahren, damit sie für spätere Montagearbeiten an der Abgasanlage wieder verwendet werden kann. Dabei Montageanleitung auf der Transportsicherung beachten.

Vorderes Abgasrohr/Katalysator aus- und einbauen

Ausbau

Achtung: Wichtige Hinweise für Arbeiten an der Abgasanlage beachten, siehe entsprechendes Kapitel.

> **Sicherheitshinweis**
> Beim Aufbocken des Fahrzeugs besteht Unfallgefahr! Hinweise im Kapitel »Fahrzeug aufbocken« beachten.

- Fahrzeug aufbocken.
- Falls vorhanden, untere Motorraumabdeckung ausbauen, siehe Seite 246.

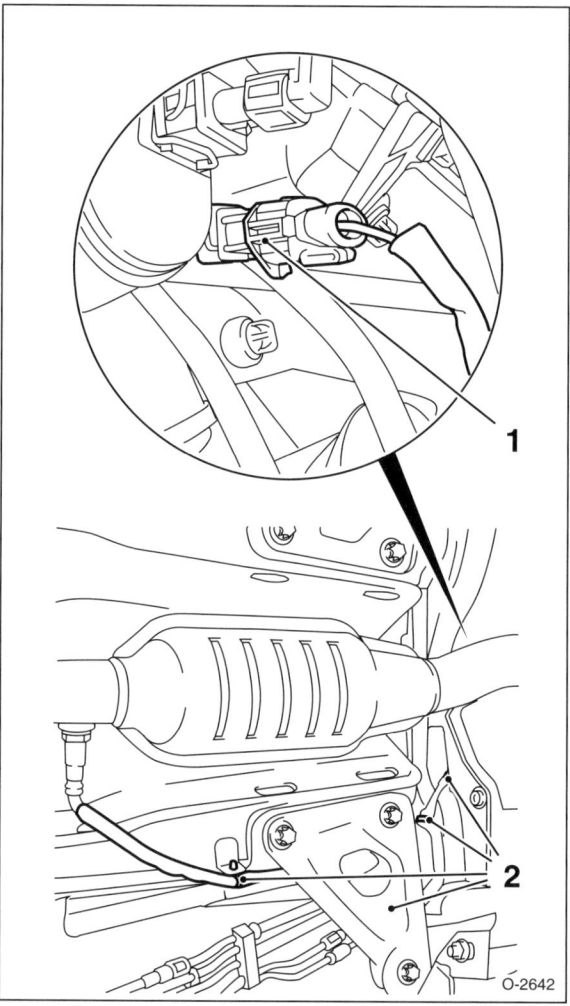

- **Motor Z20LE(L/R/H):** Kabel für Lambdasonde 2 freilegen. Dazu Steckverbindung –1– trennen und 4 Clips –2– abclipsen.

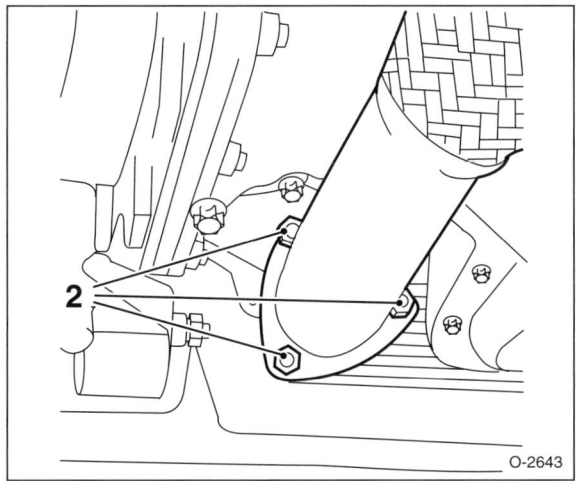

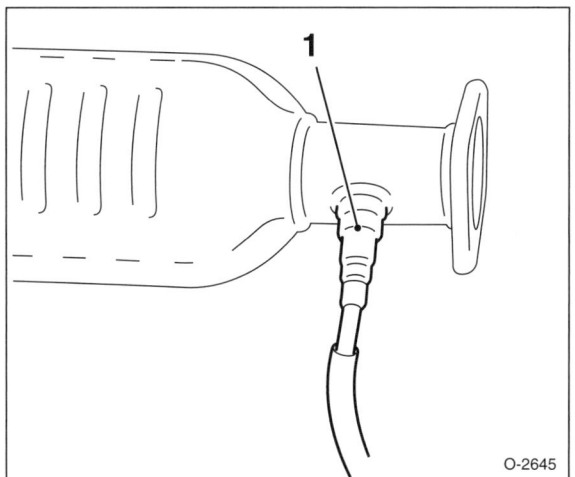

- Vorderes Abgasrohr ausbauen. Dazu 3 Muttern –2– abschrauben.
- Mittleren Schalldämpfer mit Draht am Unterboden aufhängen.

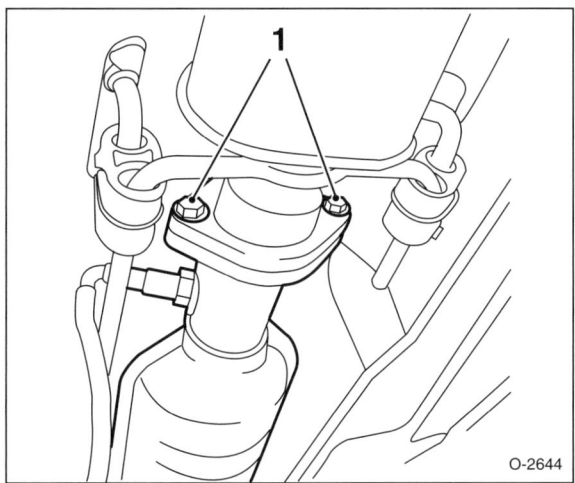

- **Motor Z20LE(L/GH/R)**: Vorderes Abgasrohr vom mittleren Schalldämpfer abschrauben –1–.
- **Motor Z17DTH/Z19DTH**: Klemmschelle öffnen.

- **Motor Z20LE(L/GH/R)**: Lambdasonde 2 –1– abschrauben.

Einbau

- Gewinde der Lambdasonde 2 mit OPEL-Montagepaste (Benziner: schwarzes Fett, Diesel: weißes Fett) dünn bestreichen. Lambdasonde einsetzen und mit **40 Nm** festschrauben. **Achtung:** Die Montagepaste darf nur auf das Gewinde gelangen, nicht auf den Sondenkörper.

Achtung: Wird die Sonde ohne das Hochtemperatur-Spezialfett eingeschraubt, frisst sich das Gewinde mit der Zeit fest. Die Lambdasonde kann dann später nicht mehr herausgeschraubt werden. Neue Sonden sind bereits mit dem Spezialfett bestrichen.

Hinweis: Falls die Lambdasonde 1 ausgebaut war, Gewinde mit schwarzer Montagepaste dünn bestreichen und Lambdasonde mit **30 Nm** anschrauben.

- Vorderes Abgasrohr mit neuer Dichtung am Katalysator anschrauben. 3 Muttern mit **20 Nm** festziehen. Beim **Motor Z22YH** vorderes Abgasrohr an Krümmer mit **45 Nm** anschrauben.
- Kabel für Lambdasonde wie vor dem Ausbau verlegen und mit 4 Clips anclipsen. Stecker verbinden.
- Falls vorhanden, untere Motorraumabdeckung einbauen, siehe Seite 246.
- Fahrzeug ablassen.

Abgasanlage aus- und einbauen

Ausbau

Achtung: Wichtige Hinweise für Arbeiten an der Abgasanlage beachten, siehe entsprechendes Kapitel.

> **Sicherheitshinweis**
> Beim Aufbocken des Fahrzeugs besteht Unfallgefahr! Hinweise im Kapitel »Fahrzeug aufbocken« beachten.

- Fahrzeug aufbocken.
- Falls vorhanden, untere Motorraumabdeckung ausbauen, siehe Seite 246.

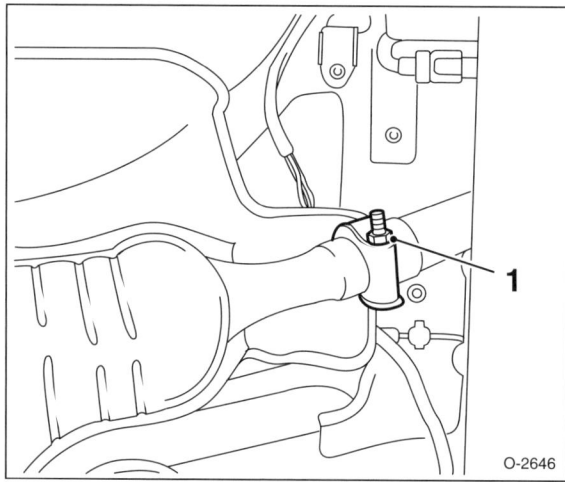

O-2646

- Verbindungsschelle am hinteren Schalldämpfer öffnen, dazu Mutter –1– abschrauben.

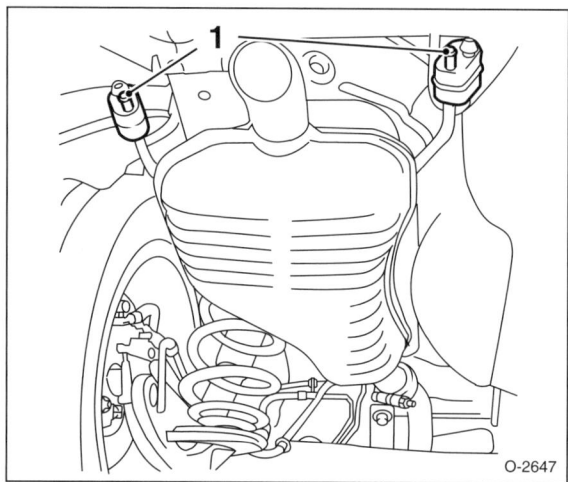

O-2647

- Hinteren Schalldämpfer aus den Haltern –1– herausnehmen, vom mittleren Schalldämpfer trennen und abnehmen.
- Lambdasondenkabel freilegen, siehe Abbildung O-2642.
- Vorderes Abgasrohr abschrauben, siehe Abbildung O-2643.

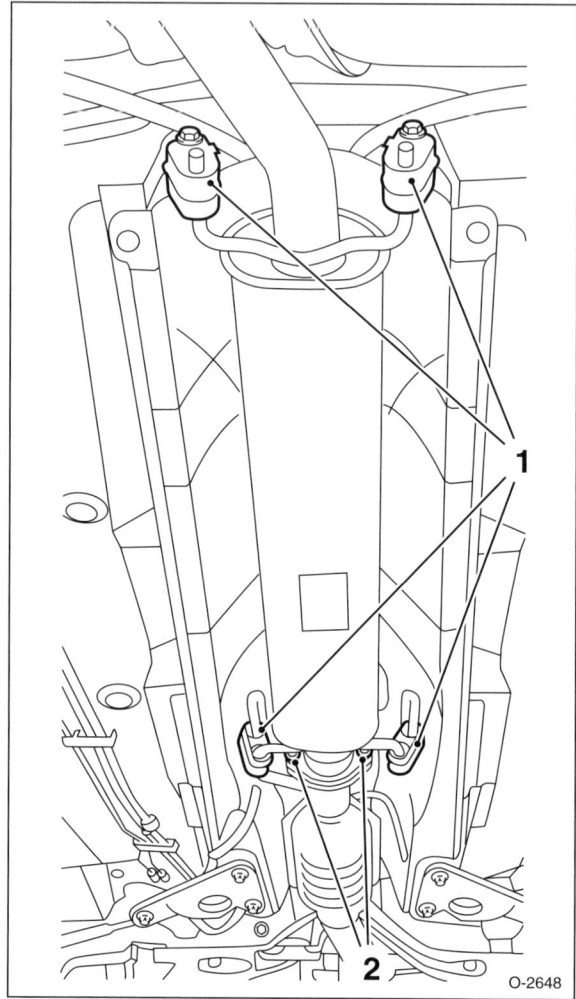

O-2648

- Mittleren Schalldämpfer aushängen –1– und mit vorderem Abgasrohr abnehmen.
- Falls erforderlich, vorderes Abgasrohr vom mittlerem Schalldämpfer trennen. Dazu Schrauben –2– herausdrehen oder Verbindungsschelle öffnen. Falls das vordere Abgasrohr ersetzt wird, Lambdasonde 2 umbauen.

Einbau

- Vorderes Abgasrohr mit neuer Dichtung am Katalysator anschrauben, noch nicht festziehen.
- Mittleren Schalldämpfer an vorderes Abgasrohr mit 2 Schrauben anschrauben beziehungsweise mit Klemmschelle verbinden, noch nicht festziehen.
- Hinteren Schalldämpfer an mittleren Schalldämpfer anbauen und in die Halter einsetzen. Verbindungsschelle noch nicht festziehen.

- Vor dem Anziehen von Muttern und Schellen Abgasanlage entsprechend dem Verlauf des Wagenbodens spannungsfrei ausrichten. Dabei darauf achten, dass überall ausreichend Abstand zwischen Abgasanlage und Aufbau vorhanden ist und die Haltegummis gleichmäßig belastet werden.

- Abgasanlage festziehen. **Anzugsdrehmomente:**
  3 Muttern für vorderes Abgasrohr . . . . **20 Nm**
  3 Muttern für vorderes Abgasrohr Motor Z22YH . **45 Nm**
  Muttern für Halteschellen. . . . . **50 Nm**

- Kabel für Lambdasonde wie vor dem Ausbau verlegen und mit 4 Clips anclipsen. Stecker verbinden.

- Falls vorhanden, untere Motorraumabdeckung einbauen, siehe Seite 246.

- Fahrzeug ablassen.

Partikelfilter aus- und einbauen
Motor Z19DT(H)

Ausbau

> **Sicherheitshinweis**
> Beim Aufbocken des Fahrzeugs besteht Unfallgefahr! Hinweise im Kapitel »Fahrzeug aufbocken« beachten.

- Fahrzeug aufbocken.
- Befestigungsschelle für hinteren Schalldämpfer öffnen, dazu Mutter abschrauben.
- Hinteren Schalldämpfer aus den beiden Haltegummis aushängen.
- Hinteren Schalldämpfer vom mittleren Schalldämpfer abbauen. Verbindungsflächen mit Drahtbürste und Schmirgelpapier reinigen.

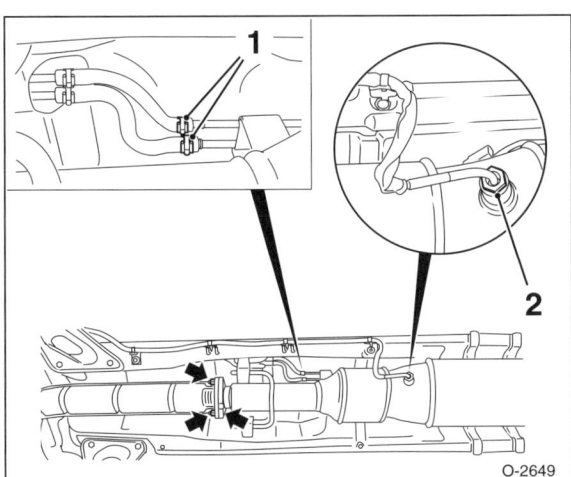

- Differenzdruckschläuche vom Partikelfilter abbauen. Dazu Schellen –1– öffnen und Schläuche abziehen. **Achtung:** Anordnung der Schläuche notieren, damit sie an gleicher Stelle wieder eingebaut werden können.

- Temperatursensor –2– ausbauen und zur Seite hängen. Dazu Überwurfmutter abschrauben.
- 3 Muttern –Pfeile– herausdrehen.
- Mittleres Abgasrohr zusammen mit Partikelfilter aus den 4 Haltegummis aushängen und herausnehmen.

Einbau

- Mittleres Abgasrohr mit Partikelfilter in die Haltegummis einhängen.
- 3 Muttern mit **20 Nm** festziehen.
- Temperatursensor einsetzen und mit **neuer** Überwurfmutter sowie **55 Nm** anschrauben.
- Differenzdruckschläuche am Partikelfilter aufschieben und mit Schellen sichern.
- Hinteren Schalldämpfer in die Haltegummis einhängen und mit Befestigungsschelle am mittleren Schalldämpfer ansetzen. Schelle mit neuer Mutter und **45 Nm** festziehen.
- Fahrzeug ablassen.

Achtung: Falls der Partikelfilter ersetzt wurde, muss das Steuergerät entsprechend umprogrammiert werden (Werkstattarbeit).

Abgasanlage auf Dichtheit prüfen

Bei Fahrzeugen mit geregeltem Katalysator können Undichtigkeiten der Abgasanlage vor der Lambdasonde zu folgenden Störungen führen:

- Startschwierigkeiten; Motor geht aus, schüttelt im Leerlauf, ruckelt beim Beschleunigen.

- Motor starten und bei laufendem Motor Abgasanlage mit einem Lappen oder Stöpsel verschließen.
- Abgasanlage auf Undichtigkeit abhören. Gegebenenfalls Verbindungsstellen Zylinderkopf/Krümmer und Krümmer/Abgasrohr vorn mit handelsüblichem »Leck-Sucher« einsprühen und auf Blasenbildung untersuchen.
- Undichtigkeit beseitigen.

Innenausstattung

Aus dem Inhalt:

- **Innenspiegel ersetzen**
- **Mittelkonsole demontieren**
- **Handschuhfach ausbauen**
- **Lenksäulenverkleidung**
- **Innenverkleidungen**
- **Sitze ausbauen**

Wichtige Arbeits- und Sicherheitshinweise

Werden Arbeiten an der Innenausstattung ausgeführt, sind folgende Hinweise unbedingt zu beachten:

- Zum Abheben von Kunststoffverkleidungen und -blenden Kunststoffkeil verwenden, zum Beispiel HAZET 1965-20.
- Clips, die beim Ausbau von Verkleidungen beschädigt werden, immer erneuern.
- Die Fenster- und Türsäulen der Karosserie werden von vorn nach hinten als A-, B-, C- und D-Säulen bezeichnet.
- Sitze, Sicherheitsgurte und Airbags sind sicherheitsrelevante Bauteile. **Aus Sicherheitsgründen nur die hier beschriebenen Arbeiten durchführen. Komplexere Arbeiten nicht in Eigenregie vornehmen, sondern von einer Fachwerkstatt durchführen lassen.**

Achtung: Wenn im Rahmen von Arbeiten an der Karosserie auch Arbeiten an der elektrischen Anlage durchgeführt werden, **grundsätzlich** das Batterie-Massekabel (–) abklemmen. Dazu Hinweise im Kapitel »Batterie aus- und einbauen« beachten. Als Arbeit an der elektrischen Anlage ist dabei schon zu betrachten, wenn eine elektrische Leitung vom Anschluss abgezogen beziehungsweise abgeklemmt wird.

Achtung: Airbag-Sicherheitshinweise unbedingt befolgen, insbesondere bei Arbeiten an der Armaturentafel, siehe Seite 132.

Um ein Auslösen des Airbags zu verhindern, ist vor dem Trennen von Kabeln des Airbag-Systems die Zündung auszuschalten und dann zuerst das Batterie-Massekabel (–) und anschließend das Batterie-Pluskabel (+) von der Batterie abzuklemmen. Außerdem muss aus Sicherheitsgründen der Minuspol von der Batterie isoliert werden, siehe Seite 55.

Halteclips/Federklammern aus- und einbauen

Zahlreiche Abdeckungen und Verkleidungen sind mit Halteclips und Federklammern an der Fahrzeug-Karosserie befestigt.

Ausbau

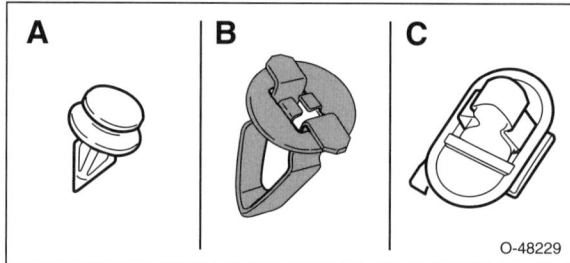

O-48229

- Befestigungsclip: Clip –A– mit Schraubendreher, Lösehebel HAZET 799-3 oder Lösezange HAZET 799-4 herausziehen und Verkleidung abnehmen.
- Clip/Federklammer an der Rückseite der Verkleidung: Verkleidung mit einem Kunststoffkeil so an den Cliphalterungen lösen, dass der Clip –B– beziehungsweise die Federklammer –C– aus der Bohrung in der Karosserie herausgezogen wird.

Einbau

- Vor dem Einbau Halteclips auf Beschädigungen überprüfen und, wenn nötig, ersetzen. Gegebenenfalls auf richtigen Sitz an der Verkleidung überprüfen.
- Befestigungsclip: Verkleidung ansetzen, Clip in die Bohrung stecken und eindrücken.
- Clip/Federklammer: Verkleidung so ansetzen, dass die Clips in die Bohrungen greifen. Verkleidung fest andrücken und Cliphalterung einrasten.

Sonnenblende aus- und einbauen

Ausbau

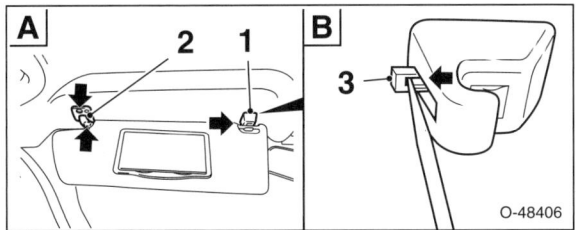

- Sonnenblende aus dem Aufnahmelager –1– aushaken.
- 2 Schrauben –Pfeile A– herausdrehen und Halterung –2– mit Sonnenblende abnehmen. **Hinweis:** Gegebenenfalls Steckverbindung für Spiegelbeleuchtung trennen.
- Riegel –3– mit einem Schraubendreher aufhebeln und Aufnahmelager –1– abnehmen. **Achtung:** Die Feder des Aufnahmelagers kann herunterfallen.

Einbau

- Aufnahmelager in den Dachhimmel eindrücken. Riegel mit der Nut nach unten im Aufnahmelager einbauen.
- Gegebenenfalls Stecker für Spiegelbeleuchtung verbinden.
- Sonnenblende mit 2 Schrauben am Dachhimmel festschrauben.

Haltegriff/Brillenfach am Dach aus- und einbauen

Hinweis: Das Brillenfach auf der Fahrerseite beim ASTRA wird in der gleichen Weise ausgebaut wie der Haltegriff.

Ausbau

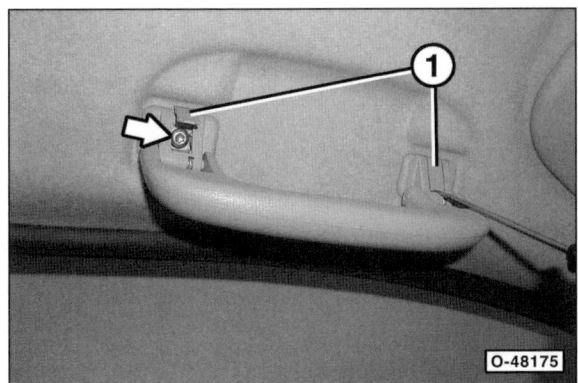

- Haltegriff beziehungsweise Deckel des Brillenfachs nach unten klappen.
- Abdeckungen –1– mit einem Schraubendreher aufhebeln und hochklappen.
- 2 Schrauben –Pfeil– herausdrehen und Haltegriff beziehungsweise Brillenfach vom Dachhimmel abnehmen.

Einbau

- Der Einbau erfolgt in umgekehrter Ausbaureihenfolge.

Innenspiegel aus- und einbauen

Ausbau

- Batterie abklemmen. **Achtung:** Hinweise im Kapitel »Batterie aus- und einbauen« beachten.
- Mit einem Schraubendreher Blende am Spiegelfuß auseinander drücken, ausclipsen und abnehmen, siehe »Kapitel Regensensor aus- und einbauen«, Seite 79.

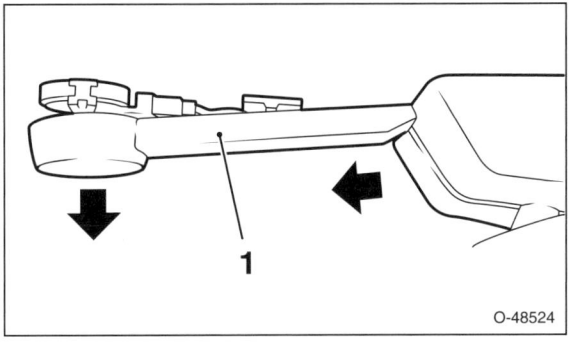

- **ZAFIRA:** Falls eingebaut, Abdeckung –1– für Regensensor ausclipsen und aus der Abdeckung des Innenspiegels herausziehen –Pfeile–.

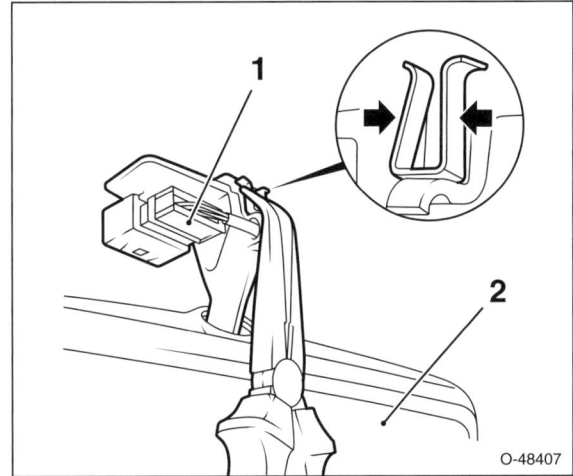

- Steckverbindung –1– trennen.
- Halteklammer zusammendrücken –Pfeile– und Spiegel –2– nach unten aus der Halteplatte an der Frontscheibe herausziehen.

Einbau

- Innenspiegel auf die Führungen der Halteplatte einschieben und bis zum Anschlag hochschieben. Dabei muss die Halteklammer hörbar einrasten.
- Der weitere Einbau erfolgt in umgekehrter Ausbaureihenfolge.

Lenksäulenverkleidung aus- und einbauen

Ausbau

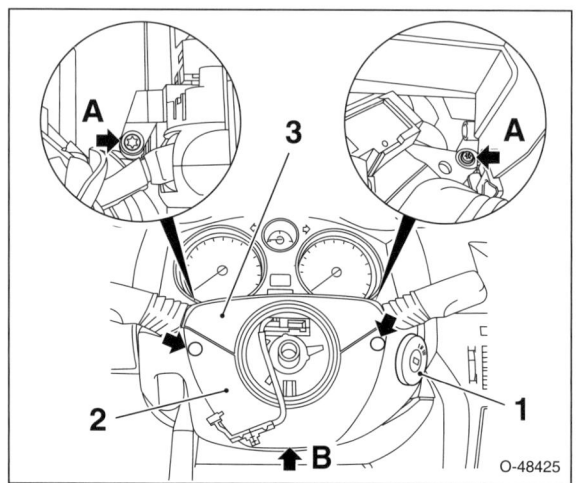

- Lenkrad schräg stellen, 2 Abdeckkappen aus der oberen Lenksäulenverkleidung heraushebeln und 2 Schrauben –Pfeile A– herausdrehen.
- Obere Lenksäulenverkleidung –3– nach oben klappen.

Hinweis: Das Lenkrad muss nicht ausgebaut werden.

- **ASTRA:** Mit einem Kunststoffkeil Blende –1– am Zündschloss abhebeln.
- 3 Schrauben –Pfeile B– unten am Lenkstock herausdrehen und untere Lenksäulenverkleidung –2– abnehmen.
- Obere Lenksäulenverkleidung vom Kombiinstrument ausclipsen, siehe Kapitel »Kombiinstrument aus- und einbauen«, Seite 94.

Einbau

- Der Einbau erfolgt in umgekehrter Ausbaureihenfolge.

Obere Verkleidung im Fußraum aus- und einbauen

Ausbau

Verkleidung Fahrerseite

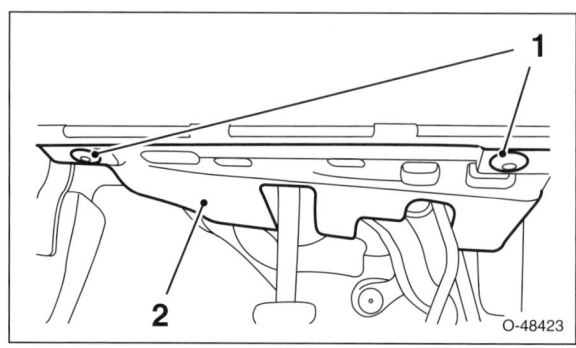

Verkleidung Beifahrerseite

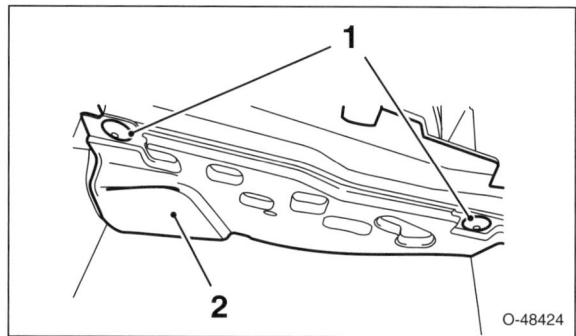

- 2 Schrauben –1– oben herausdrehen, Verkleidung –2– aus der Halterung in der Armaturentafel aushängen und aus dem Fußraum herausnehmen.

Einbau

- Der Einbau erfolgt in umgekehrter Ausbaureihenfolge.

Handschuhfach aus- und einbauen

Ausbau

- Batterie abklemmen. **Achtung:** Hinweise im Kapitel »Batterie aus- und einbauen« beachten.
- ZAFIRA: Obere Verkleidung im Fußraum ausbauen, siehe entsprechendes Kapitel.

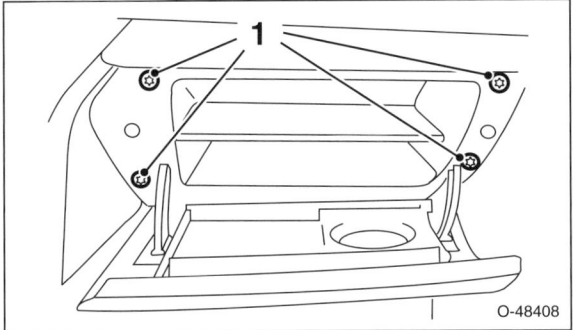

- Handschuhfach öffnen und 4 Schrauben –1– herausdrehen.
- Handschuhfach aus der Armaturentafel herausziehen.
- Stecker für Handschuhfachleuchte abziehen.

Einbau

- Der Einbau erfolgt in umgekehrter Ausbaureihenfolge.

Zierleiste rechts aus- und einbauen

Ausbau

- **ASTRA:** Mittlere Blende der Armaturentafel ausbauen, siehe entsprechendes Kapitel.
- Handschuhfach öffnen.

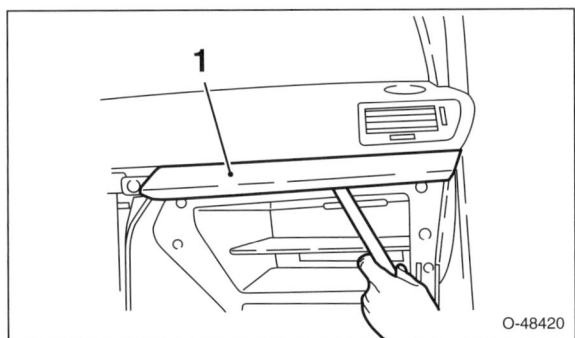

- Mit einem Kunststoffkeil Zierleiste –1– an 4 Halteclips von der Armaturentafel abhebeln.

Einbau

- Zierleiste an der Armaturentafel ansetzen und festclipsen.

Speziell ZAFIRA

- Zierleiste an der linken Seite, unterhalb der Lichtschaltereinheit mit einem Kunststoffkeil an 2 Halteclips von der Armaturentafel abhebeln.

Türabdichtgummi aus- und einbauen

Ausbau

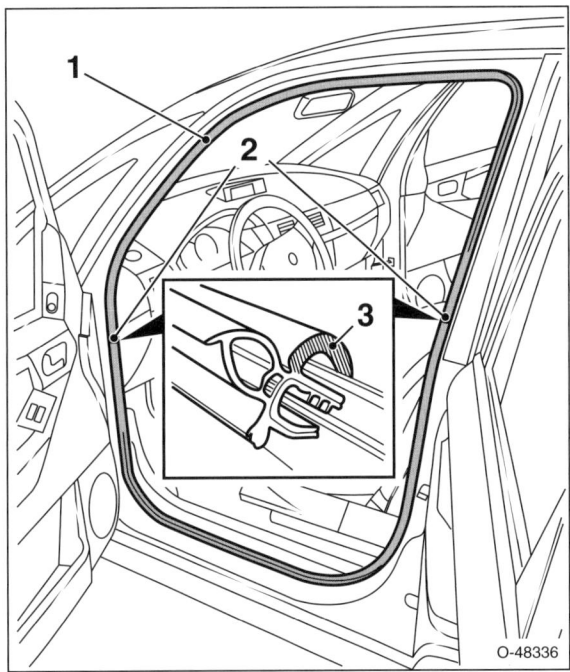

- Tür öffnen und Gummidichtung –1– vom Türrahmen abziehen.

Einbau

- Gummidichtung –1– am Türrahmen anlegen und festdrücken. Dabei darauf achten, dass die innere Dichtlippe –3– über der Innenverkleidung liegt.

Hinweis: Bei beschädigten Stoßstellen –2– der Gummidichtung Gummikleber auf ein Übergangsstück auftragen und Dichtungsenden zusammenfügen.

Mittelkonsole aus- und einbauen

ASTRA

Ausbau

- Batterie abklemmen. **Achtung:** Hinweise im Kapitel »Batterie aus- und einbauen« beachten.

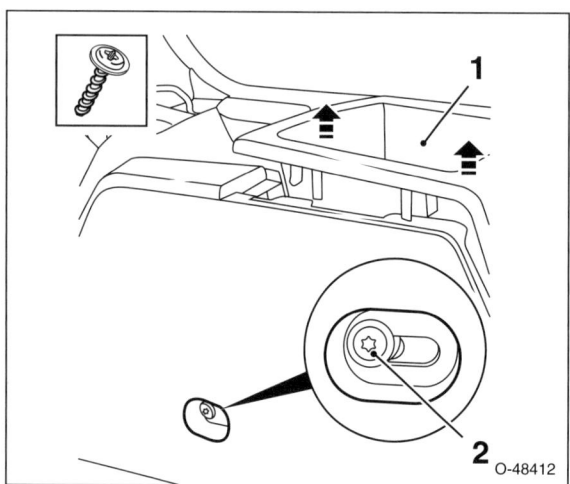

- Hinteres Ablagefach –1– an 8 Stellen ausclipsen und nach oben aus der Mittelkonsole herausziehen –Pfeile–.
- Beide Vordersitze in vorderste Position schieben.
- 2 Schrauben –2– hinten an den Seiten der Mittelkonsole herausdrehen.

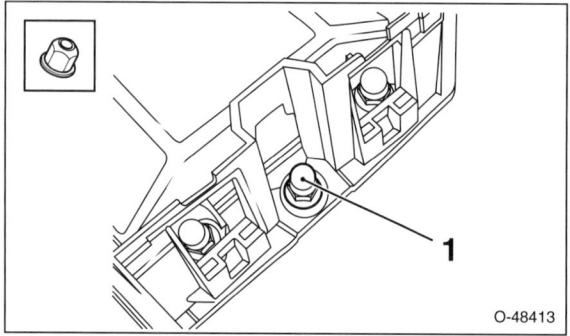

- Mutter –1– hinten an der Mittelkonsole vom Fahrzeugboden abschrauben.
- Aschenbecher vorne aus der Mittelkonsole ausbauen, siehe entsprechendes Kapitel.
- Abdeckung für den Diagnosestecker unterhalb des Handbremshebels hinten untergreifen und mit einem Ruck aus der Mittelkonsole ausclipsen.
- Abdeckung für Schalt- und Wählhebel ausbauen, siehe entsprechendes Kapitel.
- Mit einem Kunststoffkeil Faltenbalg vom Handbremshebel aus der Mittelkonsole ausclipsen.
- Beide Vordersitze in hinterste Position schieben.

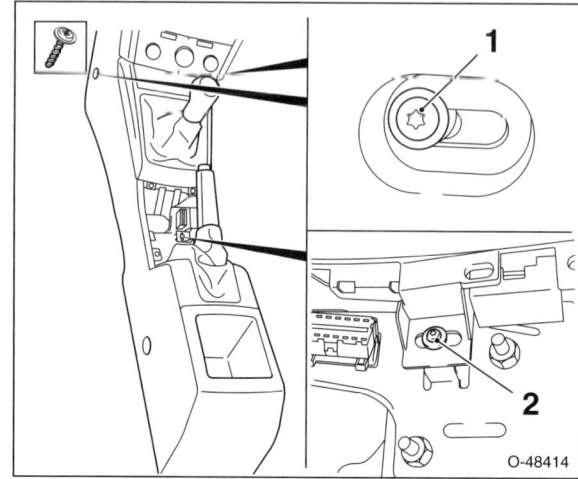

- 2 Schrauben –1– vorne an den Seiten der Mittelkonsole herausdrehen.
- Schraube –2– unterhalb des Handbremshebels aus dem Fahrzeugboden herausdrehen.

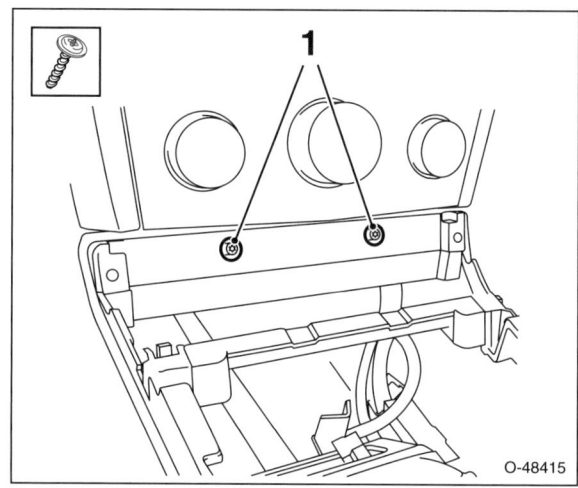

- 2 Schrauben –1– vorne aus dem Einbauschacht für den Aschenbecher herausdrehen, Mittelkonsole vorsichtig nach hinten ziehen und vom Fahrzeugboden abnehmen.

Einbau

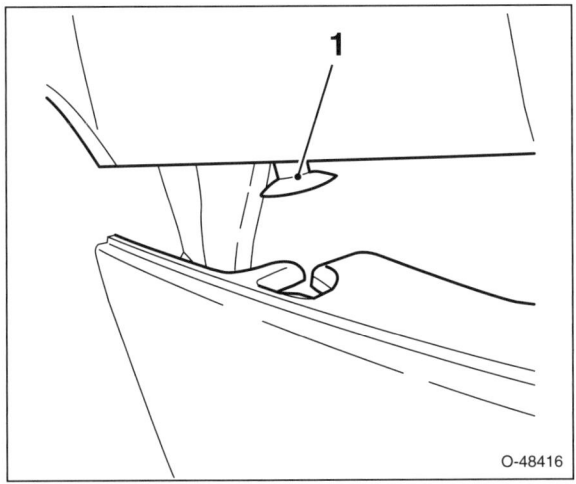

- Mittelkonsole vorne ansetzen und in die Führungsnasen −1− einhängen.
- Der weitere Einbau erfolgt in umgekehrter Ausbaureihenfolge.

Abdeckung für Schalt- und Wählhebel aus- und einbauen

ASTRA

Ausbau

- Batterie abklemmen. **Achtung:** Hinweise im Kapitel »Batterie aus- und einbauen« beachten.
- **Fahrzeuge mit Aschenbecher:** Aschenbecher vorne aus der Mittelkonsole ausbauen, siehe entsprechendes Kapitel.
- **Fahrzeuge ohne Aschenbecher:** Bodenbelag aus der Ablagemulde vor dem Schalthebel herausnehmen. Mit 2 Fingern in die Bohrungen am Boden der Ablagemulde greifen, Ablagemulde nach oben ziehen und aus der Mittelkonsole ausclipsen. An der Rückseite Stecker von der 12-V-Steckdose abziehen.
- Abdeckung unterhalb des Handbremshebels hinten greifen, kräftig hochziehen und aus der Mittelkonsole ausclipsen.

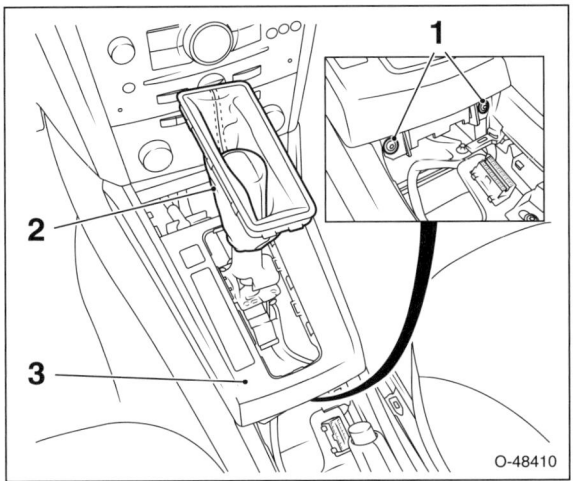

- **Schaltgetriebe:** Schalthebelmanschette −2− mit einem Kunststoffkeil aus der Abdeckung −3− herausclipsen und nach oben stülpen.
- 2 Schrauben −1− herausdrehen und Abdeckung −3− für Schalt- und Wählhebel aus der Mittelkonsole herausheben.

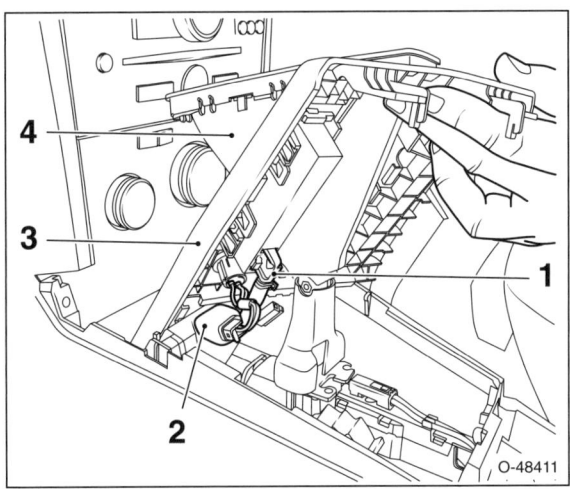

- **Abdeckung für Schalthebel (Schaltgetriebe):** An der Rückseite der Abdeckung −3− Stecker −1/2− abziehen. Abdeckung −3− nach oben von der Mittelkonsole abnehmen, dabei Schalthebelmanschette −4− vorsichtig durch die Abdeckung durchführen.
- **Abdeckung für Wählhebel (Automatikgetriebe):** An der Rückseite der Abdeckung Schalter entriegeln und abnehmen.

Einbau

- Der Einbau erfolgt in umgekehrter Ausbaureihenfolge.

Aschenbecher aus- und einbauen

ASTRA

Ascher vorn

Ausbau

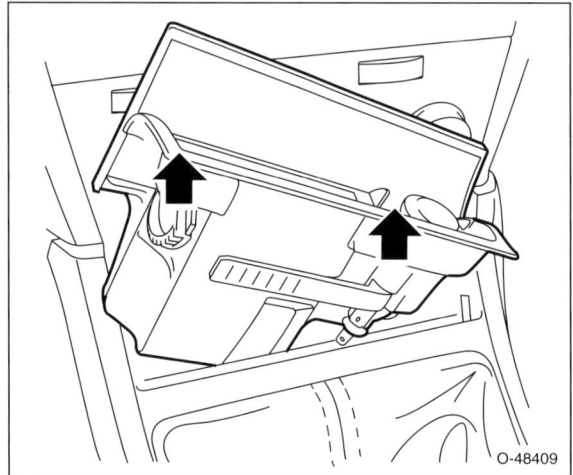

- Aschenbecher öffnen und Aschenbecher aus der Mittelkonsole herausziehen.
- An der Rückseite 2 Stecker vom Aschenbecher abziehen.

Einbau

- Der Einbau erfolgt in umgekehrter Ausbaureihenfolge.

Ascher hinten

Ausbau

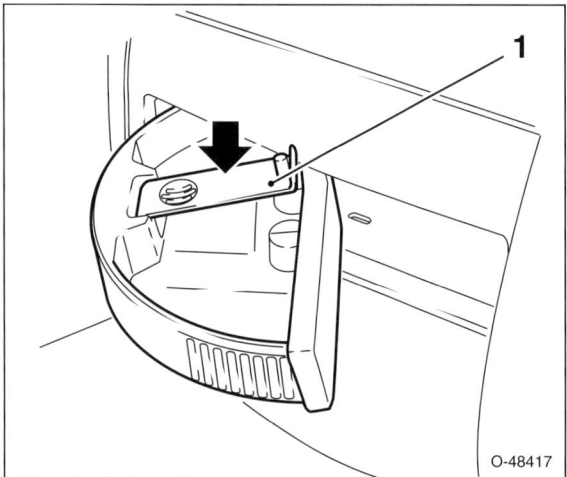

- Aschenbechereinsatz hinten aus der Mittelkonsole herausschwenken, Klammer –1– aushängen –Pfeil– und Aschenbechereinsatz herausziehen.
- Hinteres Ablagefach an 8 Stellen ausclipsen und nach oben aus der Mittelkonsole herausziehen, siehe Kapitel »Mittelkonsole aus- und einbauen«.

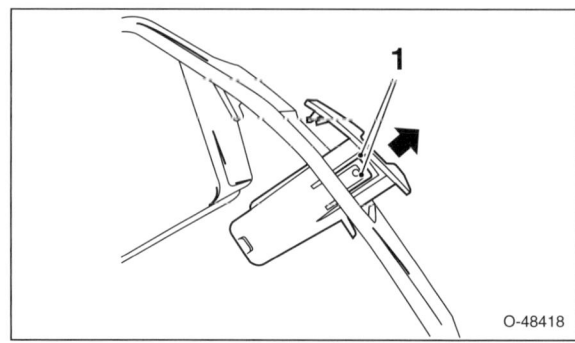

- 2 Haltelaschen –1– entriegeln und Aschenbecher aus dem hinteren Ablagefach herausziehen –Pfeil–.

Einbau

- Der Einbau erfolgt in umgekehrter Ausbaureihenfolge.

Mittlere Blende der Armaturentafel aus- und einbauen

ASTRA

Ausbau

- Batterie abklemmen. **Achtung:** Hinweise im Kapitel »Batterie aus- und einbauen« beachten.
- Radio ausbauen, siehe Seite 101.
- Heizung-/Klimabedieneinheit ausbauen, siehe Seite 106.

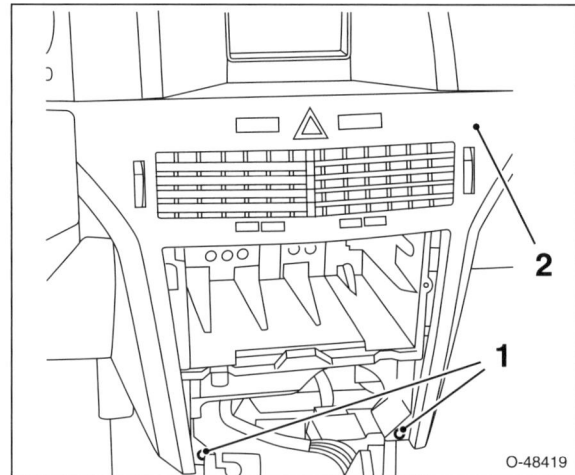

- 2 Schrauben –1– herausdrehen und Blende –2– aus der Armaturentafel herausziehen.
- Stecker an der Rückseite der Blende entriegeln und von der Schalterleiste abziehen.

Einbau

- Der Einbau erfolgt in umgekehrter Ausbaureihenfolge.

Verkleidung unter der Lenksäule aus- und einbauen

ASTRA

Ausbau

- Batterie abklemmen. **Achtung:** Hinweise im Kapitel »Batterie aus- und einbauen« beachten.
- Lenksäulenverkleidung unten ausbauen, siehe entsprechendes Kapitel.
- Lichtschaltereinheit ausbauen, siehe Seite 96.

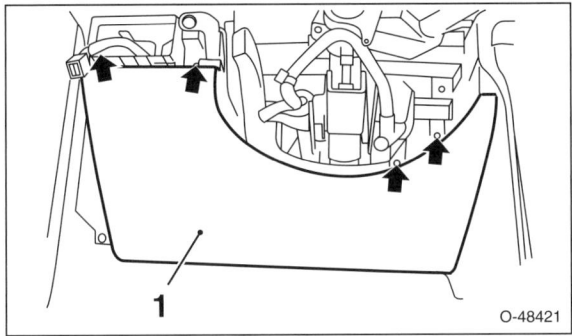

- 4 Schrauben –Pfeile– oben aus der Verkleidung –1– unter der Lenksäule herausdrehen.

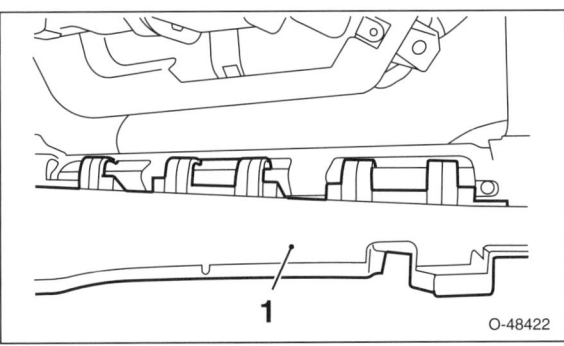

- Verkleidung –1– aus der Halterung in der Armaturentafel aushängen und aus dem Fußraum herausnehmen.

Einbau

- Der Einbau erfolgt in umgekehrter Ausbaureihenfolge.

Verkleidungen im Fahrzeug-Innenraum aus- und einbauen

ASTRA Limousine

Verkleidung A-Säule; Limousine

Ausbau

Achtung: Bei Fahrzeugen mit Kopfairbag unbedingt Airbag-Sicherheitshinweise beachten, siehe Seite 132.

- **Um ein Auslösen des Kopfairbags zu verhindern, Batterie abklemmen. Achtung:** Hinweise im Kapitel »Batterie aus- und einbauen« beachten.
- **Batteriepole isolieren.**

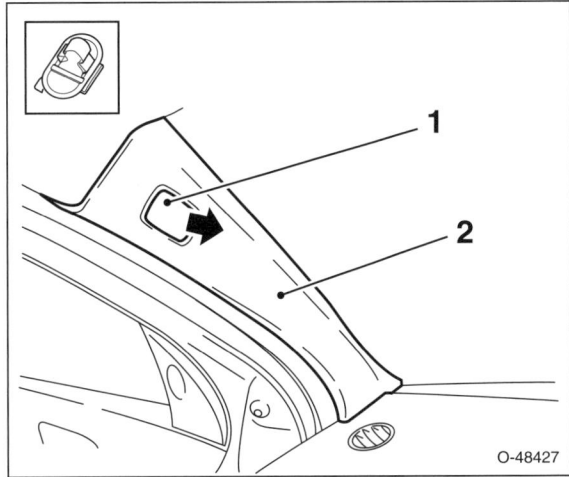

- Blende –1– mit einem Schraubendreher nach und nach aus der Verkleidung –2– an der A-Säule heraushebeln –Pfeil–.
- Einen Kunststoffkeil unter die Verkleidung schieben und Verkleidung –2– am Halteclip von der A-Säule lösen.
- Verkleidung nach oben aus der Armaturentafel herausziehen.

Einbau

- Der Einbau erfolgt in umgekehrter Ausbaureihenfolge, dabei darauf achten, dass die Gummidichtung über die Verkleidung greift.

Achtung: Beim Anklemmen der Batterie darf sich keine Person im Innenraum des Fahrzeugs aufhalten.

Verkleidung B-Säule oben; Limousine

Ausbau

Achtung: Bei Fahrzeugen mit Kopfairbag unbedingt Airbag-Sicherheitshinweise beachten, siehe Seite 132.

- **Um ein Auslösen des Kopfairbags zu verhindern, Batterie abklemmen. Achtung: Hinweise im Kapitel »Batterie aus- und einbauen« beachten.**
- **Batteriepole isolieren.**
- Gurtendbeschlag für vorderen Sicherheitsgurt vom Vordersitz abbauen, siehe Kapitel »Vordersitz aus- und einbauen«.

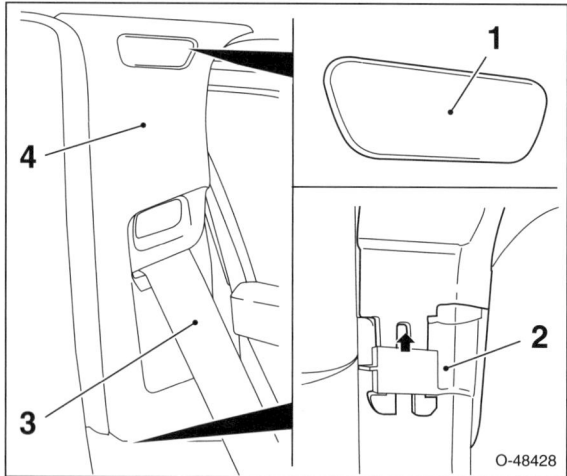

- Blende –1– mit einem Schraubendreher nach und nach aus der Verkleidung –4– an der B-Säule heraushebeln.
- Einen Kunststoffkeil unter die Verkleidung schieben und obere Verkleidung –4– an 6 Halteclips von der B-Säule lösen.
- Obere Verkleidung –4– im unteren Bereich –2– aus den Aufnahmen der unteren Verkleidung ausrasten und herausziehen –Pfeil–.
- Sicherheitsgurt –3– aus der Gurtführung des Höhenverstellers herausfädeln und obere Verkleidung –4– von der B-Säule abnehmen.

Einbau

- Der Einbau erfolgt in umgekehrter Ausbaureihenfolge, dabei darauf achten, dass die Gummidichtung über die Verkleidung greift.
- Gurtendbeschlag mit Schraubensicherungsmittel und **20 Nm** am Vordersitz festschrauben.
- Auf korrekten Lauf des Gurtbandes in der Verkleidung an der B-Säule achten.
- Funktion des Höhenverstellers und des Aufrollautomaten prüfen.

Achtung: Beim Anklemmen der Batterie darf sich keine Person im Innenraum des Fahrzeugs aufhalten.

Verkleidung B-Säule unten; Limousine

Ausbau

- Einstiegsleiste ausbauen, siehe entsprechenden Abschnitt.

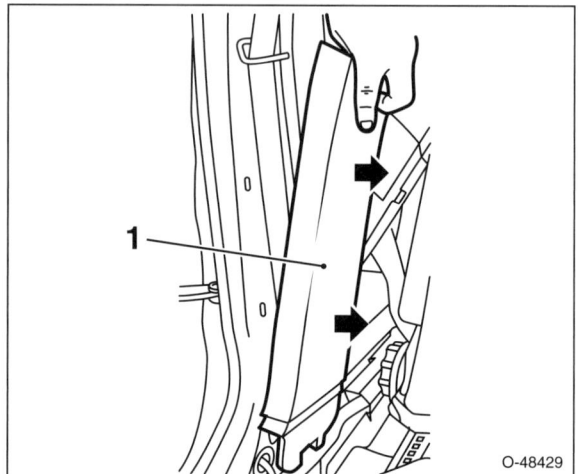

- Einen Kunststoffkeil unter die Verkleidung schieben und untere Verkleidung –1– an 4 Halteclips von der B-Säule lösen.
- Obere Verkleidung aus den Aufnahmen der unteren Verkleidung ausrasten und herausziehen.
- Untere Verkleidung –1– von der B-Säule abziehen –Pfeile–.

Einbau

- Der Einbau erfolgt in umgekehrter Ausbaureihenfolge, dabei darauf achten, dass die Gummidichtung über die Verkleidung greift.

Verkleidung C-Säule; Limousine

Ausbau

Achtung: Bei Fahrzeugen mit Kopfairbag unbedingt Airbag-Sicherheitshinweise beachten, siehe Seite 132.

- **Um ein Auslösen des Kopfairbags zu verhindern, Batterie abklemmen. Achtung: Hinweise im Kapitel »Batterie aus- und einbauen« beachten.**
- **Batteriepole isolieren.**
- Rücksitzbank und Rücksitzlehne ausbauen, siehe entsprechendes Kapitel.

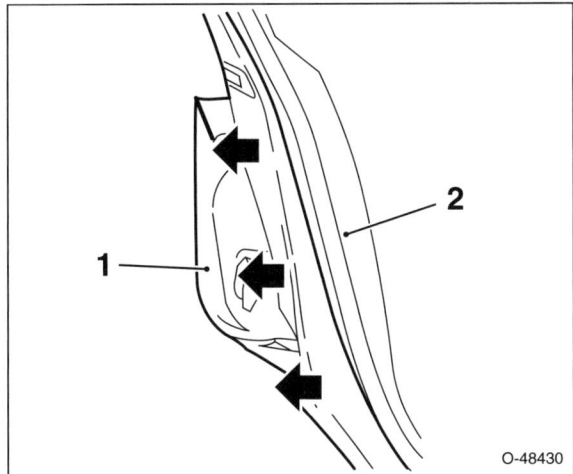

- Untere Verkleidung –1– an den Halteclips von der Seitenwand –2– lösen und abnehmen –Pfeile–.
- Gurtendbeschlag für hinteren Sicherheitsgurt von der Seitenwand abschrauben.

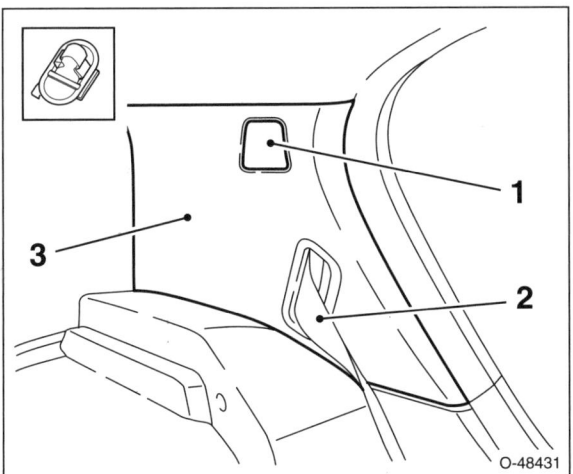

- Blende –1– mit einem Schraubendreher nach und nach aus der oberen Verkleidung –3– an der C-Säule heraushebeln.
- Einen Kunststoffkeil unter die Verkleidung schieben und obere Verkleidung –3– an 5 Halteclips von der C-Säule lösen.
- Sicherheitsgurt –2– aus der Gurtführung herausfädeln und obere Verkleidung –3– von der C-Säule abnehmen.

Einbau

- Der Einbau erfolgt in umgekehrter Ausbaureihenfolge, dabei untere Verkleidung unter die Einstiegsleiste schieben.
- Darauf achten, dass die Gummidichtung über die Verkleidung greift.
- Gurtendbeschlag mit Schraubensicherungsmittel und **35 Nm** an der Seitenwand festschrauben.
- Auf korrekten Lauf des Gurtbandes in der Verkleidung an der C-Säule achten.

Achtung: Beim Anklemmen der Batterie darf sich keine Person im Innenraum des Fahrzeugs aufhalten.

Seitliche Verkleidung im Laderaum; Limousine

Ausbau

- Rücksitzbank und Rücksitzlehne ausbauen, siehe entsprechendes Kapitel.
- Verkleidung von der C-Säule unten und oben ausbauen, siehe entsprechenden Abschnitt.
- Verkleidung Heckabschluss ausbauen, siehe entsprechenden Abschnitt.

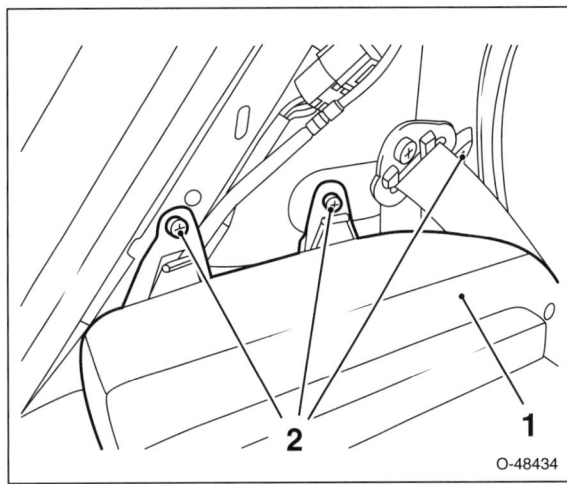

- 3 Schrauben –2– oben an der Verkleidung –1– herausdrehen.
- Steckverbindung trennen.

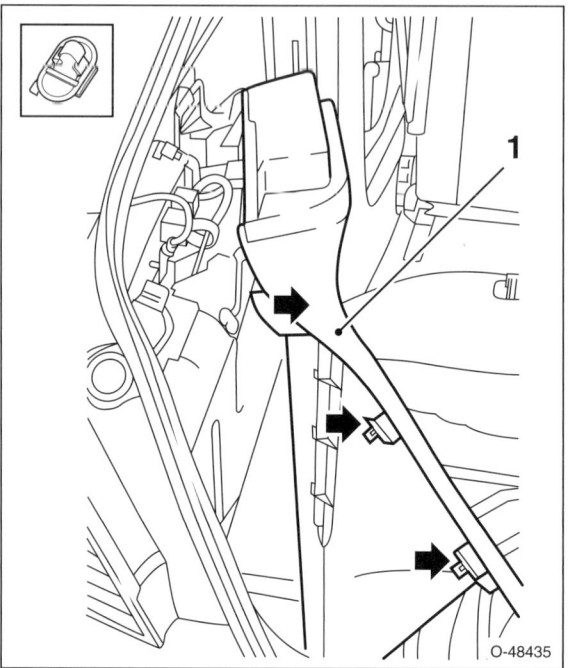

- Einen Kunststoffkeil unter die Verkleidung schieben und Verkleidung –1– an 3 Halteclips –Pfeile– vom Heckklappenrahmen lösen.
- Verkleidung –1– aus dem Kofferraum herausziehen.

Einbau

- Der Einbau erfolgt in umgekehrter Ausbaureihenfolge, dabei darauf achten, dass die Gummidichtung über die Verkleidung am Heckklappenrahmen greift.

Einstiegsleiste; Limousine

Ausbau

- Türen vorn und hinten öffnen und Gummidichtung vom Türschweller abziehen

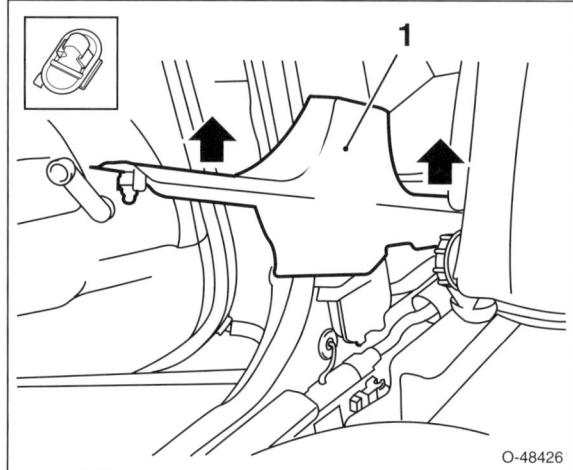

- Einen Kunststoffkeil unter die Einstiegsleiste –1– schieben und Einstiegsleiste an 5 Halteclips vom Türschweller lösen.
- Einstiegsleiste nach oben vom Türschweller abziehen –Pfeile–.

Einbau

- Halteclips auf Beschädigungen und auf richtigen Sitz an der Einstiegsleiste überprüfen, wenn nötig, ersetzen.
- Einstiegsleiste so am Türschweller ansetzen, dass die Federclips in die Bohrungen eingreifen.

Achtung: Elektrische Leitungen am Türschweller richtig verlegen und nicht quetschen.

- Der weitere Einbau erfolgt in umgekehrter Ausbaureihenfolge, dabei darauf achten, dass die Gummidichtung über die Verkleidung greift.

Verkleidung Heckabschluss; Limousine

Ausbau

- Heckklappe öffnen.
- **ASTRA GTC:** Kofferraumboden herausnehmen, Kugelkopf für Anhängerkupplung herausnehmen, Rücksitzlehne vorklappen und Staufach aus dem Kofferraum herausnehmen.

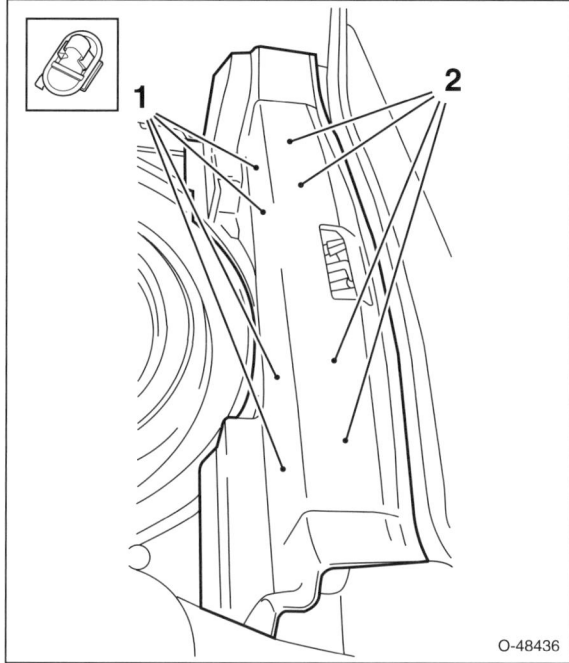

- Einen Kunststoffkeil an der Abschlusskante unter die Verkleidung schieben und Verkleidung an 4 Halteclips –2– vom Heckklappenrahmen lösen.
- Verkleidung im unteren Bereich an 4 Halteclips –1– von der Heckwand lösen und abnehmen. **Hinweis:** Beim ASTRA GTC ist die Verkleidung mit 3 Halteclips an der Heckwand befestigt.

Einbau

- Der Einbau erfolgt in umgekehrter Ausbaureihenfolge, dabei darauf achten, dass die Gummidichtung am Heckklappenrahmen über die Verkleidung greift.

Verkleidungen im Fahrzeug-Innenraum aus- und einbauen

ASTRA CARAVAN

Hinweis: Bei folgenden Verkleidungen erfolgt der Ausbau wie bei der ASTRA Limousine, siehe entsprechendes Kapitel:

- Verkleidung A-Säule
- Verkleidungen B-Säule oben und unten
- Einstiegsleiste

Verkleidung C-Säule oben; CARAVAN

Hinweis: Der Ausbau erfolgt in ähnlicher Weise wie bei der ASTRA Limousine.

Ausbau

Achtung: Bei Fahrzeugen mit Kopfairbag unbedingt Airbag-Sicherheitshinweise beachten, siehe Seite 132.

- Um ein Auslösen des Kopfairbags zu verhindern, Batterie abklemmen. Achtung: Hinweise im Kapitel »Batterie aus- und einbauen« beachten.
- **Batteriepole isolieren.**
- Dachabschlussleiste ausbauen, siehe entsprechenden Abschnitt.
- Verkleidung von der D-Säule ausbauen, siehe entsprechenden Abschnitt.
- Rücksitzlehne umklappen.
- Seitliche Verkleidung im Laderaum ausbauen, siehe entsprechenden Abschnitt.
- Untere Verkleidung von der C-Säule ausbauen, siehe entsprechenden Abschnitt.
- Gurtendbeschlag für hinteren Sicherheitsgurt von der unteren C-Säule abschrauben.
- Blende mit einem Schraubendreher nach und nach aus der oberen Verkleidung an der C-Säule heraushebeln.
- Einen Kunststoffkeil unter die Verkleidung schieben und obere Verkleidung am Halteclip von der C-Säule lösen.
- Sicherheitsgurt aus der Gurtführung herausfädeln und obere Verkleidung von der C-Säule abnehmen.

Einbau

- Der Einbau erfolgt in umgekehrter Ausbaureihenfolge, dabei darauf achten, dass die Gummidichtung über die Verkleidung greift.
- Gurtendbeschlag mit Schraubensicherungsmittel und **35 Nm** an der unteren C-Säule festschrauben.
- Auf korrekten Lauf des Gurtbandes in der Verkleidung an der C-Säule achten.

Achtung: Beim Anklemmen der Batterie darf sich keine Person im Innenraum des Fahrzeugs aufhalten.

Verkleidung C-Säule unten; CARAVAN

Ausbau

- Rücksitzlehne umklappen.

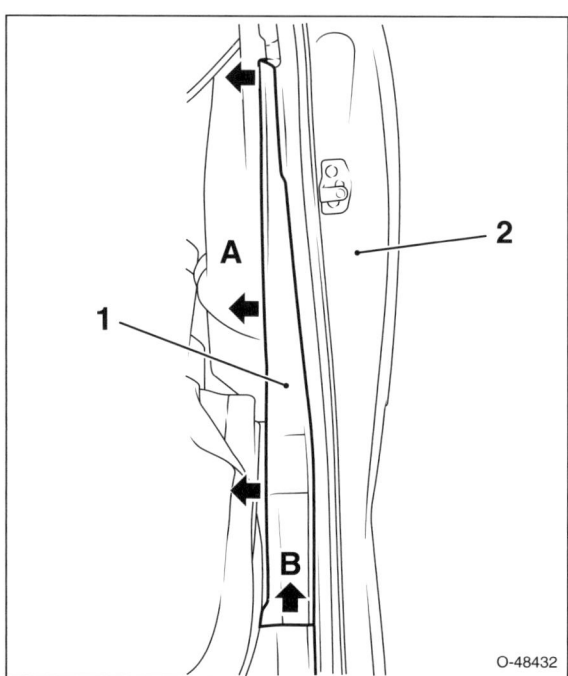

- Verkleidung –1– an 3 Halteclips –Pfeile A– von der unteren C-Säule –2– lösen.
- Verkleidung –1– im unteren Bereich aus der Verkleidung am Türschweller herausziehen –Pfeil B– und von der C-Säule –2– abnehmen.

Einbau

- Der Einbau erfolgt in umgekehrter Ausbaureihenfolge, dabei darauf achten, dass die Gummidichtung über die Verkleidung greift.

Verkleidung D-Säule; CARAVAN

Ausbau

Achtung: Bei Fahrzeugen mit Kopfairbag unbedingt Airbag-Sicherheitshinweise beachten, siehe Seite 132.

- Um ein Auslösen des Kopfairbags zu verhindern, Batterie abklemmen. Achtung: Hinweise im Kapitel »Batterie aus- und einbauen« beachten.
- Batteriepole isolieren.
- Dachabschlussleiste ausbauen, siehe entsprechenden Abschnitt.

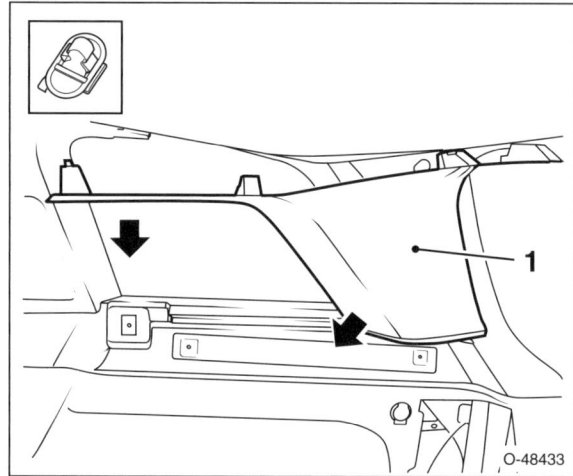

- Einen Kunststoffkeil unter die Verkleidung schieben, Verkleidung –1– an 5 Halteclips von der D-Säule lösen und abnehmen –Pfeile–.

Einbau

- Der Einbau erfolgt in umgekehrter Ausbaureihenfolge, dabei darauf achten, dass die Gummidichtung über die Verkleidung greift.

Achtung: Beim Anklemmen der Batterie darf sich keine Person im Innenraum des Fahrzeugs aufhalten.

Seitliche Verkleidung im Laderaum; CARAVAN

Ausbau

- Rücksitzlehne nach vorne klappen.
- Heckklappe öffnen, Laderaumabdeckplane entriegeln und herausnehmen.

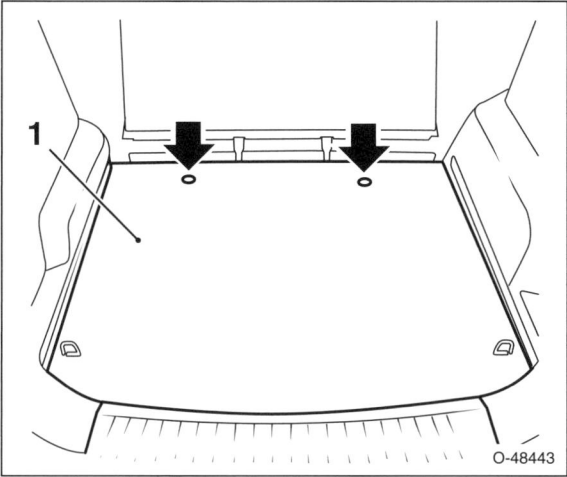

- 2 Stopfen –Pfeile– herausdrehen und Kofferraumboden –1– herausnehmen.
- Verkleidung Heckabschluss ausbauen, siehe entsprechenden Abschnitt.
- Verkleidung von der C-Säule unten ausbauen, siehe entsprechenden Abschnitt.
- Verkleidung von der D-Säule ausbauen, siehe entsprechenden Abschnitt.

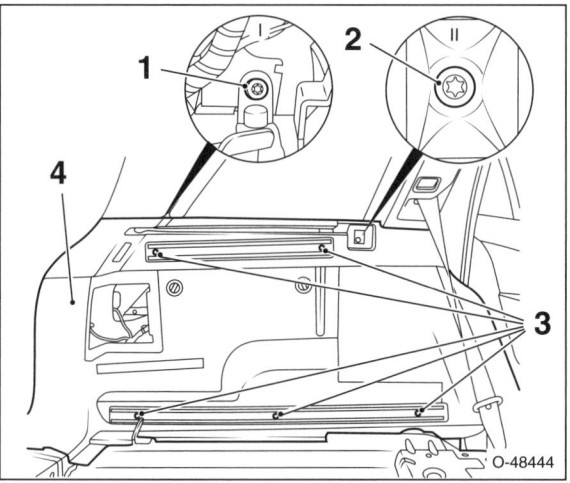

- 2 Schrauben –1/2– oben herausdrehen.
- 5 Schrauben –3– aus den Schienen oben und unten herausdrehen.
- Verkleidung –4– an 4 Halteclips von der Seitenwand ziehen.
- An der Rückseite Stecker für Laderaumleuchte abziehen.
- Verkleidung –4– aus dem Laderaum herausziehen.

Einbau

- Der Einbau erfolgt in umgekehrter Ausbaureihenfolge, dabei darauf achten, dass die Gummidichtung über die Verkleidung am Heckklappenrahmen greift.

Dachabschlussleiste; CARAVAN

Ausbau

- Heckklappe öffnen.

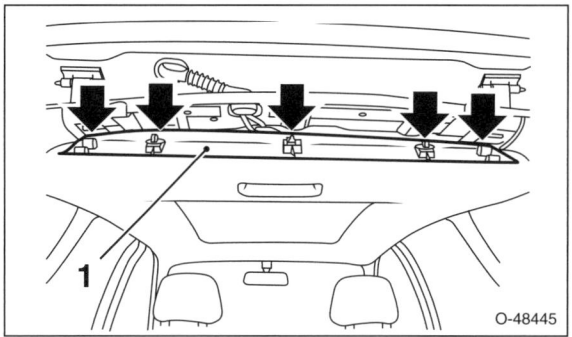

- Mit einem Kunststoffkeil Dachabschlussleiste –1– an 3 Cliphalterungen sowie an 2 Führungen rechts und links –Pfeile– lösen.
- Dachabschlussleiste abnehmen.

Einbau

- Der Einbau erfolgt in umgekehrter Ausbaureihenfolge. Dabei Führungen rechts und links in die Verkleidung an der D-Säule einclipsen.

Verkleidung Heckabschluss; CARAVAN

Ausbau

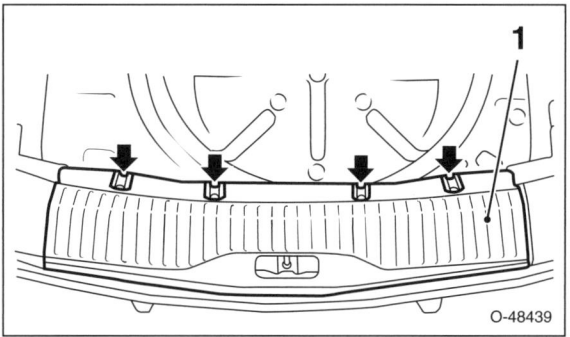

- Heckklappe öffnen und 4 Schrauben –Pfeile– herausdrehen.
- Verkleidung –1– von der Abschlusskante abnehmen.

Einbau

- Der Einbau erfolgt in umgekehrter Ausbaureihenfolge, dabei darauf achten, dass die Gummidichtung am Heckklappenrahmen über die Verkleidung greift.

Verkleidungen im Fahrzeug-Innenraum aus- und einbauen
ASTRA GTC

Hinweis: Bei folgenden Verkleidungen erfolgt der Ausbau wie bei der ASTRA Limousine, siehe entsprechendes Kapitel:

- Verkleidung A-Säule
- Verkleidung Heckabschluss

Verkleidung B-Säule oben; ASTRA GTC
Ausbau

Achtung: Bei Fahrzeugen mit Kopfairbag unbedingt Airbag-Sicherheitshinweise beachten, siehe Seite 132.

- **Um ein Auslösen des Kopfairbags zu verhindern, Batterie abklemmen. Achtung: Hinweise im Kapitel »Batterie aus- und einbauen« beachten.**
- **Batteriepole isolieren.**

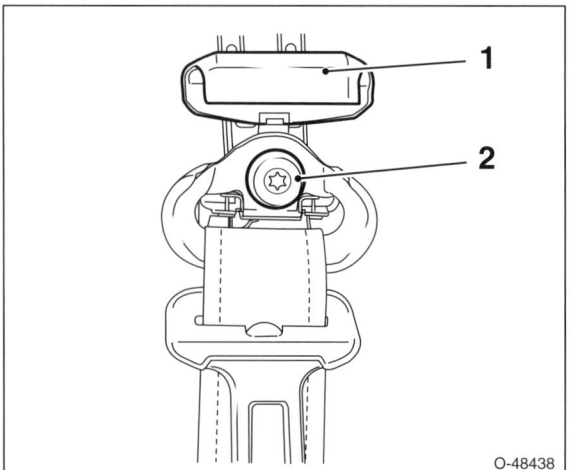

- Abdeckkappe –1– am Umlenkbeschlag für Sicherheitsgurt ausclipsen und nach oben klappen.
- Schraube –2– herausdrehen und Sicherheitsgurt von der B-Säule nehmen.
- Blende mit einem Schraubendreher nach und nach aus der Verkleidung an der B-Säule heraushebeln, siehe entsprechenden Abschnitt für die ASTRA Limousine.
- Einen Kunststoffkeil unter die Verkleidung schieben und obere Verkleidung an 2 Halteclips von der B-Säule lösen.
- Verkleidung nach oben von der B-Säule abziehen.

Einbau

- Der Einbau erfolgt in umgekehrter Ausbaureihenfolge, dabei darauf achten, dass die Gummidichtung über die Verkleidung greift.
- Sicherheitsgurt mit **30 Nm** an der B-Säule festschrauben.
- Funktion des Höhenverstellers und des Aufrollautomaten prüfen.

Achtung: Beim Anklemmen der Batterie darf sich keine Person im Innenraum des Fahrzeugs aufhalten.

Verkleidung C-Säule oben; ASTRA GTC
Ausbau

Achtung: Bei Fahrzeugen mit Kopfairbag unbedingt Airbag-Sicherheitshinweise beachten, siehe Seite 132.

- **Um ein Auslösen des Kopfairbags zu verhindern, Batterie abklemmen. Achtung: Hinweise im Kapitel »Batterie aus- und einbauen« beachten.**
- **Batteriepole isolieren.**
- Heckklappe öffnen.

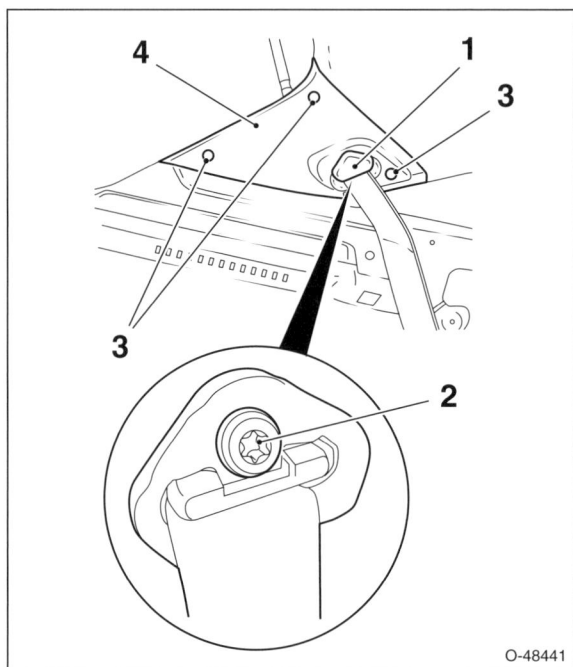

- Abdeckkappe –1– am Umlenkbeschlag für Sicherheitsgurt ausclipsen und abnehmen.
- Schraube –2– herausdrehen und Sicherheitsgurt von der C-Säule nehmen.
- Verkleidung –4– an 3 Halteclips –3– von der C-Säule lösen und abnehmen.

Einbau

- Der Einbau erfolgt in umgekehrter Ausbaureihenfolge, dabei darauf achten, dass die Gummidichtung über die Verkleidung greift.
- Sicherheitsgurt mit **35 Nm** an der C-Säule festschrauben.

Achtung: Beim Anklemmen der Batterie darf sich keine Person im Innenraum des Fahrzeugs aufhalten.

Seitliche Verkleidung hinten; ASTRA GTC

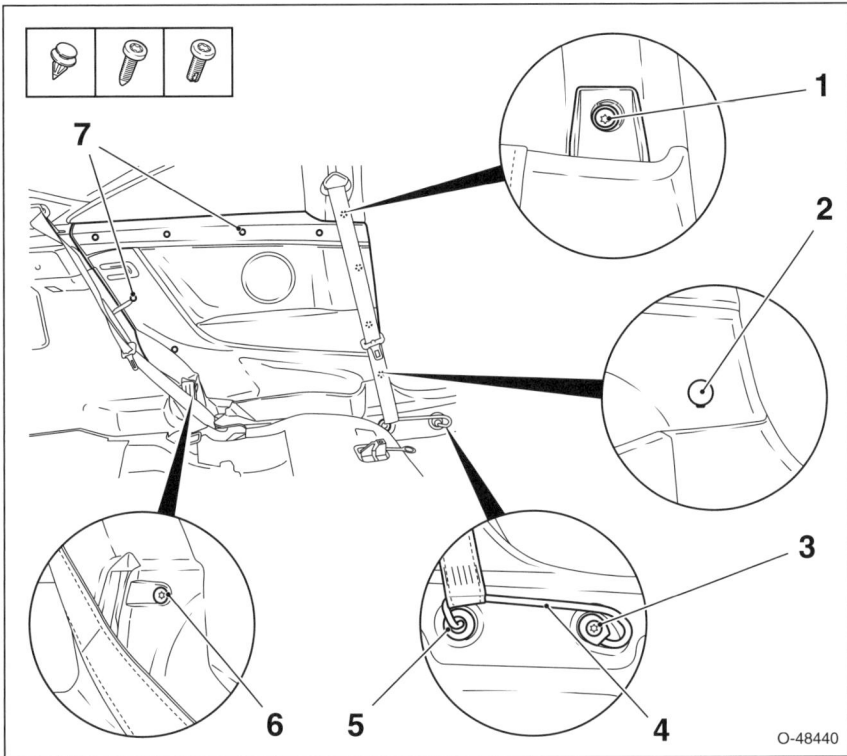

1 – Schraube
2 – Abdeckkappe
3 – Schraube, 35 Nm
4 – Gurtführungsbügel
5 – Führungsbuchse
6 – Schraube
7 – Halteclips

Ausbau

- Einstiegsleiste hinten ausbauen, siehe entsprechenden Abschnitt.
- Heckklappe öffnen, Hutablage aushängen und herausnehmen.
- Kofferraumboden herausnehmen, Kugelkopf für Anhängerkupplung herausnehmen, Rücksitzlehne vorklappen und Staufach aus dem Kofferraum herausnehmen.
- Rücksitzbank und Rücksitzlehne ausbauen, siehe entsprechendes Kapitel.
- Verkleidung von der B-Säule oben ausbauen, siehe entsprechenden Abschnitt.
- Schraube –3– herausdrehen, Gurtführungsbügel –4– hochklappen und mit Sicherheitsgurt von der Seitenwand abnehmen.
- Führungsbuchse –5– aus der Seitenverkleidung –8– herausziehen.
- Abdeckkappe –2 aus der Seitenverkleidung heraushebeln und Schraube herausdrehen.
- Schraube –6– an der Aufnahme für die Rücksitzlehne herausdrehen.
- Schraube –1– aus der B-Säule herausdrehen.
- Seitenverkleidung an 8 Halteclips –7– von der Seitenwand lösen und abnehmen.

Einbau

- Der Einbau erfolgt in umgekehrter Ausbaureihenfolge, dabei darauf achten, dass die Gummidichtung am Türrahmen über die Verkleidung greift.
- Gurtführungsbügel mit **35 Nm** an der Seitenwand festschrauben.

Seitliche Verkleidung im Laderaum; ASTRA GTC

Ausbau

- Seitliche Verkleidung hinten ausbauen, siehe entsprechenden Abschnitt.
- Verkleidung Heckabschluss ausbauen, siehe entsprechenden Abschnitt.
- Verkleidung von der C-Säule oben ausbauen, siehe entsprechenden Abschnitt.

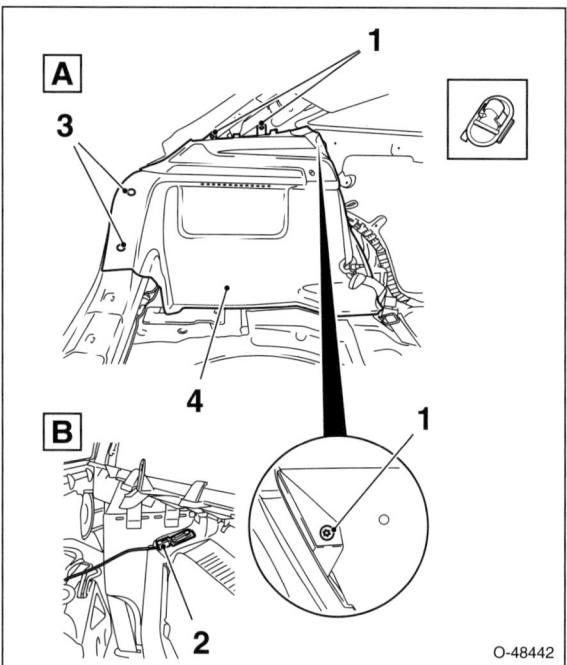

- **–A–:** 3 Schrauben –1– oben herausdrehen.
- Einen Kunststoffkeil unter die Verkleidung –4– schieben und 2 Halteclips –3– vom Heckklappenrahmen lösen.
- Verkleidung –4– von der Seitenwand im Kofferraum ziehen.
- **–B–:** An der Rückseite Stecker –2– für Kofferraumleuchte abziehen.
- Verkleidung –4– aus dem Kofferraum herausziehen.

Einbau

- Der Einbau erfolgt in umgekehrter Ausbaureihenfolge, dabei darauf achten, dass die Gummidichtung über die Verkleidung am Heckklappenrahmen greift.

Einstiegsleiste; ASTRA GTC

Ausbau

- Türen vorn und hinten öffnen und Gummidichtung vom Türschweller abziehen

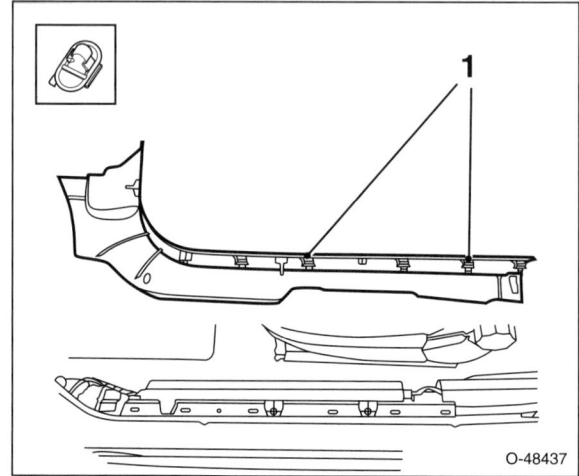

- Einen Kunststoffkeil unter die Einstiegsleiste schieben und Einstiegsleiste an 5 Halteclips –1– vom Türschweller lösen.
- Einstiegsleiste nach oben vom Türschweller abziehen.

Einbau

- Darauf achten, dass die elektrischen Leitungen am Türschweller richtig verlegt werden und nicht gequetscht werden.
- Halteclips auf Beschädigungen und auf richtigen Sitz an der Einstiegsleiste überprüfen, wenn nötig, ersetzen.
- Einstiegsleiste so am Türschweller ansetzen, dass die Federclips der Einstiegsleiste in die Bohrungen eingreifen.
- Der weitere Einbau erfolgt in umgekehrter Ausbaureihenfolge, dabei darauf achten, dass die Gummidichtung über die Verkleidung greift.

Mittelkonsole aus- und einbauen

ZAFIRA

Ausbau

- Batterie abklemmen. **Achtung:** Hinweise im Kapitel »Batterie aus- und einbauen« beachten.
- Handbremshebel hochziehen.

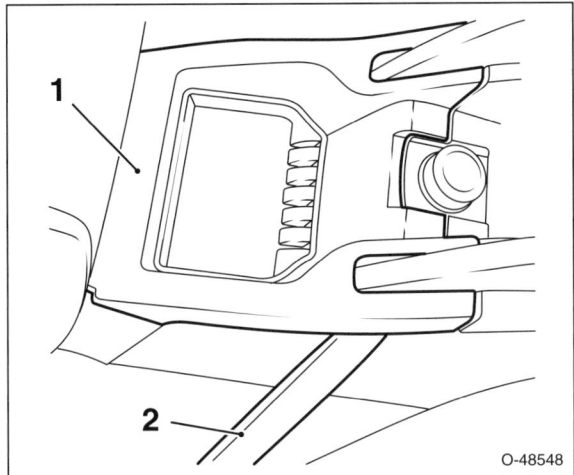

- Mit einem Kunststoffkeil –2– vordere Blende –1– an 2 Halteclips vorsichtig aus der Mittelkonsole heraushebeln und aus der hinteren Führung herausziehen.

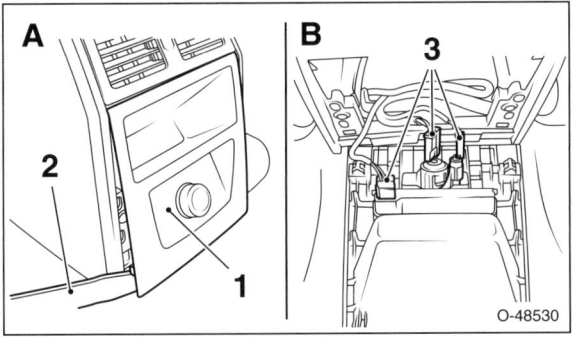

- Kunststoffkeil –2– unten ansetzen und hintere Blende –1– an 2 Halteclips vorsichtig aus der Mittelkonsole heraushebeln.
- An der Rückseite der Blende 3 Stecker –3– abziehen.

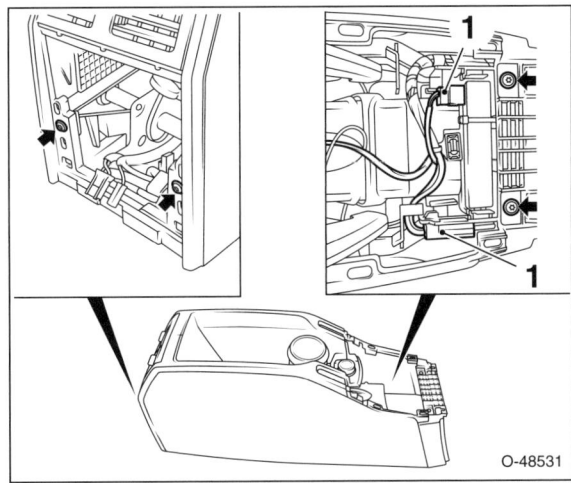

- Jeweils 2 Schrauben hinten und vorne –Pfeile– herausdrehen, 2 Stecker abziehen und Mittelkonsole vom Fahrzeugboden abnehmen.

Einbau

- Der Einbau erfolgt in umgekehrter Ausbaureihenfolge.

Seitliche Verkleidung Schaltkonsole aus- und einbauen

ZAFIRA

Ausbau

- Abdeckung für Schalt- und Wählhebel ausbauen, siehe entsprechendes Kapitel. **Hinweis:** Der Wählhebelknauf muss dabei nicht ausgebaut werden.
- Obere Verkleidung im Fußraum auf der Fahrerseite ausbauen, siehe entsprechendes Kapitel.
- Mit einem Kunststoffkeil seitliche Verkleidung an 3 Halteclips von der Schaltkonsole ablösen und aus dem Fußraum herausziehen.

Einbau

- Der Einbau erfolgt in umgekehrter Ausbaureihenfolge.

Abdeckung für Schalt- und Wählhebel aus- und einbauen

ZAFIRA

Ausbau

- Batterie abklemmen. **Achtung:** Hinweise im Kapitel »Batterie aus- und einbauen« beachten.

- **Schaltgetriebe:** Schalthebelmanschette mit einem Kunststoffkeil aus der Abdeckung herausclipsen und nach oben stülpen.

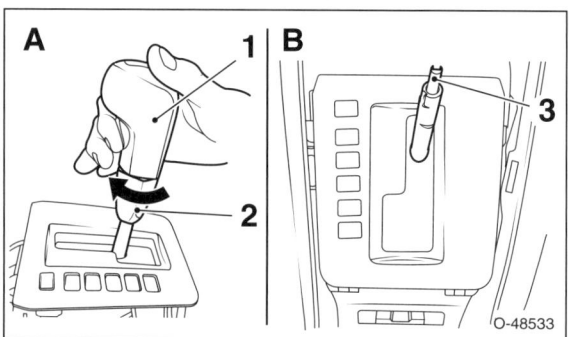

- **Automatikgetriebe:** Wählhebelknauf –1– ausbauen. Dazu Rasthülse –2– lösen und etwa 30° im Uhrzeigersinn drehen –Pfeil–. Sperrtaste am Knauf drücken und Knauf abziehen. Darauf achten, dass bei abgezogenem Knauf, die Betätigungsstange –3– für die Wählhebelsperre nicht in den Wählhebel hineingedrückt wird.

- Aschenbecher öffnen und Aschenbechereinsatz herausziehen.

- Mit einem Kunststoffkeil Aschenbecher an 2 Halteclips aus der Schaltkonsole herauslösen.

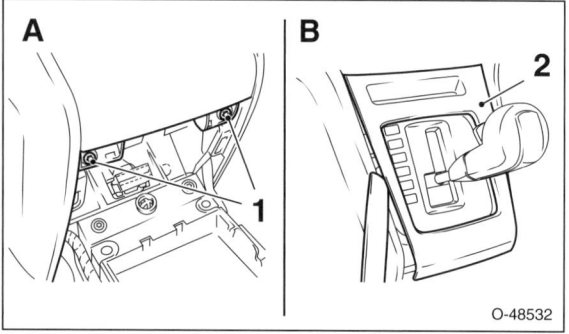

- 2 Schrauben –1– an der Schaltkonsole herausdrehen.

- Mit einem Kunststoffkeil Abdeckung –2– für Schalt- und Wählhebel aus der Schaltkonsole heraushebeln. Abdeckung nach hinten herausziehen.

- Stecker vorsichtig am Steuergerät für Wählhebel abziehen.

Einbau

- Der Einbau erfolgt in umgekehrter Ausbaureihenfolge. Dabei Wählhebelknauf bei gedrückter Sperrtaste auf den Wählhebel aufstecken.

Mittlere Blende der Armaturentafel aus- und einbauen

ZAFIRA

Ausbau

- Batterie abklemmen. **Achtung:** Hinweise im Kapitel »Batterie aus- und einbauen« beachten.

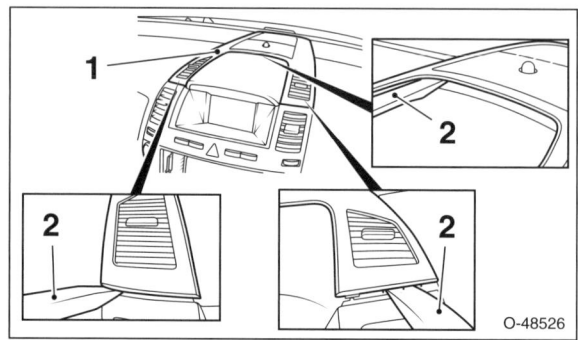

- Mit einem Kunststoffkeil –2– obere Blende –1– an 2 Halteclips vorsichtig aus der Armaturentafel heraushebeln.

- Falls eingebaut, Stecker für Sonnensensor an der Rückseite der Blende abziehen. Der Sensor sitzt in der Lautsprecherabdeckung.

Hinweis: In der oberen Blende ist die Abdeckung für den Lautsprecher, der in der Armaturentafel sitzt, eingeclipst.

- Radio ausbauen, siehe Seite 101.

- Heizung-/Klimabedieneinheit ausbauen, siehe Seite 106.

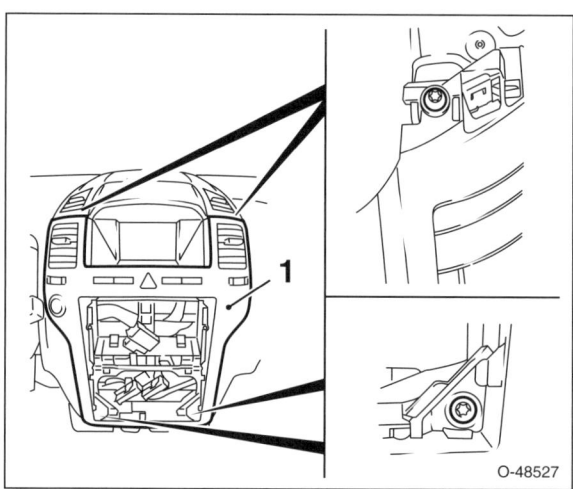

- 4 Schrauben herausdrehen und untere Blende –1– mit Luftaustrittsdüsen aus der Armaturentafel herausziehen.

- An der Rückseite der Blende 2 Stecker abziehen.

Einbau

- Der Einbau erfolgt in umgekehrter Ausbaureihenfolge.

Verkleidung unter der Lenksäule aus- und einbauen

ZAFIRA

Ausbau

- Vordertür öffnen. Mit einem Kunststoffkeil seitliche Klappe links an 2 Halteclips aus der Armaturentafel heraushebeln.
- Obere Verkleidung im Fußraum auf der Fahrerseite ausbauen, siehe entsprechendes Kapitel.

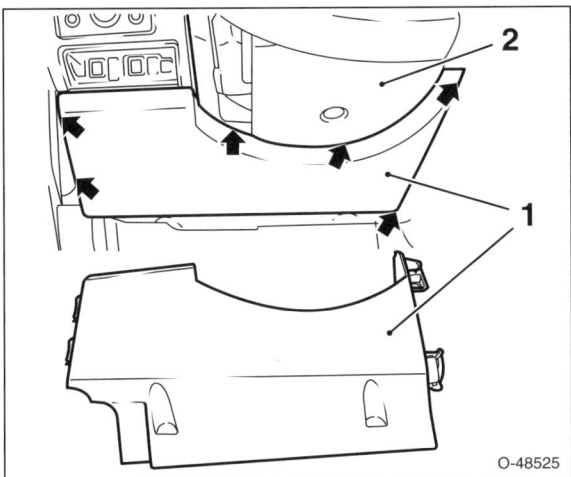

- 6 Schrauben –Pfeile– aus der Verkleidung –1– unter der Lenksäule herausdrehen.
- Untere Lenksäulenverkleidung –2– etwas zur Seite drücken und Verkleidung –1– von der Armaturentafel abnehmen.

Einbau

- Der Einbau erfolgt in umgekehrter Ausbaureihenfolge.

Verkleidungen im Fahrzeug-Innenraum aus- und einbauen

ZAFIRA

Verkleidung A-Säule; ZAFIRA

Ausbau

Achtung: Bei Fahrzeugen mit Kopfairbag unbedingt Airbag-Sicherheitshinweise beachten, siehe Seite 132.

- **Um ein Auslösen des Kopfairbags zu verhindern, Batterie abklemmen. Achtung: Hinweise im Kapitel »Batterie aus- und einbauen« beachten.**
- **Batteriepole isolieren.**

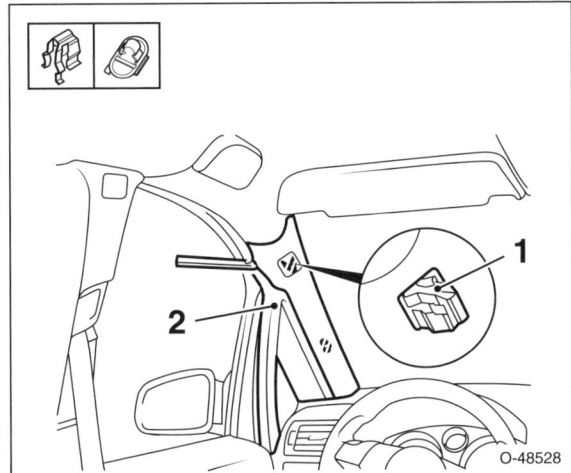

- Blende –1– mit einem Schraubendreher nach und nach aus der Verkleidung –2– an der A-Säule heraushebeln.
- Einen Kunststoffkeil unter die Verkleidung schieben und Verkleidung –2– an 2 Halteclips von der A-Säule lösen.
- Verkleidung nach oben aus der Armaturentafel herausziehen.

Einbau

- Der Einbau erfolgt in umgekehrter Ausbaureihenfolge, dabei darauf achten, dass die Gummidichtung über die Verkleidung greift.

Achtung: Beim Anklemmen der Batterie darf sich keine Person im Innenraum des Fahrzeugs aufhalten.

Verkleidung B-Säule oben; ZAFIRA

Ausbau

Achtung: Bei Fahrzeugen mit Kopfairbag unbedingt Airbag-Sicherheitshinweise beachten, siehe Seite 132.

- **Um ein Auslösen des Kopfairbags zu verhindern, Batterie abklemmen. Achtung: Hinweise im Kapitel »Batterie aus- und einbauen« beachten.**
- **Batteriepole isolieren.**

- Gurtendbeschlag für vorderen Sicherheitsgurt vom Vordersitz abbauen, siehe Kapitel »Vordersitz aus- und einbauen«.

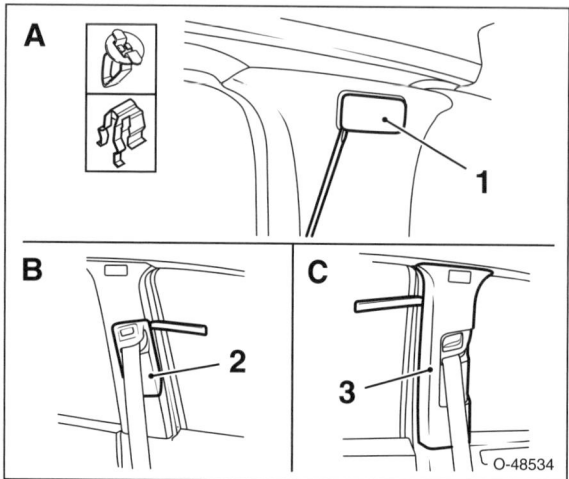

- −A−: Blende −1− mit einem Schraubendreher nach und nach aus der Verkleidung an der B-Säule heraushebeln.
- −B−: Mit einem Kunststoffkeil Gurtführung −2− des Höhenverstellers hinter der B-Säulen-Verkleidung ausclipsen.
- Untere B-Säulen-Verkleidung im oberen Bereich lösen, siehe entsprechenden Abschnitt.
- −C−: Einen Kunststoffkeil unter die obere B-Säulen-Verkleidung −3− schieben und Verkleidung von der B-Säule lösen.
- Sicherheitsgurt herausfädeln und obere Verkleidung aus der Führung ziehen.

Einbau

- Sicherheitsgurt einfädeln und Gurtführung hinter der B-Säulen-Verkleidung einclipsen.
- Obere B-Säulen-Verkleidung in die Führung einsetzen, dabei darauf achten, dass die Taste der Gurtführung korrekt in den Höhenversteller eingreift.
- Untere B-Säulen-Verkleidung im oberen Bereich einclipsen.
- Der weitere Einbau erfolgt in umgekehrter Ausbaureihenfolge, dabei darauf achten, dass die Gummidichtung über die Verkleidung greift.
- Auf korrekten Lauf des Gurtbandes achten.
- Funktion des Höhenverstellers und des Aufrollautomaten prüfen.

Achtung: Beim Anklemmen der Batterie darf sich keine Person im Innenraum des Fahrzeugs aufhalten.

Verkleidung B-Säule unten; ZAFIRA

Ausbau

- Ablagefach am Vordersitz ausbauen, siehe entsprechenden Abschnitt.
- Verkleidung Sitzversteller ausbauen, siehe Kapitel »Rücksitz aus- und einbauen«.
- Einstiegsleiste hinten ausbauen, siehe entsprechenden Abschnitt.

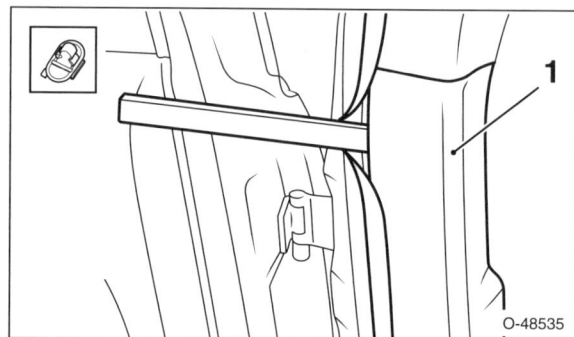

- Einen Kunststoffkeil unter die untere Verkleidung schieben, Verkleidung −1− an 2 Halteclips von der B-Säule lösen und abziehen.

Einbau

- Der Einbau erfolgt in umgekehrter Ausbaureihenfolge, dabei darauf achten, dass die Gummidichtung über die Verkleidung greift.

Verkleidung C-Säule oben; ZAFIRA

Ausbau

Achtung: Bei Fahrzeugen mit Kopfairbag unbedingt Airbag-Sicherheitshinweise beachten, siehe Seite 132.

- **Um ein Auslösen des Kopfairbags zu verhindern, Batterie abklemmen. Achtung: Hinweise im Kapitel »Batterie aus- und einbauen« beachten.**
- **Batteriepole isolieren.**
- Dachabschlussleiste ausbauen, siehe entsprechenden Abschnitt.
- Verkleidung von der D-Säule ausbauen, siehe entsprechenden Abschnitt.
- Verkleidung Sitzversteller ausbauen, siehe Kapitel »Rücksitz aus- und einbauen«.
- Einstiegsleiste hinten ausbauen, siehe entsprechenden Abschnitt.
- Gurtendbeschlag für hinteren Sicherheitsgurt von der unteren C-Säule abschrauben.

Hinweis: Der weitere Ausbau erfolgt wie an der B-Säule, siehe entsprechenden Abschnitt.

- Blende mit einem Schraubendreher nach und nach aus der oberen Verkleidung an der C-Säule heraushebeln.

- Mit einem Kunststoffkeil Gurtführung des Höhenverstellers hinter der C-Säulen-Verkleidung ausclipsen.
- Einen Kunststoffkeil unter die Verkleidung schieben und obere Verkleidung von der C-Säule lösen.
- Sicherheitsgurt aus der Gurtführung herausfädeln und obere Verkleidung von der C-Säule abnehmen.

Einbau

- Sicherheitsgurt in die Gurtführung einfädeln.
- Obere C-Säulen-Verkleidung in die Führung einsetzen, dabei darauf achten, dass die Taste der Gurtführung korrekt in den Höhenversteller eingreift.
- Der weitere Einbau erfolgt in umgekehrter Ausbaureihenfolge, dabei darauf achten, dass die Gummidichtung über die Verkleidung greift.
- Gurtendbeschlag mit Schraubensicherungsmittel und **35 Nm** an der unteren C-Säule festschrauben.
- Auf korrekten Lauf des Gurtbandes achten.

Achtung: Beim Anklemmen der Batterie darf sich keine Person im Innenraum des Fahrzeugs aufhalten.

Verkleidung D-Säule; ZAFIRA

Ausbau

- Dachabschlussleiste ausbauen, siehe entsprechenden Abschnitt.

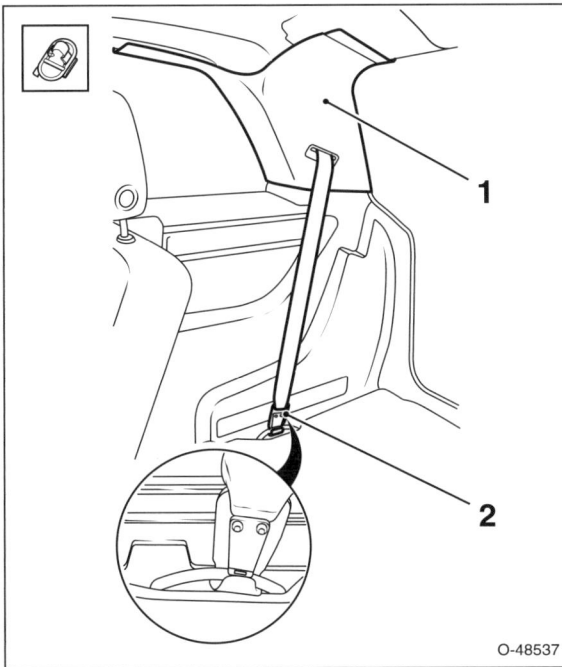

- Je nach Ausstattung Schraube –2– unten herausdrehen und Sicherheitsgurt abnehmen oder Sicherheitsgurt unten am Haltebügel aushängen.
- Einen Kunststoffkeil unter die Verkleidung schieben, Verkleidung –1– an 5 Halteclips von der D-Säule lösen und abnehmen.

Einbau

- Der Einbau erfolgt in umgekehrter Ausbaureihenfolge, dabei darauf achten, dass die Gummidichtung über die Verkleidung greift.

Seitliche Verkleidung im Laderaum; ZAFIRA

Ausbau

- Heckklappe öffnen, Querträger der Laderaumabdeckplane entriegeln und aus der Auflage herausnehmen.
- Dachabschlussleiste ausbauen, siehe entsprechenden Abschnitt.
- Verkleidung von der D-Säule ausbauen, siehe entsprechenden Abschnitt.
- 3. Sitzreihe einklappen und im Boden versenken.
- Verkleidung Heckabschluss ausbauen, siehe entsprechenden Abschnitt.

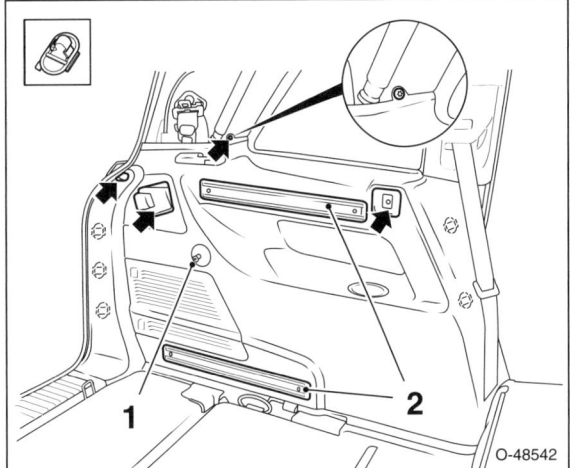

- 4 Schrauben –Pfeile– herausdrehen.
- Jeweils 2 Schrauben herausdrehen und Schienen –2– oben und unten von der Seitenverkleidung abnehmen.
- Schraube –1– herausdrehen und Sitzarretierung abnehmen.
- Einen Kunststoffkeil unter die Verkleidung schieben und Verkleidung an 5 Halteclips von der Seitenwand ziehen.
- Verkleidung aus dem Laderaum herausziehen.

Einbau

- Der Einbau erfolgt in umgekehrter Ausbaureihenfolge, dabei darauf achten, dass die Gummidichtung über die Verkleidung am Heckklappenrahmen greift.

Einstiegsleiste; ZAFIRA

Ausbau

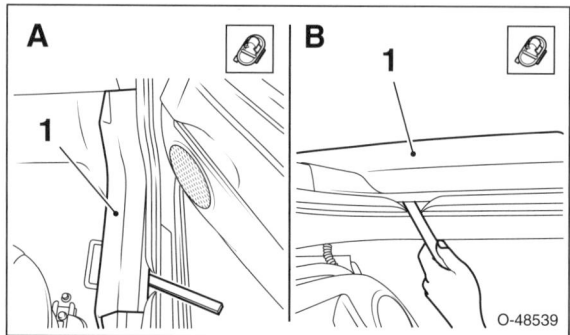

- **Einstiegsleiste vorn –A–:** Ablagefach am Vordersitz ausbauen, siehe entsprechenden Abschnitt.
- **Einstiegsleiste hinten –B–:** Verkleidung Sitzversteller ausbauen, siehe Kapitel »Rücksitz aus- und einbauen«.
- Einen Kunststoffkeil unter die Einstiegsleiste –1– schieben und Einstiegsleiste an 2 Halteclips vom Türschweller lösen.
- Einstiegsleiste nach oben vom Türschweller abziehen.

Einbau

- **Einstiegsleiste vorn:** Darauf achten, dass die elektrischen Leitungen am Türschweller richtig verlegt werden und nicht gequetscht werden.
- Einstiegsleiste am Türschweller ansetzen und einrasten.
- Der weitere Einbau erfolgt in umgekehrter Ausbaureihenfolge, dabei darauf achten, dass die Gummidichtung über die Verkleidung greift.

Ablagefach am Vordersitz; ZAFIRA

Ausbau

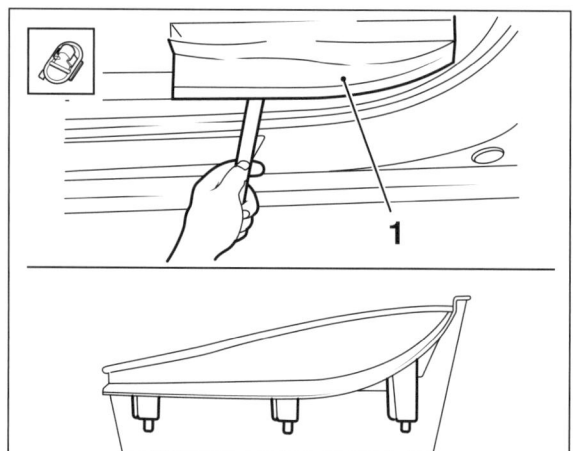

- Tür öffnen. Kunststoffkeil unter das Ablagefach –1– schieben und Ablagefach an 3 Halteclips von der Einstiegsleiste abheben.

Einbau

- Der Einbau erfolgt in umgekehrter Ausbaureihenfolge.

Blende seitlich in der Armaturentafel; ZAFIRA

Ausbau

- Verkleidung von der A-Säule ausbauen, siehe entsprechenden Abschnitt.

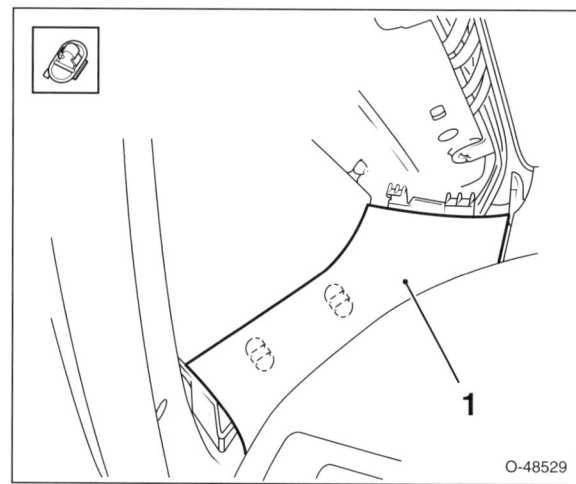

- Einen Kunststoffkeil unter die Verkleidung –1– schieben, an 2 Halteclips von der Armaturentafel lösen und nach oben herausziehen.

Einbau

- Der Einbau erfolgt in umgekehrter Ausbaureihenfolge.

Dachabschlussleiste; ZAFIRA

Ausbau

- Heckklappe öffnen.

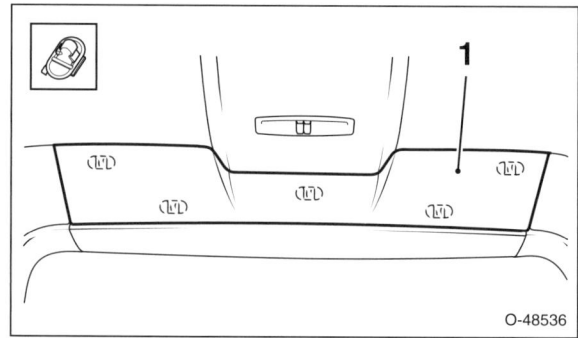

- Mit einem Kunststoffkeil Dachabschlussleiste –1– an 5 Cliphalterungen lösen.
- Dachabschlussleiste abnehmen.

Einbau

- Der Einbau erfolgt in umgekehrter Ausbaureihenfolge.

Verkleidung Heckabschluss; ZAFIRA

Ausbau

- Heckklappe öffnen.

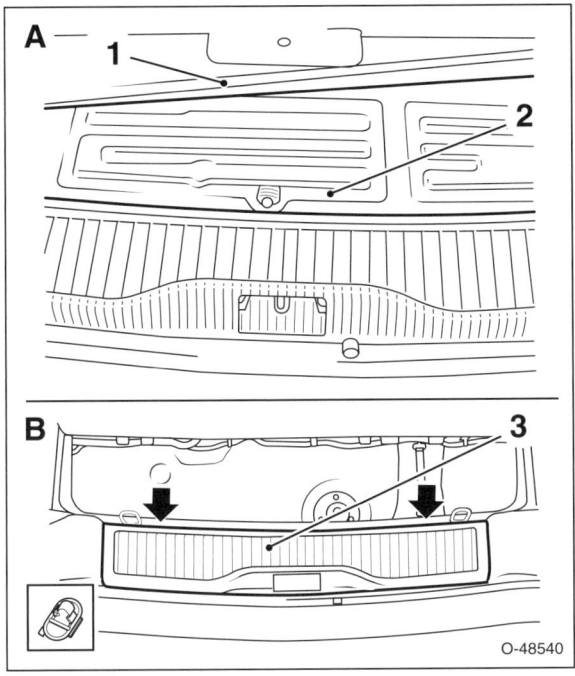

- **–A–:** Teppichboden –1– hinten anheben, Deckel –2– des Ablagefachs entriegeln und herausnehmen.
- 2 Schrauben –Pfeile– unten an der Innenseite der Rückwand herausdrehen.
- **–B–:** Verkleidung –3– an 4 Halteclips vom Heckklappenrahmen lösen und abnehmen.

Einbau

- Der Einbau erfolgt in umgekehrter Ausbaureihenfolge, dabei darauf achten, dass die Gummidichtung am Heckklappenrahmen über die Verkleidung greift.

Vordersitz aus- und einbauen
ASTRA

Ausbau

- **Airbag-Sicherheitshinweise durchlesen und befolgen, siehe Seite 132.**
- **Batterie abklemmen, um ein Auslösen des Seiten-Airbags zu verhindern. Achtung: Hinweise im Kapitel »Batterie aus- und einbauen« beachten.**
- **Batteriepole isolieren.**
- Vordersitz ganz nach vorne schieben.

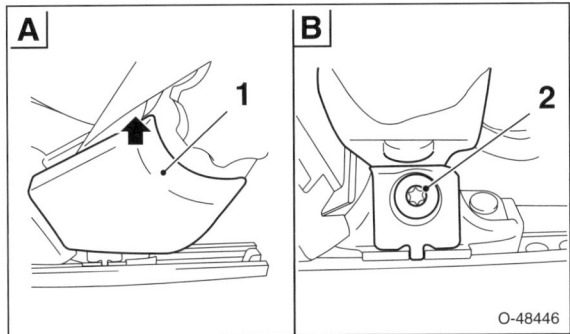

- **–A–:** Abdeckung –1– am Vordersitz nach oben ausclipsen –Pfeil–.
- **–B–:** Schraube –2– für Sicherheitsgurt-Endbeschlag herausdrehen.
- Sicherheitsgurt vom Vordersitz abnehmen.

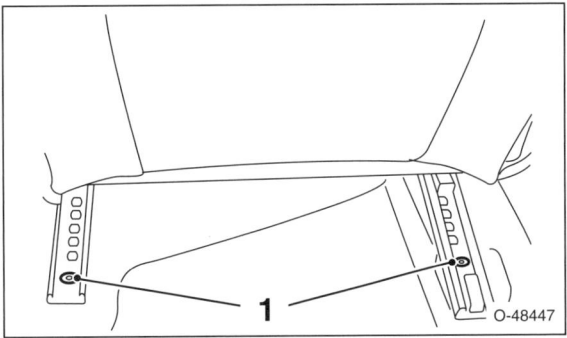

- 2 Schrauben –1– hinten am Vordersitz aus dem Boden herausdrehen.

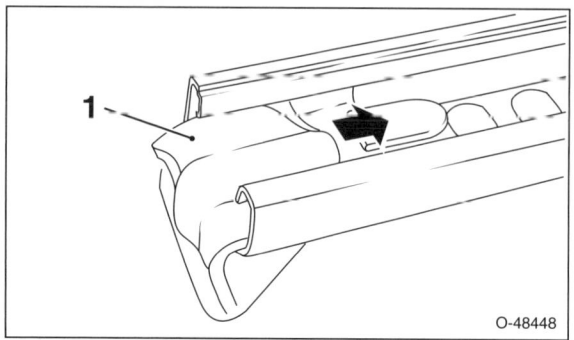

- Vordersitz mit Führungsschiene nach hinten ziehen
  –Pfeil– und vorne aus den Aufnahmen –1– herausziehen.

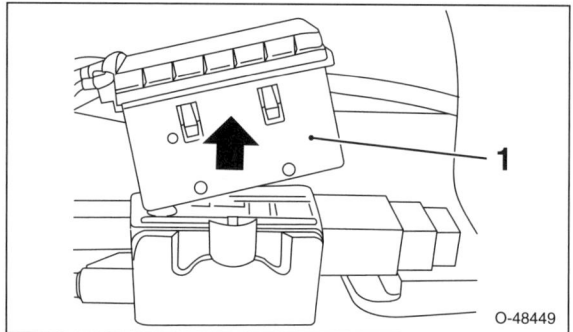

- Stecker –1– unter dem Vordersitz entriegeln und abziehen –Pfeil–.

Achtung: Vor dem Trennen der Steckverbindung für Seitenairbag, elektrostatische Aufladung abbauen; dazu kurz den Schließbügel der Tür oder die Karosserie anfassen.

- Vordersitz aus dem Fahrzeug herausnehmen.

Einbau

- Schrauben für Vordersitz und Sicherheitsgurt-Endbeschlag mit einem Gewindeschneider nachschneiden, säubern und mit Schraubensicherungsmittel, zum Beispiel LOCTITE 243, bestreichen.
- Vordersitz vorne in die Aufnahmen einschieben.
- Stecker für Vordersitz verbinden und verriegeln.
- Schrauben hinten eindrehen und mit **35 Nm** festziehen.
- Sicherheitsgurt-Endbeschlag mit **20 Nm** am Vordersitz festschrauben und Abdeckung anclipsen.
- Isolierband an den Polen der Batterie entfernen und Batterie anklemmen. **Achtung:** Hinweise im Kapitel »Batterie aus- und einbauen« beachten.

Achtung: Beim Anklemmen der Batterie darf sich keine Person im Innenraum des Fahrzeuges aufhalten.

- Zündung einschalten; die Airbag-Kontrolllampe im Kombiinstrument muss für etwa 4 Sekunden aufleuchten.

Rücksitz aus- und einbauen
ASTRA

Rücksitzbank, nicht umklappbar
Ausbau

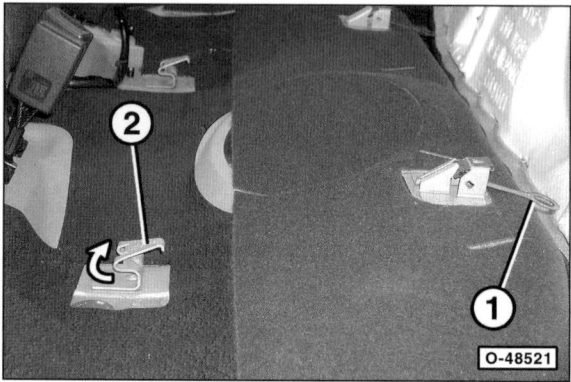

- 2 Schlaufen –1– vorne an der Rücksitzbank kräftig ziehen und Rücksitzbank vorne entriegeln.
- Rücksitzbank hinten an 2 Stellen entriegeln. Dazu Rücksitzbank an erster Verhakung –2– am Boden kräftig nach hinten drücken und gleichzeitig nach oben ziehen. Dabei wird der Haltebügel des Sitzes aus der Verhakung –2– herausgezogen –Pfeil–. Wenn nötig, Rücksitzbank zusätzlich nach außen ziehen.
- Rücksitzbank an zweiter Verhakung in gleicher Weise entriegeln.
- Rücksitzbank aus dem Fahrzeug nehmen.

Einbau

- Der Einbau erfolgt in umgekehrter Ausbaureihenfolge.

Rücksitzlehne
Ausbau

- Rücksitzbank ausbauen, siehe entsprechenden Abschnitt.

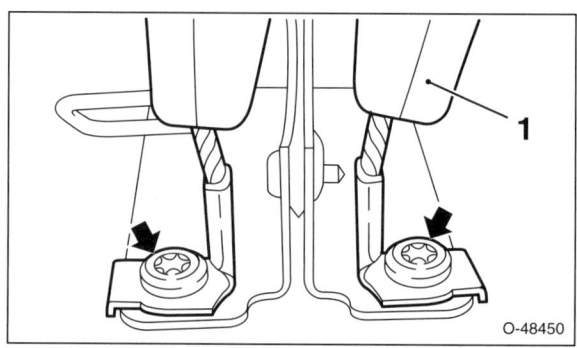

- 3 Schrauben –Pfeile– herausdrehen und Gurtschlösser vom Fahrzeugboden –1– abnehmen.

- Heckklappe öffnen, Hutablage aushängen und herausnehmen.

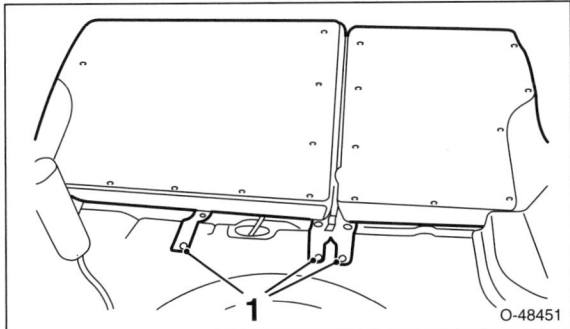

- Rücksitzlehne nach vorne klappen und 3 Schrauben –1– hinten herausdrehen.

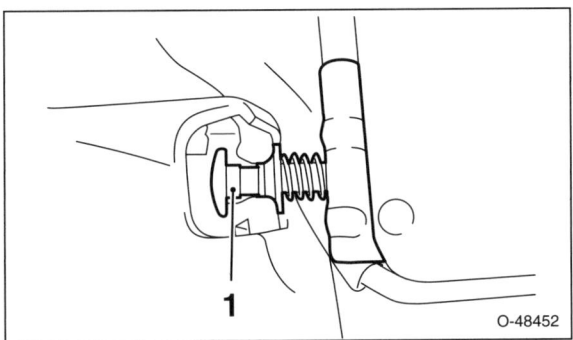

- Mit einem Helfer Rücksitzlehne an beiden Führungsbolzen –1– rechts und links nach oben aus den Aufnahmen herausziehen.
- Rücksitzlehne aus dem Fahrzeug herausnehmen.

Einbau

- Der Einbau erfolgt in umgekehrter Ausbaureihenfolge. Alle Schrauben mit **20 Nm** festziehen. Vorher Schrauben für Gurtschlösser säubern und mit Schraubensicherungsmittel, zum Beispiel LOCTITE 243, bestreichen.

Rücksitz komplett mit umklappbarer Bank

Ausbau

- Rücksitzbank nach vorne umklappen.

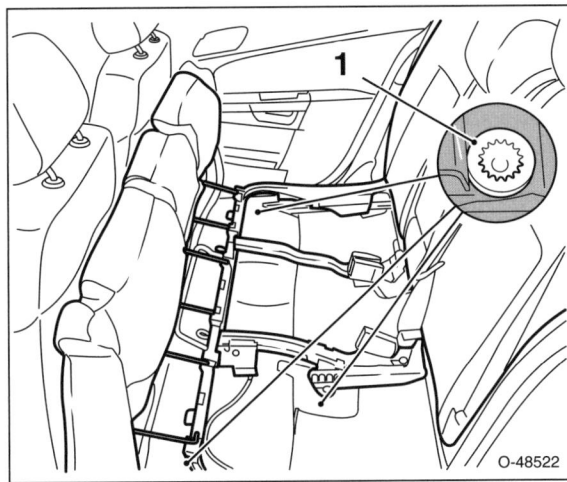

- 3 Schrauben –1– herausdrehen.
- Rücksitzbank zurückklappen.
- Rücksitz nach vorne schieben.
- Rücksitzlehne nach vorne klappen.
- Heckklappe öffnen, Hutablage aushängen und herausnehmen.
- Abdeckung hinten an der Rücksitzlehne abclipsen und 3 Schrauben hinten am Fahrzeugboden herausdrehen.
- Rücksitz mit einem Helfer komplett aus dem Fahrzeug herausnehmen.

Einbau

- Der Einbau erfolgt in umgekehrter Ausbaureihenfolge. Alle Schrauben mit **20 Nm** festziehen.

Vordersitz aus- und einbauen
ZAFIRA

Ausbau

- Airbag-Sicherheitshinweise durchlesen und befolgen, siehe Seite 132.
- Batterie abklemmen, um ein Auslösen des Seiten-Airbags zu verhindern. Achtung: Hinweise im Kapitel »Batterie aus- und einbauen« beachten.
- Batteriepole isolieren.
- Vordersitz ganz nach vorne schieben.
- Abdeckung seitlich am Vordersitz ausclipsen, Schraube für Sicherheitsgurt-Endbeschlag herausdrehen und Sicherheitsgurt vom Vordersitz abnehmen.
- 2 Schrauben hinten am Vordersitz aus dem Boden herausdrehen.
- Vordersitz ganz nach hinten schieben und 2 Schrauben vorne am Vordersitz aus dem Boden herausdrehen.

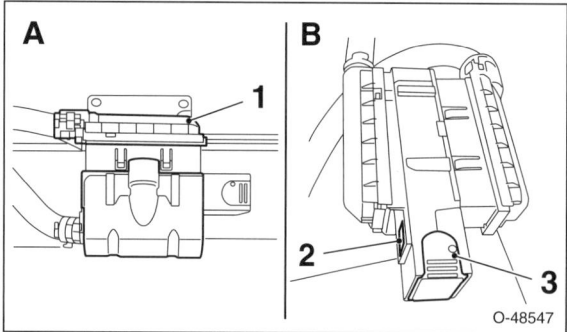

- Steckverbindung –1– unter dem Vordersitz aus der Halterung ausclipsen.
- Entriegelungsknopf –2– drücken, Schieber –3– ziehen und Steckverbindung trennen.

Achtung: Vor dem Trennen der Steckverbindung für Seitenairbag, elektrostatische Aufladung abbauen; dazu kurz den Schließbügel der Tür oder die Karosserie anfassen.

- Vordersitz aus dem Fahrzeug herausnehmen.

Einbau

- Vordersitz mit **20 Nm** am Fahrzeugboden festschrauben.
- Stecker unter dem Vordersitz verbinden.
- Schraube für Sicherheitsgurt-Endbeschlag säubern und mit Schraubensicherungsmittel, zum Beispiel LOCTITE 243, bestreichen.
- Sicherheitsgurt-Endbeschlag mit **20 Nm** am Vordersitz festschrauben und Abdeckung anclipsen.
- Isolierband an den Polen der Batterie entfernen und Batterie anklemmen. **Achtung:** Hinweise im Kapitel »Batterie aus- und einbauen« beachten.

Achtung: Beim Anklemmen der Batterie darf sich keine Person im Innenraum des Fahrzeuges aufhalten.

- Zündung einschalten; die Airbag-Kontrolllampe im Kombiinstrument muss für etwa 4 Sekunden aufleuchten.

Rücksitz aus- und einbauen
ZAFIRA

2. Sitzreihe; ZAFIRA

Ausbau

- Verkleidung Sitzversteller ausbauen, siehe entsprechenden Abschnitt.

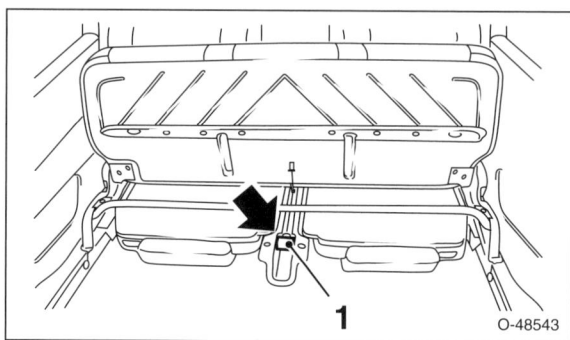

- 2. Sitzreihe ganz nach vorne fahren und mittlere Führung –1– entriegeln.

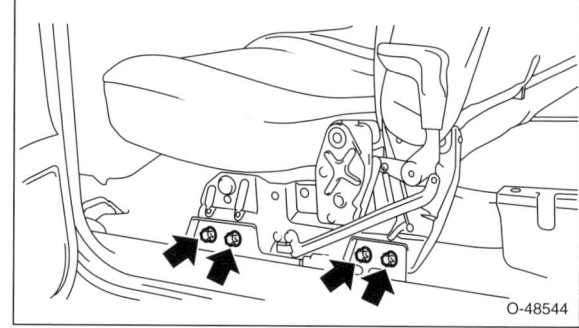

- 8 Schrauben –Pfeile– herausdrehen, Sitzreihe vom Boden abheben und aus dem Fahrzeug herausnehmen.

Einbau

- Sitzreihe in die Führung einschieben und mit **35 Nm** am Fahrzeugboden festschrauben. Wenn nötig, dabei den unteren Verstellhebel aufstecken, um die Sitzbank in die korrekte Position zu bringen.
- Verkleidung Sitzversteller einbauen, siehe entsprechenden Abschnitt.

3. Sitzreihe; ZAFIRA

Ausbau

- Heckklappe öffnen, Querträger der Laderaumabdeckplane entriegeln und aus der Auflage herausnehmen.
- 2. Sitzreihe ganz nach vorne fahren.
- Teppichboden herausnehmen.

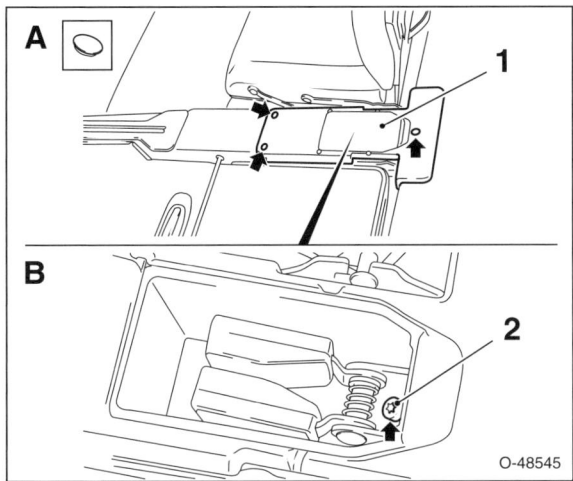

- Abdeckkappen am Fahrzeugboden heraushebeln und 3 Schrauben –Pfeile– herausdrehen.
- Abdeckung –1– der Sitzführung herausnehmen.
- Schraube –2– für Gurtschloss herausdrehen.

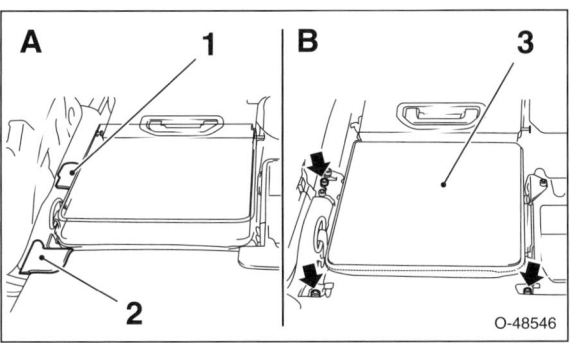

- 4 Abdeckungen –1/2– aus dem Fahrzeugboden heraushebeln.
- 4 Schrauben –Pfeile– herausdrehen, Rücksitz –3– vom Boden abheben und aus dem Fahrzeug herausnehmen.

Einbau

- Der Einbau erfolgt in umgekehrter Ausbaureihenfolge, dabei Rücksitz mit **20 Nm** am Fahrzeugboden festschrauben.
- Gurtschloss mit Schraubensicherungsmittel und **20 Nm** am Fahrzeugboden festschrauben.

Verkleidung Sitzversteller; ZAFIRA

Ausbau

- Hintertür öffnen.

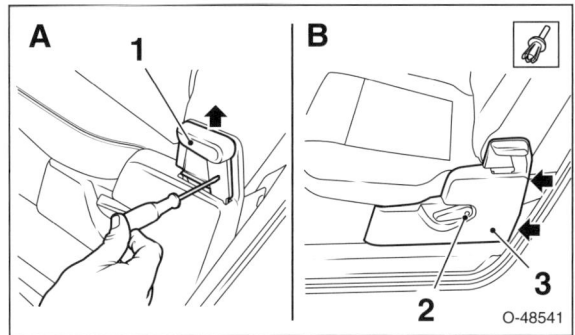

- Einen kleinen Schraubendreher durch die Bohrung führen, oberen Verstellhebel –1– nach vorne drücken, ausclipsen und nach oben abziehen –Pfeil A–.
- Schraube –2– herausdrehen und unteren Verstellhebel abnehmen.
- 2 Spreiznieten –Pfeile B– hinten herausziehen und Verkleidung –3– für die Sitzverstellung vom Rücksitz abnehmen.

Einbau

- Der Einbau erfolgt in umgekehrter Ausbaureihenfolge.

Karosserie außen

Aus dem Inhalt:

- Kotflügel
- Stoßfänger
- Schlossträger
- Motorhaube
- Heckklappe
- Tür zerlegen
- Außenspiegel
- Kühlergrill

Bei der selbsttragenden Karosserie des ASTRA/ZAFIRA sind Bodengruppe, Seitenteile, Dach und die hinteren Kotflügel miteinander verschweißt. Die Reparatur größerer Karosserieschäden sowie das Auswechseln von Front- und Heckscheibe sollten von einer Fachwerkstatt durchgeführt werden. Alle Karosserieteile sind gegen Durchrostung verzinkt.

Motorhaube, Heckklappe, Türen und die vorderen Kotflügel sind angeschraubt und lassen sich leicht auswechseln. Beim Einbau ist dann unbedingt ein gleichmäßiger Luftspalt einzuhalten, sonst klappert beispielsweise die Tür, oder es können während der Fahrt erhöhte Windgeräusche auftreten. Der Luftspalt muss auf jeden Fall parallel verlaufen, das heißt, der Abstand zwischen den Karosserieteilen muss auf der gesamten Länge des Spaltes gleich groß sein. Abweichungen bis zu 1 mm sind zulässig.

Achtung: Wenn im Rahmen von Arbeiten an der Karosserie auch Arbeiten an der elektrischen Anlage durchgeführt werden, **grundsätzlich** die Batterie abklemmen. Dazu Hinweise im Kapitel »Batterie aus- und einbauen« durchlesen. Als Arbeit an der elektrischen Anlage ist dabei schon zu betrachten, wenn eine elektrische Leitung vom Anschluss abgezogen beziehungsweise abgeklemmt wird.

Hinweis: Zum Lösen von Tür- und Heckklappenverkleidungen einen Kunststoffkeil verwenden, zum Beispiel HAZET 1965-20. Clips, die beim Ausbau von Verkleidungen beschädigt werden, immer erneuern.

Sicherheitshinweise bei Karosseriearbeiten

Sicherheitshinweis
Bei Karosseriearbeiten entstehen oft starke Erschütterungen, beispielsweise durch Hammerschläge. Daher immer Zündung ausschalten und beide Batteriekabel abklemmen, sonst kann der Airbag ausgelöst werden. Airbag-Sicherheitshinweise durchlesen, siehe Seite 132.

- Muss an der Karosserie geschweißt werden, soll dies grundsätzlich durch Widerstandspunktschweißen (RP) durchgeführt werden. Nur wenn sich die Schweißzange nicht ansetzen lässt, ist das Schutzgas-Schweißverfahren anzuwenden.

- So weit Schweißarbeiten oder andere funkenerzeugende Arbeiten durchgeführt werden, grundsätzlich die Batterie komplett abklemmen (Pluskabel und Massekabel) und beide Batteriepole (+) und (−) sorgfältig mit Klebeband isolieren. Bei Arbeiten in Batterienähe muss die Batterie ausgebaut werden. **Achtung:** Unbedingt Hinweise im Kapitel »Batterie aus- und einbauen« beachten.

- **Fahrzeuge mit Klimaanlage:** An Teilen der befüllten Klimaanlage darf weder geschweißt noch hart- oder weichgelötet werden. Das gilt auch für Schweiß- und Lötarbeiten am Fahrzeug, wenn die Gefahr besteht, dass sich Teile der Klimaanlage erwärmen.

Sicherheitshinweis
Der **Kältemittelkreislauf** der Klimaanlage darf **nicht geöffnet** werden, da das Kältemittel bei Hautberührung Erfrierungen hervorrufen kann.
Bei versehentlichem Hautkontakt, die Stelle sofort mindestens 15 Minuten lang mit kaltem Wasser spülen. Austretendes Kältemittel verdampft bei Umgebungstemperatur. Das Kältemittel ist farb- und geruchlos sowie schwerer als Luft. Da das Kältemittel nicht wahrnehmbar ist, besteht am Boden beziehungsweise in einer Montagegrube Erstickungsgefahr.

- **Lackierung trocknen.** Im Rahmen einer Reparatur-Lackierung darf das Fahrzeug im Trockenofen oder in der Vorwärmzone nicht über **+80° C** aufgeheizt werden. Sonst können elektronische Steuergeräte im Fahrzeug beschädigt werden. Außerdem kann dadurch in der Klimaanlage ein starker Überdruck entstehen, der möglicherweise zum Platzen der Anlage führt.

■ **PVC-Unterbodenschutz entfernen.** Der Unterboden ist mit einer PVC-Schicht gegen Korrosion geschützt. Unterbodenschutz an der Reparaturstelle mit rotierender Drahtbürste entfernen oder mit einem Heißluftgebläse auf maximal +180° C erwärmen und mit einem Spachtel ablösen. **Achtung:** Durch Abbrennen beziehungsweise Erwärmen von PVC-Material über +180° C entsteht stark korrosionsfördernde Salzsäure, außerdem werden stark gesundheitsschädliche Dämpfe frei.

Steinschlagschäden an der Frontscheibe

Hinweis: Kleinere Schäden an der Frontscheibe, zum Beispiel durch Steinschlag verursacht oder Scheibenwischerstreifen, beeinträchtigen die Sicht und können zu Folgeschäden an der Scheibe (Risse) führen. Diese Schäden sollten so bald wie möglich behoben werden. Verschiedene Glas-Unternehmen sind auf Reparaturen an Auto-Scheiben spezialisiert. Der Austausch der Scheibe kann auf diese Weise vermieden werden. Überdies werden die Kosten für die Scheibenreparatur von der Kaskoversicherung übernommen.

Spreiznieten aus- und einbauen

Viele Abdeckungen und Verkleidungen sind mit Spreiznieten befestigt. Aus- und Einbau weiterer Halteclips, siehe Seite 216.

Ausbau

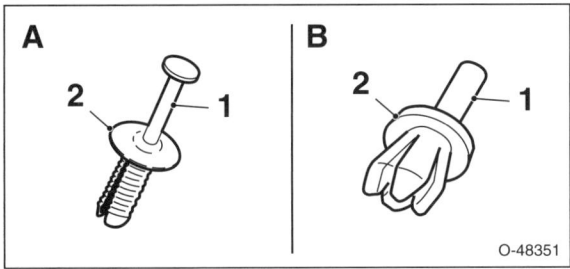

- A – Lange Spreizniete: Bolzen –1– herausziehen.
- B – Dicke Spreizniete: Bolzen –1– mit einem geeigneten Dorn durchdrücken. **Hinweis:** Der Bolzen geht dabei unter Umständen verloren und muss ersetzt werden.
- Spreizniete –2– aus der Bohrung herausziehen.

Einbau

- Beschädigte oder fehlende Spreiznieten durch Neuteile ersetzen.
- Spreizniete –2– in die Bohrung setzen und Bolzen –1– eindrücken. **Hinweis:** Dadurch werden die Clipnasen gespreizt und die Spreizniete sitzt sicher in der Bohrung.

Blindnieten aus- und einbauen

Zum Entfernen von Blindnieten (Popnieten) zunächst nur den Nietkopf ausbohren und dann die Niete mit einem Dorn aus der Bohrung heraustreiben. Dadurch wird verhindert, dass die Bohrung ausgeweitet wird.

Neue Niete in die Bohrung einsetzen und mit einer Blindniet-Zange festquetschen, die Niethülse hat dabei denselben Durchmesser wie die Bohrung.

Häufig verwendete Nieten-Durchmesser: 2,4 mm, 3,2 mm, 4,0 mm und 4,8 mm.

Schutzleiste aus- und einbauen

Schutzleiste an der Seite

Ausbau

- Kunststoffkeil zwischen Tür und Schutzleiste schieben und Schutzleiste gleichmäßig Stück für Stück abziehen.

Einbau

- Klebeflächen mit Benzin reinigen, mit Silikonentferner nachbehandeln und anschließend trockenreiben.
- Folie von der selbstklebenden Schutzleiste abziehen.
- Schutzleiste auf der Rückseite im Bereich der Klebefläche mit einem Föhn erwärmen.
- Schutzleiste am Außenblech ansetzen, leicht anheften und danach kräftig andrücken.

Schutzleiste am Stoßfänger; ASTRA

Ausbau

- Stoßfängerabdeckung ausbauen, siehe entsprechendes Kapitel.
- **Stoßfängerabdeckung hinten:** Styropor-Einlage aus der Stoßfängerabdeckung herausnehmen.

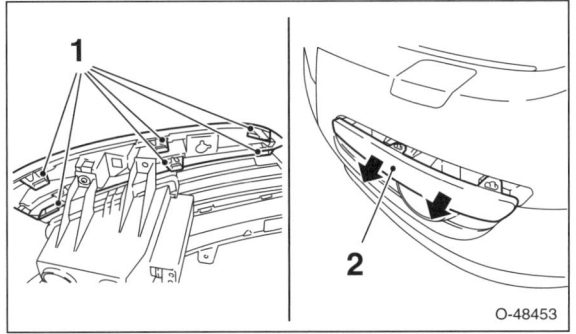

- An der Rückseite der Stoßfängerabdeckung Haltelaschen –1– ausclipsen und Schutzleiste –2– aus der Stoßfängerabdeckung herausziehen –Pfeile–.

Einbau

- Schutzleiste in die Stoßfängerabdeckung einsetzen und einrasten.
- Der weitere Einbau erfolgt in umgekehrter Ausbaureihenfolge.

Schutzleiste am Stoßfänger; ZAFIRA

Ausbau

- Mit einem Kunststoffkeil Schutzleiste vorsichtig aus der Stoßfängerabdeckung herausheben.

Einbau

- Schutzleiste in die Stoßfängerabdeckung einsetzen und einrasten.

Zierleiste an der Heckklappe

Ausbau

- Batterie abklemmen. **Achtung:** Hinweise im Kapitel »Batterie aus- und einbauen« beachten.
- Heckklappenverkleidung ausbauen, siehe Seite 259.
- **ASTRA CARAVAN/ZAFIRA:** Abdeckkappen an den Seiten der Heckklappe abnehmen.
- Stecker für Heckklappenschalter an der Zierleiste abziehen.

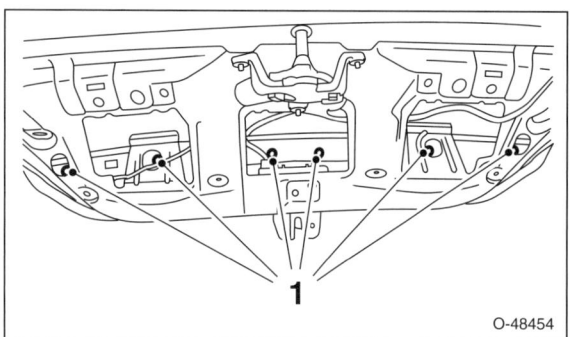

- Muttern –1– abschrauben und Zierleiste nach hinten aus der Heckklappe herausziehen.

Hinweis: Die mittleren Gewindebolzen der Zierleiste sind zusätzlich mit Klebedichtmasse in der Heckklappe eingesetzt.

Einbau

- Der Einbau erfolgt in umgekehrter Ausbaureihenfolge. Muttern beim ASTRA mit **3 Nm**, beim ZAFIRA mit **8 Nm** festschrauben.

Motorraumabdeckung unten aus- und einbauen

ASTRA, Dieselmotor

Ausbau

> **Sicherheitshinweis**
> Beim Aufbocken des Fahrzeugs besteht Unfallgefahr! Hinweise im Kapitel »Fahrzeug aufbocken« beachten.

- Fahrzeug vorne aufbocken.

Hinweis: Für verschiedene Arbeiten genügt es, die Serviceklappe in der Motorraumabdeckung herunterzuklappen. Dazu 4 Schrauben herausdrehen.

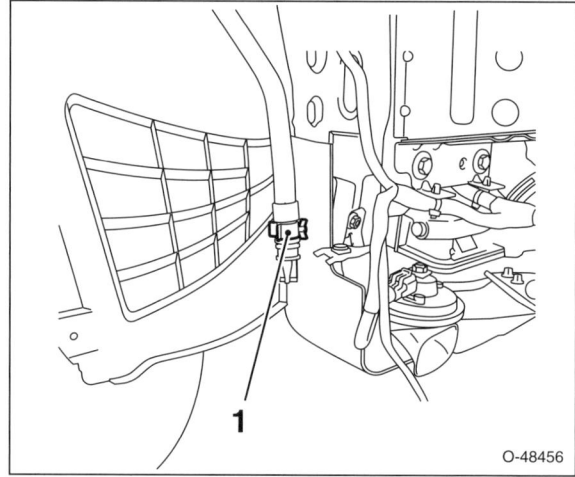

- **Rechte Fahrzeugseite:** Wasserabflussschlauch aus der Halterung –1– an der seitlichen Motorraumabdeckung herausziehen.

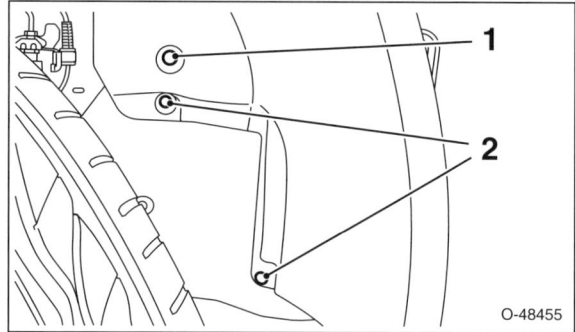

- An beiden Fahrzeugseiten Schraube –1– herausdrehen, 2 Spreiznieten –2– herausziehen und seitliche Motorraumabdeckungen vom Radkasten ablösen.

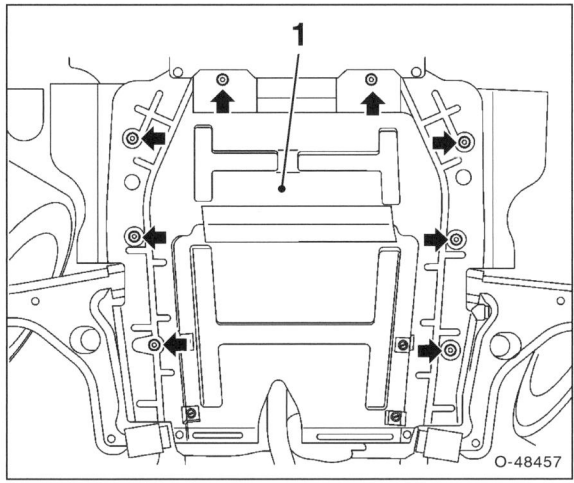

- 8 Schrauben –Pfeile– herausdrehen und untere Motorraumabdeckung –1– abnehmen.

Einbau

- Der Einbau erfolgt in umgekehrter Ausbaureihenfolge. Dabei Schrauben mit **5 Nm** festziehen.

ZAFIRA, Dieselmotor

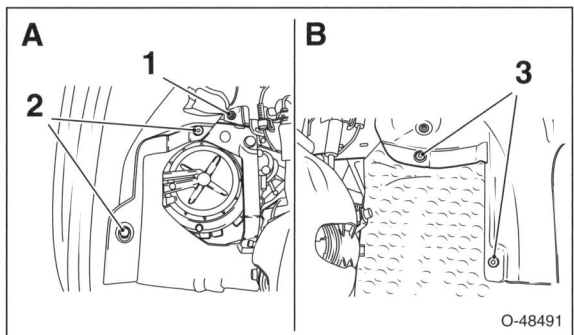

- **Linke Seite –A–:** Schraube –1– herausdrehen und Spreiznieten –2– herausziehen.
- **Rechte Seite –B–:** Spreiznieten –3– herausziehen.
- Untere Motorraumabdeckungen an den Seiten abnehmen.
- Der weitere Ausbau erfolgt wie beim ASTRA.

Windlaufgrill aus- und einbauen

ASTRA

Ausbau

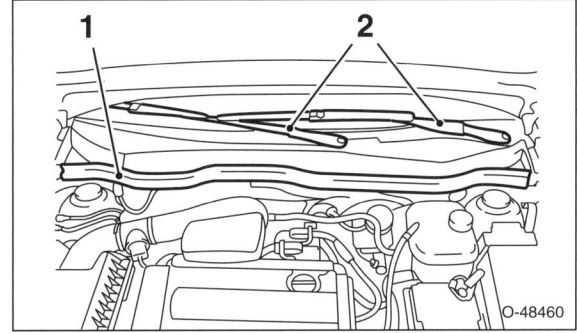

- Wischerarme –2– ausbauen, siehe Seite 76.
- Gummidichtband –1– von der Stirnwand abziehen.

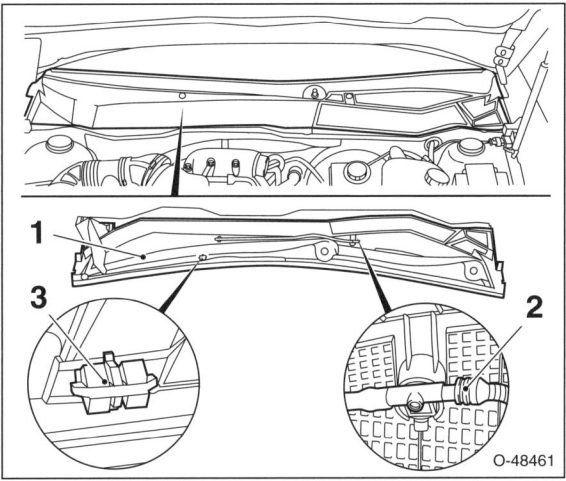

- Windlaufgrill –1– im Bereich der Stirnwand anheben und 5 Halteclips –3– von innen vorsichtig aus der Halterung lösen.
- Windlaufgrill abnehmen. Auf der Rückseite Wasserschlauch –2– von den Scheibenwaschdüsen abziehen.

Einbau

- Der Einbau erfolgt in umgekehrter Ausbaureihenfolge.

ZAFIRA

Ausbau

- Wischerarme ausbauen, siehe Seite 76.
- Gummidichtband von der Stirnwand abziehen.

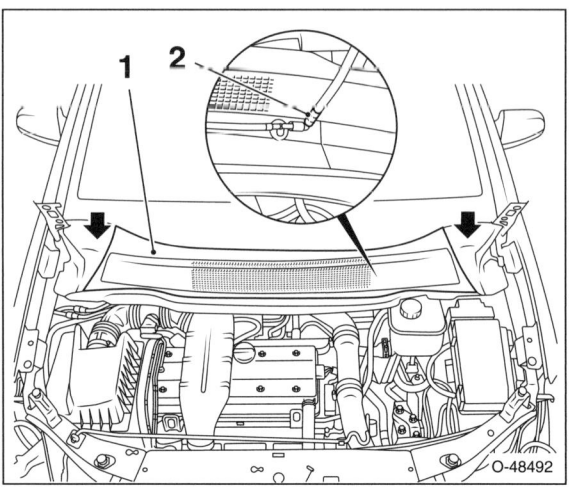

- Windlaufgrill –1– im Bereich der Stirnwand anheben und aus der Führung lösen.
- Windlaufgrill abnehmen. Auf der Rückseite Wasserschlauch –2– von den Scheibenwaschdüsen abziehen.
- Jeweils eine Spreizniete links und rechts herausziehen und seitliche Abdeckungen –Pfeile– abnehmen.

Einbau

- Der Einbau erfolgt in umgekehrter Ausbaureihenfolge.

Stirnwandabdeckung aus- und einbauen

ZAFIRA

Ausbau

- Windlaufgrill in der Mitte ausbauen, siehe entsprechendes Kapitel. **Hinweis:** Die Scheibenwischer müssen dabei nicht ausgebaut werden.

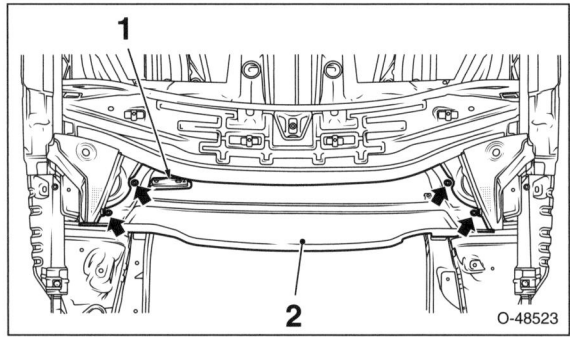

- Falls eingebaut, Stecker vom Luftgütesensor –1– abziehen.
- Kabel aus den Halterungen an der Stirnwand ausclipsen.
- Jeweils 2 Schrauben –Pfeile– rechts und links herausdrehen und Stirnwandabdeckung –2– aus dem Motorraum herausziehen.

Einbau

- Der Einbau erfolgt in umgekehrter Ausbaureihenfolge.

Innenkotflügel aus- und einbauen

Innenkotflügel vorn

Ausbau

- Reifen-Laufrichtung mit Pfeil am Reifen markieren. Radschrauben lösen. Fahrzeug vorne aufbocken und Vorderrad abnehmen. **Achtung:** Unbedingt Hinweise im Kapitel »Rad aus- und einbauen« beachten.

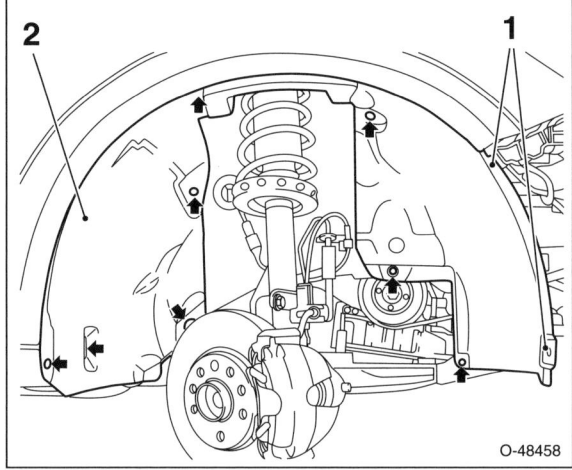

- 2 Schrauben –1– herausdrehen und 8 Spreiznieten –Pfeile– herausziehen.
- Innenkotflügel –2– aus dem Radkasten herausziehen.

Einbau

- Innenkotflügel in den Radkasten einsetzen und festschrauben. Spreiznieten eindrücken.
- Reifen-Laufrichtung beachten, Rad anschrauben, Fahrzeug ablassen, erst dann Radschrauben über Kreuz mit **110 Nm** festziehen. **Achtung:** Unbedingt Hinweise im Kapitel »Rad aus- und einbauen« beachten.

Innenkotflügel hinten

Ausbau

Hinweis: Der Radkasten ist nur im hinteren Bereich mit einem Innenkotflügel ausgeschlagen.

- Reifen-Laufrichtung mit Pfeil am Reifen markieren. Radschrauben lösen. Fahrzeug hinten aufbocken und Vorderrad abnehmen. **Achtung:** Unbedingt Hinweise im Kapitel »Rad aus- und einbauen« beachten.

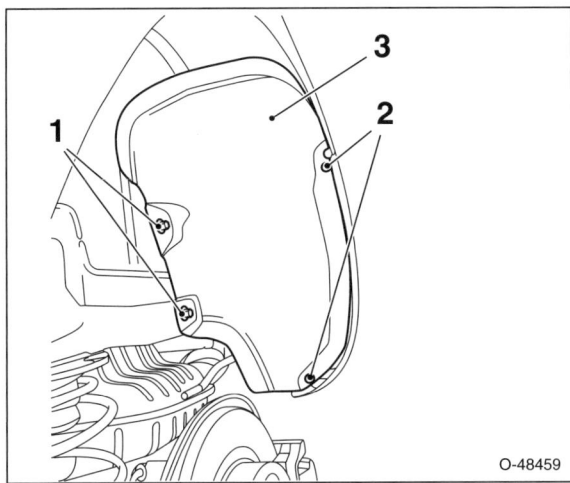

- 2 Schrauben –2– herausdrehen und 2 Muttern –1– abschrauben.
- Innenkotflügel –3– aus dem Radkasten herausziehen.

Einbau

- Der Einbau erfolgt in umgekehrter Ausbaureihenfolge.

Stoßfänger/Stoßfängerabdeckung vorn aus- und einbauen

ASTRA

Ausbau

- Kühlergrill ausbauen, siehe entsprechendes Kapitel.

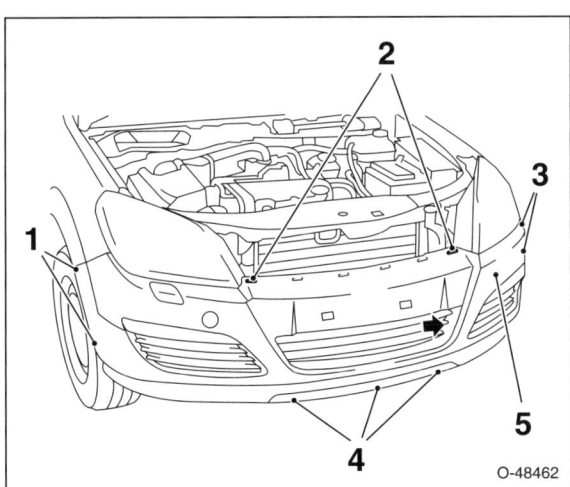

- 2 Spreiznieten –2– oben herausziehen.
- 4 Schrauben –1/3– an den Seiten herausdrehen und Innenkotflügel von der Stoßfängerabdeckung –5– lösen.
- 3 Spreiznieten –4– unten aus dem Vorderachsträger herausziehen.
- Außentemperaturfühler –Pfeil– aus der Halterung am Lüftungsgitter ausclipsen, siehe Seite 105.

- Falls eingebaut, Stecker für Nebelscheinwerfer entriegeln und abziehen.
- Falls eingebaut, Schlauch für Scheinwerferwaschanlage am Scheibenwaschbehälter abziehen. Dabei auslaufende Scheibenwaschflüssigkeit auffangen.

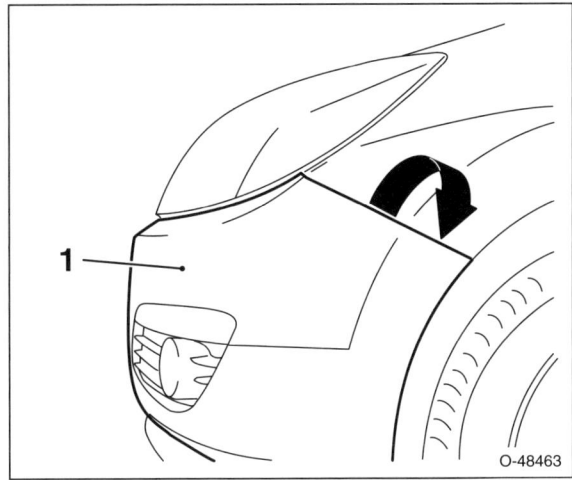

- Stoßfängerabdeckung –1– an den Seiten nach oben drücken und gleichzeitig nach außen aus den Führungsschienen herausziehen –Pfeil–.

Achtung: Befestigung der Stoßfängerabdeckung dabei nicht beschädigen.

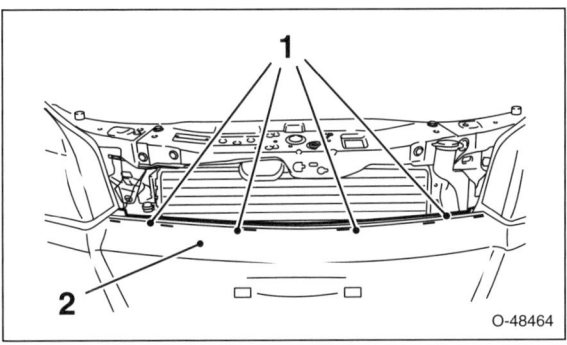

- Stoßfängerabdeckung –2– aus der vorderen Führungsschiene ausclipsen –1–.
- Stoßfängerabdeckung mit einem Helfer nach vorne herausziehen.
- Scheinwerfer ausbauen, siehe Seite 85.

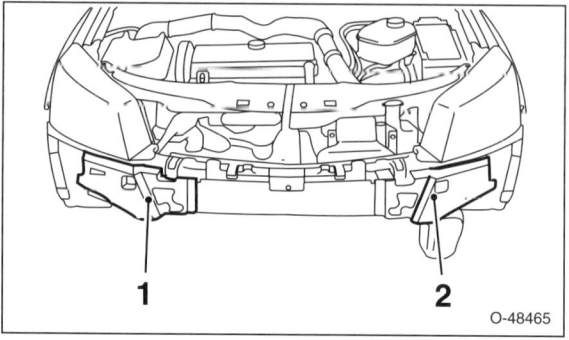

- Seitliche Stützen –1/2– für die Stoßfängerabdeckung abbauen.

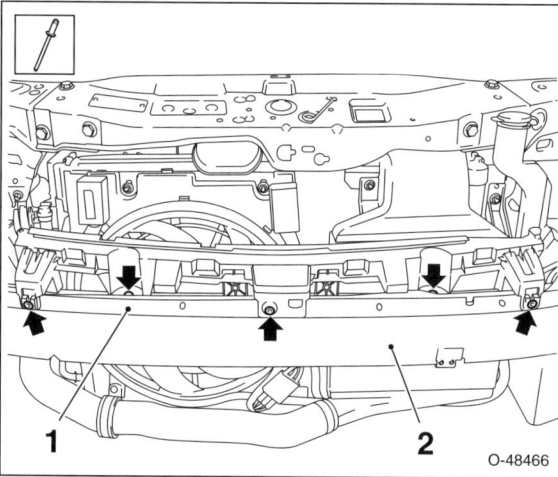

- Nietköpfe von 5 Blindnieten –Pfeile– ausbohren, Blindnieten herausstoßen und vordere Führungsschiene –1– vom Stoßfängerträger –2– abnehmen.
- Kabelbinder durchtrennen und Kabelstränge vom Stoßfängerträger lösen.

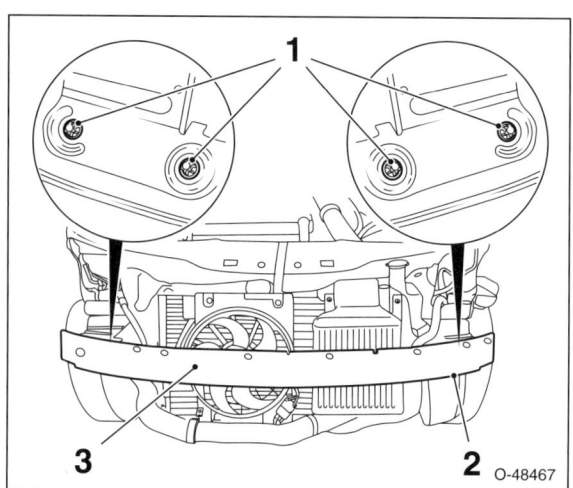

- Schraube herausdrehen und Scheibenwaschbehälter –2– vom Stoßfängerträger lösen.

- 4 Muttern –1– von den Schrauben abdrehen.
- Schrauben aus dem Stoßfängerträger herausziehen und Stoßfänger –3– vom Fahrzeugrahmen abnehmen.

Einbau

- Stoßfängerträger mit **neuen Muttern** und **20 Nm** am Fahrzeugrahmen festschrauben.
- Flansche des Stoßfängerträgers nach Anziehen der Schrauben und Muttern zum Schutz mit Wachs versiegeln.
- Schraube für Scheibenwaschbehälter festziehen.
- Vordere Führungsschiene mit neuen Blindnieten am Stoßfängerträger befestigen, Führungsschiene dabei an der mittleren Bohrung ausrichten.
- Der weitere Einbau erfolgt in umgekehrter Ausbaureihenfolge.

Stoßfänger; ZAFIRA

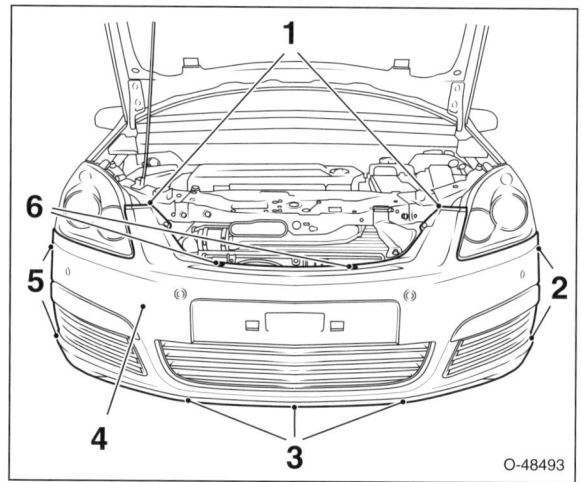

1 – 2 Schrauben oben
2 – 2 Schrauben links
3 – 6 Spreiznieten unten
4 – Stoßfängerabdeckung
5 – 2 Schrauben rechts
6 – 2 Spreiznieten

Der Aus- und Einbau der Stoßfängerabdeckung und des Stoßfängerträgers erfolgt weitgehend wie beim ASTRA.

Stoßfänger/Stoßfängerabdeckung hinten aus- und einbauen

ASTRA Limousine/ASTRA GTC

Ausbau

- Heckleuchten ausbauen, siehe Seite 87.

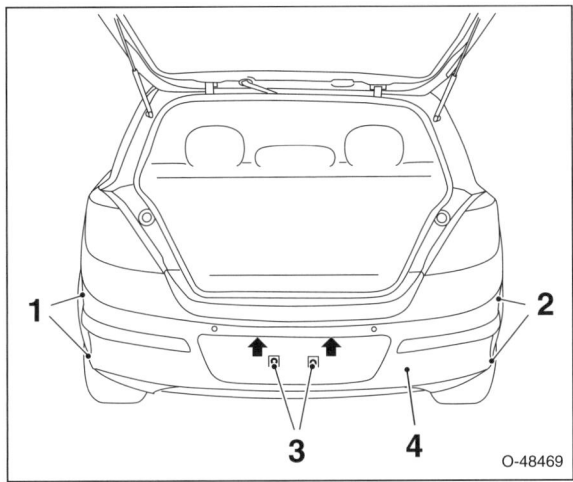

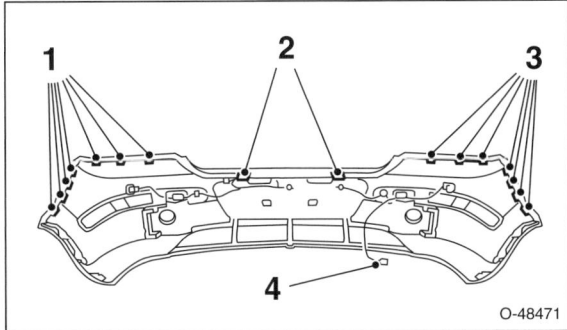

- Kennzeichenleuchten –Pfeile– ausbauen, siehe Seite 91.

- 4 Schrauben –1/2– an den Seiten herausdrehen und Innenkotflügel von der Stoßfängerabdeckung –4– lösen.

- Kennzeichen abbauen und 2 Schrauben –3– in der Mitte der Stoßfängerabdeckung herausdrehen.

- Falls eingebaut, Stecker für Einparkhilfe-Sensoren entriegeln und abziehen.

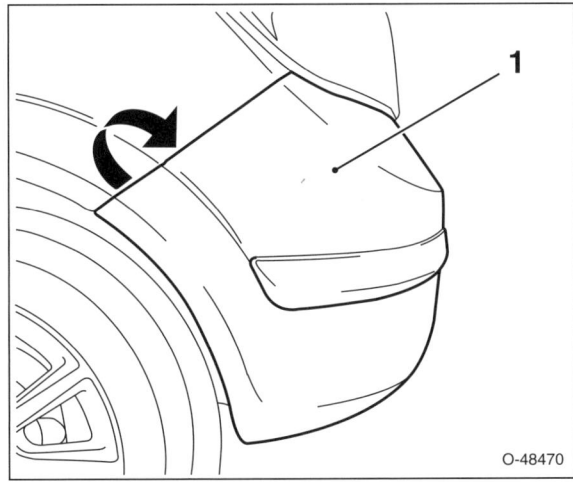

- Stoßfängerabdeckung –1– an den Seiten nach oben drücken und gleichzeitig nach außen aus den Führungsschienen herausziehen –Pfeil–. **Achtung:** Befestigung der Stoßfängerabdeckung dabei nicht beschädigen.

- Stoßfängerabdeckung aus der hinteren Führungsschiene –2– ausclipsen. 1/3 – Seitliche Führungsschienen, 4 – Stecker für Einparkhilfe-Sensoren.

- Stoßfängerabdeckung mit einem Helfer nach hinten herausziehen.

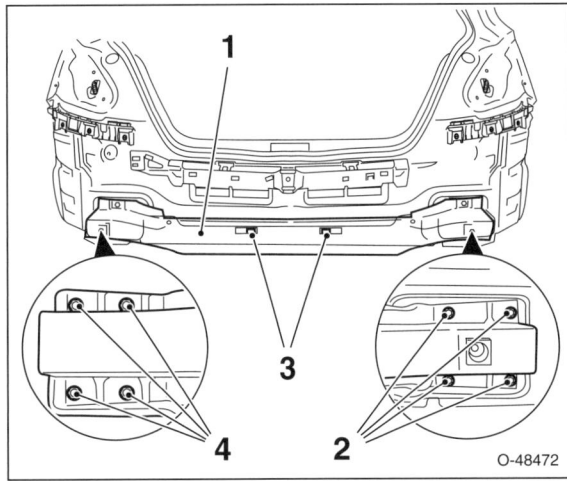

- 8 Muttern –2/4– abschrauben. 3 – 2 Klemmmuttern.

- Stoßfängerträger –1– vom Fahrzeugrahmen abnehmen.

Einbau

- Stoßfängerträger mit **neuen Muttern** und **20 Nm** am Fahrzeugrahmen festschrauben.

- Flansche des Stoßfängerträgers nach Anziehen der Schrauben und Muttern zum Schutz mit Wachs versiegeln.

- Leitung für Kennzeichenleuchten verlegen.

- Der weitere Einbau erfolgt in umgekehrter Ausbaureihenfolge.

ASTRA CARAVAN/ZAFIRA

Ausbau

- Heckleuchten ausbauen, siehe Seite 87.

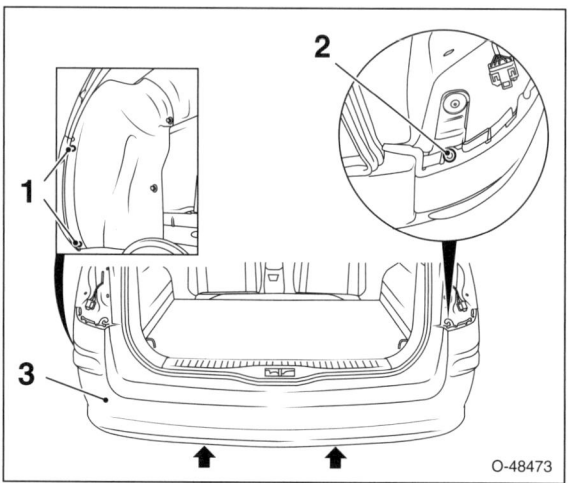

- **ASTRA CARAVAN:** 2 Schrauben –2– oben an den Seiten herausdrehen.
- 4 Schrauben –1– an den Seiten herausdrehen und Innenkotflügel von der Stoßfängerabdeckung –3– lösen.
- 2 Spreiznieten –Pfeile– unten herausziehen.
- Der weitere Ausbau der Stoßfängerabdeckung erfolgt wie bei der ASTRA Limousine.
- Styropor-Einlage aus der Stoßfängerabdeckung herausnehmen.
- Stoßfängerträger vom Fahrzeugrahmen abschrauben.

Hinweis: Beim ZAFIRA 5 Muttern für Stoßfängerträger abschrauben.

Einbau

- Der Einbau erfolgt in umgekehrter Ausbaureihenfolge.

Kühlergrill aus- und einbauen

Ausbau

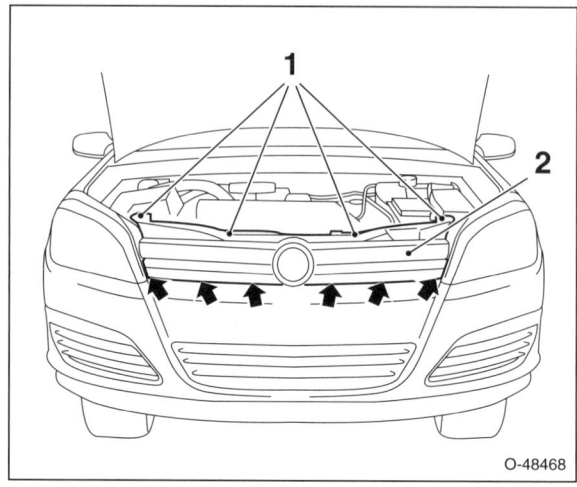

- Motorhaube öffnen und 4 Spreiznieten –1– oben aus dem Schlossträger herausziehen. Bei Fahrzeugen **ab 2/07** stattdessen 4 Torxschrauben herausdrehen.
- 6 Halteclips –Pfeile– unten entriegeln und Kühlergrill –2– aus der Stoßfängerabdeckung herausziehen.
  Ab 2/07: 7 Halteclips.
  ZAFIRA: 8 Halteclips.

Einbau

- Der Einbau erfolgt in umgekehrter Ausbaureihenfolge.

Kotflügel vorn aus- und einbauen

Ausbau

- Scheinwerfer ausbauen, siehe Seite 85.
- Seitliche Blinkleuchte ausbauen, siehe Seite 87.
- Innenkotflügel vorn ausbauen, siehe entsprechendes Kapitel.
- Stoßfängerabdeckung vorn ausbauen, siehe entsprechendes Kapitel.
- **Rechter Kotflügel, Benzinmotor:** Mutter abschrauben, Aktivkohlebehälter vom Kotflügel abnehmen und zur Seite legen.

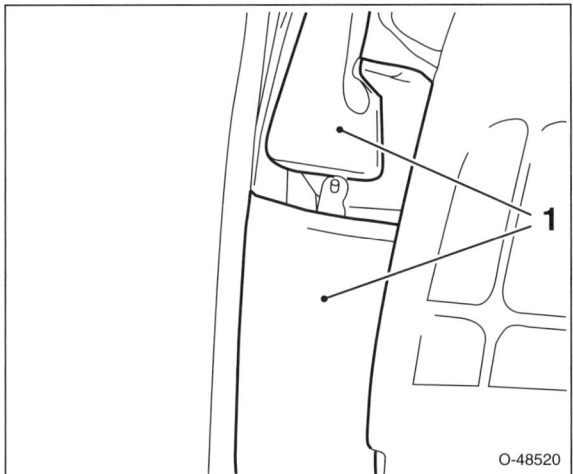

- Isolierung Kotflügel –1– ausbauen.

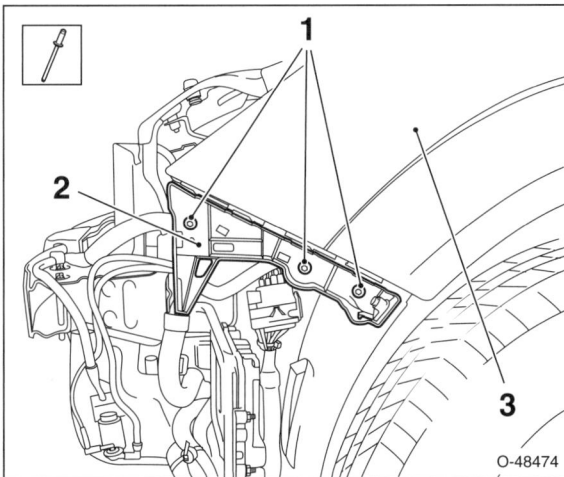

- Bei Austausch des Kotflügels: Seitliche Führungsschiene vom Kotflügel abbauen. Dazu Nietköpfe von 3 Blindnieten ausbohren, Blindnieten –1– herausstoßen und Führungsschiene –2– vom Kotflügel –3– abnehmen.

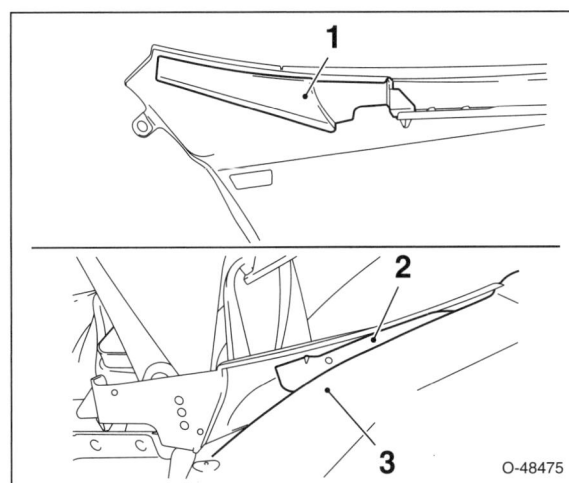

- Mit einem Kunststoffkeil, zum Beispiel HAZET 1965-20, Blende –1– des Kotflügels vom Rahmen der Frontscheibe –3– abhebeln. Dabei Klebeband –2– vom Rahmen –3– lösen.
- Kanten des Kotflügels mit Klebeband schützen.

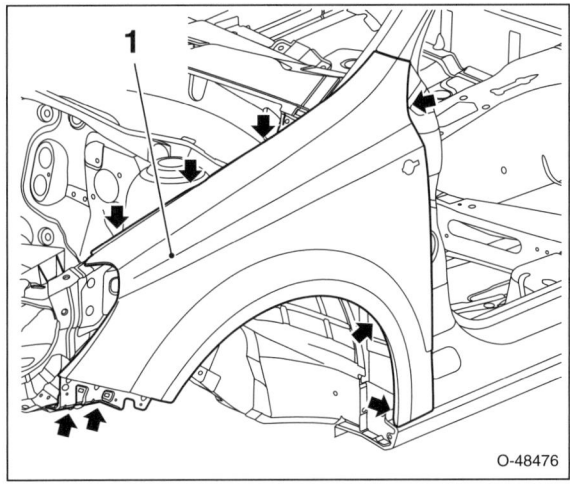

- Vordertür öffnen und 8 Schrauben –Pfeile– herausdrehen.
- Kotflügel –1– abnehmen. Bei Austausch des Kotflügels Klemmmutter für Scheinwerferbefestigung, Abdichtung für Motorhaube und Blende vom Kotflügel abnehmen.

Einbau

- Neues, 5 cm langes, doppelseitiges Klebeband an der Blende des Kotflügels anbringen.
- Blende unter das Abdichtgummi der Frontscheibe schieben und an den Rahmen der Frontscheibe kleben.
- Neuen Kotflügel vor dem Einbau an den später unzugänglichen Stellen lackieren.
- Anlageflächen des Kotflügels reinigen, gegebenenfalls ausrichten.

- Kotflügel ansetzen und auf gleichmäßige Spaltmaße ausrichten.
  Spaltmaße, Sollwerte – ASTRA:
  Kotflügel – Tür vorn: .... 3,8 $^{\pm 0,8}$ mm
  Kotflügel – A-Säule: .... 3,0 $^{\pm 1,0}$ mm
  Kotflügel – Motorhaube: .... 3,5 $^{\pm 0,8}$ mm
- Blende am Kotflügel anclipsen.
- Schrauben für Kotflügel eindrehen und mit **8 Nm** festziehen.
- Der weitere Einbau erfolgt in umgekehrter Ausbaureihenfolge.

Speziell ZAFIRA

Der Aus- und Einbau erfolgt weitgehend wie beim ASTRA. Hier werden nur die Unterschiede aufgeführt.

- Fenster an der A-Säule ausbauen, siehe entsprechendes Kapitel.
- Klebenaht zwischen Kotflügel und A-Säule oben am Fensterrahmen vorsichtig durchtrennen. Dazu ein Messer oder einen Spachtel erwärmen und Werkzeug von oben in den Spalt einführen.

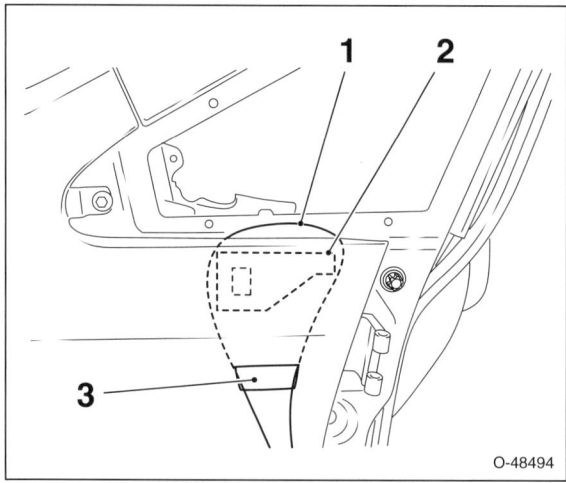

- Klebenaht zwischen Kotflügelhalter –2– und A-Säule unterhalb des Fensters durchtrennen. Dazu einen Schneidedraht –1– von oben durch den Spalt führen, um die Klebestelle herumführen und aus der Öffnung –3– der seitlichen Blinkleuchte herausführen.

Hinweis: Draht nicht zwischen Halter und A-Säule einklemmen. Kanten der Blinkeröffnung mit Klebeband schützen.

- Klebenaht beim Durchtrennen durch einen Helfer mit einem Föhn erwärmen.

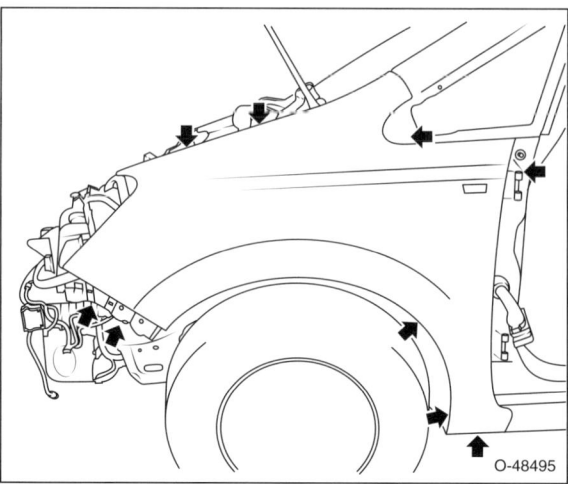

- 9 Schrauben –Pfeile– herausdrehen.
- Dichtmasse unten an der A-Säule mit einem Föhn erwärmen und Kotflügel vorsichtig ablösen.
- Kotflügel vor dem Einbau provisorisch anschrauben, Klebestellen markieren und Kotflügel wieder abschrauben.
- Kleber auf Halter und an der A-Säule oben am Fensterrahmen auftragen.
- Kotflügel auf gleichmäßige Spaltmaße ausrichten.
  Spaltmaße, Sollwerte – ZAFIRA:
  Kotflügel – Tür vorn: .... 3,8 $^{\pm 0,8}$ mm
  Kotflügel – A-Säule: .... 2,5 $^{\pm 1,0}$ mm
  Kotflügel – Motorhaube: .... 3,5 $^{\pm 0,8}$ mm

Fenster an der A-Säule aus- und einbauen

ZAFIRA

Ausbau

- Verkleidung von der A-Säule ausbauen, siehe Seite 235.
- Seitliche Blende oben an der Armaturentafel ausbauen, siehe Seite 235.

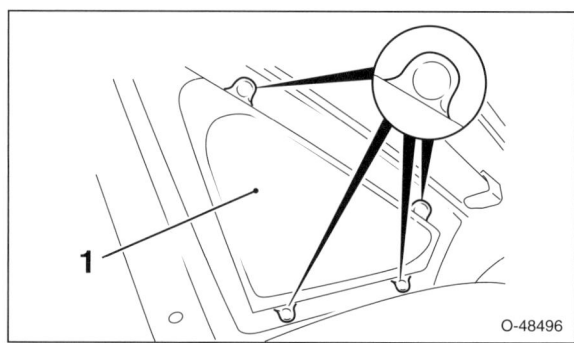

- 4 Muttern abschrauben und Fenster –1– an der A-Säule abnehmen.

Einbau

- Der Einbau erfolgt in umgekehrter Ausbaureihenfolge.

Motorhaube aus- und einbauen/einstellen

Ausbau

- Motorhaube öffnen.

> **Sicherheitshinweis**
> Motorhaube unbedingt durch einen Helfer abstützen lassen, bevor eine Gasdruckfeder gelöst wird.

- Gasdruckfeder von der Motorhaube abbauen. Dazu mit einem kleinen Schraubendreher Sicherungsklammer etwas anheben und Gasdruckfeder vom oberen Kugelzapfen abziehen, siehe Kapitel »Heckklappe aus- und einbauen«.

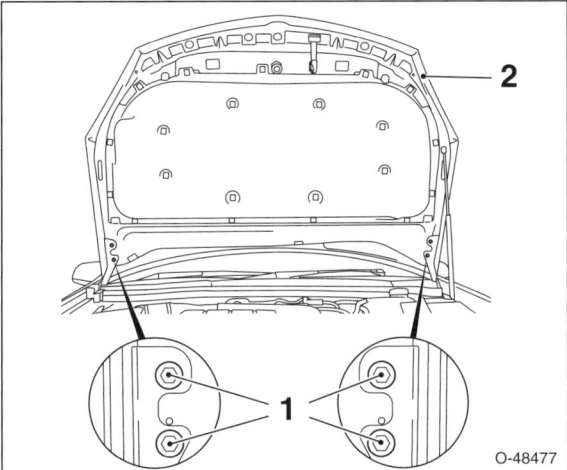

- Für den Wiedereinbau Einbaulage der Scharniere mit Filzstift an der Motorhaube –2– markieren.
- Motorhaube von einem Helfer abstützen lassen. Scharnierschrauben –1– auf jeder Seite aus der Motorhaube herausdrehen.
- Motorhaube mit Helfer abnehmen und vorsichtig ablegen.

Einbau

- Motorhaube mit Helfer am Scharnier ansetzen. Die alte Motorhaube dabei nach den Markierungen ausrichten. Scharnierschrauben –1– handfest eindrehen.
- Motorhaube schließen und auf korrekte Spaltmaße einstellen, siehe entsprechenden Abschnitt.
- Motorhaube öffnen und Scharnierschrauben mit **20 Nm** festziehen.
- Gasdruckfeder an der Motorhaube anbauen. Dazu Gasdruckfeder auf Kugelzapfen aufdrücken und einrasten.

Einstellen

- Scharnierschrauben –1– an der Motorhaube lockern.
- Motorhaube schließen und Spaltmaße der Motorhaube prüfen, dabei soll der Spalt zum rechten und linken Kotflügel jeweils gleichmäßig breit sein und parallel verlaufen.

Spaltmaße, Sollwerte:
Kotflügel – Motorhaube: . . . . $3{,}5^{\pm 0{,}8}$ mm
Motorhaube – Scheinwerfer (ASTRA): . . . . . . $4{,}5^{\pm 1{,}0}$ mm
Motorhaube – Scheinwerfer (ZAFIRA): . . . . . $3{,}5^{\pm 1{,}0}$ mm

- Gegebenenfalls Motorhaube durch Verschieben nach links oder rechts ausrichten.
- Scharnierschrauben –1– mit **20 Nm** festziehen.

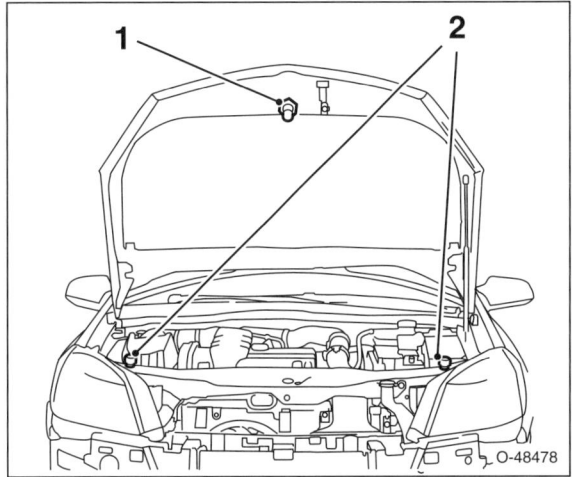

- Höhe im vorderen Bereich durch Verdrehen der 2 Gummipuffer –2– am Schlossträger einstellen. Gummipuffer eindrehen, bis die Flucht der Motorhaube im geschlossenen Zustand 2 mm unter der oberen Kante des Kotflügels steht.
- Schließzapfen –1– an der Motorhaube einbauen und einstellen, siehe entsprechenden Abschnitt.
- Gummipuffer um **1 Umdrehung** herausdrehen. Die Motorhaube ist richtig eingestellt, wenn die Flucht der Motorhaube **1 mm** unter der oberen Kante des Kotflügels steht.

Schließhaken/Schließzapfen einbauen

Hinweis: Bei Einbau einer neuen Motorhaube müssen der Schließhaken und der Schließzapfen an der Haube angebaut werden.

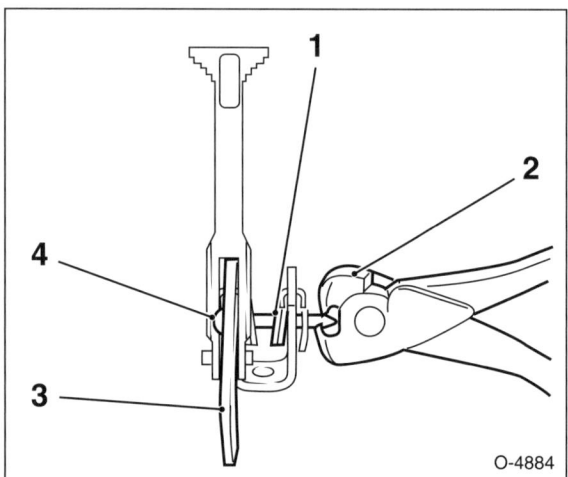

- **Schließhaken** –3– mit Feder –1– und Niet –4– an der Motorhaube einbauen. Dabei Nietende mit einer Zange –2– vorsichtig einkerben und verbreitern.

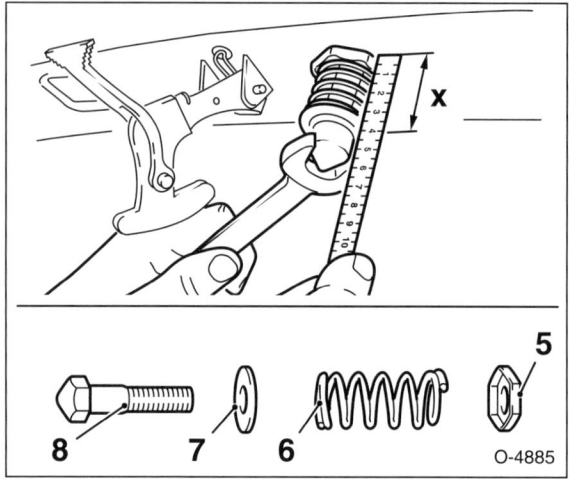

- **Schließzapfen** –8– mit kleiner Scheibe –7–, Spiralfeder –6– und großer Scheibenmutter –5– in die Haube einschrauben und auf das Abstandsmaß **X = 40 – 43 mm** einstellen. Das Maß –X– wird vom Haubenblech bis zum Rand der Scheibe –7– gemessen. Anschließend Schließzapfen mit Gabelschlüssel festhalten und Scheibenmutter –5– mit **22 Nm** festziehen. Dadurch wird der Schließzapfen gekontert.

Achtung: Beim ZAFIRA wird das Abstandsmaß **X = 40 – 46 mm** bis zum Ende des Schließzapfens gemessen.

- Schließzapfen mit Mehrzweckfett bestreichen.

Motorhaubenzug aus- und einbauen

Ausbau

- Motorhaube öffnen.

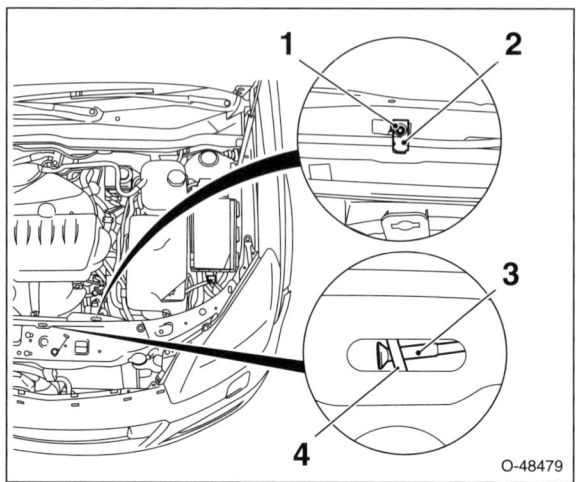

- Schraube –1– herausdrehen und Klammer –2– aus dem Schlossträger herausnehmen.

- Motorhaubenzug –3– am Motorhaubenschloss –4– aushängen.

- Windlaufgrill ausbauen, siehe entsprechendes Kapitel.

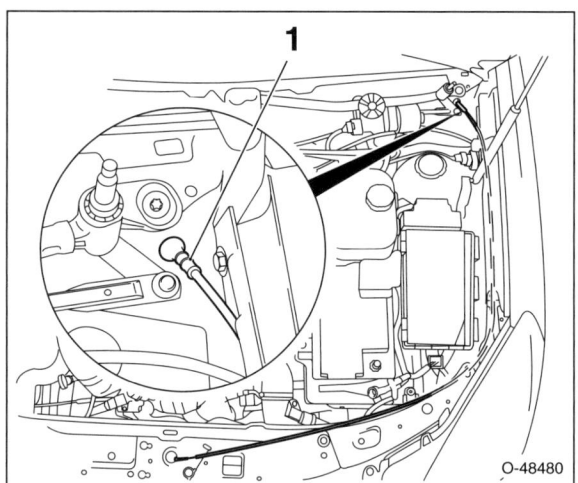

- Gummitülle –1– aus der Stirnwand herausdrücken.

- Obere Verkleidung im Fahrerfußraum ausbauen, siehe Seite 218.

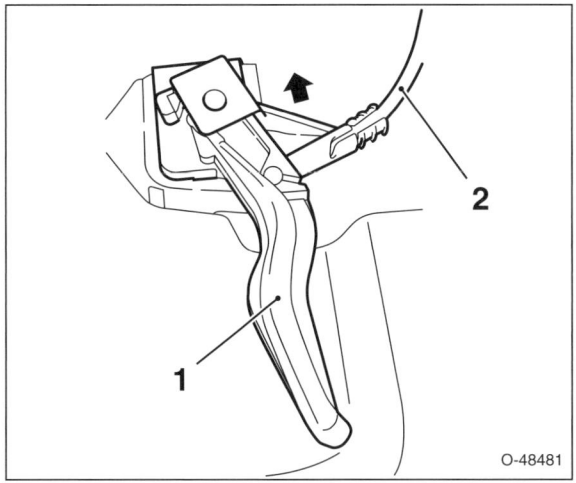

- Im Fahrerfußraum Betätigungshebel –1– in Pfeilrichtung drücken und aus der Halterung herausziehen.
- Motorhaubenzug –2– durch die Bohrung in der Stirnwand ins Fahrzeuginnere hineinziehen.
- Motorhaubenzug am Betätigungshebel aushängen.

Einbau

- Motorhaubenzug aus dem Fahrzeuginnern in den Motorraum einziehen.
- Motorhaubenzug im Motorraum ohne Knicke verlegen.
- Motorhaubenzug am Motorhaubenschloss einhängen und so einstellen, dass der Nippel ohne Spiel in der Aufnahme sitzt.
- Der weitere Einbau erfolgt in umgekehrter Ausbaureihenfolge.
- Vor Schließen der Motorhaube Motorhaubenzug auf Funktion prüfen.

Speziell ZAFIRA

Der Aus- und Einbau erfolgt weitgehend wie beim ASTRA. Hier werden nur die Unterschiede aufgeführt.

- Linke Abdeckung am Windlaufgrill ausbauen, siehe entsprechendes Kapitel.
- Kabelhalter vom Motorhaubenzug lösen.
- Zum Abbau des Betätigungshebels Einstiegsleiste vorne links ausbauen, siehe Seite 235.

Heckklappe aus- und einbauen/einstellen

Ausbau

- Batterie abklemmen. **Achtung:** Hinweise im Kapitel »Batterie aus- und einbauen« beachten.
- Heckklappe öffnen, je nach Modell die Hutablage aushängen und herausnehmen.
- Heckklappenverkleidung am Fensterrahmen ausbauen, siehe entsprechendes Kapitel.
- Kanten der Heckklappe mit Klebeband schützen.

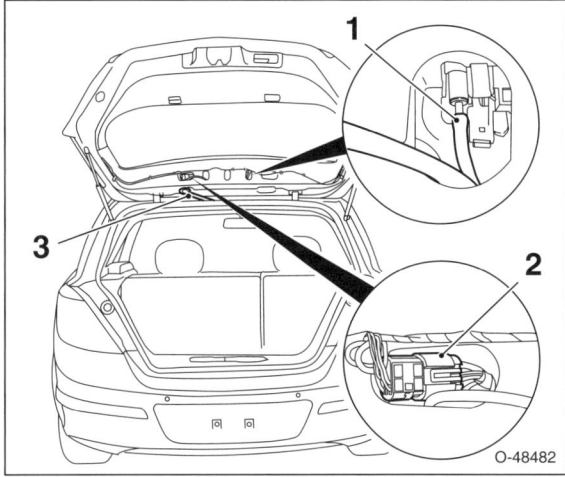

- Elektrische Steckverbindung –2– für Heckscheibenheizung und -wischer sowie für Zusatzbremsleuchte und Zentralverriegelung trennen.
- Schlauch –1– für Heckscheibenwaschanlage abziehen.

Hinweis: Als Montagehilfe für den Wiedereinbau an das Leitungsende eine Schnur befestigen, die nach dem Herausziehen der Leitung in der Klappe bleibt.

- Gummidurchführung –3– an der Heckklappe herausdrücken und Leitungen aus der Heckklappe herausziehen.

Sicherheitshinweis
Heckklappe unbedingt durch einen Helfer abstützen lassen, bevor eine Gasdruckfeder gelöst wird. Sonst fällt die Heckklappe herunter, da sie durch einen Dämpfer allein nicht gehalten werden kann.

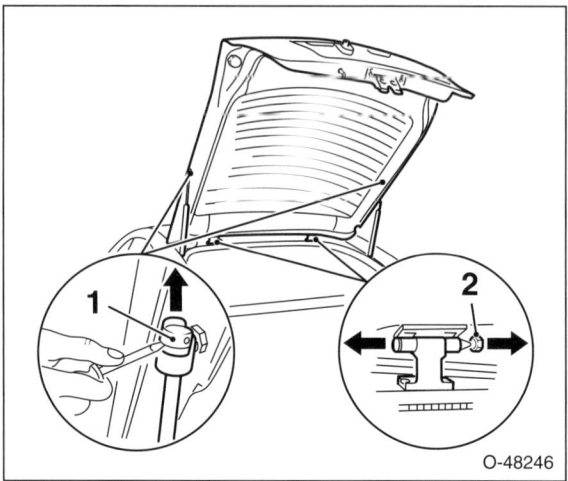

- Mit einem kleinen Schraubendreher Sicherungsklammer –1– etwas anheben und Gasdruckfeder vom oberen Kugelzapfen abziehen.
- Zweite Gasdruckfeder auf die gleiche Weise abbauen.
- Sicherungsklammern –2– abziehen, Scharnierbolzen für Heckklappe herausziehen oder mit Hammer und Durchschlag heraustreiben.
- Heckklappe mit Helfer abnehmen.

Einbau

- Heckklappe mit Helfer an die Scharniere ansetzen und Bolzen an den Scharnieren durchschieben. Sicherungsklammern aufschieben.
- Heckklappe schließen und auf korrekte Spaltmaße einstellen, siehe entsprechenden Abschnitt.
- Gasdruckfeder auf Kugelzapfen aufdrücken und einrasten. Zweite Gasdruckfeder auf die gleiche Weise einbauen.
- Wasserschlauch sowie elektrische Leitung mithilfe der Schnur einziehen beziehungsweise bei einer neuen Heckklappe verlegen. Wasserschlauch und elektrische Leitungen anschließen.
- Gummidurchführung an der Heckklappe eindrücken.
- Heckklappenverkleidung einbauen, siehe entsprechendes Kapitel.
- Hutablage einhängen.
- Batterie anklemmen. **Achtung:** Hinweise im Kapitel »Batterie aus- und einbauen« beachten.

Einstellen

- Verkleidung Heckabschluss ausbauen, siehe Seite 223/227/230/235.

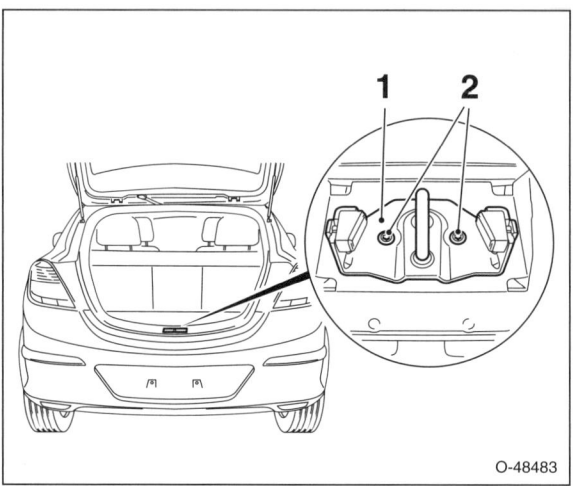

- Schließbügel –1– an der Ladekante abschrauben –2–.
- Falls nötig, Verkleidung an der C-Säule oben beziehungsweise D-Säule lösen, siehe Seite 223/227/230/235.
- **ASTRA CARAVAN/ZAFIRA:** Dachabschlussleiste ausbauen, siehe Seite 227/235.
- Dachhimmel vorsichtig nach unten ziehen und Scharnierschrauben lockern. **Hinweis:** Der Dachhimmel wird hinten durch einen Klettverschluss am Dach gehalten.
- Heckklappe schließen und Spaltmaße der Heckklappe prüfen. Die Heckklappe ist richtig eingestellt, wenn sie im geschlossenen Zustand überall ein gleichmäßiges Spaltmaß hat, nicht zu weit nach innen oder außen steht und die Konturen mit den umliegenden Karosserieteilen fluchten.

Spaltmaße, Sollwerte – ASTRA Limousine:
Heckklappe – Dach: . . . . $5{,}5^{\pm 1{,}0}$ mm
Heckklappe – C-Säule: . . . . $4{,}0^{\pm 1{,}0}$ mm
Heckklappe – Heckleuchten: . . . . $4{,}1^{\pm 1{,}25}$ mm
Heckklappe – Ladekante: . . . . $6{,}0^{\pm 1{,}5}$ mm

Spaltmaße, Sollwerte – ASTRA CARAVAN:
Heckklappe – Dach: . . . . $6{,}0^{\pm 1{,}0}$ mm
Heckklappe – D-Säule: . . . . $4{,}0^{\pm 1{,}2}$ mm
Heckklappe – Heckleuchten: . . . . $4{,}2^{\pm 1{,}25}$ mm
Heckklappe – Ladekante: . . . . $6{,}0^{\pm 2{,}0}$ mm

Spaltmaße, Sollwerte – ASTRA GTC:
Heckklappe – Dach: . . . . $5{,}5^{\pm 1{,}0}$ mm
Heckklappe – C-Säule: . . . . $4{,}0^{\pm 1{,}2}$ mm
Heckklappe – Heckleuchten: . . . . $4{,}0^{\pm 1{,}5}$ mm
Heckklappe – Ladekante: . . . . $6{,}0^{\pm 1{,}5}$ mm

Spaltmaße, Sollwerte – ZAFIRA:
Heckklappe – Dach: . . . . $6{,}0^{\pm 1{,}0}$ mm
Heckklappe – D-Säule: . . . . $4{,}0^{\pm 1{,}0}$ mm
Heckklappe – Heckleuchten: . . . . $4{,}0^{\pm 1{,}25}$ mm
Heckklappe – Ladekante: . . . . $6{,}0^{\pm 2{,}0}$ mm

- Gegebenenfalls Heckklappe durch Verschieben nach links und rechts ausrichten.

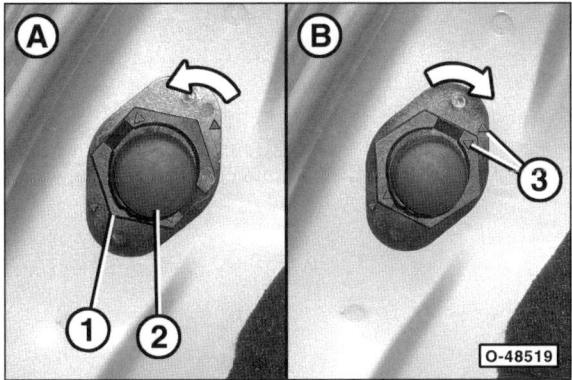

- Heckklappe öffnen und Arretierring −1− am Gummipuffer −2− etwa 60° bis 80° gegen den Uhrzeigersinn drehen −Pfeil A−.
- Gummipuffer −2− an beiden Seiten der Heckklappe so weit herausziehen, dass die Heckklappe in geschlossenem Zustand spannungsfrei auf den Puffern aufliegt.

Hinweis: Als Einstell-Hilfe Knetmasse an den Gummipuffern aufdrücken. Nach Schließen der Heckklappe ist am Abdruck in der Knetmasse zu erkennen, ob die Heckklappe richtig aufliegt.

- Arretierring −1− zurückdrehen −Pfeil B−, bis die Pfeil-Markierungen −3− gegenüberstehen. Dadurch wird der Gummipuffer festgesetzt.
- Scharnierschrauben mit **25 Nm** festziehen.
- Schließbügel handfest an der Ladekante anschrauben. Heckklappe vorsichtig schließen, dadurch wird der Schließbügel ausgerichtet. Schrauben mit **20 Nm** festziehen.
- Heckklappe schließen und einwandfreie Passung und Schließfunktion prüfen, gegebenenfalls nochmals einstellen.
- Verkleidung Heckabschluss einbauen, siehe Seite 223/227/230/235.

Gasdruckfeder entsorgen

Achtung: Falls die Gasdruckfeder ersetzt wird, muss die alte Feder entgast werden, bevor sie entsorgt wird.

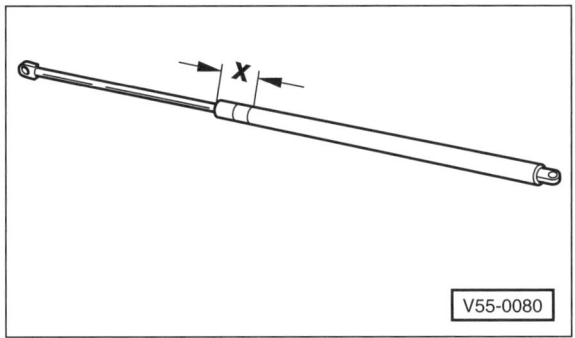

- Gasdruckfeder im **Bereich x = 50 mm** in den Schraubstock einspannen. **Achtung**: Feder unbedingt **nur in diesem Bereich** einspannen, sonst besteht Unfallgefahr!

- Zylinder im ersten Drittel der Zylindergesamtlänge – ausgehend von der Bezugskante auf der Kolbenstangenseite – aufsägen. Um herausspritzendes Öl aufzufangen, Bereich des Sägetrennschnittes mit einem Lappen abdecken. **Achtung:** Während des Sägevorganges Schutzbrille tragen.

Heckklappenverkleidung aus- und einbauen

ASTRA Limousine/ASTRA GTC

Ausbau

- Heckklappe öffnen und Hutablage aushängen.

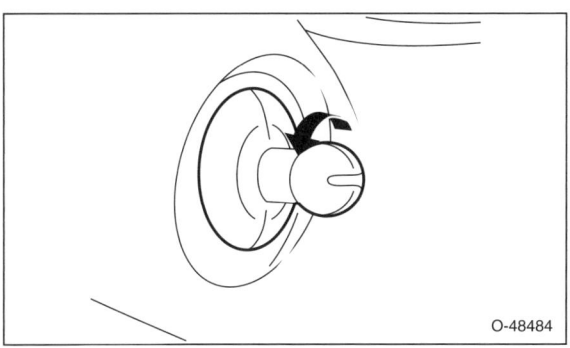

- Zapfen für Hutablagenaufhängung aus der Verkleidung am Fensterrahmen herausdrehen −Pfeil−.

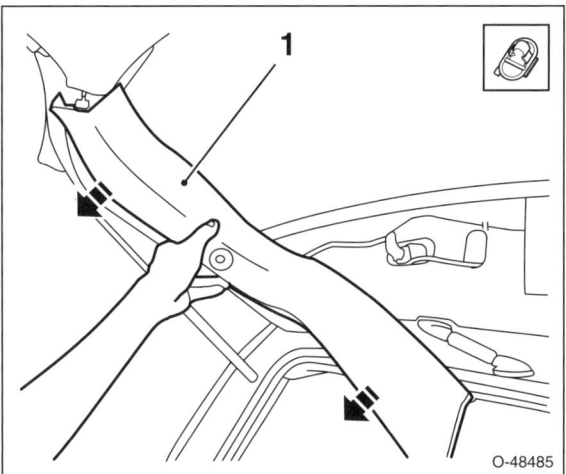

- Einen Kunststoffkeil unter die Fensterrahmenverkleidung −1− schieben, Verkleidung an 4 Halteclips vom Fensterrahmen lösen und in Pfeilrichtung abnehmen.
- Fensterrahmenverkleidung an der gegenüber liegenden Seite in gleicher Weise ausbauen.

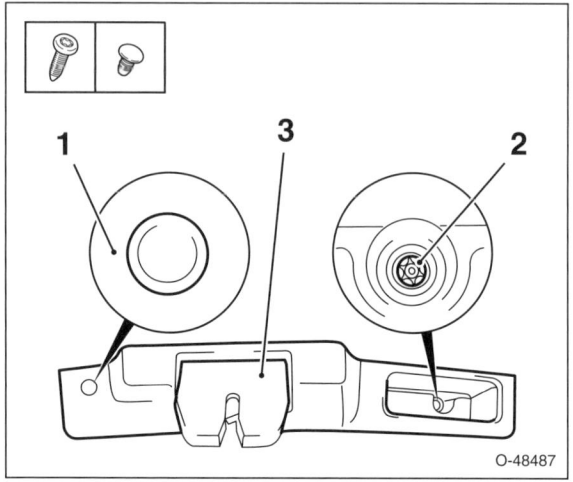

- Blende am Heckklappenschloss –3– abnehmen. Dazu Clip –1– herausziehen und Schraube –2– in der Griffmulde herausdrehen.

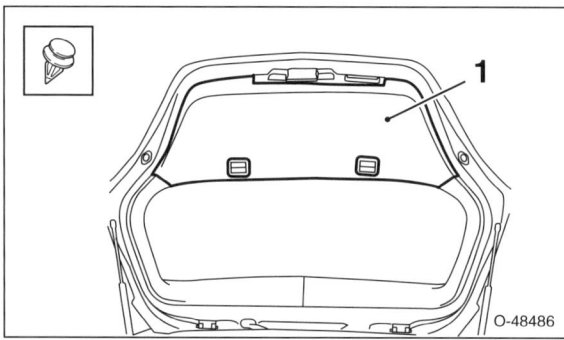

- Lösehebel, zum Beispiel HAZET 799-3, unter die Verkleidung –1– schieben und 8 Halteclips aus den Bohrungen herausziehen.
- Untere Verkleidung –1– von der Heckklappe abnehmen.

Einbau

- Halteclips auf Beschädigungen und auf richtigen Sitz an der Verkleidung überprüfen, wenn nötig, ersetzen.
- Verkleidung so an die Heckklappe ansetzen, dass die Halteclips in die Bohrungen eingreifen.
- Verkleidung an die Heckklappe andrücken und einclipsen.
- Blende am Heckklappenschloss mit Clip und Schraube befestigen.
- Zapfen für Hutablagenaufhängung in die Verkleidung eindrehen.

Hinweis: Der Ausbau der Verkleidung erfolgt beim ASTRA GTC in gleicher Weise wie bei der ASTRA Limousine. Dabei ist die Fensterrahmenverkleidung mit 3 Halteclips befestigt. Die Blende am Heckklappenschloss ist mit einer Spreizniete gesichert und die Griffmulde muss an 3 Stellen ausgerastet werden.

Heckklappenverkleidung; ASTRA CARAVAN
Ausbau

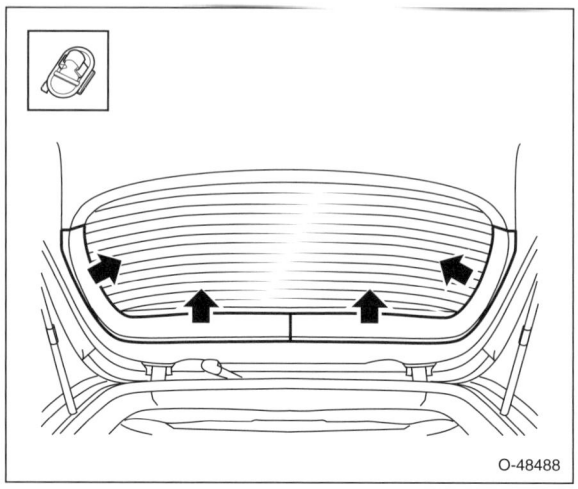

- Einen Kunststoffkeil unter die Fensterrahmenverkleidung schieben, Verkleidung rechts und links an 4 Halteclips vom Fensterrahmen lösen und abnehmen.

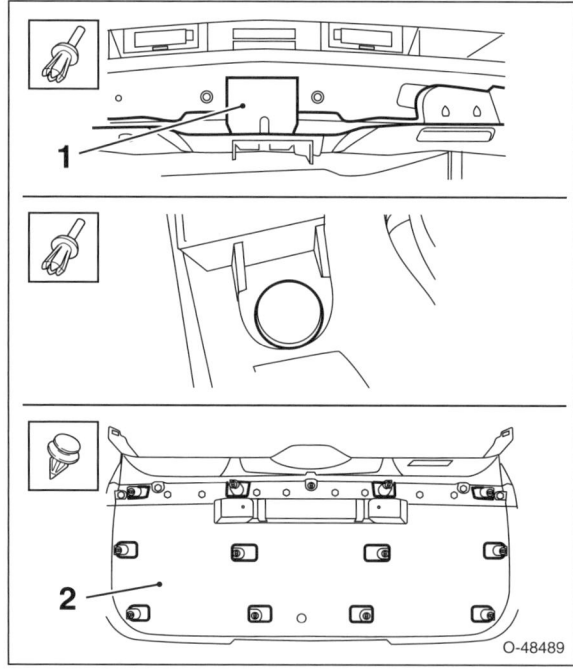

- Spreizniete herausziehen, Blende am Heckklappenschloss –1– ausclipsen und abnehmen.
- 2 Spreiznieten herausziehen und 2 Schrauben herausdrehen.
- Lösehebel, zum Beispiel HAZET 799-3, unter die Verkleidung –2– schieben und 12 Halteclips aus den Bohrungen herausziehen.
- Untere Verkleidung –2– von der Heckklappe abnehmen.

Einbau

- Halteclips auf Beschädigungen und auf richtigen Sitz an der Verkleidung überprüfen, wenn nötig, ersetzen.
- Der Einbau erfolgt in umgekehrter Ausbaureihenfolge.

Heckklappenverkleidung; ZAFIRA

Ausbau

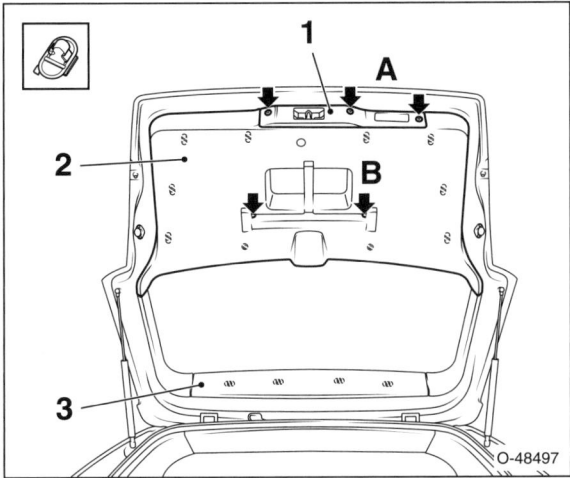

- 3 Schrauben –Pfeile A– herausdrehen, Griffmulde ausclipsen und Blende –1– am Heckklappenschloss abnehmen.
- 2 Schrauben –Pfeile B– herausdrehen.
- Lösehebel, zum Beispiel HAZET 799-3, unter die Verkleidung –2– schieben, 10 Halteclips aus den Bohrungen herausziehen und untere Verkleidung von der Heckklappe abnehmen.
- Einen Kunststoffkeil unter die obere Fensterrahmenverkleidung –3– schieben, Verkleidung an 4 Halteclips vom Fensterrahmen lösen und abnehmen.

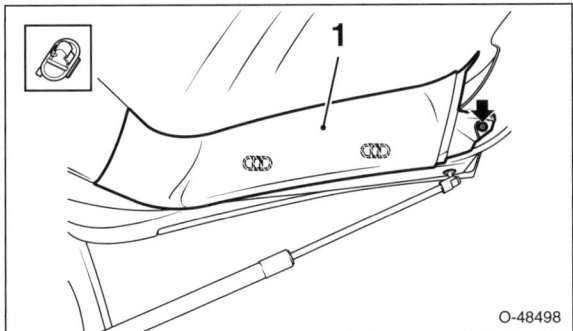

- Schraube –Pfeil– herausdrehen
- Einen Kunststoffkeil unter die Fensterrahmenverkleidung –1– schieben, Verkleidung an 2 Halteclips vom Fensterrahmen lösen und abnehmen.
- Fensterrahmenverkleidung an der gegenüber liegenden Seite in gleicher Weise ausbauen.

Einbau

- Halteclips auf Beschädigungen und auf richtigen Sitz an der Verkleidung überprüfen, wenn nötig, ersetzen.
- Der Einbau erfolgt in umgekehrter Ausbaureihenfolge.

Heckklappenschloss aus- und einbauen

Ausbau

- Batterie abklemmen. **Achtung:** Hinweise im Kapitel »Batterie aus- und einbauen« beachten.
- Heckklappenverkleidung unten und Blende am Heckklappenschloss ausbauen, siehe entsprechendes Kapitel.
- Stecker für Heckklappenschloss entriegeln und abziehen.

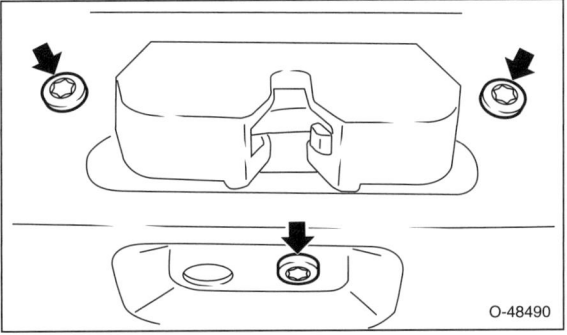

- 3 Schrauben –Pfeile– herausdrehen und Schloss von der Heckklappe abnehmen.

Einbau

- Der Einbau erfolgt in umgekehrter Ausbaureihenfolge, dabei Schrauben mit **8 Nm** festziehen.
- Bei geöffneter Heckklappe Schließmechanismus auf Funktion prüfen.

Tür aus- und einbauen

Ausbau

- Batterie abklemmen. **Achtung.** Hinweise im Kapitel »Batterie aus- und einbauen« beachten.
- Tür öffnen und Kanten der Tür mit Klebeband schützen.

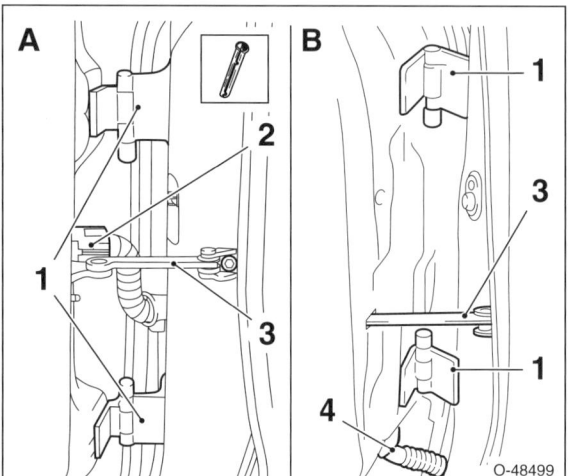

- Schraube herausdrehen und Türstopper –3– von der A-Säule lösen.
- **Vordertür –A–:** Rote Sicherungslasche am Stecker –2– nach innen zum Fahrzeug ziehen, Stecker gleichzeitig gegen den Uhrzeigersinn drehen und abziehen.
- **Hintertür –B–:** Blaue Verschlusslasche eindrücken und Stecker –4– abziehen.
- Gummikappen von den Türscharnieren –1– oben und unten abziehen.
- Spannhülsen mit Ausschlagwerkzeug HAZET 1970 oder einem geeigneten Dorn aus den Türscharnieren –1– oben und unten herausschlagen. Spannhülse dabei an der Seite herausschlagen, auf der die Kappe saß. **Achtung:** Tür von einen Helfer abstützen lassen.
- Tür von der A-Säule nehmen.

Einbau

- Tür auf die Scharniere setzen, dabei Tür von einen Helfer abstützen lassen.
- Spannhülsen mit Hochdruckfett einschmieren und in die Scharniere einschlagen.
- Tür schließen und auf korrekte Spaltmaße einstellen, siehe entsprechenden Abschnitt.
- Türstopper –3– mit **20 Nm** an der A-Säule anschrauben.
- Der weitere Einbau erfolgt in umgekehrter Ausbaureihenfolge.

Tür einstellen

- Schließbügel von der B-Säule abschrauben.
- Die Einstellung erfolgt durch Ausrichten (Verbiegen) der Scharniere. Dies erfordert einige Erfahrung, daher im Zweifelsfall Fachwerkstatt aufsuchen. Spezielle Biegewerkzeuge werden im Handel angeboten, zum Beispiel HAZET 1931 und HAZET 1973-1.
- Spaltmaße der Tür prüfen. Die Tür ist richtig eingestellt, wenn sie im geschlossenen Zustand überall ein gleichmäßiges Spaltmaß hat, nicht zu weit nach innen oder außen steht und die Konturen mit den umliegenden Karosserieteilen fluchten.

Spaltmaße, Sollwerte:

Tür vorn – Kotflügel vorn: .... $3,8^{\pm 0,8}$ mm
Tür vorn – A-Säule: .... $4,0^{\pm 1,0}$ mm
Tür vorn – Dachkante: .... $5,0^{\pm 1,0}$ mm
Tür vorn/hinten – Türschweller (ASTRA): ... $4,5^{\pm 1,0}$ mm
Tür vorn – Türschweller (ZAFIRA): .... $5,7^{\pm 1,0}$ mm
Tür vorn – Tür hinten (4-Türer): .... $3,8^{\pm 0,8}$ mm
Tür hinten – C-Säule (4-Türer): .... $4,0^{\pm 1,0}$ mm
Tür hinten – Kotflügel hinten (4-Türer): .... $3,8^{\pm 0,8}$ mm
Tür hinten – Dachkante (Limousine/ZAFIRA): $5,0^{\pm 1,0}$ mm
Tür hinten – Dachkante (ASTRA CARAVAN): $4,5^{\pm 1,0}$ mm
Tür hinten – Türschweller (ZAFIRA): ...... $5,5^{\pm 1,0}$ mm
Tür – B-Säule (ASTRA GTC): .... $3,9^{\pm 1,0}$ mm
Tür – Kotflügel hinten (ASTRA GTC): ..... $3,8^{\pm 1,0}$ mm

- Tür an die Karosseriekontur anpassen: Schließt die Tür in geschlossenem Zustand nicht bündig mit der umliegenden Karosserie ab, Scharniere entsprechend nach außen oder innen ziehen. Die hintere Tür darf vorne maximal 1 mm weiter innen stehen als die Vordertür.

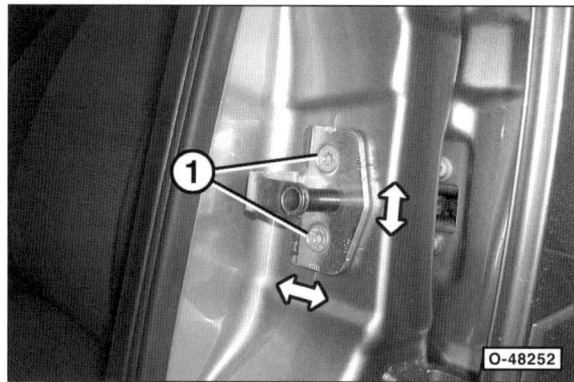

- Schließbügel anschrauben und Schrauben –1– handfest anziehen, so dass der Schließbügel leicht verschoben werden kann.
- Tür schließen und ausrichten. Dadurch wird auch der Schließbügel ausgerichtet. Anschließend Tür vorsichtig öffnen und Schrauben für Schließbügel mit **20 Nm** festziehen.
- Falls erforderlich, die durch das Verbiegen der Scharniere entstandenen Lackschäden beheben.

Türschloss aus- und einbauen

Ausbau

- Batterie abklemmen. **Achtung:** Hinweise im Kapitel »Batterie aus- und einbauen« beachten.
- Türverkleidung ausbauen, siehe entsprechendes Kapitel.
- **Vordertür:** 2 Haltesockel im hinteren Bereich vom Türrahmen abbauen.
- Wasserabweisfolie im hinteren Bereich abziehen.
- Stecker am Schloss entriegeln und abziehen.

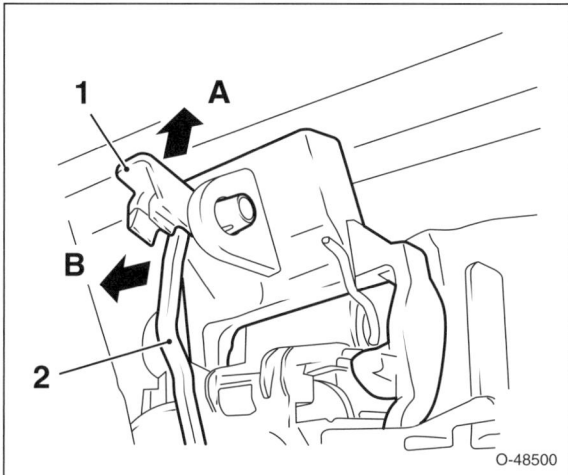

- Halteklammer –1– hochschwenken –Pfeil A–, Zugstange –2– entriegeln und vom Lagerbügel des Tür-Außengriffs aushängen –Pfeil B–. **Hinweis:** Die Abbildung zeigt die Zugstange an der Hintertür.

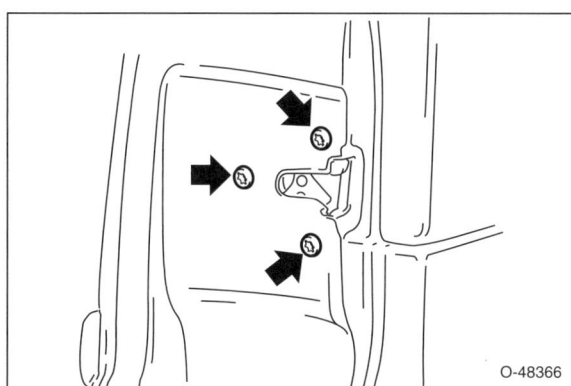

- 3 Schrauben –Pfeile– an der Schmalseite der Tür herausdrehen und Schloss vom Türrahmen lösen.

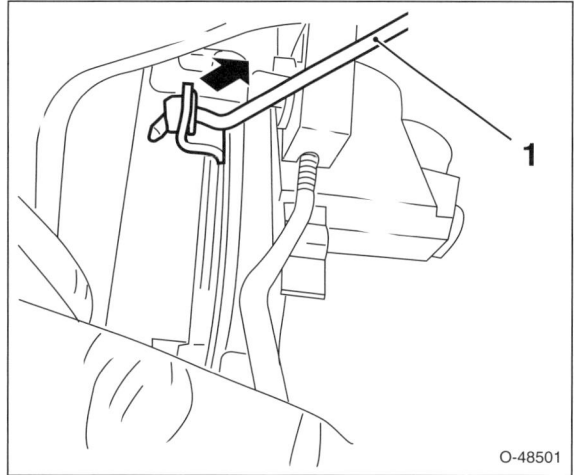

- **Vordertür:** Zugstange –1– zum Schließzylinder am Türschloss aushängen.
- Schloss vom Türrahmen abnehmen.

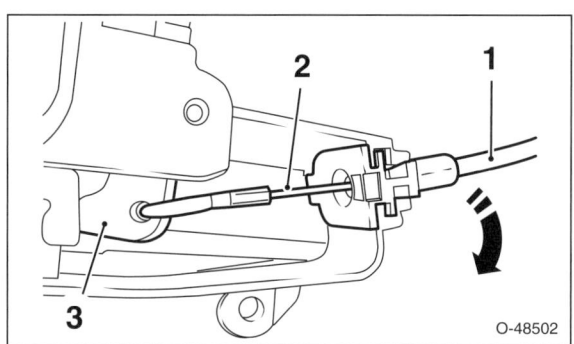

- Bowdenzug –1– aus der Halterung am Türschloss herausziehen –Pfeil–.
- Zugseele –2– am Umlenkhebel –3– für den Verriegelungsknopf aushängen.

Einbau

- Zugseele in die Aufnahme am Türschloss einhängen, Bowdenzug einsetzen und hörbar einrasten.
- Der weitere Einbau erfolgt in umgekehrter Ausbaureihenfolge. Dabei Türschloss mit **8 Nm** festschrauben.
- Beschädigte Wasserabweisfolie ersetzen.
- Bei geöffneter Tür Schließmechanismus auf Funktion prüfen.

Tür-Außengriff aus- und einbauen

Ausbau

- Tür öffnen.
- **Vordertür, Fahrzeuge mit Open & Start-System:** Türverkleidung ausbauen, siehe entsprechendes Kapitel.
- **Vordertür, Fahrzeuge mit Open & Start-System:** Steckverbindung für automatisches Erkennungssystem entriegeln und trennen.

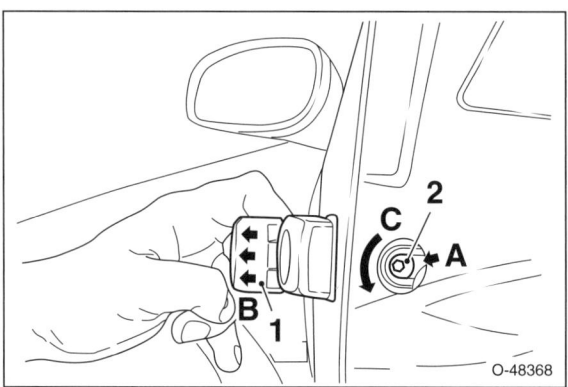

- Mit einem Kunststoffkeil, zum Beispiel HAZET 1965-20, Abdeckkappe aus der Bohrung –Pfeil A– an der Schmalseite der Tür heraushebeln.
- Außengriff –1– nach außen ziehen –Pfeile B– und festhalten.
- Schraube –2– bis zum Anschlag gegen den Uhrzeigersinn –Pfeil C– drehen. Der Außengriff wird dabei in gezogener Position fixiert.

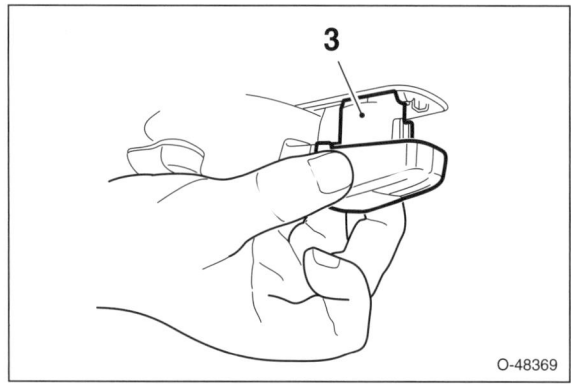

- Schließzylinder mit Gehäuse –3– aus der Tür herausziehen. **Hinweis:** An der Beifahrertür sowie den hinteren Türen ist im Gehäuse kein Schließzylinder eingesetzt.

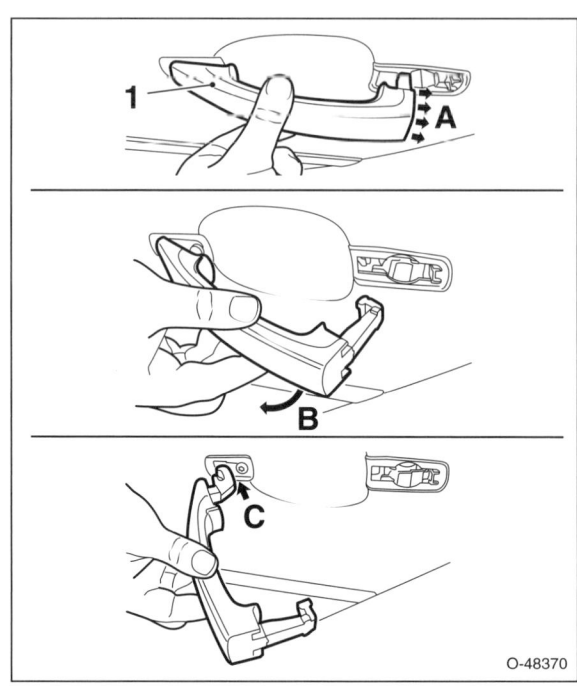

- Außengriff –1– nach hinten ziehen –Pfeile A–, nach außen schwenken –Pfeil B– und aus dem vorderen Lager –Pfeil C– aushängen.

Einbau

- Außengriff durch das Türblech einführen, in das vordere Lager einhängen, nach innen schwenken und im hinteren Lager einrasten.
- Schließzylinder mit Gehäuse einsetzen.
- Schraube an der Schmalseite der Tür bis zum Anschlag im Uhrzeigersinn drehen, dabei Außengriff festhalten und Schließzylindergehäuse gegenhalten.
- Abdeckkappe in die Bohrung drücken.
- **Vordertür, Fahrzeuge mit Open & Start-System:** Stecker verbinden und Türverkleidung einbauen, siehe entsprechendes Kapitel.

Lagerbügel für Tür-Außengriff aus- und einbauen

Ausbau

- Tür-Außengriff ausbauen, siehe entsprechendes Kapitel.
- Türverkleidung ausbauen, siehe entsprechendes Kapitel.
- **Vordertür:** 2 Haltesockel im hinteren Bereich vom Türrahmen abbauen, siehe Abbildung O-48511 in Kapitel »Fensterheber an der Vordertür aus- und einbauen«.
- Wasserabweisfolie im hinteren Bereich abziehen.

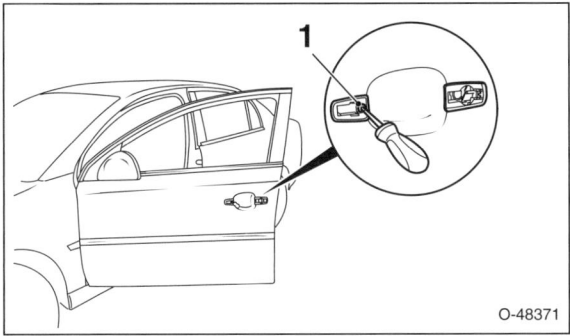

- Schraube –1– am vorderen Lager 5 Umdrehungen losdrehen.
- Zugstange entriegeln und vom Lagerbügel aushängen, siehe Kapitel »Türschloss aus- und einbauen«.

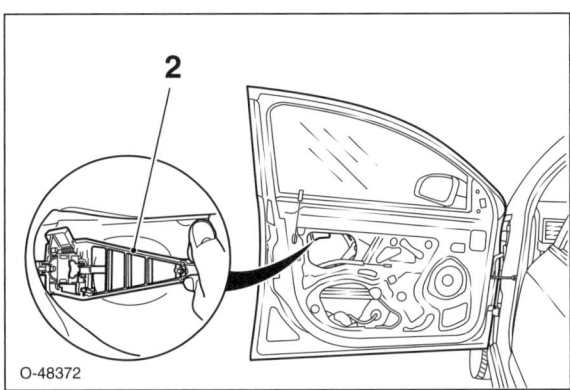

- Lagerbügel –2– für Tür-Außengriff aus der Öffnung im Türrahmen herausziehen.

Einbau

- Lagerbügel einsetzen und Schraube am vorderen Lager festziehen.
- Der weitere Einbau erfolgt in umgekehrter Ausbaureihenfolge.

Türverkleidung aus- und einbauen
ASTRA

Ausbau

- Batterie abklemmen. **Achtung:** Hinweise im Kapitel »Batterie aus- und einbauen« beachten.
- Tür öffnen.

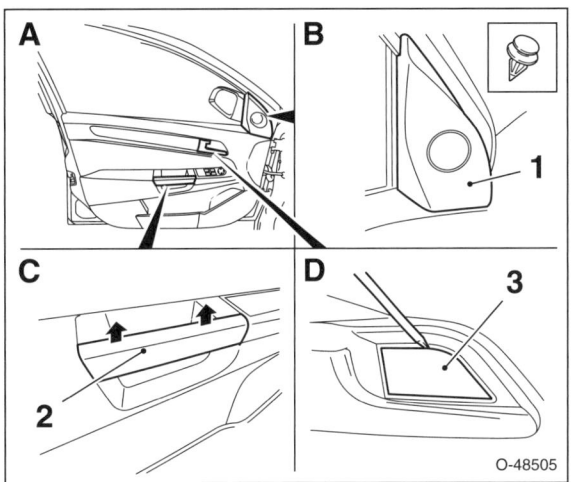

- Mit einem Kunststoffkeil, zum Beispiel HAZET 1965-20, Dreieckblende –1– an 3 Halteclips vom Türrahmen abhebeln.
- An der Rückseite der Blende Stecker vom Lautsprecher abziehen und Dreieckblende abnehmen.
- Mit einem Kunststoffkeil Blende –2– vom Haltegriff nach oben abhebeln –Pfeile–.
- Mit einem Kunststoffkeil Blende –3– am Türöffner abhebeln.

Achtung: Blenden am Haltegriff sowie am Türöffner beim Ausbau nicht beschäden.

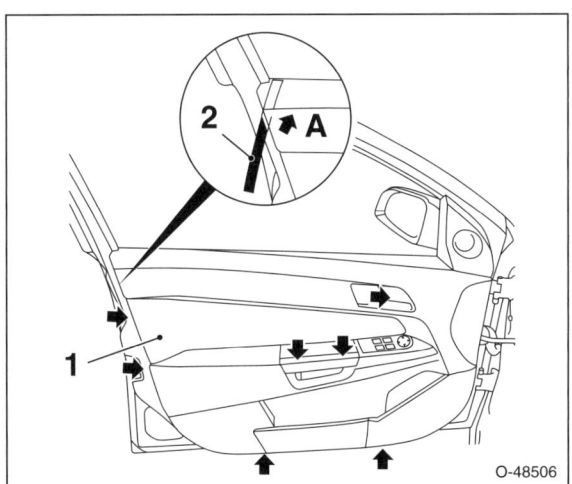

- 7 Schrauben –Pfeile– herausdrehen.
- **ASTRA GTC:** Schraube –1– herausdrehen.

- Kunststoffkeil –2– unter die Verkleidung schieben –Pfeil A– und Verkleidung an 5 Cliphalterungen vom Türrahmen lösen.
- An der Rückseite der Türverkleidung Steckverbindungen trennen.

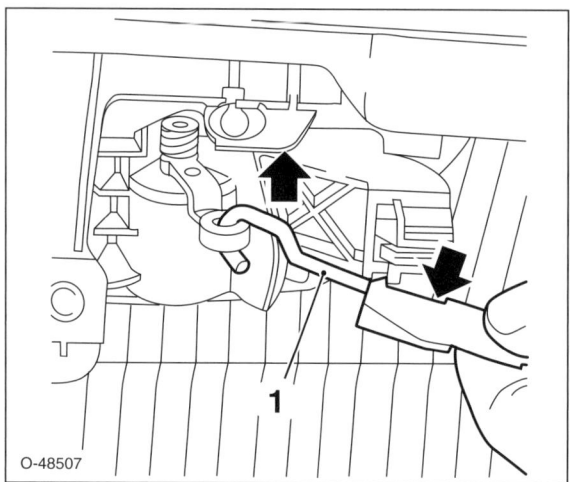

- Bowdenzug –1– am Türöffner aushängen –Pfeile–.
- Verkleidung vom Türrahmen abnehmen.

Einbau

- Halteclips auf Beschädigungen und auf richtigen Sitz an der Verkleidung überprüfen, wenn nötig, ersetzen.
- Verkleidung so an die Tür ansetzen, dass die Halteclips in die Bohrungen eingreifen.
- Verkleidung an die Tür andrücken und einclipsen. Schrauben eindrehen.
- Der weitere Einbau erfolgt in umgekehrter Ausbaureihenfolge.

Speziell Hintertür, 4-Türer

Der Ausbau erfolgt weitgehend wie bei der Vordertür.

- Fenster nach unten fahren.
- Falls vorhanden, Fensterkurbel ausbauen, siehe entsprechendes Kapitel.
- 4 Schrauben herausdrehen: 2 am Haltegriff, eine am Türinnengriff sowie eine unten an der Verkleidung.

Fensterkurbel aus- und einbauen

Hintertür, 4-Türer

Ausbau

- Stellung der Fensterkurbel bei geschlossenem Fenster für den Wiedereinbau mit Klebeband markieren.

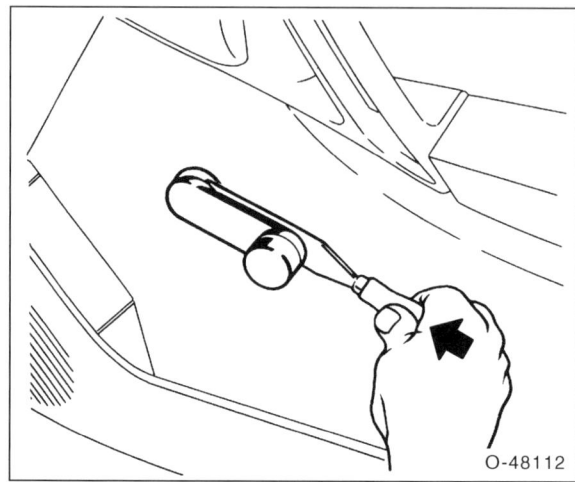

- Falls vorhanden, Fensterkurbel ausbauen. Dazu mit Spezialzange HAZET 799 die Drahtklammer abdrücken.

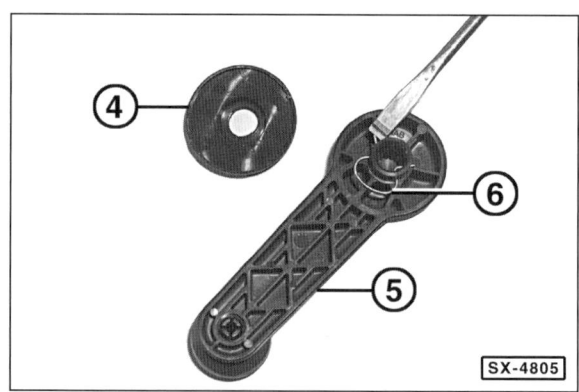

- Steht das Werkzeug nicht zur Verfügung, Drahtklammer –6– mit einem schmalen Schraubendreher abdrücken.
- Kurbel –5– von der Achse abziehen. Falls beim Ausbau die Drahtklammer ganz aus der Fensterkurbel herausgedrückt wurde, Drahtklammer wieder in die Nut der Kurbel eindrücken. Kunststoffscheibe –4– abnehmen.

Einbau

- Kunststoffscheibe auf die Kurbelachse schieben.
- Fensterkurbel auf die Kurbelachse schieben und mit dem Handballen aufschlagen, dabei muss die Drahtklammer in die Nut der Achse einrasten.

Türverkleidung aus- und einbauen

ZAFIRA

Ausbau

- Fenster nach unten fahren.
- Batterie abklemmen. **Achtung:** Hinweise im Kapitel »Batterie aus- und einbauen« beachten.
- Tür öffnen. Mit einem Kunststoffkeil Blende am Türöffner abhebeln und aus der Führung herausziehen.

- Mit einem Kunststoffkeil untere Blende –1– am Haltegriff an 5 Halteclips abhebeln.
- Obere Blende –2– am Haltegriff an 6 Halteclips abhebeln.
- Hochtonlautsprecher aus der Türverkleidung ausbauen, siehe Seite 102.

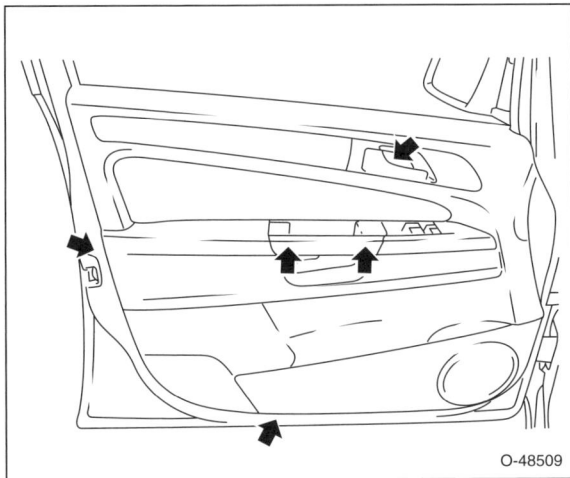

- 5 Schrauben –Pfeile– herausdrehen.

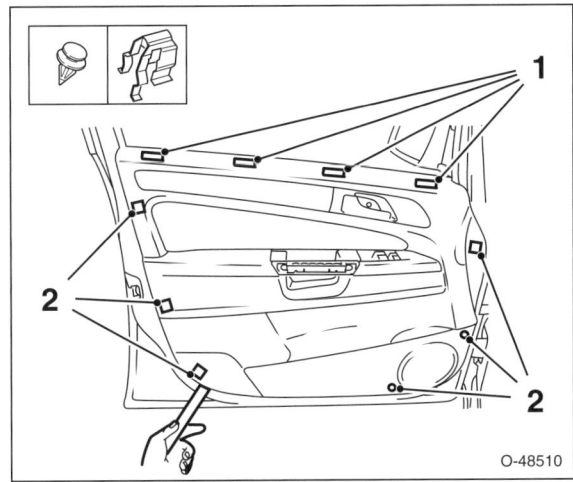

- Kunststoffkeil unter die Verkleidung schieben und Verkleidung an 6 Cliphalterungen –2– vom Türrahmen lösen.
- Verkleidung oben an 4 Federklammern –1– vom Türrahmen lösen.
- An der Rückseite der Türverkleidung Steckverbindungen trennen.
- Bowdenzug am Türöffner aushängen, siehe entsprechendes Kapitel für den ASTRA.
- Verkleidung vom Türrahmen abnehmen.

Einbau

- Der Einbau erfolgt in umgekehrter Ausbaureihenfolge.

Speziell Hintertür

- Falls vorhanden, Fensterkurbel ausbauen, siehe entsprechendes Kapitel.
- 2 Schrauben am Haltegriff und eine Schraube am Türöffner herausdrehen.
- Verkleidung an 7 Cliphalterungen und 4 Federklammern vom Türrahmen lösen
- Der Ausbau erfolgt weitgehend wie bei der Vordertür.

Fensterheber an der Vordertür aus- und einbauen

Ausbau

- Fenster absenken.
- Türverkleidung ausbauen, siehe entsprechendes Kapitel.

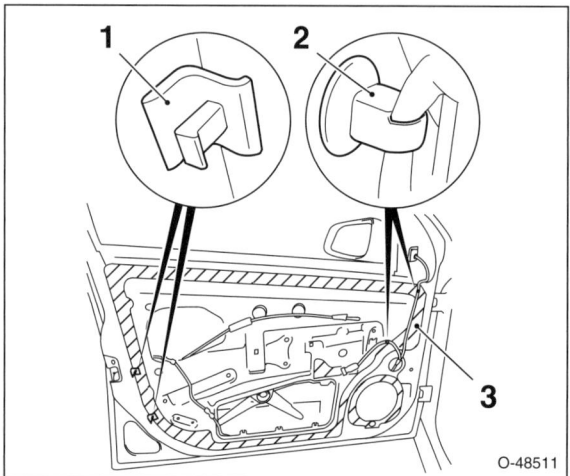

- 2 Haltesockel –1– im hinteren Bereich vom Türrahmen abbauen.
- Kabelhalter –2– vom Türrahmen abbauen.
- Wasserabweisfolie –3– vorsichtig abziehen. **Hinweis:** Beim ASTRA GTC Wasserabweisfolie nur im hinteren Bereich abziehen, Kabelhalter nicht abbauen.

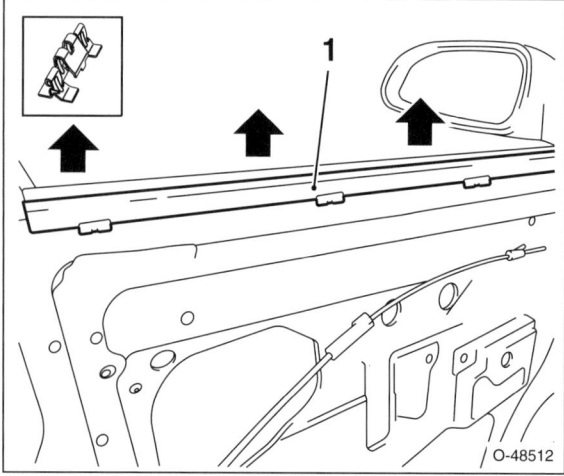

- **ASTRA Limousine/CARAVAN:** Mit einem Kunststoffkeil innere Fensterschachtleiste –1– vom Fensterschacht ablösen und nach oben abziehen –Pfeile–; dabei hinten beginnen.
- Mit einem Kunststoffkeil äußere Fensterschachtleiste ablösen und nach oben abziehen, dabei hinten beginnen. Fensterschachtleiste nach hinten vom Außenspiegel wegziehen.

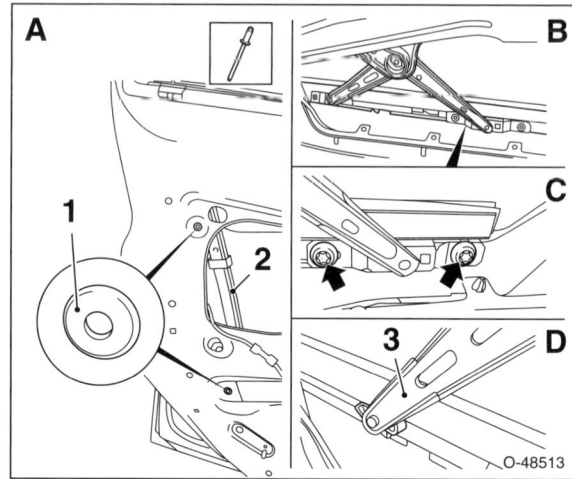

- Nietköpfe von 2 Blindnieten –1– ausbohren, Blindnieten herausstoßen, hintere Führungsschiene –2– nach hinten herausziehen und aus der Öffnung im Türrahmen herausziehen.
- Bohrspäne aus dem Türrahmen und den Gleitschienen entfernen.
- **ASTRA GTC:** Fensterheber so weit hochfahren, bis die Schrauben für Fensterbefestigung in den Montagebohrungen des Türrahmens zugänglich sind.
- 2 Schrauben –Pfeile C– für Fensterbefestigung herausdrehen.
- Fensterheberarm –3– aus der Gleitschiene des Fensters schieben –D–.
- Fenster nach vorne kippen und nach oben aus dem Fensterschacht herausheben. **Hinweis:** Beim ASTRA GTC Fensterheber gleichzeitig durch einen Helfer nach unten fahren lassen.

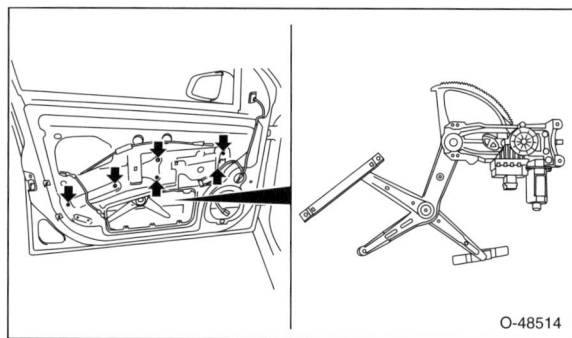

- Nietköpfe von 6 Blindnieten –Pfeile– ausbohren, Blindnieten herausstoßen und Fensterheber aus dem Türrahmen herausziehen.
- Stecker vom Fensterhebermotor abziehen.
- Gegebenenfalls Motor vom Fensterheber abschrauben.

Einbau

- Falls ausgebaut, Motor mit 3 Schrauben am Fensterheber anschrauben.

- Fensterheber im Türrahmen einsetzen und mit Popnieten ∅ 4,8 x 11 mm oder kurzen Schrauben und Muttern am Türrahmen befestigen. Schraubengewinde vorher Sicherungsmittel bestreichen.
- Gleitstücke des Fensterhebers mit Mehrzweckfett schmieren.
- Fenster in den Fensterschacht einführen und Fensterheberarm in die Gleitschiene des Fensters schieben.
- Fenster in die Halterung am Fensterheber einsetzen und 2 Schrauben festziehen.
- Hintere Führungsschiene einsetzen und mit Popnieten ∅ 4,8 x 11 mm oder kurzen Schrauben und Muttern am Türrahmen befestigen. Schraubengewinde vorher mit Sicherungsmittel bestreichen.
- Der weitere Einbau erfolgt in umgekehrter Ausbaureihenfolge.
- Beschädigte Wasserabweisfolie ersetzen.
- Nach dem Anklemmen der Batterie automatische Hochlauffunktion des elektrischen Fensterhebers neu aktivieren, siehe Kapitel »Batterie aus- und einbauen«.
- Fensterheber auf Funktion prüfen.

Speziell ZAFIRA

Der Aus- und Einbau erfolgt weitgehend wie beim ASTRA. Hier werden nur die Unterschiede aufgeführt.

- Außenspiegel ausbauen, siehe entsprechendes Kapitel.
- Fensterheber auf halbe Höhe fahren und Fenster ausbauen.

Fensterheber an der Hintertür aus- und einbauen

Mechanischer Fensterheber

Ausbau

- Fenster absenken.
- Türverkleidung ausbauen, siehe entsprechendes Kapitel.
- Dichtgummiring für Fensterkurbel aus dem Türrahmen herausziehen.
- Wasserabweisfolie vorsichtig abziehen.
- Mit einem Kunststoffkeil innere und äußere Fensterschachtleiste abdrücken. Fensterschachtleiste abziehen.

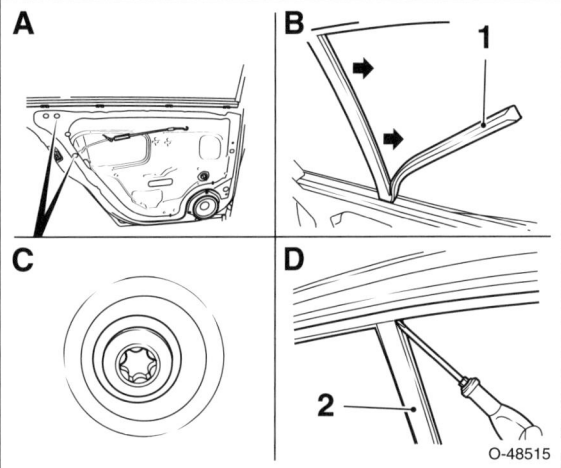

- Fensterdichtgummi –1– im Bereich der hinteren Fensterführungsschiene abziehen –B–.
- Schrauben –C– für hintere Fensterführungsschiene –2– herausdrehen. **Hinweis:** Beim ASTRA wird nur eine Schraube herausgedreht.
- Schraube oben herausdrehen –D– und hintere Fensterführungsschiene –2– aus dem Fensterrahmen herausziehen.
- Fensterscheibe aus dem Fensterschacht herausziehen.

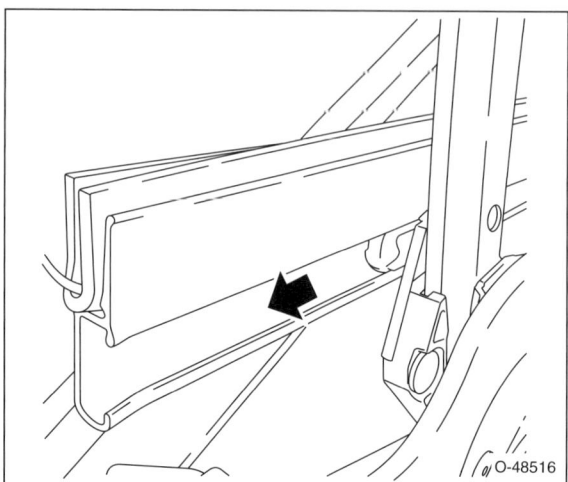

- Fensterscheibe nach vorne kippen und nach hinten aus der Führungsschiene des Fensterhebers herausschieben –Pfeil–.
- Fensterscheibe nach oben aus dem Fensterschacht herausziehen.

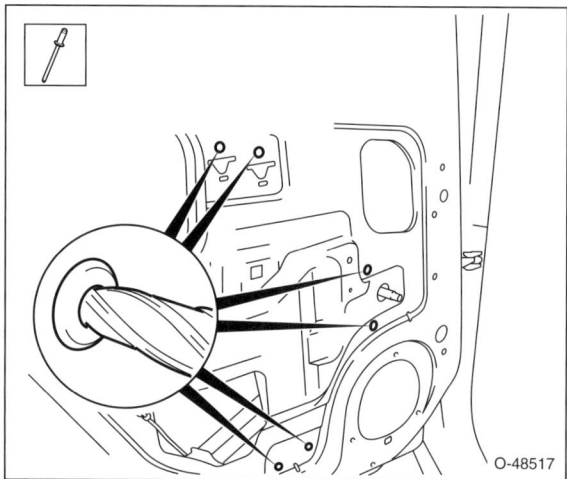

- Nietköpfe von 6 Blindnieten –Pfeile– ausbohren und Blindnieten herausstoßen.
- Fensterheber aus dem Türrahmen herausziehen.

Einbau

- Bohrspäne aus dem Türrahmen entfernen.
- Fensterheber im Türrahmen einsetzen und mit Popnieten ⌀ 4,8 x 11 mm oder kurzen Schrauben und Muttern am Türrahmen befestigen. Schraubengewinde vorher mit Sicherungsmittel bestreichen.
- Der weitere Einbau erfolgt in umgekehrter Ausbaureihenfolge.
- Beschädigte Wasserabweisfolie ersetzen.

Spiegelglas aus- und einbauen

Ausbau

- Außenspiegel nach vorne klappen.

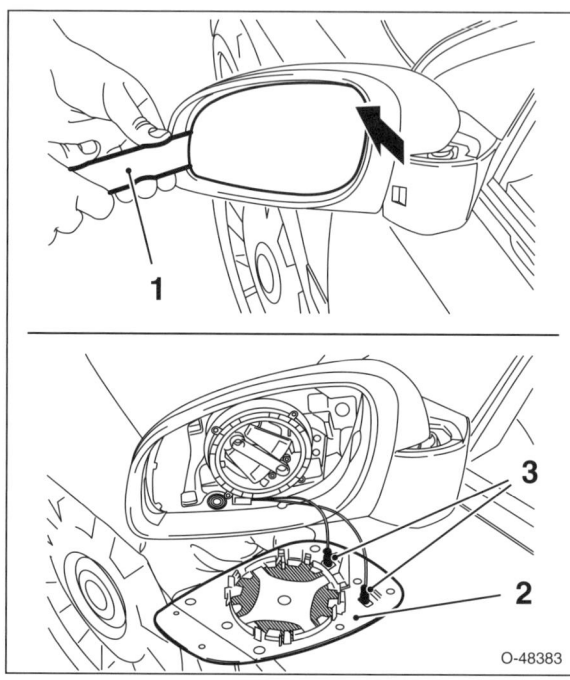

- Spiegelglas so verstellen, dass die obere Ecke rechts –Pfeil– bis zum Anschlag ins Spiegelgehäuse geneigt ist.
  Hinweis: Beim rechten Außenspiegel obere Ecke links ins Spiegelgehäuse neigen.
- Kunststoffkeil an der diagonal gegenüberliegenden Seite einführen und Spiegelglas vorsichtig abhebeln.
- Beide Anschlusskabel –3– für elektrisch beheizbaren Außenspiegel von der Spiegelglas-Rückseite –2– abziehen. Dabei die angenieteten Kontaktzungen festhalten, um Beschädigungen zu vermeiden.

Einbau

- Anschlusskabel am Spiegelglas aufstecken.

> **Sicherheitshinweis**
> Beim Aufdrücken des Spiegelglases unbedingt Handschuhe anziehen oder sauberen Lappen unterlegen. Bruch- und Verletzungsgefahr!

- Spiegelglas ansetzen, aufdrücken und einrasten. Durch Hin- und Herbewegen des Spiegelglases festen Sitz in der Halterung prüfen.
- Außenspiegel einstellen.

Außenspiegel aus- und einbauen

ASTRA

Ausbau

- Kunststoffkeil, zum Beispiel HAZET 1965-20, oben in den Spalt zwischen Türrahmen und Dreieckblende einführen.
- Dreieckblende an 3 Halteclips vom Türrahmen abhebeln.
- An der Rückseite der Blende Stecker vom Lautsprecher abziehen und Dreieckblende abnehmen.

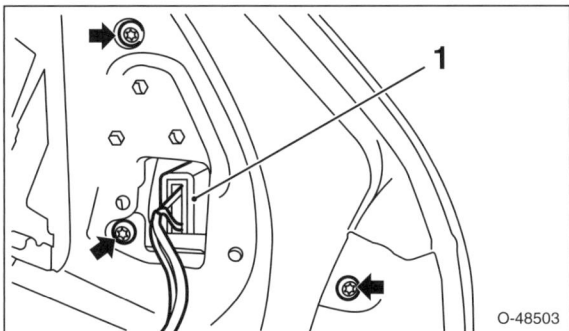

- Stecker –1– entriegeln und abziehen.
- 3 Schrauben –Pfeile– herausdrehen, dabei Spiegel außen festhalten. Außenspiegel von der Tür abnehmen.

Einbau

- Der Einbau erfolgt in umgekehrter Ausbaureihenfolge. Außenspiegel dabei mit **5 Nm** festschrauben.

ZAFIRA

Ausbau

- Türverkleidung ausbauen, siehe entsprechendes Kapitel.
- Kabelhalter vom Türrahmen abbauen.
- Wasserabweisfolie im vorderen Bereich vorsichtig abziehen.

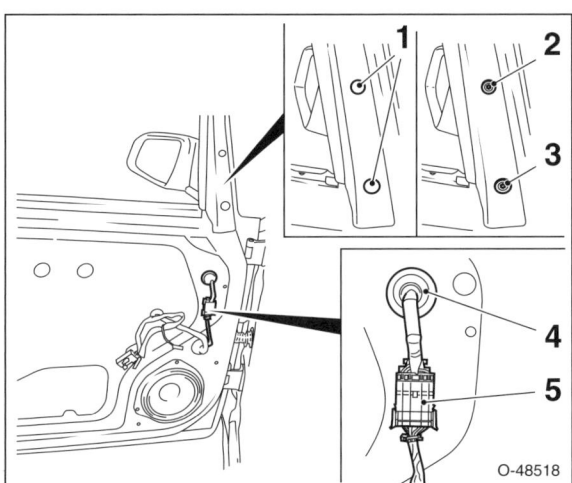

- Stecker –5– trennen.

- Gummitülle –4– aus dem Türrahmen herausziehen.
- 2 Abdeckkappen –1– herausheben.
- Untere Schraube –3– herausdrehen.
- Obere Schraube –2– lockern und Außenspiegel nach oben vom Türrahmen abnehmen. Dabei darauf achten, dass die obere Schraube –2– nicht herunterfällt.

Einbau

- Der Einbau erfolgt in umgekehrter Ausbaureihenfolge. Außenspiegel dabei mit **5 Nm** festschrauben.
- Beschädigte Wasserabweisfolie ersetzen.

Abdeckung für Außenspiegel aus- und einbauen

Ausbau

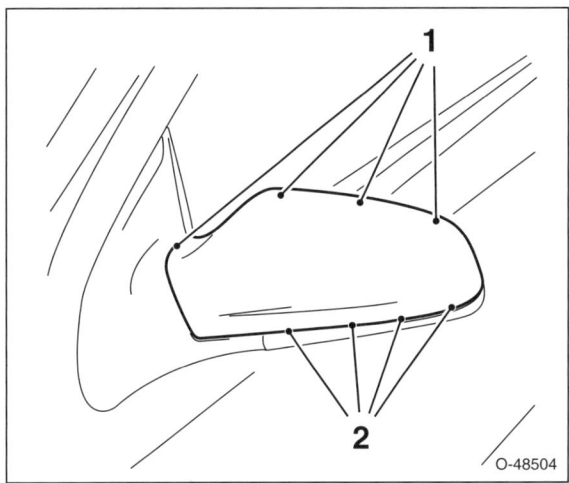

- Abdeckung oben an 4 Halteclips –1– lösen.
- Abdeckung unten an 4 Halteclips –2– aushängen.

Einbau

- Abdeckung unten einhängen und oben einrasten.

Stromlaufpläne

Aus dem Inhalt:

- Zeichenerklärung
- Einzelpläne
- Stromlaufplan-Übersicht
- Relaisbelegung

Der Umgang mit dem Stromlaufplan

In einem Personenwagen werden bis zu 3.000 Meter Leitungen verlegt, um alle elektrischen Verbraucher (Scheinwerfer, Radio usw.) mit Strom zu versorgen.

Will man einen Fehler in der elektrischen Anlage aufspüren oder nachträglich ein elektrisches Zubehör montieren, kommt man nicht ohne Stromlaufplan aus; anhand dessen der Stromverlauf und damit die Kabelverbindungen aufgezeigt werden. Grundsätzlich muss der betreffende Stromkreis geschlossen sein, sonst kann der elektrische Strom nicht fließen. Es reicht beispielsweise nicht aus, dass an der Plusklemme eines Scheinwerfers Spannung anliegt, wenn nicht gleichzeitig über den Masseanschluss der Stromkreis geschlossen ist.

Deshalb ist auch das Massekabel von der Batterie mit der Karosserie verbunden. Mitunter reicht diese Masseverbindung jedoch nicht aus, und der betreffende Verbraucher bekommt eine direkte Masseleitung, deren Isolierung in der Regel braun eingefärbt ist. In den einzelnen Stromkreisen können Schalter, Relais, Sicherungen, Messgeräte, elektrische Motoren oder andere elektrische Bauteile integriert sein. Damit diese Bauteile richtig angeschlossen werden können, haben die einzelnen Kontakte entsprechende Klemmenbezeichnungen.

Um das Kabelgewirr zumindest auf dem Stromlaufplan übersichtlich zu ordnen, sind die einzelnen Strompfade senkrecht nebeneinander angeordnet und durchnummeriert.

Die senkrechten Linien münden oben in Rechtecken, die die plusseitigen Anschlüsse des Stromkreises symbolisieren. Es handelt sich dabei um die Klemmen 30 und 15. Die Ziffern in den Rechtecken weisen auf die weiterführenden Strompfade zum Batterie-Pluspol beziehungsweise Zündschloss hin. Unten mündet der Stromkreis auf einer waagerechten Linie, die den Masseanschluss symbolisiert. Die Masseverbindung wird normalerweise direkt über die Karosserie hergestellt oder aber über eine zusätzliche Leitung von einem an der Karosserie angebrachten Massepunkt.

Die wichtigsten Klemmenbezeichnungen sind:

Klemme 15 wird über das Zündschloss gespeist. Die Leitungen führen nur bei eingeschalteter Zündung Strom. Die Kabel sind meist schwarz oder schwarz mit farbigem Streifen.

Klemme 30. An dieser Klemme liegt immer die Batteriespannung an. Die Kabel sind meist rot oder rot mit farbigem Streifen.

Klemme 31 führt zur Masse. Die Masse-Leitungen sind in der Regel braun.

Wenn der Stromkreis durch ein Quadrat unterbrochen wird, in dem eine Zahl steht, weist die Ziffer auf den Strompfad hin, in dem der Stromkreis weitergeführt wird.

Im Stromlaufplan sind in den einzelnen Leitungen Buchstabenkombinationen und Ziffern eingefügt.

Beispiel: BKWH 0.5

Die Buchstaben weisen auf die Leitungsfarben hin. Besteht die Kennzeichnung aus zwei Buchstabengruppen wie im Beispiel, dann nennt die erste Buchstabenfolge die Leitungsgrundfarbe: BK = schwarz und die zweite die Zusatzfarbe: WH = weiß. Die Ziffern 0.5 geben an, welchen Leitungsquerschnitt in mm^2 die Leitung hat.

Schlüssel für Leitungsfarben

BK = Schwarz	GY = Grau	VT = Violett
BN = Braun	OG = Orange	WH = Weiß
BU = Blau	PK = Rosa	YE = Gelb
GN = Grün	RD = Rot	

Zuordnung der Stromlaufpläne
OPEL ASTRA H, Modelljahr 2004

Wegen des großen Umfangs können nicht alle Stromlaufpläne aus jedem Modelljahr berücksichtigt werden. Jedoch kann man sich auch an den vorliegenden Stromlaufplänen orientieren, wenn das eigene Fahrzeug einem anderen Modelljahr angehört, da die Änderungen in der Regel nur Teilbereiche betreffen.

Gebrauchsanleitung für Stromlaufpläne

Hinweis: Alle Schalter und Kontakte sind in mechanischer Ruhestellung gezeichnet.

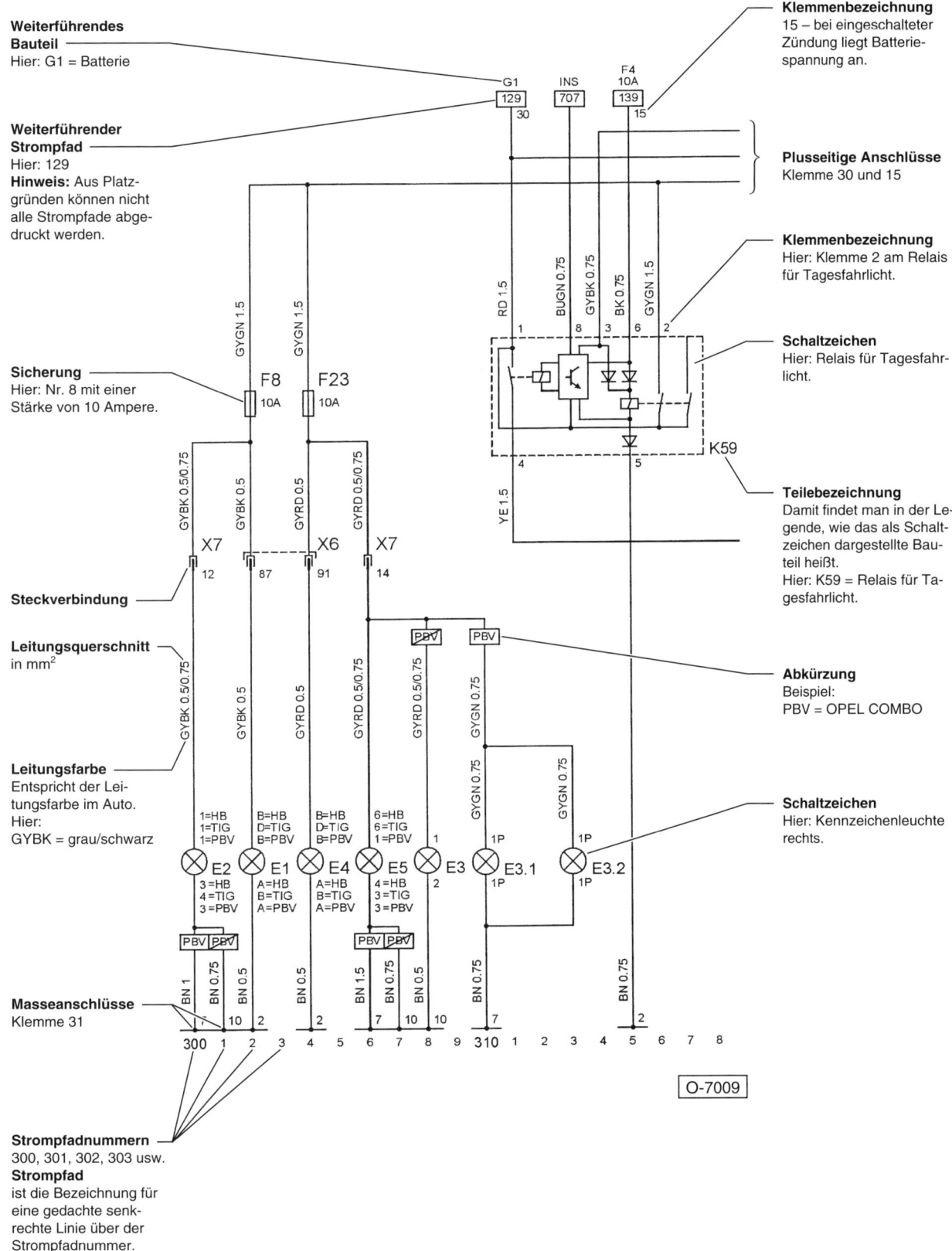

Relaisbelegung

Relaiskasten im Motorraum

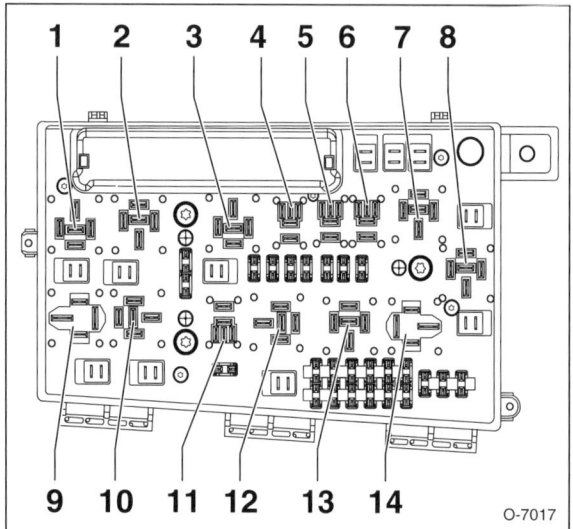

Relaiskasten Karosserie hinten

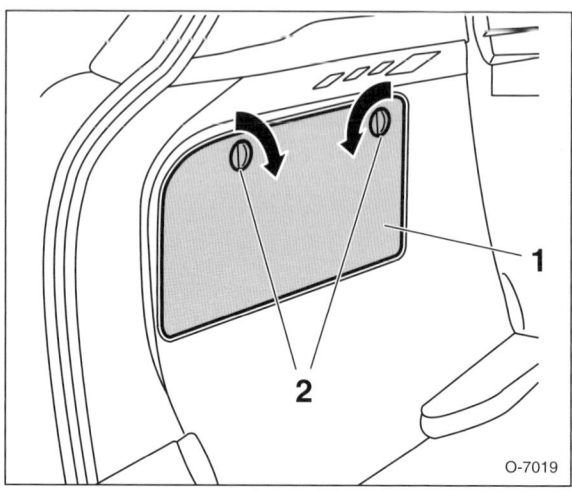

Der Relaiskasten befindet sich im Gepäckraum links hinter einer Klappe –1–.

- Zum Öffnen der Klappe die beiden Drehclips –2– in Pfeilrichtung drehen.

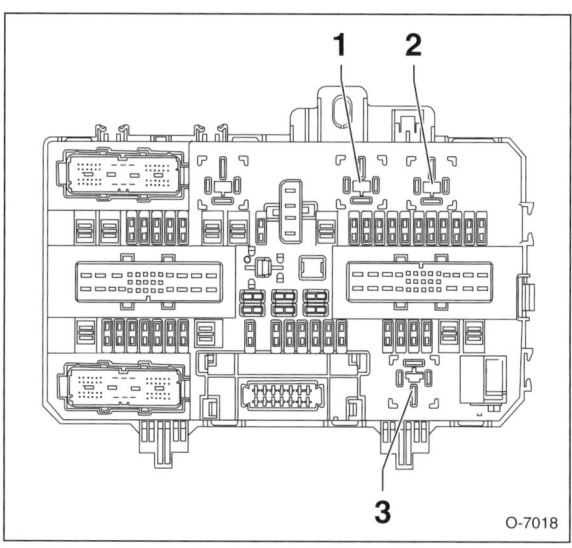

Nr.	Relais für ...	Bezeichnung
1	Lüfter, Kühler	K11_X125
2	Lüfter, Kühler	K12_X125
3	Wascherpumpe, Scheinwerfer	K7_X125
4	Nebelscheinwerfer	K16_X125
5	Wischer, Frontscheibe, langsam/schnell	K5_X125
6	Wischer, Frontscheibe, Ein/Aus	K6_X125
7	Gebläse, Innenraum	K15_X125
8	Filterheizung	K14_X125
9	Anlasser	K1_X125
10	Lüfter, Kühler	K13_X125
11	Kompressor, Klimaanlage	K8_X125
12	Motorsteuergerät	K2_X125
13	Kraftstoffpumpe	K10_X125
14	Klemme 15	K3_X125

Nr.	Relais für ...	Bezeichnung
1	Heckscheibe, beheizt	K3_X131
2	Klemme 15	K1_X131
3	Klemme 15a	K2_X131

Abkürzungen

15.	Klemme 15, Zündspannung
30.	Klemme 30, Batteriespannung
31.	Klemme 31, Masse
5A	5 Ampere
7.5A	7.5 Ampere
10A	10 Ampere
15A	15 Ampere
20A	20 Ampere
30A	30 Ampere
80A	80 Ampere
ABS	Antiblockiersystem
AC	Klimaanlage (Air-Condition)
ASP	Außenspiegel
AT	Automatikgetriebe
CLS	Kupplungsschalter
CTS	Kühlmitteltemperatursensor
DWA	Diebstahlwarnanlage
ECC	Elektronische Klimaregelung
EMP	Radio
FB5/FB6	Sicherung FB5/Sicherung FB6
FE3	Sicherung, Elektrozentrale Motorraum
FE4	Sicherung, Elektrozentrale Motorraum
FE5	Sicherung, Elektrozentrale Motorraum
FE5	Sicherung, Elektrozentrale Motorraum
FE6	Sicherung, Elektrozentrale Motorraum
FE6	Sicherung, Elektrozentrale Motorraum
FE7	Sicherung, Elektrozentrale Motorraum
FE8	Sicherung, Elektrozentrale Motorraum
FE9	Sicherung, Elektrozentrale Motorraum
FE13	Sicherung, Elektrozentrale Motorraum
FE16	Sicherung, Elektrozentrale Motorraum
FE17	Sicherung, Elektrozentrale Motorraum
FE20	Sicherung, Elektrozentrale Motorraum
FE21	Sicherung, Elektrozentrale Motorraum
FE23	Sicherung, Elektrozentrale Motorraum
FE24	Sicherung, Elektrozentrale Motorraum
FE26	Sicherung, Elektrozentrale Motorraum
FE26	Sicherung, Elektrozentrale Motorraum
FE30	Sicherung, Elektrozentrale Motorraum
FE32	Sicherung, Elektrozentrale Motorraum
FE32	Sicherung, Elektrozentrale Motorraum
FE33	Sicherung, Elektrozentrale Motorraum
FFD	Signalhorn, doppelt
FNX	Scheinwerfer (nicht Xenon-Lampen)
FR1	Sicherung, Elektrozentrale hinten
FR4	Sicherung, Elektrozentrale hinten
FR12	Sicherung, Elektrozentrale hinten
FR14	Sicherung, Elektrozentrale hinten
FR17	Sicherung, Elektrozentrale hinten
FR17	Sicherung, Elektrozentrale hinten
FR18	Sicherung, Elektrozentrale hinten
FR27	Sicherung, Elektrozentrale hinten
FR29	Sicherung, Elektrozentrale hinten
FR36	Sicherung, Elektrozentrale hinten
FR37	Sicherung, Elektrozentrale hinten
HSCAN-H	Hochgeschwindigkeits-CAN-Bus - High
HSCAN-L	Hochgeschwindigkeits-CAN-Bus - Low
HSH	Heckscheibe, beheizt
HZG/AC	Heizung/Klimaanlage
INS	Kombiinstrument
IRL	Innenbeleuchtung
KSP	Kraftstoffpumpe
KSR	Kraftstoffpumpenrelais
LHD	Linkslenker
LMD	Lampe, Türen
LSL	Leselampe, hinten
LSW	Lichtschalter
MIC	Mikrofon
MK	Motorkühlung
MTA	Automatisch geschaltetes Schaltgetriebe
PEPS	Passiv Eingang Passiv Start = »Open & Start-System«
PP	Einparkhilfe (Parkpilot)
PPS	Pedalwertgeber
RC	Fernbedienung
RHD	Rechtslenker
SCC	Schalter, Mittelkonsole
SD	Schiebedach
SDD	Schalter, Fahrertür
SLS	Bremslichtschalter
SMP	Raucher-Paket
SDD	Schalter, Fahrertür
STA	Start & Laden
STT	Schalter Easytronic
TEL	Telefon
TL	Blinkleuchten
TWA	Twin Audio
XNL	Xenon Scheinwerfer
Z14XEP	Motor Z14XEP
Z16XEP	Motor Z16XEP
Z17DTH	Motor Z17DTH
Z17DTL	Motor Z17DTL
Z18XE	Motor Z18XE
Z20LEL	Motor Z20LEL
ZV	Zentralverriegelung